水处理科学与技术

再生水水质安全评价与保障原理

胡洪营　吴乾元　黄晶晶　赵　欣等　著

科学出版社

北　京

内 容 简 介

本书以再生水水质安全保障和再生水利用过程中的风险控制为目标，在提出水质安全保障与风险控制策略的基础上，根据近年来国内外污水再生利用领域的最新研究进展，总结了再生水中病原微生物和化学污染物的分布规律以及水质安全评价方法，阐述了再生水利用中的潜在安全问题、风险评价理论和水质标准制定方法，评价了典型再生处理工艺对污染物的处理特性，分析了再生水消毒的水质风险与控制原理，力求系统反映再生水水质安全保障领域的新思路、新方法和新成果。

本书内容系统性强，兼具前沿性、学术性和实用性，数据丰富，信息量大，可供污水处理与再生利用领域的科研人员、企业技术人员和相关行政管理部门以及环境工程和给水排水工程领域的本科生、研究生等参考。

图书在版编目 CIP 数据

再生水水质安全评价与保障原理 / 胡洪营等著.—北京:科学出版社,2011

ISBN 978-7-03-030475-9

Ⅰ.①再… Ⅱ.①胡… Ⅲ.①再生水-水质-安全评价②再生水-水质-保障 Ⅳ.①X824

中国版本图书馆 CIP 数据核字(2011)第 037997 号

责任编辑:杨 震 刘 冉 / 责任校对:刘小梅
责任印制:张 伟 / 封面设计:铭轩堂

科 学 出 版 社 出版
北京东黄城根北街 16 号
邮政编码:100717
http://www.sciencep.com

北京九州迅驰传媒文化有限公司 印刷
科学出版社发行 各地新华书店经销

*

2011 年 4 月第 一 版 开本:B5 (720×1000)
2017 年 1 月第二次印刷 印张:32 3/4
字数:647 000

定价: 160.00元
(如有印装质量问题，我社负责调换)

前　　言

　　我国是一个水资源严重短缺的国家,水资源已成为制约社会和经济可持续发展的重要因素。污水再生利用是解决水资源短缺的有效途径,也是防污减排的重要措施。未来十至二十年将是我国污水再生利用事业的快速发展期。污水再生利用的关键是再生水水质安全保障。建立健全污水再生利用安全保障体系,深入了解再生水中的污染物种类、浓度水平及其健康和生态风险,不断发展再生水水质安全评价方法,开发污水再生处理先进技术和水质监控技术,是污水再生利用领域的重要课题。

　　本书以再生水水质安全保障和再生水利用过程中的风险控制为目标,在提出再生水利用安全保障与风险控制策略的基础上,利用大量的统计数据分析了再生水中病原微生物和化学污染物的存在水平和分布规律,系统总结了再生水水质安全评价方法,阐述了再生水不同用途存在的潜在安全问题以及健康与生态风险评价理论,探讨了再生水水质标准的制定方法。同时,本书还利用翔实的数据,系统总结了常见污水再生处理工艺对病原微生物和化学污染物的处理效果,阐述了再生水消毒存在的水质风险及其控制理论和技术原理。

　　从广义上讲,污水再生利用的对象包括城市污水(生活污水)和工业废水两种类型。本书以城市污水的再生利用为重点进行阐述,但大部分内容,如再生水水质保障策略、水质安全评价方法、风险评价方法以及消毒风险控制等内容也适用于工业废水。

　　本书在撰写过程中始终坚持先进性、前沿性、系统性和学术性原则,力图系统、客观反映再生水水质安全保障领域的新思路和最新的研究方法及成果。例如,将先进的风险管理思想引入再生水利用安全保障研究,指导安全保障体系构建、水质安全评价、水质标准制定以及再生水利用过程中的风险控制等;尽可能利用系统图和表格等形式将内容概括化和体系化,以提高内容的系统性和条理性;利用统计分析方法将大量的数据进行分析整理,力求数据的客观性和学术性。同时,还注重内容的实用性和可读性,以便使读者能够容易地获得更多的信息。例如,利用大量的统计分布图,给读者提供了丰富的实用信息;利用示意图提高内容的可读性等。

　　本书是作者及其研究组十年来研究成果的结晶。自 2000 年以来,作者所在的研究组从事再生水水质安全评价与污水再生利用技术研究的学生、博士后已经毕业、出站累计 30 余人次,其中包括本科生 8 人(董小妍、王丽莎、宁大亮、宋玉栋、张彤、张薛、赵欣、唐鑫)、硕士生 6 人(魏杰、张彤、田杰、王超、谢兴、杨佳)、博士生 5

人(董春宏、王丽莎、宗祖胜、郭美婷、吴乾元)、博士后 6 人(魏东斌、梁威、李梅、白宇、孙迎雪、孙艳)。在此对所有做出贡献的同学表示衷心感谢! 是这些优秀、活泼,具有向上、拼搏和奋斗精神的学生使得在该方向的研究得以延续并不断深入,不断发现新问题,不断取得新成果。

本书的主要研究成果是在国家自然科学基金委员会面上项目、重大国际合作项目和杰出青年基金项目以及科技部科技攻关(科技支撑课题)和"863"课题、国家科技重大专项"水体污染控制与治理"项目等的支持下完成的,在此表示感谢!

全书由胡洪营策划、组织撰写和审稿、统稿,各章主要撰写人员如下:

第 1 章:胡洪营;第 2 章:胡洪营、魏东斌;第 3 章:黄晶晶、李梅;第 4 章:黄晶晶;第 5 章:吴乾元、黄璜、魏东斌;第 6 章:吴乾元;第 7 章:吴乾元;第 8 章:赵欣、谢兴;第 9 章:赵欣;第 10 章:胡洪营、赵欣;第 11 章:黄晶晶、谢兴、张彤;第 12 章:李鑫、黄璜;第 13 章:吴乾元、黄晶晶、郭美婷、王丽莎;第 14 章:胡洪营。另外,汤芳和张逢参与了第 3 章、第 4 章和第 11 章的文字修改工作;庞宇辰参与了第 1 章的图表以及缩写词的编辑工作。

本书可供污水再生处理领域科研人员、工程技术人员以及环境工程专业和给水排水工程专业本科生、研究生参考,也可以作为再生水管理部门的参考资料。

受作者水平所限,书中不足和错误之处难免,希望读者指正。

胡洪营

2011 年 1 月于清华园

目　　录

第1章 绪 论

1.1 污水再生利用的必要性与意义

水是人类和一切生物赖以生存的基本要素,也是保障工农业生产和维系自然生态健康必不可少的资源。水资源在自然界循环中总量保持不变,但其质量(水质)却发生复杂的变化,只有水质达到必要的要求时才能成为可以利用的水资源。

随着地球上人口的增加、工农业生产的发展以及水环境污染程度的日趋严重,许多地区的可用水资源相继出现了危机,严重制约了社会、经济的发展。采取有效措施解决水资源危机,越来越受到社会各界的广泛关注。

地球的水资源总量约为 13.86 亿 km^3,淡水仅占总量的 2.5%,且淡水资源的 77% 为极地冰川、冰帽,22% 为地下水,因此,可供人类使用的淡水不到水资源总量的 1%,这其中的一部分还在河流、湖泊、沼泽中。尽管如此,从可用淡水资源的总量看,地球上的淡水可以满足人类需求,许多地区之所以出现水资源短缺问题,其主要原因可大致归纳为以下几点:水资源分布的时空不均匀性、人类活动造成的水资源污染、人口的急剧增加、生产规模的持续扩大、城市化进程的加快、水资源利用率不高、奢侈的用水习惯等(钱易,1996;USEPA,1992)。

我国水资源的特点和基本状况如下(高湘和李耘,2000;张寿全,1999):

1. 水资源分布不均匀

我国水资源总量约为 28 124 亿 m^3,其中河川年径流量为 2.7 万亿 m^3,相当于全球陆地年径流总量的 5.5%,居世界第 6 位,但我国人口基数大,人均水资源占有量只有 2 200 m^3,仅为世界人均占有量的 1/4,列世界第 110 位,是全球 13 个水资源极度缺乏的国家之一。

我国水资源分布在地域和季节上差异很大,东南多,西北少,黄河以北的耕地面积占全国的 64%,水资源却只占总量的 19%,而且北方降雨大多数集中在夏季 7、8、9 三个月。因此,水资源的短缺问题尤为突出。

2. 水污染引起的"水质型缺水",加剧了水资源的短缺

我国江河、湖泊、水库普遍受到不同程度的污染,大约 80% 的地表水和 45% 的地下水已被污染,90% 以上的城市水域污染比较严重。

近年来,我国长江、黄河、珠江、松花江、淮河、海河和辽河七大水系污染状况依然严峻。203 条河流 408 个地表水国控监测断面中,Ⅰ~Ⅲ类、Ⅳ~Ⅴ类和劣Ⅴ类水质的断面比例分别为 57.3%、24.3% 和 18.4%。主要污染指标为高锰酸盐指数、五日生化需氧量和氨氮。其中,珠江、长江水质良好,松花江、淮河为轻度污染,黄河、辽河为中度污染,海河为重度污染。七大水系的主要污染指标为氨氮、五日生化需氧量、高锰酸盐指数和石油类。

2009 年七大水系的水质类别比例分布如图 1.1 所示。可以看出,位于中国南方的长江和珠江,由于径流量较大,河水稀释能力较强,水质相对较好,可作为饮用水水源水的Ⅰ~Ⅲ类水质断面分别占 87% 和 85%。位于中国北方的辽河、松花江、海河、淮河水质较差,Ⅰ~Ⅲ类水质断面占各河流地表水国控监测断面数仅为40% 左右,海河仅为 34%,丧失水源水、景观等使用功能的劣Ⅴ类水质断面占海河水系国控监测断面的 42%。

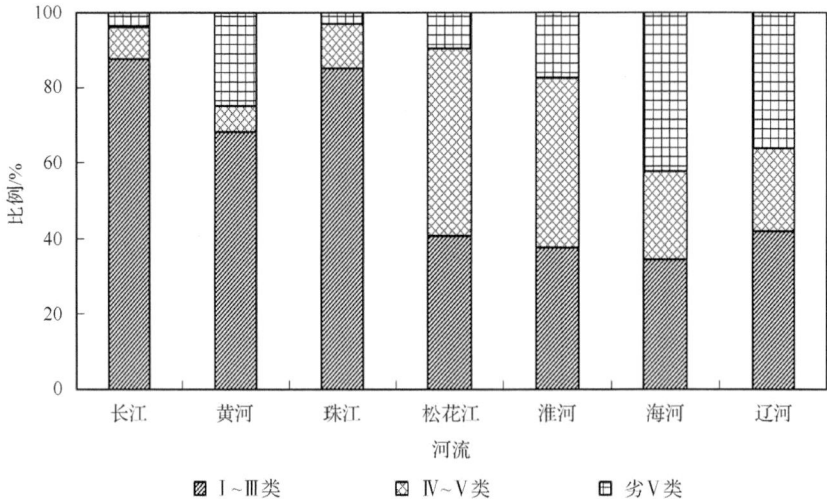

图 1.1 2009 年七大水系的水质类别比例分布

水源污染所带来的危害非常严重,据估计,目前世界有 1/4 的人类疾病是由水污染直接或间接引起的,饮用劣质水可能诱发许多传染病和地方病、引起致突变作用以及急性和慢性中毒等。

3. 社会需水量增加,用水效率低下

随着我国人口的增加、经济的发展,城市化进程的急剧加快,社会需水量持续增加,但可用水资源储量十分有限。据统计,全国 669 个城市中,400 个城市常年供水不足,其中有 110 个城市严重缺水,32 个百万以上人口的大城市中有 30 个长期受缺水的困扰,目前年缺水量达 60 亿 m³,每年因缺水影响的工业产值达 2300

亿元(周彤,2002)。

随着人口的进一步增加、人民生活水平的不断提高和生产的发展,如果仍然按照目前的粗放式用水模式,我国对水资源的需求仍将持续增长。据水利部门预测,到 2050 年,总需水量将达 7000~8000 亿 m³,占我国可利用水资源量的 28% 以上,大大超过国际公认的发生水危机的水资源利用率(20%)。

我国工农业用水存在严重浪费现象。虽然近年来工业用水重复利用率逐年增加,2008 年达到 83%(图 1.2),但产品的单位产量需用水量仍远远超过发达国家的用水量。美国工业用水量自 20 世纪 80 年代开始出现负增长,在以色列甚至有"每一滴水都要重复使用两次以上"的规定。

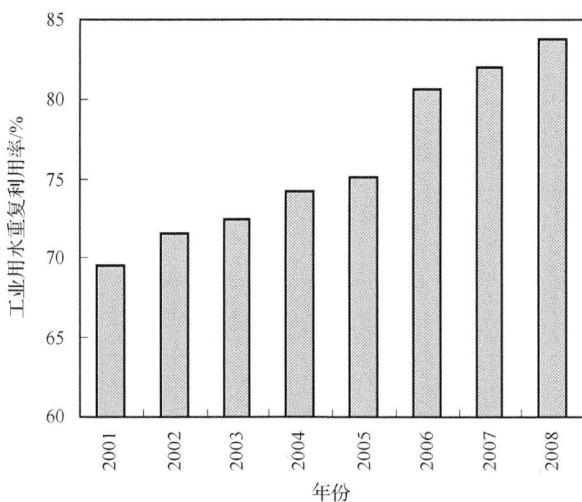

图 1.2 我国工业用水重复利用率变化情况(中国环境保护部,1989~2009)

特别值得一提的是,近年来我国连年干旱,北方很多地区出现了前所未有的水资源危机,人畜饮水不足,工农业生产受到限制,给经济造成严重损失,给广大居民造成不良心理影响。

水危机及其所衍生的水质和生态问题不仅将严重束缚和制约经济发展,而且可能引发重大的社会和政治危机。因此,必须在充分节约用水的基础上,多方面开发非传统水源,以缓解因水资源紧张带来的一系列严重问题。

污水再生利用是解决水资源短缺的重要的、不可或缺的措施,也是一条成本低、见效快的有效途径。污水再生利用不但可以有效缓解水资源短缺问题,同时还可以减少污染排放,对改善水环境质量也具有重要的意义。

1.2　污水再生利用的可行性

1.2.1　城市污水水量稳定、可以利用潜力大

城市污水中杂质只占 0.1%（海水中杂质约为 3%），绝大部分是可再用的清水。城市污水的基本组成如图 1.3 所示。城市供水量的 80% 变为污水排入下水道，是一种很大的资源浪费，至少有 70% 的污水（相当于城市供水量一半以上）经过再生处理后可以利用。污水经过收集、适当处理后重复使用，可以构筑良好的水社会循环体系，以保障水的自然循环。

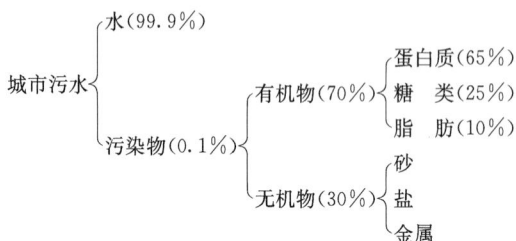

图 1.3　城市污水的基本组成

城市污水就近可得，数量稳定可靠，基本不受季节、雨旱季、洪水枯水等气候影响，不受制于天，是重要的城市第二水源。2008 年，我国城市生活污水年排放量约为 330 亿 t（图 1.4），城市生活污水处理率达 70%（图 1.5）。如果处理后城市生活

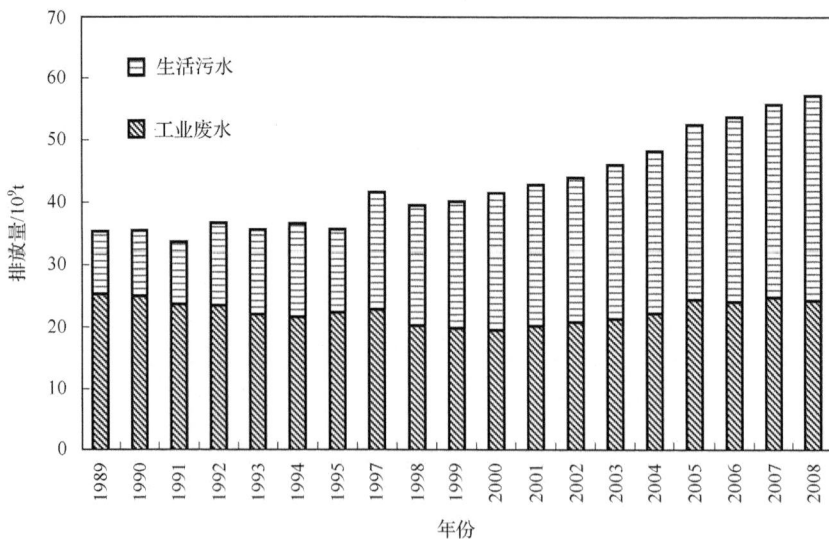

图 1.4　我国工业废水和城市生活污水排放量（中国环境保护部，1989～2009）

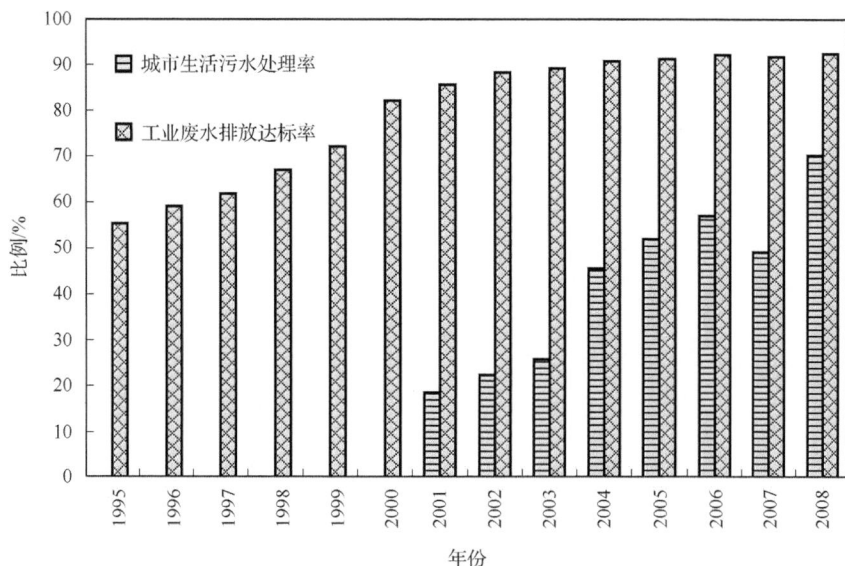

图1.5　我国城市生活污水处理率和工业废水达标排放率

污水的回用率平均达到20％,则污水回用量可达到40亿 m³/a 以上,可见污水再生利用的潜力巨大。

据统计,在城市自来水消耗中,仅有 2％左右被饮用,其他绝大部分都是工业用水(占 60％~80％)和生活用水,这些水完全可以用再生水代替,做到"优质水优用,低质水低用",这也是国外普遍采用的对策(USEPA,1992;Department of the Interior, Office of Water Research and Technology, 1979; Donald and Isam, 1995)。

1.2.2　污水再生处理技术发展迅速,能满足再生水水质要求

城市污水水量稳定、水质变化幅度小,其再生处理技术和工艺日趋成熟。城市污水经二级处理,再加上适当的深度处理措施,通过科学的工艺设计和系统运行管理,能满足不同再生水用途的水质要求。

国内外大量的实践经验证明,城市污水再生利用在技术上可行,随着水质净化技术的不断完善和进步,必将使城市污水再生利用的安全性得到进一步保证。事实上,污水再生利用已成为国外许多地区缓解水危机的重要途径,被广泛回用于工业、农业、市政杂用等用途。新加坡、纳米比亚等个别缺水国家(和城市)甚至将再生水回用于生活饮用水。

1.2.3　污水再生利用的经济和社会效益显著

城市污水处理厂大多建在城市附近,与外环境调水、远距离输水相比,大大减少了输水管线的基建投资和运行费用。据估算,污水再生形成 40 亿 m^3 水源的投资大约为 100 亿元,而形成同样规模的长距离引水(以大连"引英入连"工程为例)则需 600 亿元左右,海水淡化则需 1000 亿元,可见,污水回用在经济上具有明显优势(周彤,2002;金兆丰和王健,2001)。研究及实践证明,城市污水再生利用不仅可减少排污,而且可节省新鲜水资源及水资源开发费,节约的水资源又可用于扩大再生产,由此产生的直接和间接经济效益十分明显。

城市污水再生利用可节省大量新鲜水,用于保障城市生活用水,这对于促进社会稳定,不断提高生活水平,具有重大的社会效益。

1.2.4　污水再生利用的环境效益深远

城市污水再生利用开辟了第二水源,减少新鲜水资源的开采量,减轻城市供水不足的压力,缓解了供需矛盾,有利于水资源的保护及合理利用。城市污水再生利用一方面可减少污水排放量,减轻了对水体的污染,并能使部分被污染的水逐渐更新复活,有利于水环境状况的改善;另一方面减少了治理环境污染的投资,节水效益明显。干旱地区城市污水生态回用,还有利于生态恢复。因此,城市污水回用,符合可持续发展战略(金兆丰和王健,2001)。

1.3　再生水利用途径

随着污水处理技术的发展和完善,再生处理后的出水水质不断提高,其用途越来越广泛。我国《城市污水再生利用:分类》(GB/T 18919—2002)中,以再生水回用的不同用途进行分类,如表 1.1 所示。《污水再生利用工程设计规范》(GB 50335—2002)对再生水利用途径也有相似的分类,如表 1.2 所示。

表 1.1　《城市污水再生利用:分类》(GB/T 18919—2002)规定的再生水利用途径

分类名称	细目名称	范　　围
补充水源	补充地表水	河流、湖泊
	补充地下水	水源补给、防止海水入侵、防止地面沉降
工业用水	冷却用水	直流式、循环式
	洗涤用水	冲渣、冲灰、消烟除尘、清洗
	锅炉用水	高压、中压、低压锅炉
	工艺用水	溶料、水浴、蒸煮、漂洗、水利开采、水利输送、增湿、稀释、搅拌、选矿
	产品用水	

分类名称	细目名称	范 围
农、林、牧、渔业用水	农田灌溉	种籽与育种、粮食与饲料作物、经济作物
	造林育苗	种籽、苗木、苗圃、观赏植物
	农、牧场	兽药与畜牧、家畜、家禽
	水产养殖	淡水养殖
城镇杂用水	园林绿化	公共绿地、住宅小区绿化
	冲厕、街道清扫	厕所便器冲洗、城市道路的冲洗及喷洒
	车辆冲洗	各种车辆冲洗
	建筑施工	施工场地洒扫、灰尘抑制、混凝土养护与制备、施工中的混凝土构建和建筑物冲洗
	消防	消火栓、喷淋、喷雾、泡沫、消火炮
景观环境用水	娱乐性景观环境用水	娱乐性景观河道、景观湖泊及水景
	观赏性景观环境用水	观赏性景观河道、景观湖泊及水景
	湿地环境用水	恢复自然湿地、营造人工湿地

表 1.2 《污水再生利用工程设计规范》(GB 50335—2002)中的再生水利用途径分类

用途分类	用 途	范 围
农业用水	农田灌溉;造林育苗;农、牧场;水产养殖	
工业用水	冷却用水;清洗用水;锅炉用水;工艺用水;油田注水	
城市杂用水	园林绿化;冲厕、街道清扫;车辆冲洗;建筑施工;消防	
景观环境用水	观赏性景观用水	景观河道、景观湖泊、喷泉、瀑布
	娱乐性景观用水	娱乐性蓄水池、冲浪
	恢复自然湿地或营造人工湿地	
补充水源	补充地表水	河流、湖泊
	补充地下水	水源补给、防止海水入侵、防止地面沉降

1.4 污水再生利用系统构成

城市污水再生利用系统主要包括污水再生处理、再生水输配与储存、再生水利用等三个子系统(图 1.6)。污水经过再生处理系统,成为达到一定水质要求的再生水,继而通过输配系统,即再生水管网配送到用户。在一些特定的情况下,再生水需要储存,以方便利用。下面就污水再生利用涉及的常用术语进行说明。

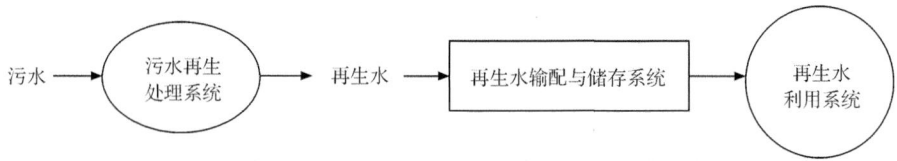

图 1.6 污水再生利用系统基本构成

1. 污水再生利用

污水再生利用(wastewater reclamation and reuse)是污水收集、再生和利用的统称,包括污水再生处理、回用和实现水循环的全过程。

2. 再生水

"再生水(reclaimed water)"是污水(废水)经过适当的处理,达到要求的(规定的)水质标准,在一定范围内能够再次被有益利用的水。这里所说的污水(wastewater,亦称废水)是在生产与生活活动中排放的水的总称,它包括生活污水、工业废水、农业污水、被污染的雨水等。

"再生水"有时也被称为"中水",但两者有明显的区别。再生水是我国城市污水再生利用标准中规定的规范术语,"中水"是一个俗称,没有一个明确的定义。"中水"沿用了日本的叫法,是水质介于"上水"和"下水"之间的水。在日本,市政工程(给排水)领域将自来水称为"上水",自来水管网称为"上水道";而城市污水称为"下水",排水管网称为"下水道"。因此"中水"一般仅限于建筑给排水,可以认为是一种介于建筑物生活给水与排水之间的杂用供水。

3. 污水再生处理

污水再生处理是指污水按照一定的水质标准或水质要求、采取相应的技术方法进行净化处理并使其恢复特定使用功能及安全性的处理过程,主要包含水质的再生、水量的回收和病原微生物的有效控制。从理论上讲,污水再生处理系统包括(但不限于)一级处理、二级处理、二级强化处理、三级处理(深度处理)和消毒处理等(图1.7),但通常多指二级处理之后的深度处理与消毒处理。污水一级处理和二级处理、二级强化处理是污水再生处理的基础,深度处理是再生水处理的主体单元,消毒处理是再生水处理的必备单元。

一级处理主要通过过滤、沉淀等物理学方法去除污水中的粗大固体以及部分悬浮物。浮油的刮除也属于一级处理。

二级处理是在一级处理的基础上,采用活性污泥法、生物膜法等生物处理方法,以高效去除污水中悬浮性和溶解性有机物为主要目的的污水处理过程。由于

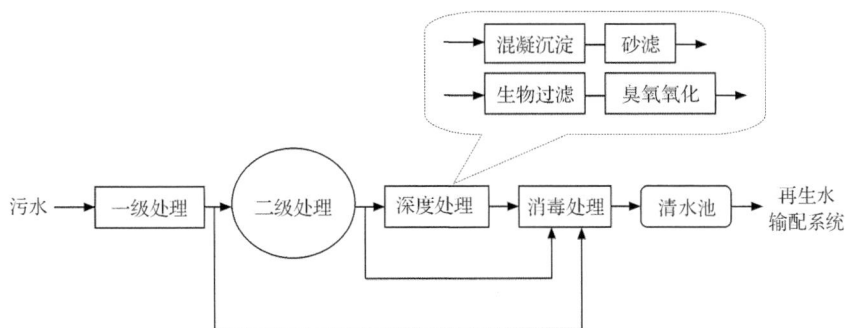

图 1.7　污水再生处理系统基本构成和流程

多年以来生物法是二级处理的主要手段,故二级处理也常称作生物处理或生化处理。

二级强化处理是为了从污水中去除能导致水体富营养化的磷、氮等植物营养物质,通过生物法、物化法,在一般二级处理的基础上显著强化磷、氮去除能力的污水处理过程。

深度处理是在二级处理、二级强化处理基础上,采用化学混凝、沉淀、过滤等物理化学处理方法进一步强化悬浮固体、胶体、病原微生物和某些无机物去除的净化处理过程,包括由混凝、沉淀、过滤工艺构成的传统三级处理流程、采用膜技术(微滤、反渗透)的改进流程以及其他高效分离处理流程。对再生水水质有特殊要求的,可以选择反渗透、离子交换、活性炭吸附、高级氧化等单元作为辅助手段,由再生水用户自行建设再生水处理单元。

消毒是污水再生水处理系统的最后一个单元,其目的是灭活再生水中的病原微生物。消毒可采用氯化消毒、紫外线消毒、臭氧消毒等方法。

4. 再生水厂

再生水厂(water reclamation plant;water recycling plant)是指生产再生水的水处理厂。

5. 再生水输配与储存系统

输配水设施是将再生水从再生处理设施输配到利用设备的设施的总称,包括再生水主干管网,也包括移动式再生水罐装车等。

6. 再生水利用系统

再生水利用系统根据利用模式的不同,可以分为集中型、就地(就近、小区、分散)型和建筑中水系统(图 1.8)(建设部和科技部,2006)。

城市污水收集管网 —输送→ 城市污水集中处理设施 ——→ 排放水体

城市污水集中处理设施 → 再生水生产设施

排放水 ← 再生水生产设施

再生水生产设施 —输配管网→ 再生水用水场所

(a) 集中型系统

城市污水收集管网 → 污水再生处理设施 —输配管网→ 再生水用水场所

污水再生处理设施 —剩余污泥→ 城市污水集中处理设施

输送管网 → 城市污水集中处理设施 → 排放

城市居住小区或相对独立区 ←再生水输送— 污水再生处理设施

城市居住小区或相对独立区 —污水收集→ 污水再生处理设施

(b) 就地(就近、小区、分散)型系统

大型公共建筑或居住区优质杂排水 ←再生水输送— 污水再生处理装置

大型公共建筑或居住区优质杂排水 —污水收集→ 污水再生处理装置

(c) 建筑中水系统

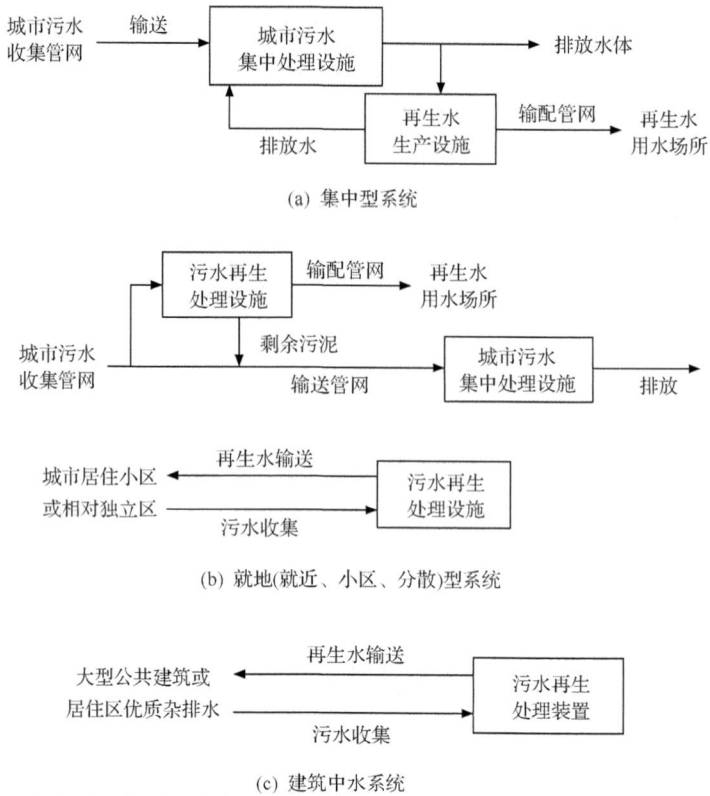

图 1.8　再生水利用系统模式

1.5　再生水利用安全保障与风险控制面临的课题

如前所述,城市污水再生利用在解决城市水资源短缺问题方面的意义是不容置疑的,但是在污水再生利用的实践中也出现了很多问题,人们对再生水仍然存在一些疑虑,主要是再生水水质的安全性问题。

据《京华时报》2009 年 1 月 16 日报道,北京市丰台区某居民小区住户改管中出现疏漏,造成自来水管和再生水(中水)管错接,导致 30 多户居民自来水管流出"混浊且有明显腥臭味"的再生水。

从该报道中至少可以得到两点启示:一是再生水管网建设标准有待完善,施工管理和教育有待加强,以便从源头上避免管道错接的问题。例如,强制性要求必须利用颜色区别再生水管与自来水管,并对施工人员进行再生水知识与施工教育。二是再生水水质监管力度需要加强。从理论上讲,达到杂用水标准的再生水不会是"混浊且有明显腥臭味"的,显然该小区的再生水水质并没有达到水质标准的要求。其原因可能是再生水设施存在运行管理问题,也可能是在再生水管网中水质发生了劣化。

总之,明确再生水水质安全保障策略,建立完善的安全保障体系,采取科学、有效的技术手段和监管措施,切实保障再生水水质安全,成为污水再生利用领域亟待解决的重要课题。以下为几个重要的课题:

1. 再生水资源统筹管理机制与体制建设

污水再生利用是一项复杂的系统工程,涉及面广、环节多,涉及城市规划、建设、环保、水利等众多单位与部门。目前,许多城市没有统一机构来全面统筹协调、规划及管理城市的再生水利用,各部门条块分割、责权不明、各自为政,影响了再生水利用事业的统筹、科学发展。因此,建立统一的再生水管理部门势在必行。

2. 再生水处理与供水模式优化

污水再生处理与供水模式可以分为"集中再生、集中供水"的集中模式和"分别处理、就地回用"的分散模式。集中模式通常以城市污水处理厂出水或符合排入城市下水道水质标准的污水为水源,进行集中处理,再将再生水通过输配管网输送到不同的用水场所或用户管网。集中模式的优点是具有规模效应,再生处理设施的建设和运行成本较低,水质稳定,但是集中模式存在管网建设费用高、输送距离长、难以实现"分质使用"和"优水优用、劣水低用"等不足。在同时存在多种用途时,集中模式的水质标准需要按照其中最高要求确定,造成"过度处理"与处理费用升高。

分散模式是在相对独立或较为分散的居住小区、开发区、度假区或其他公共设施组团中,以符合排入城市下水道水质标准的污水为水源,就地建立再生水处理设施,实现再生水就近就地利用。分散模式的规模小,在工程建设和运行方面不具有规模效应,存在管理难度大、运行不易稳定等问题。但是分散模式不需要建设大规模的管道以及长距离输送,同时用途一般比较单一,易根据水质要求进行适度再生。

集中模式和分散模式各有利弊,但并不是非此即彼的关系,科学、合理的方案应该是集中与分散相结合,两者互为补充。因此有必要开展污水再生利用模式规划方法研究,根据不同地区和城市的特点以及现实情况制定系统、长期的科学规划和发展战略。这些规划和战略的制定往往需要建立在再生水资源统筹管理的基础上。

3. 再生水水质安全监控体系建设

我国的污水再生利用事业发展迅速,如北京市的污水回用率已经达到 60%,然而对再生水出厂后到达使用终端的水质缺乏全过程的监管,往往导致再生水达不到使用标准而造成一些负面影响。2000 年以来,一些城市在新建小区中逐渐开始建设小区再生水生产系统,但在应用实践中逐步暴露出一些问题,特别是在使用过程中,不同程度地出现了水质不达标、异味难消除、消毒不到位等卫生安全隐患。

因此,需要建立完善的再生水水质安全监控体系,对再生水设施的综合运营状况和再生水水质进行实时监控,以保证再生水设施的稳定运营和再生水水质安全。如委托有资质的监测机构对再生水水质进行监测,确保再生水水质合格,也可利用先进的在线水质监测系统进行实时监督。

4. 再生水水质标准体系建设与完善

近年来,国家和许多城市先后制定了一系列再生水设施建设管理的相关政策和再生水利用的相关标准,但目前再生水利用仍存在政策支持力度不够、行业标准有待进一步规范等问题。

5. 污水再生利用技术开发与工艺优化

污水再生利用技术进步是再生水水质安全保障的根本。随着污水再生利用实践特别是科学研究的不断深入,一些新的水质风险因子、新的问题也不断被发现,给再生水水质保障提出了更高的要求,也带来了新的挑战。

参 考 文 献

高湘,李耘. 2000. 污水资源化是水资源可持续开发及利用的重要途径. 地下水,22(2):70~73.
建设部,科技部. 2006. 污水再生利用技术政策.
金兆丰,王健. 2001. 我国污水回用现状及发展趋势. 环境保护,(11):39~41.
钱易. 1996. 污水资源化是解决水危机的有效途径. 北京规划建设,(4):5~7.
魏东斌. 2003. 城市污水再生回用的水质安全指标体系及保障措施研究:[博士后研究报告]. 北京:清华大学.
张寿全. 1999. 中国的水环境与水资源可持续利用若干问题. 工程地质学报,7(3):250~256.
中国环境保护部. 1989~2009. 中国环境状况公报.
周彤. 2002. 污水回用决策与技术. 北京:化学工业出版社.
Department of the Interior,Office of Water Research and Technology. 1979. Water Reuse and Recycling(OWRT/RU-79/1,OWRT/RU-79/2). vol1,2.
Donald D R,Isam M A M. 1995. Handbook of Wastewater Reclamation and Reuse. New York:Lewis Publishers.
USEPA(US Environmental Protection Agency). 1992. Guidelines for water reuse(EPAA/625/R-92/004). Cincinnati:Center for Environmental Research Information.

第 2 章　再生水利用安全保障与风险管理策略

2.1　再生水利用的安全问题

再生水利用面临的安全问题主要有水质安全、水量保障和事故防范(图 2.1)，其中水质安全(包括对人体健康的影响、对生态环境的影响和对生产安全的影响)是保障再生水利用安全的关键。事故防范是再生水管网工程施工以及日常管理中需要高度关注的问题。

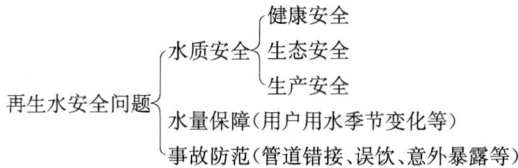

图 2.1　再生水利用面临的潜在安全问题

污水中存在种类繁多、性质及其危害性各异的污染物，除常规的无机盐和有机污染物外，还存在对人体健康和生态系统危害性大的污染物，如病原微生物、氮磷等植物营养物质、有毒有害污染物(如重金属、微量有毒有害有机污染物)等。病原微生物具有健康风险，有毒有害污染物具有健康和生态风险。氮、磷等植物营养物质本身并没有直接的健康风险，但是在再生水景观利用过程中，会引致水华爆发，从而带来潜在的健康风险和生态风险(图 2.2)(胡洪营 等，2010a)。表 2.1 列举了与再生水水质相关的安全问题。

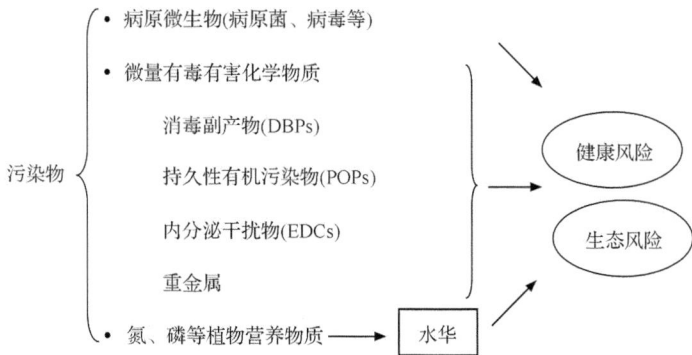

图 2.2　再生水中的有毒有害污染物及其潜在风险

表 2.1　不同用途再生水可能的污染方式与安全问题

再生水用途	可能的污染方式与安全问题
城镇杂用水	① 管理不善会引起地表水和地下水的污染 ② 水质,特别是盐分对土壤产生影响 ③ 病原体(细菌、病毒、寄生虫)对公众的健康造成威胁 ④ 管道交叉连接
回补地下水	① 水中的有机化学品及其毒性影响 ② 总溶解性固体、硝酸盐、病原体等
工业用水	① 水中的组分会引起结垢、侵蚀、剥落、生物生长等现象 ② 公众健康,特别是冷却水应用中病原体在气溶胶中的传输
景观娱乐用水	① 细菌、病毒影响健康 ② 受纳水体由于氮、磷引起的富营养化 ③ 对水生生物的毒性

对污水中的所有污染物进行控制或将某一种(或某一类)关键污染物彻底去除,在污水再生利用实践中都是不现实的,也是不可能和没有必要的。基于风险评价和管理理论,将水质关键风险因子控制在一个可接受的风险水平是保障污水再生利用安全的科学、合理的基本思路,也是需要科研人员、政府管理部门、再生水生产者和再生水用户达成共识的一条基本思路。风险评价可用于评价再生水因病原微生物和微量有毒有害化学物质而引发的健康与生态风险,从而为再生水利用方式的优化提供指导,为再生水水质标准的制定提供参考。

基于以上思路,不难理解识别再生水不同利用途径的水质关键风险因子(病原微生物、微量有毒有害化学污染物和氮磷等),明确其控制水平,揭示其在污水再生处理过程以及再生水输配储存过程中的转化机制及高效控制原理,掌握再生水利用过程中的健康与生态风险产生机制及其控制原理等是污水再生利用需要解决的重要关键科学问题。

2.2　再生水水质安全保障与风险控制体系

污水再生利用主要包括污水再生处理、再生水输配与储存、再生水利用等三个主要环节和过程。从技术路线和策略上看,污水再生利用安全保障与风险控制应坚持"源头控制与过程控制相结合、单元优化与系统优化相结合、化学污染物与病原微生物协调控制"的基本原则。

"源头控制与过程控制相结合"是指再生水水质安全保障措施不应仅针对污水再生处理过程和输配与储存过程,还应该同时针对再生水原水即再生水的水源水质保障。

　　"单元优化与系统优化相结合"是指不能将传统的一级处理、二级处理与深度处理割裂开来,仅凭深度处理系统的优化设计和运行来保障再生水的水质安全,需要将一级处理、二级处理、深度处理和消毒作为一个整体来考虑。例如,应通过二级强化处理过程将污水中的总氮高效去除,而不是把总氮去除的压力都集中在深度处理过程。再如,消毒过程中消毒副产物的控制不能仅仅通过消毒系统的优化来实现,应通过识别消毒副产物的前体物,并将其在消毒之前的处理工艺中高效去除。这样既可以提高消毒的效果,也可以控制由消毒副产物引发的水质风险。

　　"化学污染物与病原微生物协调控制"是指在再生水消毒过程中,不能仅仅关注病原微生物的灭活,还应该控制有毒有害消毒副产物的生成。再生水在消毒,特别是氯消毒、臭氧消毒过程中常产生有毒有害消毒副产物,造成一定的水质风险。如何解决病原微生物灭活与消毒副产物生成的矛盾,是再生水消毒实践面临的重要问题之一。在高效灭活病原微生物的同时,应避免由消毒副产物引起的二次污染。

　　图 2.3 给出了再生水水质安全保障与风险控制体系的基本构成和关键内容(胡洪营等,2010b)。

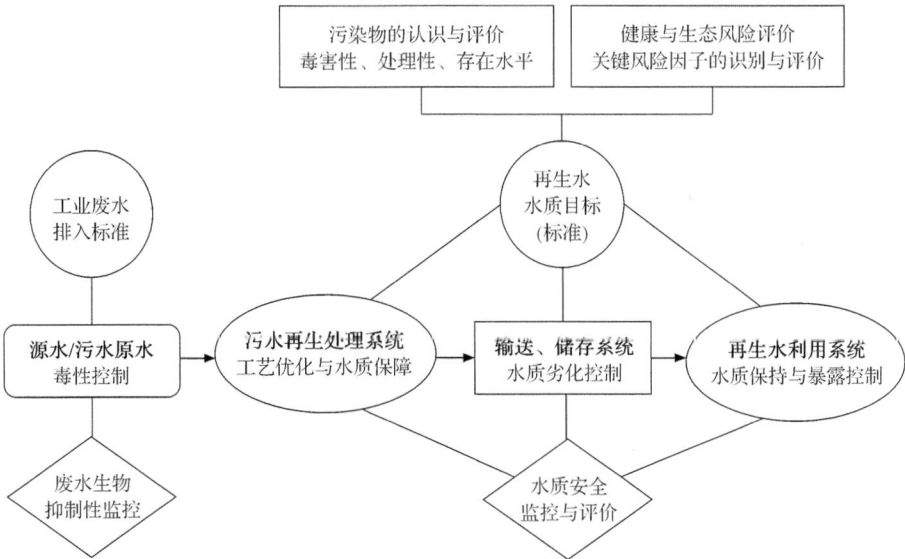

图 2.3　再生水水质安全保障与风险控制体系的基本构成和关键内容

1. 再生水水质标准体系

　　建立完善、系统的再生水水质标准体系,根据不同的用途,制定科学的水质监控指标和指标限值,对再生水水质提出明确的要求是保障再生水水质安全的首要措施。系统评价和掌握再生水的水质特征,识别再生水暴露规律,评价再生水利用过程的健康和生态风险,是制定再生水水质标准的基础。

2. 水源水质保障与生物毒性控制体系

水源水质是影响再生水水质的主要因素之一。为了保障污水再生处理系统的高效、稳定运行,获得高质量的再生水,进入城市污水收集系统的污水必须达到一定的水质标准,这是保障再生水水质安全的前提。

生物处理是目前广泛采用的污水处理关键技术,如果污水厂进水的生物降解性差,或对生物处理系统的微生物活性有抑制作用,则对常规二级生物处理系统造成不良影响,导致深度处理系统负荷升高,难以达到再生水水质要求,会给再生水水质安全造成巨大威胁。因此应构建水源水质保障与生物毒性控制体系,对于排入城市污水处理厂的工业废水,除了常规的水质标准外,对其生物抑制性实施实时监测并进行控制。

3. 再生处理系统

再生处理系统是污水再生利用的核心环节,处理工艺优化和稳定运行是保障再生水水质安全的关键,需要系统掌握水源水的特征,选择、组合、优化处理工艺和运行管理,使出水符合再生水水质标准要求。再生水用途不同,对再生处理的要求也不相同。当有多个用途时,应以满足最高水质要求为设计目标。

4. 再生水输送与储存安全保障系统

再生水输送和储存是再生水利用过程的必要环节,也是影响用户端再生水水质的重要环节。再生水输送和储存过程中产生的水质劣化、病原菌滋生以及管道腐蚀等问题应该引起高度重视。

5. 再生水利用途径优化与暴露控制体系

根据再生水水质以及用水需求,科学、合理规划再生水用途,是保障再生水安全的另一重要措施。在回用过程中,需要采取有效措施,减少对再生水的暴露。如对于非接触式景观用水,应该采取有效措施,防止游泳、垂钓等接触性利用。

6. 再生水水质监控体系

建立完善的再生水水质监控系统,实时监控再生水厂出水、管网出水以及用水端的水质,是保障再生水水质安全的必要措施。

2.3　污水及再生水中的污染物及其危害

系统掌握污水及再生水中存在的污染物种类、危害及其浓度水平和处理特性，是保障再生水安全的前提。污水及再生水中的污染物可以分为微生物、化学污染物和辐射性物质三大类(图 2.4)。

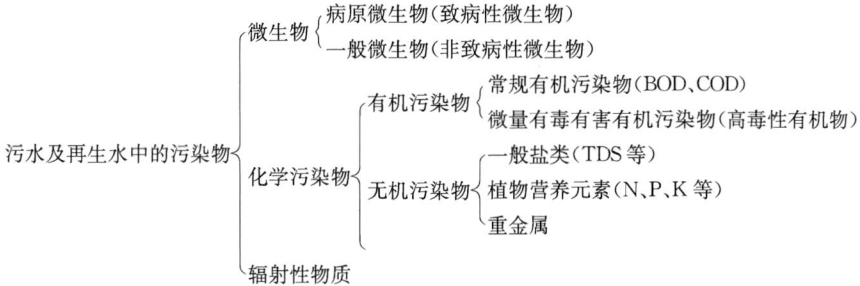

图 2.4　污水及再生水中的主要污染物

病原微生物是最典型的生物污染，除此之外，一般性微生物中携带的有害基因以及革兰氏阴性菌细胞内存在的内毒素也是值得关注的新兴污染物。

污水中含有各种各样的化学污染物，具有种类多、成分复杂而多变、物理化学性质多样、可生物处理性差异大等特点(详见第 5 章)。为了便于理解污水再生处理的对象与原理，污水中的化学污染物常按图 2.5 进行分类。

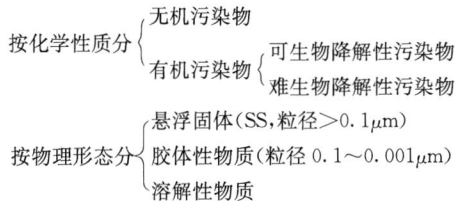

图 2.5　污水中的化学污染物分类

水中无机污染物包括氮磷等植物性营养物质、非金属(如砷、氰等)、金属与重金属(如汞、镉、铬)以及主要因无机物的存在而形成的酸碱度。氮磷是导致湖泊、水库、海湾等封闭性水域富营养化的主要元素。许多重金属对人体和水生生物有直接的毒害作用。

根据生物可处理性，有机污染物可分为可生物降解有机污染物和难生物降解有机污染物。其中，后者是污水深度处理的难点也往往是重点。难生物降解性污染物，如农药、卤代烃、芳香族化合物、聚氯联苯等，一般具有毒性大、化学及生物学稳定性强、易于在生物体内富集等特点，排入环境以后长时间滞留，并通过生物链对人体健康造成危害。

表 2.2 给出了城市污水中的典型污染物及其浓度水平(魏东斌,2003)。

表 2.2 城市污水中的典型污染物及其浓度水平

组分	浓度范围			美国平均值
	高	中	低	
固体(总)	1200	720	350	—
溶解性固体(总)	850	500	250	—
不易挥发的	525	300	145	—
挥发性的	325	200	105	—
悬浮性固体	350	220	100	192
不易挥发的	75	55	20	—
挥发性的	275	165	80	—
可沉淀性固体/(mL/L)	20	10	5	—
$BOD_5(20℃)$	400	220	110	181
TOC	290	160	80	102
COD	1000	500	250	417
总氮	85	40	20	34
有机氮	35	15	8	13
氨氮	50	25	12	20
亚硝酸盐	0	0	0	—
硝酸盐	0	0	0	0.6
总磷	15	8	4	9.4
有机物	5	3	1	2.6
无机物	10	5	3	6.8
氯化物	100	50	30	—
碱度(以 $CaCO_3$ 计)	200	100	50	211
油脂	150	100	50	—
总大肠菌群 (个/100mL 水样)	—	—	—	$22×10^6$
粪大肠菌群 (个/100mL 水样)	—	—	—	$8×10^6$
病毒(PFU/100mL 水样)	—	—	—	500

注:除个别标注的外,其余所有单位均为 mg/L。

2.4　再生水水质安全评价指标

2.4.1　再生水水质安全评价指标体系

由于再生水中的化学污染物和病原微生物的种类和数量仍然很多,要一一进行鉴别并制定相应的水质标准显然是不可能的。但如果仍然运用现有的一些常规水质标准,也不能全面、客观评价再生水的水质安全(胡洪营 等,2010c)。

再生水水质指标应包括常规物理化学指标、生物学指标、特征污染物指标、生物毒性指标和生态效应指标等五大类关键性指标(图 2.6)。这一指标体系旨在全面、深入、系统评价再生水的水质安全,在再生水利用实践中应根据不同的利用途径,识别关键指标,制定有针对性的再生水水质标准,确定日常监测指标。

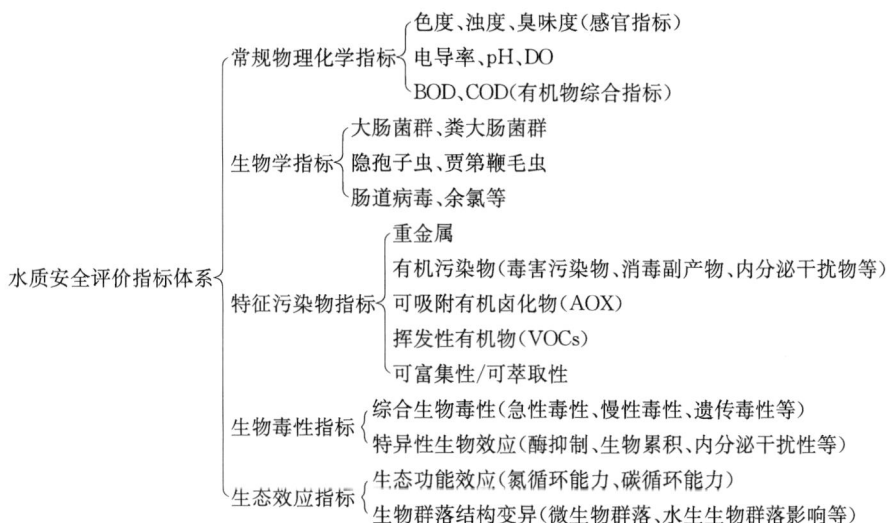

图 2.6　再生水水质评价指标体系

2.4.2　常规物理化学指标

常规物理化学指标包括色度、浊度、臭味度等感官指标以及电导率、pH、DO、BOD、COD 等指标。

2.4.3　生物学指标

生物学指标主要是用来评价和控制再生水中的病原微生物,预防流行性传染病爆发。由于家庭污水和医院污水的排入,城市污水中存在很多种类的生物污染物,包括细菌、病毒、寄生虫(原生动物和蠕虫)。虽然有些生物污染物并不对人和其他生物造成危害,但也有许多生物污染物能引起人体感染,甚至可能导致大范围的流行病爆发。

　　全面、系统掌握再生水中的病原微生物情况对保障再生水水质安全具有重要意义。在当前的技术水平下,虽然可以检测出水中的大多数病原微生物,但分离和计数方法仍然非常复杂、费时。在再生水日常管理中,对水体中每一种可能造成污染的病原微生物都进行监测,显然是不切实际的。更为合理的办法是,检查人与其他温血动物粪便中通常存在的病原微生物,作为评价水体受粪便污染程度和水处理与消毒处理效果的指示微生物。如果这种(这些)微生物存在,意味着受到了粪便污染,也意味着肠道病原微生物可能存在。检查这种粪便污染指示微生物,是质量控制的一个手段。

2.4.4　特征污染物指标

　　特征污染物指标是指用于评价再生水中典型的具有明显毒害作用的有毒有害化学污染物(如重金属、微量有毒有害污染物等)和化学特性综合指标(如总有机卤化物/可吸附性有机卤化物等)。

　　1. 有毒有害有机污染物

　　再生水中的有毒有害有机污染物受到越来越多的关注,包括近年来广受关注的持久性有机污染物(persistent organic pollutants,POPs)、内分泌干扰物(endocrine disrupting chemicals,EDCs)以及药品和个人护理用品(pharmaceuticals and personal care products,PPCPs)等新兴污染物(emerging contaminants)。

　　消毒特别是氯消毒产生的副产物应引起足够的重视。氯(包括氯气、液氯、次氯酸钠、二氧化氯等)是目前应用最多的消毒剂。氯消毒常见的副产物有三卤甲烷(THMs)类化合物、卤乙酸(HAAs)类化合物、卤乙腈(HANs)类化合物、卤代醛、酮、酚及一些特殊化合物,如水合三氯乙醛和卤代呋喃酮类致诱变化合物等。研究表明,在氯消毒产生的总有机卤化副产物中,THMs 类化合物约占总量的 20.1% 左右,HAAs 类化合物在 10% 左右,HANs 类化合物为 2%。由于分析技术的限制,水体中未确定的有机卤代副产物达 60% 以上(Weinberg,1997)。典型高毒性消毒副产物应纳入再生水水质评价体系。

　　2. 可吸附性有机卤化物

　　目前,有机卤化物是国内外环境科学领域重点研究的三类有机污染物(有机卤化物、多环芳烃和杂环化合物)之一,因其具有致畸、致癌和致突变性,已越来越引起人们的广泛关注。早在 1979 年,USEPA 提出的 129 种优先控制的污染物中,卤代有机物约占 60%(Keith,1979)。由于有机卤化物来源广泛,分子量分布范围宽(分子质量可大于 2500 Da),就检测而言,不可能用一种方法同时进行,必须建立一种像 COD、BOD、TOC 等这些通用的、各有侧重的、表示有机卤化物总体污染水平的参数,来评价有机卤化物污染状况的综合指标,因此提出用可吸附有机卤化物(adsorbable organic halogen,AOX)来表征环境水体中的有机卤化物。

早在 20 世纪 70 年代,AOX 就被列入德国和荷兰等国的饮用水研究领域,现在德国等西欧国家已制定了 AOX 饮用水标准和污水排放标准,以 AOX 表征的有机卤化物已成为一项国际性水质指标。我国在 2002 年 12 月 24 日批准,2003 年 7 月 1 日实施的国家标准 GB 18918—2002《城镇污水处理厂污染物排放标准》中推荐将 AOX 作为水污染选择控制指标和污泥农用污染物控制指标。

3. 挥发性有机化合物

挥发性有机化合物(volatile organic chemicals,VOCs)是指沸点在 50～260 ℃、室温下饱和蒸气压超过 133.3 Pa 的易挥发性化合物,其主要成分为烃类、氧烃类、卤代烃类、氮烃及硫烃类、低沸点的多环芳烃类等,是室内外空气中普遍存在且组成复杂的有机污染物。VOCs 种类繁多,分布面广。部分国家的主要环境优先控制污染物名录中,VOCs 占 80%以上。

随着污水再生回用范围的不断扩大,污水经再生处理后剩余的 VOCs 也会通过各种不同的途径,对人体健康造成一定的威胁。比如,景观娱乐水体利用、环境景观灌溉、街道洒扫、地下水漫滤回补等过程中,随着环境温度的升高,水中存在的 VOCs 会挥发进入空气,人体吸入影响健康。另外,消防用水中如果 VOCs 含量较高,在火灾扑救时,水中的 VOCs 随温度升高而挥发。其他一些污染物也有可能在高温下发生化学反应。这些污染物可能对消防人员和周边居民的健康造成较大伤害。

挥发性卤代烷是典型的氯消毒副产物。自从 20 世纪 70 年代初期发现用氯气消毒的饮用水中存在挥发性有机污染物以来,人们越来越关心饮用水中的有机污染问题。迄今为止,已经从自来水中鉴定出 1200 多种有机物。这些物质中,部分卤代烷主要是消毒后形成的三卤甲烷(THMs)。这些挥发性有机污染物的致癌作用已经被证实。为消除 VOCs 的危害,许多国家,尤其是欧美国家制订饮用水中 THMs 的卫生标准,改进水处理工艺以及采取各种措施消除 THMs。

目前针对再生水中 VOCs 类物质的研究还不多,个别研究表明再生水中的 VOCs 污染物对人体危害较小。即使在饮用水水质标准中,也只对部分常见 VOCs 物质的含量作了限制。Elliott 和 Watkins 研究了工业污水中 VOCs 类物质的排放控制(Elliott and Watkins,1990)。Rowe 等(1997)收集、总结了当时发表的 87 种 VOCs 类物质的毒理学信息和部分水质指标。在我国的环境保护标准中也已经有《环境空气总烃的测定气相色谱法》(GB/T 15263—94)、《水质苯系物的测定气相色谱法》(GB/T 11890—1989)、《水质挥发性卤代烃的测定顶空气相色谱法》(GB/T 17130—1997)等标准和测试方法供初步借鉴。

测定再生水中的所有 VOCs 显然是不可能也是不可行的,需要构建一个或几个较好反映 VOCs 物质总体污染的指标。

2.4.5　生物毒性指标

1. 生物毒性指标的重要性和意义

现行的水质评价标准可分为综合指标(如 BOD、COD、营养盐综合指标 TP、TN 等)和单一指标。单一指标是根据有毒有害化学物质对环境的污染状况和其毒性来制定的。环境中积累的物质逐渐增多使得水质环境标准中单一物质的控制指标也逐年增加,这种增加单一物质控制指标的方法存在许多不足:

1) 单一指标一般是依据化学物质对人类的健康影响来制定的,未考虑对生态系统的影响;

2) 化学物质的毒性数据不足,在很多情况下无法根据浓度判断其毒性的大小;

3) 对毒性数据不足,或其毒性没有被认识到的化学物质不可能进行控制;

4) 不利于发现新的毒性;

5) 不能反映化学物质之间的联合作用(协同、相加、拮抗等作用);

6) 随着新的有毒有害化学物质的出现,单一指标将越来越多,由于新的有毒有害化学物质在环境中的浓度非常低,这会大大增加分析技术的难度和分析费用;

7) 单一指标的建立往往滞后。

传统的 BOD、COD 等综合指标只考虑了水体中污染物的"量",并未考虑"质",特别在污水处理厂二次处理水的消毒处理过程中,BOD、COD 等可能在表观的数值上并没有大的变化,但实际上水体中污染物的种类、形态却可能有较大变化。可见,这些传统指标已远远不能满足控制水质、保护人类健康和生态系统的需要。

此外,可以说所有化学物质都是有毒的,在一定的条件下都会产生这样那样的毒性。污水中存在的多种污染物,可能引起各种各样的综合污染和复合毒性。在控制水中污染物浓度的同时,注重综合生物毒性管理,对保障再生水水质安全是很有意义的,也是很有必要的。

生物检测(bioassay)技术在水质安全评价中将起到重大的作用。它不仅可以核定未知化学物质的影响,也可以反映化学物质间的相互作用和化学物质的生物可利用性,生物毒性检测技术可用于寻求某种化学物质或工业废水对水生生物的安全浓度,为制定合理的水质标准和废水排放标准提供科学依据。

2. 生物毒性指标的分类

生物毒性指标,根据其考察的影响效应不同,在本书中将其分为"综合生物毒性"和"特异性生物效应"两大类。

（1）综合生物毒性指标

生物测试研究中通常根据不同的研究目的和实际情况,采用不同的研究方法。比如在毒性测试中,选择位于不同营养级中的生物,如细菌、绿藻和水溞（或鱼）。细菌水平的测试主要代表毒性物质对水体中分解者的影响,绿藻水平的测试主要反映毒性物质对生产者的光合作用和植物生理的影响,而水溞和鱼水平的测试则用于估计毒物对水体中消费者的影响。根据研究目的,可以从三个不同的营养级水平选择测试生物,从而更全面地评价再生水回用时化学污染物对人体和环境的影响。具体测试方法将在第 6 章详细介绍。

采用生物毒性对其进行评价具有一定的优越性。20 世纪 80 年代末,美国环境保护局提出了应用综合毒性测试评价水质的计划,美国、加拿大等已把生物毒性列为水质控制指标。近年来,将污水综合毒性指标应用于工业污水排放控制、排污许可证管理以及污水处理厂水质控制方面的研究在国内外已有很多报道,显现出一定的优越性。德国政府规定水、废水、淤泥必须通过利用发光细菌、鱼等作为测试生物的毒性测试。

（2）特异性生物效应指标

特异性指标主要是用来评价除了毒性效应外的其他生物效应,诸如对生物酶的抑制效应（Penders,2001）、生物累积效应,或水体中化学物质的内分泌干扰活性等。内分泌干扰活性的测试有助于了解和测定内分泌干扰物（EDCs）对人和野生生物的影响。

3. 生物毒性指标的局限性

利用生物毒性检测技术能非常方便地测定单一化学物质或废水的生物毒性,尤其是微生物毒性检测技术,因其快速、灵敏、廉价等特点而受到越来越多的重视。但是生物毒性检测技术的不足之处亦非常明显:它很难识别引起毒性的确切的化学物质,在实际应用中难以对重点污染物进行控制。污染物的化学分析主要是通过化学或仪器手段测定废水中引起污染的化学物质,目前在化学分析上已达到痕量的程度,因而可以对废水中已知的污染物加以优先控制。但是化学分析技术不适用于未知化学物质的控制,也不能反映化学物质间的相互作用。

总之,生物毒性检测技术和化学分析技术在化学物质管理、水质安全评价上各有特点（表 2.3）,只有把两者有机地结合起来,才能满足水质安全保障和水生生态保护的需要。

表 2.3　化学分析技术与生物毒性检测技术的比较

比较项目	化学分析技术	生物毒性检测技术
原理	利用化学物质的物理化学特性,对单一化合物进行分离、定性、定量	利用化合物的生物效应对其毒性进行综合评价
适用的管理方式	特定化学物质的管理、水质评价	毒性综合管理、水质安全评价
对混合物的适用性	差	好
对未知化合物的适用性	差	好
污染物的鉴定	易	难
测试费用	中	低—高

2.4.6　生态效应指标

　　水生生物依据营养结构的不同可以分为生产者(主要是水生植物)、消费者(主要是水生动物)和分解者(主要是微生物)。再生水中的化学物质进入水体后直接或间接地作用于这些生物,对它们的个体或群体以至于整个生态系统的结构和功能都会有不同程度的影响,只有通过对这些生物的毒性试验才能评价化学物质的毒性大小以及对生态功能影响的强弱。

　　生态系统是由多种多样的生物组成的复杂系统,物质循环是生态系统的基本功能。因此,再生水中有毒有害污染物的生态安全性(毒性)评价应包括:①对生物的影响,即生物毒性;②对物质循环能力(包括碳、氮循环等)的影响,即生态功能效应两个内容。

　　再生水中有毒有害污染物对生态系统的影响评价,应包括生物个体、群落以及生物活性等方面。但是,由于没有简便可靠的微生物群落结构评价方法,目前生态毒性评价仍停留在生物个体水平。因此,建立微生物群落结构评价方法,开展有毒有害污染物在微生物群落水平上的生态毒性研究,成为环境领域的重要发展方向之一。

2.5　关键风险因子识别与风险评价

　　根据我国再生水水源中可能存在的有毒有害化学物质和病原微生物,甄别再生水中的主要健康风险因子,对明确重点控制污染物指标,有效保障再生水水质安全具有重要的意义。关键风险因子的识别应依赖于再生水风险的评价,包括再生水中有毒有害污染物的生物毒性评价和暴露评价。通过风险评价筛选高风险污染物,以便进行重点控制。再生水风险评价将在第 8 章和第 9 章中详述。

　　病原微生物是首先应该关注的风险因子。城市污水中含有大量的致病菌和肠道病毒,包括沙门氏菌、志贺氏菌、霍乱弧菌及耶尔森氏菌,脊髓灰质炎病毒、柯萨奇病毒、艾柯病毒、轮状病毒、甲型肝炎病毒等。与大肠菌群相比,病毒、寄生虫等对消毒处理的抵抗力更强,在环境中存活的时间也长。已从人粪便及生活污水中检出 100 余种肠道病毒,传统的污水处理只能减少病毒数量,很难全部清除病毒。有研究发现,膜-生物反应器虽然可有效截留污水中的细菌,但对病毒的截留率不足 50%;病毒、噬菌体及原虫等对氯的抵抗力明显强于大肠杆菌,难以用大肠杆菌为标准评价污水的消毒效果。因此,从细菌、病毒、寄生虫中选出健康风险高(感染性和致病性强、浓度水平高)的代表性物种,用于评价再生水的卫生学安全具有重要意义。

关于有毒有害化学物质,虽然近年国内外研究者开始关注,但多数研究集中在污染物分析检测方法的开发和污水中浓度水平的调查,也有部分研究针对个别典型污染物,研究其在水处理工艺中的去除效率和毒性变化。今后应加强有毒有害化学污染物的健康/生态风险评价,以便从中筛选出高风险污染物。

2.6　再生水水质标准体系

根据不同的用途,建立科学、经济和技术可行性强的水质标准,是再生水水质管理的基础。再生水利用往往涉及或影响多个过程和介质,因此除了需要满足再生水水质标准外,还应该满足相关的环境标准。例如,再生水进行绿地灌溉或作为绿化用水时,特别是长期使用时,应同时考虑土壤环境质量标准、地下水环境质量标准等(图 2.7)。

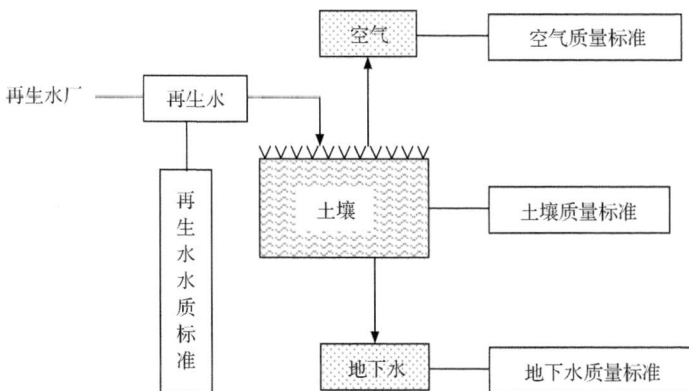

图 2.7　再生水绿化/绿地灌溉需要满足的水质标准

2.7　再生水水源保障

水源保障主要是针对再生水的水源水质。进入城市污水收集系统的污水必须达到一定的水质标准,这是保障再生水水质安全性的前提。如果污水处理厂进水的水质很差,即使经过常规二级处理或深度处理也难以达到要求的回用水质,给处理出水的回用安全性造成巨大威胁。

再生水水源应以生活污水为主,尽量减少工业废水所占的比重。但是,目前我国工业废水排入城市污水收集系统,生活污水和工业废水混合处理的现象很多,特别是在工业园区更为普遍。工业废水种类复杂、难处理组分多,如果不进行预处理或预处理系统运行不稳定,将导致难处理成分特别是生物毒性大、对生物处理系统生物活性有明显抑制作用的组分进入污水再生处理系统,就会给处理系统特别是生物处理单元带来不良影响,从而影响再生水水质。因此需要严格控制作为再生水水源的工业废水的水质。

根据《污水回用设计规范》的规定,再生水的水源必须具备以下要求:

1) 再生水水源水质必须符合《污水排入下水道水质标准》(CJ 3082—1999)、《生物处理构筑物进水中有害物质允许浓度》和《污水综合排放标准》(GB 8978—1996)的要求。排污单位排出口污水浓度超过下列指标时,该排出口污水不宜作为再生水水源:

氯化物	500 mg/L
色度	100 度
氨氮	100 mg/L
总溶解固体	1500 mg/L

2) 再生水水源应以生活污水为主,尽量减少工业废水所占的比重。对于使用再生水的工业用户,其排水如对再生水水源水质有较大影响时,不宜再作为再生水水源。当工业废水也进入城市污水收集系统时,需要严格控制工业废水的水质,特别是工业废水在排放前必须进行适当处理,达到相关排放标准后才能排入城市污水收集系统。

3) 严禁将放射性废水作为再生水水源。

4) 再生水水源的设计水质,应根据污水收集区域现有水质资料和规划预测资料综合确定。对于只包括深度处理的再生水厂,当水源为二级处理出水时,其水质应满足城市污水处理厂二级出水的相应标准。

2.8　城市污水再生处理系统优化

污水再生处理系统是城市污水再生利用的主体。污水再生水处理系统优化包括处理工艺优化和处理单元优化。城市污水经过收集系统进入污水处理厂后,经过对污水特征的分析,选择、组合、优化处理工艺,使出水符合再生水水质标准。根据不同的回用目标,对再生水厂的要求也各不相同。

污水再生处理的目的是利用各种技术,将水中的污染物分离去除或将其转化为无害物质,使水得到净化,获得可以利用的再生水。污水再生处理技术种类繁多,归纳起来可以分为物理法、化学法和生物法三大类。不同的技术原理,在工程上有其不同的适用范围,比如与好氧生物处理相比,厌氧生物处理更适用于高浓度废水的处理等。同一种技术原理,应用于不同的处理对象也会有不同的工程表现形式和操作方式及条件,如高级氧化技术应用于工业废水的预处理处理和应用于城市污水深度处理,其操作条件和工程形式截然不同,因为污染物的浓度范围不同,处理对象的存在形式也截然不同。只有系统地掌握了相关的技术原理,才能科学、合理地进行技术选择。

2.8.1　城市污水再生处理工艺选择

城市污水处理技术和工艺日趋成熟,应根据污水处理厂的现状和水质特点以及再生水水质目标选择适宜的经济和高效的工艺,而不是一味追求新技术和新工艺。

根据水质要求的不同,为方便工艺选择,可将再生水水质等级进行分类,如表 2.4 所示。表 2.4 中也列出了不同等级水质可采用的一般处理工艺(杜兵,2010)。不同等级再生水水质如表 2.5 所示。

表 2.4　再生水水质等级分类

等级	用途与水质要求	再生处理工艺(不含消毒)
1	用于与人体非接触的用水场合,对硬度和溶解性固体无要求	常规二级处理工艺、强化二级处理工艺
2	用于可能与人体接触,对硬度和溶解性固体有一定要求的场合	二级(强化)处理＋(混凝-沉淀-过滤)。可去除部分硬度和溶解性固体,同时去除部分难降解溶解性有机物、色度等
3	用于可能与人体接触,允许高硬度(含盐)的场合	二级(强化)处理＋膜过滤。可去除难降解溶解性有机物、色度和病原微生物
4	用于要求低含盐的用水场合	等级 3 出水＋反渗透
5	用于低盐含量、要求无微量有毒有害污染物的用水场合	等级 4 出水＋反渗透＋离子交换/活性炭吸附/高级氧化

表 2.5　不同水质等级再生水水质

水质指标	水质等级				
	1	2	3	4	5
BOD/(mg/L)	5~10	<5	<1~5	<1	<1
TSS/(mg/L)	5~10	<3	<2	<1	<1
TP/(mg/L)	<1	<0.4	<1	<0.5	<0.5
NH_3-N/(mg/L)	<3	<2	<3	<0.1	<0.1
NO_3^--N/(mg/L)	10~30	10~30	10~30	<1	<1
总大肠杆菌/(个/100mL)	<23	<2.2	<2.2	ND**	ND
TOC/(mg/L)	8~20	1~5	0.5~5	0.1~1	ND
浊度/NTU	3	0.3~2	<1	0.01~1	0.01~1
TDS/(mg/L)	750/1500*	<500/800	750/1500	<40	<40
硬度(mg-CaCO₃/L)	250/400	100/200	250/400	<30	<20

＊ 表中有两个数据时，代表两种污水处理后的平均值，前者为一般水源，后者为含盐量较高的污水；
＊＊ ND 为未检出。

2.8.2　城市污水再生处理系统关键单元识别与操作优化

系统掌握污水再生处理过程中的水质变化，对识别水质保障关键单元，采取有针对性的措施优化单元操作，保障水质安全有重要的意义。

1. 城市污水再生处理工艺过程中水质急性毒性的变化

现有 A、B、C、D 共四座典型城市污水再生处理厂(图 2.8)处理过程中急性毒性的变化(图 2.9)。A 厂采用的处理工艺为传统活性污泥法＋混凝沉淀＋连续流微滤膜过滤(CMF)＋臭氧氧化＋氯消毒；B 厂采用的处理工艺为序批式接触氧化(SBR)＋CMF＋反渗透(RO)＋氯消毒；C 和 D 厂采用的工艺为传统活性污泥二级生物处理工艺，出水经氯消毒后排放(王丽莎，2007)。

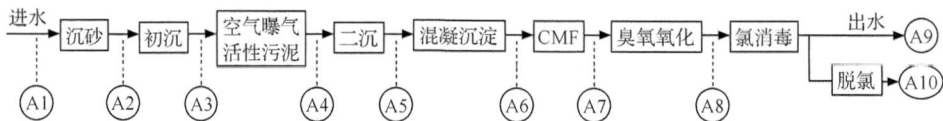

(a) A厂

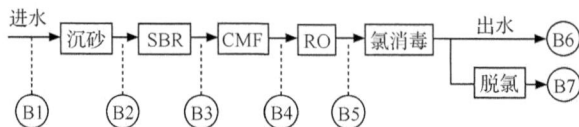

(b) B厂

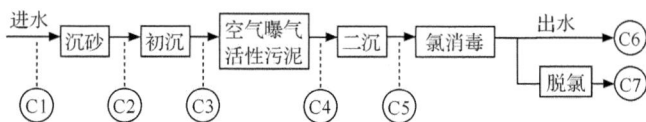

(c) C厂

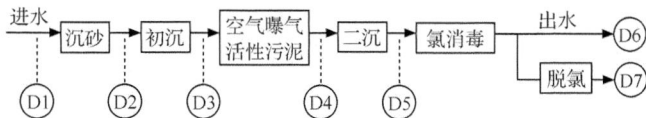

(d) D厂

图 2.8　A、B、C、D 污水再生处理厂的处理工艺

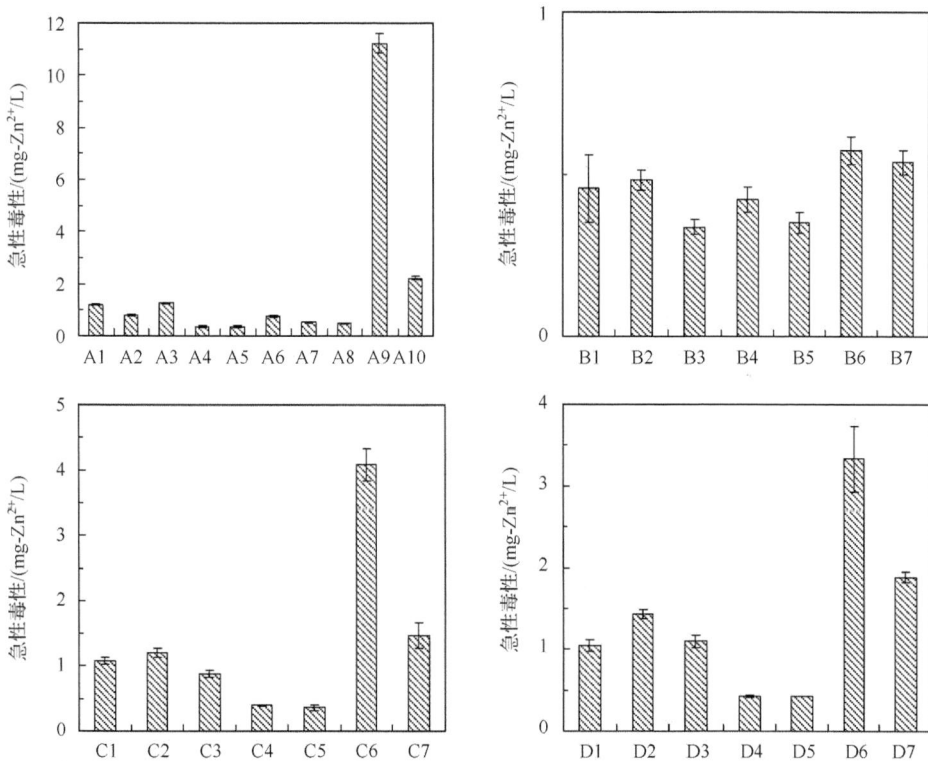

图 2.9　不同污水再生处理厂各处理单元出水的急性毒性

　　沿处理厂 A、B、C、D 的处理过程,取各处理单元出水水样,测定各水样的发光细菌急性毒性结果如图 2.9 所示。为了消除氯消毒出水中余氯对发光细菌的影响,对 A9、B6、C6、D6 这 4 个水样按亚硫酸钠微过量原则(过量的亚硫酸钠不超过

2×10^{-3} mmol/L)(魏杰 等,2004)投加合适的亚硫酸钠溶液以消除余氯,得到 A10、B7、C7、D7 这四个水样。

从图 2.9 可以看出,处理厂 A、B、C、D 的急性毒性均在二级生物处理后明显降低,说明二级生物处理是急性毒性的主要去除单元。

在处理 A 的深度处理过程中,由于在混凝沉淀之前加入了少量氯,导致污水的急性毒性有所增加,但经过 CMF 和臭氧氧化之后污水的急性毒性又有所降低。但是氯消毒后污水的急性毒性迅速增加,经测定发现 A9 的总余氯浓度为 2.17 mg/L,说明余氯对污水的急性毒性有很大的贡献。此水样脱氯后得到的水样 A10 急性毒性仍然很高,由于脱氯操作消除了余氯对发光细菌抑制的可能,所以可以认为 A10 的急性毒性主要来自于消毒过程中产生的副产物。

在处理厂 B 的深度处理过程中,由于在 CMF 之前加入了少量氯,导致污水的急性毒性稍有增加,经过 RO 之后污水的急性毒性有所降低,但是氯消毒后污水的急性毒性有较明显的增加,经测定发现 B6 的总余氯浓度为 0.14 mg/L,说明余氯对污水的急性毒性起了一定程度的贡献,此水样脱氯后得到的水样 B7 的急性毒性仍高于消毒前的毒性。

处理厂 C、D 在二级生物处理之后直接进行了氯消毒,急性毒性均显著增长,虽然在脱氯后急性毒性有所降低,但仍较消毒前有较大增长。

以上结果表明,在整个污水处理过程中,二级生物处理单元可以明显地降低污水的急性毒性,而氯消毒是导致污水急性毒性增加的关键过程,应给予重点控制。

2. 污水再生处理工艺过程中水质遗传毒性的变化

针对 E、F、G、H 共四座污水再生处理厂(图 2.10),研究了污水再生处理过程中遗传毒性的变化。处理厂 E 的进水经一级处理后,分别进入两个二级处理系统,一种为传统活性污泥法＋氯消毒工艺,另一种为 AOAO(厌氧-好氧-缺氧-好氧)＋砂滤＋臭氧处理工艺。处理厂 F 采用的处理工艺为氧气曝气活性污泥法＋好氧滤床过滤＋臭氧氧化＋氯消毒。处理厂 G 和 H 采用的工艺为传统活性污泥二级生物处理工艺,出水经氯消毒后排放(王丽莎,2007)。

沿处理厂 E、F、G、H 的处理过程,取各处理单元出水水样,测定各水样的基本水质指标和遗传毒性,结果如表 2.6 所示。由于氯消毒后的水样 E2、G2、H2 的余氯在浓缩过程中不会被树脂吸附,所以不需进行脱氯操作。

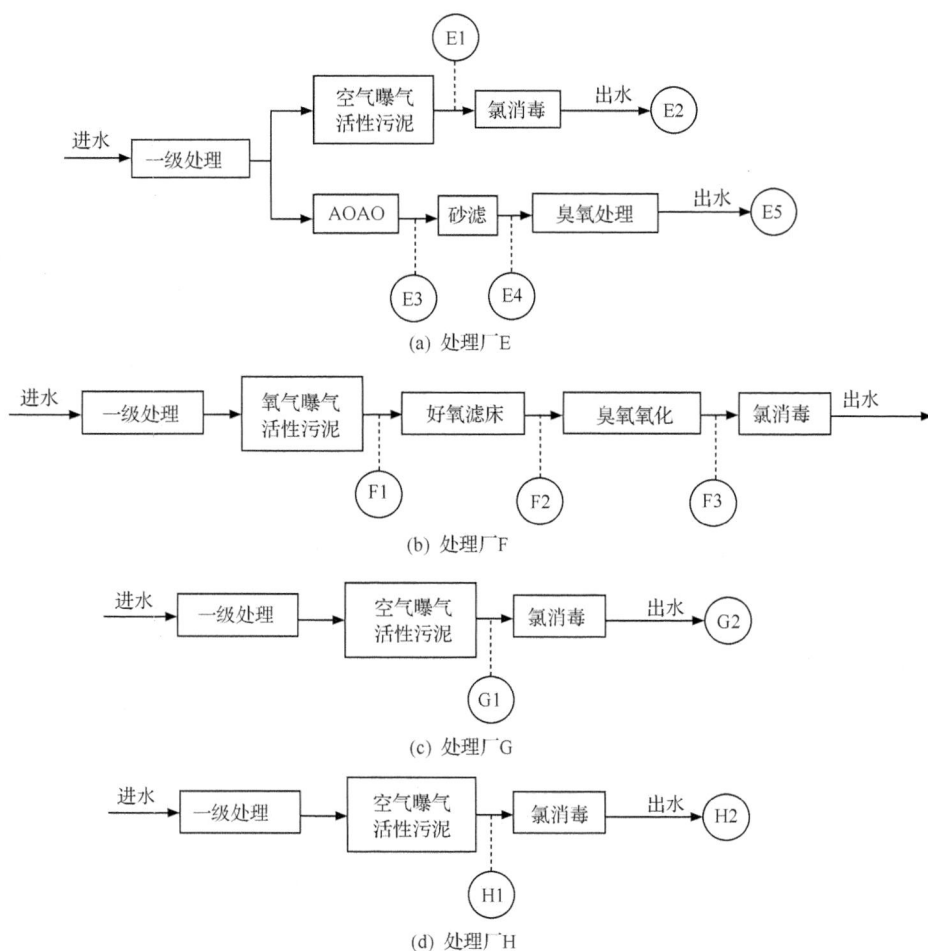

(a) 处理厂 E

(b) 处理厂 F

(c) 处理厂 G

(d) 处理厂 H

图 2.10　各污水再生处理厂的处理工艺

表 2.6　污水处理厂 E、F、G、H 各处理单元出水的水质和遗传毒性

	pH	NH$_3$-N /(mg/L)	DOC /(mg/L)	UV$_{254}$ /m^{-1}	遗传毒性 /(μg-4-NQO/L)
E1	7.1	0.1	3.7	34.3	17.2
E2					5.5
E3	7.4	0.7	2.7	28.7	13.7
E4	7.6	0.0	2.5	26.9	11.5
E5	7.6	0.1	2.7	19.0	0.4
F1	7.2	15.0	5.3	58.2	21.4
F2	6.8	2.0	4.4	41.9	5.1
F3	7.0	2.0	4.0	21.2	0.2
G1	7.8	35.3	6.3	26.4	13.7
G2					16.5
H1	8.0	50.5	3.2	17.5	19.5
H2					22.6

从表 2.6 可以看出,经二级生物处理后的污水 E1、E3、F1、G1、H1 仍具有一定的遗传毒性,砂滤、好氧滤床等深度处理工艺可以明显降低污水的遗传毒性,臭氧氧化可使污水的遗传毒性降到非常低的水平。而氯消毒对污水遗传毒性的影响并不一致:水样 E1 经氯消毒后遗传毒性降低,而水样 G1 和 H1 经氯消毒后遗传毒性升高。

2.9 工业废水再生处理系统优化

2008 年,我国工业废水排放量为 241.7×10^8 t,占废水排放总量的 42.3%,工业废水再生利用也是水资源循环利用的重要组成部分。工业废水再生利用,特别是再生处理工艺的选择与城市生活污水相比有其显著的特点(胡洪营 等,2010d)。

2.9.1 工业废水的水质特点与再生处理工艺选择原则

工业废水中的污染物成分和性质与城市生活污水相比有显著的差异,且具有以下突出特点:

1. 污染物成分复杂、差异大

不同城市和地区生活污水中的污染物成分和性质类似,但是不同行业之间的工业废水,其成分和性质存在显著差异。特别值得注意的是,同一行业、不同企业之间的废水,其成分差别也很大。即使是同一企业或工厂,不同生产工艺间的废水组分也存在较大差异。很多情况下,同一生产工艺,在不同的时期或不同的操作条件下,废水的组分也会发生很大的变化。如同一印染厂产生的废水,在 1 天之内就会呈现出多种颜色,导致管理措施不好的印染废水处理厂出水的颜色也时常发生变化。

2. 污染物浓度范围宽、波动大

工业废水中的污染物浓度分布范围宽,低的几毫克每升,高时会达几十万毫克每升,同一种废水的浓度随时间的变化幅度大,这就给处理工艺设计和日常运行管理带来了难度,同时也对保障处理出水水质稳定带来了挑战。

3. 难生物降解性和毒性污染物种类多、含量大

工业废水中往往含有较多种类或较高浓度的难生物降解有机污染物、毒性物质等,利用单一的技术原理难以保证处理水质,往往需要多种技术原理和处理单元组合,形成比城市生活污水更加复杂的处理工艺。

4. 处理目标多样、水质标准差别大

工业废水处理后的回用途径或排放途径,即处理出水的去向多样,包括工艺内回用、厂内杂用、车间回用、区域回用、市政管网排放和直接排放等。去向不同,水质要求不同,处理工艺选择和处理目标也不同。

工业废水的以上突出特点,决定了不能简单模仿城市生活污水的处理模式和处理工艺,也不能简单照搬同类企业或同类工厂的废水处理工艺和运行管理。因此,建立基于工业废水特点的处理工艺优选和设计方法,是工业废水污染治理研究需要重点解决的科学问题。掌握废水的处理特性,针对不同的工业废水选择适宜的工艺,确定最佳的工艺参数和运行操作管理模式,是废水再生处理工程中需要遵循的基本原则之一。

科学、系统评价和客观掌握废水的处理特性、现有处理技术和工艺的适用性(适用对象、废水种类和浓度等)、处理能力、能源效率以及经济性等是工业废水再生处理工艺选择的前提。

目前,我国废水治理领域的研究,大多集中在单项技术的开发或改进,针对废水处理性评价方法和工艺优选方法的研究较少,有待加强。新技术的开发无疑会带来废水处理领域的发展,但是新技术和工艺的应用需要一定的过程和较长的时间。通过选择适宜的工艺、确定最佳运行操作模式和条件,来提高废水污染治理的效果,是应首先开展的工作。这对保证废水处理效果更合理、也更现实。

废水循环利用和废水再生处理系统优化运行与管理密不可分,后者是前者实施的前提和保障。不同的回用途径,对废水再生处理系统的处理水质和优化运行提出不同的要求。关于废水的处理模式,厂内不同种类的废水混合收集、集中处理模式,给运行管理带来很大的难度。不同企业间的废水集中处理、工业废水和生活污水混合处理带来的问题会更大,在实践中也确实遇到很多的运行管理问题。因此,转变工业废水的再生处理模式,实施废水的"分类收集和分别处理"可以大大降低废水处理的技术难度和运行管理难度,也有利于实现废水的循环利用(见图 2.11)。

2.9.2　工业废水处理特性评价

废水的处理特性是选择再生处理工艺的基础。生物处理特性、化学氧化处理特性、混凝沉淀特性和活性炭吸附处理特性等是评价废水处理特性的重要指标。以下介绍生物处理特性和化学氧化处理特性评价方法。

1. 生物处理特性评价

废水生物处理特性的评价,在废水处理工艺选择中,往往简单利用废水的生物

传统处理系统(混合收集、集中处理模式)

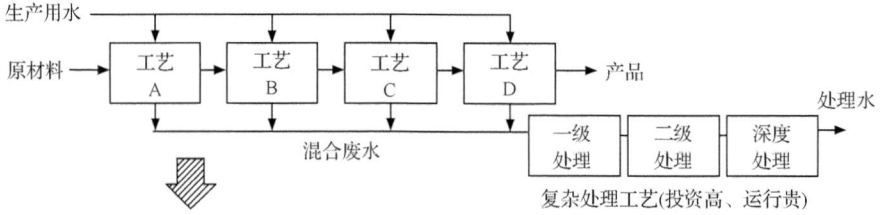

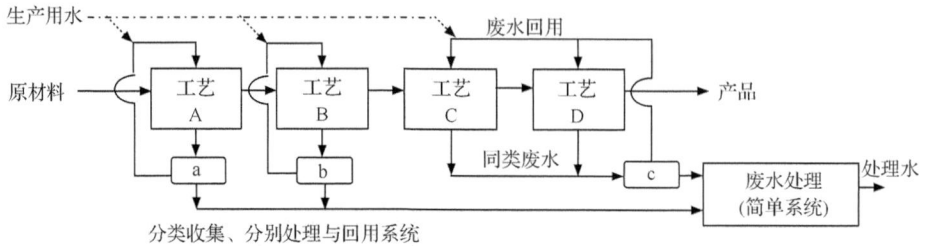

图 2.11　基于分类收集分别处理回用的工业废水再生处理模式

降解性指标,即 $\rho(BOD_5)$ 和其他有机污染物综合指标的比值来判断,比如 $\rho(BOD_5)/\rho(COD_{Cr})$,$\rho(BOD_5)/\rho(TOD)$,$\rho(BOD_5)/\rho(DOC)$ 等(见表 2.7),但是,这种判断方式在很多情况下并不能对废水的生物处理特性进行科学、客观的评价,不能很好地指导废水处理工艺的确定和运行优化。

表 2.7　废水生物处理特性简易判断指标

指标	数值	生物处理性
$\rho(BOD_5)/\rho(COD_{Cr})$	0.4~0.6	适于生物处理
$\rho(BOD_5)/\rho(DOC)$	>1.2	适于生物处理
$\rho(BOD_5)/\rho(COD_{Cr})$	0.2~0.4	废水中存在难生物降解性污染物
$\rho(BOD_5)/\rho(COD_{Cr})$	<0.1	不适于生物处理

由于废水中存在多种多样的有机污染物,$\rho(BOD_5)/\rho(DOC)$ 的总体指标 $\{[\rho(BOD_5)/\rho(DOC)]_{总}\}$ 是各污染物的 $\rho(BOD_5)/\rho(DOC)$ 之和,即使 $\rho(BOD_5)/\rho(DOC)$ 的总体指标大于 1.2,也会存在 $\rho(BOD_5)/\rho(DOC)$ 小于 1.2 的污染物,即存在不适宜于生物处理的污染物。这些难生物处理的污染物,又往往是造成处理效果不理想和水质不达标的重要原因。

图 2.12 为各种焦化废水和金属加工业废水在 $\rho(BOD_5)$ 测定过程中,培养 5 d 后的 DOC 去除率。该去除率在一定程度上反映了生物处理系统中的 DOC 去除潜力。$\rho(BOD_5)/\rho(DOC)$ 数值相同的废水,在 $\rho(BOD_5)$ 测定过程中 DOC 去除率差

别很大。比如 $\rho(BOD_5)/\rho(DOC)$ 为 1.2 的废水,DOC 去除率在 $30\%\sim80\%$ 间变化。

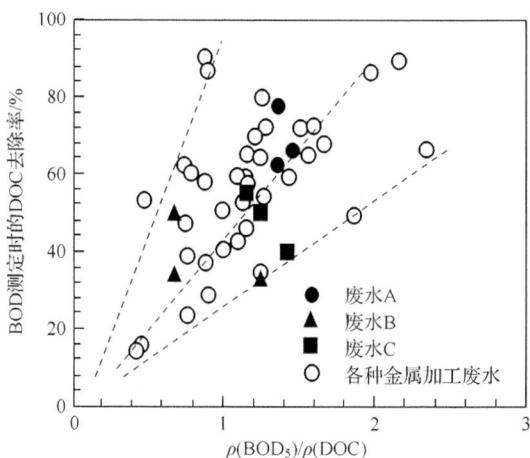

图 2.12　几种工业废水的生物处理特性评价(示例)

　　鉴于以上情况,有研究提出了更加系统的废水生物处理特性评价方法,即"DOC 去除效率图"评价法,如图 2.13 所示。

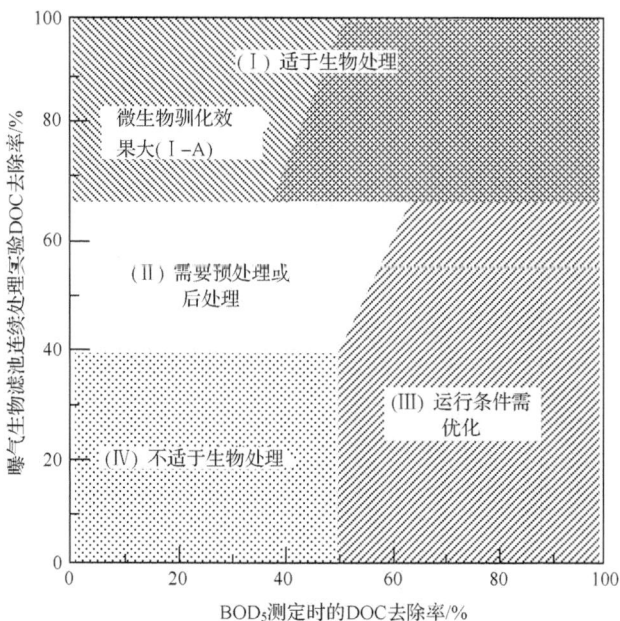

图 2.13　用于废水生物处理特性评价的"DOC 去除效率图"

图 2.13 的横坐标是 $\rho(BOD_5)$ 测定时的 DOC 去除率,可以理解为利用间歇生物降解实验测得的 5 d 的 DOC 去除率。在 $\rho(BOD_5)$ 测定时,测定实验前后的 DOC 浓度即可简单地获得该去除率。纵坐标是利用实验室小型曝气生物滤池连续处理实验,在一定操作条件下(如 DOC 负荷、水力停留时间等)测得的 DOC 去除率。

根据图 2.13 可以比较全面地评价废水的生物处理性,包括生物处理可达到的处理效果、是否需要预处理或后处理、如何优化生物处理工艺操作等(见表 2.8)。

表 2.8　基于"DOC 去除效率图"的废水生物处理特性评价

区域	$\rho(BOD_5)$ 测定时的 DOC 去除率(RE_b)/%	连续处理实验的 DOC 去除率(RE_c)/%	生物处理性
Ⅰ		>65	连续处理实验的 DOC 去除率高,适于生物处理。Ⅰ-A 区:$\rho(BOD_5)$ 测定时的 DOC 去除率很低,但连续处理实验的 DOC 去除率很高,说明生物驯化的效果大,在实际运行,特别是在启动阶段应注意驯化操作
Ⅱ	<50	40~65	适于生物处理,但去除效率较低,有时需要增设前处理或后处理单元,以保证出水水质
Ⅲ	>50	<65	$\rho(BOD_5)$ 测定时的 DOC 去除率较高,生物降解性好,但连续处理实验的 DOC 去除率却很低,说明操作条件有待优化
Ⅳ	<50	<40	$\rho(BOD_5)$ 测定时的 DOC 去除率和连续处理实验的 DOC 去除率均很低,不适于生物处理

2. 化学氧化处理特性评价

化学氧化(包括臭氧氧化、芬顿氧化和湿式氧化等)是工业废水预处理和深度处理常用的技术,特别是在难生物降解废水的处理中发挥着重要作用。化学氧化处理的目的不同,其评价指标也不尽相同(见表 2.9)。

表 2.9　废水化学氧化处理特性评价指标

化学氧化处理的目的	废水化学氧化处理特性评价指标
生物处理工艺的预处理	① 生物降解性变化 $\Delta(BOD/DOC)$ ② 生物可降解性有机碳转化率(R_b)＝$\Delta BOC/DOC_0$ ③ 有机物去除率(R_m)＝$\Delta DOC/DOC_0$ 或 $\Delta COD/COD_0$ ④ 生物降解性改善潜力(BIP):单位氧化剂添加量所获得的 BOD 增加量 ⑤ 中间产物的对微生物的抑制性
深度处理	① 有机物去除率(R_m)＝$\Delta DOC/DOC_0$ 或 $\Delta COD/COD_0$ ② 副产物的生物毒性

注:BOC 为可降解性有机碳;DOC_0 为初始 DOC。

对于作为生物处理预处理的情况,废水化学氧化处理特性的评价,不仅要关注废水生物处理性指标的改善,如 $\rho(BOD_5)/\rho(DOC)$ 的改善,还需要重点评价生物可降解性有机碳(biodegradable organic carbon,BOC)的转化率(R_b)。R_b 值越高,化学氧化预处理的技术可行性就越大。生物降解性改善潜力(biodegradability improvement potential,BIP)是优化化学氧化预处理单元工艺设计及评价其经济性的重要指标。芬顿氧化预处理的 BIP 可以根据下式计算:

$$BIP = \frac{\Delta BOD}{W_0 - \Delta DOC \dfrac{ThOD}{DOC} \dfrac{34}{16}} \tag{2.1}$$

式中,W_0 为 H_2O_2 投加量,mg/L;ThOD 为理论需氧量(theoretical oxygen demands)。

对于作为深度处理的情况,除了有机物去除率之外,还应关注化学氧化处理后废水生物毒性的变化,因为在一些情况下,化学氧化处理后,有机物浓度虽然降低,但常出现生物毒性升高的现象,因此需要关注和评价处理过程中生物毒性的变化。

2.9.3　基于分子质量和生物降解性的处理工艺选择

溶解性有机污染物的分子质量对废水的处理有很大影响,系统评价和掌握废水中有机污染物的分子质量大小及分布情况,对选择处理工艺十分重要。不同生物降解性和分子质量的污染物适宜的处理方法如图 2.14 所示。由图 2.14 可以看出,对于分子质量为 1 000~10 000 Da 的难生物降解性污染物不易被活性炭吸附,也不易絮凝处理,膜过滤去除性能也不理想,是废水处理中的难点。如何有效去除该部分污染物,是废水再生处理技术研发需要关注的重点之一。

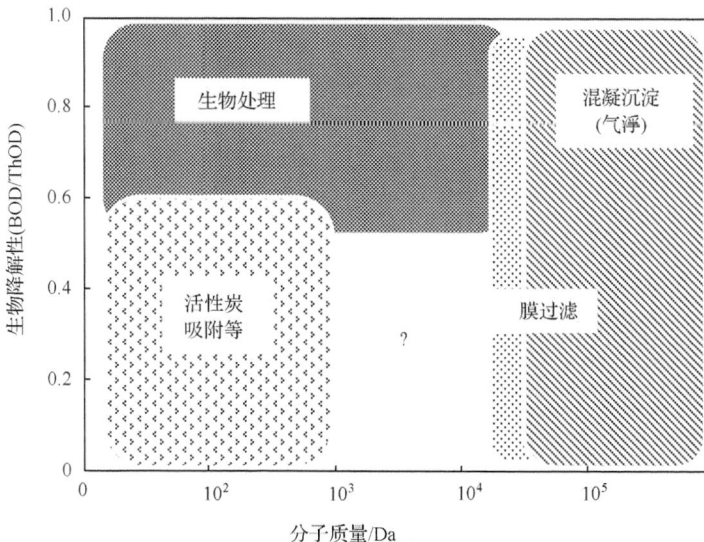

图 2.14　基于分子量和生物降解性的处理工艺选择方法

2.9.4　生物处理工艺的有机物去除性能与能耗评价

生物处理是工业废水再生处理中应用最为广泛的技术,系统掌握和评价各种生物处理工艺的技术和经济性,是选择和优化废水再生处理工艺的重要依据,特别是在资源能源危机日益加重的今天,在选择处理工艺时应特别关注生物处理系统的能源消耗效率。

图 2.15 是各种生物处理系统处理效果和能源效率的比较。从图 2.15 可以看出,提高生物处理系统单位占地面积的 BOD_5 处理速率往往以牺牲能源效率为代价。BOD_5 处理速率增加,单位电力消耗能够去除的 BOD_5 量减少,即能源效率降低。曝气生物滤池具有较高的 BOD_5 去除能力和较高的能源效率,是一项"性价比"较高的处理技术。

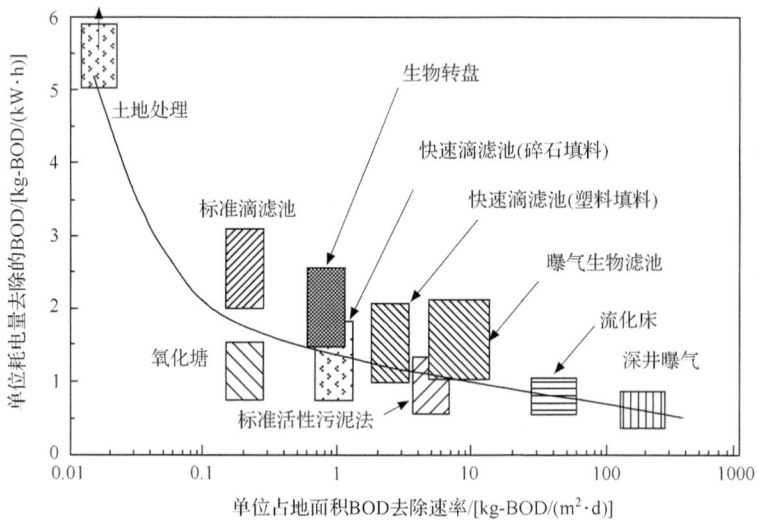

图 2.15　各种生物处理系统的 BOD 处理效果和能源效率比较

2.9.5　废水处理系统诊断与难处理污染物识别

对现有处理系统的运行状况进行全面评价,客观掌握其存在的问题,识别问题产生的原因,对制定科学、可行的改善措施,提高工业废水再生处理效果有重要作用。在废水处理系统运行性能诊断中,识别难处理组分及其产生原因是关键环节,图 2.16 给出了废水中难处理组分的识别与鉴别方法。首先根据分子质量分布、极性、酸碱性等对处理出水中的有机物组分进行分离,评价和表征处理出水中的溶解性组分特性,识别在处理出水中残留的、难处理的组分特征。之后,调研和评价生产工艺中使用的主要水溶性原料的组分,通过与处理出水中的残留组分比较,追溯难处理组分的产生原因。在此基础上,提出工艺和操作优化措施以及在生产工艺中的应用限制。对于现有的处理技术难以去除的污染物,要优先考虑替代产品的使用。

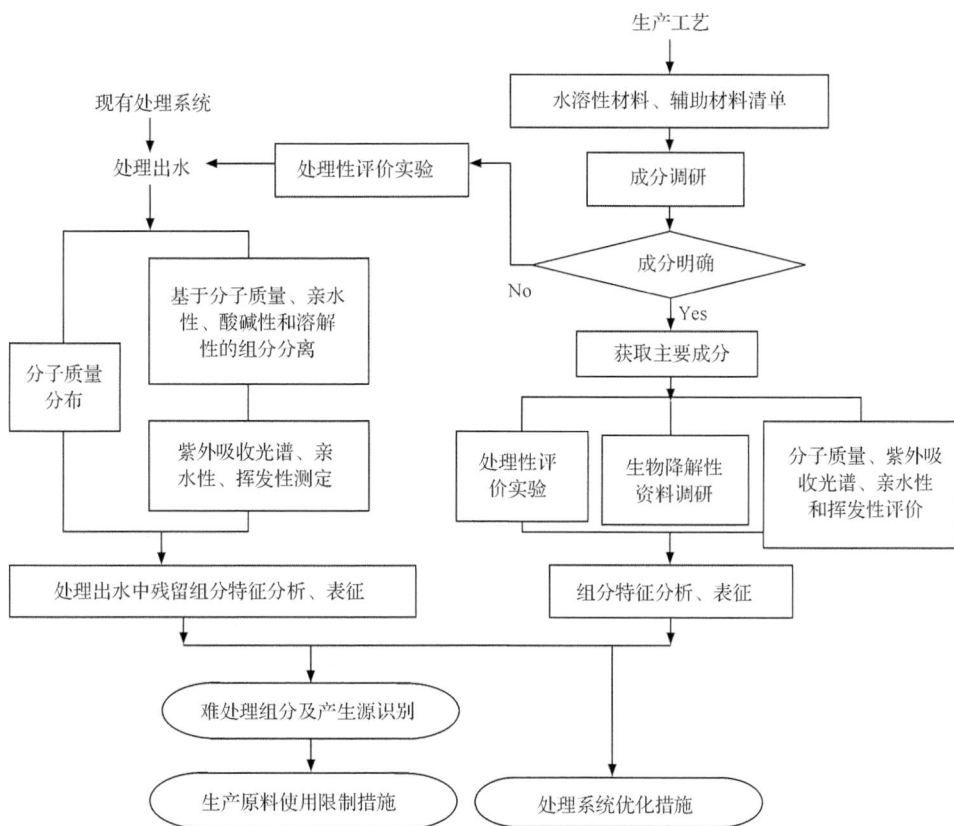

图 2.16　废水中难处理组分的识别方法与应对措施

2.9.6　废水生物处理系统运行优化

生物处理在工业废水处理,尤其是有机物为主要污染物的工业废水处理中占有非常重要的地位。优化废水生物处理系统的运行性能,提高污染物去除效率对保障深度处理系统的处理性能和再生水水质安全具有重要意义。污染物降解速率慢、去除效率低、处理效果不稳定是废水生物处理系统存在的普遍问题。采取有效措施,提高生物处理系统的效率,成为重要课题。

提高废水生物处理系统效率的措施主要有工艺流程的改进、高效生物反应器的应用、运行条件的优化、微生物活性的增强以及微生物种群结构的优化等。生物处理系统的主体是处理系统中的微生物,污染物的降解效果主要与微生物的数量、降解能力、微生物与营养物质(包括氧气、污染物等)的接触程度以及微生物的活性

等因素有关。从微生物的角度考虑,要提高生物处理系统的处理效率主要有以下几种途径:

1. 提高微生物的数量

微生物是废水生物处理的直接承担者,处理系统中的微生物只有达到一定的数量,才能在有限的时间内使污染物得到充分的去除。通过提高微生物的数量,可以在一定程度上提高废水处理的效率,例如,向活性污泥系统中投加填料,形成复合式生物处理系统,可增加生物量,提高处理效率。

从理论上讲,通过微生物固定化技术,可以选择性地增加某些高效菌种的生物量,从而提高处理系统对特定污染物的降解能力。

2. 提高微生物的降解能力

生物处理系统中的微生物对废水中污染物的降解能力较低,往往是生物处理系统处理效率不高的重要原因。通过驯化或投加人工选育的高效菌种,可提高处理系统对污染物的降解能力,从而提高整个系统的处理效率。在这一方面,生物强化技术备受关注。

生物强化技术的基本原理就是通过向生物处理系统中投加具有特定功能的微生物以改善原有系统的处理效果。该技术在处理焦化废水等难降解废水的处理中取得了较好的效果。例如,王璟等(2000)通过向处理焦化废水的活性污泥系统中投加高效菌种,将系统 COD 去除率从 8% 提高到了 42%~45%。Kennedy 等(1990)通过生物强化技术使对氯酚的去除率在 9h 内达到 96%,而非生物强化系统的去除率在 58h 后才达到 57%。

生物强化技术在废水处理,尤其是难降解废水的处理中具有较大的潜力,但是,生物强化技术的成功应用还需要综合考虑水质、水量、投菌量、营养物质、氧耗、反应器的构型、水力停留时间等诸多因素。

3. 增加微生物与营养物质的接触程度

要使污染物作为微生物的营养物质被降解,必须使污染物与微生物充分接触,通常的措施是保证废水的水力停留时间,并提高固液混合程度。对于石油化工废水等污染物溶解度较小的废水,可通过向废水中投加表面活性剂来降低废水的表面张力、增加污染物的溶解度,从而促进微生物对污染物的吸收利用,提高氧气利用率,提高处理效率(刘正,1998);但也有的文献报道表面活性剂对某些微生物具有毒害作用(姜霞 等,2002)。

增加微生物与营养物质的接触程度也可以通过其他方式进行。活性炭-生物法是目前研究的热点之一,其机理之一便是通过活性炭对污染物的吸附作用,延长微生物和污染物的接触时间,从而促进污染物的降解。

4. 增强微生物的活性

污染物的降解速率不仅与微生物的数量和降解能力有关,还与微生物的活性有直接关系。微生物的活性越高,生物处理系统的处理能力也越强,反之亦然,因此微生物的活性对于生物处理具有重要意义。微生物的生理活性受多种因素影响,其中主要有温度、pH、溶解氧、有毒物质、营养物质等。

（1）有毒物质的影响

有害物质是指对微生物生理活动有抑制作用的某些无机物质及有机物质,如重金属离子、酚、氰等。它们产生毒性的机理各不相同:重金属离子(铅、镉、铬、铁、铜、锌等)能够和细胞的蛋白质相结合,而使其变性和沉淀;汞、银、砷的离子对微生物的亲和力较大,能与微生物酶蛋白的—SH 基结合,而抑制其正常的代谢功能;酚类化合物则对菌体细胞膜有损害作用,并能促使菌体蛋白凝固,此外,酚还能对某些酶系统,如脱氢酶和氧化酶,产生抑制作用,破坏细胞的正常代谢作用(张自杰,2002)。

但并不是废水处理系统不能够存在上述有毒物质,只有有毒物质达到一定浓度时,其毒害与抑制作用才显露出来,这一浓度称之为有毒物质的极限允许浓度。几种有毒物质的允许浓度如表 2.10 所示(张自杰,2002)。

表 2.10　生物处理系统进水中有毒物质的允许浓度

有毒物质名称	允许浓度/(mg/L)	有毒物质名称	允许浓度/(mg/L)
三价铬	3	锑	0.2
六价铬	0.5	汞	0.01
铜	1	砷	0.2
锌	5	石油类	50
镍	2	烷基苯磺酸盐	15
铅	0.5	拉开粉	100
镉	0.1	硫化物(以 S^{2-} 计)	20
铁	10	氯化钠	4000

同时需要指出的是,上述允许浓度只是一个参考,在水处理中有毒物质的毒害作用不仅与其浓度有关,还与 pH、水温、溶解氧、有无其他有毒物质、微生物的数量以及是否经过驯化等因素有关。

（2）营养平衡

参与水处理的微生物，在其生命活动中，需要不断从其周围环境中吸取必需的营养物质，不仅包括 C、H、O、N、P、S 等大量营养物质（macronutrient），还包括微量元素（trace element）和生长因子（growth factor）等微量营养物质（micronutrient）。废水营养物质不均衡往往是工业废水生物处理效率降低的重要原因之一。

通过大量的研究，针对 C、N、P 等大量营养物质，总结出好氧系统 BOD_5：N：P 为 100：5：1 有利于好氧微生物生长代谢的规律。如果废水中缺乏氮、磷，通过投加氮、磷等营养物质可以使微生物活性得到增强，使废水处理效果得到提高。然而即使废水中的碳、氮、磷满足微生物的需求，也常会因为缺乏某些微量营养物质而出现运行问题。因此有必要探讨微生物微量营养物质在废水生物处理中的作用。

微生物所需的微量元素包括镁、锌、钴、锰、镍、铜、铂、铁等，需要的维生素包括 K、B1、B2、B6、B12、生物素和烟酸等。微量营养物质需要的剂量一般在 1 mg/L 以下。

由于在工业废水处理实践中，微量元素的作用往往被忽视，下面将重点给予讨论。

5. 微量营养物质

微量营养物质是微生物生长代谢过程所需的重要成分，其需要量虽然很少，但在微生物生理活动中的作用却极为重要。因此从理论上来说，可以通过投加某些微量营养物质，来改善微生物的营养条件，提高微生物活性，从而提高生物处理系统的处理效果。

许多工业废水中存在微量金属缺乏问题，主要原因是生产原料中本身并不含有这些物质或其含量很低。在有些废水，如酿造和制酒废水、食品加工废水、制浆造纸废水、天然纤维加工废水中，由于使用了大量的石灰、氢氧化钠及碳酸盐等物质，一些络合的微量金属与这些物质反应，从而导致废水中微量金属不足；或者由于废水腐化或溶解氧不足，在厌氧条件下，废水中的硫易与微量金属反应形成难溶的硫化物而导致微量金属不足。

（1）微量营养物质在微生物生长代谢中的作用

微量营养物质在微生物的生长代谢中有如下作用：作为辅酶以激活相关酶的活性；用于系统的电子传递；调节渗透压、氢离子浓度、氧化还原电位等；微生物的生长因子。几种微量营养物质在微生物生长代谢过程中的具体作用如表 2.11 所示（梁威，2004）。

表 2.11　微量营养物质的作用

微量营养物质	有需要的微生物	作　用
维生素 B_1（硫胺素）	酵母菌、霉菌、原生动物和腐生营养细菌	生长基质成分,用于碳氢化合物的新陈代谢和细胞生长
	几种细菌	辅脱水酶、辅歧化酶、辅羧化酶的活性基
维生素 B_2（核黄素）	许多种细菌,包括乳酸菌、丙酸菌	生长因子; 黄素酶辅基的组成成分,可催化氧化还原反应
维生素 B_3（泛酸）	所有的微生物	细胞生长、发酵、繁殖、呼吸和糖原生成的生长因子,与维生素 H 和维生素 B_6 有协同增效作用,缺乏泛酸会导致 N、P 去除率下降
维生素 B_5（烟酸）	细菌,尤其是葡萄状球菌、杆状菌	生长因子,参与氧化磷酸化和辅酶的生成
维生素 B_6（吡哆素）	细菌,尤其是乳酸菌	生长因子,与维生素 H 和泛酸有协同增效作用; 磷酸吡哆醛是氨基酸的消旋酶、转氨酶、脱羧酶的辅酶; 磷酸吡哆胺能催化转氨作用,吡哆素在氨基酸代谢中起重要作用
维生素 B_{11}（叶酸）	粪链球菌、丙酸菌	四氢叶酸称为辅酶 F,在合成核酸中起重要作用
维生素 B_{12}	细菌	生长因子,是钴酰胺辅酶的组成部分,钴酰胺辅酶参与甲硫氨酸和胸腺嘧啶核苷酸的甲基合成
维生素 H（生物素）	酵母菌、所有的细菌（尤其是乳酸菌）	新陈代谢活化剂; 各种羧化酶的辅基,与 CO_2 的结合有关,在糖代谢和脂肪酸的合成过程中起催化作用; 与泛酸和维生素 B_6 有协同增效作用
维生素 K	所有的细菌	电子传递体,呼吸链的组成要素
K	所有微生物	许多酶的激活剂,可促进碳水化合物的代谢; 控制原生质的胶态和细胞质膜的通透性; 参与磷的传递作用
Na	所有微生物	在微生物细胞中不如钾那样重要,与维持渗透压有关
Ca	好氧细菌	细胞运输系统与渗透平衡,连接阴离子 ECP 并促进絮凝
	菌胶团	促进生长速度并改善絮凝; 需求和作用多种多样,与其他金属相互作用
Mg	异氧细菌	激酶和磷酸转移酶的激活剂; 磷酸化酶和烯醇化酶的活性都需要镁; 与钙有拮抗作用

微量营养物质	有需要的微生物	作　　　用
Fe	几乎所有微生物	细胞色素中的电子传递体； 接触酶、过氧化酵素、顺乌头酸酶的合成
	铁还原菌	铁还原促进絮体形成； 过氧化氢酶、过氧化物酶、细胞色素、细胞色素氧化酶的组成部分
Zn	细菌	酶的激活剂，脱水酶和羧肽酶的活性因子； 乙醇脱氢酶和乳酸脱氢酶的活性基； 刺激细胞生长； 低浓度下有毒（1 mg/L），尤其对原生动物； 能够加剧其他金属的毒性，抑制新陈代谢
Cu	细菌	需要量较小的酶的激活剂，能够抑制新陈代谢，与其他物质螯合可降低其毒性； 多元酚氧化酶的活性基
Co	细菌	酶的激活剂，维生素 B_{12} 的组成部分
Ni	蓝细菌和绿藻 产甲烷厌氧菌 活性污泥培养	激活特定的酶，甲烷产生； 保持生物量，可能抑制新陈代谢； 甲烷菌中细胞尿素酶的主要成分
Mn	细菌	激活异柠檬酸脱氢酶和苹果酸酶； 在羧化反应中是必需的，黄嘌呤氧化酶中含有锰； 能促进巨大芽孢杆菌芽孢的呼吸和发芽； 在激酶反应中常可与 Mg 互换，与其他金属相比对细胞亲和力较小，但在 1 mg/L 时仍可以抑制新陈代谢

（2）微生物对微量营养物质的需要量

由于微量物质较难准确测量，同时与微生物有关的化学和生物化学反应较复杂，所以对微量营养物质的理论需求量一直没有建立。通常细菌细胞对微量元素的需求量可以通过细胞的组成来估算。但由于过剩的微量营养物质会吸附在细胞壁上，因此这种方法估算的需求量通常要大于实际的需求量。

通过细胞组成的分析，活性污泥对几种微量营养物质的需求量参考范围如表 2.12 所示（梁威，2004）。

上述数据是假设 1000 mg/L 的 BOD 转化成 100 mg/L 的生物量得到的，其他水处理文献中关于生物氧化过程中的微量金属需求量是以废水中的 BOD 为基准进行描述的（表 2.13）。

表 2.12　活性污泥微生物微量营养物质的需求量参考范围

微量营养物质	需求量范围/(mg/L)[a]	微量营养物质	需求量范围/(mg/L)[a]
维生素 B_1	$0\sim1.0^a$,$0.3\sim1.2^b$	Ca	$0.4\sim1.4$
维生素 B_2	$0\sim1.0^a$,$0.5\sim2.0^b$	Mg	$0.5\sim5.0$
维生素 B_3	$0\sim1.0^a$,$0.01\sim2.0^b$	Fe	$0.1\sim0.4$
维生素 B_5	$0\sim1.0^a$,$0\sim10^b$	Zn	$0.1\sim1.00$
维生素 B_6	$0\sim0.00001^a$,$0.3\sim10^b$	Cu	$0.01\sim0.05$
维生素 B_{12}	$0.005^{a,b}$	Co	$0.1\sim5.0$
维生素 H	$0\sim0.001^a$,$0.01\sim0.05^b$	Mn	$0.01\sim0.05$
K	$0.8\sim3.0$	Mo	$0.1\sim0.7$
Na	$0.5\sim2.0^b$	Al	$0.01\sim0.05$

a. Burgess,1999;

b. Sathyanarayana and Srinath,1961.

表 2.13　生物氧化过程中微量金属需求量[a]

微量金属名称	需求量/(g/g-BOD)	微量金属名称	需求量/(g/g-BOD)
Fe	12×10^{-3}	Zn	16×10^{-5}
Ca	62×10^{-3}	Cu	15×10^{-5}
K	45×10^{-4}	Co	13×10^{-5}
Mg	30×10^{-4}	Na	5×10^{-5}
Mo	43×10^{-5}	Mn[b]	10×10^{-5}

a. Eckenfelder,1980;

b. 张自杰,2002.

　　微生物对微量营养物质的实际需求量通常还会受到有机负荷和水力负荷、细胞生长速率、废水性质和平均细胞停留时间等因素影响。以上需求量仅供参考,实际的最佳需要量,还需要具体确定(梁威 等,2003)。

　　金属离子间可能存在相互作用,例如,钙、钾和钠被认为与其他金属存在相互作用。Speece 等(1988)报道,Fe、Co、Ni 的补充有助于维持较高的 VSS 浓度。当只加酵母抽提物时,VSS=1.8 g/L;当补充 Fe、Co、Ni 时,VSS=3.0 g/L;当同时补充 Ni 和酵母抽提物时,VSS=7.0 g/L。

　　维生素是一类毒性阈值很高的有机物,能够影响细胞代谢。不同的维生素及其组合对于不同的细菌有不同的影响。

　　烟酸是合成辅酶的原料,也是细菌细胞的生长因子之一。一定量的烟酸能够提高工业废水处理污泥中细胞的代谢活性(Lind et al,1994)。据报道,烟酸的最佳投加量是 0.1mg/L(Burgess et al,1999),城市污水能够满足这一要求。烟酸的投加对于城市污水处理系统中污泥的代谢没有什么影响,这就证明了城市污水中含有足量或是过量的烟酸以维持活性污泥的代谢活性,而工业废水并不总是含有足量的烟酸(Lind et al,1994)。

一个多样性丰富的活性污泥系统能够自己合成大多数需要的维生素,然而对于工业废水处理系统这样一个生物种群不平衡的体系来说,投加维生素有时是需要的。研究表明处理焦化废水、屠宰废水、制糖废水的污泥对于维生素 H 的需求量较高,而一般来说,生活污水的污泥中并不缺乏维生素 H,原因也许是许多肠细菌和假单胞菌能够合成维生素 H(Lemmer and Nitschke,1994)。

维生素缺乏的现象可能发生在化学制药、石化、造纸、制糖、屠宰等行业产生的废水中(Wood and Tchobanoglous,1975)。实验结果证明,造纸废水中缺乏维生素 B1、维生素 H 和烟酸,而这些物质的存在能够提高污水处理设施的处理效率。

2.10　再生水输配与储存系统优化与管理

经过深度处理后的再生水中仍含有一定的有机物和微生物(包括病原微生物),在储存、管网输配过程中可能发生水质劣化,威胁再生水的水质安全性。由于再生水中有机物(包括可同化有机碳)的含量仍明显高于饮用水,这些有机物一方面可以作为微生物生长的营养物质,另一方面还会加快水中余氯的消耗,从而促进再生水储存、输配过程中微生物(包括病原微生物)的生长。

在微生物的作用下,再生水中的硫酸根、有机物在长时间输送过程中亦可生成无机致嗅物质 H_2S,导致再生水管网末梢出水发臭。因此,仅仅控制再生水厂出水的水质,并不能够保障再生水利用过程中的安全性,研究再生水输送过程中水质变化机理与控制技术具有重要的意义。

2.11　再生水利用系统管理

回用方式优化主要是指污水处理厂将污水处理达到一定水质标准后,根据具体的出水水质,进行安全、合理的回用。比如,同样是灌溉绿地、草场,但对灌溉水的水质要求却有很大差异,主要是根据绿地、草场距离居民区的远近,公众进入的频率以及灌溉的方式是喷灌、漫灌还是滴灌等。再如,同样是回用作为冷却水,但对冷却塔中循环冷却水的水质要求要高于单程冷却水的水质。

因此,一方面,应根据具体的回用目标,在保障回用安全的条件下选择适当水质的再生水,另一方面,也可以根据再生水厂的出水水质,选择合适的回用目标和回用方式,以保障回用的安全性。回用方式的优化是保障回用安全的辅助环节。

参 考 文 献

杜兵. 2010. 北京市城市污水处理厂水质升级技术需求及筛选. 水工业市场,9:12～16.

後藤尚弘,胡洪营,藤江幸一. 2000. 産業排水の削減対策と最適処理. 用水と廃水,42(10):870～875.

胡洪营,魏东斌,董春宏. 2002. 污/废水的水质安全性评价与管理. 环境保护,301(11):37～38.

胡洪营,吴乾元,黄晶晶,等. 2010a. 城市污水再生利用面临的重要科学问题与技术需求. 建设科技,(3): 33～35.

胡洪营,吴乾元,黄晶晶,等. 2010b. 城市污水再生利用安全保障体系与技术需求分析. 水工业市场,8:8～12.

胡洪营,吴乾元,杨扬,等. 2010c. 面向毒性控制的工业废水水质安全评价与管理方法. 环境工程技术学报, 1(1).

胡洪营,赵文玉,吴乾元. 2010d. 工业废水污染治理途径与技术研究发展需求,环境科学研究,23(7): 861～868.

姜霞,井欣,等. 2002. 表面活性剂对土壤中多环芳烃生物有效性影响的研究进展. 应用生态学报,13(9): 1179～1186.

梁威,宋玉栋,胡洪营,等. 2003. 微量金属元素对毛纺废水生物处理效果的影响//第 3 届环境模拟与污染控制学术研讨会论文集. 109～110.

梁威. 2004. 微量营养物质对毛纺废水生物处理系统的影响研究:[博士后研究报告]. 北京:清华大学.

刘正. 1998. 污水生化处理微生物活性助剂的研究. 化工给排水设计,2:29～32.

王璟,张志杰,孙先锋,等. 2000. 应用生物强化技术处理焦化废水难降解有机物. 城市环境与城市生态, 13(6):42～44.

王丽莎. 2007. 氯和二氧化氯消毒对污水生物毒性的影响研究:[博士论文]. 北京:清华大学.

魏东斌,胡洪营. 2004. 污水再生回用的水质安全指标体系. 中国给水排水,2004,20(1):36～39.

魏东斌. 2003. 城市污水再生回用的水质安全指标体系及保障措施研究:[博士后研究报告]. 北京:清华大学.

魏杰,王丽莎,宁大亮,等. 2004. 脱氯对降低消毒污水致生物毒性的作用. 中国给水排水,10(4):16～19.

张自杰. 2002. 排水工程. 第四版. 北京:中国建筑工业出版社. 102～105,579.

Burgess J E,Quarmby J,et al. 1999. Micronutrient supplements for optimization of the treatment of industrial wastewater using activated sludge. Water Research,33(18):3707～3714.

Culp,Weaner,Culp. 1979. Water reuse and recycling Volume 2, Evaluation of treatment technology(OWRT/ RU-79/2). Washington DC:United States Department of Interior. 70,110.

Eckenfelder W W. 1980. Principles of Water Quality Management. Boston,USA:CBI Pub Co.

Elliott J,Watkins S. 1990. Controlling volatile organic compound emissions from industrial wastewater. New Jersey, USA:Noyes Data Corporation.

Fujie K,Hu H Y. 1997. Pollutants discharge analysis and control with pre-evaluation systems of raw materials and wastewaters for zero-emission production process//Proceeding of IAWQ specialised conference on chemical process industries and environmental management. South Africa. Paper No. 1,3.

Hu H Y,Goto N,Fujie K. 1999. Concepts and methodologies to minimize pollutant discharge for zero-emission production. Water Science and Technology,39(10/11):9～16.

Keith L H,Telliard W A. 1979. Priority pollutants:I-a perspective view. Environmental Science & Technology,13:416～423.

Kennedy M S,Grammas J,Arbackle W B,et al. 1990. Parachlorophenol degradation uses bioaugmentation research. Journal (Water Pollution Control Federation),62:227.

Lemmer H, Nitschke L. 1994. Vitamin content of four sludge fractions in the activated sludge wastewater treatment process. Water Research, 28:737~739.

Lind G, Schade M, Metzner G, Lemmer H. 1994. Use of vitamins in biological waste water treatment. GWF—Wasser/Abwasser, 135:595~600.

Penders E, Hoogenboezem W. 2001. Biological tests, a suitable instrument for the quality control of surface water? Amsterdam: Association of River Waterworks(RIWA).

Rowe B L, Landrigan S J, Lopes T J. 1997. Summary of published aquatic toxicity information and water quality criteria for selected volatile organic compounds. Rapid City, South Dakota: United States Department of the Interior.

Sathyanarayana R S, Srinath. 1961. Influence of cobalt on synthesis of vitamin B12 in sewage during aerobic and anaerobic treatment. Journal of Scientific & Industrial Research, 20(C):261~265.

Speece R E. 1988. A survey of municipal anaerobic sludge digesters and diagnostic activity assays. Water Research, 22:365~372.

Weinberg H. 1997. Disinfection by-products in drinking water: The analytical challenge. Analytical Chemistry, 71(23):801A~808A.

Wood D K, Tchobanoglous G. 1975. Trace elements in biological waste treatment. Journal (Water Pollution Control Federation), 47:1933~1945.

第3章 污水及再生水中的病原微生物

3.1 污水及再生水中常见的病原微生物及其危害

城市污水收集系统由于接纳了来自家庭和医院等的污水,因此在污水中存在数目繁多、数量巨大的病原微生物,很多人体致病微生物可以通过污水排放所造成的水污染而进行传播。在常规的污水一级、二级、深度处理中,污水中的病原微生物只能被部分去除,难以达到较高的水质要求。因此,由病原体引起的微生物风险通常是再生水利用的主要风险。

水中的微生物包括致病性和非致病性微生物。引起疾病的微生物种类繁多,总称为病原微生物。水中的病原微生物一般并不是水中原有的微生物,大部分从外界环境污染而来,特别是人和其他温血动物的粪便污染。受粪便污染的城市污水中可能存在的病原微生物多于 100 种(Ottoson et al,2006)。水中的病原微生物是引起水传播疾病爆发的根源,主要分为病毒、细菌、原生动物和寄生虫四类,如表 3.1 所示(美国环境保护局,2008)。

表 3.1 污水中可能存在的感染性病原微生物及其可能引起的疾病

病原微生物		相关疾病
病毒	肠道病毒	肠胃炎、脑膜炎等
	肝炎病毒	传染性肝炎
	腺病毒	呼吸道疾病
	轮状病毒	肠胃炎
	细小病毒	肠胃炎
	诺沃克因子	痢疾,呕吐,发烧
	呼肠孤病毒	尚不确定
	星状病毒	肠胃炎
	杯状病毒属	肠胃炎
	冠状病毒	肠胃炎

	病原微生物	相关疾病
细菌	志贺氏菌属	志贺氏菌病(痢疾)
	伤寒沙门氏菌属	伤寒症
	沙门氏菌属	沙门氏菌病
	霍乱弧菌	霍乱病
	大肠杆菌	肠胃炎
	小肠结肠炎耶尔森氏菌	耶尔森氏鼠疫杆菌肠道病
	钩端螺旋体	细螺旋体病
	军团菌	军团病
	弯曲菌	肠胃炎
原生动物	溶组织内阿米巴	阿米巴病(阿米巴性痢疾)
	兰伯氏贾第虫	贾第鞭毛虫病
	结肠小袋纤毛虫	结肠小袋虫病(痢疾)
	隐孢子虫	隐孢子虫病、痢疾、发烧
寄生虫	人蛔虫	蛔虫病
	十二指肠钩口线虫	钩虫病
	美洲板口线虫	板口线虫病
	粪类圆线虫	圆线虫病
	鞭虫	鞭虫病
	绦虫	绦虫病
	蛲虫	蛲虫病
	细粒棘球绦虫(绦虫)	棘球蚴病

资料来源：Sagik et al, 1978.

污水中的病原微生物有以下特点：

1) 个体小。四类病原微生物的大小如表 3.2 所示(美国环境保护局，2008)。这一方面使病原微生物不容易被人们察觉，另一方面也使它们难以在污水处理及再生利用的工艺中去除。

2) 繁殖快。大多数微生物在几十分钟内即可繁殖一代，在适宜的条件下经过10 h 就可繁殖为数亿个(顾夏声 等，2006)。

3) 存活能力强。如表 3.3 所示，一些病毒和原生动物的卵囊、孢囊对外界环境具有很强的耐受能力，蛔虫卵在适宜的条件下能存活 10 年以上(Toze，2006)。

4) 致病计量低。隐孢子虫、贾第鞭毛虫和其他许多病毒类微生物的致病剂量都小于 10 个活性单位(Toze，2006；Dillingham et al，2002；Okhuysen et al，1999)。

表 3.2　污水中病原微生物的大小

微生物	病毒	细菌	原生动物	寄生虫
大小/μm	0.01～0.3	0.2～10	1～60	10～100

资料来源：美国环境保护局，2008.

表 3.3　环境中典型病原及指示微生物的存活时间

微生物	存活时间/d			
	粪便/污泥	淡水/海水	农作物	土壤
肠道病毒	<100(<20)	<120(<50)	<60(<15)	<100(<20)
粪大肠菌群	<90(<50)	<60(<30)	<30(<15)	<70(<20)
沙门氏菌	<60(<30)	<60(<30)	<30(<15)	<70(<20)
溶组织内阿米巴虫卵	<30(<15)	<30(<15)	<10(<2)	<20(<10)
人蛔虫卵	数月	数月	<60(<30)	数月

注：括号外数字为最长存活时间，括号内数字为一般存活时间。

资料来源：魏东斌，2003.

病原微生物在水中的存活时间直接影响它引发疾病的风险，存活时间越长，引发疾病的风险越大。病原微生物在水中的存活时间，根据种类、水质和环境条件的不同变化很大，表 3.4 列出了几种病原微生物在不同水中的存活时间参考值。

表 3.4　几种病原微生物在不同水中的大致存活时间　　　　（单位：d）

微生物	蒸馏水	灭菌水	自来水	河水	井水	污水
大肠杆菌	21～72	3～365	2～262	21～183		
伤寒杆菌	3～81	6～365	2～93	7～157	5～47	24～27
痢疾杆菌	3～39	2～72	15～27	12～92	2～19	10～56
霍乱弧菌	166～260	30～360	4～28	7～92	1～92	30
结核杆菌				107～211		197
脊髓灰质炎病毒			140	5～14		6～50

资料来源：蒋兴锦，1989.

此外，与化学污染物相比，水中病原微生物还具有以下特征：

1) 病原微生物在水中的分布是离散的，而不是均质的。

2）病原体常成群结团，或吸附于水中的固体物质上，因此其水中的平均浓度不能用以预测感染剂量。

3）病原微生物的致病能力取决于其侵袭性和活力以及人的免疫力。

4）一旦造成感染，病原微生物可在人体中繁殖，从而增加致病的可能（陈炳衡等，2000）。

污水中病原微生物的以上特点，使得它们具有很强的致病性，并且容易导致流行性疾病的爆发（图3.1）。其中一些疾病，如由诺沃克病毒、隐孢子虫引发的肠道疾病，目前只有很少直接有效的治疗药物（Huang and White，2006）。

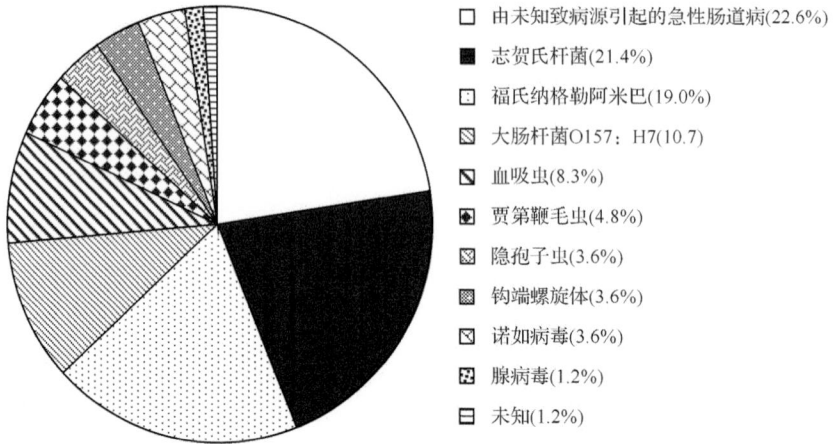

图3.1　1986～1998年间美国流行病爆发娱乐用水中病原微
生物的贡献率（Smith and Perdek，2004）

与水有关的微生物感染疾病可分为饮水传播性疾病、洗水性疾病、水依赖性疾病和水相关性疾病（表3.5）。通过摄入被污染的水而被传染和传播的疾病被称为饮水传播性疾病，如流行性霍乱和伤寒。这类疾病在人类历史上曾频繁发生，目前通过对水源的保护和对给水系统的治理，这些疾病得到了有效的控制。饮水传播性疾病由粪-口途径传播，饮水只是许多可能的传染途径之一。洗水性疾病是指那些与恶劣卫生条件和不适当的环境卫生相关的疾病，如缺少用于洗涤和淋浴的水，就很容易发生眼睛和皮肤类疾病，如结膜炎、砂眼及腹泻等。水依赖性疾病是由生活在水中或依赖水生存的病原体引起的疾病，如血吸虫和军团菌，它们分别导致血吸虫病和军团病。水相关性疾病是通过在水中繁殖（如传播疟疾的蚊子）或靠近水边生活（如传播丝虫病的苍蝇）的某些昆虫传播的疾病，如黄热病、登革热、丝虫病、疟疾和昏睡病等。

表 3.5 与水有关的微生物感染疾病的分类

分 类	原 因	实 例
饮水传播性疾病	病原体来源于粪便,通过摄入传播	流行性霍乱、伤寒
洗水性疾病	病原体来自于排泄物,通过接触不适当的卫生条件和卫生设备传播	砂眼
水依赖性疾病	病原体来自于终生或生活史中部分时间生活在水中的水生生物,人类通过直接接触水传播或吸入传播	血吸虫病、军团病
水相关性疾病	病原体的生活史常和水中生存和繁殖的昆虫相关	黄热病

资料来源:梅尔 等,2004.

这些病原微生物引发的流行性疾病案例有很多,世界范围内均有报道(USEPA, 2001; Fayer et al, 2000; Baker and Herson, 1999; 宋仁元,2003)。1991 年 1 月,拉丁美洲霍乱大流行,从一个国家蔓延到全洲,130 万人生病,近 1.2 万人死亡。1993 年 4 月,美国密尔沃基市供水中含有隐孢子虫,致使该市超过 150 万人受感染,40.3 万人患病,4400 人住院,近百人死亡。这两个案例都是饮用水系统病原微生物污染引起的。

除了直接饮用外,皮肤接触、呼吸吸入等其他传播途径也有可能导致疾病爆发。1997 年,美国明尼苏达州爆发一起与喷泉设施有关的隐孢子虫病,导致 369 人发病(徐凤,1999)。1999~2000 年,美国报告了 3 起因游泳而引起的诺沃克病毒性胃肠炎爆发,共导致 202 人发病(曾四清,2005)。虽然报道的疾病爆发大多是由于饮用水及景观娱乐用水受到污染,但是它们的污染源多数是城市生活污水。

3.2 污水及再生水中常见的病毒

污水中存在着对人类健康有着直接危害的各类病毒,包括肠道病毒、肝炎病毒、轮状病毒等。表 3.6 中列出了可能存在于污水中的人类肠道病毒。某些肠道病毒在水中比较稳定,对自然环境条件和消毒剂的耐受性比一般的细菌强,因此经过处理后的水中有时虽已不能检出大肠菌群细菌,或大肠菌群已符合水质标准的要求,但有时仍可能检出病毒。

表 3.6　可能存在于污染水体的人类肠道病毒

病　　毒	血清型数	可致疾病
脊髓灰质炎病毒	3	麻痹脑膜炎、发热
柯萨奇病毒 A 组	24	疱疹性咽峡炎、呼吸道疾病、脑膜炎、发热、手足口病
柯萨奇病毒 B 组	6	心肌炎、先天性心脏畸形、皮疹、发热、胃肠炎
艾柯病毒	34	脑膜炎、呼吸道疾病、皮疹、发热、胃肠炎
肠道病毒 68-71 型	4	脑膜炎、脑炎、呼吸道疾病、皮疹、急性出血性脑膜炎、发热
甲型肝炎(肠道病毒 72 型)	1	传染性肝炎
轮状病毒	>4	胃肠炎、腹泻
腺病毒(粪、尿内)	>40	呼吸道疾病、结膜炎、胃肠炎
小 DNA 病毒(腺病毒伴随病毒)	3	未知
诺如病毒	2	流行性呕吐腹泻、发热
呼肠孤病毒	3	未知
巨细胞病毒(尿内)	3	传染性单核细胞增多症、肝炎、肺炎、下天性畸形与进行性
类 SV40 乳多空病毒	2	多灶性脑白质并和免疫抑制有关

资料来源：比顿，1986.

3.2.1　肠道病毒

肠道病毒(enterovirus)属小 RNA 病毒科(*Picornaviridae*)，包括脊髓灰质炎病毒(Poliovirus)、柯萨奇病毒(Coxsackie virus)A、柯萨奇病毒 B、艾柯病毒(Enteric cytopathogenic human orphan virus，ECHO virus)等。肠道病毒是在水体环境中最常见、也是水病毒学研究最多的一类病毒。在研究水的病毒学安全性中，常以肠道病毒作为代表，因为这类病毒病患者排毒量大、排毒时间长，且肠道病毒对外界环境抵抗力强、存活时间较久，可通过水体以外的途径传播，而且比其他病毒易于检测。

肠道病毒具有以下共性：①病毒体呈球形，衣壳为二十面体立体对称，直径22～39 nm，无囊膜；②核酸为单股正链 RNA；③肠道病毒耐乙醚、耐酸(pH 3～5)，对胆汁，普通消毒剂(如 70％乙醇、5％来苏儿等)有抵抗作用；对氧化剂(如 1％高锰酸钾、1％过氧化氢和含氯消毒剂)较敏感。此外，对高温、干燥、紫外线等敏感，56℃下 30 min 可灭活病毒。病毒在粪便和污水中可存活数月；④均能在肠道中增殖，并能侵入血液产生病毒血症，引起各种临床综合病症。

1) 脊髓灰质炎病毒

这种病毒属微小 RNA 病毒，直径 8～30 nm(图 3.2)。脊髓灰质炎是一种急性传染病。染病后常发热和肢体疼痛，主要病变在神经系统，故部分病人可出现麻痹,严重者可留有瘫痪后遗症。此病多见于小儿,所以又名小儿麻痹症。

感染者的鼻咽分泌物及粪便内均可排出此病毒。食物和水可能被粪便感染。所以经口摄入是主要的传播途径。如水源被污染了,可能促成较大的流行。

此病毒在人体外生活力很强,可在水中和粪便中存活数月,低温下可长期保存,但对高温及干燥较敏感。加热至 60℃ 及紫外线照射均可在 0.5~1 h 内灭活。各种氯化剂、2% 碘酒、甲醛、升汞等都能有一定的消毒作用。用

图 3.2　脊髓灰质炎病毒

0.3~0.5 mg/L 的氯进行消毒,接触 1 h,可灭活此病毒。

2) 其他肠道病毒

除脊髓灰质炎病毒,肠道病毒还有柯萨奇和艾柯病毒,这两种病毒在世界范围分布极广,主要的侵犯对象为少儿,一般夏秋季易流行。它们都具有暂时寄居人类肠道的特点。这些病毒都较小,一般直径小于 30 nm,抵抗力较强,能抗乙醚、70% 乙醇和 5% 煤酚皂液,但对氧化剂很敏感。

这两种病毒引起的临床表现复杂多变,同型病毒可引起不同的症状,而不同型的病毒又可引起相似的临床表现。一般症状有以下几种:无菌性脑膜炎、脑炎、急性心肌炎和心包炎、流行性胸痛、疱疹性咽峡炎、出疹性疾病、呼吸道感染、小儿腹泻等。

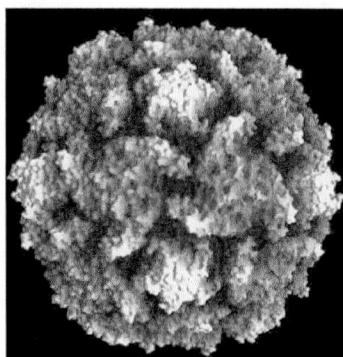

3.2.2　肝炎病毒

病毒性肝炎一般可分为甲型肝炎(传染性肝炎或短潜伏期肝炎)和乙型肝炎(血清性肝炎或潜伏期肝炎),两者病理变化和临床表现基本相同。主要临床症状有食欲减退、恶心、上腹部不适(或肝区痛)、乏力等,部分病人有黄疸和发热,多数肝脏肿大,伴有肝功能损害。

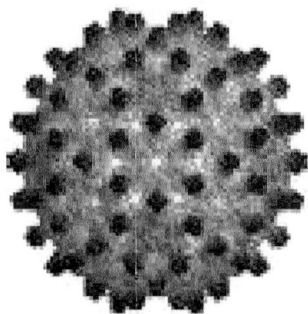

甲型肝炎病毒(Hepatitis A virus,HAV)是一种形态上显著区别于同族其他成员的细小核糖核酸病毒(图 3.3)。1981 年归类为肠道病毒属 72 型。最近由于它在许多方面的特征与肠道病毒有所不同而归入嗜肝 RNA 病毒(Heparnavirus)科。

图 3.3　甲型肝炎病毒

甲型肝炎病毒主要从粪便排出体外,经口传染。水源或食物被污染后,可能引起爆发性流行

疾病。

肝炎病毒对一般化学消毒剂的抵抗力强,在干燥或冰冻环境下能生存数月或数年。以紫外线照射 1 h 或蒸煮 30 min 以上可灭活。加氯消毒有一定的灭活作用。

3.2.3 轮状病毒

轮状病毒(rotavirus)归类于呼肠孤病毒科(*Reoviridae*)轮状病毒属(图 3.4)。由澳大利亚 Bishop 等于 1973 年首先从腹泻病人的十二指肠上皮细胞中发现。轮状病毒的病毒体呈圆球形,有双层衣壳,每层衣壳呈二十面体。内衣壳的壳微粒沿着病毒体边缘呈放射状排列,形同车轮辐条。完整病毒大小约 70~75 nm,无外衣壳的粗糙型颗粒为 50~60 nm。具双层衣壳的病毒体有传染性。

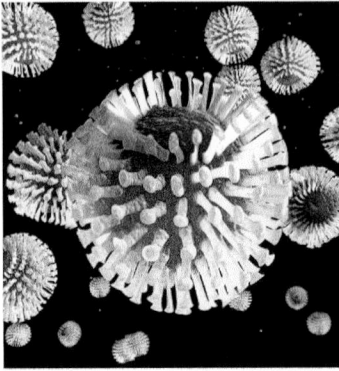

轮状病毒是引起全球儿童急性腹泻的最常见病因之一,据估计全球每年患轮状病毒肠胃炎的儿童超过 1.4 亿,造成数十万儿童死亡。其流行高峰主要在秋冬季,故常称为"秋季腹泻"。

图 3.4 轮状病毒

轮状病毒对各种理化因子有较强的抵抗力,在粪便中可存活数日或数月。病毒经乙醚、氯仿、反复冻融、超声、37℃ 1 h 或室温(25℃)24 h 等处理,仍具有感染性。该病毒耐酸、碱,在 pH 3.5~10.0 之间都具有感染性。95％的乙醇对该病毒的灭活最有效,56℃加热 30 min 也可灭活病毒。

轮状病毒主要通过口-粪途径传播,可经饮用或进食受污染的饮水或食物、或接触受污染的对象传播。1981 年美国科罗拉多州的轮状病毒病爆发与市政供水的污染有关。1982 年以来,中国发生了几次感染数百人的 B 族轮状病毒大爆发,其原因是饮用水被污水污染。

3.2.4 SARS 冠状病毒

2002 年年底,在我国广东省发现首例严重急性呼吸道综合征(severe acute respiratory syndrome,SARS,俗称非典型性肺炎)患者,截至 2003 年 6 月,SARS 已经波及 32 个国家和地区,总发病 8000 余例,死亡 800 多人。该病患者初期通常有高于 38℃ 的发热,并会伴有寒战,或者头痛、倦怠和肌痛,后期表现为干咳无痰,呼吸困难。该病传播途径以近距离飞沫传播为主,同时可以通过手接触呼吸道分泌物经口、鼻、眼传播。

目前已有的研究结果发现,SARS 病原微生物为 SARS 冠状病毒,归属于巢状病毒目、冠状病毒科,为单链 RNA 病毒。病毒直径 80~140 nm(图 3.5)。

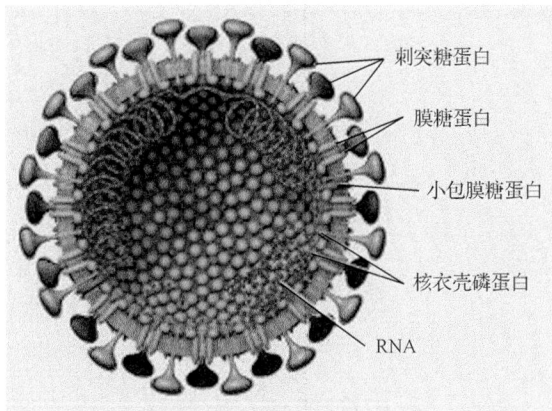

图 3.5　SARS 冠状病毒

3.2.5　腺病毒

腺病毒(adenovirus)是一种无包膜的直径为 70~90 nm 的颗粒,由 252 个壳粒呈二十面体排列构成(图 3.6)。每个壳粒的直径为 7~9 nm。衣壳里是线状双链 DNA 分子,约含 35 000 bp,两端各有长约 100 bp 的反向重复序列(Yates, 2006)。

腺病毒的生活周期可以分为截然不同却又不能割裂开来的两个阶段。第一阶段包括腺病毒颗粒黏附和进入宿主细胞,将基因组释放到宿主细胞核中,以及有选择性地转录和翻译早期基因。第二阶段包括细胞为病毒基因组复制与腺病毒晚期基因表达,并最终释放成熟的感染颗粒。第一阶段将在 6~8 h 内完成,第二阶段则更快,只需 4~6 h。

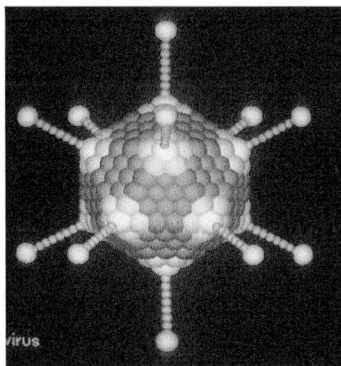

图 3.6　腺病毒

自 20 世纪 50 年代发现并成功分离腺病毒以来,已陆续发现了 100 余个血清型,其中人腺病毒有 47 种,分为 A、B、C、D、E 和 F 六个亚群(subgroup)。患病初期,由于病毒大量复制和释放,会出现中度发热、浑身酸痛、乏力、咽痛等症状。但这些症状通常是比较短暂而轻微的,之后随着中和抗体的产生而逐渐消失。个别类型型腺病毒(主要感染小肠和结膜组织)可以在扁桃体等淋巴组织中潜伏下来。

3.2.6　诺如病毒

诺如病毒(Norovirus)属杯状病毒科病毒,其原型株诺沃克病毒(Norwalk virus)于 1968 年在美国诺沃克市被分离发现。由于该组病毒极易变异,此后在其他地区又相继发现并命名了多种类似病毒,统称为诺如病毒(图 3.7)。诺如病毒遗传高度变异,在同一时期和同一社区内可能有遗传特性不同的毒株流行。诺如病毒抗体没有显著的保护作用,尤其是没有长期免疫保护作用,极易造成反复感染。

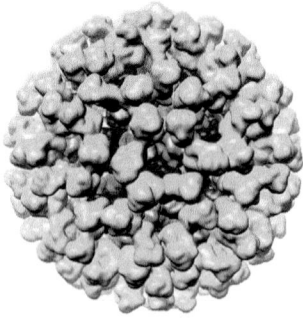

图 3.7　诺如病毒

诺如病毒属病毒易引起诺如病毒感染性腹泻,具有发病急、传播速度快、波及范围广等特点,是引起非细菌性腹泻爆发的主要病因。诺如病毒感染性强,以肠道传播为主,可通过污染的水源、食物、物品、空气等传播,常在社区、学校、餐馆、医院、托儿所、孤老院及军队等处引起集体爆发。

诺如病毒感染性腹泻在全世界范围内均有流行,全年均可发生感染,感染对象主要是成人和学龄儿童,寒冷季节呈现高发。感染诺如病毒的一般症候是:恶心、呕吐、发热、腹痛和腹泻。儿童患者呕吐普遍,成人患者腹泻为多,24 h 内腹泻 4~8 次,粪便为稀水便或水样便,无黏液脓血。大便常规镜检 WBC<15,未见 RBC。原发感染患者的呕吐症状明显多于续发感染者,有些感染者仅表现出呕吐症状。此外,也可见头痛、寒战和肌肉痛等症状,严重者可出现脱水症状。

美国每年所有的非细菌性腹泻爆发中,60%~90%是由诺如病毒引起的。荷兰、英国、日本、澳大利亚等发达国家也都有类似结果。在发展中国家,诺如病毒感染性腹泻普遍存在,也常引起爆发流行。在我国 5 岁以下腹泻儿童中,诺如病毒检出率为 15%左右,血清抗体水平调查表明我国人群中诺如病毒的感染亦十分普遍。1995 年,我国报道了首例诺如病毒感染,之后山西、北京、安徽、福州、武汉、广州等地区先后发生多起诺如病毒感染性腹泻爆发疫情。

3.3　污水及再生水中常见的病原菌

3.3.1　致病性大肠杆菌

埃希氏大肠杆菌(*Escherichia coli*)通常称为大肠杆菌,多不致病,为人和动物肠道中的常居菌。但某些菌株的致病性强,能引起腹泻,这些菌株通称为致病性大肠杆菌。致病性大肠杆菌通过污染饮水、食品、娱乐水体引起疾病爆发流行,病情严重者,可危及生命。

致病性大肠杆菌根据其致病机理可分为四类:产肠毒素大肠杆菌(enterotoxigenic *E. coli*,ETEC)(图 3.8)、肠致病性大肠杆菌(enteropathogenic *E. coli*,EPEC)、肠侵染性大肠杆菌(enteroinvasive *E. coli*,EIEC)以及肠出血性大肠杆菌(enterohemorrhagic *E. coli*,EHEC)。上述致病性大肠杆菌的主要感染特性见表 3.7。

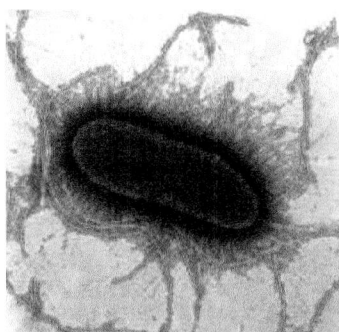

图 3.8 产肠毒素大肠杆菌

表 3.7 致病性大肠杆菌的感染特性

大肠杆菌类型	ETEC	EPEC	EIEC	EHEC
感染部位	小肠	小肠	大肠	大肠
腹泻类型	水泻	水泻	痢疾群	血性腹泻
易感人群	婴儿、成人	婴儿	儿童、成人	各种年龄
分布	发展中国家(热带)	世界各地	世界各地	北美、日本
流行病学	散发或爆发婴儿腹泻及旅游者腹泻	散发或爆发婴儿腹泻	散发或爆发,常见于年龄较大的儿童	

大肠杆菌 O157:H7 是 1982 年在美国首先发现的 EHEC 型致病大肠杆菌,该菌株在北美、欧洲、日本和南美某些地区曾引起严重的问题。该菌引起婴幼儿腹泻,进一步加重可发展成溶血性尿毒综合征(HHS),导致肾脏受损和溶血性贫血,因此这种疾病可导致永久性肾功能障碍。在老年患者中,溶血性尿毒综合征(HHS)与另外两种症状(发烧和神经症状)一起构成栓塞型原发性血小板减少症(TTP),这种疾病在老年组中的死亡率高达 50%。

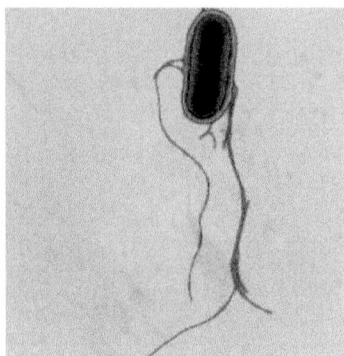

图 3.9 伤寒沙门氏菌

近年来发现肠黏附性大肠杆菌(Enteroadhesive *E. coli*,EAEC)也可引起腹泻。EAEC 不侵入肠上皮细胞,唯一特征是具有黏附 Hep-2 细胞(人喉上皮细胞癌细胞系)的能力,故也称 Hep-2 细胞黏附性大肠杆菌。

3.3.2 伤寒杆菌

伤寒杆菌有三种:伤寒沙门菌(*Salmonella typhi*)(图 3.9)、副伤寒沙门菌(*Salmonella paratyphi*)和乙型副伤寒沙门菌(*Salmonella schottmuelleri*)。它们的大小约为

$(0.6\sim0.7)\times(2.0\sim4.0)\mu m$,不生芽孢和荚膜,借周生鞭毛运动,革兰氏阴性菌,加热到 60℃,30 min 可以杀死,对 5% 的石炭酸,可抵抗 5 min。

　　伤寒和副伤寒是一种急性的传染病,特征是持续发烧,牵涉到淋巴样组织,脾脏肿大,躯干上出现红斑,使胃肠壁形成溃疡以及产生腹泻。感染来源为感染者或带菌者的尿及粪便,一般是由于与病人直接接触或与病人排泄物所污染的物品、食物、水等接触而被传染的。

3.3.3　痢疾杆菌

　　痢疾杆菌是可引起细菌性痢疾(与阿米巴痢疾不同)的一类细菌,也称志贺氏

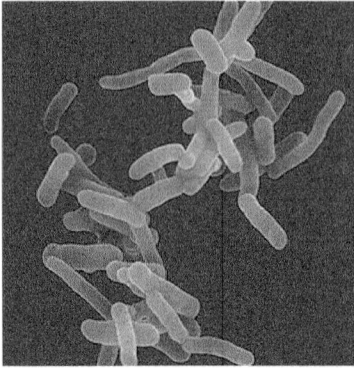

图 3.10　痢疾杆菌

菌,它有两种主要类型,分述如下:

　　1) 痢疾杆菌(痢疾志贺氏菌,*Shigella dysenteriae*)。痢疾杆菌的大小为$(0.4\sim0.6)\times(1.0\sim3.0)\mu m$(图 3.10)。所引起的痢疾在夏季最为流行,特征是急性发作,伴以腹泻。有时在某些病例中有发烧,通常大便中有血及黏液。

　　2) 副痢疾杆菌(副痢疾志贺氏菌,*Shigella paradysenteriae*)。这种杆菌的大小约为 $0.5\times(1.0\sim1.5)\mu m$。所引起疾病的症状与痢疾杆菌引起的急性发作类似,但症状一般较轻。

　　痢疾杆菌不生芽孢和荚膜,一般无鞭毛,革兰氏染色阴性,加热到 60℃ 能耐 10 min,对 1% 的石炭酸,可抵抗 0.5 h。它们的传播方式主要有取食污染的食物和饮用污染的水以及蝇类。痢疾杆菌见图 3.10。

　　痢疾杆菌的感染剂量较小,10 个细菌即可产生症状,故在水中浓度不高时亦可引起人群感染。

3.3.4　霍乱弧菌

　　霍乱弧菌(*Vibrio cholerae*)的细胞呈微弯曲的杆状,大小约$(0.3\sim0.6)\times(1.0\sim5.0)\mu m$(图 3.11)。细胞可以变得细长而纤弱,或短而粗,具有一根较粗的鞭毛,能运动,革兰氏阴性反应,不生荚膜与芽孢。在 60℃ 下能耐 10 min,在 1% 的石炭酸中能抵抗 5 min,能耐受较高的碱度。在霍乱的轻型病例中,只有腹泻症状。在较严重或较典

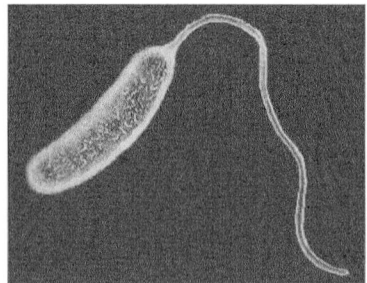

图 3.11　霍乱弧菌

型的病例中,除腹泻外,症状还包括呕吐、"米汤样"大便、腹疼和昏迷等。此病病程发展短,严重的常常在症状出现后 12 h 内死亡。霍乱弧菌可借水及食物传播,与病人或带菌者接触也可能传染,也可由蝇类传播。

3.3.5　军团菌

军团菌(legionnaires)是具有高度爆发性和流行性的呼吸道致病菌。由军团菌引起的军团菌病(legionaires disease)临床死亡率为 15%,其中约 90% 是嗜肺军团菌所致。军团病患者以呼吸道感染为主,引起的疾病为肺炎的一种,军团病起病缓慢,但也可经 2~10 天潜伏期而急剧发病,表现为高烧、寒战、咳嗽、胸痛、呼吸困难及腹泻、休克、肾衰竭等,严重者有肺炎症状,甚至死亡。

军团菌是革兰氏阴性杆菌,是单核细胞和巨噬细胞的兼性细胞内寄生菌,不易被通常的革兰氏染料染色。军团菌菌体呈多形性,不形成芽孢,无荚膜(图 3.12)。最适生长温度为 25~36℃,在 40℃ 也可生长,但生长缓慢,固体培养基上一般在 48 h 左右可见生长。不同培养基菌落的形成和表现有所不同。

军团菌喜水,在水源、土壤等自然环境中广为分布。在蒸馏水中可存活 2~4 周,在自来水中可存活 1 年左右。由于军团菌

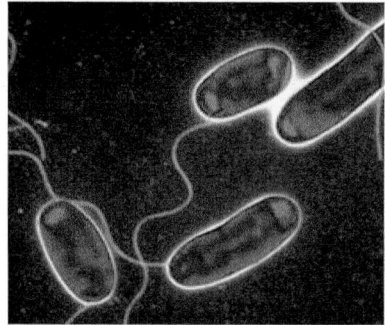

图 3.12　军团菌

的营养要求比较特殊,在水温较低、营养较贫乏的天然水体中,军团菌不易繁殖。但如果供水温度较高,或者供水管道和蓄水池的管壁和池壁上形成积垢和生物膜,军团菌就会大量增殖。因此军团菌病的主要污染源是供水系统及冷却塔和空调系统,此外,受感染的人和动物排出的军团菌污染环境、土壤和水源,成为本病的另一个重要污染源。气溶胶是军团菌传播、传染的重要载体,另一个传播载体是原虫。

近年来,军团菌病在大中城市中的影响越来越大,这与人们越来越城市化的工作和生活方式关系密切。随着空调等设备的普及,这种"现代文明病"也距离我们越来越近。国际上多个国家已将军团菌肺炎定为法定传染病之列。随着认识的不断加深,人们对军团菌病的警惕性不断提高。

3.3.6　粪链球菌

粪链球菌又叫粪肠球菌(图 3.13)。粪链球菌为条件致病菌,种类很多,在自然界和猪群中分布广泛,国际学术界一般认为猪群带菌率高达 30%~75%,但不一定发病。高温高湿、气候变化、圈舍卫生条件差等应激因子均可诱发猪链球菌

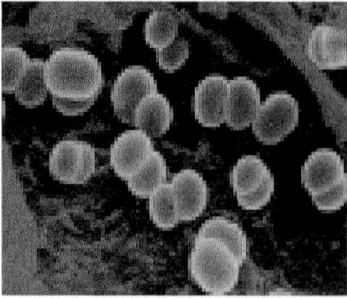

图 3.13　粪链球菌

病。近年来,欧洲、美洲和亚洲多个国家均有猪感染发病且致人死亡的报道。

粪链球菌来源于人和温血动物的粪便,偶尔出现于感染的尿道及急性心内膜炎。它能够通过食品对人类造成感染,如火腿肠、炸肉丸、布丁及经过巴氏消毒的牛奶等。粪链球菌引起的感染大多是由于它的侵袭所造成,感染剂量较高,一般大于 10^7 个细菌。人、禽感染率最高,亦见于猪、牛、马、山羊、绵羊及兔。

粪链球菌菌形圆或椭圆,可顺链的方向延长,直径 $0.5\sim1.0~\mu m$,大多数成双或短链状排列,通常不运动。在加富培养基上菌落大而光滑。其营养要求低,在普通营养琼脂上也可生长。能在 10℃或 45℃、pH 9.6、含 6.5%NaCl 肉汤培养基中生长,并能耐 65℃ 30 min。

2005 年 7 月,在四川某些县市,突然出现不明原因的疾病,一些平日里养猪、卖猪、加工猪的农民,突然出现发高烧、周身酸痛、休克等病状,有的人甚至因此死亡,一度引起人们的恐慌。随后,卫生部将这一不明原因的疾病正式诊断为猪链球菌感染。这次猪链球菌病疫情累计报告人感染猪链球菌病例 204 例,其中死亡 38 例。

3.3.7　抗生素抗性病原菌

抗生素抗性病原菌是一类对于抗生素药物作用具有较高的耐受能力或抗性的病原微生物。它的抗性是抗生素药物、细菌本身及环境共同作用的结果,分为固有抗性(intrinsic resistance)和获得性抗性(acquired resistance),前者为染色体 DNA 突变所致,是代代相传的天然抗性,后者大多为质粒、噬菌体及其他遗传物质携带外来 DNA 片段导致细菌产生抗性(管远志 等,2005)。

医疗废水和密集型农业设施(主要指集中动物饲养),是污水中抗生素抗性病原菌的主要来源。同时,抗性基因的水平转移也是抗性菌的来源之一,在污水中,不同来源的细菌(人类源、动物源、环境源)可以进行复杂的基因演变,抗性菌的抗性基因最终嵌入遗传迁移载体(质粒、转座子或整合子等),从而分散到水和土壤的细菌群落中(Baquero et al,2008)。另外,人类医学、畜牧业和农业使用的抗生素扩散到环境,在环境中逐步积累,改变环境的选择性,也会使抗性菌比例增加(Levy et al,2004)。

城市污水中,不同种类的抗性菌普遍存在,且所占比例差别较大,最高可达90%以上,且有些抗性菌具有多重抗性。不同地区的城市污水中所含有的抗性菌种类及比例差别较大,主要与当地抗生素的主要用途有关。

二级处理并不能有效地去除抗性菌,这可能是由污水中含有的抗生素的选择作用引起的,也有可能是污水处理厂的抗性基因水平转移的大量发生所导致的(Mach and Grimes et al,1982)。如果含有抗性菌的处理出水用于再生水回用,使抗性菌释放到环境,甚至居民区中,就会增加人体接触抗生素抗性病原微生物的机会,提高人体感染的风险。该类病原微生物具有一种或多种抗生素抗性,使得传染病的治疗效果大打折扣,既提高了死亡风险,又增加了疾病治疗的成本,极大地危害了人类健康。2007 年世界卫生组织年度报告指出,抗生素抗性病原菌的感染控制已成为全球疾病控制的难点。

3.3.8　内毒素

内毒素(endotoxin)是位于大多数革兰氏阴性菌与蓝藻细胞壁的脂多糖类(lipopolysaccharides,LPS)成分。平均每个大肠菌包含 1.2×10^6 个脂多糖分子,占细菌表面积的 2/3、细胞干重的 3.6 %(Williams, 2001; Narita et al, 2005)。由于内毒素在细胞生长、分裂或死亡过程中会有细胞释放到环境中,内毒素在水中的存在形式可分为游离态与结合态(游离态是指释放到水体中的内毒素,结合态是指处于细胞壁的内毒素),两种形态的内毒素均具有生物活性(Anderson et al, 2002)。

内毒素分子结构复杂,由 O- 特异性多糖、核心寡聚糖与类脂 A 三部分组成。O- 特异性多糖是内毒素分子中最易变异的部分,不同种属细菌的内毒素具有不同的多糖成分;类脂 A 是内毒素分子中最保守的部位,也是内毒素生物活性的主要部分(Brandenburg et al, 2004; Gorbet and Sefton, 2005)。内毒素单体分子质量约 10 ~ 20 kDa,由于其属于两性(亲水性、疏水性)分子,在水中可形成超过 1000 kDa 的聚体(Petsch and Anspach, 2000)。

内毒素是一种致炎因子与热原物质。内毒素暴露可引起人体多种病症,包括发热、过敏、腹泻、呕吐、呼吸困难、休克与血管内凝血,甚至死亡(Anderson et al, 2002; Liebers et al, 2008)。静脉注射 0.1 ~ 1 EU/kg(体重)的内毒素便会引起发烧(Anderson et al, 2002)。内毒素还可强化其他有毒物质(如藻毒素)的毒害作用(Roth et al, 1997; Best et al, 2002)。因此,一些内毒素的控制标准已经提出,中国药典、英国药典与美国药典均要求注射用水的内毒素含量需小于 0.25 EU/mL(国家药典委员会, 2005; Anderson et al, 2002)。

3.4　污水及再生水中常见的病原性原虫

根据美国自来水协会对 1976~1994 年 740 件水媒流行病的统计,由原生动物引起的事件约占总量的 1/5。同时,与无机毒物、有机农药、细菌等原因导致的水媒流行病比较,由肠贾第鞭毛虫和隐孢子虫等致病性原生动物引起的疾病具有爆发次数多、爆发比例高、致病人数多、治疗效果差等特点。可见,各种病原微生物中,病原性原生动物是引起介水传播疾病的主要原因之一。

3.4.1 隐孢子虫和贾第鞭毛虫

隐孢子虫($Cryptosporidium$)和贾第鞭毛虫($Giardia$)(合称"两虫")是近年来发现的新型致病性原生动物。隐孢子虫和贾第鞭毛虫的个体都非常小,隐孢子虫卵囊呈圆球形,直径约为 $4\sim6\ \mu m$(图 3.14)。贾第鞭毛虫孢囊呈卵圆形,长轴约为 $8\sim18\ \mu m$,短轴约为 $5\sim15\ \mu m$(图 3.15)。

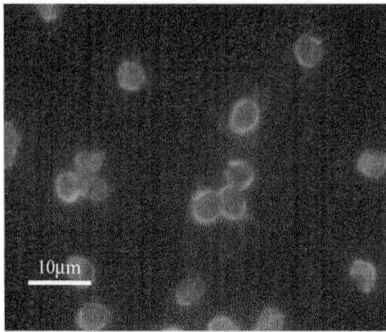

图 3.14　隐孢子虫

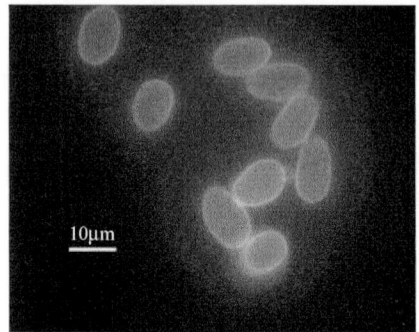

图 3.15　贾第鞭毛虫

人或动物摄入含有隐孢子虫卵囊(oocyst)和贾第鞭毛虫孢囊(cyst)的水或食物后会感染隐孢子虫病(Cryptosporidiosis)和贾第鞭毛虫病(Giardiasis)。

1976 年,Nime 和 Meisel 首先发现并报告了隐孢子虫引起人类腹泻的病例。其后许多国家相继报道了水源性隐孢子虫病和贾第鞭毛虫病的爆发流行,两虫不仅可以通过饮用水感染人,其在污水再生水中的出现同样威胁着人类的健康。特别是 1993 年在美国威斯康星州的密尔沃基市由于水源受隐孢子虫污染而造成近40 万人受到感染。国内的报道始见于 1987 年韩范等关于南京地区发现两例隐孢子虫患者的叙述(韩范和许生,1987)。虽然我国在两虫方面的研究起步较晚,但近年来的流行病学调查表明,两虫的感染在我国各地普遍存在。饮用烧开过的水可有效避免感染。

隐孢子虫病和贾第鞭毛虫病的典型症状是严重腹泻,有些患者特别是儿童常出现腹痛、恶心、呕吐或低度发烧($<39\,℃$)等症状。该病的流行病学特点和其他水媒传染疾病基本相似(如在地区、性别上平均分布等),不同的是它的发病率高($>40\%$),而其他水媒疾病发病率一般为 $5\%\sim10\%$。

对于隐孢子虫病和贾第鞭毛虫病,目前国际上尚无有效的治疗方法。免疫功能健全者病程平均为 10 天,一般能自行痊愈;免疫功能缺陷者,特别是艾滋病患者,症状多变且较为严重,持续时间长,最为严重者常表现为霍乱样水泻而死亡。因此,对隐孢子虫病和贾第鞭毛虫病的预防尤为重要。

3.4.2　溶组织内阿米巴

溶组织内阿米巴又称痢疾阿米巴,主要寄生于结肠,引起阿米巴痢疾和各种类型的阿米巴病。全球高发地区为墨西哥、南美洲东部、东南亚,西非等。我国近年的人群感染率为 $0.7\% \sim 2.17\%$,大多见于经济条件、卫生状况、生活环境较差的地区。估计每年由阿米巴病导致的死亡人数仅次于疟疾和血吸虫病,列世界上致死寄生虫病的第三位。

溶组织内阿米巴按其生活史可分为滋养体和孢囊两个时期。滋养体为溶组织内阿米巴活动、摄食及增殖阶段,分为大滋养体和小滋养体两型。小滋养体可变为孢囊。孢囊为溶组织内阿米巴不活动、不摄食阶段,球形,直径为 $5 \sim 20~\mu m$,囊壁透明(图 3.16)。

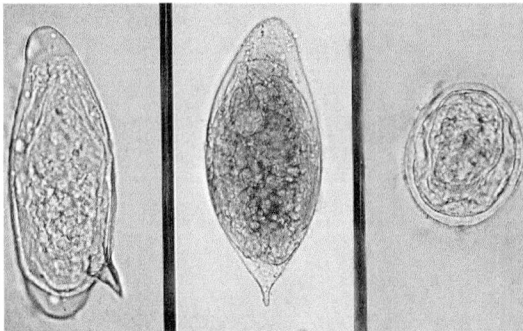

图 3.16　溶组织内阿米巴

3.5　污水及再生水中病原微生物的浓度水平

3.5.1　城市污水原水中病原微生物的浓度水平

1) 病毒的浓度水平

直接检测病毒本身操作复杂并且存在安全隐患,因此需要寻找合适的病毒指示生物。噬菌体作为潜在的水中病毒的指示物,可用于污水处理和再生利用过程中的病毒学安全性评价、病毒灭活机理等领域的研究。常用于水质评价的指示噬菌体包括 SC(somatic coliphages)噬菌体、F2 噬菌体(F2-specific bacteriophages)和 Bacteroides fragilis 噬菌体。SC 噬菌体是一类通过细胞膜感染大肠杆菌宿主菌的 DNA 病毒,被认为是反映水的粪便污染程度和肠道病毒的良好指示物。F-RNA 噬菌体(F-specific bacteriophages)是一类通过菌毛感染雄性大肠杆菌的 RNA 细菌病毒,与水中肠道病毒数量有稳定的对应关系,是最常用的水中肠道病毒指示生物。

北京市三座污水处理厂 G、Q 和 J 的原污水中,SC 噬菌体的平均浓度分别为 $3.4 \times 10^4 \sim 8.4 \times 10^4$ PFU/mL、$1.0 \times 10^3 \sim 4.9 \times 10^4$ PFU/mL 和 $3.0 \times 10^3 \sim 5.0 \times 10^4$ PFU/mL。污水处理厂 G 原水中的 SC 噬菌体浓度显著高于污水处理厂 Q 和 J($p < 0.05$),但污水处理厂 Q 和 J 之间没有显著差异($p > 0.05$)。这与 Lucena 等对阿根廷、哥伦比亚、法国和西班牙四个国家若干污水处理厂原污水的检测结果在同一数量级(见表 3.8)(Lucena et al,2004)。

表 3.8　城市污水原污水中 SC 噬菌体浓度水平的比较

微生物指标	阿根廷 (n=36)	哥伦比亚 (n=38)	法国 (n=38)	西班牙 (n=35)	中国 (n=41)
算术平均值	3.78	3.75	4.14	5.17	4.48
最小值	2.95	1.15	2.41	4.34	3.00
最大值	4.67	5.00	4.86	5.95	4.90

注:n 为样本数;表中的数值均为原浓度值取以 10 为底数的对数后所得。

资料来源:Lucena et al,2004;张彤,2006.

以北京市城市污水处理厂 G 为例,分析该污水处理厂原污水中噬菌体检测浓度分布(图 3.17)。污水处理厂原污水中的噬菌体浓度呈现局部正态分布,较高频度的检测浓度分布在 $2 \times 10^4 \sim 8 \times 10^4$ PFU/mL,其中 $3 \times 10^4 \sim 4 \times 10^4$ PFU/mL 浓度范围的噬菌体检出概率最大。

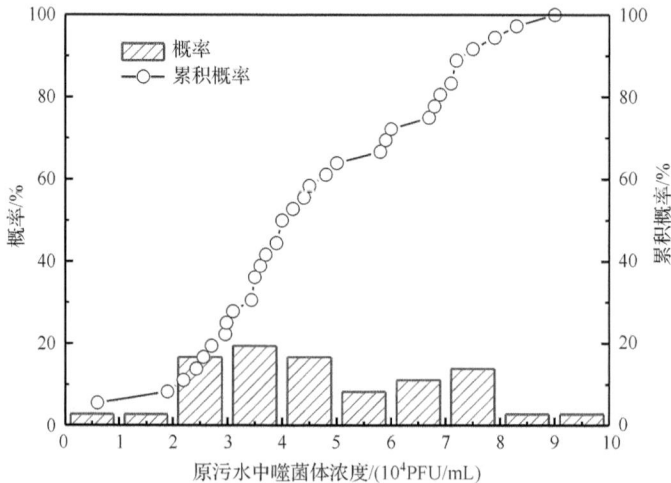

图 3.17　原污水中噬菌体浓度分布($n = 36$)

2) 病原(指示)菌的浓度水平

北京市三座城市污水处理厂的原污水中总异养菌群、总大肠菌群和粪大肠菌群浓度如表 3.9 所示。北京市三座城市污水处理厂的原污水中总异养菌群、总大肠菌群和粪大肠菌群均为 100% 检出,总大肠菌群和粪大肠菌群其浓度水平大致都在 $10^4 \sim 10^6$ CFU/mL,总异养菌群的浓度水平比总大肠菌群和粪大肠菌群高 1~2 个数量级,原污水中大致在 $10^5 \sim 10^7$ CFU/mL。与国内他人对污水处理厂原污水中的总大肠菌群和粪大肠菌群检测的浓度水平一致(魏东斌,2003;何星海和马世豪,2004)。

表 3.9　北京市三座污水处理厂原污水中病原指示菌浓度水平(单位:CFU/mL)

		总大肠菌群	微生物指标 粪大肠菌群	总异养菌群
污水处理厂 G	总体水平	—	$3.0 \times 10^4 \sim 5.9 \times 10^4$	—
	平均值	—	4.4×10^4	—
污水处理厂 Q	总体水平	$5.5 \times 10^4 \sim 9.5 \times 10^5$	$1.0 \times 10^4 \sim 9.6 \times 10^5$	$2.0 \times 10^5 \sim 2.8 \times 10^7$
	平均值	3.1×10^5	1.9×10^5	3.7×10^6
污水处理厂 J	总体水平	$5.0 \times 10^4 \sim 2.5 \times 10^5$	$1.0 \times 10^4 \sim 1.6 \times 10^5$	$2.0 \times 10^5 \sim 4.0 \times 10^6$
	平均值	1.3×10^5	9.4×10^4	1.5×10^6

由于原污水的来源不同,不同的污水处理厂原污水中各项病原菌指示指标稍有区别。由表 3.9 可知,污水处理厂 Q 的原污水中粪大肠菌群浓度稍大于污水处理厂 J,大于污水处理厂 G。

以北京市城市污水处理厂 G 为例,分析该污水处理厂原污水中粪大肠菌群检测浓度分布,如图 3.18 所示。污水处理厂原污水中的粪大肠菌群检测浓度分布较为均匀,较高频度的检测浓度分布在 $3 \times 10^4 \sim 6 \times 10^4$ CFU/mL,其中 $4.5 \times 10^4 \sim 5 \times 10^4$ CFU/mL 浓度范围的粪大肠菌群检出概率最大。

3) 病原性原虫的浓度水平

北京市三座城市污水处理厂 G、Q、J 的原水中隐孢子虫的浓度水平分别为 100~400 oocysts/L、33~433 oocysts/L 和 33~600 oocysts/L,贾第鞭毛虫的浓度水平分别为 833~2667 cysts/L、167~3600 cysts/L 和 133~1233 cysts/L。北京市三座污水处理厂原污水中的隐孢子虫浓度水平没有显著差异($p > 0.05$)。此结果跟国内外其他研究者的检出结果基本在相同的范围内(表 3.10)。由于浓缩方法和检测方法的差异,不同研究者的测定结果的绝对值之间可比性不高(Bonadonna et al,2002)。但是不论使用何种浓缩和检测方法,大部分研究都发现,污水中贾第鞭毛虫的浓度高于隐孢子虫(Rose et al,1996;Harwood et al,2005;Ottoson et al,2006;Bukhari et al,1997;Payment and Franco,2001;Lim

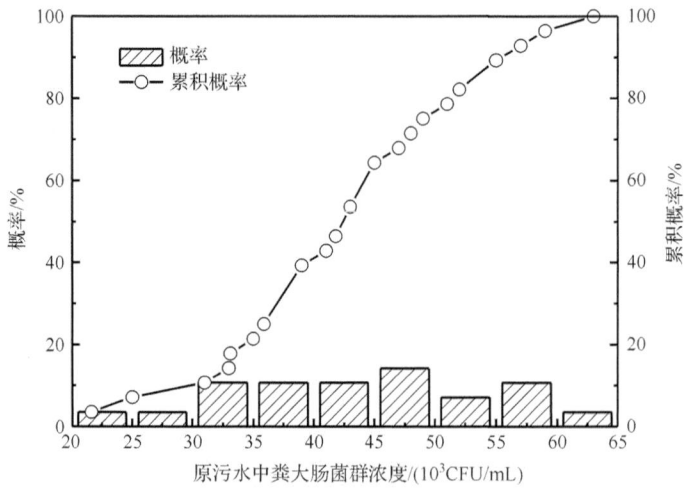

图 3.18 原污水中粪大肠菌群浓度分布（$n = 28$）

et al，2007；Robertson et al，2006；Zuckerman et al，1997；宗祖胜 等，2005）。

表 3.10 国内外城市污水处理厂原污水中隐孢子虫和贾第鞭毛虫的浓度水平

水样	隐孢子虫/(oocysts/L)	贾第鞭毛虫/(cysts/L)	参考文献
美国	0.1～1000	1～10000	Harwood et al，2005
美国	0.61～120	1～130	Rose et al，1996
英国	10～170	10～13600	Bukhari et al，1997
瑞典	8～158	250～12500	Ottoson et al，2006
加拿大	1～560	100～9200	Payment et al，1993
西班牙	40～340	—	Montemayor et al，2005
意大利	—	2100～42000	Cacciò et al，2003
马来西亚	1～80	18～8480	Lim et al，2007
挪威	100～1100	100～13600	Robertson et al，2006
以色列	8.3～8.5	5～27.3	Zuckerman et al，1997
中国	69～1210	7200～18300	宗祖胜 等，2005
中国(北京-G)	100～400	833～2667	张彤，2006
中国(北京-Q)	33～433	167～3600	张彤，2006
中国(北京-J)	33～600	133～1233	张彤，2006

　　以北京市城市污水处理厂 G 为例,分析该污水处理厂原污水中隐孢子虫和贾第虫的检测浓度分布,如图 3.19 和图 3.20 所示。污水处理厂原污水中的隐孢子虫检测浓度分布趋于均一分布,而贾第虫的检测浓度分布则较为不规则。前者较

高频度的检测浓度分布在 200~250 oocysts/L 和 300~350 oocysts/L 范围内,后者在 1000~1200 cysts/L 浓度范围内检出概率最大。

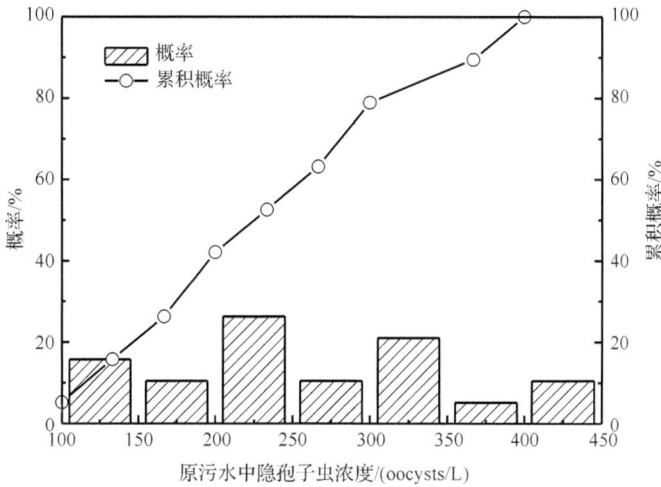

图 3.19　原污水中隐孢子虫的浓度分布 ($n = 38$)

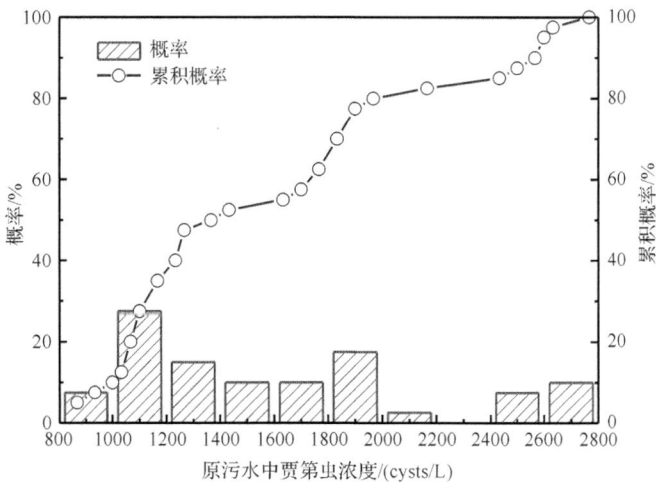

图 3.20　原污水中贾第虫的浓度分布 ($n = 40$)

3.5.2　城市污水一级处理出水中的病原微生物浓度水平

1) 病毒的浓度水平

北京市污水处理厂 G 的一级处理出水中 SC 噬菌体的平均浓度为 2.7×10^4~5.9×10^4 PFU/mL。该污水处理厂一级处理出水中噬菌体检测浓度分布如

图 3.21所示。污水处理厂一级处理出水中的噬菌体浓度呈现局部正态分布,较高频度的检测浓度分布在 $3 \times 10^4 \sim 5 \times 10^4$ PFU/mL,其中 $3.5 \times 10^4 \sim 4 \times 10^4$ PFU/mL浓度范围的噬菌体检出概率最大。

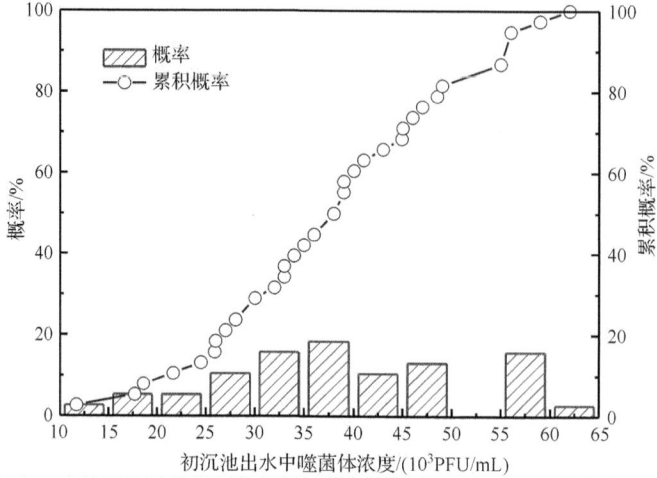

图 3.21　初沉池出水中噬菌体浓度分布($n = 38$)

2)病原(指示)菌的浓度水平

北京市污水处理厂 G 的一级处理出水中粪大肠菌群的平均浓度为 $2.9 \times 10^4 \sim 4.8 \times 10^4$ CFU/mL。该污水处理厂一级处理出水中粪大肠菌群检测浓度分布如图 3.22 所示。污水处理厂一级处理出水中的粪大肠菌群浓度呈现局部正态分布,较高频度的检测浓度分布在 $3.0 \times 10^4 \sim 5.0 \times 10^4$ CFU/mL,其中 $3.5 \times 10^4 \sim 4 \times 10^4$ CFU/mL 浓度范围的粪大肠菌群检出概率最大。

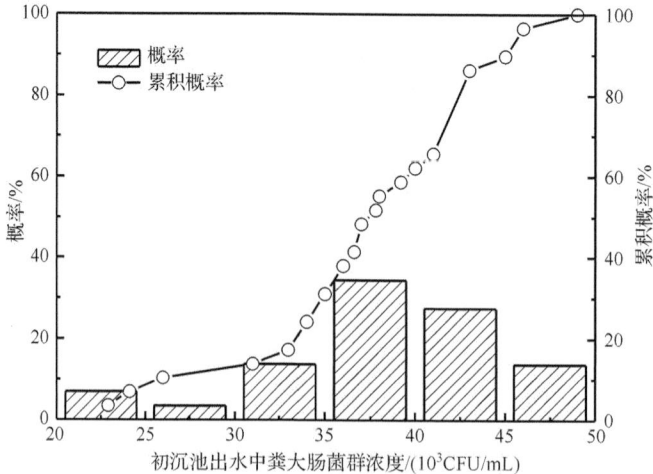

图 3.22　初沉池出水中粪大肠菌群浓度分布($n = 29$)

3) 病原性原虫的浓度水平

北京市污水处理厂 G 的一级处理出水中隐孢子虫和贾第虫的检出率为 100%,浓度水平分别为 67~333 oocysts/L 和 533~2033 cysts/L,算术平均值分别为 179 oocysts/L 和 1048 cysts/L。污水处理厂一级处理出水中隐孢子虫和贾第虫的检测浓度分布分别如图 3.23 和如图 3.24 所示。污水处理厂一级处理出水中的隐孢子虫浓度趋于均一分布,较高频度的检测浓度分布在 100~250 oocysts/L,其中 100~150 oocysts/L 浓度范围的隐孢子虫检出概率最大。贾第虫浓度呈偏态分布,较高频度的检测浓度分布在 600~1200 cysts/L,其中 600~800 cysts/L 浓度范围的贾第虫检出概率最大。

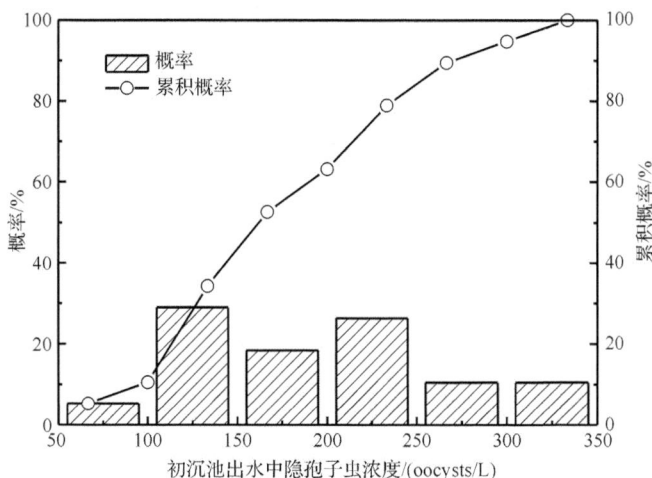

图 3.23　初沉池出水中隐孢子虫的浓度分布 ($n = 38$)

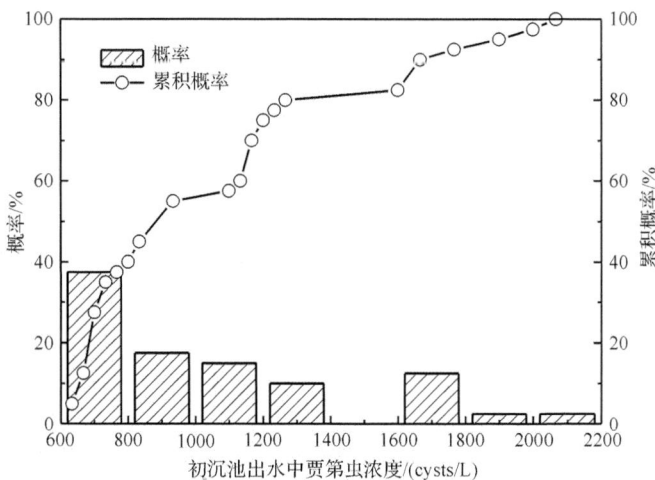

图 3.24　初沉池出水中贾第虫的浓度分布 ($n = 40$)

3.5.3　城市污水二级处理出水中的病原微生物浓度水平

1) 病毒的浓度水平

北京市三座城市污水处理厂 G、Q 和 J 的二级处理出水中,SC 噬菌体的平均浓度分别为 $100\sim340$ PFU/mL、$12\sim215$ PFU/mL 和 $3\sim100$ PFU/mL。三座污水处理厂二级出水中的 SC 噬菌体浓度存在显著差异($p < 0.05$)。

以污水处理厂 G 为例,分析二级处理出水中噬菌体浓度检测浓度分布,如图 3.25 所示。污水处理厂二级处理出水中的噬菌体浓度趋于均一分布,较高频度的检测浓度分布在 $100\sim150$ PFU/mL 和 $300\sim400$ PFU/mL,其中 $100\sim150$ PFU/mL 浓度范围的噬菌体检出概率最大。

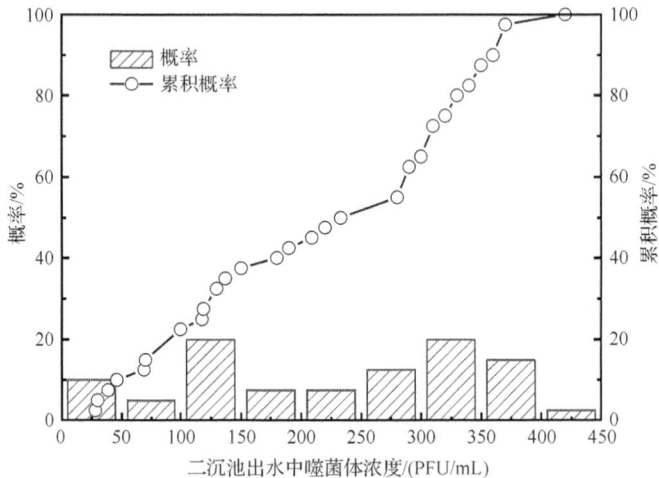

图 3.25　二沉池出水中噬菌体浓度分布($n = 40$)

2) 病原(指示)菌的浓度水平

北京市污水处理厂的二级出水中总大肠菌群和粪大肠菌群的浓度水平大致都在 $10\sim10^3$ CFU/mL 范围内。总异养菌群的浓度水平比总大肠菌群和粪大肠菌群高 $1\sim2$ 个数量级,二级出水中大致都在 $10^3\sim10^5$ CFU/mL 范围内。与国内的其他污水处理厂二级出水中的总大肠菌群和粪大肠菌群浓度相当(表 3.11)。

表 3.11　国内二级处理出水中病原指示菌浓度水平

处理工艺	总大肠菌群/(CFU/mL)	粪大肠菌群/(CFU/mL)	参考文献
A²O	198	100	李伟 等,2006
氧化沟	460	190	李伟 等,2006
氧化沟	100	—	郑祥 等,2005
氧化沟	—	133	张薛 等,2006
膜生物反应器	—	133	张薛 等,2006

污水处理厂 G 二级处理出水中粪大肠菌群检测浓度分布如 3.26 所示。污水处理厂二级处理出水中的粪大肠菌群浓度呈现局部正态分布,较高频度的检测浓度分布在 30～90 CFU/mL,其中 40～50 CFU/mL 浓度范围的粪大肠菌群检出概率最大。

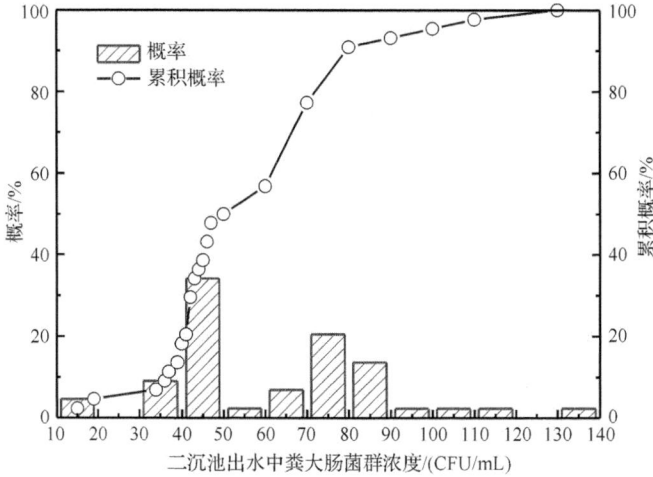

图 3.26 二沉池出水中粪大肠菌群浓度分布 ($n = 44$)

3)病原性原虫的浓度水平

北京市三座城市污水处理厂 G、Q 和 J 二级处理出水中隐孢子虫的浓度分别为 0～9 oocysts/L、0.5～5.0 oocysts/L 和 0.5～2.5 oocysts/L,贾第鞭毛虫的浓度分别为 7.3～31.7 cysts/L、1.3～16.5 cysts/L 和 0.5～2.5 cysts/L(表 3.12)。除了污水处理厂 Q 和 J 的隐孢子虫浓度没有显著差异($p > 0.05$)外,污水处理厂 G 和 Q、G 和 J 的隐孢子虫浓度以及三个污水处理厂之间的贾第鞭毛虫浓度,均存在显著差异($p < 0.05$)。北京市污水处理厂二级出水中隐孢子虫和贾第鞭毛虫的浓度水平与国内外其他城市污水处理厂二级处理出水中隐孢子虫和贾第虫的浓度水平相当,但处于低水平(表 3.12)。

表 3.12 国内外城市污水处理厂二级处理出水中隐孢子虫和贾第鞭毛虫的浓度水平

水样	隐孢子虫/(oocysts/L)	贾第鞭毛虫/(cysts/L)	参考文献
美国	0.25～13	0.14～23	Rose et al, 1996
英国	10～60	10～720	Bukhari et al, 1997
西班牙	0.4～16	—	Montemayor et al, 2005
马来西亚	20～80	1～1462	Bonadonna et al, 2002
意大利	0～82	—	Lim et al 2007
中国	1～46	6～153	宗祖胜 等, 2005
中国(北京-G)	0～9	7.3～31.7	张彤, 2006
中国(北京-Q)	0.5～5.0	1.3～16.5	张彤, 2006
中国(北京-J)	0.5～2.5	0.5～2.5	张彤, 2006

注:"—"表示无相关数据。

　　某污水处理厂二级处理出水中隐孢子虫和贾第虫的检测浓度分布分别如图 3.27 和图 3.28 所示。污水处理厂二级处理出水中的隐孢子虫浓度趋于均一分布,较高频度的检测浓度分布在 3.0～9.0 oocysts/L,其中 5.0～6.0 oocysts/L 浓度范围的隐孢子虫检出概率最大。贾第鞭毛虫浓度呈偏态分布,较高频度的检测浓度分布在 16～28 cysts/L,其中 16～20 cysts/L 浓度范围的贾第鞭毛虫检出概率最大。

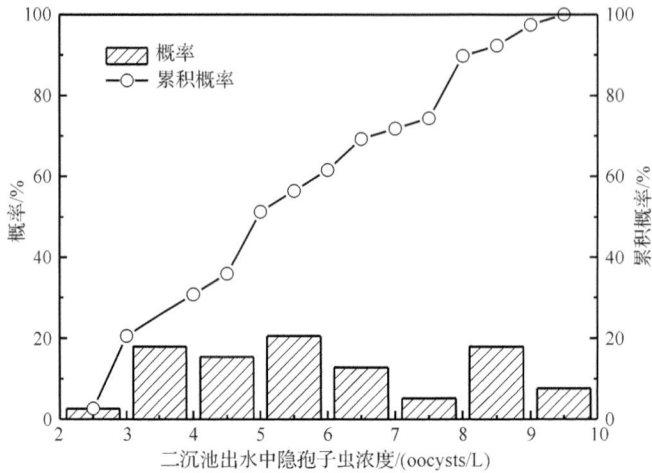

图 3.27　二沉池出水中隐孢子虫的浓度分布（$n = 39$）

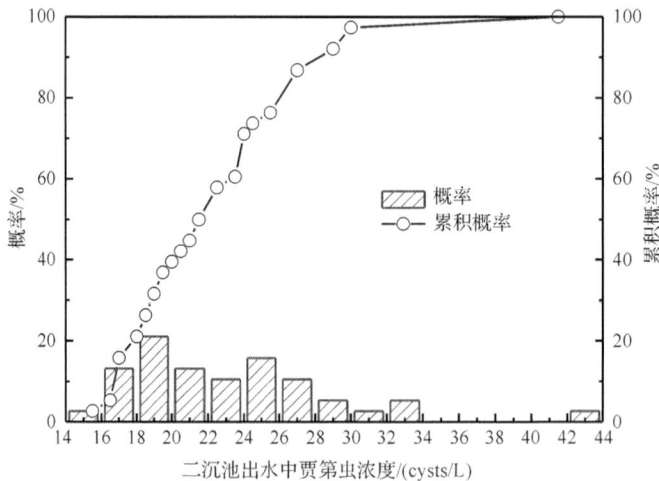

图 3.28　二沉池出水中贾第虫的浓度分布（$n = 38$）

3.5.4　城市污水深度处理出水中的病原微生物浓度水平

不同的城市污水处理厂多采用不同的深度处理工艺。北京市两座城市污水处理厂 G、Q 分别采用絮凝沉淀加砂滤工艺、超滤加臭氧和氯联合消毒工艺。以下针对具体的深度处理工艺来说明常规深度处理出水中的病原微生物浓度水平。

1) 病毒的浓度水平

污水处理厂 G 絮凝沉淀和砂滤出水中的 SC 噬菌体的平均浓度分别为 49～121 PFU/mL 和 25～80 PFU/mL。污水处理厂 Q 的超滤系统出水中 SC 噬菌体检出率为 11％，浓度为 0～3 PFU/mL，平均值为 0.22 PFU/mL。再经过臭氧和氯的联合消毒处理，清水池出水水样中均未检出 SC 噬菌体。

污水处理厂 G 絮凝沉淀和砂滤出水中噬菌体检测浓度分布分别如图 3.29 和图 3.30 所示。污水处理厂絮凝沉淀出水中的噬菌体浓度呈局部正态分布，较高频度的检测浓度分布在 60～120 PFU/mL 范围内，其中 80～120 PFU/mL 浓度范围的噬菌体检出概率最大。砂滤出水中的噬菌体浓度分布较不规则，较高频度的检测浓度分布在 50～80 PFU/mL，其中 60～80 PFU/mL 浓度范围的噬菌体检出概率最大。

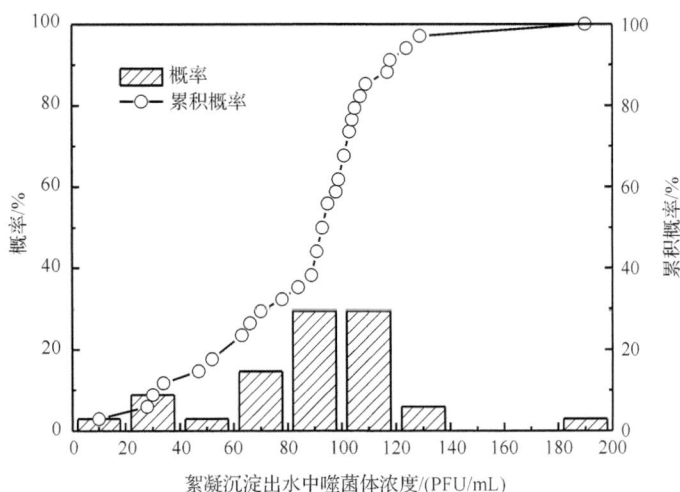

图 3.29　絮凝沉淀出水中噬菌体浓度分布（$n = 34$）

2) 病原(指示)菌的浓度水平

污水处理厂 G 絮凝沉淀和砂滤出水中的粪大肠菌群的平均浓度分别在 22～33 CFU/mL 和 1.1～4.8 CFU/mL 范围内。而对于污水处理厂 Q 而言，超滤系统之后，总大肠菌群、粪大肠菌群和总异养菌群的检出率分别为 92％、72％和 100％，浓度分别下降到 0～0.200 CFU/mL、0～0.097 CFU/mL 和 3～134 CFU/mL，算

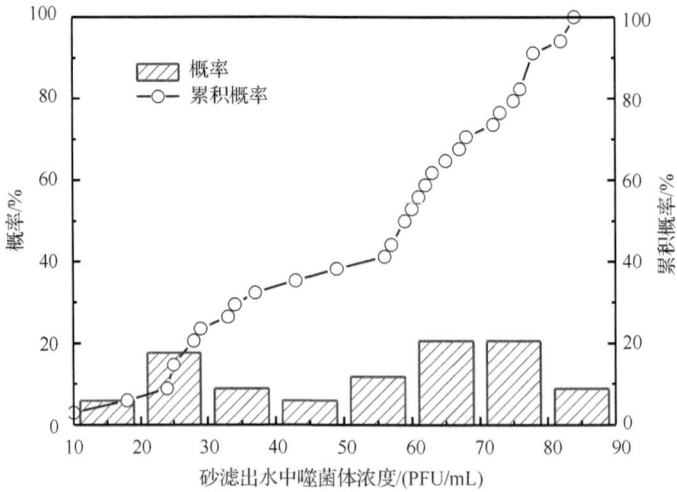

图 3.30 砂滤出水中噬菌体浓度分布 ($n = 34$)

术平均值分别为 0.057 CFU/mL、0.017 CFU/mL 和 37 CFU/mL。臭氧和氯联合消毒后,清水池中总大肠菌群、粪大肠菌群和总异养菌群的浓度分别为 ND 至 0.148 CFU/mL,ND 至 0.099 CFU/mL 和 4~3150 CFU/mL。与国内其他深度处理出水中病原指示微生物浓度水平相比(表 3.13),北京市两座污水处理厂深度处理出水中的总大肠菌群和粪大肠菌群处于较低的浓度水平。

表 3.13 国内深度处理出水中病原指示菌浓度水平(检出频率)

处理工艺	总大肠菌群 /(CFU/L)	粪大肠菌群 /(CFU/L)	总异养菌群 /(CFU/L)	参考文献
膜生物反应器+消毒	—	333(100%)	—	张薛 等,2006
生物滤池+臭氧消毒	—	16.2(100%)	—	王廷哲 等,2002
氧化沟+超滤	10^3~10^5(100%)	10^2~10^5(100%)	—	仇付国,2004
絮凝沉淀	—	22~33	—	张彤,2006
絮凝沉淀+砂滤	—	1.1~4.8	—	张彤,2006
超滤	0~0.200(92%)	0~0.097(72%)	3~134(100%)	谢兴,2008
超滤+臭氧+氯	ND 至 0.148	ND 至 0.099	4~3150	谢兴,2008

注:"—"表示无相关数据。

  污水处理厂 G 絮凝沉淀和砂滤出水中粪大肠菌群检测浓度分布,分别如图 3.31和图 3.32 所示。污水处理厂絮凝沉淀出水中的粪大肠菌群浓度呈偏态分布,较高频度的检测浓度分布在 20~40 CFU/mL 范围内,其中25~35 CFU/mL浓度范围的粪大肠菌群的检出概率最大。砂滤出水中的粪大肠菌群浓度分布较不规则,较高频度的检测浓度分布在 3～6 CFU/mL,其中 5～6 CFU/mL 浓度范围的粪大肠菌群检出概率最大。

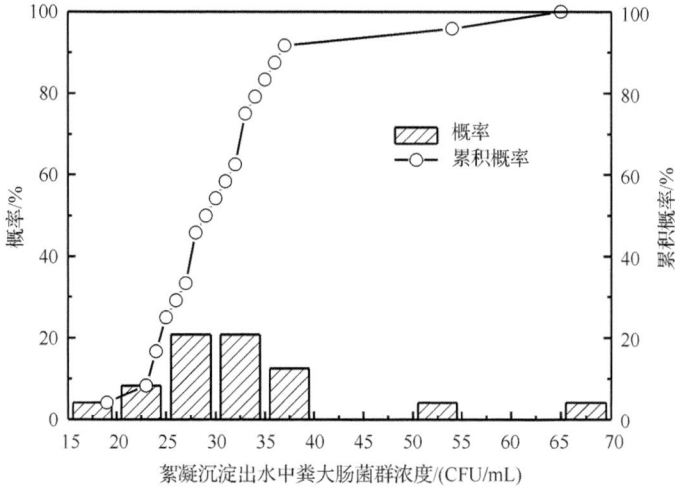

图 3.31　絮凝沉淀出水中粪大肠菌群浓度分布 ($n = 24$)

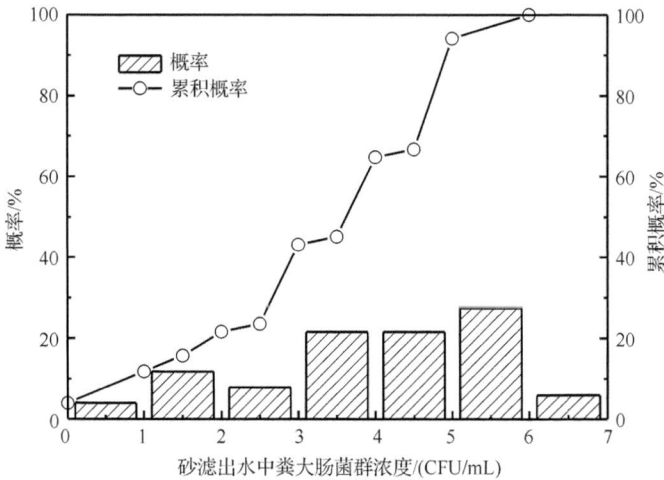

图 3.32　砂滤出水中粪大肠菌群浓度分布 ($n = 51$)

3) 病原性原虫的浓度水平

污水处理厂 G 絮凝沉淀出水中的隐孢子虫和贾第鞭毛虫的平均浓度分别为 0～2.0 oocysts/L 和 1～6.67 cysts/L,而砂滤出水中的隐孢子虫和贾第鞭毛虫的平均浓度分别为 0～0.4 oocysts/L 和 0～2.07 cysts/L。对于污水处理厂 Q 而言,超滤系统之后,隐孢子虫和贾第鞭毛虫的浓度已经低于 USEPA 1623 的两虫检测

方法的检出限[0.2（oo）cysts/L]。污水处理厂 Q 超滤系统采用的膜孔径为
0.02 μm，远小于隐孢子虫和贾第鞭毛虫的尺寸大小，理论上可以将隐孢子虫和贾
第鞭毛虫完全去除。北京市城市污水深度处理出水中病原性原虫的浓度水平与国
外城市污水深度处理出水中两虫的浓度水平相当（表 3.14）。

表 3.14　国内外城市污水深度处理出水中隐孢子虫和贾第鞭毛虫的浓度水平

水样	隐孢子虫/(oocysts/L)	贾第鞭毛虫/(cysts/L)	参考文献
美国	0.01~1	0.01~10	Harwood et al, 2005
美国	0.003~0.054	0.003~0.033	Rose et al, 1996
西班牙	0~0.8	—	Montemayor et al, 2005
中国（絮凝沉淀）	0~2.0	1~6.67	张彤, 2006
中国（絮凝沉淀＋砂滤）	0~0.4	0~2.07	张彤, 2006
中国（超滤）	<0.2	<0.2	谢兴, 2008

注："—"表示无相关数据。

　　污水处理厂 G 絮凝沉淀和砂滤出水中隐孢子虫和贾第鞭毛虫的检测浓度分
布如图 3.33~图 3.36 所示。污水处理厂絮凝沉淀出水中的隐孢子虫浓度呈偏态
分布，较高频度的检测浓度分布为 0.6~1.2 oocysts/L，其中 0.6~0.8 oocysts/L
浓度范围的粪大肠菌群的检出概率最大。污水处理厂絮凝沉淀出水中的贾第鞭毛
虫浓度分布不规则，较高频度的检测浓度分布为 4~7 cysts/L，其中4~5 cysts/L
浓度范围的粪大肠菌群的检出概率最大。砂滤出水中的隐孢子虫浓度分布不明
显，贾第鞭毛虫检测浓度分布趋于均一分布。

　　综合比较病毒、病原菌与病原性原虫在污水各级再生处理系统中的浓度水平，
如表 3.15 所示。

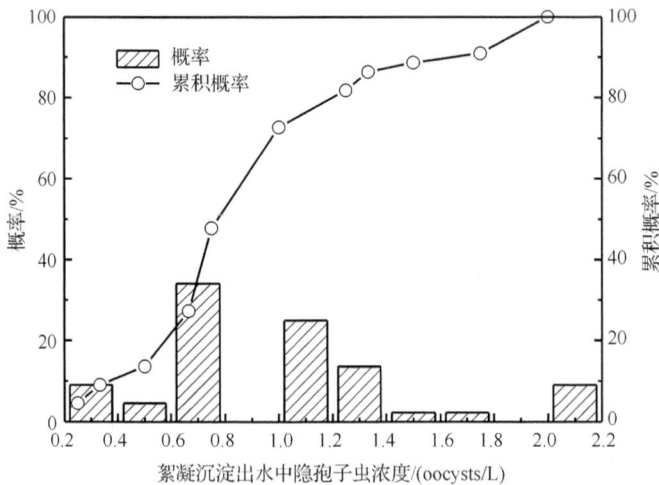

图 3.33　絮凝沉淀出水中隐孢子虫的浓度分布（$n = 44$）

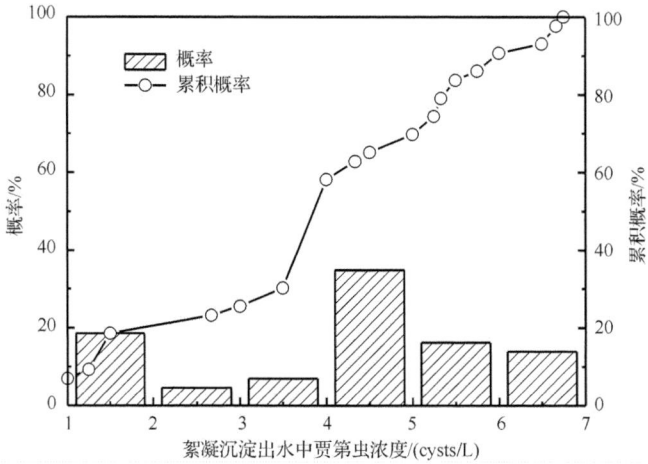

图 3.34　絮凝沉淀出水中贾第虫的浓度分布（$n = 43$）

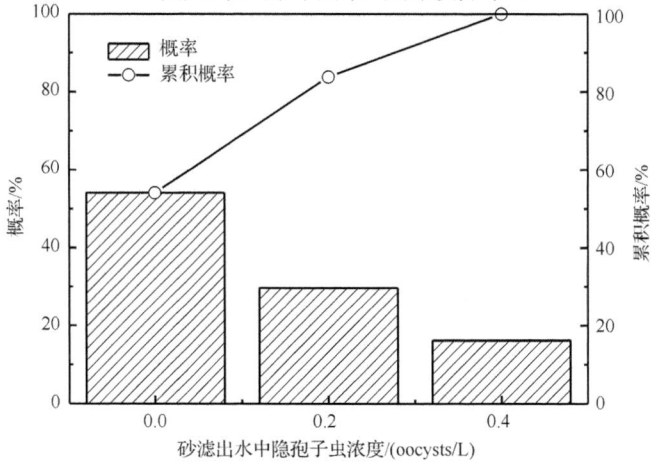

图 3.35　砂滤出水中隐孢子虫的浓度分布（$n = 37$）

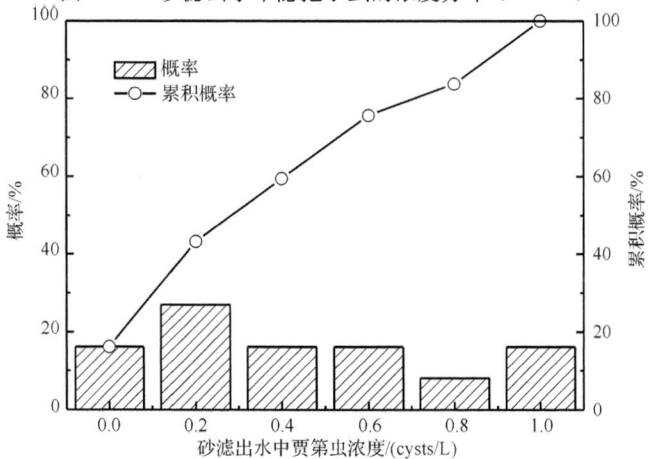

图 3.36　砂滤出水中贾第虫的浓度分布（$n = 37$）

表 3.15　污水再生处理系统中病原微生物的浓度水平总表

微生物指标		原污水	一级处理出水	二级处理出水 传统活性污泥法	二级处理出水 A²O	二级处理出水 氧化沟	三级处理出水 混凝沉淀砂滤	三级处理出水 超滤
SC噬菌体 /(PFU/mL)	浓度范围	$(0.1\sim8.0)\times10^4$	$(2.7\sim5.9)\times10^4$	$(1.0\sim3.4)\times10^2$	$(0.1\sim2.2)\times10^2$	$(0\sim1.0)\times10^2$	$25\sim80$	<0.06
	算术平均值±标准偏差	$(3.0\pm2.3)\times10^4$	$(4.1\pm1.1)\times10^4$	$(2.7\pm0.8)\times10^2$	$(9.4\pm6.1)\times10^1$	$(4.2\pm3.5)\times10^1$	61 ± 19	—
总大肠菌群 /(CFU/mL)	浓度范围	$(0.5\sim9.5)\times10^5$	—	—	$(0\sim2.8)\times10^3$	$(0.1\sim1.3)\times10^3$	—	$0\sim0.150$
	算术平均值±标准偏差	$(2.3\pm2.4)\times10^5$	—	—	$(6.4\pm7.8)\times10^2$	$(4.2\pm3.9)\times10^2$	—	0.023 ± 0.042
粪大肠菌群 /(CFU/mL)	浓度范围	$(0.1\sim9.6)\times10^5$	$(2.9\sim4.8)\times10^4$	$41\sim78$	$(0\sim4.2)\times10^3$	$(0\sim1.8)\times10^3$	$1.1\sim4.8$	$0\sim0.099$
	算术平均值±标准偏差	$(1.2\pm1.6)\times10^5$	$(3.8\pm0.5)\times10^4$	59 ± 9	$(0.7\pm1.0)\times10^3$	$(5.6\pm6.3)\times10^2$	3.5 ± 1.0	0.015 ± 0.031
总异养菌群 /(CFU/mL)	浓度范围	$(0\sim2.8)\times10^7$	—	—	$(0\sim1.3)\times10^5$	$(0.1\sim5.5)\times10^4$	—	$(0\sim3.2)\times10^3$
	算术平均值±标准偏差	$(2.7\pm5.8)\times10^6$	—	—	$(3.1\pm4.2)\times10^4$	$(1.5\pm1.8)\times10^4$	—	$(6.1\pm9.3)\times10^2$
隐孢子虫 /(oocysts/L)	浓度范围	$(0.3\sim6.0)\times10^2$	$(0.7\sim3.3)\times10^2$	$0\sim9.0$	$0.5\sim5.0$	$0.5\sim2.5$	$0\sim0.4$	<0.03
	算术平均值±标准偏差	$(2.2\pm1.3)\times10^2$	$(1.8\pm0.7)\times10^2$	5.4 ± 2.3	2.3 ± 1.6	1.5 ± 0.8	0.11 ± 0.15	—
贾第鞭毛虫 /(cysts/L)	浓度范围	$(0.1\sim3.6)\times10^3$	$(0.5\sim2.0)\times10^3$	$7.3\sim31.7$	$1.3\sim16.5$	$0.5\sim2.5$	$0\sim2.1$	<0.03
	算术平均值±标准偏差	$(1.3\pm0.8)\times10^3$	$(1.0\pm0.4)\times10^3$	21.8 ± 5.4	8.4 ± 5.9	2.0 ± 1.0	0.49 ± 0.53	—

注："—"表示无相关数据。

城市污水中存在较高浓度的病毒、病原菌与病原性原虫。一级处理出水中的病原微生物浓度水平与原污水中的病原微生物持平。二级处理出水中病原微生物浓度水平较原污水有显著的下降,但二级处理出水中病毒与病原菌的浓度仍较高。病原性原虫仍存在于二级处理出水中。由于病原性原虫感染人体所需剂量低,因此二级处理出水中的病原性原虫值得关注。三级处理出水中的病原菌与病原性原虫相对较少,检测概率低。但混凝沉淀砂滤出水中仍存在较高浓度的病毒,消毒成为再生水回用的必要处理工艺之一。

3.6　病原微生物与水质之间的相关关系

浊度与固体颗粒分布是污水再生处理过程中一个较为重要的物理性指标。同时,作为污水中部分微生物依附的载体,固体颗粒也常被看做病原微生物相关指标而受到重视。本节就浊度、颗粒粒径分布与病原性原虫之间的相关关系展开讨论。

3.6.1　浊度与病原性原虫的相关关系

一些研究者认为,两虫浓度与水样浊度间存在较好的正相关关系(Medema and Schijven,2001)通过将水样浊度控制在较低水平可以有效防止两虫污染(Juranek et al,1995;张泽宇和李田,2000;Xagoraraki et al,2004)。

污水再生处理系统中水样浊度的变化与两虫检出量间的相对趋势如图 3.37 所示。可以看出,当浊度较低的时候,水样的两虫检出量也相对较少。于是,进一步考察北京某城市污水处理厂污水再生处理全过程及各工艺单元中水样浊度与两虫检出量的线性相关关系(如图 3.38 和表 3.16 所示),从整体上看,水样浊度和两

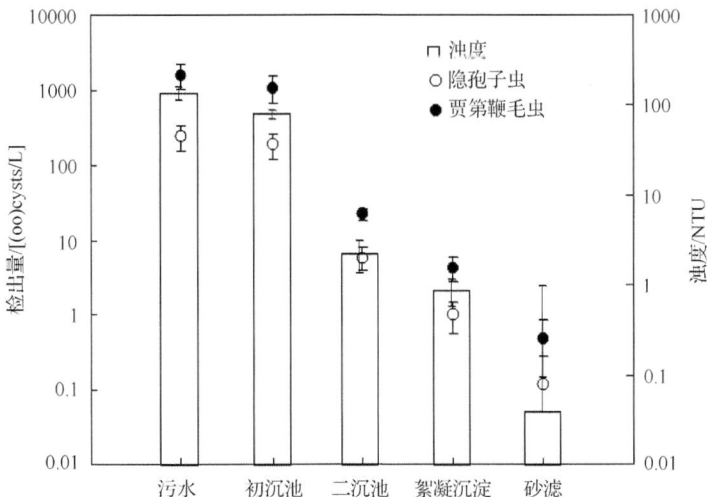

图 3.37　北京某城市污水处理厂各工艺单元水样浊度和两虫检出量

虫检出量的变化趋势是一致的,浊度的升高可以作为两虫浓度上升的预警标志。但由表 3.16 的数据,用浊度判断各处理单元出水中的两虫存在水平和去除效果并不可靠。因此,水样浊度与病原性原虫的浓度间不存在完全可靠的相关关系,浊度较低时,两虫的检出量仍可能较高。

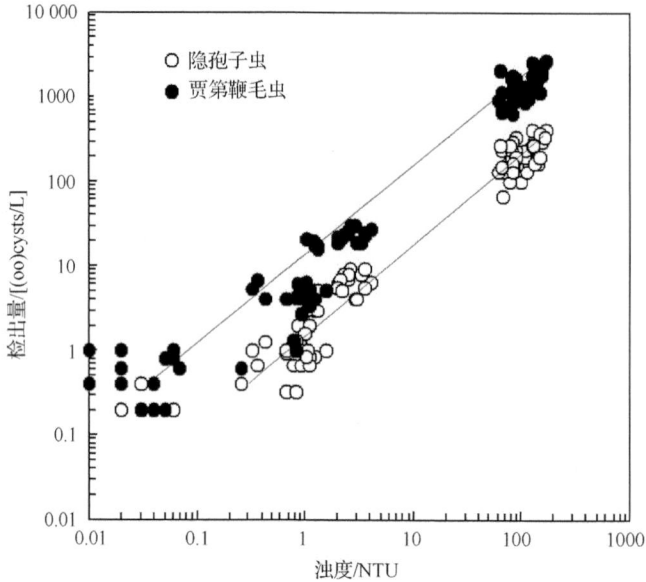

图 3.38　北京某城市污水处理厂再生处理全过程水样浊度与两虫检出量的相关性

表 3.16　北京某城市污水处理厂各工艺单元水样浊度与两虫检出量的线性相关系数 *R*

项目	污水	初沉池	二沉池	絮凝沉淀	砂滤后
隐孢子虫-浊度	0.61	0.33	0.56	0.13	0.40
贾第鞭毛虫-浊度	0.72	0.17	0.59	0.05	0.17

3.6.2　颗粒粒径分布与病原性原虫的相关关系

一些研究者认为,与浊度相比,对某粒径区间的颗粒物进行计数检测可以反映给水处理系统的出水水质(宋仁元,2003;Huck et al,2002;Hsu and Yeh,2003)。

考察污水再生处理过程中大小分别与隐孢子虫卵囊和贾第鞭毛虫孢囊相近粒子的体积分数与两虫检出量的相关关系(如图 3.39 所示),除最后的砂滤出水检测值外,4~6 μm 粒子和 9~20 μm 粒子的体积分数变化趋势分别与隐孢子虫和贾第鞭毛虫的检出量相似。初步认为,这两个粒径范围内的粒子可能成为两虫在污水一级、二级处理和絮凝沉淀过程中的良好指示物。

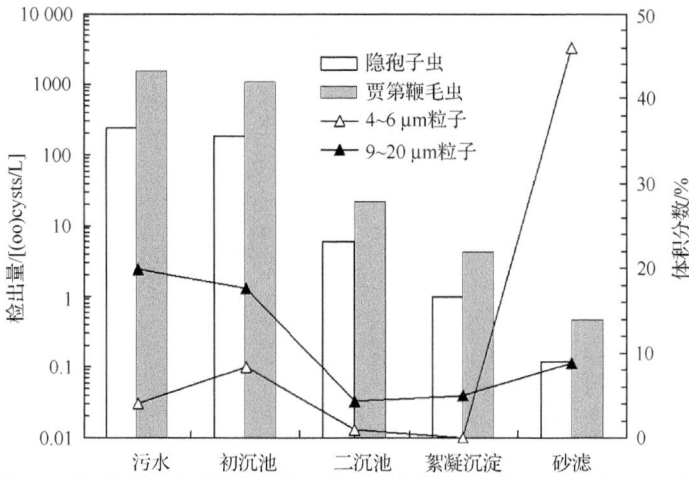

图 3.39 北京某城市污水处理厂各单元水样中 4~6 μm、9~20 μm 粒子的
体积分数和两虫的检出量

考察各工艺单元处理后的出水水质与原污水中两虫浓度的相关性,如图 3.40
和图 3.41 所示。只有初沉池出水中的两虫浓度与污水具有较好的相关性,这可能
与初级处理只经过简单的物理截留和沉降作用有关。二级处理和深度处理过程中
卵囊和孢囊的检出量与其在进水中的存在水平相关性不高。这说明,再生水的水
质主要由处理系统的运行和维护状况决定,同一污水再生处理系统中进水负荷较
高并不意味着出水水质就较差(Ali et al,2004)。

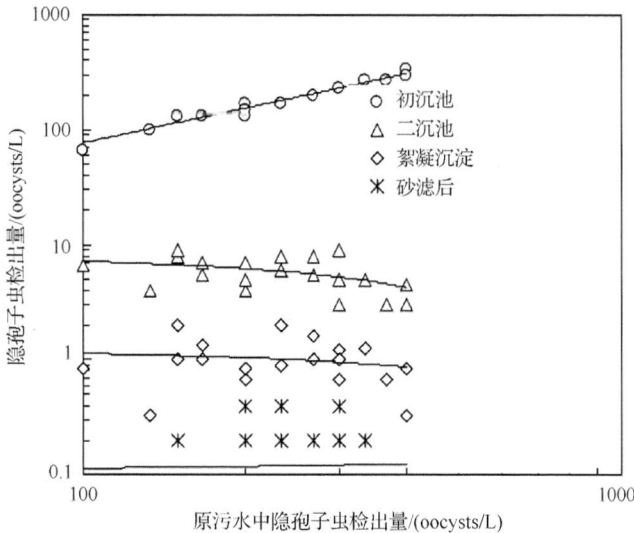

图 3.40 北京某城市污水处理厂单元出水中的隐孢子虫检出量与原污水的相关性

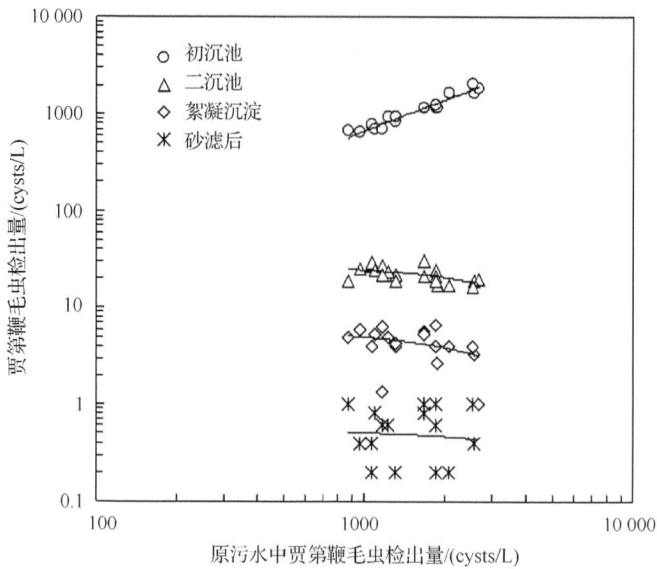

图 3.41　北京某城市污水处理厂单元出水中的贾第鞭毛虫检出量与原污水的相关性

3.7　病原微生物指标之间的相关关系

近年来,较多的研究者在进行水质监测时开始全面关注细菌、病毒、病原性原虫等各项微生物指标,并希望寻找到各种微生物指标间的相关关系,从而实现对某一特定指标的间接测定。

3.7.1　病原指示菌与病毒的相关关系

对北京市三座污水处理厂 G、Q、J 各阶段出水中的 SC 噬菌体与总大肠菌群数、粪大肠菌群数和总异养菌群数进行相关关系分析,结果发现噬菌体与三个病原指示微生物指标间并无显著关系(表 3.17)。

表 3.17　所有检测水样中病原性原虫与病原指示微生物浓度水平的相关关系

项目		隐孢子虫	贾第鞭毛虫	SC 噬菌体	总大肠菌群	粪大肠菌群
	R	0.922, *				
贾第鞭毛虫	p	<0.001				
	n	143				
	R	0.806, *	0.854, *			
SC 噬菌体	p	<0.001	<0.001			
	n	98	98			

项目		隐孢子虫	贾第鞭毛虫	SC 噬菌体	总大肠菌群	粪大肠菌群
总大肠菌群	R	0.741, *	0.764, *	0.702, *		
	p	<0.001	<0.001	<0.001		
	n	25	25	68		
粪大肠菌群	R	0.245, *	0.223, *	0.282, *	0.908, *	
	p	0.022	0.038	0.001	<0.001	
	n	87	87	143	68	
总异养菌群	R	0.349	0.310	0.361, *	0.667, *	0.647, *
	p	0.087	0.132	0.002	<0.001	<0.001
	n	25	25	69	68	69

注：R 为皮尔森相关系数；p 为显著性因子，<0.05 表明相关关系显著，标记"*"；n 为样本数。

3.7.2　病原指示微生物指标与病原性原虫的相关关系

定量考察北京某城市污水处理厂各工艺单元水样中四种病原微生物的检出量之间的相关关系，如图 3.42～图 3.44 和表 3.18 所示。总体上看，SC 噬菌体和粪大肠菌与两虫的检出量呈一定的正相关关系。当 SC 噬菌体或粪大肠菌检出量升高或去除率降低时，可以初步判断两虫浓度也会上升。

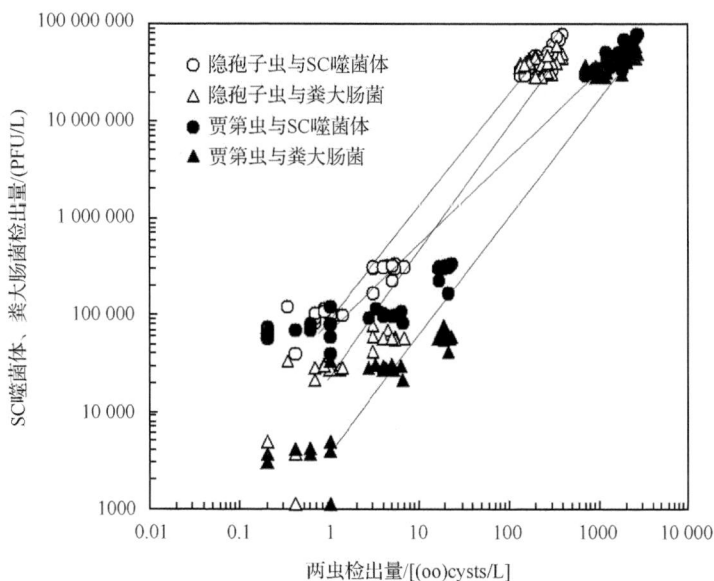

图 3.42　污水再生处理过程中 SC 噬菌体、粪大肠菌与两虫检出量的相关性

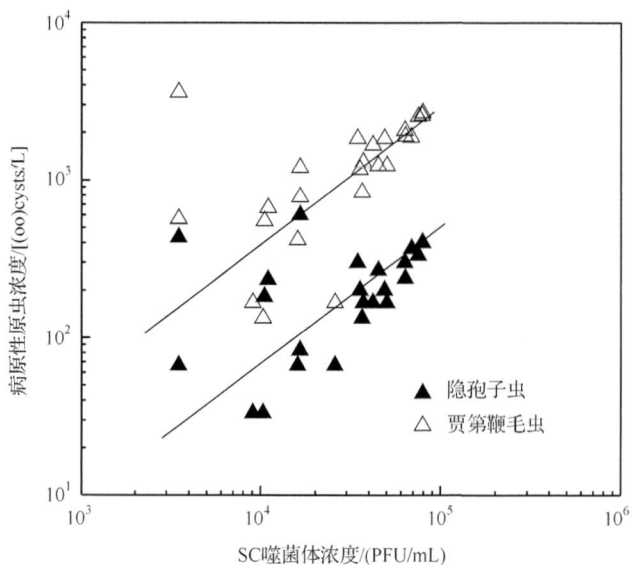

图 3.43　污水处理厂原污水中 SC 噬菌体与病原性原虫浓度的比较

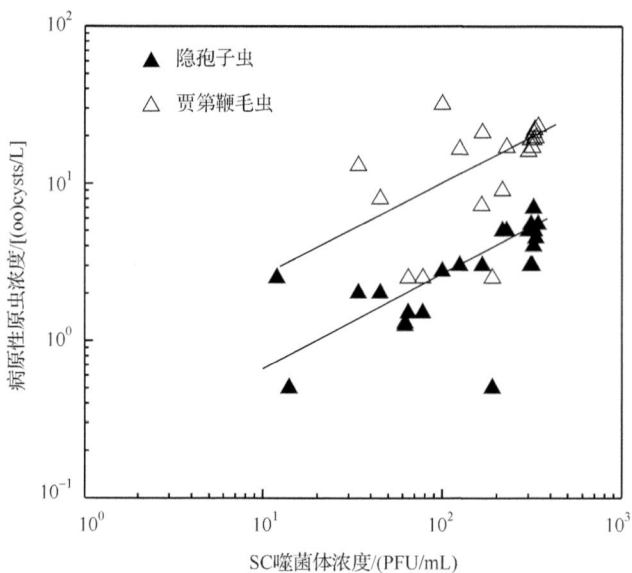

图 3.44　污水处理二沉出水中 SC 噬菌体与病原性原虫浓度的比较

表 3.18　北京某城市污水处理厂各工艺单元水样中四种病原微生物检出量
之间的线性相关系数 R

项目	污水	初沉池	二沉池	絮凝沉淀	砂滤后
隐孢子虫-SC 噬菌体	0.84	0.87	0.36	0.36	0.57
隐孢子虫-粪大肠菌	0.15	0.20	0.07	0.11	0.50
贾第鞭毛虫-SC 噬菌体	0.88	0.81	0.13	0.56	0.24
贾第鞭毛虫-粪大肠菌	0.52	0.58	0.11	0.65	0.07

然而,表 3.18 的数据显示,多数情况下,SC 噬菌体和粪大肠菌与两虫的检出
量相关关系不好。这与目前大多数研究者的结论是类似的(Grundlingh and de
Wet,2004; Nieminski et al, 2000; Horman et al, 2004; Harwood et al, 2005;
Graczyk et al, 2001; Gomez-Couso et al, 2004; Fayer et al, 2000; Boyer and
Kuczynska, 2003)。这可能是因为噬菌体是病毒,作为微生物指标之一,用来指示
污水中肠道病毒和肠道菌,而其在污水中的浓度并不能反映污水中两虫的浓度。
这说明,要有效保障污水再生处理系统的水质安全性,两虫的直接检测是必要的。

由表 3.17 可知,在污水原水和初沉池出水中 SC 噬菌体与两虫的相关系数较
高。这是因为 SC 噬菌体是一类通过细胞膜感染大肠杆菌宿主菌的 DNA 病毒,它
不仅仅是肠道病毒的良好指示物,其存在水平还可以反映水的粪便污染程度
(Morinigo et al, 1992)。而受感染的人畜粪便中含有高浓度的卵囊和孢囊,水中
的两虫浓度与粪便污染也具有一定的相关关系。

考察隐孢子虫、贾第鞭毛虫和各种病原指示微生物指标之间的相关关系,如表
3.17 所示。由表 3.17 可见,当以所有检测水样作为考察对象时,除了病原性原虫
和总异养菌群之间的相关关系不显著外,其余各种微生物指标两两之间都存在显
著的相关关系($p < 0.05$)。但是需要注意的是,由于检测的水样取自不同的污水
处理厂,不同的处理阶段,考察的所有检测水样并不属于同类样本。因此所得的相
关性分析结果只能表明,各种微生物指标在污水处理过程中浓度水平的变化趋势
是一致的,并不能说明在同一水样中,各种微生物指标的浓度水平是相关的。因
此,需要在检测的所有水样中选取同类样本进行考察。

分别以原污水和二沉出水的检测结果作为对象,考察其中隐孢子虫、贾第鞭毛
虫和各种病原指示微生物指标之间的相关关系,结果表明,只有 SC 噬菌体与隐孢
子虫和贾第鞭毛虫的浓度之间存在显著的相关关系,原污水中相关显著性因子 p
分别为 0.043 和 0.002,二沉出水中相关显著性因子 p 分别小于和等于 0.001。而
总大肠菌群、粪大肠菌群和总异养菌群与隐孢子虫和贾第鞭毛虫之间均不存在显
著的相关关系($p > 0.05$)。对原污水和二沉出水中 SC 噬菌体与病原性原虫的浓
度进行比较,如图 3.43 和图 3.44 所示。

　　由图 3.43 和图 3.44 可见,虽然在原水和二沉出水中病原性原虫和 SC 噬菌体的浓度水平具有相关性。当水样中 SC 噬菌体浓度较高时,可以初步判断病原性原虫的浓度也较高。因此 SC 噬菌体浓度的升高可以作为病原微生物浓度升高的预警标志。

　　但是,由图 3.43 和图 3.44 也可以发现,当水样中 SC 噬菌体浓度较低时,也有可能检出较高浓度的病原性原虫,而且在某一相同的 SC 噬菌体浓度下,病原性原虫的浓度也可能有较大的波动。如图 3.44 中,当 SC 噬菌体浓度在 300 PFU/mL 左右时,隐孢子虫的浓度在 3～30 oocysts/L 范围内波动。表 3.18 中,SC 噬菌体和两种病原性原虫的皮尔森相关系数也较低($R < 0.8$)。因此仍然无法通过 SC 噬菌体的浓度来准确预测病原性原虫的浓度,直接检测再生水中的病原性原虫是必要的。

3.7.3　隐孢子虫与贾第鞭毛虫的相关关系

　　污水再生处理系统各单元的水样中贾第鞭毛虫的浓度一般高于隐孢子虫,并且两者的检出量的变化趋势非常相似。本节定量考察了污水再生处理全过程和各工艺环节中两虫检出量之间的相关关系,如图 3.45 和图 3.46 所示。可以看出,隐孢子虫卵囊和贾第鞭毛虫孢囊的浓度间呈现出良好的线性相关关系,特别是在污水和初沉池出水的水样中,贾第鞭毛虫的检出量大约是隐孢子虫的 6 倍。贾第鞭毛虫的检出量高于隐孢子虫的现象在其他污水处理厂水质研究的试验中也被发现(Briancesco and Bonadonna,2005;Medema and Schijven,2001)。

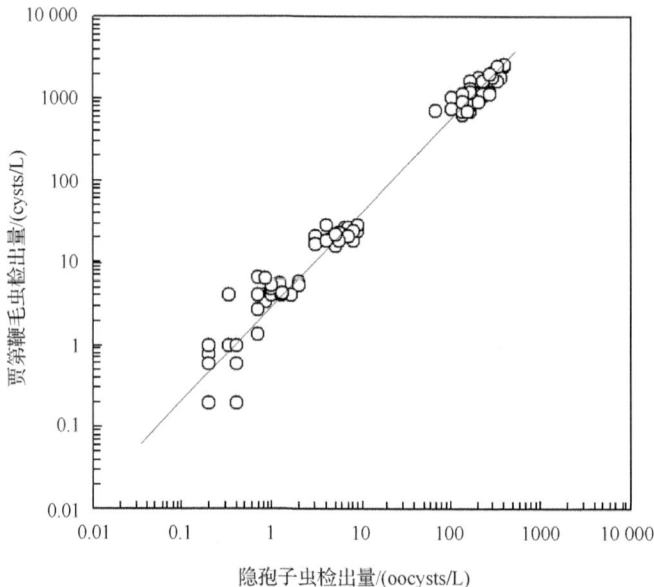

图 3.45　污水再生处理过程中隐孢子虫与贾第鞭毛虫检出量的相关性

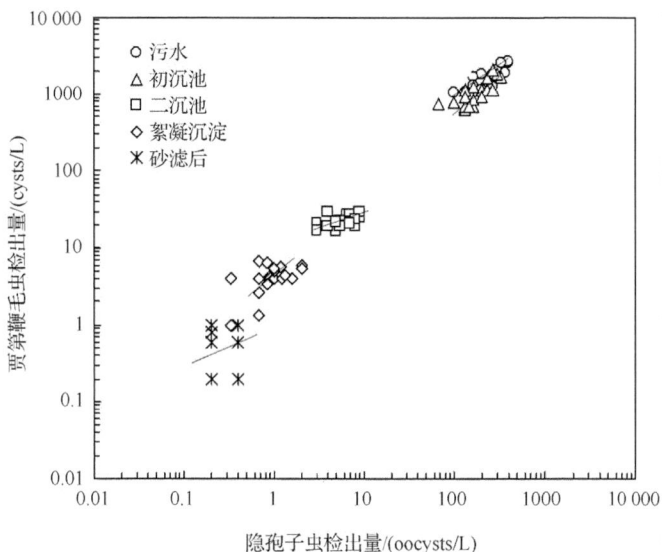

图 3.46 各工艺单元水样中隐孢子虫与贾第鞭毛虫检出量的相关性

参 考 文 献

比顿 G. 1986. 环境病毒学导论. 王小平, 乔佩文, 张润, 译. 北京: 中国环境科学出版社.

陈炳衡, 朱惠刚, 屈卫东. 2000. 世界卫生组织饮用水质量基准简介. 环境与健康杂志, 17(4): 247～252.

顾夏声, 胡洪营, 文湘华, 等. 2006. 水处理生物学. 第四版. 北京: 中国建筑工业出版社.

管远志, 王艾琳, 李坚. 2005. 医学微生物学实验技术. 北京: 化学工业出版社. 101～105.

国家药典委员会. 2005. 中华人民共和国药典. 2005 版二部. 北京: 化学工业出版社. 76～82.

韩范, 许生. 1987. 隐孢子虫病的病原诊断. 中国寄生虫学与寄生虫病杂志, 7(1): 1～3.

何星海, 马世豪. 2004. 再生水的卫生安全问题探讨. 给水排水, 30(3): 1～5.

蒋兴锦. 1989. 饮水的净化与消毒. 北京: 中国环境科学出版社.

李梅, 胡洪营. 2005. 噬菌体作为水中病毒指示物的研究进展. 中国给水排水, 21(2): 23～26.

李伟, 赵桂玲, 谢响明, 等. 2006. 通过细菌数量评价污水处理工艺及其对纳污水体的影响. 农业环境科学学报, 25(z2): 676～679.

梅尔, 等. 2004. 环境微生物学. 张甲耀, 宋碧玉, 陈兰洲, 等译. 北京: 科学出版社.

美国环境保护局. 2008. 污水再生利用指南. 胡洪营, 魏东斌, 王丽莎, 等译. 北京: 化学工业出版社.

仇付国. 2004. 城市污水再生利用健康风险评价理论与方法研究: [博士论文]. 西安: 西安建筑科技大学.

宋仁元. 2003. 自来水直饮要重视微生物安全. 中国建设报/中国水业, 31.

王廷哲, 陈艺娟, 杨湘霞, 等. 2002. 活性生物滤池与臭氧消毒对生活污水中微生物的影响. 中国公共卫生, 18(9): 1075～1076.

魏东斌. 2003. 城市污水再生回用的水质安全指标体系及保障措施研究: [博士后研究报告]. 北京: 清华大学.

谢兴. 2008. 再生水城市杂用的微生物健康风险研究: [硕士论文]. 北京: 清华大学.

徐凤. 1999. 一起与喷泉设施有关的隐孢子虫病的暴发. 海峡预防医学杂志, 5(3): 88.

杨艳玲, 李星, 丛丽, 等. 2003. 优化监测与净水工艺提高致病原生动物去除率. 给水排水, 29(6): 22～26.

曾四清. 2005. 游泳引起的传染病流行及预防. 中国热带医学,5(8):1727～1729.

张彤. 2006. 污水再生处理过程中病原性原虫的去除特性研究:[硕士论文]. 北京:清华大学.

张薛,胡洪营,李梅. 2006. 再生水中病原指示微生物的浓度水平研究. 中国给水排水,22(9):26～29.

张泽宇,李田. 2000. 隐孢子虫病及其水媒传播控制. 上海环境科学,19(1):30～32.

郑祥,吕文洲,杨敏,等. 2005. 膜技术对污水中病原微生物去除的研究进展. 工业水处理,25(1):1～6.

宗祖胜,胡洪营,卢益新,等. 2005. 某市贾第鞭毛虫和隐孢子虫污染现状. 中国给水排水,21(5):44～46.

Ali M A,Al-Herrawy A Z,El-Hawaary S E. 2004. Detection of enteric viruses,*Giardia* and *Cryptosporidium* in two different types of drinking water treatment facilities. Water Research,38(18):3931～3939.

Anderson W B,Slawson R M,Mayfield C I. 2002. A review of drinking-water-associated endotoxin,including potential routes of human exposure. Canadian Journal of Microbiology,48(7):567～587.

Baker K H,Herson D S. 1999. Detection and occurrence of indicator organisms and pathogens. Water Environment Research,71(5):530～551.

Baquero F,Martinez,J L,Canton R. 2008. Antibiotics and antibiotic resistance in water environments. Current Opinion in Biotechnology,19(3):260～265.

Best J H,Pflugmacher S,Wiegand C,et al. 2002. Effects of enteric bacterial and cyanobacterial lipopolysaccharides,and of microcystin-LR,on glutathione S-transferase activities in zebra fish (Danio rerio). Aquatic Toxicology. 60(3/4):223～231.

Bonadonna L,Briancesco R,Ottaviani M,et al. 2002. Occurrence of *Cryptosporidium* oocysts in sewage effluents and correlation with microbial, chemical and physical water variables. Environmental Monitoring and Assessment,75(3):241～252.

Boyer D G,Kuczynska E. 2003. Storm and seasonal distributions of fecal coliforms and *Cryptosporidium* in a spring. Journal of the American Water Resources Association,39(6):1449～1456.

Brandenburg K,Wiese A. 2004. Endotoxins:Relationships between structure, function, and activity. Current Topics in Medicinal Chemistry,4(11):1127～1146.

Briancesco R,Bonadonna L. 2005. An Italian study on *Cryptosporidium* and *Giardia* in wastewater,fresh water and treated water. Environmental Monitoring and Assessment,104(1/2/3):445～457.

Bukhari Z,Smith H V,Sykes N,et al. 1997. The occurrence of *Cryptosporidium* spp oocysts and *Giardia* spp cysts in sewage influents and effluents from treatment plants in England. Water Science and Technology,35(11/12):385～390.

Cacciò S M,Giacomo M D,Aulicino F A,et al. 2003. *Giardia* cysts in wastewater treatment plants in Italy. Applied and Environmental Microbiology,69(6):3393～3398.

Dillingham R A,Lima A A,Guerrant R L. 2002. Cryptosporidiosis:Epidemiology and impact. Microbes and Infection,4(10):1059～1066.

Elmund G K,Allen M J,Rice E W,et al. 1999. Comparison of *Escherichia coli*,total coliform, and fecal coliform populations as indicators of wastewater treatment efficiency. Water Environment Research,71(3):332～339.

Fayer R,Morgan U,Upton S J. 2000. Epidemiology of *Cryptosporidium*:Transmission,detection and identification. International Journal for Parasitology,30(12/13):1305～1322.

Gomez-Couso H,Freide-Santos F,Amar C F L,et al. 2004. Detection of *Cryptosporidium* and *Giardia* in molluscan shellfish by multiplexed nested-PCR. International Journal of Food Microbiology,91(3):279～288.

Gorbet M B,Sefton M V. 2005. Endotoxin:The uninvited guest. Biomaterials,26(34):6811～6817.

Graczyk T K,Marcogliese D J,de Lafontaine Y,et al. 2001. *Cryptosporidium parvum* oocysts in zebra mussels(Dreissena polymorpha): Evidence from the St Lawrence River. Parasitology Research, 87(3): 231~234.

Grundlingh M,de Wet C M E. 2004. The search for *Cryptosporidium* oocysts and *Giardia* cysts in source water used for purification. Water SA,30(5):581~584.

Harwood V J,Levine A D,Scott T M,et al. 2005. Validity of the indicator organism paradigm for pathogen reduction in reclaimed water and public health protection. Applied and Environmental Microbiology,71(6): 3163~3170.

Horman A,Rimhanen-Finne R,Maunula L,et al. 2004. *Campylobacter spp.* , *Giardia spp.* ,*Cryptosporidium spp.* ,Noroviruses, and indicator organisms in surface water in Southwestern Finland, 2000-2001. Applied and Environmental Microbiology,70(1):87~95.

Hsu B M,Yeh H H. 2003. Removal of *Giardia* and *Cryptosporidium* in drinking water treatment: A pilot-scale study. Water Research,37(5):1111~1117.

Huang D B,White A C. 2006. An updated review on *Cryptosporidium* and *Giardia*. Gastroenterology Clinics of North America,35:291~314.

Huck P M,Coffey B M,Anderson W B,et al. 2002. Using turbidity and particle counts to monitor *Cryptosporidium* removals by filters. Water Science and Technology:Water Supply,2(3):65~71.

Jin G,Englande A J,Bradford H,et al. 2004. Comparison of *E. coli*, enterococci, and fecal coliform as indicators for brackish water quality assessment. Water Environment Research,76(3):245~255.

Juranek D D,Addiss D G,Bartlett M E,et al. 1995. Cryptosporidiosis and public health: Workshop report. Journal of the American Water Works Association,87(9):69~80.

Levy S B,Marshall B. 2004. Antibacterial resistance worldwide: Causes, challenges and responses. Nature Medicine supplement,10(12):122~128.

Liebers V,Raulf-Heimsoth M,Brüning T. 2008. Health effects due to endotoxin inhalation(review). Archives of Toxicology,82(4):203~210.

Lim Y A L,Hafiz W I W,Nissapatom V. 2007. Reduction of *Cryptosporidium* and *Giardia* by sewage treatment processes. Tropical Biomedicine,24(1):95~104.

Lucena F,Duran A E,Moron A,et al. 2004. Reduction of bacterial indicators and bacteriophages infecting faecal bacteria in primary and secondary wastewater treatments. Journal of Applied Microbiology, 97: 1069~1076.

Mach P A,Grimes D J. 1982. R-Plasmid transfer in a wastewater treatment plant. Applied and Environmental Microbiology,44(6):1395~1403.

Medema G J,Schijven J F. 2001. Modelling the sewage discharge and dispersion of *Cryptosporidium* and *Giardia* in surface water. Water Research,35(18):4307~4316.

Montemayor M,Valero F,Jofre J,et al. 2005. Occurrence of *Cryptosporidium* spp. oocysts in raw and treated sewage and river water in north-eastern Spain. Journal of Applied Microbiology,99(6):1455~1462.

Morinigo M A,David W,Christine C J. 1992. Evaluation of different bacteriophage groups as faecal indicators in contaminated natural waters in southern England. Water Science and Technology,26(3):267~271.

Narita H,Isshiki I,Funamizu N,et al. 2005. Organic matter released from activated sludge bacteria cells during their decay process. Environmental Technology,26(4):433~440.

Nieminski E C,Bellamy W D,Moss L R. 2000. Using surrogates to improve plant performance. Journal of the

American Water Works Association,92(3):67~78.

Okhuysen P C,Chappell C L,Crabb J H,et al. 1999. Virulence of three distinct *Cryptosporidium parvum* isolates for healthy adults. Journal of Infectious Disease,180:1275~1281.

Ottoson J,Hansen A,Westrell T,et al. 2006. Removal of noro- and enteroviruses,*Giardia* cysts,*Cryptosporidium* oocysts,and fecal indicators at four secondary wastewater treatment plants in Sweden. Water Environment Research,78(8):828~834.

Payment P,Franco E. 1993. Clostridium perfringens and somatic coliphages as indicators of the efficiency of drinking water treatment for viruses and protozoan cysts. Applied Environmental Microbiology,59(8):2418~2424.

Petsch D,Anspach F B. 2000. Endotoxin removal from protein solutions. Journal of Biotechnology,76(2/3):97~119.

Robertson L J,Hermansen L,Gjerde B K. 2006. Occurrence of *Cryptosporidium* oocysts and *Giardia* cysts in sewage in Norway. Applied and Environmental Microbiology,72(8):5297~5303.

Rose J B,Dickson L J,Farrah S R,et al. 1996. Removal of pathogenic and indicator microorganisms by a full-scale water reclamation facility. Water Research,30(11):2785~2797.

Roth R A,Harkema J R,Pestka J P,et al. 1997. Is exposure to bacterial endotoxin a determinant of susceptibility to intoxication from xenobiotic agents? Toxicology and Applied Pharmacology,147(2):300~311.

Sagik B P,Moore B E,Sorber C A. 1978. Infectious disease potential of land application of wastewater. State of Knowledge in Land Treatment of Wastewater,1:35~46.

Smith E J,Perdek M J. 2004. Assessment and management of watershed microbial contaminants. Critical Reviews in Environmental Science and Technology,34(2):109~139.

Toze S. 2006. Water reuse and health risks-real vs. perceived. Desalination,187(1/2/3):41~51.

USEPA. 2001. *Cryptosporidium*:Human health criteria document.

Williams K L. 2001. Endotoxins:Pyrogens,LAL Testing and Depyrogenation. 2nd ed. New York:Marcel Dekker Inc. 27,29,67.

Xagoraraki I,Harrington G W,Assavasilavasukul P,et al. 2004. Removal of emerging waterborne pathogens and pathogen indicators. Journal of the American Water Works Association,96(5):102~112.

Yates V M. 2006. Adenoviruses and ultraviolet light:An introduction. Ozone:Science and Engineering,30(1):70~72.

Zuckerman U,Gold D,Shelef G,et al. 1997. The presence of *Giardia* and *Cryptosporidium* in surface waters and effluents in Israel. Water Science and Technology,35(11/12):381~384.

第4章 污水及再生水中病原(指示)微生物的检测与评价方法

一般认为,被人类粪便污染的水对人类具有健康威胁,因为其中可能含有人类特有的肠道病原微生物,如伤寒沙门氏杆菌、志贺氏菌、甲型肝炎病毒和诺如病毒等。污水来源广泛,成分复杂,其中病原微生物种类多,浓度高。通过病原指示微生物和代表性病原微生物的检测,可以在一定程度上了解污水及再生水中的病原微生物存在水平,从而评价其病原微生物风险。

目前,各个国家仍然依靠肠球菌、粪大肠菌群和总大肠菌群等单一的病原指示微生物评价污水病原微生物风险。然而,病原指示微生物有时并不能反映其他许多重要的病原微生物存在的风险,如病毒、不可培养病原菌和病原性原虫等。因此,对引起高健康风险的病毒、病原菌和病原性原虫展开监控十分必要。

4.1 病毒及其指示微生物的检测方法

4.1.1 动物性病毒的检测方法

使人致病的病毒都是动物性病毒。污水中的动物性病毒以肠道病毒和腺病毒为主。环境水体中动物性肠道病毒的监测始于18世纪40年代,用来反映水质的病原微生物污染和可能的污染源。

早期水体中感染性肠道病毒的检测与分离主要采用细胞培养法,即"蚀斑检验法"。其他用于临床的病毒检测方法还包括放射免疫检定法、荧光免疫检验法、补体结合试验和酶链反应吸附法等。用于临床病毒检验的这些方法由于检验费用高或用于环境样品缺乏足够的敏感性而不适用于环境水体中的肠道病毒检测。

水中病毒检测的基本步骤包括取样、样品浓缩与纯化和检测;检测方法主要包括细胞培养法以及近年来开发的基于分子生物学的检验手段,如聚合酶链反应和杂交(Fong and Lipp,2005)。

1) 病毒的浓缩方法

再生水等环境水样中的肠道病毒的浓度水平较低,因此在病毒检测之前需要较大体积的水样对病毒进行浓缩、纯化。目前主要采用过滤法来浓缩病毒,所用的滤器主要有套筒式滤器(正极和负极电极)、玻璃纤维滤器、玻璃绒滤器、涡流过滤器、切向流过滤器和酸絮凝过滤器等。

由于病毒颗粒的粒径小,机械滤过方法常常不能直接用于病毒的浓缩,需要结合吸附-洗脱而用于病毒的浓缩。其中用电正极滤器吸附-洗脱是最常用于浓缩和回收病毒的方法之一,被美国环境保护局指定为饮用水中病毒的浓缩方法。该滤器不需要手动调整滤膜的 pH 而能使得带负电的病毒吸附在上面。然而,对于海水而言,由于水中含有较高的盐分和碱度,电正极的滤器易堵塞而导致病毒的吸附能力降低。与电正极滤器相比,电负极滤器更适用于河口水样以及较高浊度水样中病毒的浓缩。采用电负极滤器浓缩病毒,需在浓缩过程中添加镁离子、其他多价阳离子或酸化水样。同时,水样过滤之后需进行酸漂洗步骤以去除膜上的阳离子,调整 pH 以使病毒浓缩样品能够用于 PCR 检测。

涡流过滤和切向流过滤可作为吸附-洗脱机械过滤方法的替代方法用于海水中病毒的浓缩纯化。这两种过滤方法均属于超滤法。过滤装置通过在一圆柱形滤器中给水加压而得到不同的水流类型,从而产生压力,截留颗粒物的同时避免堵塞问题。此方法操作简单,不需要对水样进行前处理,没有洗脱步骤。典型的超滤浓缩能将 20 L 水样浓缩到 50 mL 左右。切向流过滤要求对水样进行一定的预过滤操作,以除去浮游生物和悬浮颗粒。相比于切向流过滤,涡流过滤操作所花时间少,病毒回收效率高,但是涡流过滤浓缩也容易导致 PCR 抑制物的浓缩。与机械过滤法相比,涡流过滤和切向流过滤的费用更低,时间效率更高。

浓缩或洗提后的水样往往需要进一步的浓缩和纯化来降低水样体积至 1～2 mL。这时所采用二级浓缩方法有有机絮凝法(美国环境保护局推荐方法)、聚乙二醇沉淀和离心超滤法。有机絮凝过程中,缓冲的牛肉浸提物常用于从浓缩样品中沉淀病毒。沉淀物通过离心形成团状,然后再用磷酸钠溶解。这一过程中牛肉浸提物对 PCR 具有抑制作用。

2) 病毒的检测方法

表 4.1 给出了近年来常用的病毒检测方法,并给出了优缺点分析。不同的病毒检测方法在病毒感染性判别、最低检测限、花费时间等方面均有所不同。以下对各检测方法进行具体描述。

(1) 细胞培养法

细胞培养法是目前最常用于环境样品中病毒检测的方法,也是分离和确定病毒感染性的最好的方法。检测过程中最常用的细胞株系列包括:BGM 细胞、MA104 细胞、RD 细胞、A549 细胞、FRhK-4 细胞和 PK-15A 细胞,分别用于特定的各类病毒感染性检测和病毒分离。细胞培养法主要通过破损细胞数、完整细胞数和蜕皮的单层细胞(致细胞病变效应,cytopathogenic effect,CPE)来评价病毒的感染。

表 4.1　环境样品中肠道病毒的常规检测方法

方　法	优　　点	缺　　点	参考文献
细胞培养法	确定病毒的感染性；提供定量数据	花费时间长（几天至几周）；相比于 PCR 费用更高；并不是所有的病毒都能在细胞上生长	Lipp et al, 2001；Straub et al, 1995
PCR(RT-PCR)	快速；与细胞培养法相比，敏感度和特异性有所提高	非定量；易受环境样品中的抑制剂干扰；不能确定病毒的感染性	Griffin et al, 1999；Lipp et al, 2002
巢式 PCR	敏感度高于常规 PCR；替代 PCR 确证步骤（如杂交）	转移 PCR 产物的同时存在污染物转移的风险	Jiang, et al, 2001；Pina et al, 1998；van Heerden et al, 2003
多重 PCR	几类病毒同时检测；时间少，成本低	较难摸索所有目标病毒同等敏感度的条件；可能导致非特异性扩增的 PCR 产物	Fout et al, 2003；Green and Lewis, 1999
实时定量 PCR	提供定量数据；不需要 PCR 产物的进一步确证（节约时间）；封闭系统避免污染（与巢式 PCR 相比）	设备仪器昂贵；间或敏感度低于常规 PCR 和巢式 PCR	Beuret, 2004；Donaldson et al, 2002；Noble et al, 2003
ICC-PCR	改进感染性病毒的细胞培养法；不需致细胞病变效应；检测时间是细胞培养法的一半	与 PCR 相比，检测时间长、费用高；可能检测到进入细胞的已灭活病毒	Chapron et al, 2000；Greening et al, 2002；Ko et al, 2003

　　细胞培养法用于检测病毒的主要缺点是它只能用于实验室检测，检测时间长（需要几天至几周）。此外，一些水样可能具有细胞毒素而表现出致细胞病变效应而出现检测假阳性。目前尚未开发出用于所有肠道病毒检测的通用细胞系。由于许多病毒不会形成致病毒效应，且生长非常缓慢或者无法在已确定的细胞系上生长，因此无法通过细胞培养检测其感染性。例如，腺病毒生长慢，且不会产生致细胞病变效应，若在检测过程中存在其他肠道病毒，腺病毒往往被忽略。同样，诺如病毒也不会在细胞中生长繁殖。

　　（2）常规聚合酶链反应法（PCR）

　　分子生物技术广泛地用于环境样品中肠道病毒的检测始于 20 世纪 90 年代。分子病毒检测分析，如 PCR 和杂交，通常基于一类病毒相同的保守区的基因展开。与传统的细胞培养技术相比，基于 PCR 的分析方法有以下优点：速度快，敏感性高,专一性强。然而,PCR 方法用于检测环境样品中的病毒也可能导致检测结果的假阳性和假阴性,例如水中的腐殖酸、重金属等物质会抑制 PCR 反应而导致结果的假阴性。

(3) 巢式 PCR

巢式 PCR 通过两轮 PCR 反应,使用两对引物扩增特异性的 DNA 片断,第二对引物特异性扩增位于首轮 PCR 产物内的一段 DNA 片断(Toze, 1999)。通过两次连续扩增,显著提高了病毒检测的灵敏度和特异性,但这同时也导致巢式 PCR 更易被污染。

(4) 多重 PCR

多重 PCR 能够实现多组引物结合多种病毒目标,应用于病毒检测能够节约时间并减少检测花费。然而,多重 PCR 发展由于反应混合和 PCR 条件的最优化难度大而受到限制。有研究者将多重 PCR 优化,应用于肠道病毒、轮状病毒和乙肝病毒的检测发现,优化的多重 PCR 能够较好地检测实验室自配样品,却难以很好地检测环境样品。

(5) 实时定量 PCR

实时定量 PCR 通过荧光染料(如 SYBR Green)或荧光探针定量检测环境样品中的病毒 DNA,从而实现病毒的定量。与常规 PCR 相比,实时定量 PCR 减少了凝胶电泳分析和额外的杂交等步骤,可缩短操作时间。同时,实时定量 PCR 的整个分析过程在封闭系统中完成,能够降低可能的操作污染。现有的研究表明,实时定量 PCR 的敏感性与常规 PCR 相当或高于常规 PCR。利用实时定量 PCR 检测海水中的肠道病毒,其检测限能达到 9.3 个/mL(Donaldson et al, 2002)。然而,实时定量 PCR 的检测费用高,且有研究结果表明,在腺病毒的检测过程中实时定量 PCR 比巢式 PCR 差。

(6) 细胞培养-PCR

基于 PCR 的分子生物学方法虽然具有敏感性高、专一性强、效率高等优点,但是这些方法无法判断病毒的感染性。因此近几年研究者开始尝试将细胞培养法和PCR 方法结合起来用于检测环境样品中的肠道病毒,称为细胞培养-PCR[intergrated cell culture PCR, ICC-(RT)PCR]。该组合方法的前提假设是细胞株经过培养后,只有具有感染能力的病毒才能进入细胞进行繁殖;被感染的细胞在病变之前即可通过 DNA 或者 RNA 提取和 PCR 检测来确定细胞内是否有病毒存在。此检测方法同样适用于具有感染能力并进入细胞却没有导致细胞病变的病毒的检测。

已有的研究结果表明,与传统的细胞培养法相比,ICC-RT-PCR 将样品中感染性病毒检测概率从 17.2% 提高至 68.9%(Chapron et al, 2000)。对城市污水、污泥、河水以及贝类样品中的腺病毒进行对比检测发现,通过 ICC-PCR 检测具有感染能力的腺病毒的概率比传统细胞培养法高 21.4%(Green and Lewis, 1999)。

与传统的细胞培养法相比,ICC-(RT)PCR 所花费的检测时间较短(一般情况下少于 3 天)。但是,近期也有研究指出,已灭活病毒会转移进入细胞而导致检测结果的假阳性(Ko et al,2003)。为了克服检测的假阳性,Ko 等进一步发展基于病毒复制相关的信使 RNA 检测的 ICC-RT-PCR 用于腺病毒的检测。只有在病毒进行转录复制的情况下,细胞内才有可能产生相关的信使 RNA,此方法进一步明确了病毒在细胞内的行为,可用于判断病毒的感染性和病毒的复制能力。

4.1.2　病毒指示微生物(噬菌体)的检测方法

常用的指示噬菌体包括 SC 噬菌体、F-RNA 噬菌体和 Bacteroides fragilis 噬菌体。一方面,噬菌体能够指示水中的粪便污染状况,同时能指示水中病毒的存活状况和去除效果。其中 SC 噬菌体和 F-RNA 噬菌体是目前常用的水中肠道病毒的指示生物,F-RNA 噬菌体由于具有与肠道病毒相似的特性,已成为水环境病毒研究中的常规检测指标。

检测自然水体中的噬菌体可以采用直接或梯度稀释后铺平板的方法,有时噬菌体含量少,不能直接检测,则需对噬菌体进行富集或对样品进行浓缩。

许多用于肠道病毒浓缩的方法也可用来浓缩噬菌体,包括透析或离心脱水、沉淀、吸附和膜过滤等。

双层琼脂平板法是测定噬菌体常用的方法。一定量的经系列稀释的试样与高浓度的宿主菌悬液以及半固体营养琼脂均匀混合后,涂布在已经铺好高浓度营养琼脂的平板上,培养一段时间后,在延伸成片的菌苔上出现噬菌斑(图 4.1)。噬菌斑的数量与试样中具有感染性的噬菌体数相等,由此可计算出样品中的噬菌体数量,以噬菌斑形成单位(PFU)表示。

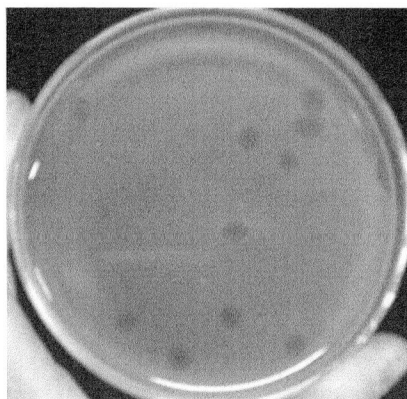

图 4.1　SC 噬菌体的噬菌斑

双层琼脂平板法最重要的因素是选择合适的宿主菌。野生型的大肠杆菌不适于作为水中噬菌体的宿主。表 4.2 列出了常用噬菌体指示物的代表噬菌体及常用宿主。

表 4.2　几种常用的噬菌体及其宿主菌

噬菌体指示物	代表噬菌体	宿主菌
SC 噬菌体	ΦX174	*E. coli* C *E. coli* CN *S. typhimurium* WG45
F-RNA 噬菌体	MS2,F2	*E. coli* HS (pFamp) R *S. typhimurium* WG49 *E. coli* 285
Bacteroides fragilis 噬菌体	B40-8	*B. fragilis* RYC2056 *B. fragilis* HSP40

　　在进行噬菌体的检测时,培养基成分是一个很重要的因素。据报道,噬菌体分析琼脂、改良 Scholten 琼脂、改良营养琼脂能够产生较多的噬菌斑,这可能与它们都含有二价阳离子(Ca^{2+},Mg^{2+},Sr^{2+})有关,采用大的培养平板并铺入薄的培养基,也会使噬菌斑数增加。在严格厌氧条件下,在培养基和分析介质中加入 0.25% 的胆汁,能使检测出的 Bacteroides fragilis 噬菌体数量提高 1 倍以上。

　　目前已经制定出噬菌体检测和计数的标准方法(ISO10705),具体步骤如下:

　　(1) 宿主的培养

　　MSB(modified Scholten's broth)培养基加入 $CaCl_2$ 溶液、萘啶酸溶液和菌种后,37℃下在摇床 120 r/min 培养 4 h 后,便可使用。

　　(2) 平板的制备

　　把 MSA (modified Scholten's agar)培养基熔化,放置到 60℃左右加入 $CaCl_2$ 溶液和萘啶酸溶液后,便可制备平板。一般每个平板用量为 6～10 mL,倒完培养基后,迅速把培养基摇匀。

　　(3) 水样的处理

　　如果水样需稀释,则准备若干灭菌的 10 mL 离心管,每个离心管中加入 4.5 mL稀释液。若水样不用稀释,则直接检测。若为含污泥水样,则用离心机 4000 r/min 离心 10 min 后取上清液。然后再稀释。稀释至噬菌体的浓度为 30～ 300 个/mL。

　　(4) 上层培养基的制备

　　MSA 培养基和 MSB 培养基按 5∶1 混合后,配成 ssMSA 培养基。$CaCl_2$ 溶液和萘啶酸溶液可以分别加入到 MSA 和 MSB 再混合(推荐),也可两者混合后在加入,只要保证终浓度即可。

　　(5) SC 噬菌体的检测

　　把 2.5 mL ssMSA 培养基放入试管,45℃恒温水浴,防止其凝固。分别加入

1 mL菌液,1 mL 水样,混合均匀,倒入铺好下层培养基的培养皿中,摇匀。待凝固后,倒置放入 37℃培养箱中培养 4~12 h 后,便可计数。

目前,噬菌体和病毒的保存方法还不统一,其中对 MS2 的保存和标准物制备的报道较多。通过硝酸纤维滤膜、吸附-沉淀、用 10% 甘油保存的自然样品中的土著噬菌体,在 -70℃和 -20℃条件下可稳定保存 2 个月,在黑暗中 4℃可保存 72 h。

4.2 病原菌及其指示微生物的检测方法

4.2.1 常见病原菌的检测方法

随着微生物检测技术的进一步发展,病原微生物检测技术从传统的选择性培养,走向了免疫分析和遗传学分析。水中典型病原菌的检测亦是如此。

（1）生化检验和选择性培养

生化方法检查实际上是对微生物特异性酶的测定。因为各种微生物所具有的酶系统不完全相同,对许多物质的分解能力亦不一致。因而可利用不同底物产生的不同代谢产物来间接检测该微生物内酶的有无,从而达到检测特定微生物的目的。以单核增生李斯特菌（Listeriamonocytogenes）为例,常规的李斯特菌的鉴定方法依赖溶血、糖发酵试验及 CAM P 试验等,鉴定方法费时又繁琐,有时还因表型特征不典型而造成鉴定错误（农生洲和覃桂芳,2001）。Clark 和 Mclauchlin(1997)用 DL-丙氨酸-萘胺和 D-丙氨酸-p-硝基苯胺对单核细胞增多李斯特菌丙氨酸氨基肽酶进行检测,227 株不同李斯特菌中只有单核细胞增多李斯特菌 2 种酶均为阴性,其他 5 种菌则 2 种酶均为阳性,仅需 4 h 就可快速与其他李斯特菌鉴别开来。

国外利用这种快速的生化检测方法原理制成各种不同的微生物成套检测系统,反应结果由人工或仪器判定后,再通过编码得出检测结果。这种检测系统与计算机结合,实现了微生物生化反应的自动化,甚至在复杂的厌氧菌鉴定方面,也已无需在厌氧条件下进行反应,而能在有氧条件下用成套系统检测厌氧菌生长中形成的合成酶,从而实现快速鉴定。

特定生化反应的另一个应用是选择性分离检验培养基,其特点是将分离与鉴定合而为一,从而缩短对病原体检测的时间,目前国外已普遍应用。其原理为：在分离培养基中加入检测某些菌种的特异性酶的底物,该底物为人工合成,由产色基团和微生物可代谢物质组成,通常为无色,但在特异性酶作用下游离出产色基团并产生荧光或显示一定颜色,用紫外灯观察菌落产生的荧光或直接观察菌落颜色即可对菌种做出鉴定。例如,将 4-甲基伞形酮-D-葡苷酸加入埃希氏大肠杆菌分离培养基中,制成的 FGM 培养基则可直接据菌落观察分离鉴定出埃希氏大肠杆菌,阳性者菌落在紫外灯下产生蓝色荧光(农生洲和覃桂芳,2001)。

(2) 遗传学分析

分子生物学及分子遗传学的发展,使人们对微生物的认识逐渐从外部结构特征转向内部基因结构特征,微生物的检测也相应地从生化、免疫方法转向基因水平的检测。

开始应用于微生物检测的分子生物学技术是基因探针方法,它是一种用带有同位素标记或非同位素标记的 DNA 或 RNA 片段来检测标本中某一特定微生物的核苷酸顺序或基因顺序的方法。由于不同的微生物具有各自特定的基因序列,这种微生物的遗传特异性决定了用基因探针检测微生物的先进性。特别是以荧光原位杂交(FISH)为代表的非同位素标记的方法,克服了同位素标记的不稳定性和放射危害性,使这一快速、特异的检测技术在基层得以推广应用。但由于一般标本中微生物的含量较少,不能直接应用于探针检测,故现多被 PCR 方法取代或补充。

PCR 技术应用于微生物检测的原理是:分离的各种微生物其 DNA 上具有种属特异性的基因片段,使其解链、扩增后加入电泳场,观察是否有特征条带,从而检出相应的微生物。PCR 技术具有高度的敏感性和特异性,且操作简便、快速,适用样品广泛。它在微生物检测上的应用日益广泛,尤其体现在对形态和生化反应不典型的病原菌的鉴定上。另外,定量 PCR 已成为水中低浓度特征病原微生物分析检测的一种常用方法。

4.2.2 病原菌指示微生物的检测方法

1. 细菌总数的测定

将一定量水样接种于营养琼脂培养基中,在 37℃温度下培养 24 h 后,数出生长的细菌菌落数,然后根据接种的水样数量即可算出每毫升水中所含的菌数。

在 37℃营养琼脂培养基中能生长的细菌代表在人体温度下能繁殖的腐生细菌,细菌总数越大,说明水被污染得越严重。因此这项测定有一定的卫生意义,但其重要性不如大肠菌群的测定大。对于检查水厂中各个处理设备的处理效率,细菌总数的测定则有一定实用意义,因为如果设备的运转稍有失误,立刻就会影响到水中细菌的数量。

2. 大肠菌群的测定

常用的大肠菌群检验方法有两种:发酵法和滤膜法。总大肠菌群检验流程见图 4.2。

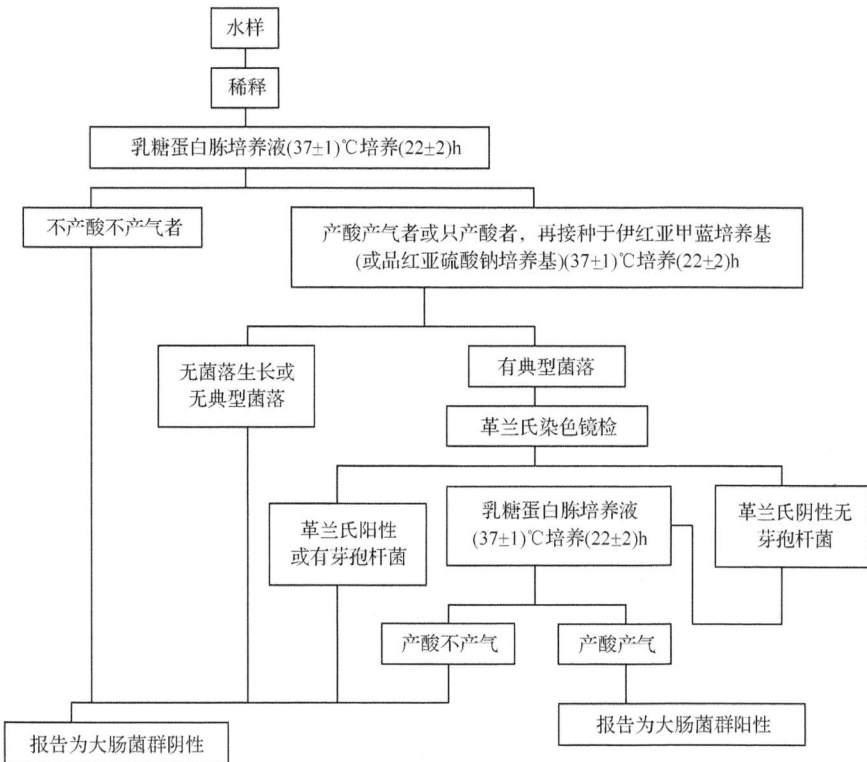

图 4.2　总大肠菌群检验流程图

（1）发酵法

发酵法主要包括初步发酵试验、平板分离和复发酵试验三个步骤。

初步发酵试验:将水样置于糖类液体培养基中,在一定温度下,经一定时间培养后,观察有无酸和气体产生,即有无发酵,而初步确定有无大肠菌群存在。如采用含有葡萄糖或甘露醇的培养基,则包括副大肠杆菌;如不考虑副大肠杆菌,则用乳糖培养基。

由于水中除大肠菌群外,还可能存在其他发酵糖类物质的细菌,所以培养后如发现气体和酸,并不一定能肯定水中含有大肠菌群,还需根据这类细菌的其他特性进行进一步的检验。

水中能使糖类发酵的细菌除大肠菌群外,最常见的有厌氧和好氧的芽孢杆菌。在被粪便严重污染的水中,这类细菌的数量比大肠菌群的数量要少得多。在此情形下,本阶段的发酵一般可被认为确有大肠菌群存在。在比较清洁的或加氯的水中,由于芽孢的抵抗力较大,其数量可能相对比较多,所以本试验即使产酸产气,也不能肯定是由于大肠菌群引起的,必须继续进行试验。

平板分离:根据大肠菌群在固体培养基上可以在空气中生长,革兰氏染色呈阴性和不生芽孢的特性,可先将产酸产气的菌种移植于品红亚硫酸钠培养基(远藤氏培养基)或伊红亚甲蓝培养基表面,这一步骤可以阻止厌氧芽孢杆菌的生长,而上述培养基所含染料物质也有抑制许多其他细菌生长繁殖的作用。

经过培养,如果出现典型的大肠菌群菌落,则可认为有此类细菌存在。

在品红亚硫酸钠培养基平板上的大肠菌群菌落特征主要包括:紫红色,具有金属光泽的菌落;深红色,不带或略带金属光泽的菌落;淡红色,中心色较深的菌落。

在伊红亚甲蓝培养基平板上的大肠菌群菌落特征则主要包括:深紫黑色,具有金属光泽的菌落;紫黑色,不带或略带金属光泽的菌落;淡紫红色,中心色较深的菌落。

为了进一步肯定,应进行革兰氏染色检验。由于芽孢杆菌经革兰氏染色后一般呈阳性,所以根据染色结果,又可将大肠菌群与好氧芽孢杆菌区别开来。如果革兰氏染色检验发现有阴性无芽孢杆菌存在,则为了更进一步地验证,可做复发酵试验。

复发酵试验:将可疑的菌落再移植于糖类培养基中,观察其是否发酵,是否产酸产气,最后肯定有无大肠菌群存在。

对于自来水厂出水,初步发酵试验一般都在 10 个小发酵管和 2 个大发酵管(或发酵瓶)内进行,复发酵试验则在小发酵管内进行。

根据肯定有大肠菌群存在的初步发酵试验的发酵管或瓶的数目及试验所用的水样量,即可利用数理统计原理,算出每升水样中大肠菌的最可能数目(MPN)。

(2) 滤膜法

用发酵法完成全部检验需 72 h。为了缩短检验时间,可以采用滤膜法。用这种方法检验大肠菌群,需时约 30 h。

滤膜法中用的滤膜常是一种多孔性硝酸纤维薄膜。圆形滤膜直径一般为35 mm,厚 0.1 mm。滤膜孔径平均为 0.2 μm。

滤膜法的主要步骤如下:

1) 将滤膜装在滤器上。用抽滤法过滤定量水样,将细菌截留在滤膜表面。

2) 将此滤膜的没有细菌的一面贴在品红亚硫酸钠培养基或伊红亚甲蓝固体培养基上,以培育和获得单个菌落。

3) 将滤膜上符合大肠菌群菌落特征的菌落进行革兰氏染色、镜检。

4) 将革兰氏染色阴性无芽孢杆菌的菌落接种到含糖培养基中,根据产气与否来判断有无大肠菌群存在。

5) 根据滤膜上生长的大肠菌群菌落数和过滤水样体积,即可算出每升水样中的大肠菌群数。

滤膜法比发酵法的检验时间短,但仍不能及时指导生产。当发现水质有问题时,这种不符合标准的水已进入管网。此外,当水样中悬浮物较多时,悬浮物会沉积在滤膜上,影响细菌的发育,使测定结果不准确。

4.3 病原性原虫的检测方法

4.3.1 隐孢子虫卵囊和贾第鞭毛虫孢囊的检测方法

近 20 年来,隐孢子虫和贾第鞭毛虫的危害引起了国际社会和供排水行业的广泛关注和高度重视,美国环境保护局与有关国家相关部门和科研机构相继对隐孢子虫和贾第鞭毛虫的检测方法进行了开发。隐孢子虫卵囊和贾第鞭毛虫孢囊的检测方法有免疫荧光检测法、荧光原位杂交、PCR 技术以及流式细胞检测等,其中免疫荧光检测法是目前最常用的方法。

美国环境保护局 1996 年开始采用免疫磁力分离(immunomagnetic separation,IMS)等技术对隐孢子虫进行分析检测,提出了单独检测隐孢子虫的 USEPA-1622 方法,并于 1997 年 1 月将其作为正式检测标准发布。由于贾第鞭毛虫免疫磁力分离系统的建立落后于隐孢子虫,于 1998 年 10 月才被认可,因此,USEPA 于 1999 年 2 月又发布了能同时检测隐孢子虫和贾第鞭毛虫的方法,称其为 USEPA-1623 方法。

USEPA-1623 方法是目前国际上应用最广泛的一套隐孢子虫卵囊和贾第鞭毛虫检测方面的标准方法。USEPA-1623 方法包括浓缩、分离和鉴定三个步骤,即采用滤筒过滤,免疫磁珠分离和免疫荧光(immuno-fluorescent assay,IFA)显微镜来检测和计数隐孢子虫卵囊和贾第鞭毛虫孢囊,并借助 DAPI 染色和微分干涉(differental interference contrast,DIC)显微镜观察其内部的特征结构来证实卵囊和孢囊的存在。详细步骤见表 4.3。值得指出的是,隐孢子虫和贾第鞭毛虫的检测费用高,每个样品试剂费用在 2000 元左右。

表 4.3 污水及再生水中病原性原虫检测的优化方案

	试验步骤	参数设置
浓缩	采集水样	采集水样各 2 L,每张膜过滤 1 L
	膜过滤	测定水样浊度,添加高岭土浊液至 4 NTU
	刮擦	采用木质药匙进行刮擦处理,滤膜转移至 50 mL 离心管
	隔夜浸泡	50 mL 离心管中加洗脱液 30 mL,浸泡 12 h 以上
	漩涡振荡	将 50 mL 离心管置于漩涡混合器上剧烈振荡 3~5 min
	摇床洗脱	将 50 mL 离心管置于摇床,250 r/min 振荡 15 min 后,改变离心管方向至与前次垂直,250 r/min 振荡 15 min
	离心浓缩	2500 g,离心 10 min,弃去上清,加纯水后至于漩涡混合器振荡洗涤,再次离心 2500 g,10 min
分离	IMS	提高酸解离强度,加入 0.1 mol/L HCl 后振荡 60 s,静置 10 min,再振荡 60 s,静置 10 min;增加酸解离次数至两次。其余步骤同 USEPA-1623 方法
鉴定	IFA	加 50 μL 甲醇,室温下干燥后,再加 50 μL 染色液,37℃,暗处染色 60~90 min。用 Fixing Buffer 洗涤残留染色液,加入一滴包埋介质(mounting media)后盖片;
	镜检计数	卵囊和孢囊在蓝光的激发下均呈现出绿色荧光,利用荧光显微镜进行扫描、计数

囊式滤筒过滤和摇臂振荡洗脱是造成 USEPA-1623 方法成本高、回收率低的主要原因。张彤等(2006)通过对膜过滤-洗脱环节和 IMS 过程进行改进,提高并稳定了各步骤的回收率,使该方法对水质有较强的适应性,并且将试验成本降低了约 52%。具体改进措施如下:

1) 与化学絮凝法、膜过滤-溶解法和膜过滤-刮擦法相比,膜过滤-洗脱法是比较理想的两虫浓缩方式。在直接洗脱的基础上,增加滤膜刮擦后隔夜浸泡和洗脱前剧烈振荡的操作能够显著提高并稳定浓缩环节的回收率。

2) 在免疫磁性分离(IMS)环节,酸解离比热解离的效果更好。

3) 免疫荧光染色(IFA)、镜检环节观察到的假阳性物质通过形状或大小可以较明确地与两虫区分开,一般情况下可不进行后续的 DAPI/DIC 确认步骤。

4) 对于浊度较低的水样(<1 NTU),浓缩是整个检测流程回收率的限制步骤;而对于浊度较高的水样(>4 NTU),IMS+IFA 是回收率的限制步骤。

5) 与延长洗脱时间和更换洗脱液相比,提高水样单膜累计过滤量和向水样中添加高岭土浊液能够更加有效地提高膜过滤-洗脱法在不同水质条件下的适应性。离心浓缩后洗涤沉淀和提高酸解离强度是改善 IMS 过程回收率的有效措施。反应混合时间过长可能使两虫与磁珠的结合体发生解离。优化后的具体方案参见表 4.3。

4.3.2　隐孢子虫的活性及感染性检测

污水中的隐孢子虫大多是卵囊,即休眠期的隐孢子虫,而上述的荧光免疫检测法不能完全确定隐孢子虫的活性及感染性。分析隐孢子虫的活性及感染性有助于辨别具有感染性的隐孢子虫与非感染性的隐孢子虫,是污水中隐孢子虫分析与检测的辅助手段。

隐孢子虫的活性及感染性检测方法主要包括裂囊分析、活性染色分析、反转录PCR、动物试验(即小鼠感染分析)和细胞感染分析等,其中前三种方法的检测过程相对比较简单,但由于检测过程没有与隐孢子虫感染致病的环境条件相联系,难以利用其检测结果进行健康风险分析。小鼠感染分析的试验条件与隐孢子虫感染人体最为接近,但动物试验程序繁琐,费用昂贵,耗时较长,影响因素复杂,不便于推广。相比之下,细胞感染分析是隐孢子虫活性和感染性分析的最佳选择,它可以在不使用动物模型的条件下,模拟体内感染环境,既可避免动物试验的不足,又便于试验过程标准化,从而大大提高试验结果的重现性和可信度。

4.4　污水中病原(指示)微生物检测的不确定性

与物理学指标检测相比,影响生物指标检测的因素更多,许多因素难以控制,其检测精度比物理学指标低。目前,对生物学指标相关检测方法的精度没有明确的规定和详细的研究,给实际检测和研究带来一定不确定性。

　　针对典型的病原指示微生物,对同一个水样进行平行测定,分析测定结果的相对偏差及其分布特性,可为控制和掌握相关指示微生物检测的不确定性和数据质量提供保障。

4.4.1　SC 噬菌体测定的不确定性

　　对城市污水处理厂二级出水近 300 个 SC 噬菌体浓度检测结果的相对偏差数据用 SPSS 进行描述性统计分析发现,其相对偏差的频数分布呈正态分布,绝大部分数据都处在−100%～100%的范围内(如图 4.3 所示)。张薛等利用 SPSS 中的 Distances 过程对同一水样的三次平行检测结果进行分析,考察其相似度,三次检测结果之间的相近度都比较高(0.898、0.858 和 0.962),但比粪大肠菌群平行样间的相关系数(0.971、0.992 和 0.981)小。

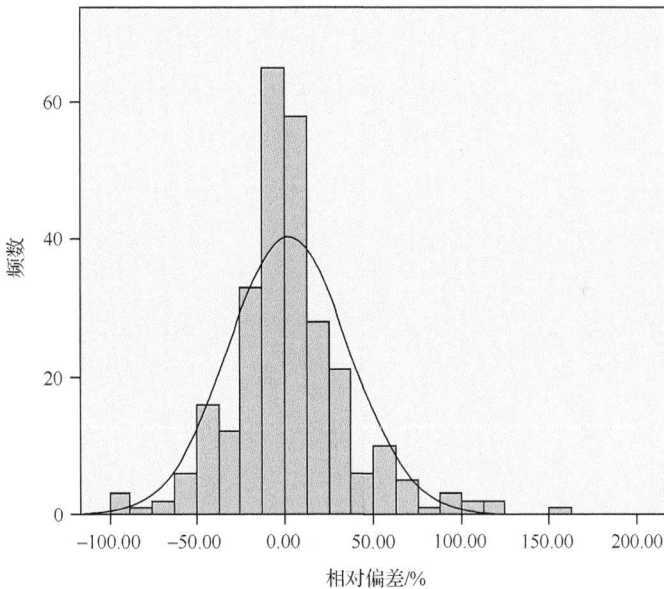

图 4.3　二级出水中 SC 噬菌体浓度检测结果相对偏差频数分布图

　　随水样中 SC 噬菌体浓度的升高,其相对偏差有减小的趋势(图 4.4),考虑到浓度过高会给计数带来困难,影响计数的准确度,可将水样进行稀释或浓缩预处理,使处理后水样中 SC 噬菌体的浓度控制在 30～300 PFU/mL,以提高检测的准确度(张薛和胡洪营,2006)。

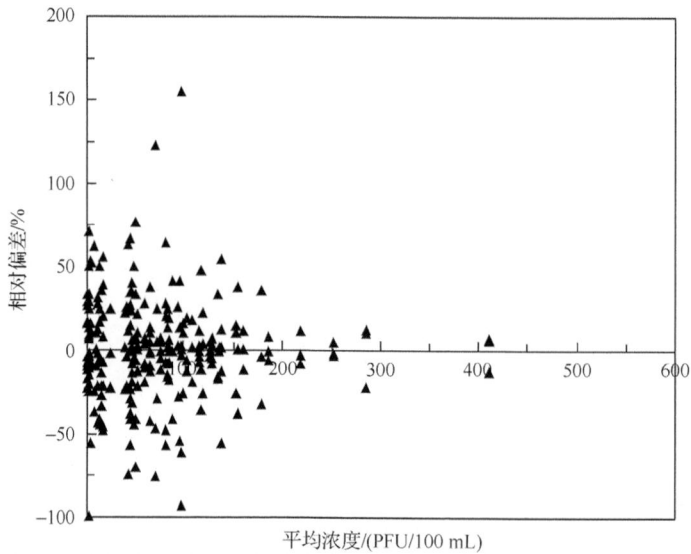

图 4.4　二级出水中 SC 噬菌体浓度检测结果相对偏差与浓度的相关性

4.4.2　F-RNA 噬菌体测定的不确定性

对城市污水处理厂二级出水近 285 个 F-RNA 噬菌体浓度检测结果的相对偏差数据用 SPSS 进行描述性统计分析,其相对偏差的频数分布亦呈正态,绝大部分数据都在 $-100\%\sim100\%$ 的范围内(图 4.5),频数的分布与标准正态分布相比更为尖峭,即处于平均值 0.83% 附近的数值所占的比例相对标准正态分布的则更高。F-RNA 噬菌体三次平行检测结果之间的相近度都非常高(0.988、0.993 和 0.987),与粪大肠菌平行样间的相关系数较为接近,均高于 SC 噬菌体平行样间的相关系数。

随着浓度的升高则检测结果的相对偏差有减小的趋势(图 4.6),考虑到噬菌体浓度过大会给计数带来困难,影响计数的准确度,一般通过稀释或浓缩的手段将样品中的 F-噬菌体浓度控制在 30~300 PFU/mL,以便于提高检测的准确度。

4.4.3　粪大肠菌群测定的不确定性

对近 150 个粪大肠菌浓度检测结果的相对偏差数据用 SPSS 进行描述性统计分析,频数分布呈正态,绝大部分数据都在 $-100\%\sim50\%$ 的范围内。频数的分布与标准正态分布相比更为尖峭,即处于平均值 0.053% 附近的数值所占的比例较标准正态分布更高(图 4.7)。

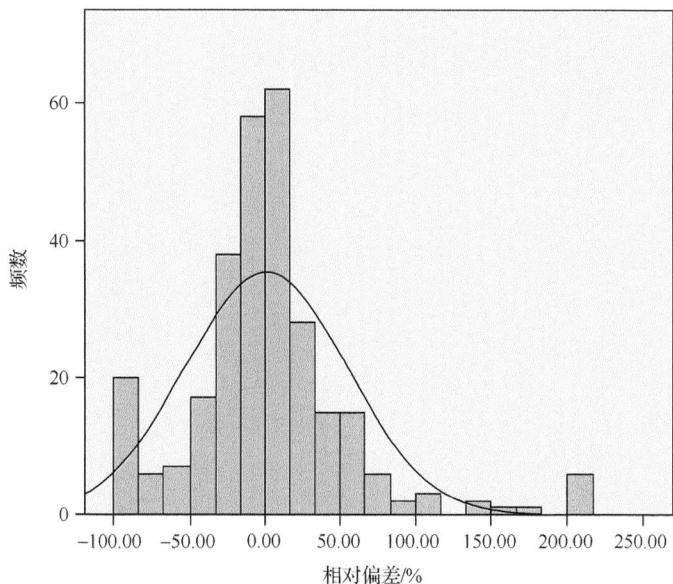

图 4.5　二级出水中 F-RNA 噬菌体浓度检测结果相对偏差频数分布图

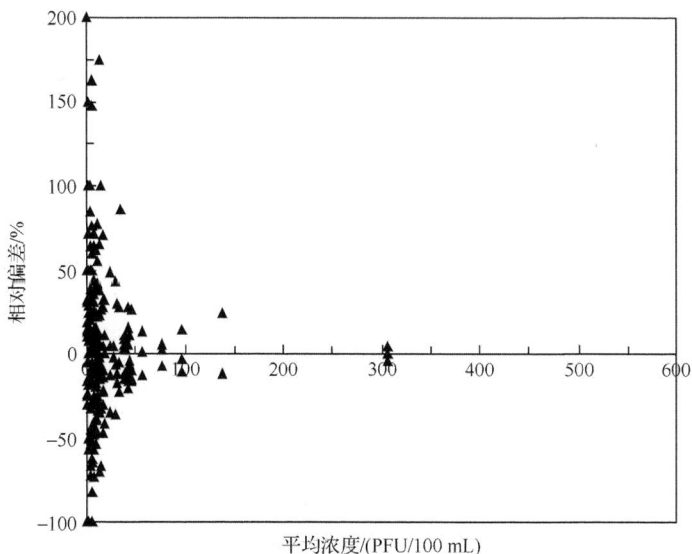

图 4.6　二级出水中 F-RNA 噬菌体浓度检测结果相对偏差与浓度的相关性

　　图 4.8 为粪大肠菌浓度检测结果的相对偏差与其浓度之间的相关关系。可见,随着粪大肠菌浓度的升高,检测结果的相对偏差有减小的趋势。当菌落浓度为 30～300 CFU/mL 时,检测结果便于观察,并且其相对检测偏差较小。因此,可将

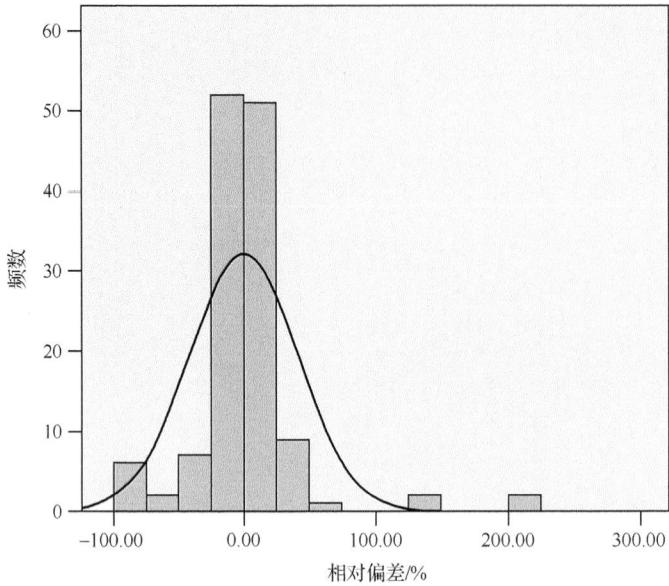

图 4.7 二级出水中粪大肠菌浓度检测结果相对偏差频数分布图

水样进行稀释或浓缩预处理,使处理后水样的浓度在此范围内,以便提高检测的准确度。

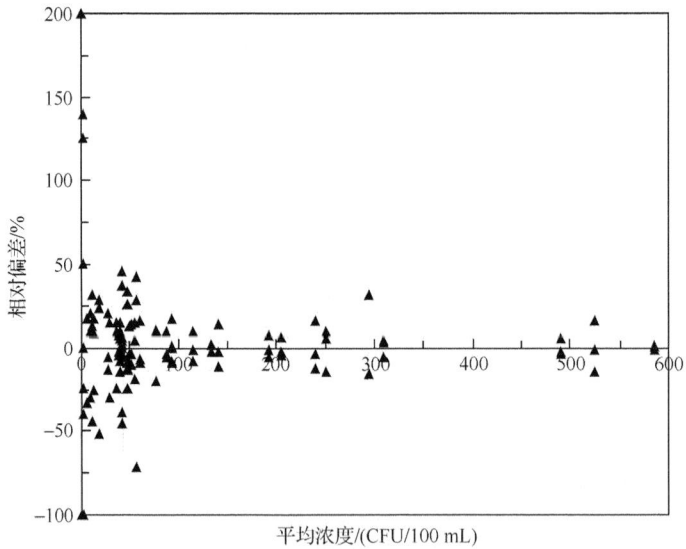

图 4.8 二级出水中粪大肠菌浓度检测结果相对偏差与浓度的相关性

比较三种指示微生物检测结果的相对偏差,结果如表 4.4 所示。可见粪大肠菌、SC 噬菌体和 F-噬菌体 85％以上样品的相对偏差分别在±40％、±50％和±70％以内，这可能与水样中三种指示微生物的浓度有关（在同一污水水样中，三种指示微生物的浓度顺序一般为粪大肠菌＞SC 噬菌体＞F-噬菌体），这种情况与三种指示微生物相对偏差随浓度的增大而降低的规律是一致的。

表 4.4　三种指示微生物浓度检测结果在不同相对偏差范围内的样本比例

（单位：％）

相对偏差范围	粪大肠菌	SC 噬菌体	F-噬菌体
±70	92	94	85
±50	91	88	79
±40	87	80	70

参 考 文 献

农生洲,覃桂芳. 2001. 微生物病原体快速检测技术进展. 医学文选,20(4):520～521.

张彤,胡洪营,宗祖胜. 2006. 污水再生处理系统中隐孢子虫和贾第鞭毛虫检测方法的优化. 环境科学,27(12):2547～2555.

张薇,胡洪营. 2006. 污水中病原性指示微生物测定的精度分析. 中国给水排水,22(22):85～88.

Beuret C. 2004. Simultaneous detection of enteric viruses by multiplex real-time RT-PCR. Journal of Virological Methods,115(1):1～8.

Chapron C D,Ballester N A,Fontaine J H,et al. 2000. Detection of astroviruses, enteroviruses, and adenovirus types 40 and 41 in surface waters collected and evaluated by the information collection rule and an integrated cell culture-nested PCR procedure. Applied and Environmental Microbiology,66(6):2520～2525.

Clark A G,Mclauchlin J. 1997. Simple color tests based on an alanyl peptidase reaction which differentiate listeria monocytogenes from other listeria species. Journal of Clinical Microbiology,35(8):2155～2156.

Donaldson K A,Griffin D W,Paul J H. 2002. Detection, quantitation and identification of enteroviruses from surface waters and sponge tissue from the Florida Keys using real-time RT-PCR. Water Research,36(10):2505～2514.

Fong T T,Lipp E K. 2005. Enteric viruses of humans and animals in aquatic environments:Health risks, detection, and potential water quality assessment tools. Microbiology and Molecular Biology Reviews,69(2):357～371.

Fout G S,Martinson B C,Moyer M W N,et al. 2003. A multiplex reverse transcription-PCR method for detection of human enteric viruses in groundwater. Applied and Environmental Microbiology, 69 (6):3158～3164.

Green D H,Lewis G D. 1999. Comparative detection of enteric viruses in wastewaters,sediments and oysters by reverse transcription PCR and cell culture. Water Research,33(5):1195～1200.

Greening G E,Hewitt J,Lewis G D. 2002. Evaluation of integrated cell culture-PCR (C-PCR) for virological analysis of environmental samples. Journal of Applied Microbiology,93(5):745～750.

Griffin D W,Gibson C J,Lipp E K,et al. 1999. Detection of viral pathogens by reverse transcriptase PCR and of microbial indicators by standard methods in the canals of the Florida Keys. Applied and Environmental

Microbiology,65(9):4118～4125.

Jiang S,Noble R,Chui W P. 2001. Human adenoviruses and coliphages in urban runoff-impacted coastal waters of Southern California. Applied and Environmental Microbiology,67(1):179～184.

Ko G,Cromeans T L,Sobsey M D. 2003. Detection of infectious adenovirus in cell culture by mRNA reverse transcription-PCR. Applied and Environmental Microbiology,69(12):7377～7384.

Lipp E K,Jarrell J L,Griffin D W,et al. 2002. Preliminary evidence for human fecal contamination in corals of the Florida Keys,USA. Marine Pollution Bulletin,44(7):666～670.

Lipp E K,Lukasik J,Rose J B. 2001. Human enteric viruses and parasites in the marine environment. Methods in Microbiology,30:559～588.

Noble R T,Allen S M,Blackwood A D,et al. 2003. Use of viral pathogens and indicators to differentiate between human and non-human fecal contamination in a microbial course tracking comparison study. Journal of Water and Health,1(4):195～207.

Pina S,Puig M,Lucena F,et al. 1998. Viral pollution in the environment and in shellfish:Human adenovirus detection by PCR as an index of human viruses. Applied and Environmental Microbiology,64(9):3376～3382.

Simon T. 1999. PCR and the detection of microbial pathogens in waster and wastewater. Water Research,33(17):3545～3556.

Straub T M,Pepper I L,Gerba C P. 1995. Removal of PCR inhibiting substances in sewage sludge amended soil. Water Science and Technology,31(5/6):311～315.

Toze S. 1999. PCR and the detection of microbial pathogens in water and wastewater. Water Research,33(17):3545～3556.

van Heerden J,Ehlers M M,van Zyl W B,et al. 2003. Incidence of adenoviruses in raw and treated water. Water Research,37(15):3704～3708.

第5章 污水及再生水中的化学污染物

5.1 污水中的典型化学污染物

随着人们生产和使用化学品的种类和数量的不断增加,城市污水中化学污染物的含量也增加。污水中的化学污染物可分为无机污染物、有机污染物和放射性物质三类。由于水华的爆发及饮用水重金属中毒事件,污水中的氮磷、重金属等无机污染物一直受到人们的关注。对于污水中的有机污染物,早期主要是以综合性指标进行评价,如五日生化需氧量(BOD$_5$)、化学需氧量(COD)、总有机碳(TOC)、溶解性有机碳(DOC)等。但随着科技的进步,尤其是分析手段的发展,微量化学物质在水中也不断被检出。人们在实践过程中逐步认识到,常规的综合性指标不能全面反映水体的环境污染状况。一些危害环境和人体健康的微量有毒有害污染物,由于生物富集效应,在长期低剂量暴露情况下可对生态环境造成严重破坏。于是,持久性有机污染物(POPs)、内分泌干扰物(EDCs)、药品和个人护理用品(PPCPs)、纳米污染物等微量有毒有害污染物也逐步成为人们关注的新焦点。

5.2 污水及再生水中的常规有机污染物

5.2.1 常见有机污染物

城市污水原水中含有种类复杂的有机物,其主要来自人类排泄物及生产生活中产生的废弃物等。污水原水中的有机物主要包括蛋白质、碳水化合物、油脂等。上海市生活污水原水的有机物组成如表5.1所示。由表可知,蛋白质、糖类和油脂等占原水总有机物的 60% 以上(黄满红,2006)。

表 5.1　上海城市生活污水原水的有机物组成

类别	物质	物质浓度 /(mg/L)	占 TOC 的 百分比/%	检测方法
蛋白质类	蛋白质	79.61	34.55	改进的 Folin 酚法
糖类	糖	64.41	20.52	蒽酮比色法
油脂类	十二酸甲酯	0.31	0.18	气相色谱法

类别	物质	物质浓度/(mg/L)	占 TOC 的百分比/%	检测方法
	十四酸甲酯	0.475	0.28	
	棕榈酸甲酯	0.86	0.52	
	软脂酸甲酯	0.66	0.40	
	亚麻酸甲酯	0.75	0.47	
	亚油酸甲酯	1.95	1.21	
	硬脂酸甲酯	0.937	0.57	
	油酸甲酯	2.731	1.67	
	二十五碳五烯酸甲酯	0.759	0.48	
	二十二碳六烯酸甲酯	0.398	0.25	
挥发性有机酸类	乙酸	10.01	3.19	气相色谱法
	丙酸	1.02	0.40	
	异丁酸	1.71	0.75	
	丁酸	1.05	0.46	
	异戊酸	0.40	0.19	
直链烷基苯磺酸钠	直链烷基苯磺酸钠	6.22	3.30	液相色谱法
腐殖酸	腐殖酸	11.88	5.16	改进的 Folin 酚法
核酸	核酸	19.17	5.33	二苯胺法、地衣酚法

注：样品数 $n = 1$。

资料来源：黄满红,2006.

　　二级处理出水中的有机物除了原水中未被降解的有机污染物以外,还包括原水中污染物的中间降解产物、微生物代谢产物等。有研究表明,二级处理出水中的溶解性有机物更多地来源于微生物代谢产物,而不是进水中原有的组分。二级处理出水中有机物组成包括蛋白质、碳水化合物、腐殖酸、富里酸等,如表 5.2 所示(Barker and Stuckey,1999)。

表 5.2 污水处理厂出水中溶解性有机物的物质组成 （单位：%）

	滴滤池和活性 污泥工艺出水	滴滤池出水	二级处理出水	
			可透析组分	不可透析组分
乙醚萃取物(ether extractables)	<10	～8.3	—	—
蛋白质(proteins)	<10	～22.4	—	1.7
氨基酸(amino acids)	—	—	4.6	
碳水化合物和多糖 (carbohydrate, polysaccharide)	<5（无单糖）	～11.5	0.2	4
单宁酸和木质素(tanninacids, lignins)	<5	～1.7	5.1	—
烷基苯磺酸盐(alkyl benzene sulfonate)	～10	—		
阴离子洗涤剂(anionic detergents)		～13.9	3.2	—
非离子洗涤剂(non-ionic detergents)	—		1.6	
腐殖酸、黄腐酸和棕腐酸 (humic, fulvic and hymathomelanic acids)		40～50	—	—
挥发酸(volatile acids)		—	5.4	
不挥发酸(non-volatile acids)		—	11.8	
半挥发性成分(neutral volatile compounds)		—	3.1	
类固醇(steroids)		—	0.8	
荧光增白剂(optical brighteners)		—	0.5	
有机氯化物(organo-chlorine compounds)		—	<0.001	
未知物质	65	—	3.7	54.3
浓度低于 50 μg/L 物质	—	—	—	*

* 为果糖(fructose)、蔗糖(sucrose)、甘露糖(mannose)、阿洛酮糖(allulose)、棉籽糖(raffinose)、木糖(xylose)、葡萄糖(glucose)、甲酸(formic acid)、乙酸(acetic acid)、丙酸(propionic acid)、丁酸(butyric acid)、尿酸(uric acid)、芘(pyrene)、苝(perylene)、苯并芘(benzpyrenes)、DDT、六六六(BHC)、狄氏剂(dieldrin)、粪[甾]醇(coprostanol) 和胆固醇(cholesterol)。

资料来源：Barker and Stuckey, 1999.

1. 蛋白质类物质

蛋白质主要来源于动物组织和部分微生物代谢产物。蛋白质中的氮元素含量较高，约为 16%。蛋白质、氨基酸是异养菌的潜在氮源和碳源，其在蛋白质合成、细菌代谢、细菌/藻类交感作用中发挥重要作用。蛋白质结构复杂且不稳定，容易发生各种形式的分解，其在分解过程中常有恶臭产生。

国内外生活污水原水中蛋白质含量如图 5.1 所示，其占污水原水总 COD 的 8%～31%。由表 5.2 可知，蛋白质、氨基酸等物质可占污水二级处理出水中溶解性有机物的 5%～25%（Barker and Stuckey，1999）。

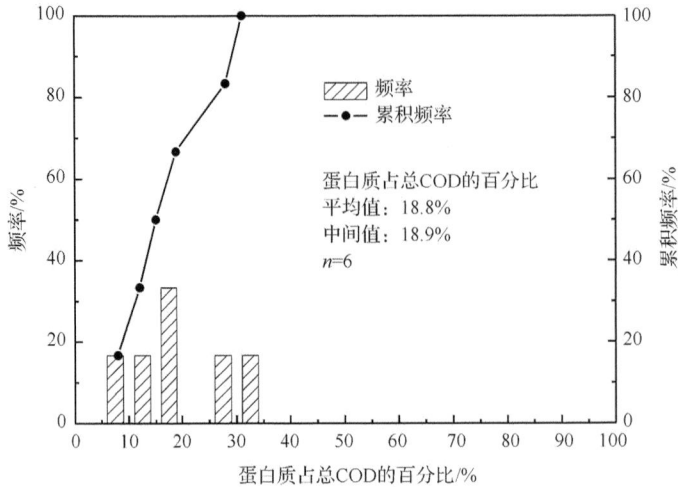

图 5.1　国内外城市生活污水原水中蛋白质占总 COD 的百分比（黄满红，2006）

二级处理出水中氨基酸浓度分布如图 5.2 所示（Pehlivanoglu-Mantas and Sedlak，2006）。总氨基酸浓度为 $10 \sim 200$ μg-N/L，游离氨基酸浓度约为 $1 \sim 40$ μg-N/L。

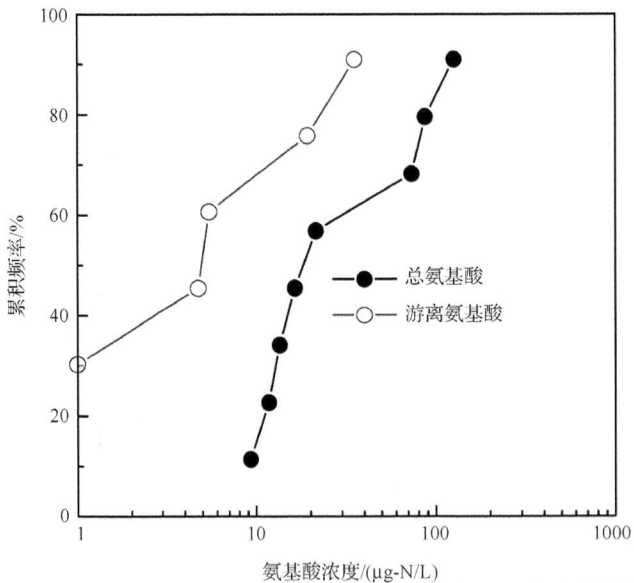

图 5.2　二级处理出水中总氨基酸和游离氨基酸浓度（Pehlivanoglu-Mantas and Sedlak，2006）

2. 碳水化合物

碳水化合物包括糖类、淀粉、纤维素和木质纤维,这些物质在污水中均可被检出。糖类等部分碳水化合物在污水中可溶,而淀粉等则不可溶。糖类可在特定细菌、真菌作用下分解为醇类、二氧化碳。而淀粉则更稳定,但可经微生物降解或者无机酸稀释水解后形成糖类。纤维素则因为其较难被降解,而备受关注。

国内外城市生活污水原水中糖类物质含量如图 5.3 所示,其占污水原水总COD 的 6%~18%。表 5.3 列出了不同的单糖在原水的分布及其在二级生物处理中的去除效率(Dignac et al,2000)。原水中单糖以木糖和树胶醛糖为主。尽管部分多糖例如木质素难以降解,但总体而言,原水中的碳水化合物是微生物较易利用的碳源。值得注意的是,碳水化合物可导致膜分离过程中膜的结垢。

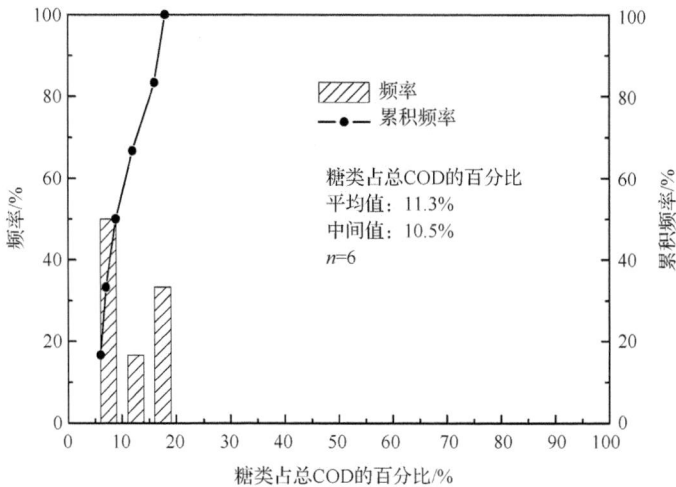

图 5.3　国内外城市生活污水原水中糖类物质含量(黄满红,2006)

表 5.3　污水原水中单糖的分布及其去除效率

	占进水总单糖的百分比/%	二级处理对单糖的去除率/%
木糖(xylose)	42	96
树胶醛糖/阿拉伯糖(arabinose)	26	96
葡萄糖(glucose)	8	82
半乳糖(galactose)	7	93
鼠李糖(rhamnose)	6	80
核糖(ribose)	5	83
海藻糖(fucose)	3	50
甘露糖(mannose)	3	3

数据来源:Dignac et al,2000.

3. 油脂

生活污水中的油脂主要来源于牛油、猪油、人造黄油和植物油。国内外生活污水原水中油脂含量如图 5.4 所示,其占污水原水总 COD 的 4%～45%(黄满红,2006)。油脂可以脂肪酸的形式表征,脂肪酸在生物处理工艺中容易去除(去除率为 98%～100%)(Shon et al,2006b)。

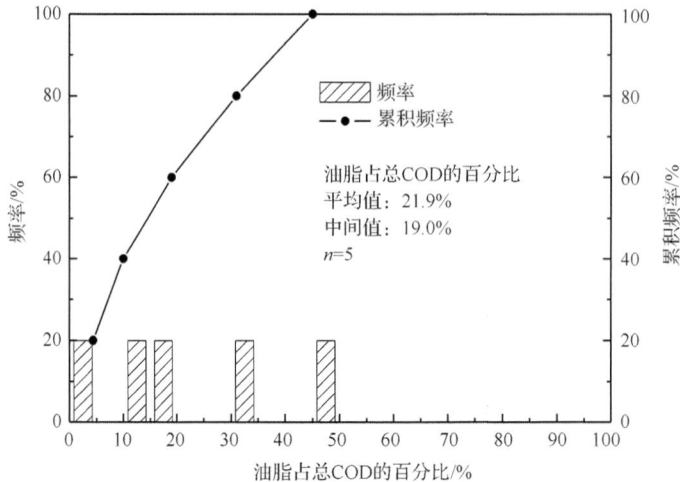

图 5.4　国内外城市生活污水原水中油脂含量(黄满红,2006)

5.2.2　常规有机污染物的组分特性

现有污水再生处理工艺对有机物的去除大多针对非特异性水质指标,例如生化需氧量(BOD)、化学需氧量(COD)、悬浮物(SS)、浊度等。但是污水中有机污染物组成十分复杂,其由不同粒径/分子质量、极性、酸碱性的悬浮物和溶解性有机物组成。有机污染物的粒径/分子质量、极性等特性,可影响有机污染物的沉淀、物质传输、吸附、扩散和生化反应等,对有机污染物在污水再生处理过程中的处理效果有着十分重要的影响(Levine et al,1985)。因此,对污水中有机污染物的粒径/分子质量、极性、酸碱性进行表征,可促进人们对污水再生处理各个过程中的复杂现象有更为深刻的认识,亦可为开发更高效的污水再生处理技术提供支持。下面介绍污水中常规有机污染物的组分分布与物质特性。

1. 常规有机物的粒径/分子质量分布

污水中有机污染物大小不一,从小于 1 nm 到大于 100 μm。其中,组成城市污水中 BOD 和 SS 的物质通常小于 50 μm。经沉降后的城市污水中的典型有机污染物的粒径/分子质量分布如图 5.5 所示(Levine et al,1985)。污水中有机物污染物可分为颗粒态有机物和溶解性有机物,介于颗粒态有机污染物和溶解性有机物之间的物质,常被称为胶体物质。

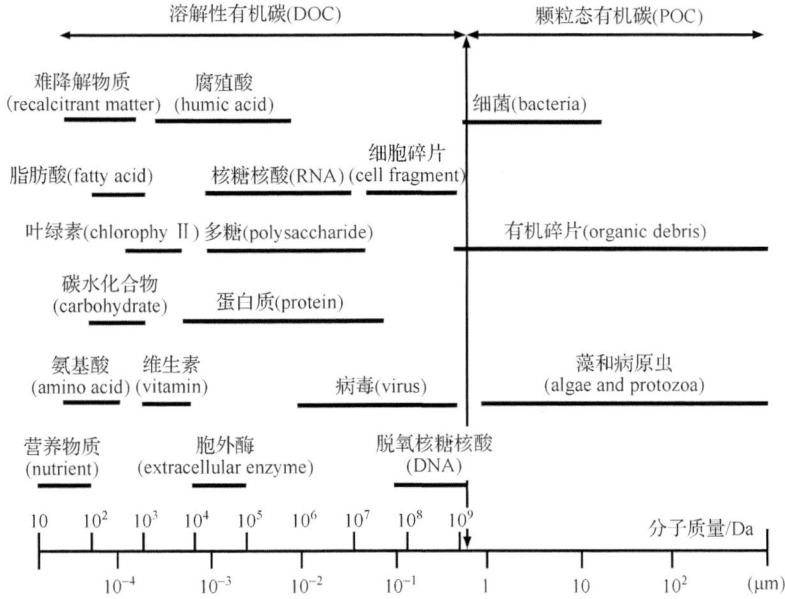

图 5.5　城市污水中典型有机物组成及其粒径/分子质量分布 (Levine et al,1985)

（1）颗粒物

颗粒物中含有原生动物、藻类、细菌絮体和单细胞个体、微生物废物(microbial waste products)。颗粒物常用悬浮性固体(SS)来表征。污水处理厂二级处理出水中 SS 含量通常为 5～30 mg/L。以苏州市某污水处理厂为例,其二级处理出水中 SS 的平均浓度为 12.4 mg/L。该污水处理厂二级处理出水中 SS 浓度分布如图 5.6 所示。较高频度的检测浓度分布在 10～15 mg/L,其中 12～14 mg/L 浓度范围的 SS 检出概率最大。

污水处理厂二级处理出水浊度通常为 1～5 NTU。以北京市某污水处理厂 G 为例,其二级处理出水中浊度的平均值为 1.8 NTU。该污水处理厂二级处理出水中浊度的分布如图 5.7 所示,较高频度的检测值分布在 1.0～1.5 NTU。

二级处理出水经混凝沉淀和砂滤工艺处理后浊度显著降低。混凝沉淀出水浊度通常为 0.2～2.0 NTU,而砂滤出水浊度通常低于 0.3 NTU。以北京市某污水处理厂 G 为例,其混凝沉淀出水中浊度的平均值为 0.9 NTU,而砂滤出水中浊度的平均值为 0.1 NTU。该污水处理厂混凝沉淀出水和砂滤出水中浊度的分布如

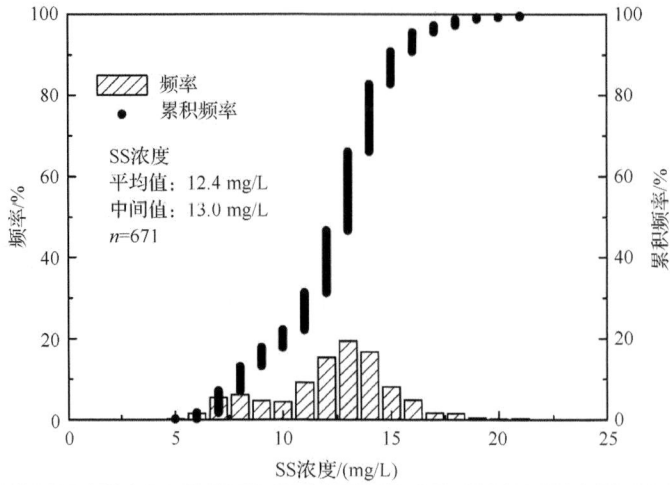

图 5.6　苏州某污水处理厂二级处理工艺(A²O)出水的 SS 浓度

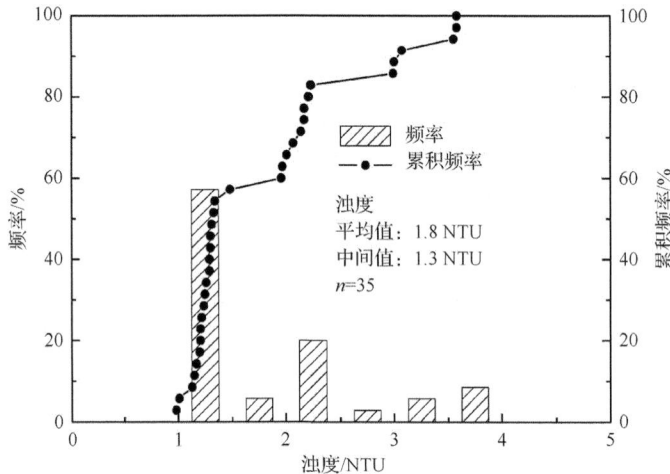

图 5.7　北京某污水处理厂二级处理工艺(A²O)出水的浊度

图 5.8 和图 5.9 所示,混凝沉淀出水中浊度较高频度的检测值分布在 0.8～1.2 NTU,砂滤出水中浊度较高频度的检测值分布在 ND 至 0.02 NTU。

（2）溶解性有机物

在水处理领域,通常将水中粒径小于 0.45 μm 的有机物称为溶解性有机物。由于其粒径很小难以检测,通常用分子质量(molecular weight, M_w)表征有机物分子的大小。水中有机物的分子质量与粒径可通过经验公式进行大致换算,具体换算关系如式 5.1 和表 5.4 所示(Shon et al, 2006a)。

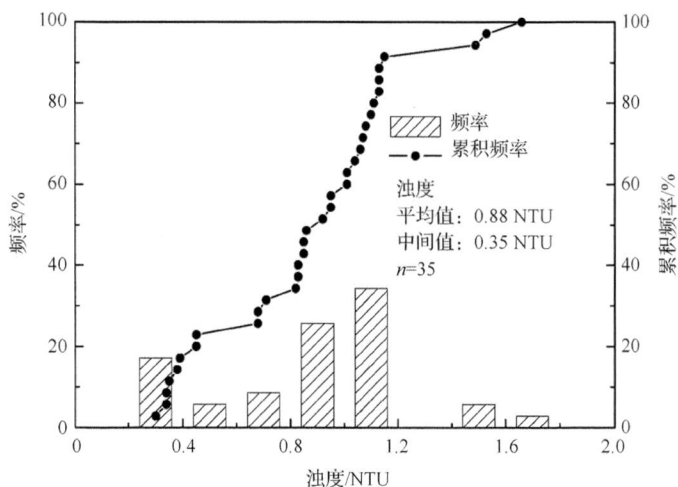

图 5.8　北京某污水处理厂深度处理混凝沉淀池出水的浊度

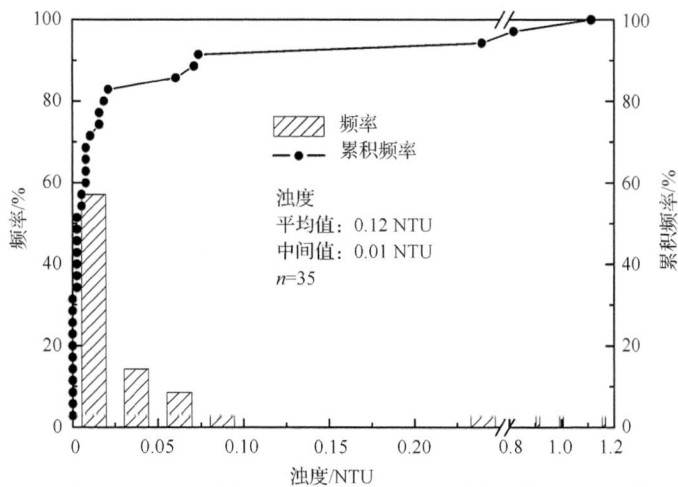

图 5.9　北京某污水处理厂深度处理砂滤出水的浊度

$$粒径(nm) = \frac{0.1 \times (M_w)^{0.3321}}{2} \tag{5.1}$$

表 5.4　有机物的分子质量与粒径大小的换算关系

分子质量/Da	粒径/nm
5×10^2	0.39
1×10^3	0.50
1×10^4	1.1
1×10^5	10

资料来源: Shon et al, 2006a.

　　典型二级处理出水中溶解性有机物的分子质量分布如图 5.10 所示。大多数溶解有机物的分子质量小于 10^3 Da 或者大于 10^4 Da。污水中溶解性大分子有机物的分子质量大约为 $10^3 \sim 10^6$ Da，主要包括多糖、蛋白质、脂肪、核酸以及天然有机物等。溶解性小分子物质的分子质量小于 10^3 Da，主要包括碳水化合物、氨基酸、维生素、叶绿素等(Levine et al，1985)。许多研究表明，二级处理出水中大分子物质的含量高于进水(Barker and Stuckey，1999)。

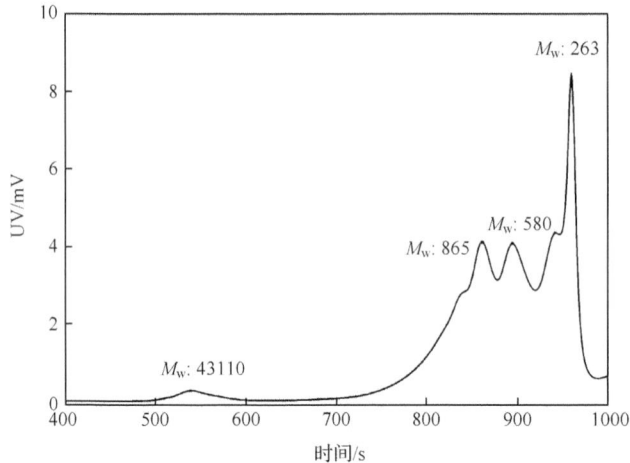

图 5.10　二级处理出水中溶解性有机物的凝胶色谱谱图(分子质量分布)(Shon et al，2006a)

　　不同分子质量的溶解性有机物组分在芳香性、生物毒性、处理机理、副产物生成潜能等方面很大的差别。有研究发现，二级/三级处理出水的单位 DOC 的紫外吸收强度(SUVA)与分子质量呈一定正相关(图 5.11)，这说明平均分子质量大的二级出水具有更强的芳香性(Imai et al，2002)。目前已报道的水中微量有毒有机物，如多环芳烃、多氯联苯等，其分子质量大多小于 10^3 Da (One et al，2004)，这导致二级处理出水的遗传毒性难以用超滤工艺予以去除(Ono et al，1996)。此外，在二级处理出水的溶解性有机物中，分子质量小于 3×10^3 Da 的溶解性有机物是高毒性消毒副产物二甲基亚硝胺(NDMA)的主要前体物，而分子质量大于 3×10^3 Da 的溶解性有机物氯消毒过程中则基本上不生成 NDMA(Mitch and Sedlak，2004)。

　　2. 溶解性有机物的极性和酸碱性分布

　　污水中常规有机污染物可以分为亲水性物质(HIS)、疏水酸性物质(HOA)、疏水碱性物质(HOB)和疏水中性物质(HON)。表 5.5 是污水处理厂二级处理出水中溶解性有机物组分特性。其中，HIS 的 DOC 含量最大，HOA 其次，而 HON 和 HOB 的 DOC 含量则最少。HOA 的 SUVA 值最大，HIS 的 SUVA 值略低，而 HOB 和 HON 的最小。HIS、HOA、HOB 和 HON 占总 DOC 的百分比的分布如图 5.12～图 5.15 所示。HIS 的 DOC 含量较高频率地分布在 40％～70％，HOA

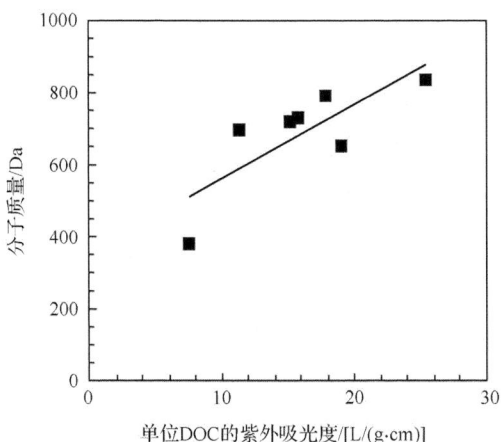

图 5.11　二级/三级处理出水分子质量与单位 DOC 的紫外吸收
强度(SUVA)的相关关系(Imai et al，2002)

的 DOC 含量较高频率地分布在 20%～35%，HOB 的 DOC 含量较高频率地低于
10%，而 HON 的 DOC 含量较高频率地分布在 5%～15%。

表 5.5　二级处理出水中溶解性有机物组分的极性和酸碱性特征

	DOC 含量/%	SUVA/[L/(m·mg)]
亲水性物质	62.4±8.1*	1.79±0.90**
疏水酸性物质	27.0±7.8*	2.23±1.1**
疏水碱性物质	5.7±4.5*	0.88±0.6**
疏水中性物质	11.7±6.7*	1.27±1.0**

* 样品数 $n=10$；** 样品数 $n=5$。

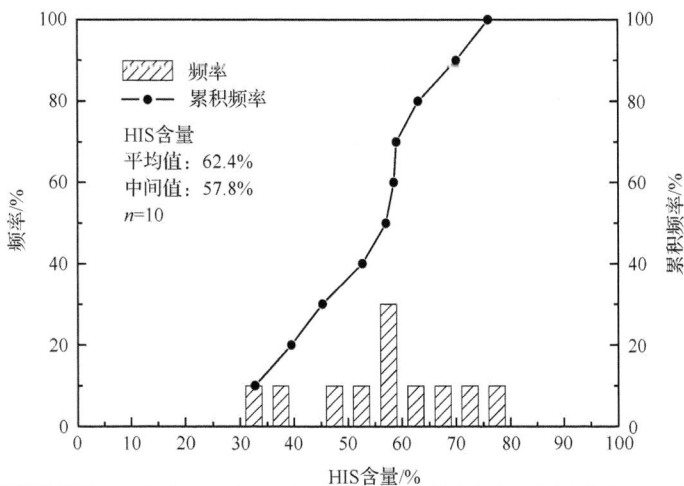

图 5.12　二级处理出水中亲水性物质(HIS)占总溶解性有机物的百分比

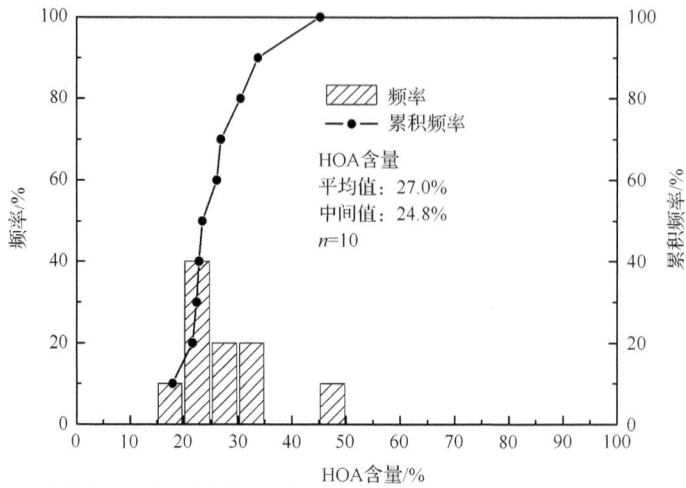

图 5.13　二级处理出水中疏水酸性物质(HOA)占总溶解性有机物的百分比

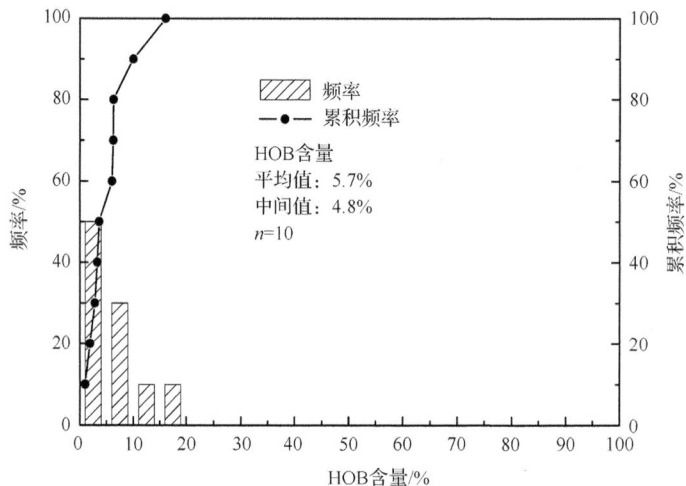

图 5.14　二级处理出水中疏水碱性物质(HOB)占总溶解性有机物的百分比

3. 溶解性有机物的三维荧光光谱特征

　　污水及再生水中含有腐殖酸等多种荧光物质,这些物质在吸收光能(激发光)后可跃迁到激发态,处于激发态中的单重态最低振动能层的物质在跃迁回基态的过程中可发出波长长于激发光的荧光。近年发展起来的三维荧光光谱技术可描述物质荧光强度同时随激发波长和发射波长变化的关系,其常用于表征污水及再生水中的溶解性有机物(图 5.16)。

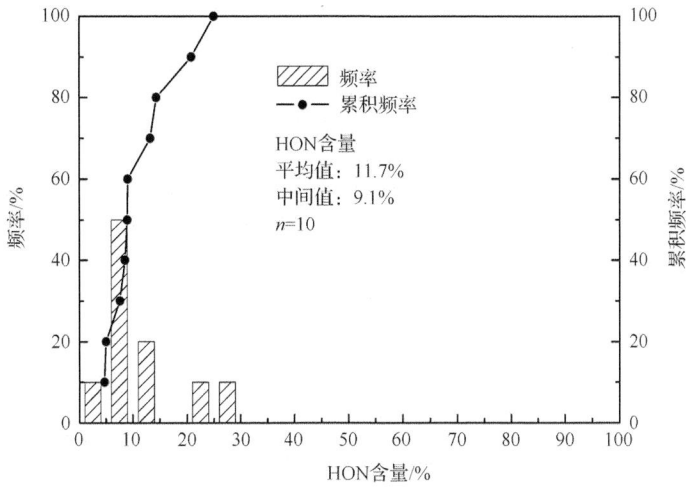

图 5.15　二级处理出水中疏水中性物质(HON)占总溶解性有机物的百分比

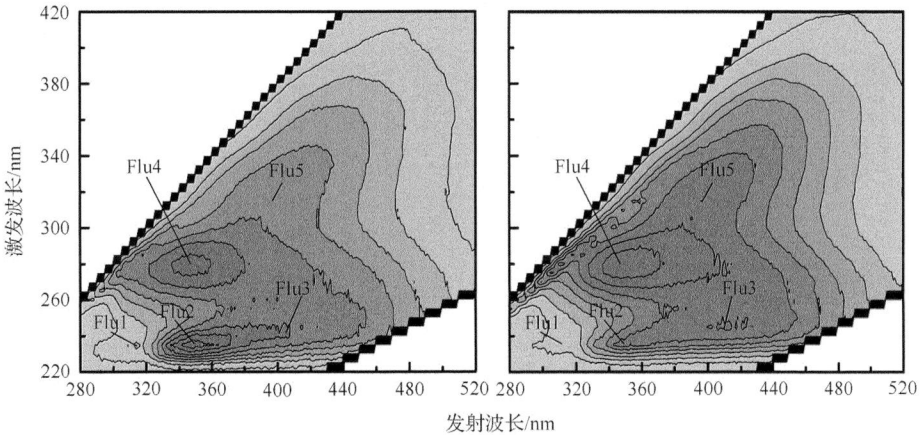

图 5.16　二级处理出水的典型三维荧光光谱等值线图

Flu1：酪氨酸类芳香族蛋白质；Flu2：色氨酸类芳香族蛋白质；Flu3：富里酸类腐殖质；
Flu4：溶解性微生物代谢产物，芳香族蛋白质；Flu5：腐殖酸类腐殖质

　　根据二级处理出水的三维荧光光谱谱图可知，二级处理出水中含有大量的芳香族蛋白质等溶解性微生物代谢产物类物质以及腐殖质类物质。地表水中的芳香族蛋白质和溶解性微生物代谢产物类物质的荧光峰比腐殖质类物质的荧光峰弱很多(Swietlik et al，2004；傅平青 等，2005；吕洪刚 等，2005)，而二级处理出水中芳香族蛋白质和溶解性微生物代谢产物类物质的荧光峰强度与腐殖质类物质的荧光峰强度相当，表明芳香族蛋白质和溶解性微生物代谢产物是二级处理出水的重要组成部分。

在二级处理出水各组分的荧光光谱(图 5.17)中,HIS 的荧光峰 Flu3 和 Flu5 的强度都远大于其他三个组分的这两个荧光峰的强度,说明 HIS 相比其他组分含有更多的腐殖质类物质,但关于饮用水、地表水的研究一般都认为大多数腐殖质类物质具有疏水性,这可能与污水中的腐殖质主要为生物源,芳香性较弱有关。同时还可以发现,HOA 的三个荧光峰 Flu1、Flu2 和 Flu4 的强度都大于其他三个组分这三个荧光峰的强度,说明 HOA 相比其他组分含有更多的芳香族蛋白质和溶解性微生物代谢产物类物质。由于芳香族蛋白质属于芳香族含氮化合物,溶解性微生物代谢产物中具有荧光特性的物质不少也属于芳香族含氮化合物,这说明 HOA 含有较多的有机氮化合物(王丽莎,2007)。

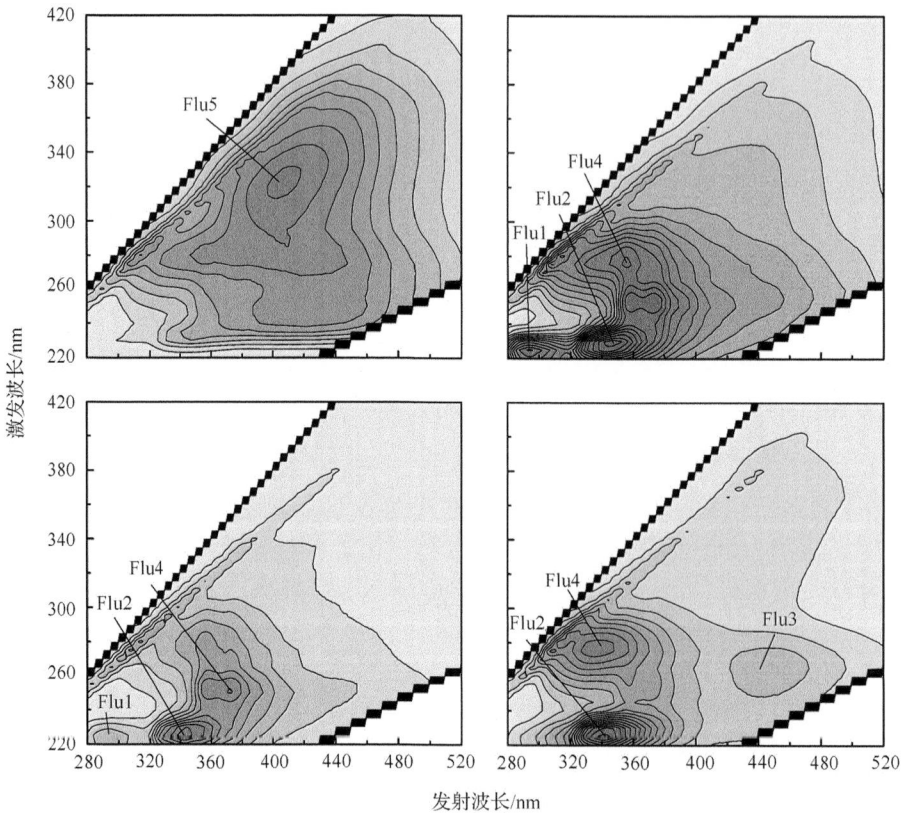

图 5.17 污水各组分消毒前的三维荧光光谱等值线图

Flu1-酪氨酸类芳香族蛋白质;Flu2-色氨酸类芳香族蛋白质;Flu3-富里酸类腐殖质;
Flu4-溶解性微生物代谢产物,芳香族蛋白质;Flu5-腐殖酸类腐殖质

4. 溶解性有机氮化合物

溶解性有机氮化合物(DON)包括蛋白质、脂肪胺、核酸、肽聚糖(来自细胞

壁）、脂多糖和浓缩产物（蛋白黑素类似结构）的氨基化合物等。DON 是重要的消毒副产物前体物，其在氯消毒过程中可以生成高毒性的消毒副产物二甲基亚硝胺、有机氯胺（Mitch and Sedlak，2004；谢兴和胡洪营，2007）。此外，部分小分子胺类、氨基酸类 DON 可以被藻类利用（Pehlivanoglu-Mantas and Sedlak，2006），其是否与水华爆发有关还有待进一步研究。

二级处理出水中 DON 含量为 1～5 mg-N/L。国外有报道称，对于一些硝化反硝化效率较高的处理工艺，出水中 DON 含量可占其溶解性氮的 80% 以上。二级处理出水中 DON 包括原水中难以降解的 DON、未被完全降解的可降解 DON 以及微生物代谢产物。对于大部分污水处理厂而言，原水中 90% 的 DON 可被二级处理工艺所去除（Pehlivanoglu-Mantas and Sedlak，2006）。有报道称，活性污泥工艺中生成的 DON 仅占二级处理出水的 35%±16%，这表明原水中难降解DON 是二级出水中总 DON 的重要组成部分（Parkin and McCarty，1981）。

小分子量脂肪胺，如甲胺、二甲胺、哌啶、吡咯啉等，可能来源于复杂有机氮化合物的氧化过程（Pehlivanoglu-Mantas and Sedlak，2006）。这些物质是二级出水中重要的 DON 物质，例如二甲胺是高遗传毒性消毒副产物二甲基亚硝胺（NDMA）的前体物。然而这些物质难以检测，其在污水再生处理过程中的浓度分布及其迁移转化的信息还很少。

在诸多小分子量脂肪胺类物质中，短链脂肪胺类物质因其与污水处理过程中的恶臭有关而备受关注。表 5.6 是二级出水中短链脂肪胺类物质的浓度分布，短链脂肪胺的浓度大多低于 5 μmol-N/L（即 70 μg-N/L）（Pehlivanoglu-Mantas and Sedlak，2006）。在现有被报道的脂肪胺类物质中，二甲胺在二级出水中的浓度水平最高。其他的挥发性胺类物质，在二级处理出水中的浓度水平大多低于0.5μmol-N/L（即 7μg-N/L）。

表 5.6　二级处理出水中胺类浓度（单位：μmol-N/L）

	Hwang et al, 1995	Mitch and Sedlak, 2004	Abalos et al, 1999	Abalos et al, 1999 *	Scully et al, 1998
甲胺（methylamine）			ND 至 3.4	21	
二甲胺（dimethylamine）	5.1	0.02～0.29	ND 至 2	5.2	
三甲胺（trimethylamine）	0.6			5.7	
二乙胺（diethylamine）			ND 至 0.08	0.17	
三乙胺（trimethylamine）			ND 至 0.27	0.5	
正丙胺（n-propylamine）	0.5				
异戊胺（isoamylamine）					<0.02～0.07
异丁胺（isobutylamine）					<0.03～0.07
2-甲基丁胺（2-methylbutylamine）					<0.01～0.06

* 以污水处理厂出水为主要补水的河水；ND 表示未检出。

除了蛋白质、多肽、脂肪胺以外,二级处理出水中的 DON 还包括人工合成的螯合剂、药品及个人护理用品。这些螯合剂、药品及个人护理用品浓度大多处于微克/升或纳克/升的水平。例如,螯合剂乙二胺四乙酸(EDTA)在二级处理出水中浓度水平约为 $1.4 \sim 14 \mu g\text{-}N/L$,最高可达 $50 \mu g\text{-}N/L$。药品苯并噻唑(benzothiazole)在二级出水中浓度约为 $0.3 \sim 6\mu g\text{-}N/L$(Pehlivanoglu-Mantas and Sedlak, 2006)。

5. 溶解性微生物代谢产物

二级处理出水中的溶解性微生物产物(soluble microbial product,SMP),包括蛋白质、氨基酸、碳水化合物(多糖等)、烷基苯磺酸、腐殖酸、富里酸、有机酸、抗生素、类固醇、胞外酶、细胞结构组件和能量代谢产物等(Barker and Stuckey,1999)。

Namkung 和 Rittmann(1986)将 SMP 分为与营养物质代谢有关的 SMP(substrate-utilization-associated product,UAP)和与细胞衰减有关的 SMP(biomass-associated product,BAP)两种。其中,与营养物质代谢有关的 SMP 的产生速率与营养物质的代谢速率成比例,其主要成分可能是由初始营养物质转化得到的小分子含碳化合物。与细胞衰减有关的 SMP 的产生速率则与微生物的浓度成比例,其主要成分可能是含碳和氮的大分子物质。有研究对二级处理出水中的大分子物质组分进行鉴定,发现其由氨基糖、氨基酸、糖、糖醛酸等组成,表现出异质多糖的特性(Namkung and Rittmann, 1986; Barker and Stuckey, 1999)。

SMP 中含有羟基、羧酸基、巯基、酚基和氨基等官能团,可与镍等重金属相螯合,从而降低重金属的毒性。但是有研究发现,部分 SMP 具有一定的毒性。例如,有研究报道二级处理出水的致突变性高于一级处理出水,部分 SMP 可抑制硝化过程(Barker and Stuckey, 1999)。

5.2.3　常规有机污染物的危害

常规有机污染物对污水再生利用过程具有一定的危害,如导致再生水有嗅味和色度,在消毒过程中生成有毒消毒副产物,增加处理过程中絮凝剂和氧化剂的用量,在吸附剂和膜表面结垢,导致管网等设施的腐蚀,为再生水管网中微生物生长提供营养物质等。

1. 致嗅物质

污水原水、二级出水常有霉味、土腥味等异味,这与水中的致嗅物质有关(Ginzburg et al, 1995)。当污水经再生处理后作为杂用水或景观娱乐用水时,嗅味是公众关心的重要问题之一。因此,在我国、日本等国家和地区的再生水水质指标中都要求再生水无不快感嗅味。

　　污水中的致嗅物质包括含硫化合物、含氮化合物、醛类、挥发性脂肪酸等,部分致嗅物质的嗅味特征和阈值如表 5.7～表 5.9 所示(Suffet et al,2004)。污水中的致嗅物质来源包括微生物溶胞后的产物、活的微生物的产物、人工合成的致嗅物质等(Ginzburg et al, 1995)。

表 5.7　污水中嗅味物质的检测限及嗅味特性

化合物	嗅味特性	空气嗅阈值(air odor threshold)/ppmV*
乙硫醇(ethyl mercaptan)	腐臭的卷心菜(rotten cabbage)	0.00001
硫化氢(hydrogen sulfide)	腐臭的鸡蛋(rotten egg)	0.0005, 0.0085～1
二硫化碳(carbon disulfide)	令人不愉快的芳香	0.0077～0.096
	植物硫化物的芳香(vegetable sulfide, aromatic)	
二甲基硫醚(dimethyl sulfide)	腐臭的卷心菜(rotten cabbage)	0.001
	烂蔬菜(decayed vegetables)	0.0006～0.04
	烂卷心菜(decayed cabbage)	
二甲基二硫醚(dimethyl disulfide)	腐臭的卷心菜(rotten cabbage)	0.000026
	腐败物(putrefaction)	0.0001～0.0036
二甲基三硫醚(dimethyl trisulfide)	腐臭的卷心菜(rotten cabbage)	0.0012
二苯硫醚(diphenyl sulfide)	令人不愉快(unpleasant)	0.0001
甲硫醇(methyl mercaptan)	腐臭的卷心菜(rotten cabbage)	0.00002～0.0005
乙硫醇(ethyl mercaptan)	烂卷心菜(decayed cabbage)	0.0003
2-丙烯-1-硫醇	大蒜、咖啡(garlic, coffee)	0.0001
(allyl mercaptan)	令人不愉快、大蒜(disagreeable, garlic)	0.0001
正丙硫醇(propyl mercaptan)	令人不愉快(unpleasant)	0.0001, 0.0005
1-戊硫醇(amyl mercaptan)	腐烂(putrid)	0.00002
	令人不愉快、腐烂(unpleasant, putrid)	0.0003
苯基硫醇(phenyl mercaptan)	腐烂、大蒜(putrid, garlic)	0.0003
α-甲苯硫醇(benzyl mercaptan)	令人不愉快(unpleasant)	0.0003
	强烈、令人不愉快(unpleasant, strong)	0.0002
巯基甲苯(thiocresol)	臭鼬、刺激性(skunky, irritating)	0.0001
二氧化硫(sulfur dioxide)	刺激性(irritating)	0.449
	刺激性(pungent, irritating)	2.7

　　* 非法定表达方式,1ppmV＝1μL/L。

　　资料来源:Suffet et al, 2004.

表 5.8　污水中含氮嗅味物质的检测限及嗅味特性

化合物	嗅味特性	空气嗅阈值(air odor threshold)/ppmV
氨（ammonia）	刺激性（pungent）	0.038
	刺激性（pungent, irritating）	17
一甲胺（methyl amine）	鱼腥臭（fishy）	3.2
	腐烂鱼腥臭（putrid fishy）	4.7
乙胺（ethyl amine）	类似氨水（ammonia like）	0.27
三乙胺（triethylamine）	鱼腥臭（fishy）	0.48
二甲胺（dimethylamine）	腐烂的鱼腥臭（putrid, fishy）	0.34
三甲胺（trimethylamine）	鱼腥臭（fishy）	0.00044, 0.0004
	刺激性鱼腥臭（pungent fishy）	
正丁胺（n-butylamine）	酸味的、类似氨水（sour, ammonia）	0.08
二正丁胺（dibutylamine）	鱼腥臭（fishy）	0.016
二异丙胺（diisopropyl amine）	鱼腥臭（fishy）	0.13
吲哚（indole）	粪便味、令人作呕（fecal, nauseating）	0.0001
3-甲基吲哚（skatole）	粪便味、令人作呕（fecal, nauseating）	0.001
吡啶（pyridine）	刺激性（pungent, irritating）	0.66

资料来源：Suffet et al，2004.

表 5.9　污水中脂肪酸、醛、酮类嗅味物质的检测限及嗅味特性

化合物	嗅味特性	空气嗅阈值(air odor threshold)/ppmV
挥发性脂肪酸(volatile fatty acids)		
甲酸（formic acid）	刺激性（biting）	0.024
乙酸（acetic acid）	醋味（vinegar）	1.019
丙酸（propionic acid）	腐臭味、刺激性（rancid, pungent）	0.028
丁酸、异丁酸（isobutyric and butyric acid）	腐臭味（rancid）	0.0003
异戊酸（isovaleric acid）	令人不愉快（unpleasant）	0.0006
戊酸（valeric acid）	令人不愉快（unpleasant）	0.0006
酮和醛(ketones and aldehydes)		
甲醛（formaldehyde）	令人不愉快（unpleasant）	1.199
乙醛（acetaldehyde）	青草味（green sweet）	0.0001
丙酮（acetone）	刺激性、果味（pungent, fruity）	0.067
	芳香、薄荷香（sweet, minty）	20.6
丙烯醛（acrolein）	焦臭味、芳香（burnt, sweet）	0.0228
正丙醛（propionaldehyde）	芳香、酯（sweet, ester）	0.011
2-丁烯醛（crotonaldehyde）	刺激性、令人窒息（pungent, suffocating）	0.037
丁酮（methyl ethyl ketone）	芳香、薄荷香（sweet, minty）	0.25
丁醛（butyraldehyde）	芳香（sweet）	9.5
正戊醛（valeraldehyde）	刺激性（pungent）	0.028

资料来源：Suffet et al，2004.

微生物溶胞后的产物包括二甲基二硫醚(dimethyl disulfide)、二甲基三硫(dimethyl trisulfide)等含硫化合物和吲哚(indole)、3-甲基吲哚(skatole)、苯并噻唑(benzothiazole)等含氮化合物(Ginzburg et al,1995)。活的微生物的产物主要是真菌、细菌、蓝藻、放线菌等产生的萜类物质(terpene)和萜烯酯物质(terpenoide)等,例如 2-甲基异莰醇(2-methylisoborneol,MIB)、土臭味素(geosmin)、苧烯(limonene)、樟脑(camphor)等(Ginzburg et al,1995)。

人工合成的致嗅物质如苯、取代酚等,则主要来自于工业废水。此外,再生水在长时间储存或者输配过程中,再生水中的硫酸根、有机物在微生物的作用下亦可生成无机致嗅物质 H_2S(Ginzburg et al,1995;Asano et al,2007)。

部分常见致嗅物质在污水再生处理工艺中的浓度分布如表 5.10 和表 5.11 所示(Hwang et al,1995)。大部分含硫致嗅物质可被二级生物处理、活性炭等工艺去除至 1 $\mu g/L$ 以下,低于其致嗅阈值,但二级生物处理、活性炭等工艺出水中的二甲基二硫醚浓度仍高于其致嗅阈值。此外,二甲胺等含氮致嗅物质则难以被二级生物处理、活性炭等工艺所去除。

表 5.10　污水中含硫嗅味物质　　　　　　　　(单位:$\mu g/L$)

处理工艺	硫化氢		二硫化碳		甲硫醇		二甲基硫醚		二甲基二硫醚	
	平均	范围	平均	范围	平均	范围	平均	范围	平均	范围
原水	23.9	15～38	0.8	0.2～1.7	148.4	11～322	10.6	3～27	52.9	30～79
一级出水	53.3	30～71	2.7	1.0～4.9	170.4	47～332	14.7	3～25	70.1	34～122
二级出水	0.0013	0.0013～0.0014	0.07	0.05～0.1	0.2	0.1～0.3	0.37	0.2～0.5	6.3	4～10
无烟煤(anthracite)	0.0014	0.0013～0.0014	0.028	0.013～0.055	0.17	0.1～0.2	0.36	0.3～0.5	2.5	ND 至 4
泥炭(sludgerite)	0.0013	0.0011～0.0014	0.031	0.01～0.069	0.079	0.017～0.2	0.2	0.09～0.3	3.2	3～3.2
活性炭	0.0016	0.0013～0.0016	0.019	0.014～0.026	0.063	0.019～0.95	0.039	0.007～0.1	0.8	ND 至 2.4

注:ND 表示低于二甲基二硫醚检出限,0.1 $\mu g/L$。

资料来源:Hwang et al,1995.

表 5.11　污水中含氮嗅味物质　　　　　　　　(单位:$\mu g/L$)

处理工艺	三甲胺	二甲胺	正丙胺	吲哚	3-甲基吲哚
原水	78	210	33	570	700
一级出水	52	215	31	430	640
二级出水	36	230	28	ND	ND
无烟煤(anthracite)	17	180	13	ND	ND
活性炭	16	165	9	ND	ND

注:ND 表示低于检出限。

资料来源:Hwang et al,1995.

　　有研究者在表 5.7～表 5.9 的基础上开发了污水嗅味分类盘(图 5.18),从而将污水嗅味特性和控制手段与特定的原因物质相对应,便于嗅味问题的解决(Suffet et al,2004)。该嗅味分类盘被用于嗅味测试训练和控制。

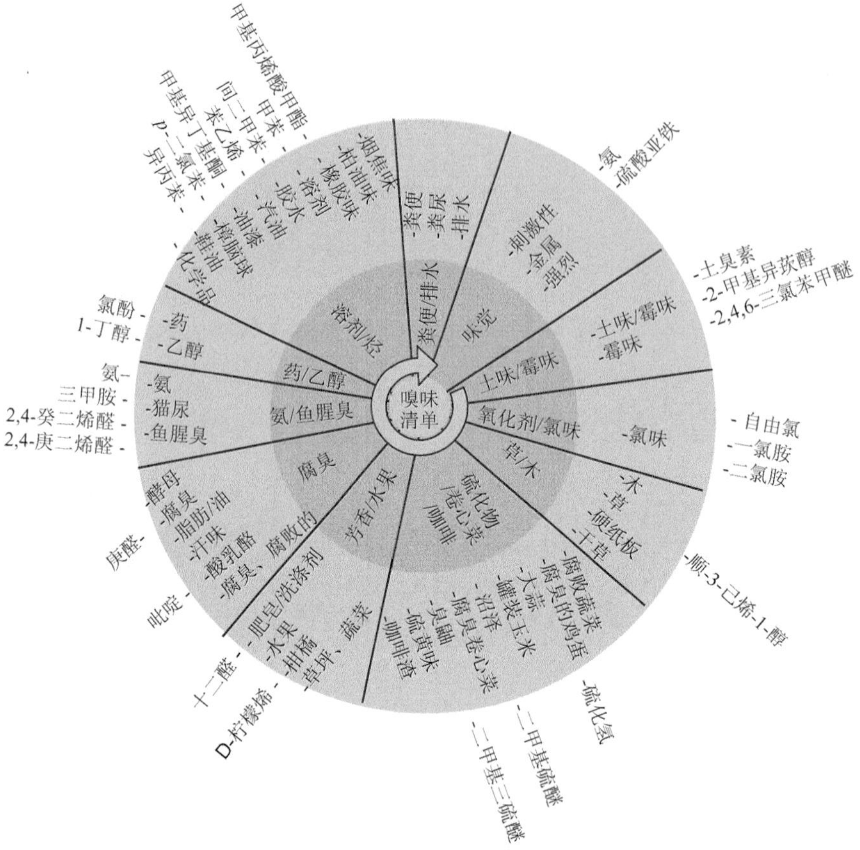

图 5.18　污水嗅味盘(Suffet et al, 2004)

2. 致色物质

　　当污水经再生处理后作为杂用水、景观娱乐用水、工业用水时,再生水的色度是用户关心的重要问题之一。因此,再生水用于城市杂用、景观环境利用和工业利用等用途的水质标准常要求再生水色度低于一定的限值。

　　再生水的颜色分为表观颜色和真实颜色。表观颜色指由溶解性物质及不溶解性悬浮物产生的颜色,用未经过滤或离心分离的原始样品测定。真实颜色指仅由溶解性物质产生的颜色,用经过 0.45 μm 滤膜过滤的样品测定。以城市生活污水为水源的再生水的真实颜色与腐殖质等溶解性有机物和 FeCl₃ 等溶解性无机物有关(Asano,2007)。以北京为例,其二级处理出水中色度的分布如图 5.19 所示。二级处理出水中色度约为 25~30 度。

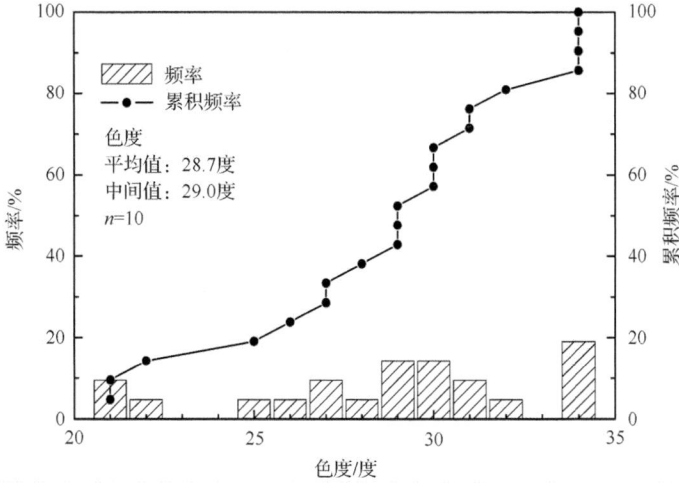

图 5.19　北京市二级处理出水色度分布(蒋以元,2004;张逢,2010)

3. 消毒副产物前体物

蛋白质、氨基酸、腐殖酸、脂肪胺等有机污染物在氯消毒过程中会生成三卤甲烷、卤乙酸等有毒有害副产物。20 种氨基酸的三氯甲烷和卤乙酸的生成潜能如图 5.20 和图 5.21 所示。在 20 种氨基酸中,色氨酸和酪氨酸的三氯甲烷生成潜能较大,这可能与其 R 基都带有一个反应活性较高的苯环有关。天冬氨酸、天冬酰胺、组氨酸、色氨酸和酪氨酸表现出了很高的卤乙酸生成潜能,其中天冬氨酸、天冬酰胺和组氨酸的卤乙酸消毒副产物以二氯乙酸为主,而酪氨酸以三氯乙酸为主,色氨酸生成二氯乙酸和三氯乙酸的量基本相同(王超 等,2006)。

近年来随着分析手段的进步,一些对健康影响显著的消毒副产物及其前体物得到了鉴定。例如,二甲胺等有机氮化合物在再生水氯消毒过程中可生成 NDMA 等高毒性的含氮消毒副产物。NDMA 是一种非常强的致癌物(Richardson et al,2007)。在某些情形下,再生水即使通过反渗透处理,水中 NDMA 的浓度也超过了为保护人体健康而设定的浓度水平(美国环境保护局,2008)。

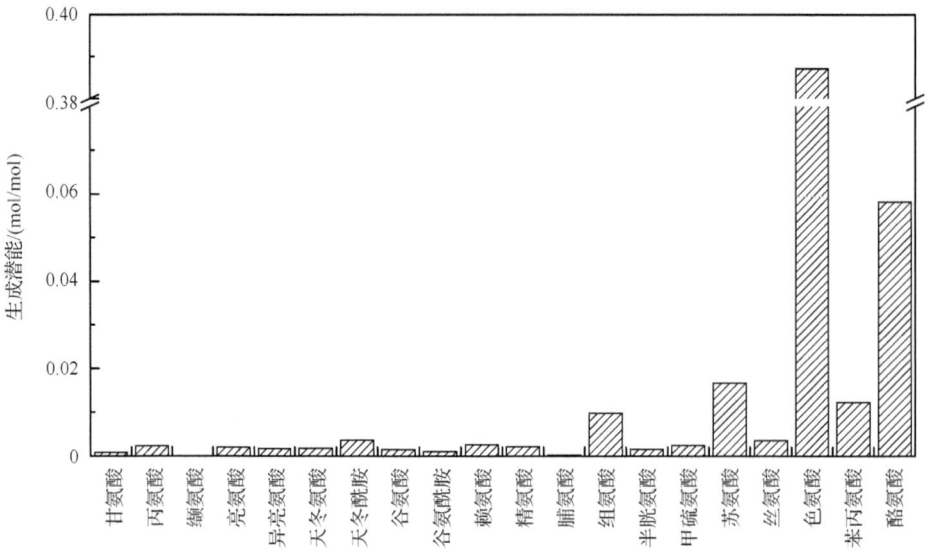

图 5.20　20 种氨基酸的三氯甲烷生成潜能(王超 等,2006)

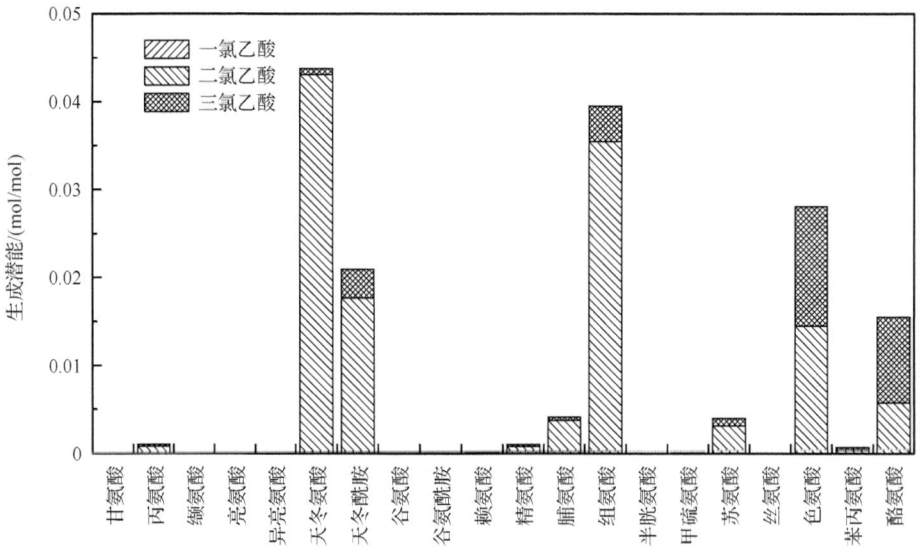

图 5.21　20 种氨基酸的卤乙酸生成潜能(王超 等,2006)

4. 膜的结垢

污水中有机物组成与微滤等膜过滤工艺膜的结垢有关。有研究发现,二级处理出水中较高的颗粒物浓度会导致微滤工艺在一个连续过滤运行周期内出现较高的可逆污染(包括浓差极化和滤饼层污染),二级处理出水中的腐殖质等有机物对于微滤过程中的不可逆污染有较大贡献(朱洪涛 等,2008)。

5.3　污水及再生水中的无机污染物

5.3.1　常见的无机污染物

污水中常见的无机污染物主要包括氮磷、重金属以及其他无机污染物。氮和磷是造成水体藻类爆发的主要营养元素。重金属污染物主要有汞、铬、镉、铅、锌、镍、铜、钴、锰、钛、钒、钼和铋等,特别是前几种对水生生态及人体健康的危害较大。

人体直接或经食物摄入无机化学品后引起的健康危害已经比较明确(USE-PA,1976)。美国环境保护局已制定了饮用水中部分重金属的最高允许污染物浓度(MCL)。再生水中无机污染物含量的高低主要取决于污水来源和处理厂处理程度的高低。居民用水中总溶解性固体可达 300 mg/L,浮动范围大约在 150～500 mg/L。总溶解性固体、氮、磷、重金属和其他无机污染物的存在,可能会影响民众对再生水回用的可接受性。运用现有的污水处理技术对污水进行再生处理,通常会降低部分微量元素的含量,以达到远远低于适宜的灌溉水和饮用水的质量要求(Culp, et al, 1980)。

5.3.2　氮磷

城市污水中的氮主要是由生活污水、工厂工业废水带入。水中的氮以有机氮和无机氮两种形态存在,前者包括蛋白质、多肽、氨基酸和尿素等,它们来源于生活污水和某些工业废水(如羊毛加工、制革、食品加工等)。这些有机氮经微生物分解后转化为无机氮。水中的无机氮包括氨氮、亚硝态氮和硝态氮,这三种无机氮常被统称为氮化合物,它们一部分由有机氮经微生物分解转化后形成,还有一部分来自某些工业废水(如冶金工业的炼焦车间、化肥厂等)。

生活污水中的氮主要由厨房洗涤、厕所冲洗、淋浴、洗衣等带入,其主要存在形式是有机氮和氨氮,新鲜生活污水中有机氮如尿素等通常约占 60%,无机氮约占 40%,主要以氨氮形式存在,并有微量的硝酸态氮和亚硝酸态氮。长期放置的生活污水中由于细菌的作用,能将大部分有机氮分解,转变成氨氮,从而使污水中氨氮的比例上升。

氨氮在水中以 NH_3 或 NH_4^+ 两种形式存在,水体中的氨氮的存在形式与污水的 pH 有关,在大部分污水生物处理设备中,氨氮主要以 NH_4^+ 的形式存在。美国统计资料显示,每人每日排入污水中的氮约 16g,生活污水中氮量为 21～

42 mg/L,美国一些城市污水实际含氮量为 20～85 mg/L。由于生活方式和工业
结构不同,我国城市污水中含氮量平均值低于美国统计资料,但不同的地区差异较
大(郑兴灿和李亚新,1998)。

　　磷主要通过人体排泄物、食物残渣、洗涤剂中增强剂缩合无机磷酸盐化合物、
农药和化肥等途径进入城市污水中。污水中磷的存在形态取决于污水的类型,最
常见的有磷酸盐($H_2PO_4^-$、HPO_4^{2-}、PO_4^{3-})、聚磷酸盐(poly-P)和有机磷。聚磷酸
盐或有机磷在水溶液中经过水解或生物降解,最后都会转化为正磷酸盐。正磷酸
盐在污水中呈溶解状态,在接近中性的 pH 条件下,主要以 HPO_4^{2-} 的形式存在。
生活污水中含磷量在 0～20 mg/L 左右,其中约70%是可溶性的(李军 等,2002)。

5.3.3　重金属

　　城市污水中的重金属主要来自住宅区的排水、地下水渗流、商业和工业废水
等。污水中的重金属主要包括汞、铬、镉、铅等生物毒性显著的重金属,也包括具有
一定毒性的一般重金属如锌、铜、钴、镍、锡等。重金属随污水排出时,即使浓度很
小,也可能造成污染,构成健康风险。

　　重金属污染物具有以下特点:①不能被微生物降解,只能在各种形态间相互转
化、分散。②其毒性以离子态存在时最严重,金属离子在水中容易被带负电荷的胶
体吸附,吸附金属离子的胶体可随水流动、迁移,但大多数会迅速沉降,因此重金属
一般都富集在排污口下游一定范围内的底泥中。③能被生物富集于体内,既危害
生物,又可通过食物链危害人体。④重金属进入人体后,能够和体内高分子物质,
如蛋白质和酶等发生作用而使这些高分子物质失去活性,也可能在人体的某些器
官积累,造成慢性中毒,其危害有时需要 10～20 年才能显露出来。下面就再生水
中一些重要重金属的生物学效应分别予以介绍(魏东斌,2003)。

　　1. 汞

　　自然界的汞主要以金属汞、无机汞和有机汞形式存在。汞对人体危害很大,急
性中毒可以使人致死,在人体中积累的慢性汞中毒,可以对人体造成不可恢复的疾
病,直至死亡。而且水生物对汞有很强的富集作用,这是对人类的另外一重威胁。

　　水环境中的某些微生物具有将无机和有机汞转化为毒性较强的甲基汞或二甲
基汞的能力,这就使得任何形态的汞都有可能危害环境。对汞甲基化的动力学研
究表明,在水体中,天然的 pH 和温度条件下,无机汞能被快速地转化为甲基汞。
汞在生物催化反应和化学平衡反应的共同作用下,都会形成浓度稳定的甲基汞、甲
基汞离子、金属汞、二价汞离子和一价汞离子。

　　(1) 对人体健康的影响

　　汞中毒可能是急性的,也可能是慢性的。人口服汞盐的致死剂量为 20 mg～

3 g。慢性汞中毒是长期暴露于低剂量汞而产生的。无机汞造成的慢性中毒绝大多数是由于职业性暴露所造成的,而有机汞衍生物造成的慢性中毒则是因为发生事故或环境污染造成的。烷基汞是对人体毒性最大的一种汞衍生物,它引起疾病,造成不可恢复的神经损伤。当摄入汞达毫克数量级时即可造成死亡。

每人每天摄取汞量(包括空气、水、食物各种来源)不应超过 30 μg,如果摄入的汞全部来自食用鱼,允许每天食用 60 g(每周 420 g)含汞 0.5 mg/kg 的鱼。假定每天平均饮水 2 L,饮用水的标准为 2 μg/L,每天摄入 4 μg,如果这些汞不都是烷基汞,则比较安全。

(2) 对水生生物的影响

用一指长硬头鳟鱼进行测试时,醋酸苯基汞、氯化甲基汞和氧化汞的 LC_{50} 值分别为 8.5μg/L,30 μg/L,310 μg/L。用黑头软口鲹鱼暴露于氯化甲基汞进行整个生命期的慢性毒性试验,在暴露于 0.8 μg/L 和 0.41 μg/L 的含汞浓度时,三个月内死亡 92%。在 0.12 μg/L 含汞浓度下,根本不产卵,雄鱼在性方面根本不发育。在 0.07 μg/L 含汞浓度下繁殖的仔鱼,未见汞对其生长或存活具有毒性影响。

在一项为期三年的慢性中毒研究中,三代美洲红点鲑暴露于氯化甲基汞,一龄鱼暴露于 2.9μg/L 的汞浓度达 6 个月后,观察到明显的中毒症状。在含汞浓度低的水中生活的鱼类会产卵,但是当第一代鱼产下的仔鱼暴露于 0.93μg/L 的含汞浓度时,在孵化后的 90 d 生长缓慢。用第二代鱼在 0.93μg/L 的浓度中暴露 24 个月,观测到的行为症状,这时鱼根本不再产卵,死亡率达 94%。当氯化甲基汞浓度在 0.29μg/L 和低于 0.29μg/L 时,未观测到对被暴露的美洲红点鲑有不良影响。

用无脊椎动物大型溞进行了两项慢性中毒试验,汞的形态为氯化汞和氯化甲基汞,其浓度分别为 2.7μg/L 和 0.04μg/L,结果使繁殖能力大为减少。

(3) 对农作物的影响

据同位素示踪研究表明,若灌溉水中含汞 5μg/L,黄瓜、茄子、小麦等的可食部分含汞量稍微有增加。

(4) 汞在食物链中的富集作用

用 0.1 mg/L 的几种汞化合物在池塘内进行测试,发现藻类和其他水生植物主要是通过表面吸收而积累汞,积累的速率很快,而排出的速率很慢,以致浓缩因子达到 3000 倍,甚至更高。研究表明,鱼的浓缩因子高达周围水体含汞量的 10 000 倍以上。用几种鱼在甲基汞含量为 0.018~0.03μg/L 的水体中测试 20~48 周,鱼组织中的累积含汞量达 0.5μg/g 以上,表明浓缩因子为 27 800~16 600。根据汞在鱼类各器官中的富集情况可以看出,鱼对水中汞的富集因子约为 10 000,鱼肉中含量最高,因此存在于水体中的汞对人体健康威胁最大。

2. 铬

铬广泛存在于自然环境中,地壳中含铬平均为 100 mg/L。岩石中的铬,由于风化、地震、火山爆发、风暴、生物转化等自然现象,由岩石圈进入土壤、大气、水及生物体内。铬的化合物有二价(如氧化亚铬 CrO)、三价(如三氧化二铬)和六价(如铬酸酐、铬酸钾和重铬酸钾)等三种。六价铬化合物及其盐类都能溶解于水,其毒性大于三价铬,危害程度比三价铬大 100 倍,是目前公认的致癌物。三价铬在水中不稳定,易形成三氧化铬沉淀。二价铬和金属铬毒性很小。

(1) 对人体健康的影响

在实验室用含三价铬的食物或水进行动物试验,以 $50\sim1999\text{mg/(L·d)}$ 的剂量喂猫 80 d,或用含量为 25 mg/L 的饮用水给大白鼠饮用一年,或用含量为 5 mg/L 的饮用水给大白鼠饮用终生,结果均未发现有害影响。而六价铬却会刺激和腐蚀黏膜,当有规律地向动物提供时,通过饮食、皮肤及呼吸,六价铬被吸收并产生毒性。六价铬对人体健康的影响,主要见于职业性接触,已发现的疾病有肺癌、鼻中膈充血、溃疡以致穿孔,以及其他多种呼吸道并发症和皮肤病。

(2) 对水生生物的影响

用四种暖水鱼包括黑头软口鲦鱼、蓝鳞鳃太阳鱼、鲫鱼以及花鳉鱼进行静水生物测试,得到在软水中(硬度 20 mg/L,pH=7.5)六价铬的 96h LC_{50} 值从黑头软口鲦鱼的 17.6 mg/L 到蓝鳞鳃太阳鱼的 118 mg/L;在硬水中(硬度 360 mg/L,pH=8.2)六价铬的 96 h LC_{50} 值从黑头软口鲦鱼的 27.3 mg/L 到蓝鳞鳃太阳鱼的 133 mg/L。

在硬水中,黑头软口鲦鱼的六价铬 96 h LC_{50} 值和安全浓度分别为 33 mg/L 和 1.0 mg/L。对于美国红点鲑鱼,六价铬的 96 h LC_{50} 值和安全浓度分别为 59 mg/L 和 0.2 mg/L,对于硬头鳟鱼,则分别为 69 mg/L 和 0.2 mg/L。

在六价铬浓度为 0.2 mg/L 时,银大麻哈(oncorhynchus kisutch)的仔鱼和幼鱼的生长和成活率大为下降。

(3) 对农作物的影响

灌溉水中六价铬浓度低于 0.1 mg/L 时,水稻、小麦种子中残留的铬及土壤中积累的铬与空白对照相比均无明显差异。

3. 镉

镉在自然界中多以硫镉矿存在,并常与锌、铅、铜、锰等矿共存,所以在这些金属精炼过程中都可排出大量的镉。

(1) 对人体健康的影响

镉对人体、水生生物都有很大的毒性。对人体慢性中毒导致"骨痛病"。因此镉在水环境中也是对人体威胁很大的一种有毒物质。在一项专门的研究中给五组大白鼠饮用含镉 0.1~10 mg/L 的饮用水,未见明显毒性效应,但肝脏和肾脏中镉含量升高,并与各测试浓度的剂量成正比。在一年结束时,组织内含镉浓度大约为 6 个月后观测到的 2 倍。

由于饮用水中含镉过高,致使日本发生了骨痛病。15 年中,在日本神通川地区记录有 200 例,有半数死亡。有学者估计,在地方病地区,每天摄取 0.6 mg 镉不会产生骨痛病。可用来确定最大无观察损害健康浓度的资料尚不充分,然而可以指出,水中镉浓度为 0.01 mg/L 时,若每天消费 2L 水,则从水中摄入的镉只相当于正常人总摄入量的 20%。

(2) 对水生生物的影响

用佛罗里达州当地的食蚊鱼(topminnow),在 $CaCO_3$ 硬度为 41~45 mg/L,碱度为 38~43 mg/L,pH 为 7.4 的水体中进行慢性毒性试验。当含镉浓度为 0.0081 mg/L 时,雌鱼的产卵量大大减少,但在镉浓度为 0.0041 mg/L 时,雌鱼产卵未受影响。在相似硬度的测试水中,使连续三代的美洲红点鲑(Salvelinus fontinalis)暴露于 6.4~0.5 μg/L 的含镉浓度。3 个月后,暴露于 6.4 μg/L 和 3.4 μg/L 含镉浓度的第二代鱼比较低浓度下长得小。在含镉 3.4 μg/L 浓度下,产卵期间,第一和第二代鱼均有大量死亡。在 1.7 μg/L 浓度下,测试鱼的孵化能力、存活率、生长及繁殖与对照试验的鱼相同。在硬水中,在含镉 0.017 mg/L 浓度下,孵化后 60 天的斑点叉尾鮰鱼苗不但生长减缓,存活率也大为降低,但在 0.012 mg/L 时,未见此种现象。

(3) 对农作物的影响

用含镉 0.1 mg/L 的营养液浇灌大豆、甜菜和萝卜,减产 25%;而用 0.1 mg/L 的溶液浇灌甘蓝和大麦,减产 20%~50%。若用镉污染的水浇灌土壤,土壤会受到镉的污染,在这种土壤生长的作物能够累积镉,从而对人造成危害。

4. 铅

铅在自然界主要以硫化铅(方铅矿)存在,其他常见的天然铅有碳酸铅(白铅矿)、硫酸铅(硫酸铅矿)及氯磷酸铅(磷氯铅矿)。绝大多数铅盐是不易溶解的。铅还可以与硫氢基、羟基、氨基配位相互反应生成稳定的配合物。

水中除了天然存在的铅以外,铅还可通过沉淀、粉尘飘落、土壤被水冲刷和渗透、城市污水和冶金等工业废水的排放等途径污染着水环境。铅在水中的毒性受 pH、硬度、有机质及其他金属含量的影响,铅对人体可以产生急性和慢性中毒,对水生生物也有较大的毒性,在水环境中是对人类危害很大的有毒物质之一。

（1）对人体健康的影响

铅是作用于全身各个系统和器官的毒物。根据近年来的研究证明，铅可以与身体内一系列蛋白质、酶和氨基酸内的官能团络合，干扰机体许多方面的生化和生理活动。

当每 100 mL 血中的含铅量远在 0.04 mg/L 以下时，就会妨碍亚铁血红素的生物合成，从而使得尿中 δ 位氨基乙酰丙酸的排量升高。

人的胃对铅的吸收和存留，儿童大于成年，分别为 53% 和 18%。在饮用水中，含铅量应保持在最小量 0.05 mg/L 的评价标准是可以达到的，而且是能保障安全的。经验证明，只有不到 4% 的水样分析结果超过了 0.05 mg/L 的限度，而且绝大多数是由腐蚀引起的，而不是由源水中的天然铅含量造成的。

（2）对水生生物的影响

对同样大小的蓝鳞鳃太阳鱼做静水试验，温度为 25℃，在硬度为 20 mg/L、pH 为 7.5 的水中，48 h TL_{50} 为 24.5 mg/L；在硬度为 20 mg/L、pH 为 7.5 的水中，96 h TL_{50} 为 23.8 mg/L；在硬度为 360 mg/L、pH 为 8.2 的水中，96 h TL_{50} 为 442 mg/L。

用同样大小的黑头软口鲦鱼做静水试验，温度为 25℃，在硬度为 20 mg/L、pH 为 7.5 的水中，48 h TL_{50} 为 5.99～11.5 mg/L；在硬度为 20 mg/L、pH 为 7.5 的水中，96 h TL_{50} 为 5.58～7.33mg/L；在硬度为 360 mg/L、pH 为 8.2 的水中，48 h TL_{50} 的值为 482 mg/L；在硬度为 360 mg/L、pH 为 8.2 的水中，96 h TL_{50} 的值也为 482 mg/L。

由以上数据可以看出，在软水和硬水之间，由于铅的沉淀性和溶解性不同，其浓度差可达几十甚至更多。

（3）对农作物的影响

土壤中铅的积累对作物如糙米的含铅量无明显影响，主要集中在根部，很难向上转运，而且很多植物对铅的吸收是很有限的。铅对作物生长的危害并不大，在无硫酸根存在的条件下，用 10 mg/L 铅溶液灌溉时，才能导致作物减产。

5.3.4 其他无机污染物

污水中常见的无机污染物，除了氮磷与重金属外，类金属砷、氟化物、氰化物等都对生态环境与人体健康具有一定的危害，下面具体介绍这些污染物的生物学效应（魏东斌，2003）。

1. 砷

砷元素属于类金属，元素砷不溶于水和酸，几乎没有毒性，若暴露于空气中，极易被氧化成剧毒的三氧化二砷。砷的用途很广泛，在农业上用作除草剂、杀虫剂、土壤消毒剂等；医学上用于治疗梅毒、变形虫等；工业上用于木材防腐、羊毛浸洗等。由于其广泛应用，带来了环境中砷的积累和污染。砷污染的主要来源是开采、焙烧、冶炼含砷矿石以及生产含砷产品过程中产生的含砷三废，另外农业上大量使用含砷农药也可增加环境污染。砷污染水体和土壤后可以被动植物摄取、吸收，并在体内累积。空气、水、土壤及动植物体内一般含量很少，不引起危害。但个别水源含砷量很高，水环境中的砷多以三价或五价形态存在，其化合物可能是有机的，也可能是无机的。三价无机砷化合物比五价砷化物对于哺乳动物和水生生物的毒性大。

（1）对人体健康的影响

砷急性中毒主要表现为胃肠炎症状，患者出现腹痛、腹泻、恶心、呕吐，继而尿量减少、尿闭、循环衰竭，严重时出现神经系统麻痹，昏迷死亡。环境污染引起的砷中毒多是蓄积性慢性中毒，表现为神经衰竭、多发性神经炎、肝痛、肝大、皮肤色素沉着和皮肤的角质化以及周围血管疾病。现代流行病学研究证实，砷中毒与皮肤病、肝癌、肺癌、肾癌等疾病之间有密切关系。此外砷化合物对胚胎发育也有一定的影响，可致畸胎。

自 19 世纪初，砷化物就被怀疑为致癌物。1968 年有人报道中国台湾西南沿海某地的饮用井水中，含砷量达 0.25～0.85 ppm*，并对其中 37 个村的 40421 名当地居民进行了调查，发现有 428 人有砷性皮肤癌，患病率为 1.059%（台湾流行病研究报告）。

在智利的安托法加斯诺的儿童中，发现了砷中毒的皮肤病症状，这些儿童饮用含砷 0.8 mg/L 的供水。当有了新的供水后，初步数据表明，头发中砷含量有所下降。美国内华达州曾经报道，有一个家庭的两个成员砷中毒，数月内他们的井水含砷量在 0.5～2.75 mg/L。

据估计，由食物摄取的总砷量平均为 0.9 mg/L。在含砷量为饮用水的推荐浓度，即 0.05 mg/L 时，平均每天饮用 2L，那么由饮用水的摄取量可能会达到 0.1 mg/d，或者说大约为砷的总摄取量的 10%。

（2）对水生生物的影响

研究发现，作为鱼类饵料的生物一般可忍受砷的浓度为 1.3 mg/L。当室外池塘中砷浓度为 2.3 mg/L 时，会降低鱼的生存和生长，还会减少底栖动物群落和浮游生物种群。在伊利湖水中观测到，砷浓度为 4.3～7.5 mg/L 时，溞类出现静止不动的初始症状。

据报道，当温度为 16～20℃时，砷对鲦鱼的致死阈值为 234 mg/L，对水生脊椎动物胚胎和孵出的短期影响浓度为 0.04 mg/L。

---

* 非法定表达方式，1 ppm＝10^{-6}。

（3）对植物的影响

在营养液中，砷以亚砷酸盐存在时，当浓度为 0.5 mg/L 时，造成番茄产量下降 80%。当砷含量为 0.5 mg/L 时，凤梨和橘子的幼苗会产生中毒症状。

在综合了一些讨论后，美国科学院认为，对于砂质土壤 0.1 mg/L 这一浓度可使用 100 年，2 mg/L 可使用 20 年。

据报道，灌溉水中砷的浓度为 0.05 mg/L 时，糙米、油菜含砷量均在清水灌溉的含量范围内；0.1 mg/L 时，糙米、油菜中含砷量比对照稍有增加，但仍在食品卫生标准范围内，土壤中砷的积累量不显著。从 0.05 mg/L 开始，糙米、油菜中砷残留量有增加，但仍未超过食品卫生标准，土壤中有少量积累。

2. 氟化物

氟是地球表面分布最广的元素之一，是自然界中固有的化学物质。水中含氟量波动范围极大，河北省对 300 份水样的检查结果，范围为 0.1~17 mg/L，山东省昌维地区检查 24 547 份水样，水中氟的范围为 0.04~18 mg/L。氟对人体的影响随摄入量而变化，当缺氟时，儿童龋齿发病率高，摄入适量的氟可预防龋齿，有利于儿童的生长发育，还可预防老人骨质变脆；氟过量时可影响细胞酶系统的功能，破坏钙磷代谢平衡，所以人体的氟既不可缺少，但又不可摄入过多。若水中含氟量高，人摄入过多的氟，会引起地方性氟中毒，其主要特征是氟斑釉齿和氟骨症。

（1）对人体健康的影响

成人每天摄入约 0.3~4.5 mg 氟，其中 35% 来自食物，65% 来自饮用水。若饮用水中含氟量在 0.5 mg/L 以下，龋齿发病率增高，0.5~1.0 mg/L 是龋齿和斑釉齿发病率最低范围，且无氟骨症发生；在 1.0 mg/L 以上时，随着水中氟含量的增高，斑釉齿发病率上升；当大于 4 mg/L 时，氟骨症逐渐增多。特别在热带或亚热带地区，地表水蒸发快，人们大量饮水，水中含氟量应适当降低。

1970 年的《世界卫生组织报告》列出了居民斑釉齿指数（作为水中氟化物浓度的函数）与年度平均气温的关系图。此图表明，为了避免发生令人讨厌的斑釉齿，当氟化物浓度大于 0.8~1.6 mg/L 时，应根据温度从水中去除氟化物。

（2）对农作物的影响

据报道，当污水含氟量超过 5 mg/L 时，小麦发芽率低于 80%。含氟污水灌溉小麦，使小麦面粉、麦叶、土壤的含氟量都相应增加，氟的大量积累会使小麦，叶尖出现枯黄症状。玉米对氟较为敏感，含氟 6~9 mg/L 的工业废水灌溉可使玉米的含氟量为清水灌溉的 3.9 倍。可以看出，当水中含氟量较高时，对作物不但有危害，而且还在作物中有积累。但如果灌溉水中的氟浓度低于 1.5 mg/L 一般不会出现上述问题。

3. 氰化物

氰化物是含有—CN 基团一类化合物的总称，一般分为简单氰化物、氰络合物和有机氰化物（腈）三种。

简单氰化物：最常见的是氰化氢、氰化钠、氰化钾，易溶解于水，在体内极易离解出游离氰基，对人有剧毒。

氰络合物：很多金属都可和氰形成氰络离子化合物。由于氰络离子的离解度很小，不易形成游离氰根，故其毒性较简单氰化物低。

有机氰（腈）：目前常见的环境污染物有丙烯腈、乙腈、丁腈等。一般有特殊臭味，可溶解于水。当与酸、碱共沸腾时，可被水解成相应的羟酸和氨。丙烯腈溶液中若加入溴等卤化剂，经紫外线照射一定时间后，几乎全部转化为游离卤基。

天然水一般不含氰化物，如果发现氰化物，很可能是受到含氰工业废水的污染。

（1）对人体健康的影响

氰化物的毒性作用在于氰离子能快速地与体内氧化型细胞色素氧化酶的三价铁结合，抑制细胞色素氧化酶的活性，使组织细胞不能及时得到足够的氧，以至中断生物氧化作用，造成"细胞内窒息"。

人若每天吞食 10 mg 左右的氰化物是不会中毒的，这些氰化物在体内经生化转化为低毒的硫代氰酸盐。只有当含氰浓度超过了人体的解毒机能时，才可能导致死亡。长期连续每天服用 5 mg 的剂量未见有害影响。

（2）对水生生物的影响

当浓度为 0.05～0.2 mg/L 时，氰化物会使大多数鱼类急性中毒。游离氰浓度为 0.05～0.2 mg/L 已被证明是许多敏感鱼类最终致死的浓度，在 0.2 mg/L 以上时可能是使大多数鱼类快速致死的浓度。

（3）对农作物的影响

据盆栽试验，水中氰浓度在 10 mg/L 以下时，对水稻、油菜的生长、产量没有影响。当水中氰浓度为 1 mg/L 时，氰在糙米、油菜中残留不明显，土壤中无积累，氰浓度为 10 mg/L 时，对油菜品种无不良影响，其品味、维生素 C、还原糖均与清水对照无明显差异。可以看出，即使当氰浓度较高时（1～10 mg/L），对农作物也不会产生不良影响，或许是因为氰化物能在土壤中很快降解的缘故。

4. 硒

硒在土壤中以碱式亚硒酸铁、硒酸钙以及元素硒存在。元素硒必须氧化为亚硒酸盐或硒酸盐才能在水中溶解。水体的天然含硒浓度与土壤的含硒量成正比。对于生物来讲，硒是一种保持机体健康必不可少的有益元素，但摄入过多的硒，也会出现中毒现象。

（1）对人体健康的影响

人体摄入的硒都来自食物,低硒区含硒量低于 1 $\mu g/L$,高硒区可达 5～30 $\mu g/L$,凡是在考虑硒对人体的毒性时,都将饮食中对硒的估计量 0.04～0.1 mg/L 考虑进去。同时也考虑到每日食硒量达 0.07 mg/L 时,就会出现硒中毒。

（2）对水生生物的影响

已经证实,当亚硒酸钠浓度为 2 mg/L 时,在 18～46d 中,鲫鱼致死。

（3）对农作物的影响

在盆栽试验中,播种前土壤中施 0.2～10 mg/L 或更低剂量的硒,对小麦、芥菜和豌豆都是有毒的。据调查,当水中硒浓度大于 0.05 mg/L 时,土壤和饲料中硒可积累到 4～5 mg/kg。

灌溉水中的硒含量控制在 0.02 mg/L 以下,可减少在作物中的积累。当食物中的硒含量为 0.01～0.10 mg/kg 时,动物能将摄入的硒正常代谢。

5.4　污水及再生水中的微量有毒有害污染物

5.4.1　常见的微量有毒有害污染物

微量有毒有害污染物一般随城市和工业出水被排入污水处理系统中,具有浓度低、种类多,且有一定毒性、内分泌干扰活性和（或）三致效应的特点。这类物质容易在环境和生物体内积累,从而对生态和人类健康造成不良影响。因此,近年来在再生水领域,微量有毒有害污染物逐渐引起人们的重视。目前重点关注的物质包括持久性有机污染物（POPs）、内分泌干扰物（EDCs）、药品和个人护理用品（PPCPs）与纳米颗粒物（NPs）等。

5.4.2　持久性有机污染物

持久性有机污染物（persistent organic pollutants,POPs）是指具有长期残留性、生物蓄积性、半挥发性和高毒性,并通过各种环境介质（大气、水、生物体等）能够长距离迁移并对人类健康和环境具有严重危害的天然或人工合成的有机污染物（Wania and Mackay, 1996）。符合上述定义的 POPs 物质有数千种之多,它们通常是具有某些特殊化学结构的同系物或异构体。

2001 年 5 月在瑞典首都斯德哥尔摩通过了联合国环境规划署（UNEP）的国际公约《关于持久性有机污染物的斯德哥尔摩公约》,公约首批控制的 12 种 POPs 是艾氏剂、狄氏剂、异狄氏剂、氯丹、滴滴涕（DDT）、六氯苯（HCB）、灭蚁灵、毒杀芬、七氯、多氯联苯(PCBs)、二噁英和苯并呋喃(PCDD/Fs)。其中前 9 种属于有机氯农药,多氯联苯是精细化工产品,后两种是化学产品的衍生物杂质和含氯废物焚烧所产生的次生污染物。

在此之前,1998 年 6 月在丹麦奥尔胡斯召开的泛欧环境部长会议上,美国、加拿大和欧洲 32 个国家正式签署了关于长距离越境空气污染物公约,提出了 16 种(类)加以控制的 POPs,除了 UNEP 提出的 12 种物质之外,还有六溴联苯、林丹(即 99.5% 的 γ-六六六制剂)、多环芳烃和五氯酚(余刚 等,2001)。

2009 年 5 月在日内瓦举行《关于持久性有机污染物的斯德哥尔摩公约》第四次缔约方大会,九种仍然广泛用于各种杀虫剂、阻燃剂的化学品被列入新的禁用品名单。它们分别是杀虫剂副产物 α-六六六(α-六氯环己烷)、β-六六六(β-六氯环己烷);阻燃剂六溴联苯醚和七溴联苯醚、四溴联苯醚和五溴联苯醚、六溴联苯;农用杀虫剂十氯酮;杀虫剂林丹;五氯苯;全氟辛磺酸、全氟辛磺酸盐和全氟辛基磺酰氟。这使公约所列禁止生产和使用的持久性有机污染物增加至 21 种,如表 5.12表所示。

表 5.12　《关于持久性有机污染物的斯德哥尔摩公约》中 21 种持久性有机污染物的基本信息

物质	CAS No.	分子结构式	用途与来源
艾氏剂 (aldrine)	309-00-2		有机氯农药。用于防治地下害虫和某些大田、饲料、蔬菜、果实作物害虫,是一种极为有效的触杀和胃毒剂
狄氏剂 (dieldrin)	60-57-1		有机氯农药。用于控制白蚁、纺织品类害虫、森林害虫、棉作物害虫和地下害虫,以及防治热带蚊蝇传播疾病
异狄氏剂 (endrin)	72-20-8		有机氯农药。用于喷洒棉花和谷物等大田作物叶片的特效杀虫剂

续表

物质	CAS No.	分子结构式	用途与来源
氯丹 (chlordane)	57-74-9		有机氯农药。用于防治高粱、玉米、小麦、大豆及林业苗圃等地下害虫,是一种具有触杀、胃毒及熏蒸作用的广谱杀虫剂。同时因具有杀灭白蚁、火蚁的功效,也用于建筑基础防腐
滴滴涕 (DDT)	50-29-3		有机氯农药。曾作为防治棉田后期害虫、果树和蔬菜害虫的农业杀虫剂,具有触杀、胃毒作用。目前用于防治蚊蝇传播的疾病
六氯苯 (HCB)	118-74-1		用于种子杀菌、防治麦类黑穗病和土壤消毒,以及有机合成。同时也是某些化工生产中的中间体或副产品
灭蚁灵 (mirex)	2385-85-5		有机氯农药。具有胃毒作用,广泛用于防治白蚁、火蚁等多种蚁
毒杀芬 (toxaphene)	8001-35-2		有机氯农药。用于棉花、谷物、坚果、蔬菜、林木以及牲畜体外寄生虫的防治,具有触杀、胃毒作用
七氯 (heptachlore)	76-44-8		有机氯农药。用于防治地下害虫、棉花后期害虫及禾本科作物及牧草害虫,具有杀灭白蚁、火蚁、蝗虫的功效
多氯联苯 (PCBs)			一组 209 种异构体的化学品,用于电力电容器、变压器、胶黏剂、墨汁、油墨、催化剂载体、绝缘电线等,同时也用于天然及合成橡胶的增塑剂,使胶料具有自黏性和互黏性

物质	CAS No.	分子结构式	用途与来源
二噁英 （PCDDs）			一组有 75 种异构体的化学品。在制造氯酚过程中的副产品，一些杀虫剂、除草剂农药中含有二噁英。在固体废物焚烧、汽车排气、煤炭和木材燃烧时也产生二噁英。氯碱和钢铁工业排气与废渣中也含有二噁英
苯并呋喃 （PCDFs）			一组有 135 种异构体的化学品，其产生过程同二噁英
α-六六六 （α-HCH）	319-84-6		生产林丹的副产品
β-六六六 （β-HCH）	319-85-7		生产林丹的副产品
六溴联苯醚和七溴联苯醚（hexa-BDE、hepta-BDE）		 $m+n=6$ 或 7	一组溴化有机物，作为添加阻燃剂
四溴联苯醚和五溴联苯醚（tetra-BDE、penta-BDE）		 $m+n=4$ 或 5	一组溴化有机物，作为添加阻燃剂
六溴联苯（HBB）			工业化学品，作为阻燃剂

续表

物质	CAS No.	分子结构式	用途与来源
十氯酮 (chlordecone)	143-50-0		一种并生产物,主要作为农业杀虫剂
林丹 (lindane)	58-89-9		有机氯农药,杀虫剂。主要用途与六氯苯相同
五氯苯 (PeCB)	608-93-5		用于 PCBs 产品、染料添加剂、阻燃剂以及化学品中和剂、杀真菌剂。工业生产副产物
全氟辛磺酸、全氟辛磺酸盐和全氟辛基磺酰氟(PFOS)			用途包括灭火器泡沫、地毯、皮革制品/服装、纺织品/垫衬料、纸张和包装材料、涂料和涂料添加剂、工业和家用清洁剂等

　　我国是一个农业大国,由于六六六等多种有机氯农药在短时间内对农作物害虫有明显的抑制作用,因此我国在 20 世纪 60～80 年代曾大量生产和使用这类POPs 农药。同样,我国的工业迅速发展,多氯联苯、多环芳烃等化工产物也成为我国重要的 POPs 污染物。

1. 有机氯农药

　　有机氯农药主要分为以苯为原料和以环戊二烯为原料的两大类,许多有机氯农药属于 POPs。以苯为原料的 POPs 有机氯农药包括使用最早、应用最广的杀虫剂六六六(包括林丹)、滴滴涕和六氯苯。而作为杀虫剂的七氯、艾氏剂、狄氏剂、异狄氏剂是以环戊二烯为原料的。有机氯农药具有化学性质稳定、环境残留持久性强等特点,部分有机氯农药具有内分泌干扰性,造成雄性生殖系统的发育和功能障碍。由于有机氯农药的强毒害作用,水质标准对它们的浓度有严格的限制,表 5.13 列出了一些相关的标准。然而《城镇污水处理厂污染物排放标准》(GB18918—2002)和城市污水再生利用一系列标准中还没有有机氯农药的限定项目。

表 5.13 水质标准中有机氯农药的限值 （单位：ng/L）

	生活饮用水卫生标准(GB5749—86)	国家地表水环境质量标准(GB3838—2002)	城市供水水质标准(CJ/T206—2005)
六六六	5000	—	—
林丹	—	2000	2000
滴滴涕	1000	1000	1000
七氯	—	—	—

　　根据北京多个污水处理厂出水中有机氯农药浓度的调研,污水中残留的有机氯农药主要是六六六,其中 β-六六六的检出浓度最高,可达 45 ng/L; α-六六六与 γ-六六六(林丹)的浓度略低,基本在 10 ng/L 以下。六氯苯、滴滴涕、七氯、艾氏剂、狄氏剂也有少量检出。具体的质量浓度分布如图 5.22 所示(柳丽丽,2002;王淑娟,2006;陈明 等,2007;Li et al,2008)。检出结果与我国大量使用六六六类农药的历史一致。虽然污水中可检出有机氯农药,但是均低于水质标准规定的限值,因此可以认为,城市污水中有机氯农药的残留水平较低。

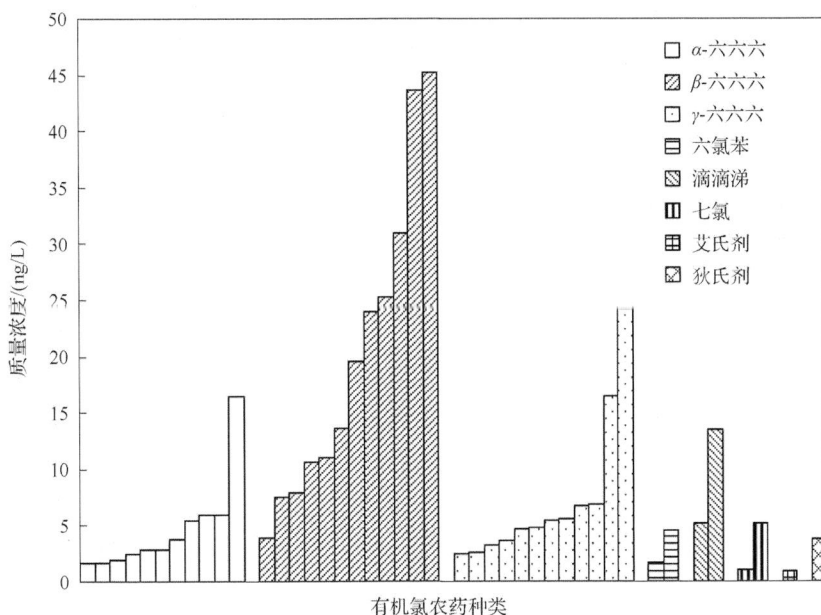

图 5.22 北京城市污水处理厂二级出水中有机氯农药的含量

2. 多氯联苯

多氯联苯(PCBs)是一类人工合成的有机氯化物,是苯环上与碳原子连接的氢被氯不同程度取代的联苯系列化合物,迄今为止已人工合成 209 种这类化合物,其分子结构和物理化学性质接近,但具有单邻位或无邻位氯取代的共平面的 PCBs 具有类似二噁英结构,毒性大。12 种类二噁英 PCBs 为 PCB 77、PCB 81、PCB 105、PCB 114、PCB 118、PCB 123、PCB 126、PCB 156、PCB 157、PCB 167、PCB 169 和 PCB 189,具体结构如图 5.23 所示。

非邻位取代

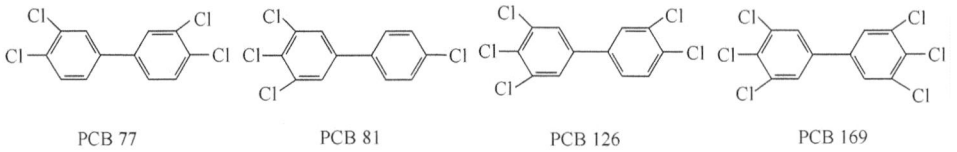

单邻位取代

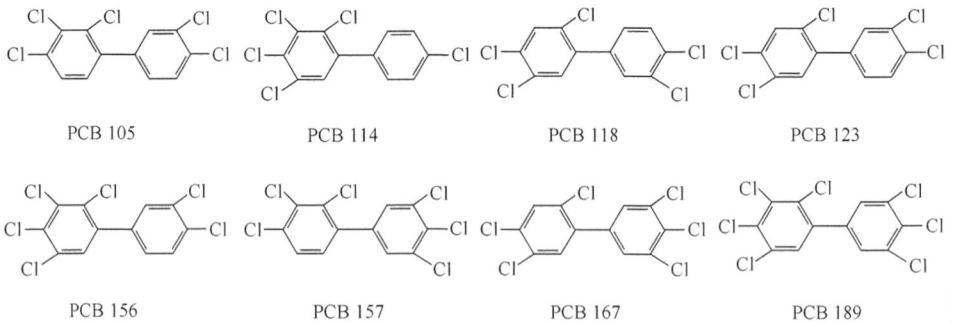

图 5.23　12 种共平面结构的 PCBs

PCBs 具有较好的化学稳定性,其毒性效应主要有致癌作用和雌激素效应。我国地表水环境质量标准(GB3838—2002)中规定生活饮用水地表水源的浓度限值为 20 ng/L。许多污水处理厂二级出水中均可检出 PCBs,其总浓度主要分布在 10～50ng/L 的浓度水平,但有些情况下可高达 250 ng/L,如图 5.24 所示(王淑娟,2006;Li et al, 2008;Katsoyiannis et al, 2007;Katsoyiannis et al, 2005)。由此可知,大部分污水处理厂出水中的 PCBs 浓度高于水质标准,因此,城市污水及再生水中的 PCBs 污染不可忽视。

3. 多环芳烃

多环芳烃(PAHs)的主要毒性效应表现为致癌、致畸、致突变"三致"作用。多

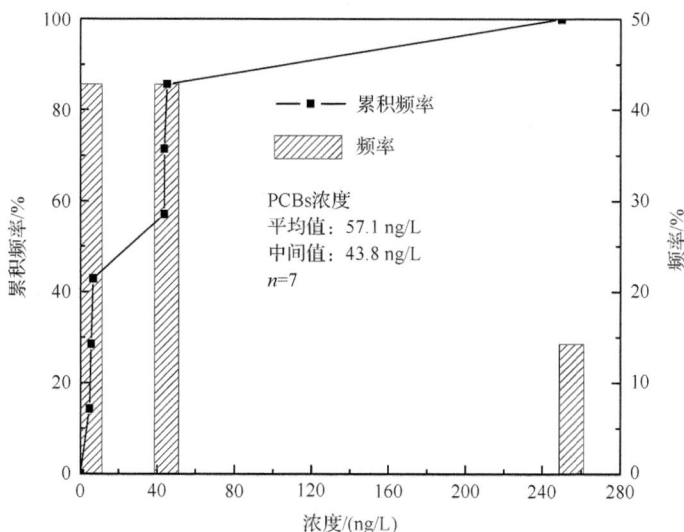

图 5.24　污水处理厂二级出水中多氯联苯浓度分布

环芳烃在有机物质(木材、煤、油等)不完全燃烧过程中产生,尽管它们的健康效应与分子质量和结构有关,通常仍然被认为是一类致癌化合物。其中四到六环 PAHs 母体及其他环数 PAHs 的衍生物部分具有致癌活性,而三环以下、七环以上的 PAHs 母体不具有致癌活性。

　　美国环境保护局早在 20 世纪 80 年代就把 16 种未带分支的 PAHs 确定为环境中的优先污染物,欧洲把 6 种 PAHs 作为目标污染物,中国也把 PAHs 列入环境污染的黑名单中,包括萘、荧蒽、苯并[b]荧蒽、苯并[k]荧蒽、苯并[a]芘、茚并[1，2,3−cd]芘与苯并[g,h,i]芘,结构式如图 5.25 所示。

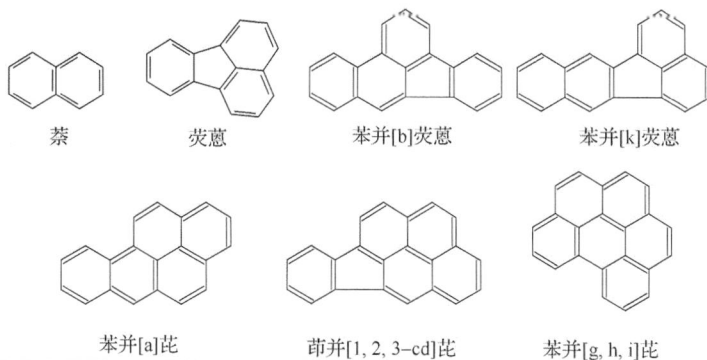

图 5.25　典型 PAHs 分子结构式

城市污水中多环芳烃的来源通常认为是石化产品和含有沥青的颗粒的排放。

多环芳烃经常被忽视的一个重要来源是食物。Mattson 证明由居民生活贡献的芘和菲占污水总负荷的 50%～60%（田杰,2006）。

目前,我国《城镇污水处理厂污染物排放标准》（GB18918—2002）和《地表水环境质量标准》（GB 3838—2002)集中式生活饮用水地表水源地特定项目中均仅规定了苯并[a]芘的限制浓度,分别为 30 ng/L 和 2.8 ng/L。城市供水水质标准（CJ/T 206—2005)中规定多环芳烃总浓度（包括荧蒽、苯并[b]荧蒽、苯并[k]荧蒽、苯并[a]芘、茚并[1,2,3－cd]芘与苯并[g,h,i]芘)限值为 2000 ng/L,苯并[a]芘浓度限值为 10 ng/L。

图 5.26 与图 5.27 为北京多个污水处理厂的出水中多环芳烃总量与典型化合物含量（徐艳玲 等,2006;王淑娟,2006)，出水中总 PAHs 浓度分布在 143～845 ng/L,虽然低于 2000 ng/L,但部分污水处理厂出水的苯并[a]芘的检出浓度略高于饮用水地表水水源地标准,荧蒽、苯并[b]荧蒽、茚并[1,2,3－cd]芘等化合物也有检出且浓度较高。虽然标准中没有列入其他 PAHs 的限定项目,但苯并[b]荧蒽等污染物也具有一定致突变性。因此,污水中的多环芳烃的检测及去除应引起重视。

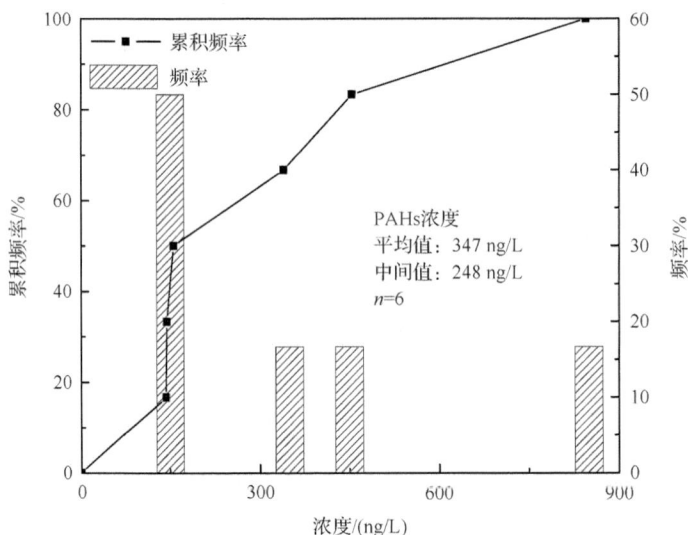

图 5.26　北京市污水处理厂污水多环芳烃浓度分布

5.4.3　药品及个人护理用品

药品和个人护理用品（pharmaceuticals and personal care products,PPCPs），包括各种各样的化学物质,例如各种处方药和非处方药（如抗生素、类固醇、消炎

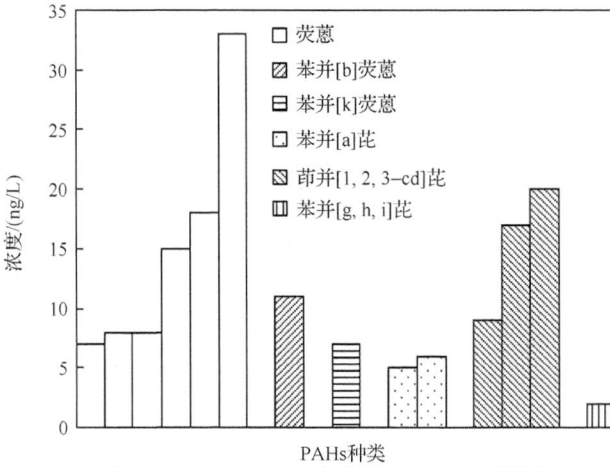

图 5.27　北京市污水处理厂污水典型多环芳烃含量

药、镇静剂、抗癫痫药、显影剂、止痛药、降压药、避孕药、催眠药、减肥药等)、香料、化妆品、遮光剂、染发剂、发胶、香皂、洗发水等。大多数 PPCPs 是水溶性的,有的 PPCPs 还带有酸性或者碱性的官能团。虽然 PPCPs 的半衰期不是很长,但是由于个人和畜牧业大量而频繁地使用,导致 PPCPs 形成假性持续性现象(胡洪营 等,2005)。

污水处理厂中检测到的 PPCPs 代表物质有抗生素、消炎止痛药和其他药品(如抗癫痫药、镇静剂、调血脂药、造影剂等)、消毒剂以及化妆品中常用的香料。

国外对 PPCPs 在城市污水处理厂出水中的浓度已有了初步研究,见表 5.14(郭美婷 等,2005)。由于各国的自然条件及污水处理厂情况不同而导致 PPCPs 的种类及浓度有较大的差异。

表 5.14　污水处理厂出水中某些 PPCPs 的浓度

PPCPs		日本	德国	瑞典	法国	意大利	美国	西班牙
抗生素 /(ng/L)	磺胺地索辛	ND 至 9.7						
	磺胺甲噁唑	ND 至 71.4	660	20	70~90	ND 至 30		ND 至 250
	泰洛星	ND 至 3.1						
	四环素	<3.4	<50					
	土霉素	ND 至 12	<50					
	金霉素	<7.9	<50					

续表

PPCPs		日本	德国	瑞典	法国	意大利	美国	西班牙
消炎止痛药 /(μg/L)	双氯芬酸		2.51					0.91~2.10
	布洛芬		0.03~0.41				0.081~0.106*	0.80~2.60
	萘普生		0.02~1.11			0.45	1~3	
其他药品	卡马西平 /(ng/L)	43.0~91.5	6300	870	980~1200	300~500		
	普萘洛尔 /(ng/L)	5.4~16.0	ND 至 290	10	10~40	10~90	26~1900	
	氯贝酸 /(μg/L)		0.23				ND	
	碘普胺 /(μg/L)		0.03~0.1					ND 至 9.30
消毒剂 /(ng/L)	三氯生						10~21*	
麝香 /(μg/L)	佳乐麝香							0.49~0.60
	吐纳麝香							0.15~0.20

＊ 样品来自美国路易斯安那州污水处理厂加氯消毒前出水；ND 表示未检测到。

　　在我国关于 PPCPs 类污染物的研究也日益受到学者的关注,已有相关的综述文献报道,如有学者在水环境中检测到紫外防晒剂的残留等。但关于低浓度 PPCPs 类污染物的快速检测、毒理评价、迁移规律、微生物降解机理及高效、安全和稳定的去除的研究报道还不多,应加快相关方面的研究。

　　虽然目前研究发现环境中 PPCPs 类物质浓度不高,不会给人体带来直接、快速的影响,然而其分布广泛、成分复杂多样,对饮用水和食品的安全性具有潜在影响,长期低剂量暴露对水生生态系统及人类健康会造成不同程度的危害,并可能带来严重和不可预计的后果。下面对污水中发现的主要 PPCPs 予以介绍(胡洪营等,2005)。

1. 抗生素

　　抗生素一般是指由细菌、霉菌或其他微生物在繁殖过程中产生的,能够杀灭或抑制其他微生物的一类物质及其衍生物,用于治疗敏感微生物(常为细菌或真菌)

所致的感染。抗生素在畜牧业应用很多,可以作为助长剂和治疗药物。抗生素对物质生物转化的一些关键过程(反硝化过程、氮的固定、有机物的降解等)和污水生物处理过程等有直接的影响。

抗生素并不能被人体或者动物完全吸收,有很大一部分以原形或者代谢物的形式随粪便和尿液排入环境中。这些抗生素作为环境外援性化合物将对环境生物及生态产生影响,并最终可能对人类的健康和生存造成不利影响。Kümmerer 等通过血清瓶测试(CBT)(OECD 301D)和 SOS 显色试验发现在 CBT 中环丙沙星、氧氟沙星、甲硝唑这三种抗生素不能被生物降解。

2. 消炎止痛药

消炎止痛药是家庭的常备药,也是水环境中经常检测到的药品之一。Heberer 等报道处方药双氯芬酸在德国的某污水处理厂出水中平均质量浓度为 2.51 $\mu g/L$,去除率仅为 17%,但是 Ternes 报道双氯芬酸在某污水处理厂的去除率可达 69%。Mart Carballa 等报道西班牙一家污水处理厂进水中布洛芬和萘普生质量浓度分别在 2.64~5.70 $\mu g/L$ 和 1.79~4.60 $\mu g/L$ 范围内,出水中布洛芬和萘普生质量浓度分别在 0.91~2.10 $\mu g/L$ 和 0.80~2.60 $\mu g/L$ 范围内。Stumpf 报道巴西一家污水处理厂进水中布洛芬和萘普生质量浓度分别为 0.3 和 0.6 $\mu g/L$。澳大利亚、巴西、希腊、西班牙、瑞士和美国对污水中的布洛芬和萘普生也都有一定的研究,其中瑞士检测到污水出水中布洛芬为 1~3.3 $\mu g/L$。止痛药阿司匹林在某德国污水处理厂出水中检测到的平均质量浓度为 0.22 $\mu g/L$,水杨酸质量浓度为 0.04 $\mu g/L$,而希腊和西班牙检测到污水处理厂出水中水杨酸质量浓度高达 13 $\mu g/L$。德国有研究表明镇痛药对乙酰氨基酚在污水处理厂中可以得到 90% 的去除,但是美国 Kolpin 等检测到 17% 的出水样品仍含有对乙酰氨基酚,最高质量浓度可达 10 $\mu g/L$。

3. 消毒剂

大量的消毒剂用于医院、食品加工、个人护理用品生产等行业。三氯生作为一种杀菌剂,广泛用于高效药皂、卫生洗液、除臭剂、消毒洗手液、伤口消毒喷雾剂、医疗器械消毒剂、卫生洗面奶、空气清新剂和卫生织物的整理和塑料的防腐处理等。Ana Agüera 等报道了西班牙一家城市污水处理厂的进水中三氯生浓度为 1.3~30.1 $\mu g/L$,出水中三氯生浓度为 0.4~22.1 $\mu g/L$。同时,Ana Agüera 等分别测量了两家污水处理厂出水排口处海洋底泥中三氯生的浓度为 0.27~130.7 $\mu g/kg$,结果表明:污水处理厂并未有效地去除三氯生,未去除的三氯生随出水排入海洋中,在海洋底泥中积累。

4. 人工合成麝香

人工合成麝香是一类香料物质,主要用作各种化妆品和洗涤用品的添加剂。从 1987 至 1996 年,世界麝香产量已经从 7000t/a 增长到 8000t/a,现在的生产趋势已经由含硝基的麝香转向带多环的麝香。应用最广泛的含硝基的合成麝香物质是佳乐麝香(galaxolide)和吐纳麝香(tonalide),这两种麝香物质 2000 年在欧洲的产量是 1800t,而其他麝香物质的总产量小于 20t。

根据毒性试验,人工合成麝香物质与雌激素受体亲和力低,因此它们在环境中对内分泌干扰不大,并没有严重的健康影响,但是并不排除长期的致癌效果。人工合成麝香物质在脂肪组织、血浆和乳汁中的积累近来也引起学者的重视。目前还没有观察到对内分泌的间接影响如抑制荷尔蒙的合成等。据 Yamagishi 等报道,日本早在二十年前就在水环境和生态区中发现了人工合成麝香物质。欧洲和北美洲也有类似的报道。这些研究表明:人工合成麝香物质在海水和淡水中广泛存在,并且在软体动物和鱼类中积累的浓度高于环境浓度。

5.4.4 内分泌干扰物

内分泌干扰物(endocrine disrupting chemicals,EDCs)是一种外生作用物,干扰生物体内维持自稳定性、调节生殖发育和其他行为的荷尔蒙的合成、分泌、输送、结合、作用和排泄的外源性物质(USEPA,1997)。毒理学研究主要关注雌激素类(抗雌激素)、雄激素类(抗雄激素)、类固醇抑制剂和甲状腺干扰物(Hutchinson,and Pickford,2002),其中具有雌激素活性物质(estrogenic EDCs,e-EDCs)对野生动物和人类健康的影响备受关注,主要分为雌激素类(天然雌激素和合成雌激素)、农药类、工业用化学品、植物雌激素和真菌性雌激素等。众多的研究表明,雌激素活性物质浓度在纳克每升水平上即可产生内分泌干扰作用,导致生物体生殖细胞的畸变和繁殖率的下降,并能引起雄性生物的雌性化,对野生生物和人类的健康生存及持续繁衍构成严重威胁(Holbrook et al,2004;李轶 等,2009)。目前人们关注较多的雌激素活性物质包括类固醇物质、酚类物质与邻苯二甲酸酯类物质。

1. 类固醇物质

类固醇物质包括天然或人工合成的雌激素类物质以及部分植物性激素,典型的 4 种雌激素活性物质为雌酮(estrone,E1)、雌二醇(17β-estradiol,E2)、雌三醇(estiol,E3)与乙炔雌二醇(17α-ethinylestradiol,EE2),具体见表 5.15 所示。

表 5.15 典型类固醇激素基本信息

物质	简称	CAS No.	结构式	用途
雌酮 （estrone）	E1	53-16-7		天然雌激素，用于治疗子宫发育不全、月经失调、更年期障碍等，具有止血作用
雌二醇 （17β-estradiol）	E2	50-28-2		天然雌激素，治疗功能性子宫出血、原发性闭经、绝经期综合征等
雌三醇 （estiol）	E3	50-27-1		天然雌激素，用于治疗白细胞减少症
乙炔雌二醇（17α-ethinylestradiol）	EE2	57-63-6		雌激素类药物，可增强避孕功效，并可减少突破性出血，供配制避孕药用

图 5.28 为城市污水处理厂出水中类固醇物质的分布情况（孙艳 等，2010）。从图中可以看出，E1、E2、E3 与 EE2 这四种类固醇物质在污水处理厂出水中均可检出，E1 的检测浓度分布在 ND 至 250 ng/L，其中 90％的检出浓度水平在 50 ng/L 以下；E2 的浓度分布主要集中在 20 ng/L 以下，个别数据则高达 160 ng/L；E3 的浓度水平为 ND 至 200 ng/L，其中 95％的检出浓度水平在 50 ng/L 以下；EE2 浓度相对较低，多数低于 10 ng/L，个别数据可达 100 ng/L。综上，城市污水出水中广泛存在类固醇物质污染，且 E1 与 E3 浓度较高。

2. 酚类物质

酚类物质主要用于合成工业化学品，使用广泛，普遍存在于环境当中。部分酚类物质具有雌激素活性，如双酚 A（bisphenol A，BPA）、4-壬基酚（4-nonylphenol，4-NP）等烷基酚以及 2，4-二氯酚（2，4-dichlorophenol，2，4-DCP）等氯酚类物质，具体见表 5.16，这些酚类物质也是内分泌干扰物中重要的一类物质。

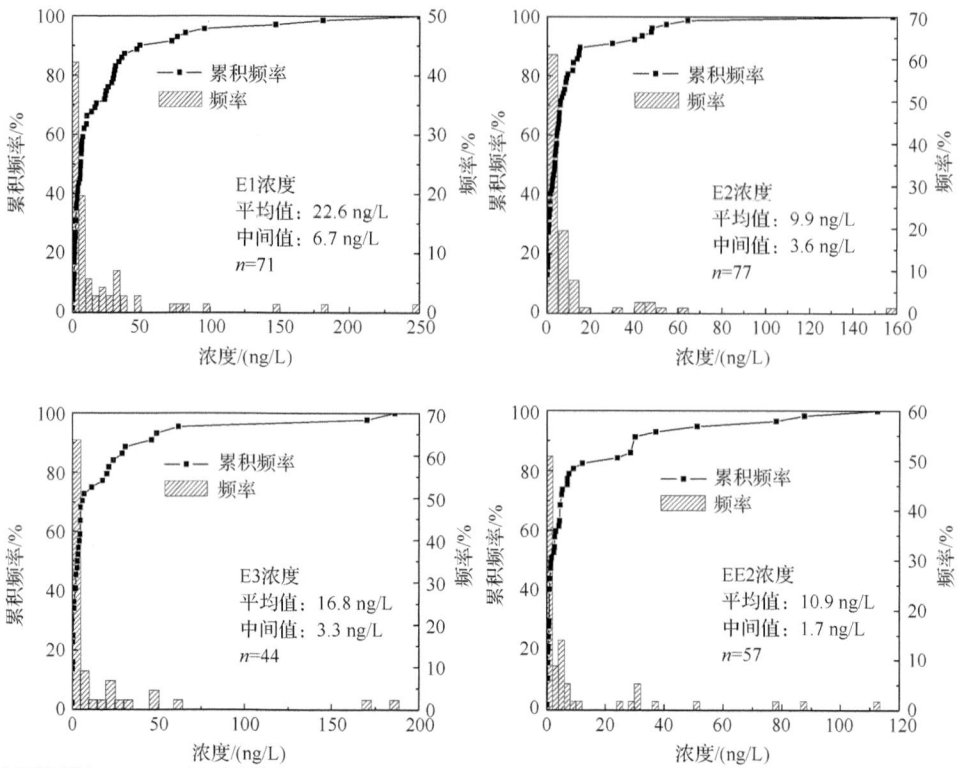

图 5.28　城市污水处理厂出水中类固醇雌激素的浓度分布

表 5.16　典型酚类内分泌干扰物基本信息

物质	简称	CAS No.	结构式	用途
双酚 A （bisphenol A）	BPA	80-05-7		合成环氧树脂、聚碳酸酯、阻燃剂等化工产品
壬基酚 （nonylphenol）	NP	104-40-5		生产非离子表面活性剂等
2，4-二氯酚 （2，4-dichlorophenol）	2,4-DCP	120-83-2		木材防腐剂、防锈剂、杀虫剂等

　　图 5.29 为污水处理厂出水中典型酚类物质的分布情况（孙艳 等，2010）。由图可知，酚类物质的浓度分布主要在 $\mu g/L$ 水平，明显高于类固醇类雌激素的浓度

水平。出水中的 BPA 浓度基本低于 2 μg/L。NP 是酚类化合物中产量最大和应用最广泛的产品,其出水浓度分布相对广泛,有时甚至高达 15 μg/L。2005 年美国环境保护局出台了 NP 水质标准(Aquatic Life Ambient Water Quality Criteria—Nonylphenol)(USEPA,2005)。该标准规定,淡水中 NP 小时平均浓度不超过 28 μg/L,4 天平均浓度不超过 6.6 μg/L。污水处理厂部分出水 NP 浓度高于 6.6 μg/L,进入水环境后可能严重威胁受纳水体水质安全。

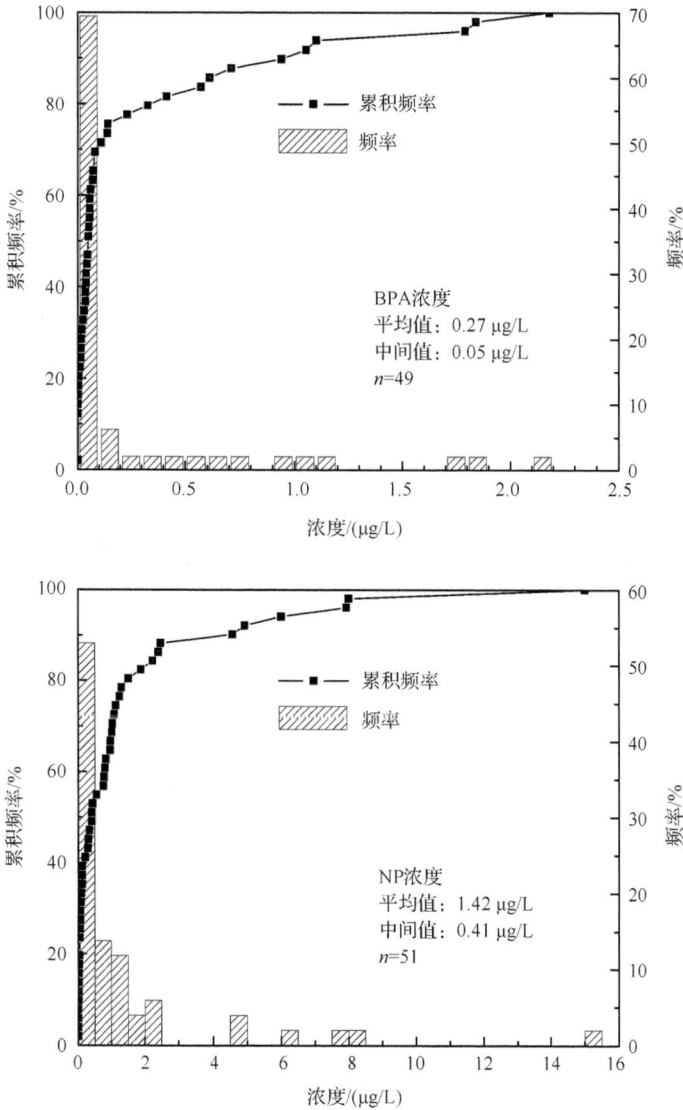

图 5.29　城市污水处理厂出水中典型酚类雌激素的浓度分布

3. 邻苯二甲酸酯类物质

邻苯二甲酸酯(phthalic acid esters,PAEs,别名酞酸酯)是一类普遍使用的有机化合物质,其分子结构通式如图 5.30 所示,主要用作塑料的增塑剂和软化剂,常见的有邻苯二甲酸二甲酯(DMP)、邻苯二甲酸二乙酯(DEP)、邻苯二甲酸二丁酯(DBP)、邻苯二甲酸二正辛酯(DOP)、邻苯二甲酸二异辛酯[邻苯二甲酸二(2-乙基己基)酯,DEHP]和邻苯二甲酸丁基苄酯(BBP),其中使用最多的是邻苯二甲酸二异辛酯(DEHP)与邻苯二甲酸二丁酯(DBP),见表 5.17(骆祝华 等,2008)。这类化合物的结构与内源性雌激素具有一定的相似性,进入人体后,与相应的激素受体结合,产生与激素相同的作用,干扰血液中激素正常水平的维持,从而影响生殖、发育和行为。

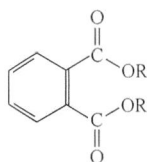

图 5.30 邻苯二甲酸酯通式

表 5.17 典型 PAEs 的基本信息

中文名	英文名	简称	分子式	用途
邻苯二甲酸二甲酯	dimethylphthalate	DMP	$C_{10}H_{10}O_4$	塑料增塑剂,驱蚊剂
邻苯二甲酸二乙酯	diethylphthalate	DEP	$C_{12}H_{14}O_4$	塑料和合成橡胶等的增塑剂,清漆的溶剂
邻苯二甲酸二丁酯	dibutylphthalate	DBP	$C_{16}H_{22}O_4$	塑料、合成橡胶、人造革等的常用增塑剂;香料的溶剂,卫生害虫驱避剂
邻苯二甲酸二正辛酯	di-n-octylphthalate	DOP	$C_{24}H_{38}O_4$	塑料增塑剂
邻苯二甲酸二(2-乙基己基)酯	di-(2-ethylhexyl)phthalate	DEHP	$C_{24}H_{38}O_4$	聚氯乙烯和氯乙烯共聚物的优良增塑剂,硝酸纤维的软化剂
邻苯二甲酸丁基苄酯	butylbenzylphthalate	BBP	$C_{19}H_{20}O_4$	塑料增塑剂,涂料,人造革材料

部分邻苯二甲酸酯类物质已被列入饮用水水源地标准进行控制。目前,我国饮用水地表水源地标准中规定邻苯二甲酸二丁酯(DBP)和邻苯二甲酸二(2-乙基己基)酯(DEHP)浓度限值分别为 3 μg/L 和 8 μg/L。图 5.31 为污水处理厂出水中 DBP 与 DEHP 的浓度分布(孙艳 等,2010),由图可知,污水处理厂出水中 DBP 和 DEHP 浓度主要分布在 0~10 μg/L,95% 的 DBP 出水浓度均低于 20 μg/L,最高检出浓度不超过 30 μg/L;DEHP 出水浓度高于 DBP,个别数据高达 40 μg/L。

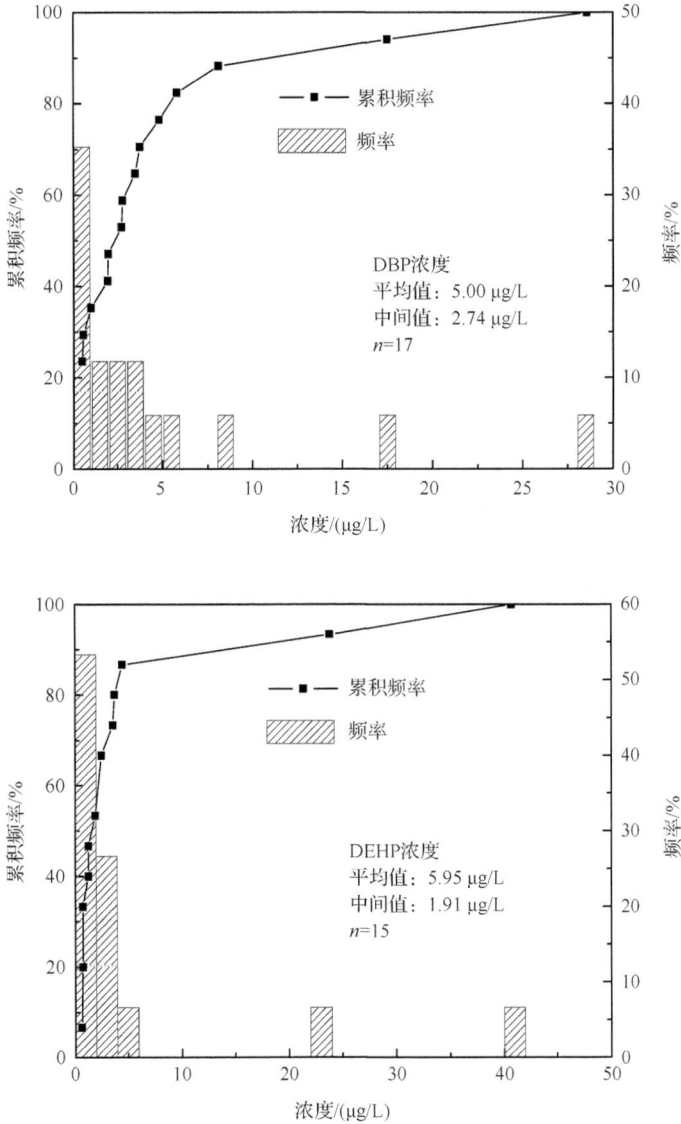

图 5.31　城市污水处理厂出水中典型邻苯二甲酸酯的浓度分布

　　将污水处理厂出水中各典型内分泌干扰物质的浓度水平汇总如图 5.32 所示,出水中类固醇物质浓度最低,处于 ng/L 水平,主要分布在 0.5～30 ng/L。酚类物质浓度主要处于 ng/L～μg/L 水平,BPA 的浓度主要分布在 15～200 ng/L,NP 的浓度主要分布在 50ng/L～1.3 μg/L。邻苯二甲酸酯类物质 DBP、DEHP 出水中浓度明显高于其他两类物质,处于 μg/L 水平,主要分布在 0.55～5 μg/L。

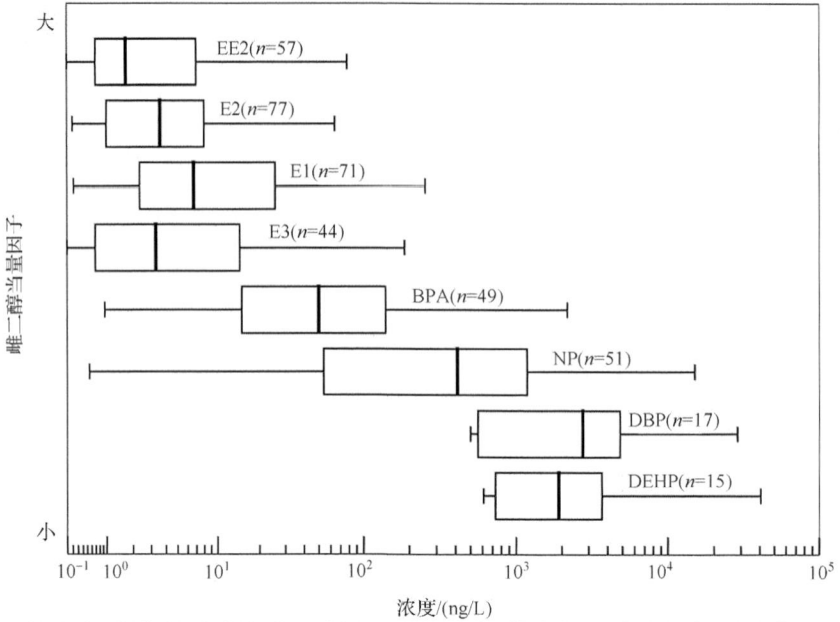

图 5.32 城市污水处理厂出水中内分泌干扰物的浓度水平比较

图中"箱"两端边的位置分别对应数据批的上下四分位数（Q_1 和 Q_3，25% 和 75%），在"箱"内部一条线段的位置对应中位数。箱形两端的"须"一般为最大值与最小值，若最大值 $> Q_3 + 1.5$IQR（四分位距）或最小值 $< Q_1 - 1.5$IQR，则两端的"须"为小于 $Q_3 + 1.5$IQR 或大于 $Q_1 - 1.5$IQR 的极值

出水中这 8 种内分泌干扰物的浓度不尽相同，其内分泌干扰性也具有差异。各物质的内分泌干扰性以雌激素活性效应雌二醇当量（estradiol equivalency，EEQ）表示，由各物质雌二醇当量因子（estradiol equivalency factor，EEF）和实测环境浓度（measured environmental concentration，MEC）计算，如式 5.2 所示（隋倩 等，2009），雌二醇当量因子如表 5.18 所示（EEA，1998；Murk et al 2002；隋倩 等，2009）。

雌二醇当量（EEQ）＝ 雌二醇当量因子（EEF）× 实测环境浓度（MEC）

$$(5.2)$$

表 5.18 各物质的雌二醇当量因子（EEF）

物质	E1	E2	E3	EE2	BPA	NP	DBP	DEHP
EEF	0.59	1	0.26	8.71	0.05	0.01	2.57×10^{-5}	$< 2.57 \times 10^{-5}$

参考欧盟关于生态风险的安全系数设定（EC，1996），将引起内分泌干扰效应的标准定为 1 ng/L，即凡雌二醇当量大于 1 ng/L 的物质被认为具有内分泌干扰性，会对受纳水体中的水生生物以及更高营养级的生物产生内分泌干扰作用。

污水处理厂出水中 8 种典型物质的内分泌干扰性比较如图 5.33(孙艳 等, 2010)所示。由图可知,EE2 的 EEQ 最大,累积频率 98% 以上的 EEQ 均高于 1 ng/L,最高可达 10^3 ng/L;E1、E2 的 EEQ 高于 1 ng/L 的比例在 70%~80%;E3 有 55% 的 EEQ 大于 1ng/L。结果表明出水中类固醇物质具有较高的雌激素活性,对受纳水体中水生生物的内分泌干扰作用较大。酚类物质与类固醇物质相比, 呈现较弱的外因性雌性激素作用,其作用程度仅为雌性激素数 10^{-3}~10^{-6},但是 出水中 NP、BPA 的 EEQ 高于 1 ng/L 的水平在 70% 以上,也具有较高的内分泌干扰性。邻苯二甲酸酯类物质 DBP 的 EEQ 低,均处于 1 ng/L 以下,对受纳水体中水生生物的内分泌干扰性较弱。

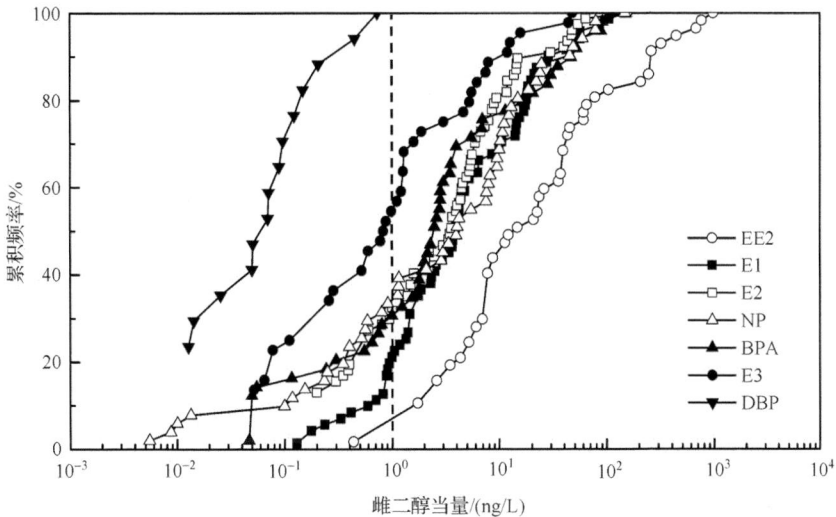

图 5.33　城市污水处理厂出水中典型 EDCs 的内分泌干扰性

5.4.5　纳米颗粒物

纳米颗粒物(nanoparticles,NPs)是指尺度在纳米量级(1~100 nm)的颗粒。 在这个尺度上,纳米颗粒物会出现一些与常规尺度物质差别很大的特殊物理化学性质。它具有小尺寸效应、量子效应和表面效应,在机械性能、磁、光、电、热等方面与传统材料存在显著差别(林治卿 等,2007)。

纳米颗粒物的来源十分广泛,可分为自然形成和人工生成两大类,人工生成的纳米物质又可分为无意识产生和有意识合成两种,具体来源见表 5.19(章军 等, 2006)。通常将有意识合成得到的具有特殊理化性质的纳米物质称为工程纳米颗粒物,它是纳米技术的核心,也是我们关注的主要对象。

表 5.19 纳米颗粒物的来源

自然形成	人工生成	
	无意识产生	有意识合成
森林火灾/火山喷发等产生的纳米颗粒;气-颗粒转换;生命物质,如病毒/生物毒素/生物磁铁/铁蛋白等	内燃机/发电厂/焚烧炉/烟雾(如金属烟雾/聚合物烟雾)/煎炸/烧烤等产生的纳米物质	纳米金属(如金、银或铁等);纳米金属氧化物(如氧化铁、二氧化钛、氧化锌等);纳米二氧化硅,碳纳米材料等

工程纳米颗粒物与人们生活密切相关,可以通过多种途径进入环境。化妆品等个人防护品在日常的使用过程中,就同时释放到环境中;纳米纤维等可以通过使用或废物处理等过程被释放到环境;纳米药物或基因载体系统,也可以通过废弃物排放而污染土壤和水体;随着近年来纳米材料研究的广泛兴起以及生产纳米材料的工厂在世界范围内的迅速增加,工厂和实验室的废物排放也成为当前纳米材料进入环境的重要途径(章军 等,2006)。

纳米颗粒物可渗入皮肤并进入淋巴系统,还可能造成肺部感染与心血管病变。NPs 容易引起肺部炎症,其作用的潜在机制是与氧化应激有关的基因表达和细胞信号通路的改变,同时燃烧产生的 NPs 含有的过渡金属和特定有机化合物也起到了一定作用,如图 5.34 所示。

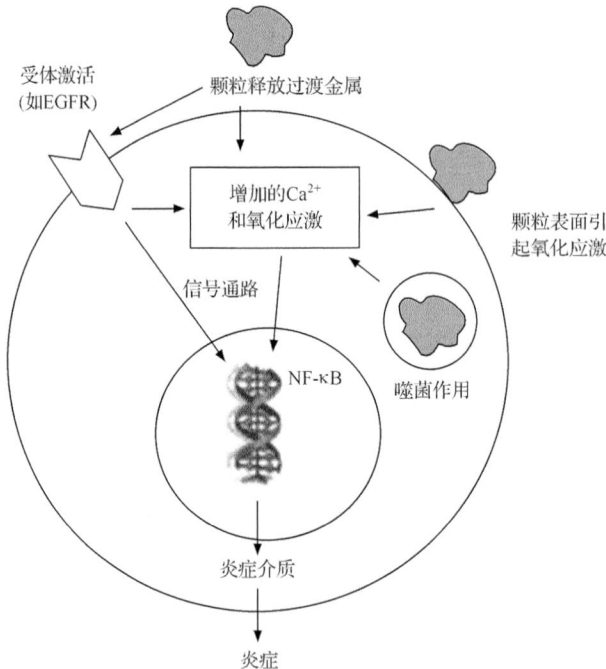

图 5.34 NPs 与细胞相互作用假设图(周国强 等,2008)

EGFR、表皮生长因子受体、炎症和氧化应激能被以下几种途径激活:①颗粒表面引起氧化应激导致细胞内 Ca^{2+} 水平增加和基因激活;②颗粒释放的过渡金属导致氧化应激、细胞内 Ca^{2+} 水平增加和基因激活;③细胞表面受体被颗粒释放的过渡金属激活,导致后续基因激活;④进入细胞内的 NPs 到达线粒体产生氧化应激研究表明,虽然纳米 TiO_2 表现出无毒或低毒,但是其超微尺度的改变会导致其变为有毒物质;碳纳米管会对肺部产生毒性,并且体外生物毒性和生物活性从高到低依次为:单壁碳纳米管> 多壁碳纳米管> 石英>C_{60}。虽然纳米颗粒物对水生态系统和哺乳动物有潜在的负面效应,但是剂量效应关系目前尚不明确。

纳米技术的迅猛发展引发了人们对其安全性的普遍担忧。新的工程纳米颗粒物每周都会产生,纳米颗粒物对再生水及水环境的影响值得关注。

5.5　污水及再生水的生物毒性

污水中的微量有毒有害污染物浓度低、种类多,且具有一定的毒性效应,对生态和人类健康存在潜在的不良影响。因此,近年来在再生水领域,污水及再生水的生物毒性逐渐引起人们的重视。目前重点关注的毒性效应包括急性毒性、遗传毒性、内分泌干扰性等。

1. 污水及再生水中的生物毒性水平

城市污水处理厂二级处理出水的发光细菌急性毒性、遗传毒性和雌激素活性水平如图 5.35～图 5.37 所示(王丽莎,2007;吴乾元,2010)。二级处理出水的发光细菌急性毒性处于 mg-Zn^{2+}/L 水平,平均值为 0.28 mg-Zn^{2+}/L。SOS/umu 遗传毒性处于 μg-4-NQO/L 水平,平均值为 18.8 μg-4-NQO/L。而酵母雌激素活性则处于 ng-E2/L 水平,平均值为 2.3 ng-E2/L。

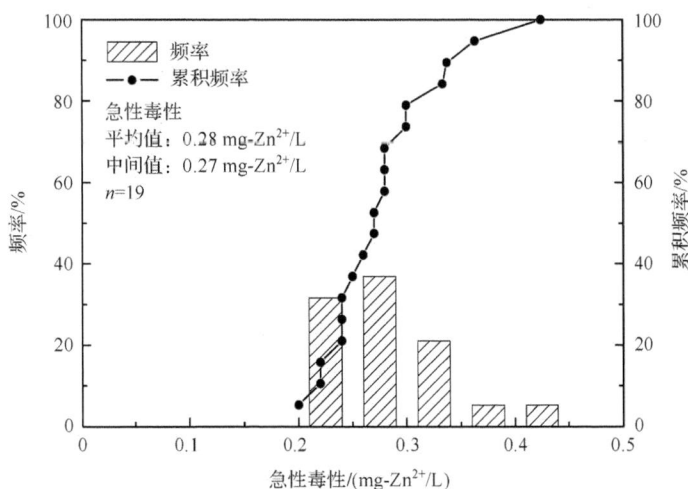

图 5.35　城市污水处理厂二级处理出水发光细菌急性毒性分布

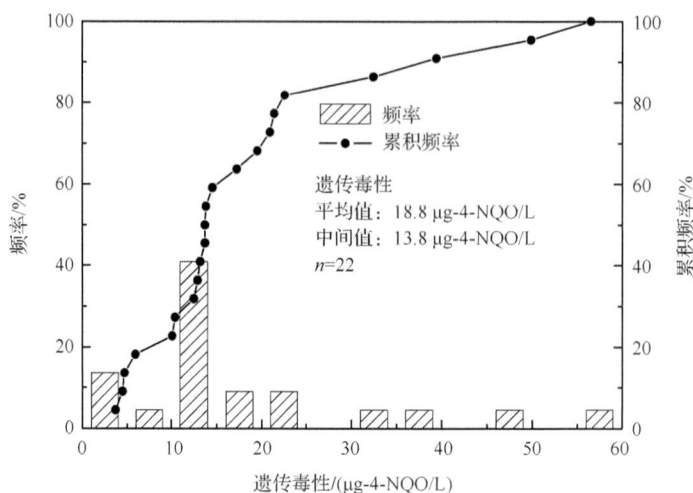

图 5.36　城市污水处理厂二级处理出水 SOS/*umu* 遗传毒性分布

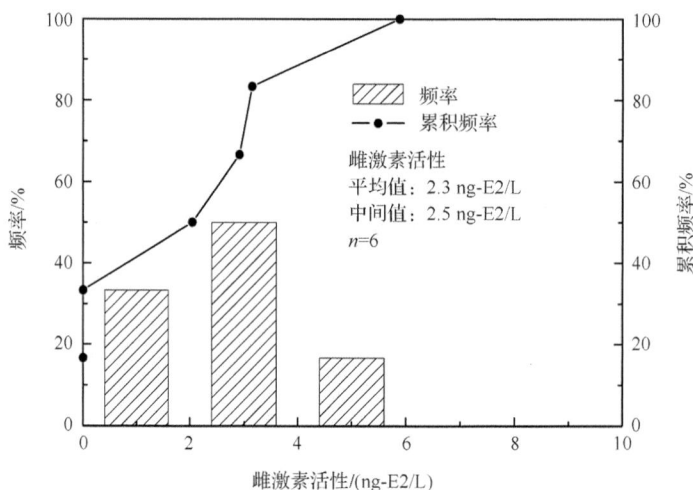

图 5.37　城市污水处理厂二级处理出水酵母雌激素活性分布

2. 污水及再生水有机物组分中的生物毒性分布

　　城市污水处理厂二级处理出水中各溶解性有机组分中的有机物含量和生物毒性水平如表 5.20 所示(王丽莎,2007;吴乾元,2010)。二级处理出水的遗传毒性为 (18.8 ± 14.1) μg-4-NQO/L,其中亲水性物质(HIS)和疏水酸性物质(HOA)的遗传毒性分别占二级处理出水的 $88\%\pm22\%$ 和 $23\%\pm14\%$,而疏水碱性物质

(HOB)和疏水中性物质(HON)的遗传毒性含量很小。这说明组分 HIS 和 HOA 是导致二级处理出水具有遗传毒性的主要物质,需对其进行控制。

表 5.20　二级处理出水及其组分的有机物含量和生物毒性

二级处理出水	二级处理出水	各组分的水质指标数值占二级处理出水的百分比/%			
		亲水性 物质(HIS)	疏水酸性 物质(HOA)	疏水碱性 物质(HOB)	疏水中性 物质(HON)
遗传毒性	(18.8 ± 14.1) μg-4- NQO/L $(n=22)$	88 ± 22 $(n=5)$	23 ± 14 $(n=5)$	3 ± 3 $(n=5)$	2 ± 2 $(n=5)$
雌激素活性 $(n=6)$	(2.3 ± 2.2) ng-E2/L	ND $(n=1)$	ND $(n=1)$	ND $(n=1)$	ND $(n=1)$
抗雌激素活性 $(n=1)$	0.17 mg-TAM/L	91	18.5	ND	130
DOC $(n=10)$	(15.6 ± 15.0) mg-C/L	57 ± 10	22 ± 3	5 ± 1	13 ± 8
UV_{254} $(n=5)$	(15.3 ± 3.1) m^{-1}	48 ± 7	29 ± 7	2 ± 2	11 ± 6

注:n 表示水样数;ND 表示未检出。

资料来源:吴乾元,2010.

　　二级处理出水的雌激素活性为(2.3 ± 2.2) ng-E2/L,各组分的雌激素活性分布还有待进一步研究。

　　二级处理出水具有一定的抗雌激素活性(0.17 mg-TAM/L),组分 HIS 和 HON 的抗雌激素活性分别占二级处理出水的 91% 和 130%,而组分 HOA 和 HOB 的抗雌激素活性含量较小甚至未检出。这说明组分 HIS 和 HON 是导致二级处理出水具有抗雌激素活性的主要物质,需对其进行控制。此外,各组分的抗雌激素活性加和大于总的水样,这说明各组分之间存在拮抗作用。

　　二级处理出水的平均 DOC 值为(15.6 ± 15.0) mg-C/L,其中组分 HIS 和 HOA 的 DOC 含量分别占二级处理出水 DOC 含量的 57%$\pm$10% 和 22%$\pm$3%,而组分 HOB 和 HON 分别只占 5%$\pm$1% 和 13%$\pm$8%。这说明组分 HIS 和 HOA 是组成二级处理出水中溶解性有机物的主要成分。

　　二级处理出水的平均 UV_{254} 值约为(15.3 ± 3.1) m^{-1},其中组分 HIS 和 HOA 的 UV_{254} 值分别占二级处理出水的 48%$\pm$7% 和 29%$\pm$7%,而组分 HOB 和 HON 分别只占 2%$\pm$2% 和 11%$\pm$6%。鉴于 UV_{254} 常用于表征水中芳香族物质的含量,因此可以认为二级处理出水中芳香族物质主要来自组分 HIS 和 HOA。

　　综上可知,对二级处理出水的有机物含量、芳香族化合物含量和遗传毒性贡献较大的组分是 HIS 和 HOA,对二级处理出水的抗雌激素活性贡献较大的组分是 HIS 和 HON,需对这些组分进行去除和控制。

　　3. 污水及再生水有机物组分中的比生物毒性分布

　　比生物毒性即用生物毒性除以溶解性有机碳浓度,其可表征生物毒性在有机物中的含量分布。表 5.21 给出了二级处理出水及其溶解性有机物组分的比生物毒性和 UV_{254}/DOC 水平。

表 5.21　二级处理出水及其组分单位 DOC 的生物毒性(简称比生物毒性)**和紫外吸光度**

	二级处理出水	二级处理出水的各组分			
		亲水性物质(HIS)	疏水酸性物质(HOA)	疏水碱性物质(HOB)	疏水中性物质(HON)
$UV_{254}/DOC(n=5)$ /[L/(m·mg-C)]	1.8±0.9	1.7±0.9	2.5±1.0	0.7±0.7	1.7±0.6
比遗传毒性($n=5$) /(μg-4-NQO/mg-C)	3.7±2.5	7.0±6.6	4.5±5.0	3.1±4.0	1.0±1.2
比雌激素活性 /(ng-E2/mg-C)	0.13±0.13 ($n=6$)	ND ($n=1$)	ND ($n=1$)	ND ($n=1$)	ND ($n=1$)
比抗雌激素活性($n=1$) /(mg-TAM/mg-C)	0.016	0.032	0.017	ND	0.207

注:n 表示水样数;ND 表示未检出。

资料来源:吴乾元,2010.

二级处理出水的比遗传毒性为(3.7±2.5) μg-4-NQO/mg-C。在各个组分中,组分 HIS 的比遗传毒性最大,为(7.0±6.6) μg-4-NQO/mg-C。组分 HOA 和 HOB 其次,分别为(4.5±5.0) μg-4-NQO/mg-C 和(3.1±4.0) μg-4-NQO/mg-C,而组分 HON 的比遗传毒性最小。这说明 HIS 中含有一些遗传毒性较大的物质,需进行控制。

二级处理出水的比抗雌激素活性为 0.016 mg-TAM/mg-C。在各个组分中,组分 HON 的比抗雌激素活性最大,为 0.207 mg-TAM/mg-C。组分 HIS 和 HOA 其次,分别为 0.032 mg-TAM/mg-C 和 0.017 mg-TAM/mg-C,而组分 HOB 的比雌激素活性最小。这说明组分 HON 中含有一些抗雌激素活性较大的物质,需进行控制。二级处理出水的比雌激素活性为(0.13±0.13) ng-E2/mg-C,各组分的比雌激素活性有待进一步研究。

二级处理出水的 UV_{254}/DOC 值为(1.8±0.9) L/(m·mg-C),其中组分 HOA 的 UV_{254}/DOC 值最高,为(2.5±1.0) L/(m·mg-C),组分 HIS 和 HON 的 UV_{254}/DOC 值分别为(1.7±0.9) L/(m·mg-C)和(1.7±0.6) L/(m·mg-C),而组分 HOB 的 UV_{254}/DOC 值最小,为(0.7±0.7) L/(m·mg-C)。这说明组分 HOA 中芳香族物质占有机物的比例较高。

综上可知,比遗传毒性最大的是组分 HIS,比抗雌激素活性最大的是组分 HON,而 UV_{254}/DOC 值最高的组分是 HOA。这说明芳遗传毒性物质、抗雌激素活性物质和香族物质类型不完全相同,需分别评价和控制。

参 考 文 献

陈明,任仁,王子健,等.2007.北京工业废水和城市污水环境激素污染状况调查.环境科学研究,20(6):
　　1~7.
傅平青,刘丛强,吴丰昌.2005.溶解有机质的三维荧光光谱特征研究.光谱学与光谱分析,25(12):
　　2024~2028.
郭美婷,胡洪营,王超.2005.城市污水中的PPCPs及其去除特性.中国给水排水,21(10):25~27.
胡洪营,王超,郭美婷.2005.药品和个人护理用品(PPCPs)对环境的污染现状与研究进展.生态环境,
　　14(6):947~952.
黄满红.2006.厌氧-缺氧-好氧活性污泥系统中典型有机物迁移转化研究:[博士论文].上海:同济大学.
蒋以元.2004.O_3-BAF城市污水再生利用安全保障技术研究:[博士论文].重庆:重庆大学.
李军,杨秀山,彭永臻.2002.微生物与水处理工程.北京:化学工业出版社.
李轶,饶婷,胡洪营.2009.污水中内分泌干扰物的去除技术研究进展.生态环境学报,18(4):1540~1545.
林治卿,袭著革,晁福寰.2007.纳米颗粒物毒性效应研究进展.解放军预防医学杂志,25(5):383~386.
柳丽丽.2002.北京地区水环境中有机氯农药的研究:[硕士论文].北京:北京工业大学.
吕洪刚,欧阳二明,郑振华,等.2005.三维荧光技术用于给水的水质测定.中国给水排水,21(3):91~93.
骆祝华,黄翔骏,叶德赞.2008.环境内分泌干扰物——邻苯二甲酸酯的生物降解研究进展.应用与环境生物
　　学报,14(6):890~897.
美国环境保护局.2008.污水再生利用指南.2004版.胡洪营,魏东斌,王丽莎,等译.北京:化学工业出版
　　社.81.
隋倩,黄俊,余刚.2009.中国城市污水处理厂内分泌干扰物控制优先性分析.环境科学,30(2):384~390.
孙艳,黄璜,胡洪营,等.2010.污水处理厂出水中雌激素活性物质浓度与生态风险水平.环境科学研究,23
　　(12):1488~1495.
田杰.2006.城市污水氯化消毒副产物产生规律研究:[硕士论文].北京:清华大学.
王超,胡洪营,王丽莎,等.2006.典型含氮有机物的氯消毒副产物生成潜能研究.中国给水排水.22(15):
　　9~12.
王丽莎.2007.氯和二氧化氯消毒对污水生物毒性的影响研究:[博士论文].北京.清华大学.
王淑娟.2006.典型水处理过程中有毒有机物质的污染与去除:[硕士论文].北京:北京林业大学.
魏东斌.2003.城市污水再生回用的水质安全指标体系及保障措施研究:[博士后研究报告].北京:清华大学.
吴乾元.2010.氯消毒对再生水遗传毒性和雌/抗雌激素活性的影响研究:[博士论文].北京:清华大学.
谢兴,胡洪营.2007.污水氯消毒过程中有机氯胺的形成及其影响研究.中国给水排水,23(24):20~23.
徐艳玲,程永清,秦华宇,等.2006.有机微污染物在污水处理过程中的变化研究.环境污染与防治,28(11):
　　804~808.
余刚,黄俊,张彭义.2001.持久性有机污染物:倍受关注的全球性环境问题.环境保护,(4):37~39.
张逢.2010.微气泡臭氧氧化处理城市污水厂二级出水的效果研究//第五届中国城镇水务发展国际研讨会
　　中国城镇供水排水协会2010年年会论文集.北京:城镇供水杂志社.39~43.
章军,杨军,朱心强.2006.纳米材料的环境和生态毒理学研究进展.生态毒理学报,1(4):350~356.
郑兴灿,李亚新.1998.污水除磷脱氮技术.北京:中国建筑工业出版社.
种云霄.2004.浮萍氮磷转化能力的研究:[博士论文].北京:清华大学.
周国强,陈春英,李玉锋,等.2008.纳米材料生物效应研究进展.生物化学与生物物理进展,35(9):

998~1006.

朱洪涛,文湘华,黄霞,等.2008.二级出水水质对中试臭氧微滤工艺运行的影响.环境科学学报,28（3）：
452-457.

Abalos M,Bayona J M,Ventura F. 1999. Development of a solid-phase microextraction GC-NPD procedure for
the determination of free volatile amines in wastewater and sewage-polluted waters. Analytical Chemistry,
71(16):3531~3537.

Asano T,Burton F L,Leverenz H L, et al. 2007. Water Reuse: Issues, technologies and applications. New
York:Metcalf & Eddy. 1190.

Auriol M, Filali-Meknassi Y, Tyagi R D, et al. 2006. Endocrine disrupting compounds removal from
wastewater,a new challenge. Process Biochemistry,41(3):525~539.

Barker D J,Stuckey D C. 1999. A review of soluble microbial products (SMP) in wastewater treatment sys-
tems. Water Research,33(14):3063~3082.

Culp G,Wesner G,Williams R, et al. 1980. Wastewater reuse and recycling technology. New Jersey:Noyes
Data Corporation.

Dignac M F,Ginestet P,Ryback D,et al. 2000. Fate of wastewater organic pollution during activated carbon
sludge treatment:Nature of residual organic matter. Water Research,34 (17),4185~4194.

EC(European Commission). 1996. Technical guidance document in support of commission directive 93/67/
EEC on risk assessment for new notified substances and commission regulation (EC) No. 1488/94 on risk
assessment for existing substances. Luxembourg:Office for Official Publications of the European Communi-
ties. 328~334.

EEA(European Environment Agency). 1998. Environmental risk assessment approaches,experiences and in-
formation source. London:European Environment Agency. 68~86.

Ginzburg B,Dor I,Lev O. 1995. Odorous compounds in wastewater reservoir used for irrigation. Water Science
and Technology,40(6):65~71.

Holbrook D, Love N, Novak J. 2004. Sorption of 17α-estradiol and 17β-ethinylestradiol by colloidal organic
carbon derived from biological wastewater treatment systems. Environment Science & Technology,38(12):
3322~3329.

Hutchinson T H,Pickford D B. 2002. Ecological risk assessment and testing for endocrine disruption in the
aquatic environment. Toxicology,18:383~387.

Hwang Y,Matsuo T,Hanaki K,et al. 1995. Identification and quantification of sulfur and nitrogen containing
odorous compounds in wastewater. Water Research,29(2):711~718.

Imai A,Fukushima T,Matsushige K,et al. 2002. Characterization of dissolved organic matter in effluents from
wastewater treatment plants,Water Research,36(4):859~870.

Katsoyiannis A,Samara C. 2005. Persistent organic pollutants (POPs) in the conventional activated sludge
treatment process:fate and mass balance. Environmental Research,97(3): 245~257.

Katsoyiannis A,Samara C. 2007. The fate of dissolved organic carbon (DOC) in the wastewater treatment
process and its importance in the removal of wastewater contaminants. Environmental Science and Pollution
Research,14(5):284~292.

Levine A D, Tchobanoglous G, Asano T. 1985. Characterization of the size distribution of contaminants in
wastewater:treatment and reuse implications. Journal (Water Pollution Control Federation), 57 (7):
805~816.

Li X M,Zhang Q H,Dai J Y,et al. 2008. Pesticide contamination profiles of water,sediment and aquatic organisms in the effluent of Gaobeidian wastewater treatment plant. Chemosphere,72(8):1145~1151.

Mitch W A,Sedlak D L. 2004. Characterization and fate of N-Nitrosodimethylamine precursors in municipal wastewater treatment plants. Environmental Science & Technology,38(5):1445~1454.

Murk A J,Legler J,Lipzig M V,et al. 2002. Detection of estrogenic potency in waste water and surface water with three in vitro bioassay. Environmental Toxicology and Chemistry, 21(1):16~23.

Namkung E,Rittmann B E. 1986. Soluble microbial products (SMP) formation kinetics by biofilms. Water Research,20(6):795~806.

Ohe T,Watanabe T,Wakabayashi K. 2004. Mutagens in surface waters:A review. Mutatation Research,567 (2/3):109~149.

Ono Y,Somiya I,Kawaguchi T. 1996. Genotoxicity of substances in the nightsoil and its biologically treated water. Water Research,30(3):569~576.

Parkin G F,McCarty P L. 1981. Sources of Soluble Organic Nitrogen in Activated Sludge Effluents. Journal (Water Pollution Control Federation),53(1):89~98.

Pehlivanoglu-Mantas E, Sedlak D L. 2006. Wastewater-derived dissolved organic nitrogen:Analytical methods,characterization, and effects-A review. Critical Reviews in Environmental Science and Technology, 36 (3):261~285.

Pehlivanoglu-Mantas E. 2004. The fate of wastewater-derived dissolved organic nitrogen in the aquatic environment:[PhD dissertation]. Berkeley:University of California,Berkeley.

Richardson S D,Plewa M J,Wagner E D,et al. 2007. Occurrence,genotoxicity, and carcinogenicity of regulated and emerging disinfection by-products in drinking water:A review and roadmap for research. Mutatation Research,636(1/2/3):178~242.

Scully F E,Howell G D,Penn H H,et al. 1988. Small molecular-weight organic amino nitrogen-compounds in treated municipal wastewater. Environmental Science & Technology,22(10):1186~1190.

Shon H K,Kim S H,Erdei L,et al. 2006a. Analytical methods of size distribution for organic matter in water and wastewater. Korean Journal of Chemical Engineering,23(4):581~591.

Shon H K,Vigneswaran S,Snyder S A. 2006b. Effluent organic matter (EfOM) in wastewater Constituents effects and treatment. Critical Reviews in Environmental Science and Technology,36(4):327~374.

Suffet I H,Burlingame G A,Rosenfeld P E,et al. 2004. The value of an odor-quality-wheel classification scheme for wastewater treatment plants. Water Science and Technology,50(4):25~32.

Swietlik J,Dabrowska A,Raczyk-Stanislawiak U,et al. 2004. Reactivity of natural organic matter fractions with chlorine dioxide and ozone. Water Research,38(3):547~558.

USEPA (United States Environmental Protection Agency). 1976. Quality criteria for water. Washington DC:office of Research and Development.

USEPA (United States Environmental Protection Agency). 1997. Special report on environmental endocrine disruption:an effects assessment and analysis. Washington,DC:office of Research and Development.

USEPA (United States Environmental Protection Agency). 2005. Aquatic life ambient water quality criteria-nonylphenol. Washington DC:Office of Water. 12.

Wania F,Mackay D. 1996. Tracking the distribution of persistent organic pollutants. Environment Science & Technology, 30(9):390~396.

第6章 再生水中的化学污染物表征及生物毒性评价方法

6.1 再生水中的化学污染物评价

目前常用的水质指标可分为综合指标(如 BOD_5, COD_{Cr}, DOC, TP, TN 等)和单一化合物指标。COD_{Cr} 和 DOC 等指标能较好地评价污水/再生水中有机污染物的含量,但不能给出有机物种类的信息,更不能给出这些污染物的危害性和危害程度。相同的 COD_{Cr},不同的废水,其污染物组成差异大,其极性、酸碱性、分子质量、生物毒性等特性差异也很大。再生水消毒以后,COD_{Cr} 等综合有机物指标一般不会发生大的变化,但发光细菌毒性、遗传毒性和抗雌激素活性会明显上升(Wang et al,2007a,2007b;Wu et al,2009)。鉴于化学污染物的极性、酸碱性、分子质量、生物毒性等特性对再生水的处理有很大影响,在重视浓度等定量指标的同时,关注和重视污水与再生水中化学污染物的物质类型、化学性质和生物毒性效应,即"化学污染物特征指标"对评价再生水的水质安全有重要意义。

再生水中的化学污染物评价方法包括分离方法、特性表征方法、微量有毒有害污染物分析方法、生物毒性评价方法等。图 6.1 给出了再生水中的化学污染物评价方法体系。

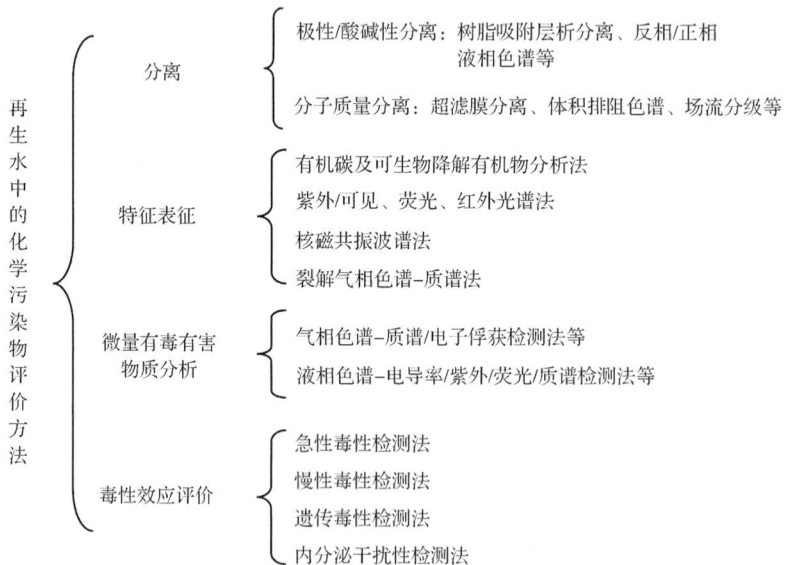

图 6.1 再生水中的化学污染物评价方法体系

6.2　溶解性有机污染物的组分分类与分离方法

溶解性有机物(dissolved organic matter,DOM)是再生水中化学污染物的重要组成部分。由第 5 章可知,再生水中溶解性有机污染物组成十分复杂,由不同分子质量、极性、酸碱性的物质组成。根据溶解性有机污染物的不同性质,可采用树脂吸附分离、分子质量分离等方法,将污染物分成不同极性(疏水/亲水)、酸/中性/碱性、分子质量的组分,如图 6.2 所示。

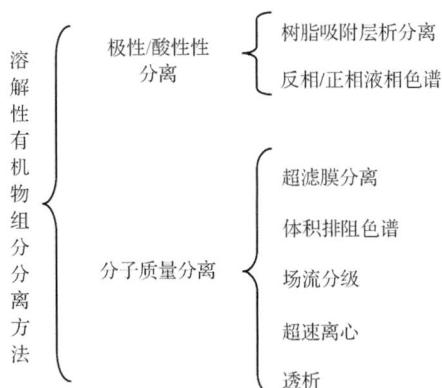

图 6.2　溶解性有机污染物的组分分离方法

6.2.1　树脂吸附层析分离

树脂吸附层析分离是利用不同吸附特性的树脂对溶解性有机物进行分离的一种方法。利用该方法可将溶解性有机物分为亲水酸性物质、亲水碱性物质、亲水中性物质、疏水酸性物质、疏水碱性物质和疏水中性物质等组分。在研究中,往往根据不同的研究目的,对不同树脂和洗脱剂进行组合,分离溶解性有机物中的部分组分,如表 6.1 所示。XAD-8 树脂常用于腐殖质(腐殖酸与富里酸)的分离或者疏水酸性物质、疏水碱性物质、亲水性物质等分离(Leenheer, 1981; Wang et al, 2007a)。

在各种树脂吸附分离方法中,XAD-8 树脂吸附分离最常被采用。其操作步骤如图 6.3 所示(王丽莎,2007)。

表 6.1 常见吸附树脂及相关有机物组分分离

树脂类型	组分分离条件	溶解性有机物组分
XAD-8(大孔吸附树脂)	再生水在中性/酸性(pH=2)条件下过树脂	未被吸附组分:亲水性物质 HCl 洗脱组分:疏水碱性物质 NaOH 洗脱组分:疏水酸性物质 甲醇洗脱组分:疏水中性物质
	将疏水酸性物质 pH 调至 2,静置 24 h	沉淀组分:腐殖酸 上清液组分:富里酸
XAD-4(大孔吸附树脂)	亲水性物质(pH=2)过树脂	未被吸附组分:亲水性物质 HCl 洗脱组分:中等极性碱性物质 NaOH 洗脱组分:中等极性酸性物质 甲醇洗脱组分:中等极性中性物质
Dowex MSC/AG(强酸型阳离子交换树脂)	亲水性物质(pH=2)过树脂	未被吸附组分:亲水中性/酸性物质 NaOH 洗脱组分:亲水碱性物质
Duolite A-7 (弱碱型阴离子交换树脂)	亲水中性/酸性物质(pH=2)过树脂	未被吸附组分:亲水中性物质 NaOH 洗脱组分:亲水酸性物质

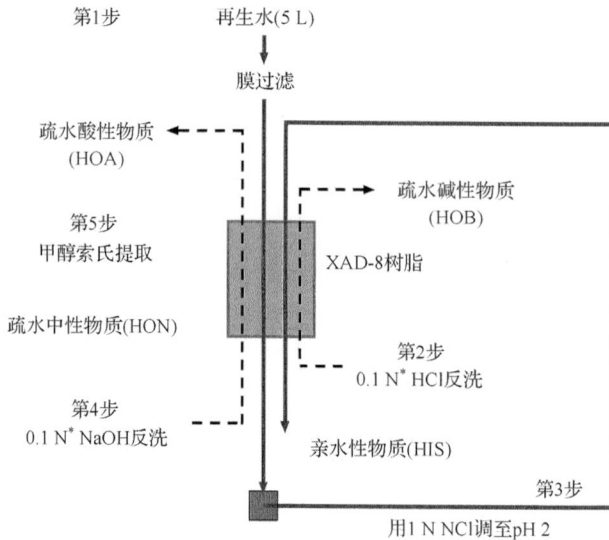

图 6.3 XAD-8 树脂吸附分离示意图

* N 为当量浓度,非法定计量单位,1N=(1 mol/L)÷离子价数

1. 柱子的填装及前处理

1）用索氏提取法洗涤树脂：采用索氏提取法以色谱纯丙酮反复洗涤 XAD-8 树脂 2 d，以色谱纯正己烷反复洗涤树脂 2 d，最后用色谱纯丙酮洗涤树脂 2 d。取部分树脂，用丙酮、正己烷洗脱，测定洗脱液中的遗传毒性。若遗传毒性未被检出，便可进行下一步操作，否则重复树脂洗涤过程。洗涤后树脂浸泡在 95% 的乙醇中。

2）树脂溶胀：采用 95% 乙醇和高纯水浸泡 XAD-8 树脂 24 h，使其充分溶胀。

3）装填：将溶胀后的树脂悬浊液装入层析柱（φ 1.6 cm，H 20 cm，体积 40 mL），装填过程中需要不断加入高纯水，避免空气进入树脂柱中形成气泡。

4）酸洗：用 1 N HCl 以 200 mL/h 的流速洗涤树脂 1 h，浸泡 3 h，再冲洗 1 h。用高纯水将柱中 HCl 冲洗干净，出水 pH 至中性。

5）碱洗：用 1 N NaOH 以 200 mL/h 的流速洗涤树脂 1 h，浸泡 3 h，再冲洗 1 h。用高纯水将柱中 NaOH 冲洗干净，出水 pH 至中性。

6）水洗：用高纯水浸泡树脂过夜，第二天测定出水 TOC。若 TOC 小于 1，可进行下一步，否则重复酸洗、碱洗过程。

2. 上样及洗脱

1）5～10 L 水样经 0.45 μm 或 0.7 μm 孔径的滤膜过滤后，利用虹吸原理流过树脂柱，此时流出水样储存备用。

2）疏水碱性物质制备：用 200 mL 0.1 mol/L HCl 反冲洗树脂柱，再用 100 mL 高纯水反冲洗树脂柱，流出组分为疏水碱性物质。

3）亲水性物质制备：将流出水样用浓 HCl 调节 pH 至 2.0 再次通过树脂柱，此时流出组分为亲水性物质。

4）疏水酸性物质制备：用 0.1 mol/L NaOH 反冲洗树脂柱，再用 100 mL 高纯水反冲洗树脂柱，流出组分为疏水酸性物质。

5）疏水中性物质制备：采用索氏提取法用甲醇洗脱留在树脂柱上的物质，得到组分为疏水中性物质。

6.2.2　分子质量分离

溶解性有机污染物的分子质量对污水/再生水的处理有很大影响，系统评价和掌握污水/再生水中有机污染物的分子质量大小及分布情况，对选择处理工艺十分重要（Shon et al，2006b；胡洪营 等，2010）。常用的有机物分子质量分离与解析方法包括超滤膜分离、体积排阻色谱、场流分级（field flow fractionation）等，其应用的分子质量范围如图 6.4 所示（Levine et al，1985）。其中，用于溶解性有机物

的方法有连续超滤、体积排阻色谱、场流分级、透析、激光解吸附傅里叶变换质谱
(laser desorption Fourier transform mass spectrometry,LDFTMS)、蒸气压渗透
(vapor pressure osmometry,VPO)、超速离心、X 射线散射等方法,各种方法的特
点如表 6.2 所示(Shon et al,2006a)。其中,超滤膜分离、体积排阻色谱、场流分级
使用广泛,而透析、LDFTMS、VPO 等则很少使用。

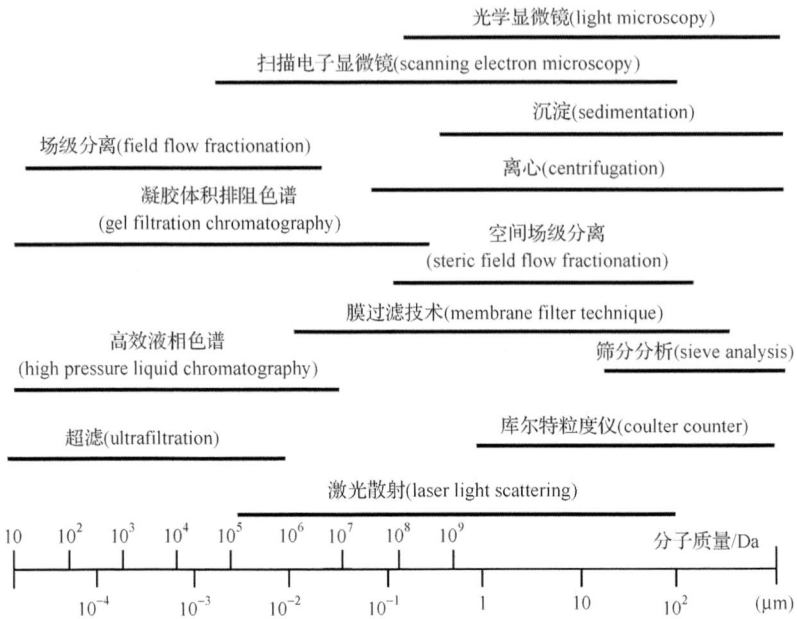

图 6.4　常用的有机物分子质量分离与解析方法及其应用
分子质量范围(Levine et al,1985)

表 6.2　溶解性有机污染物分子质量分离与解析方法及其特点

技术方法	优点	缺点
透析	操作简单,无须外加能源驱动(扩散)	耗时长,水样体积大,仅适用于有限的粒径大小范围(2~5 nm),对透析膜需小心操作
激光解吸附傅里叶变换质谱	不受测试样品的制约,测试结果较为精确	耗能高,样品需浓缩
蒸气压渗透		仅适用于有限的分子质量范围,获得仅是数量平均分子质量,需对离子化物质校正
超速离心	可获得多种表征方式的分子质量	需有扩散系数,电荷效应的影响,不同分子质量污染物的吸收率不同

续表

技术方法	优点	缺点
超滤	费用较低,对样品无损伤,不需试剂,操作简单,可靠性高	膜污染层可截留小分子质量物质,分辨率低,所需样品体积大,分离结果受浓度、离子强度、pH 和浓差极化的影响
场流分级	解析膜与样品的相互作用	测试样品被膜吸附
体积排阻色谱	所需水样体积小,自动化分析,兼容性好,费用相对较低,分辨率高	有机物与色谱柱填料、流动相间的相互作用常引起误差,需标准曲线,分子质量分布表征受检测器的限制,分离结果受 pH 影响

资料来源:Shon et al,2006a.

超滤(ultrafiltration,UF)法是利用不同截留分子质量的超滤膜对水中的溶解性有机物进行分离的一种方法。在超滤膜分离的过程中,再生水中分子质量小于膜截留分子质量的有机物穿过膜并出现在滤出液中,而分子质量大于膜截留分子质量的则被膜截留,从而实现不同分子质量有机物的分离。超滤法可用来确定有机物的分子质量分布,亦可用于制备特定分子质量的溶解性有机物组分。图 6.5 为利用连续超滤法对二级处理出水中疏水酸性物质进行分子质量分离的流程图(吴乾元,2010)。

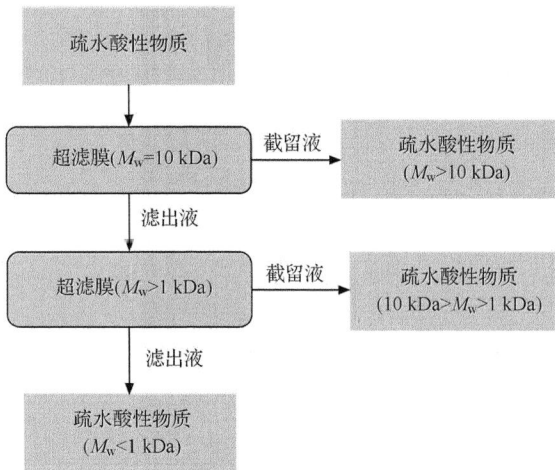

图 6.5 超滤膜分离流程示例(吴乾元,2010)

体积排阻色谱(size exclusion chromatography,SEC)法是利用不同孔径的多孔凝胶色谱柱对水中的溶解性有机物进行分离的一种方法。当水中溶解性有机物流经凝胶时,水中大分子有机物无法进入凝胶,在较短时间内便通过色谱柱,因而出峰时间较短。而小分子有机物则可进入多孔凝胶内,而且分子质量越小的有机物在凝胶中的运动路径越长,出峰时间亦越长(孙凤霞,2004)。

体积排阻色谱法常与紫外检测器、荧光检测器、示差折光检测器等联用,通过检测经体积排阻色谱分离得到的各组分紫外吸光度、荧光强度、折光系数来表征溶解性有机物的分子质量分布。目前,紫外检测器和荧光检测器因灵敏度高,可反映具有紫外吸收或荧光性质的物质的分子质量分布,在再生水分子质量分布检测中应用较为广泛。

图 6.6 为利用体积排阻色谱-紫外检测法测定的二级处理出水分子量的谱图。但是紫外检测器和荧光检测器无法检测不具有紫外吸收或荧光性质物质的物质,这限制了这两种检测器的应用范围。而示差折光检测器虽能表征不具有紫外吸收/荧光性质的糖类等有机物,但灵敏度低,要求样品中的有机物浓度高,因而在再生水有机物评价中应用较少。

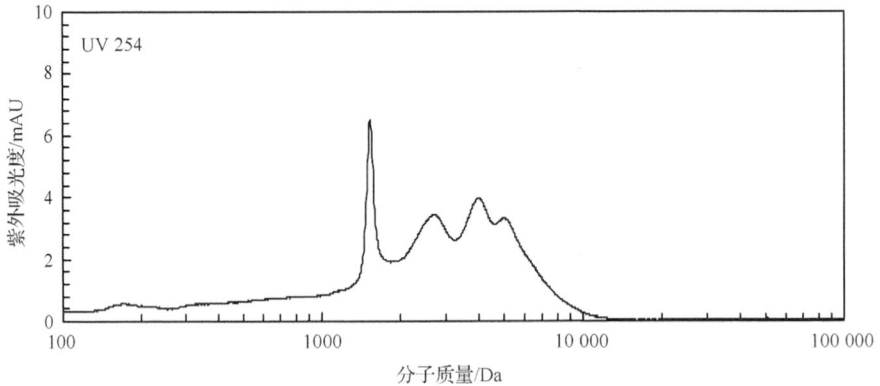

图 6.6 利用体积排阻色谱检测的二级处理出水分子质量分布

近年来,体积排阻色谱与在线总有机碳(TOC)检测仪直接连接,或用离线 TOC 检测仪检测经体积排阻色谱分离的组分中的 TOC 含量,从而全面反映再生水中有机物的分子质量分布。

6.3 有机物特性表征

再生水中含有多种有机污染物,其物质类型和化学特性是影响污染物去除和转化的重要因素。因此,评价和表征再生水有机污染物的方法,不仅应包括有机碳分析及可生物降解有机物分析等表征污染物总量浓度的方法,也应关注荧光光谱、核磁共振波谱、裂解气相色谱-质谱等表征有机污染物官能团和特性的方法,如

图 6.7 所示。

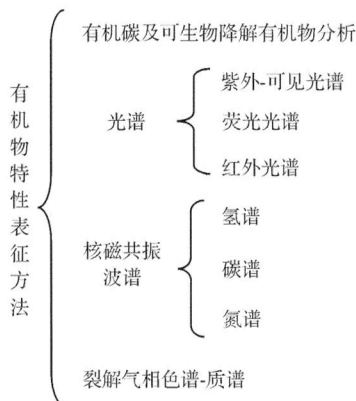

图 6.7 有机物特性表征方法

6.3.1 有机碳、可生物降解有机物分析

1. 有机碳分析法

总有机碳(total organic carbon,TOC)分析法是通过检测有机污染物的碳含量来表征水中有机物总量的一种方法。总有机碳分析方法包括燃烧氧化-非分散红外吸收法、湿式氧化-非分散红外吸收法、电导法等。其中,燃烧氧化-非分散红外吸收法因灵敏度高、重现性好、操作简便而在污水、再生水水质评价中广泛使用。

总有机碳由颗粒性有机碳(particulate organic carbon,POC)和溶解性有机碳(dissovled organic carbon,DOC)组成。POC 是 TOC 经过 0.45 μm 孔径滤膜过滤后截留下来的部分,而 DOC 则是 TOC 中粒径小于 0.45 μm 的部分。

2. 可生物降解有机物分析法

有机污染物的生物处理特性是评价再生水处理特性的重要指标。可生物降解有机物(biodegradable organic matter,BOM)分析法是利用生物降解试验评价有机物生物处理特性的一类方法。常见的可生物降解有机物分析方法包括可生物降解溶解性有机碳(biodegradable dissovled organic carbon,BDOC)法、可同化有机碳(assimilable organic carbon,AOC)法、生化需氧量(biological oxygen demand,BOD)法等。

6.3.2　紫外-可见光谱分析

紫外-可见光谱分析是利用样品对紫外线和可见光的吸收来表征水中有机物的一种方法。水中可吸收紫外线-可见光的溶解性有机物常含有未成对电子的氧原子、硫原子和碳-碳共轭双键等结构。图6.8给出了二级处理出水及其组分的紫外-可见吸收光谱谱图(王丽莎,2007)。

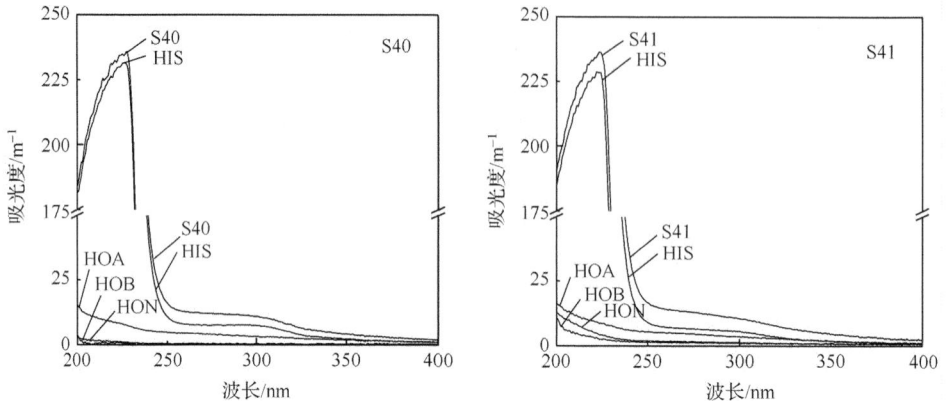

图 6.8　二级处理出水及其各组分的紫外-可见吸收光谱(水样 S40、S41)

紫外吸收光谱常用于表征水中含有共轭碳-碳双键的芳香族化合物,其中254 nm、272 nm等波长的紫外吸光度可作为苯香碳的指示指标。紫外吸光度与溶解性有机碳浓度存在一定相关性,而且有机物中的酚基和共轭双键等发色基团是氯攻击和三卤甲烷等消毒副产物生成的位置。因此,254 nm、272 nm等波长的紫外吸光度常用来估算水中溶解性有机物和消毒副产物前体物浓度。Li 等(1998)发现 $A_{272}(\Delta A_{272})$ 下降幅度是 TOX 生成量的一个很好的指标。

比紫外吸收值(specific UV absorbance,SUVA)即用 254 nm 吸收值除以溶解性有机碳浓度,在水中溶解性有机物评价中亦经常使用。SUVA 可表征有机物中芳香族化合物的含量,在消毒研究中常用于评价消毒副产物的前体物含量(Najm et al,1994)。

6.3.3　荧光光谱分析

荧光光谱(fluorescence spectrum)分析是通过检测样品经短波长光照射时所发射的特征长波长荧光以表征物质组成的一种方法。荧光光谱分析法包括发射光谱法、激发光谱法和三维荧光光谱法等。发射光谱法检测样品在特定波长的激发光(Ex)照射下所发射不同波长的荧光强度(FI)。激发光谱法则改变激发波长,测定样品发射的特定波长(Em)荧光强度。三维荧光光谱法是近年发展起来的新方法,其改变发射波长和激发波长,从而获得以激发波长、发射波长和荧光强度为坐标的三维荧光光谱图(许金钩,2004)。该方法具有灵敏度高(10^{-9}数量级)、样品用量少(1~2 mL)、不破坏样品结构和操作简便等优点,因而被广泛用于再生水/污水、海洋、河流、湖泊、土壤等不同来源的溶解性有机物评价。图 6.9 给出了二级处理出水的三维荧光光谱等值线图(Wu et al,2010c)。

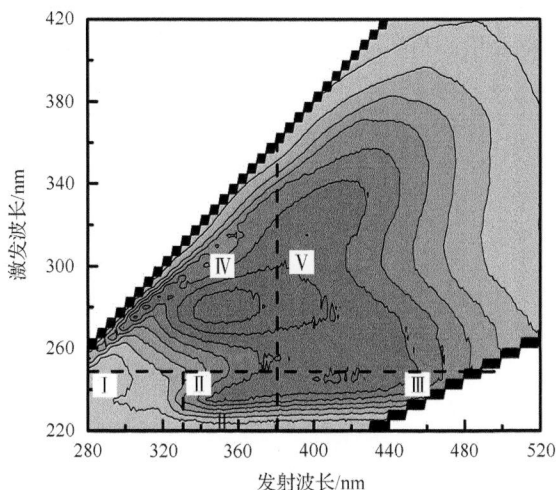

图 6.9　二级处理出水的三维荧光光谱等值线图

区域 I 为酪氨酸类蛋白质;区域 II 为色氨酸类蛋白质;区域 III 为富啡酸类腐殖质;
区域 IV 为含苯环蛋白质、溶解性微生物代谢产物;区域 V 为腐殖酸类腐殖质

三维荧光光谱因包含丰富的光谱信息,被称为荧光物质的指纹。荧光峰激发/发射波长、荧光峰斜率、荧光强度、面积等光谱特征可用于识别和表征不同类型的有机物。表 6.3 给出了再生水荧光光谱中不同激发-发射波长区域所对应的物质类型(Chen et al,2003;Leenheer and Croue,2003)。

表 6.3　荧光光谱区域及其对应物质类型

区域	激发波长范围/nm	发射波长范围/nm	物质类型
I	220~250	280~330	酪氨酸类蛋白质
II	220~250	330~380	色氨酸类蛋白质
III	220~250	380~480	富啡酸类腐殖质
IV	250~360	280~380	含苯环蛋白质、溶解性微生物代谢产物
V	250~420	380~520	腐殖酸类腐殖质

资料来源:Chen et al,2003;Leenheer et al,2003.

有机物的荧光强度与其分子结构密切相关。荧光强度大的物质常具有大共轭π键结构、刚性平面结构、取代基团为给电子取代基(—OH、—CN 等)等特征。许多荧光物质具有苯环或杂环结构,而且物质的共轭环数越多,其荧光峰的激发、发射波长越大,荧光强度亦越强。同一共轭环数的芳香族化合物,线性结构的荧光波长大于非线性结构的荧光波长(许金钩,2004)。

1. 再生水三维荧光光谱检测方法

三维荧光光谱测定仪器为配有氙灯的荧光分光光度计。测定时,改变激发波长和发射波长,测定样品在各激发/发射波长处的荧光强度,得到三维数据矩阵,并形成等值线图。激发波长的范围通常为220～420 nm,发射波长的范围通常为240～600 nm。检测时需用高纯水作为空白,以校正水的拉曼散射(王丽莎,2007)。

2. 再生水荧光光谱解析方法及其应用

(1) 荧光指数法

荧光指数(f_{450}/f_{500})是指激发波长为 370 nm 时,荧光发射光谱在 450 nm 与 500 nm 处的强度比值。McKnight 等(2001)和 Wolfe 等(2002)等发现样品的 f_{450}/f_{500} 值与芳香族碳含量和碳、氮比成反比。荧光指数可用于表征溶解性有机物中腐殖质的来源。图 6.10 汇总了二级处理出水、陆源/生物源地表水、底泥的荧光指数(McKnight et al,2001;Wolfe et al,2002;王丽莎,2007;吴乾元,2010)。由图可知,陆源地表水的 f_{450}/f_{500} 约为 1.4～1.5,而二级处理出水和生物源地表水的 f_{450}/f_{500} 值范围则分别为 2.0～2.3 和 1.7～2.0。这表明二级处理出水中的腐殖质主要为生物源,其与陆源腐殖质存在较大的差别。

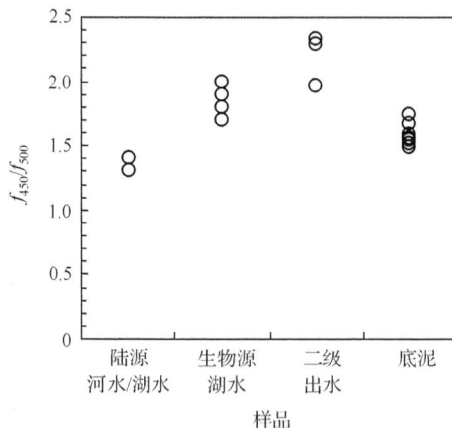

图 6.10　二级处理出水、地表水、底泥的荧光指数(f_{450}/f_{500})分布图

(2) 荧光峰及其高斯函数拟合法

在解析再生水荧光光谱时,荧光峰的特征如激发/发射波长、荧光强度可用来识别和评价不同类型的有机物。通过分析水样的三维荧光光谱数据矩阵,便可得

到各荧光峰的峰值所对应的激发/发射波长以及相应的荧光强度列表。表 6.4 给出了二级处理出水的荧光峰位置和强度,通过对比表中两水样的荧光峰强度可知,水样 S40 比水样 S39 含有更多的富啡酸和腐殖酸类物质(王丽莎,2007)。

表 6.4　二级处理出水荧光峰的位置和强度

荧光峰	水样 S39		水样 S40		荧光峰对应物质
	激发/发射波长/(nm/nm)	荧光强度/AU	激发/发射波长/(nm/nm)	荧光强度/AU	
Flu 1	230/300	264.8	235/308	208.5	酪氨酸类芳香族蛋白质
Flu 2	235/354	820.8	—	—	色氨酸类芳香族蛋白质
Flu 3	275/416	1256	275/413	1905	富啡酸类腐殖质
Flu 4	280/355	1256	280/373	1890	芳香族蛋白质、溶解性微生物代谢产物
Flu 5	325/414	1290	325/412	2092	腐殖酸类腐殖质

荧光发射光谱近似满足高斯分布,可将波长转化成为波数,即每厘米长度内通过波长的数目,后利用高斯函数进行拟合。再生水中含有多种荧光物质,其荧光光谱是由多种荧光物质共同作用下产生的。图 6.11 给出了再生水激发波长为 280 nm 的发射光谱。芳香族蛋白质/溶解性微生物代谢产物、腐殖质可分别发射波长为 350 nm 和 410 nm 的荧光,这两类物质荧光光谱叠加导致水样发射光谱在 400~440 nm 处并未出现明显的峰,而是出现"肩峰"(shoulder peak,指光谱峰上出现的不成峰形的小曲折,形状类似肩膀)(Świetlik and Sikorska,2004;Wu et al,2010b)。

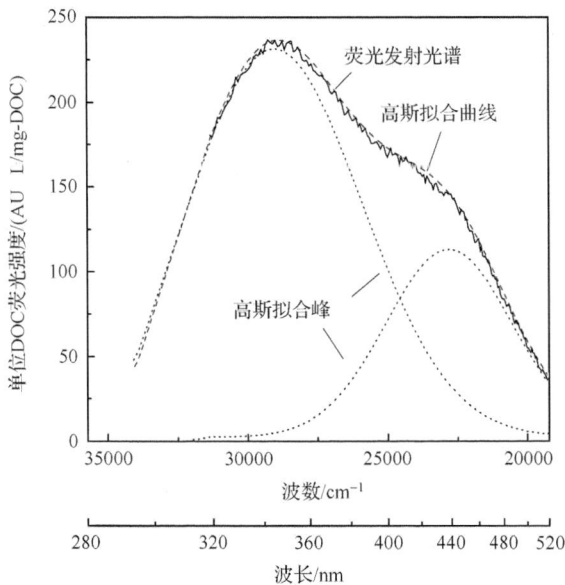

图 6.11　二级处理出水的荧光发射光谱(激发波长为 280 nm)

在这种情况下,需根据峰、肩峰的数量,采用多重高斯函数进行拟和。该方法适用于再生水这种含有多种物质的复杂体系。Wu 等(2010b)利用该方法评价再生水氯消毒前后荧光发射光谱(激发波长为 280 nm)的变化,发现再生水中微生物代谢产物和腐殖酸所对应的荧光峰在氯消毒后发射波长、半峰宽和荧光强度变小,并推测氯消毒可能破坏微生物代谢产物和腐殖酸的荧光结构,如表 6.5 所示。

表 6.5　二级处理出水氯消毒前后的荧光发射光谱高斯拟合系数(激发波长为 280 nm)

项目	溶解性微生物代谢产物的高斯拟合峰				腐殖酸/富啡酸的高斯拟合峰			
	λ_{max} /nm	ν_{max} /cm^{-1}	半峰宽 /cm^{-1}	单位 DOC 最大荧光强度/(AU·L/mg-DOC)	λ_{max} /nm	ν_{max} /cm^{-1}	半峰宽 /cm^{-1}	单位 DOC 最大荧光强度/(AU·L/mg-DOC)
氯消毒前	345	29016	6300	228	439	22784	4473	108
氯消毒后	331*	30199*	4580*	94*	406*	24605*	6840*	66*

注:λ_{max} 为高斯拟合峰波长;ν_{max} 为高斯拟合峰波数;半峰宽为高斯拟合峰荧光强度 50% 处的波数。
*　表示样品氯消毒后荧光发射光谱的高斯拟合参数与消毒前的显著不同($p<0.05$)。
资料来源:Wu et al, 2010b.

(3) 分区积分法

三维荧光光谱中包含大量的数据,对众多数据进行统计所获取的信息比单一的数据点具有更强的说服力。针对这一情况,可按照荧光光谱所代表的不同物质类型区划,对各区域内的荧光强度进行积分。图 6.12 给出了分区积分法用于评价

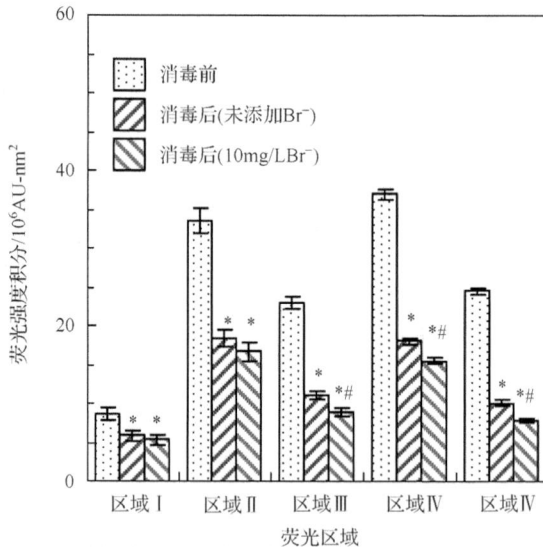

图 6.12　氯消毒时溴离子对再生水荧光光谱中各区域的荧光强度积分的影响
*表示氯消毒后的荧光强度积分较消毒前的有显著性差异;♯表示水样添加溴离子
氯消毒后的荧光强度积分值较未添加溴离子消毒后的有显著性差异

再生水三维荧光光谱的实例(Wu et al,2010c)。由图 6.12 可知,各类物质对应区域氯消毒后的荧光强度积分值显著低于消毒前,这与表 6.5 中"特征荧光峰的荧光强度消毒后显著下降"的结果相似,但更具有说服力。

6.3.4　红外光谱分析

红外光谱(infrared spectrum)分析是通过检测样品对红外线(波长通常为 $2.5\sim25$ μm)的吸收光谱以表征物质组成的一种方法。红外光谱具有不破坏样品、适合多种样品状态、光谱特征性强、分析时间短的优点(孙凤霞,2004),因此在再生水溶解性有机物评价中广泛使用。

红外光谱分析时,根据样品红外光谱谱带的位置、强度、形状、个数,并结合谱带与溶剂、浓度等的关系便可推测样品的官能团。表 6.6 给出了样品红外光谱区域及其对应的官能团类型。在各个区域中,波数范围为 $4000\sim1330$ cm^{-1} 区间是样品的特征频率区,该区域各吸收峰较疏,与官能团对应关系较明确,容易辨认,通常作为官能团定性的主要依据(赵瑶兴和孙祥玉,2003)。

表 6.6　样品红外光谱区域及其对应的官能团类型

波数范围/cm^{-1}	官能团
$3700\sim3000$	OH、NH、≡CH
$3100\sim3000$	Ph—H、=CH、环丙烷、—CH$_2$—X、—CH$_2$—C(NO$_2$)$_3$
$3000\sim2700$	CH$_3$、CH$_2$、CH、—CH=O
$2400\sim2000$	—C≡C、—C≡N、—C=C=C、—N=C,O=C=O
$1900\sim1600$	—C=O
$1675\sim1500$	—C=C、—C=N,NH
$1500\sim1100$	CH$_3$、CH$_2$、CH,C—C,C—O,C—N
$1000\sim600$	Ph—H、=CH、OH、NH,C—X

注:X 为卤素。

资料来源:赵瑶兴等,2003.

6.3.5　核磁共振波谱分析

核磁共振波谱(nuclear magnetic resonance spectroscopy,NMR)指处于外磁场中物质的原子核受到特定频率的电磁波作用时,在其磁能级之间发生的共振跃迁现象(赵瑶兴和孙祥玉,2003)。检测电磁波被原子核吸收的情况就可以得到核磁共振波谱。核磁共振波谱分析法可以提供 H、C、N 和 P 等元素的化学键和方式,是解析水中有机物官能团的重要手段。常用于水中有机物官能团解析的核磁共振波谱技术主要有氢谱(^{1}H NMR)、碳谱(^{13}C NMR)和氮谱(^{15}N NMR)。

在恒定的外加磁场作用下,处于不同化学环境的同一类型原子核所产生的共振吸收频率不同,出现的吸收谱峰位置亦不同。原子核谱峰位置相对于基准物质谱峰位置的距离便称为化学位移(赵瑶兴和孙祥玉,2003)。表 6.7 和表 6.8 给出了 ^{13}C NMR 和 ^{15}N NMR 的化学位移所对应的典型物质类型。利用该表可对有机物官能团类型展开解析和推测。

表 6.7　^{13}C 的化学位移及其对应的官能团

化学位移(ppm,以 TMS 为内标)	官能团
0~50	脂肪族结构:链和环上的 sp³ 碳原子、甲基、初级脂肪胺、氨基酸上的部分 α 碳原子
50~60	重叠区域:甲氧基(约 56 ppm)、三级/四级 sp³ 碳原子、脂肪醚、氨基酸上的部分 α 碳原子、二级脂肪胺
60~100	氧取代烷基碳:带有 1 个或 2 个 O/N 取代基的 sp³ 碳原子
100~160	苯环结构
(90~110)	糖类上的异头碳(anomeric carbon)
100~140	碳取代或无取代的 sp² 碳原子
140~160	O/N 取代基的 sp² 碳原子
160~190	羧基官能团、酸、酯、氨基化合物
190~230	羰基官能团、酮、醛

资料来源:Abbt-Braun et al,2004.

表 6.8　^{15}N 的化学位移及其对应的官能团

化学位移(ppm,以 NH_4Cl 为内标)	官能团
−30~20	三级胺结构、NH_4^+
20~50	二级胺结构
50~110	氨基化合物
50~180	氨基化合物(80 ppm)
50~110	氨基化合物
50~180	氨基化合物、类似吡咯键和形式的氮(吲哚、紫菜碱)、咪唑
180~320	咪唑、类似嘧啶键和形式的氮(嘌呤上的 1N、3N)、咪唑腈、亚胺、肟
320~370	硝基官能团、硝酸盐、亚硝酸盐

资料来源:Abbt-Braun et al,2004.

谱峰面积可用于定量表征官能团原子核的分布,这对有机物官能团相对含量的定量分析具有重要的意义。在消毒副产物研究中,常采用碳谱峰面积表征芳香族化合物等前体物。图 6.13 给出了通过碳谱确定的水源水腐殖质中芳香族碳占总碳的百分数(Reckhow et al,1990)。

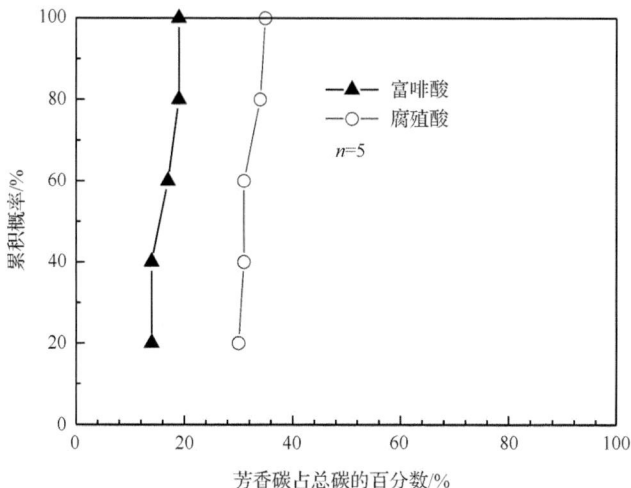

图 6.13　水源水腐殖质中芳香碳占总碳的百分数(由核磁共振波谱确定)

6.3.6　裂解气相色谱-质谱联用分析

裂解气相色谱-质谱联用技术(pyrolysis gas chromatography-mass spectrometry,PyGC-MS)是一种通过加热将大分子有机物裂解成小分子易挥发产物并利用气相色谱-质谱联用技术进行分离和检测的方法。该方法通过分析裂解产物的官能团,便可推测大分子有机物的组成、结构及其化学过程(Leenheer and Croue,2003;金熹高 等,2009)。表 6.9 列出了典型水中天然有机物裂解后生成的主要片段。

表 6.9　典型水中天然有机物的裂解片段

类型	常见裂解片段
多糖(polysaccharides)	甲基呋喃(methylfuran)、糠醛(furfural)、乙酰呋喃(acetylfuran)、甲基糠醛(methylfurfural)、左旋葡萄糖酮(levoglucosenone)、羟基丙酮(hydroxypropanone)、环戊烯酮(cyclopentenone)、甲基环戊烯酮(methylcyclopentenone)、乙酸(acetic acid)
氨基糖(aminosugars)	乙酰胺(acetamide)、N-甲基乙酰胺(N-methylacetamide)、丙酰胺(propionamide)、乙酸(acetic acid)
蛋白质(proteins)	乙腈(acetonitrile)、苯甲腈(benzonitrile)、苯乙腈(phenylacetonitrile)、吡啶(pyridine)、甲基吡啶(methylpyridine)、吡咯(pyrrole)、甲基吡咯(methylpyrrole)、吲哚(indole)、甲基吲哚[methylindole,来源:色氨酸(tryptophan)]、甲苯(toluene)、苯乙烯[styrene,来源:苯丙氨酸(phenylalanine)]、苯酚(phenol)、p-甲酚[p-cresol,来源:酪氨酸(tyrosine)]

续表

类型	常见裂解片段
多聚苯酚类物质 (polyphenolic compounds)	苯酚(phenol)、o,m,p-甲酚(o,m,p-cresol)、甲基苯酚(methylphenols)、二甲基苯酚(dimethylphenols)
木质素(lignins)	甲氧基苯酚(methoxyphenols)
单宁(tannins)	儿茶酚胺(catecho lamine)
DNA	糠醇(furfuryl alcohol)
多羟基丁酸 (polyhydroxybutyrates)	丁烯酸(butenoic acid)

资料来源：Leenheer and Croue，2003.

采用特定的裂解方法，可将不同来源的同一类有机物裂解为相似的亚单元。不同样品中特定结构的亚单元含量显著不同，谱峰强度分布特征亦不同，从而可以区分各种样品，犹如人的指纹。该方法较为直观简捷，通过比较标准谱库，常用于鉴别未知样品的类别和来源(金熹高 等，2009)。

通过质谱对特征碎片的解析，可推测样品的官能团类型。此外，裂解气相色谱的峰面积也可以用来估算对应的主要聚合物在初始样品的相对比例。因此，利用裂解气相色谱-质谱联用技术可用于表征溶解性有机物中大分子物质的组成分布。该技术表征结果与其他分析方法的结构差异分析结果相一致，如核磁共振谱法、元素分析法以及特定成分分析法(Leenheer and Croue，2003；金熹高 等，2009)。

值得注意的是，样品的热裂解过程十分复杂，影响因素众多，样品的组成结构与裂解产物关系亦较为复杂，而且再生水等环境样品中包含多种物质，这些因素都是利用裂解气相色谱-质谱联用技术解析溶解性有机物组成过程中需要考虑的(Leenheer and Croue，2003)。

6.4 微量有毒有害有机污染物的分析

污水中常含有一定的微量有毒有害有机污染物，这些物质往往具有一定急性毒性、内分泌干扰活性和(或)"三致"效应，对生态和人类健康存在不良影响。因此，近年来再生水中微量有毒有害有机污染物备受人们关注。微量有毒有害有机污染物问题的兴起与检测手段的发展和从新视角提出的环境影响密切相关。近20年来，现代仪器分析手段及配套样品前处理方法的飞速发展使得水中微量污染物检测成为可能，$\mu g/L$、ng/L乃至pg/L级的有毒有害有机污染物在再生水中不断被检出。

微量有毒有害有机污染物的分析主要包括样品前处理和污染物检测两个过

程。图 6.14 给出了再生水微量有毒有害有机污染物的常见分析方法。其中,样品前处理方法可分为分离/富集、衍生化等,污染物检测方法包括气相色谱检测法、液相色谱检测法等。

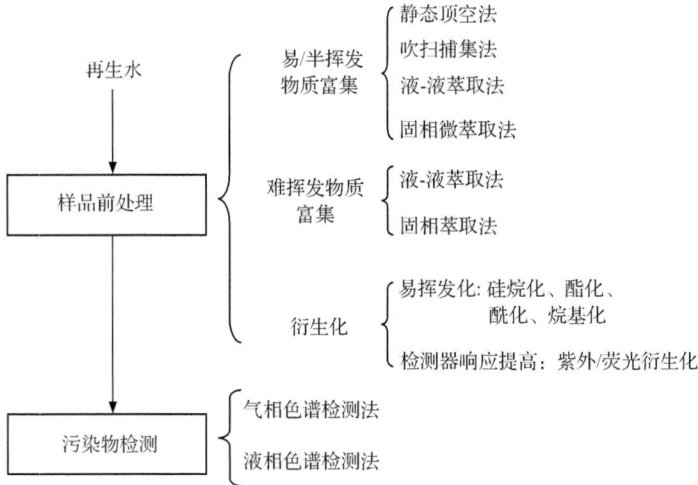

图 6.14　再生水微量有毒有害有机污染物的常见分析方法

6.4.1　样品前处理方法

样品前处理在再生水中微量有毒有害物质分析中具有十分重要的地位。污水及再生水中有毒有害有机污染物具有浓度低($\mu g/L$、ng/L 乃至 pg/L 级)、种类多的特点,这使得水中微量有毒有害有机污染物在进行色谱、质谱等仪器分析测定之前往往经过分离和富集等前处理环节才能进行分析。此外,污水及再生水中还存在多种复杂的有机污染物,这些杂质往往会干扰目标污染物的检测。这亦需要前处理环节分离去除杂质,提高样品检测的准确度和灵敏度。

样品前处理过程往往操作最为烦琐、耗时最长,其亦是关系检测结果准确性的重要环节。样品前处理耗时可占整个色谱分析时间的 61%,而实际仪器分析仅占 6% 的时间。前处理产生误差来源亦可占整个色谱分析的 30%(陈小华和汪群杰,2010)。因此,如何提高样品前处理的效率和准确性是微量有毒有害有机污染物分析检测过程中需关注的问题。

样品前处理过程包括分离、富集、净化、衍生化等环节,根据测试物质的性质不同具有较大的差别。表 6.10 给出了常见的分离和富集方法。对于挥发性、半挥发性有机污染物,多采用静态顶空法、吹扫捕集法、液-液萃取法、固相微萃取法等进行分离和富集,而对于不易挥发的有机污染物,多采用液-液萃取法、固相萃取法等。

表 6.10　样品分离和富集方法

前处理方法	样品基质	灵敏度	分析物范围	是否自动化	样品萃取时间/min
静态顶空法	液/固	$\mu g/L \sim mg/L$	气态-挥发性	是	5~10
吹扫捕集法	气/液/固	$\mu g/L$	挥发-半挥发性	是	10~30
固相微萃取法	气/液	ng/L	挥发-半挥发性	是	5~15
液-液萃取法	液/固	$\mu g/L$	挥发-不挥发性	否	>30
固相萃取法	气/液	ng/L	不挥发性	是	5~30

1. 静态顶空法

静态顶空法(static headspace method)是一种利用待测挥发性物质在密闭容器中的气-液或气-固相平衡以实现待测物质与液体或固体基质分离的方法。其原理是标样和样品中的待测物质在相同的条件下达到气-液/气-固相平衡时具有相同的分配系数。该方法可用于测定液体或固体样品中的挥发性物质(穆乃强, 1985)。

静态顶空法的灵敏度与待测物质的蒸气压和活度系数有关。通常适当增加平衡温度可增加待测物质的蒸气压,提高气相中待测物质的量,从而提高分析灵敏度。在水溶液中加入无机盐可降低待测物质在水中的溶解度,增加气相中待测物质的量,亦可提高分析灵敏度(穆乃强,1985;张月琴和吴淑琪,2003)。尽管如此,静态顶空法的灵敏度大多为 $\mu g/L \sim mg/L$ 级,这就限制了静态顶空法在再生水微量有毒有害物质检测中的应用。

2. 吹扫捕集法

吹扫捕集法(purge and trap method)即动态顶空法,其是一种利用惰性气体将液体或固体样品中的挥发性或半挥发性物质吹扫出来并利用吸附剂富集的方法。测定时,加热捕集管并用气体反吹捕集管,使待测物质脱附便可进行分析检测(张月琴和吴淑琪,2003)。该方法是连续多次气相萃取,灵敏度显著高于静态顶空法,可达 $\mu g/L$ 级。因此,该方法被美国 EPA500、EPA600 系列方法以及 APHA Standard Method 列为挥发性有机物测定的标准前处理方法。

吹扫捕集法在实际应用中存在一些不足,包括耗时较多、吹扫过程中常引入杂质等。值得注意的是,气体在吹扫过程中常带出大量水蒸气,不利于吸附剂吸附,亦给气相色谱分离和火焰类检测器检测带来不良影响(张月琴和吴淑琪,2003)。因此,在吹扫捕集过程中需注意水蒸气的控制和去除。

3. 液-液萃取法

液-液萃取法(liquid-liquid extraction method)是利用物质在两种不能互溶液体中的溶解度不同而实现分离的一种方法。在再生水微量有毒有害物质检测中,两种液体通常为水和有机溶剂(甲基叔丁基醚、戊烷等)。通过液-液萃取法便可使待测物质从水相转移到小体积的有机相中而得到浓缩。

该方法灵敏度较高,通常可达到 $\mu g/L$ 级,因此广泛应用于三卤甲烷、卤乙酸、多环芳烃等污染物的分离和富集,并被美国环境保护局列为挥发性有机物测定的标准前处理方法。

液-液萃取时需要控制样品的 pH、离子强度。利用液-液萃取法消毒副产物卤乙酸时,由于卤乙酸属于中强酸,在 pH>6 的条件下几乎完全以离子形态存在,萃取效果不好。因此,需要在水相中加入酸和无机盐,降低水相 pH,增加水相的离子强度,抑制卤乙酸电离,以减少卤乙酸在水相中的分配,从而改善萃取效果(田杰,2006)。

4. 固相萃取法

固相萃取(solid phase extraction method, SPE)法是利用固体吸附剂使物质从液体中分离的一种方法。其原理是样品中的特定物质与固体吸附剂上的键合官能团相互作用,从而保留在固体吸附剂上,并被少量特定溶剂选择性地洗脱下来(陈小华和汪群杰,2010)。固相萃取法根据使用目的的不同,可以分成目标化合物吸附模式和杂质吸附模式。前者主要用于吸附目标化合物,其流程参见图 6.15。杂质吸附模式则可用于吸附血浆、污泥萃取液等复杂样品中的杂质,起净化样品的作用。

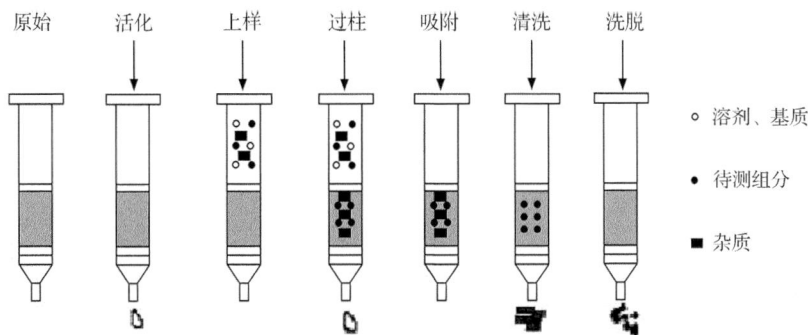

图 6.15　固相萃取示意图

固相萃取法与液-液萃取法相比具有诸多优点,例如,测试物质的分析回收率高,实验重现性好,有效分离测试物质和杂质,溶剂使用量少,无须进行相分离操作,测试物质较易收集,操作耗时少,易商品化、自动化。由于上述优点,固相萃取技术在近 20 年来迅猛发展,广泛应用于污水、再生水、饮用水中微量物质的分析和检测,并出现了许多商品化的固相萃取设备和配套耗材。图 6.16 给出了商品化固相萃取小柱和膜片示意图,固相萃取小柱通常适用于 250 mL 以下的样品,而膜片则适用于大体积样品(陈小华和汪群杰,2010;安谱,2010)。

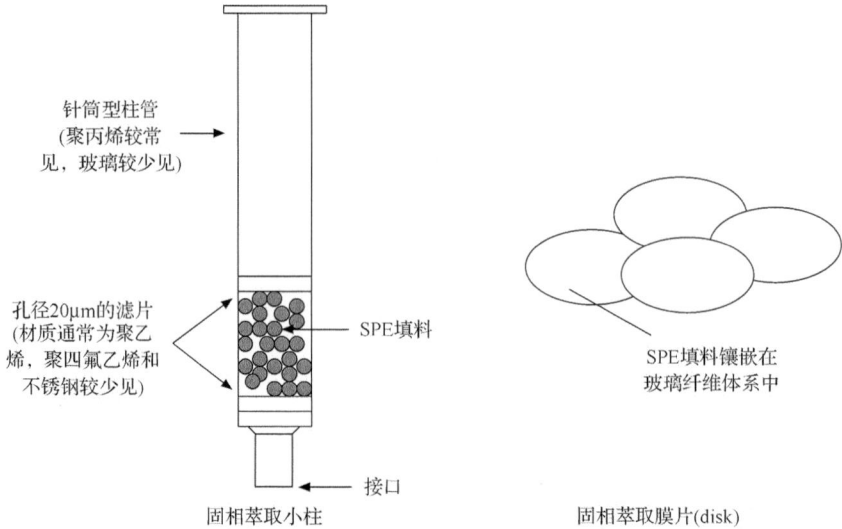

针筒型柱管
(聚丙烯较常见,玻璃较少见)

孔径20μm的滤片
(材质通常为聚乙烯,聚四氟乙烯和不锈钢较少见)

SPE填料

接口

固相萃取小柱

SPE填料镶嵌在玻璃纤维体系中

固相萃取膜片(disk)

图 6.16　商品化固相萃取小柱和膜片示意图(安谱,2010)

在固相萃取过程中,样品与吸附剂之间的作用包括非极性作用力、氢键、π-π相互作用、偶极-偶极/诱导偶极相互作用、离子交换等(陈小华和汪群杰,2010)。因此,根据吸附机理可将固相萃取法分为反相、正相和离子交换三大类。典型反相、正相和离子交换固相萃取填料类型及其测定物质参见表 6.11。须根据待测物质和样品基质的类型特征进行选择固相萃取填料,详见图 6.17。

表 6.11　固相萃取填料及其测定物质类型

填料类型	填料名称	测定物质
反相填料	十八烷基(C$_{18}$)	中等极性/非极性物质:杀真菌剂、除草剂、农药、苯酚、邻苯二甲酸酯、类固醇、多氯联苯、多环芳烃、咖啡因、表面活性剂等
	辛烷(C$_8$)	中等极性/非极性物质:巴比妥酸盐、杀真菌剂、除草剂、农药、多环芳烃、邻苯二甲酸酯、类固醇、咖啡因、表面活性剂等
	聚苯乙烯-二乙烯基苯(PS-DVB)	极性/非极性芳香族化合物:酚类物质(双酚 A 等)、咖啡因、邻苯二甲酸酯、类固醇、抗生素(氧氟沙星等)、多环芳烃等

续表

填料类型	填料名称	测定物质
正相填料	氰基(CN)	中等极性物质(反相萃取)和极性物质(正相萃取):黄曲霉毒素、抗生素、除草剂、农药、类固醇等
	氨丙基(NH$_2$)	极性物质(正相萃取) 离子化物质(弱阴离子交换):弱阴离子、有机酸等
	硅酸镁(florisil)	极性物质:如乙醇、醛、胺、药物、染料、锄草剂、农药、PCBs、酮、含氮化合物、有机酸、苯酚、类固醇
	无键合硅胶(silica)	极性物质:乙醇、醛、胺、药物、染料、锄草剂、农药、酮、含氮化合物、有机酸、苯酚、类固醇
离子交换填料	季氨基(SAX)	阴离子(强阴离子交换萃取):氨基酸、核苷酸、表面活性剂等
	羧酸基(WCX)	阳离子(弱阳离子交换萃取):氨、抗生素(氧氟沙星等)、有机碱、氨基酸、除草剂等
	苯磺酸基(SCX)	阳离子(强阳离子交换萃取):抗生素、有机碱、氨基酸、除草剂等

资料来源:冯玉红,2008;陈小华和汪群杰,2010.

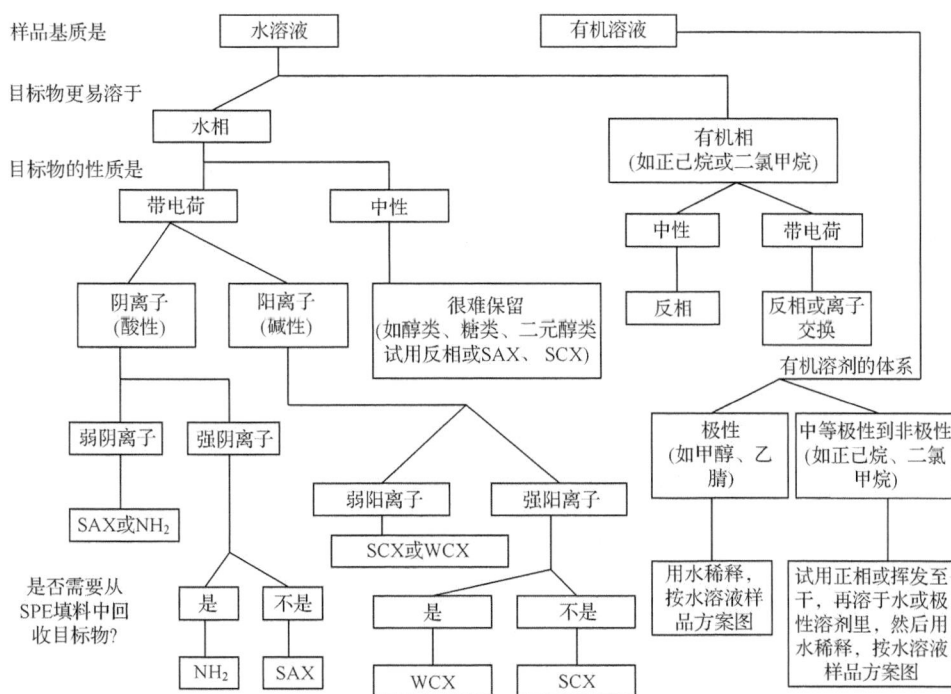

图 6.17　固相萃取树脂选择流程(安谱,2010)

（1）反相固相萃取法

反相固相萃取法是利用表面含有非极性官能团的固体吸附剂从极性强于吸附剂的样品中吸附物质的一类固相萃取方法。反相萃取的目标物质通常为中等极性到非极性的，如多环芳烃、农药、邻苯二甲酸酯等。常见的反相固相萃取填料包括聚苯乙烯-二乙烯基苯、石墨碳、表面键和烷基（碳十八 C_{18}、碳八 C_8）或苯基的硅胶。图 6.18 给出了聚苯乙烯-二乙烯基苯-吡咯烷酮填料在双酚 A 等内分泌干扰物检测中的应用。

（2）正相固相萃取法

正相固相萃取法是利用表面含有极性官能团的固体吸附剂从极性弱于吸附剂的样品中吸附物质的一类固相萃取方法。正相萃取的目标物质通常为极性物质，样品基质通常为二氯甲烷、正己烷等非极性溶液。常见的正相固相萃取材料包括硅胶、弗洛铝硅土、氧化铝以及含氨基、氰基等极性官能团的键和硅胶。

正相固相萃取法在再生水中微量有毒物质测定中的应用较少，主要在反相固相萃取操作之后用于样品净化。该方法可去除反相萃取时伴随目标物质洗脱下来的腐殖酸等常量溶解性有机物，改善后续色谱、质谱的分析效果。图 6.18 给出了硅胶填料在双酚 A 等内分泌干扰物检测中用于样品净化的示意图。

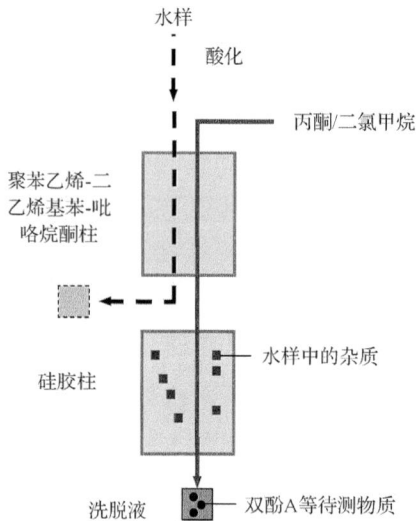

图 6.18　反相和正相固相萃取在双酚 A 等内分泌干扰物分析中的应用

（3）离子交换固相萃取

离子交换固相萃取方法是利用表面官能团带电荷的固相吸附剂吸附带有相反电荷的目标化合物。该方法常用于吸附在水中易以离子态存在的化合物，如氨基酸、表面活性剂、除草剂等。图 6.19 给出了利用阴离子交换固相萃取法吸附再生水中氨基酸的示意图。

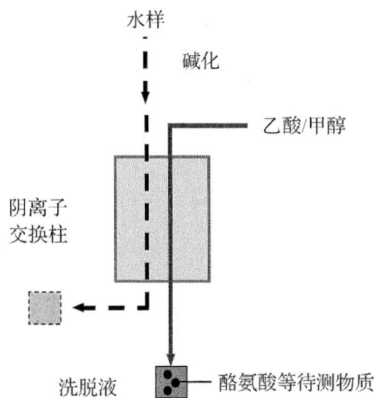

图 6.19　阴离子交换固相萃取用于检测再生水中的氨基酸

离子交换固相萃取包括阴离子交换和阳离子交换两种。阴离子交换主要用于吸附阴离子物质(带负电荷),多用带有卤化季铵盐(强阴离子交换,SAX)或带有丙氨基(NH_2,属弱阴离子交换)的键和硅胶填料。而阳离子交换主要用于吸附阳离子物质(带正电荷),多用带有磺酸钠盐(强阳离子交换,SCX)或带有碳酸钠盐(弱阳离子交换,WCX)的键和硅胶填料。

5. 衍生化法

衍生化法(derivatization)是利用化学反应将待测物质转化成具有类似结构的产物以满足检测要求的一种方法。通过衍生化可以达到以下目的:使不易挥发物质转换成易挥发物质,改变待测物的色谱保留特性以改善分离度,增强目标物质对紫外、荧光检测器的响应,将不稳定的目标物质转换成稳定的衍生化产物。衍生化方法根据后续测试方法的不同可分为用于气相色谱分析的和用于液相色谱分析的。

(1) 用于气相色谱分析的衍生化

用于气相色谱分析的衍生化主要用于增加样品的挥发性或提高检测灵敏度。常见的衍生化方法包括硅烷化(silylation)、酯化(esterification)、酰化(acylation)、烷基化(alkylation)。在各方法中,硅烷化方法较为常见,其将硅烷化试剂中的烷基硅烷基与待测物质中羟基或氨基上的氢发生交换,形成易挥发的烷基硅烷基产物。

用于气相色谱分析的衍生化法常用于检测再生水中的微量有毒有害有机污染

物。雌酮(estrone,E1)和17α-乙炔雌二醇(17α-ethinylestradiol,EE2)等内分泌干扰物质不易挥发,需要经硅烷化处理转化成易挥发的烷基硅烷基产物,方可用气相色谱-质谱检测。图6.20给出了雌酮和17α-乙炔雌二醇经硅烷化反应后得到的质谱谱图。

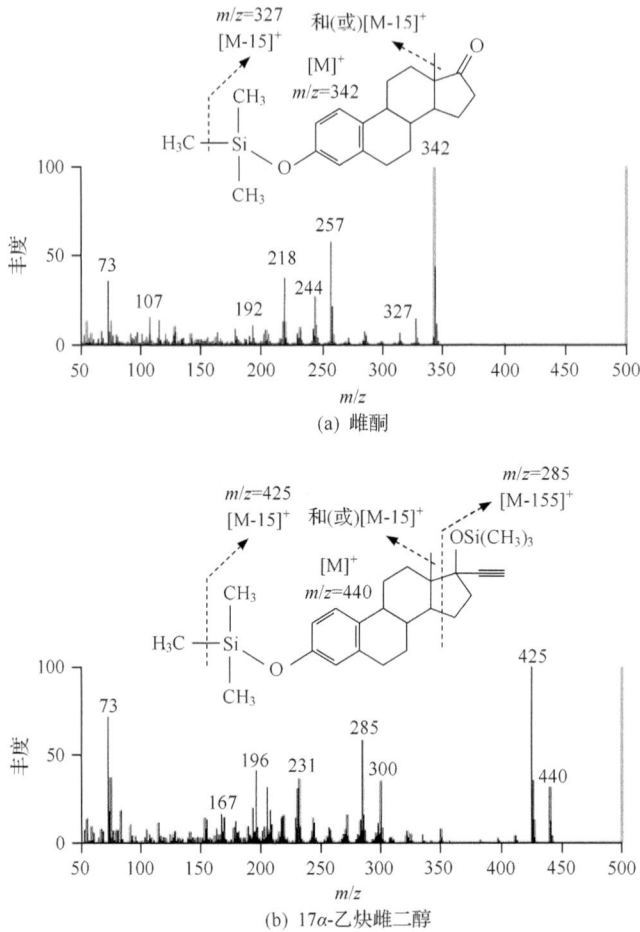

(a) 雌酮

(b) 17α-乙炔雌二醇

图6.20 雌酮和17α-乙炔雌二醇经硅烷化反应得到的质谱谱图

在检测消毒副产物卤乙酸时常采用酯化处理,将不易挥发的卤乙酸与酸性甲醇反应生成易挥发的卤乙酸甲酯(沸点为60～70 ℃),其甲酯化反应过程参见图6.21。生成的卤乙酸甲酯用非极性或弱极性毛细管柱便可进行分离,配合高灵敏度的电子俘获检测器,可以实现对卤乙酸精确、定量的分析(Nikolaou and Golfinopoulos,2002)。

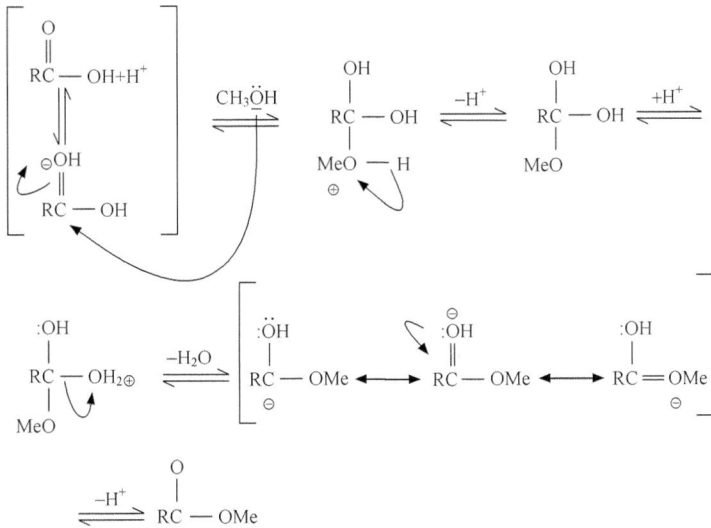

图 6.21　卤乙酸的甲酯化反应示意图(Nikolaou and Golfinopoulos，2002)

（2）用于液相色谱分析的衍生化

用于高效液相色谱分析的化学衍生法往往为了有利于色谱分离或检测器检测。常见的衍生化方法包括紫外衍生化、荧光衍生化等。其中，荧光衍生化在不含有特征发色或荧光基团的氨基酸检测中较为常用（图 6.22）。该方法通过荧光化试剂邻苯二甲醛与氨基酸反应，生成具有荧光响应的衍生化产物。

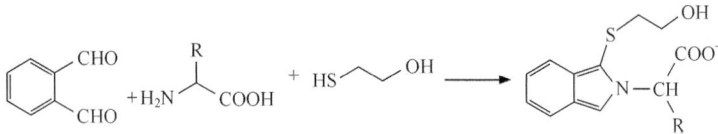

图 6.22　氨基酸的荧光衍生化反应

6.4.2　有毒有害有机污染物检测方法

有毒有害有机污染物定量分析大多依靠气相色谱或液相色谱，常见分析方法包括气相色谱-电子捕获检测法（gas chromatography-electron capture detection，GC-ECD）、气相色谱-质谱法（GC-mass spectrometry，GC-MS）、液相色谱-紫外吸收/荧光检测法（high performance liquid chromatography-ultraviolet/fluorescence detection，HPLC-UV/Fl）等。近年来随着仪器分析技术的发展，液相色谱-质谱法（HPLC-MS）、毛细管电泳法在再生水有毒有害有机污染物评价中亦得到应用（图 6.23）。

$$\text{有毒有害有机物检测}\begin{cases}\text{气相色谱检测法}\begin{cases}\text{质谱检测法}\\\text{电子捕获检测法}\\\text{火焰离子化检测法}\\\text{火焰光度检测法}\\\text{氮磷检测法}\end{cases}\\\text{液相色谱检测法}\begin{cases}\text{紫外检测法}\\\text{荧光检测法}\\\text{质谱检测法}\\\text{电导率检测法}\end{cases}\\\text{毛细管电泳法}\end{cases}$$

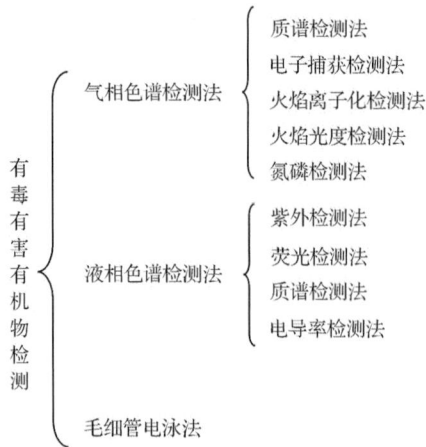

图 6.23　再生水中有毒有害有机污染物检测

1. 气相色谱检测法

气相色谱法是利用装有选择性吸附剂的柱管分离由气体携带的易挥发物质的一种方法。其分离的原理是气体所携带的样品混合物与选择性吸附剂发生作用，使得混合物在流动相和固定相之间进行分配，由于不同物质在两相中的分配系数或吸附系数存在差异，导致不同物质在固定相中的停留时间亦不同，从而实现分离。

气相色谱法利用特定的检测器，将分离后物质的物理、化学性质转化成电信号，由于电信号强弱与物质的质量或浓度在一定范围内成正比，从而定量分析样品中物质含量的大小（孙凤霞，2004）。常见检测器包括电子捕获检测器、氢火焰离子化检测器、质谱检测器等，其用途参见表 6.12。

表 6.12　常用 GC 检测器的类型和主要用途

检测器	类型	主要用途
火焰离子化检测器（FID）	质量型，准通用型	分析各种有机化合物，对碳氢化合物的灵敏度高
电子捕获检测器（ECD）	浓度型，选择型	分析含电负性元素或基团的有机化合物，多用于分析含卤素化合物
氮磷检测器（NPD）	质量型，选择型	分析含氮和含磷化合物
火焰光度检测器（FPD）	浓度型，选择型	分析含硫、含磷和含氮化合物
质谱检测器（MS）	质量型，通用型	分析各种有机化合物

资料来源：刘虎威，2007.

（1）气相色谱-电子捕获检测法

电子捕获检测法是一种通过检测气体中的物质捕获电子的程度以表征物质浓度的分析方法。该方法只能检测具有电负性的卤素、硫、磷、氮等物质。通常物质的电负性越强（即电子吸收系数越大），检测的灵敏度越高。

气相色谱-电子捕获检测法在再生水有毒有害有机污染物检测中的应用十分普遍。该方法可用于三卤甲烷、卤乙酸、多氯联苯、多溴联苯醚、有机氯农药、聚氧乙烯醚等物质的分析测定。在消毒领域，由于许多消毒副产物带有电负性强的氯、溴等卤素，因此常采用气相色谱-电子捕获检测法检测消毒副产物，如表 6.13 所示（Nikolaou and Golfinopoulos，2005）。图 6.24 给出了利用 GC-ECD 测定消毒副产物三卤甲烷标准品的色谱谱图（田杰，2006）。

表 6.13　有机消毒副产物常用检测方法

前处理方法	分离	检测器	检出限/(μg/L)	分析物
LLE	GC	ECD	0.1	THMs,HANs,HKs,CH,溴代硝基甲烷
顶空	GC	ECD,MS	0.1	CNCl,CNBr
PFBHA,LLE	GC	ECD,MS	1	$C_1 \sim C_{10}$脂肪醛,芳香醛
PFBHA,SPE	GC	ECD,MS	0.1	$C_1 \sim C_{10}$脂肪醛
LLE,偶氮甲烷	GC	ECD	0.1	九种卤乙酸
PFBHA,LLE,偶氮甲烷	GC	ECD,MS	1	丙酮酸
PFBHA,LLE,MTBSTFA	GC	ECD,MS	1	羟基丙酮
DNPH,SPE	HPLC	ESI,DAD	1	丁酮,戊酮,己酮
过氧化酶/催化酶	流动注射	荧光	1	有机过氧化物
无	离子色谱	电导	20	甲酸、乙酸、草酸
LLE,三氟化硼/甲醇	GC	ECD,MS	0.05	MX、EMX

注：DNPH 表示 2,5-二甲基苯甲醛；ECD 表示电子捕获检测；ESI 表示电喷雾电离；GC 表示气相色谱；HPLC 表示液相色谱；LLE 表示液-液萃取；MS 表示质谱；MTBSTFA 表示 *N*-(特丁基二甲基硅烷)-*N*-甲基三氟乙酰胺；PFBHA 表示邻-五氟苄基羟胺；SPE 表示固相萃取。

资料来源：Nikolaou and Golfinopoulos，2005.

（2）气相色谱-质谱检测法

质谱检测法是一种测定样品离子的质荷比（质量-电荷比）的分析方法。质谱检测法的原理是使试样中各组分在离子源中发生电离，并在加速电场的作用下，形成含不同质荷比带电离子的离子束。不同质荷比的带电离子在质量分析器中经电场和磁场的作用发生分离，最终分别聚焦而得到质谱图，从而确定物质质量（孙凤霞，2004）。

气相色谱-质谱检测法将气相色谱和质谱结合起来，可发挥气相色谱的分离功

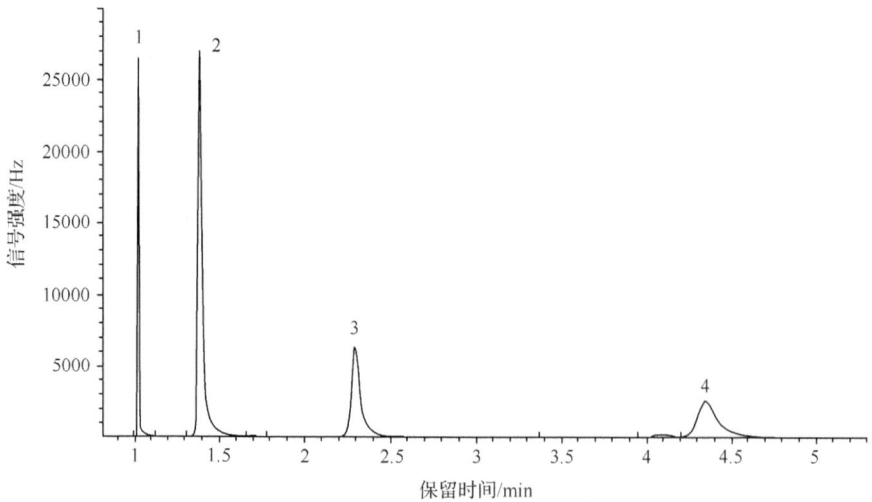

图 6.24　三卤甲烷标样色谱图(田杰,2006)

1-氯仿(TCM)；2- 一溴二氯甲烷(BDCM)；3-二溴一氯甲烷(DBCM)；4-溴仿(TBM)

能,亦可利用质谱提供分子离子准确质量、碎片离子强度、同位素碎片离子、子离子质谱谱图等物质结构信息,这些信息的获得使得利用气相色谱质谱联用方法定性比气相色谱法中仅利用色谱保留时间要可靠。

在气相色谱-质谱检测中,待测物质经离子源的电离状况是质谱检测器分析物质带电离子的重要环节。再生水中的微量有毒有害有机污染物种类众多,不同物质的热稳定性和电离难易程度差别很大,因此需要根据目标物质的性质选择离子源。常用的离子源包括电子电离源(electron ionization source,EI 源)和化学电离源(chemical ionization source,CI 源)。

电子电离源的原理是利用高能电子流轰击待测物质分子,使待测物质电离产生分子离子和碎片离子。其中,分子离子可给出相对分子质量信息,但信号较弱,对于部分难气化、热稳定性差、易破碎的分子可能难以给出完整的分子离子信息。碎片离子则可给出分子结构中许多重要官能团的信息。这些碎片离子信息经汇总,现已形成标准化合物质谱谱库,常用于物质定性(孙凤霞,2004)。

电子电离法在再生水微量有毒有害有机污染物定量分析的应用十分普遍,其可用于定量测定双酚 A、类固醇类雌激素、壬基酚、三卤甲烷、卤乙酸、卤乙腈、多氯联苯、多溴联苯醚、多环芳烃、有机氯农药等污染物的含量。在检测时,通常采用选择离子扫描(selective ion monitoring,SIM)模式检测特征碎片离子,从而排除杂质的干扰,降低背景噪声,提高样品检测的信噪比。表 6.14 为利用 SIM 模式定量分析再生水中典型雌激素活性物质时所选择的特征碎片离子。

表 6.14　气相色谱-质谱法定量分析再生水典型雌激素活性物质的特征离子

雌激素活性物质	定量用离子	确认用离子
雌酮(E1)	342	218、257
雌二醇(E2)	285	326、416
雌三醇(E3)	312	387、415
壬基酚(NP)	179	292
双酚 A(BPA)	357	372

电子电离源在检测极易电离的物质时存在以下不足:电离过于彻底,难以得到准分子离子峰,碎片离子质荷比过小,分析易受杂质的干扰。这限制了电子电离源在二甲基亚硝胺等易电离物质检测中的应用。

针对这一情况,化学电离法被用于易电离、热不稳定物质的分析。其原理是将电子与甲烷、氨气等反应气体作用形成分子离子,生成的分子离子与待测物质分子发生碰撞,形成待测物质的分子离子及少量碎片离子。该方法特点是图谱简单,准分子离子很强,但得不到标准质谱(孙凤霞,2004)。

化学电离法在再生水微量物质分析中的应用相对较少。在再生水消毒领域,该方法可用于检测致癌性消毒副产物二甲基亚硝胺等物质。图 6.25 为利用化学电离法分析消毒副产物二甲基亚硝胺的质谱谱图(Charrois et al,2004)。

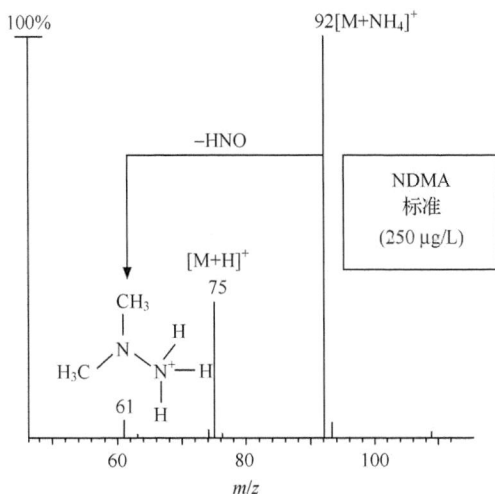

图 6.25　以氨气为载气利用化学电离法分析二甲基亚硝胺的
质谱谱图(Charrois et al,2004)

2. 液相色谱法

液相色谱法是利用装有选择性填料的色谱柱分离由液体携带的混合物的一种

方法。液相色谱法常用于分离高沸点、相对分子质量大、强极性和热稳定差的物质。其按照色谱柱分离机制可以分为液-液分配色谱法、液-固吸附色谱法、体积排阻色谱法、离子色谱法等。在液-液分配色谱法的基础上又发展出了化学键合色谱法。化学键合色谱按照键和官能团极性的不同又可分为反相色谱和正相色谱。图 6.26给出了各种液相色谱法在再生水水质评价中的用途。

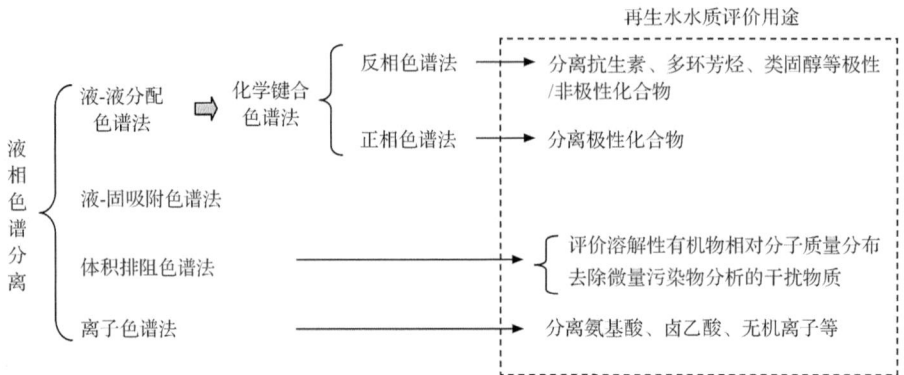

图 6.26 液相色谱法按分离机制的分类及其在再生水水质评价中的用途

在各种色谱中,反相色谱(reversed phase HPLC)法常用于评价水中的微量有毒有害有机污染物。其是利用表面带非极性官能团的填料分离极性液体中的有机混合物的一种液相色谱。代表性的填料(固定相)是十八烷基键合硅胶(ODS-C_{18}),代表性的液体(流动相)是甲醇、乙腈和水。该方法应用十分广泛,可用于分离再生水中的抗生素、多环芳烃、类固醇激素等化合物。图 6.27 给出了氟代喹洛酮类抗生素氧氟沙星标样的反相色谱谱图。

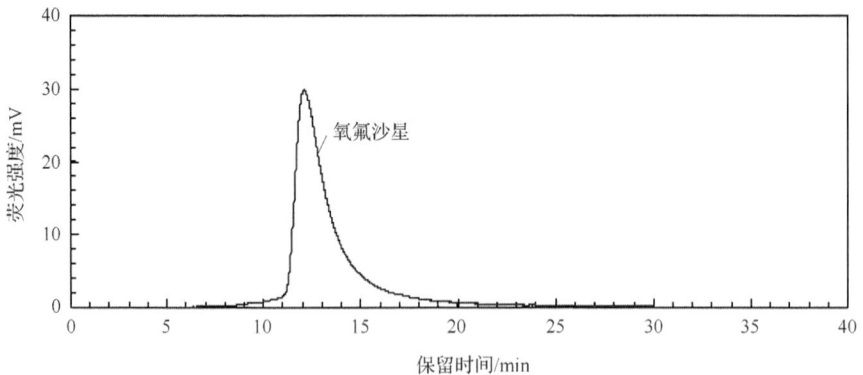

图 6.27 氧氟沙星标样的反相色谱谱图

液相色谱法按照其检测器的不同又可分成紫外检测法、荧光检测法、质谱检测法、示差折光检测法、电导检测法等。各种方法在再生水水质评价中的用途如图6.28所示。

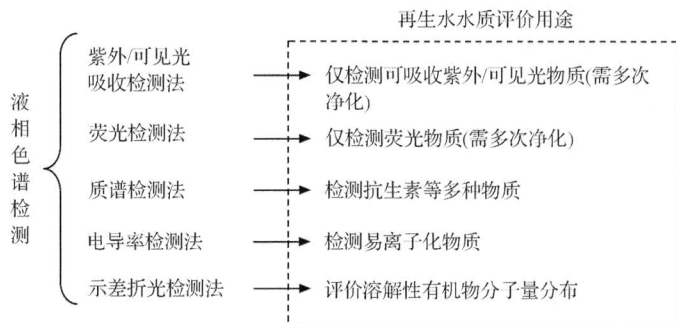

图 6.28　液相色谱法按检测方式的分类及其在再生水水质评价中的用途

（1）液相色谱-紫外/可见光检测和荧光检测法

紫外/可见光吸收检测法和荧光检测法可分别用于检测水中吸收紫外/可见光物质和荧光物质。但再生水中物质组成十分复杂，导致液相色谱分离检测的背景噪声较大，需进行复杂前处理去除干扰物质，从而限制紫外/可见光吸收检测法和荧光检测法在再生水微量有毒有害有机污染物的应用。当高灵敏度的液相色谱-荧光检测法分析再生水中的氟代喹诺酮类抗生素物质氧氟沙星时，其经反相和离子交换组合式固相萃取后仍无法去除杂质干扰(图6.29)。

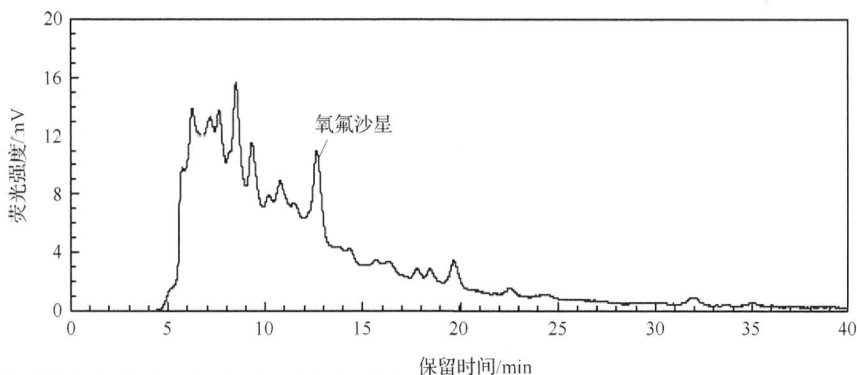

图 6.29　杂质对再生水氧氟沙星液相色谱-荧光检测法测定的干扰(经二级固相萃取富集和纯化)

（2）液相色谱-质谱检测法

液相色谱-质谱检测法将液相色谱与质谱分析技术结合起来，较原有的液相色谱，能更准确地定量和定性分析再生水这一复杂混合物体系，也简化了样品的前处理过程,从而使样品分析更简便。该方法按照离子源的类型可以分为电喷雾电离(electrospray ionization,ESI)、大气压化学电离(atmospheric pressure chemical ionization,APCI)等(盛龙生 等,2006)。

电喷雾电离质谱法在再生水微量有毒有害有机污染物检测中应用受到关注。其电离原理是流动相在高静电梯度下产生带电雾滴,含待测物质的带电雾滴经不断蒸发和分裂,使得待测物质形成离子并通过加速电压进入分析器检测(盛龙生等,2006)。在液相色谱-质谱联用技术中,常串联两级质谱,第一级质谱用于获得分子离子,而第二级质谱则将分子离子进一步电离成碎片离子。

电喷雾电离质谱法根据物质接受/解离质子的能力不同,可分成正离子和负离子两种检测模式。正离子模式主要针对可接受质子的物质,其将待测物质 M 带质子形成 MH^+ 后进行检测,常采用含甲酸的极性溶剂促进物质得质子(盛龙生 等,2006)。正离子模式常用于分析再生水中的喹诺酮、氟代喹洛酮、卡马西平等物质。表 6.15 给出了利用正离子模式测定的药物及所选择的特征碎片离子(Lee et al,2007;Sui et al,2009)。

表 6.15 利用液相色谱-质谱联用(正离子模式)测定再生水中的药物及其碎片离子

物质	母离子	子离子(定量)	子离子(确认)
卡马西平(carbamazepine)	236.9	193.7	191.7
氯贝酸(clofibric acid)	194.9	137.7	109.6
环丙沙星(ciprofloxacin)	332.0	245.0	288.0
N,N-乙基间甲苯酰胺(N,N-diethyl-meta-toluamide)	191.8	118.6	—
美托洛尔(metoprolol)	268.0	158.7	132.6
萘啶酸(nalidixic acid)	232.9	186.7	103.7
诺氟沙星(norfloxacin)	320.0	276.0	233.0
氧氟沙星(ofloxacin)	362.0	318.0	261.0
普萘洛尔(propranolol)	260.1	115.7	182.7
舒必利(sulpiride)	342.0	111.6	213.8
甲氧苄啶(trimethoprim)	290.9	122.7	229.8

资料来源:Lee et al,2007;Sui et al,2009.

负离子模式主要针对易失去质子的物质,其使待测物质 HN 失去质子形成 N^- 后进行检测,常采用氨水促进物质失去质子(盛龙生 等,2006)。负离子模式常用于检测再生水中的苯扎贝特、咖啡因等物质。表 6.16 给出了利用负离子模式测定再生水中的药物及所选择的特征碎片离子(Sui et al,2009)。

表 6.16　利用液相色谱质谱联用（负离子模式）测定再生水中的药物及所选择的特征碎片离子

物质	母离子	子离子（定量）	子离子（确认）
苯扎贝特（bezafibrate）	360.0	273.8	153.6
咖啡因（caffeine）	212.8	126.5	84.5
氯霉素（chloramphenicol）	320.8	151.5	256.7
双氯芬酸（diclofenac）	293.8	249.7	213.9
吉非贝齐（gemfibrozil）	248.9	120.5	126.6
吲哚美辛（indomethacin）	356.2	311.9	296.7
酮洛芬（ketoprofen）	253.0	208.7	—
甲芬那酸（mefenamic acid）	239.9	195.8	179.7

资料来源：Sui et al, 2009.

6.5　再生水生物毒性评价及毒性物质识别

再生水中污染物的种类繁多、性质各异，典型有毒物质的分析评价尽管在保障再生水的水质安全方面起到了积极的作用，但是仅利用现有的化学仪器分析方法评价再生水水质安全仍存在一定的局限性（胡洪营 等，2002）。

1）再生水水质安全保障需控制有毒有害污染物的健康风险和生态风险，而单一指标一般是依据化学物质对人类的健康影响来制定的，较少考虑对生态系统的影响。

2）污染物毒性效应差别很大，在很多情况下仅从浓度水平无法判断污染物毒性的大小。

3）目前能够测定的有毒物质种类不多。由于分析手段还不够完善，再生水及其源水来源组成复杂，无法识别的有毒物质众多。

4）目前已开展了许多有毒物质毒性效应的研究，但是仍有大量有毒物质的毒性效应尚不得而知。而且近年来，新兴毒性指标不断出现，污染物的新兴毒性还很不清楚，有待进一步研究。

5）大部分关于有毒物质风险的研究，是基于实验室对其所进行的毒理学研究来判断的。在这类研究中，产生毒性效应的剂量水平一般在 mg/L 量级，但再生水中检测到的微量有毒有害污染物的浓度往往在 μg/L 量级甚至更低。而且大部分研究都是针对单一物质，而再生水中存在多种有毒物质，它们之间往往具有一定的加成、协同、拮抗效应等。所以依据单一有毒物质的毒理学研究结果，难以准确判定多种有毒物质在污水中产生的毒性效应。

总之，污水再生利用所面临的水质安全风险是由种类多、浓度低的有毒物质共同产生的,不能只以某些特定的有毒物质来判定。因此,综合利用化学仪器分析方法和生物毒性测试对再生水进行评价具有显著的优越性。与单一物质测定相比,综合生物毒性测试能够更直接、全面的表征污水再生利用的安全性。

6.5.1 生物毒性测试方法

生物毒性指化学物质能引起生物机体损害的性质和能力。由于不同研究者关注对象和危害水平不同,生物毒性分类方式众多,有毒性作用时间、毒性作用模式、靶器官。按照毒性作用时间长短可以分为急性毒性、慢性毒性和亚慢性毒性。按照毒性作用机制可以分为致癌、致畸等。按照靶器官可以分为内分泌干扰性、肝毒性、神经毒性、呼吸毒性等。在各种毒性当中,再生水的急性毒性、慢性毒性、遗传毒性(含致癌、致畸、致突变)、内分泌干扰性备受人们关注。

生物毒性检测技术(bio-toxicity test)是一类通过评价物质对活生物的影响以综合表征其毒性的方法。生物毒性检测技术是再生水水质安全评价的重要手段,其可以表征水中未知有毒有害污染物对生物的影响,也可反映水中众多污染物间复杂的相互作用和污染物的生物可利用性(胡洪营 等,2002)。

生物毒性检测技术按照毒性指标的不同,可以分成急性毒性检测、慢性毒性检测、遗传毒性检测和内分泌干扰性检测技术等。常见的生物毒性检测技术包括溞类运动抑制/致死试验、发光细菌急性毒性试验、溞类生命周期评价等(如图6.30所示)。这些技术受试生物各不相同,体现了对浮游动物(水溞)、鱼类、微生物(藻、发光细菌)等不同营养水平水生生物的保护。因此,在再生水毒性评价时需要根据毒性指标类别和保护对象的不同,选择合适的生物毒性检测技术(胡洪营 等,2011)。

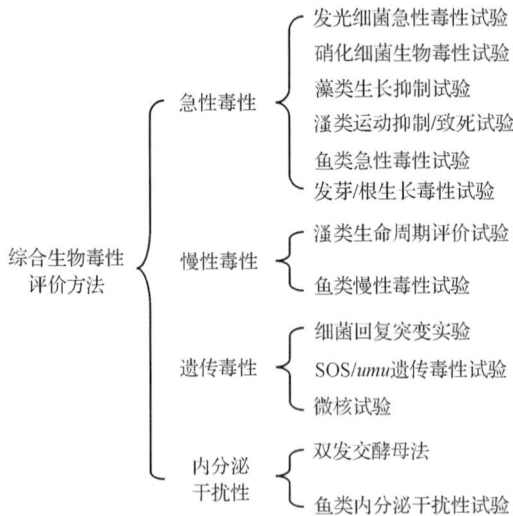

图 6.30 综合生物毒性检测技术

各项生物毒性检测技术在不同国家所处的发展阶段,与各国关注的毒性指标类型和技术发展密切相关。表 6.17 给出了各项生物毒性检测技术列入国内外标准、指南等的状况。美国、德国和国际标准化组织(ISO)等国家和组织已建立了大量的生物毒性检测技术标准和指南,而我国生物毒性检测技术标准和指南则仍以急性毒性和遗传毒性检测为主,急需建立和健全我国污水/再生水生物毒性评价技术规范。

表 6.17　生物毒性检测技术列入国内外标准、指南的状况

毒性指标	生物毒性检测技术	ISO	OECD	中国	美国	日本	德国	英国
急性毒性	藻类生长抑制试验	●	○	○	●	●	●	●
	溞类运动抑制/致死试验	●	○	●	●	●	●	●
	鱼类急性毒性试验	●	○	●	●	●	●	●
	发光细菌急性毒性试验	●	*	●	●	*	●	●
	发芽/根生长毒性试验	*	○	○	*	*	*	*
慢性毒性	溞类慢性毒性(生命周期评价)试验	●	○	*	●	*	*	*
	鱼类慢性毒性试验	●	○	*	●	*	*	*
遗传毒性	细菌回复突变试验	●	○	○	●	*	●	○
	SOS/*umu* 遗传毒性试验	●	○	*	*	*	●	*
	微核试验	●	○	○	●	*	●	●
内分泌干扰性	双杂交酵母法	*	*	*	*	*	*	*
	鱼类内分泌干扰性试验	*	*	*	○	*	*	*

注:OECD 为国际经济合作与发展组织。●表示列入标准;○表示列入指导手册;＊表示尚未列入标准或指南。

资料来源:胡洪营 等,2011.

从毒性检测技术类型来看,毒性检测技术关注点呈"急性毒性→慢性毒性/遗传毒性→内分泌干扰性"的发展顺序。急性毒性检测技术被许多国家和组织列为标准方法,反映了各国均关注急性毒性指标。慢性毒性、遗传毒性检测技术则被美国、德国等少数国家和组织列为标准,而内分泌干扰性检测技术则仅在美国被列入指南。

从毒性检测的受试生物类别来看,鱼类毒性检测法和水溞毒性检测法因其方法较为成熟、受试生物类别在水生态系统中占据重要地位,被较多国家和组织列入标准和指南。

1. **急性毒性检测法**

急性毒性作用指生物 1 次或 24 h 内多次接触外源化学物后在短期内所产生

的毒性效应。该毒性效应可定在不同水平上，包括功能、细胞、器官、系统损害乃至死亡。受试生物包括细菌、藻类、水生动物、陆生植物、哺乳动物等。其中，发光细菌、藻、大型溞、鱼等常用于评价再生水的急性毒性。

（1）发光细菌急性毒性测试

发光细菌急性毒性测试是通过测定样品在短时间内对发光细菌发光的抑制程度评价样品急性毒性的一种方法。发光细菌属革兰氏阴性兼性厌氧菌，其在正常的代谢过程中可产生发光物质 2,4-二氧四氢蝶啶蛋白（lumazine protein，LumP）从而发光，原理图如图 6.31 所示。在发光细菌急性毒性测试中，有毒物质可直接抑制细菌体内参与发光反应的酶类活性或抑制与发光反应有关的代谢过程（如细胞呼吸等）从而抑制细菌的发光强度。在一定范围内，发光强度变化的大小与有毒物质的浓度呈相关关系，同时与该物质的毒性大小有关。

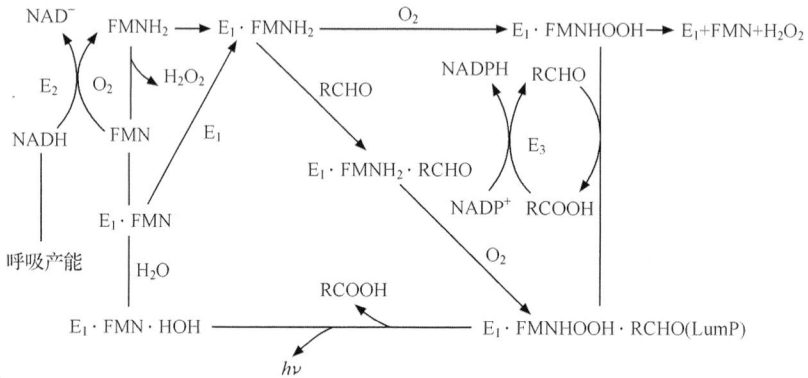

图 6.31　发光细菌细胞内的发光反应机理

E_1：细菌荧光素酶；E_2：NADH 和 FMN 氧化还原酶；E_3：脂肪酸还原酶；
LumP：2,4-二氧四氢蝶啶蛋白

发光细菌急性毒性测试法具有测试时间短（测试时间 15～30 min）、灵敏度高、自动化程度高等特点，其与原生动物毒性试验、高等植物毒性试验、鱼类毒性试验、青蛙毒性试验以及鼠、兔等哺乳动物毒性试验等均具有良好的相关性（DeZwart and Sloof，1983；Miller et al，1985；Kaiser and Esterby，1991）。因此，发光细菌急性毒性测试被广泛应用，并被列为中国等国家和 ISO 急性毒性评价的标准方法。

发光细菌急性毒性测试在污水/再生水毒性评价中的应用十分普遍。图 6.32 给出了再生水处理过程中发光细菌急性毒性的沿程变化（王丽莎 等，2006）。原污水具有较大的急性毒性，经二级处理后急性毒性已未检出，但后续的氯消毒工艺可导致再生水急性毒性显著升高。即使利用亚硫酸钠将水中余氯去除后，再生水仍具有较强的急性毒性。由此可知，氯消毒工艺是导致再生水急性毒性上升的重要环节。

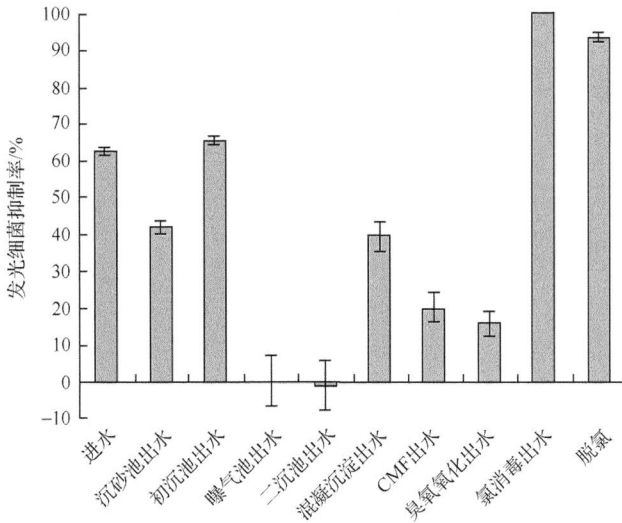

图 6.32 再生水处理过程中发光细菌急性毒性变化(王丽莎 等,2006)

(2) 硝化细菌生物毒性测试法

硝化细菌生物毒性测试法是通过测定样品在短时间内对硝化细菌硝化速率的抑制程度评价样品生物毒性的一种方法。硝化细菌通常生活在土壤和底泥中,属于专性化能自养细菌,包括氨氧化菌和亚硝酸氧化菌两个亚群。硝化细菌在自然界的氮循环中起着决定性作用。氨氧化菌可将氨氧化为亚硝酸,而亚硝酸氧化菌将亚硝酸氧化为硝酸,该过程称为硝化过程。

硝化细菌对多种有毒化学物质比较敏感,有毒有害化学物质会抑制硝化过程的进行,使硝化速率降低。毒物浓度越高,抑制作用越强,硝化速率越小。因此,通过测定硝化速率的相对变化,就可以很好地表明化学物质毒性的大小和对自然界中氮循坏功能的影响程度。使用这种方法检测污染物的毒性具有简便、敏感、快速、廉价和定量等特性。

硝化细菌生物毒性测试法根据测试生物毒性时硝化细菌的来源及所处状态不同,可以分为纯硝化细菌测定法(Camilla and Gunnel,2001)、活性污泥测定法(Chan et al,1999;Dalzell et al,2002)和底泥测定法(以区分与处理污水的活性污泥测定法)。由于硝化细菌包括氨氧化菌和亚硝酸氧化菌两大类,因而每一种分类方法中又包括氨氧化法和亚硝酸氧化法,如图 6.33 所示。

用纯氨氧化菌或亚硝酸氧化菌测定的结果可以从一定程度上反映有毒有害污染物对微生物硝化过程中氨氧化和亚硝酸氧化两个连续过程影响的结果。由于这种测试方法脱离了硝化细菌所生存的环境,因此其测定结果可以用于评价有毒有害污染物对单一的氨氧化菌或亚硝酸氧化菌的毒性作用,但不能说明有毒有害污染物对生态系统功能中硝化功能的影响。

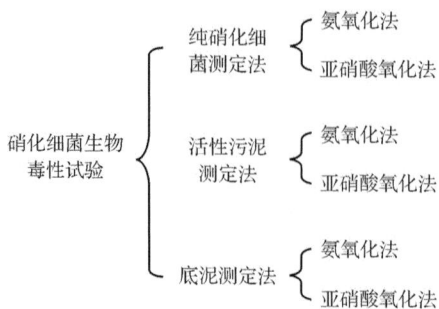

图 6.33　硝化细菌生物毒性试验

　　活性污泥测定法是测定样品对活性污泥中的氨氧化菌或亚硝酸氧化菌毒性作用的方法。由于氨氧化菌和亚硝酸氧化菌均来自污水处理系统中的活性污泥,其测定结果比较适合用于判断有毒有害污染物对污水处理系统中硝化过程的影响。利用活性污泥进行化学物质的生物毒性测试已建立了标准方法(ISO,2006)。

　　活性污泥测定法是测定样品对底泥中的氨氧化菌或亚硝酸氧化菌毒性作用的方法。该方法选择自然水体中的底泥来进行实验,以底泥中硝化菌群作为测试生物来评价有毒有害化学物质对硝化菌硝化能力的抑制程度(Nowak and Svardal,1993;Lee et al,1997),可较真实地反映污水或再生水中的有毒有害污染物进入水生生态系统后的各种作用以及对氮循环的影响状况。因此选用底泥法研究有毒有害污染物对底泥中硝化过程的影响,对研究再生水对水生生态系统中硝化功能的影响具有重要意义。图 6.34 给出了苯酚邻位氢被不同基团取代时对底泥氨氧化活性抑制作用的半效应浓度(EC$_{50}$)。

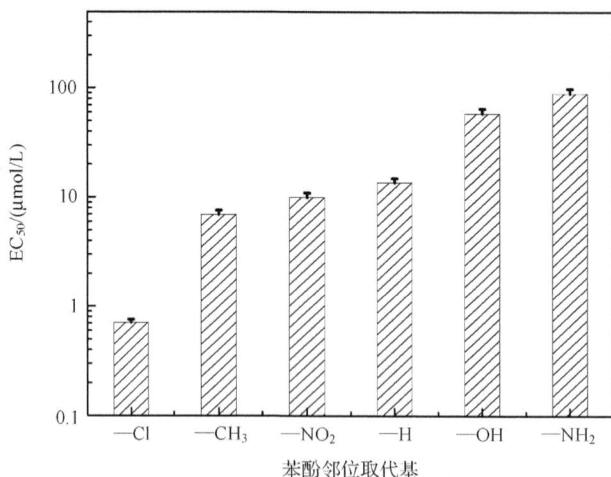

图 6.34　苯酚邻位氢被取代时对底泥氨氧化菌的毒性作用(董春宏 等,2004)

（3）藻类生长抑制试验

藻类是水生生态系统中的初级生产者，直接影响整个水生态系统的结构和功能。藻类具有对有毒物质敏感、易获得、繁殖快等优点。因此，常采用藻类评价污水、再生水及其有毒物质对初级生产者的影响。

藻类生长抑制试验是通过检测样品在短时间内对单细胞藻类生长的抑制作用表征样品急性毒性的一种方法。该方法将羊角月牙藻、斜生栅藻、普通小球藻等单细胞绿藻暴露于样品中，测定藻类的种群密度或生物量，并与空白对照比较确定样品对藻类生长的抑制率。藻类生长的评价指标主要包括光密度、细胞数、叶绿素含量及细胞干重等（国家环境保护总局水和废水监测分析方法编委会，2002）。

（4）大型溞运动抑制试验

水溞是淡水水体中广泛存在的小型无脊椎动物，为鱼类与其他浮游动物的重要食物来源，是淡水生态系统的重要组成部分。在各种水溞中，大型溞（*Daphnia magna*）个体最大，属于甲壳纲枝角亚目，形态参见示意图 6.35。其对有毒物质非常敏感，世代周期短，方便易得，繁殖能力强，容易在实验室培养，因此常作为生物毒性测试的标准生物。

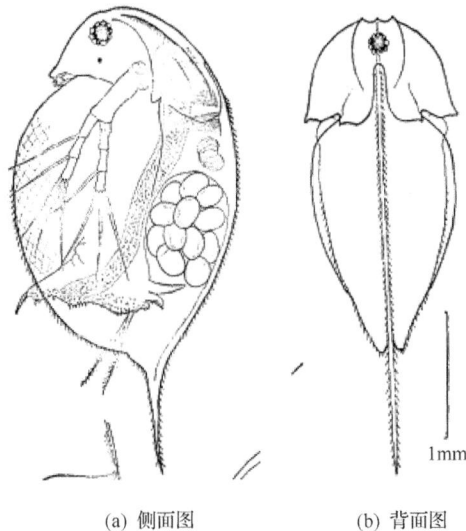

(a) 侧面图　　　　　　(b) 背面图

图 6.35　大型溞形态示意图（蒋燮治和堵南山，1979）

大型溞运动抑制试验是通过检测样品在短时间内对幼溞运动的抑制作用表征样品急性毒性的一种方法。该方法已被中国、美国等多个国家以及经济合作与发展组织（OECD）、ISO 组织列为标准方法。图 6.36 给出了工业废水和生活污水经二级生物处理后的出水对大型溞运动的抑制率。电路板废水经生物处理后仍具有较强的急性毒性,而以城市污水水源的二级处理出水急性毒性则未检出。

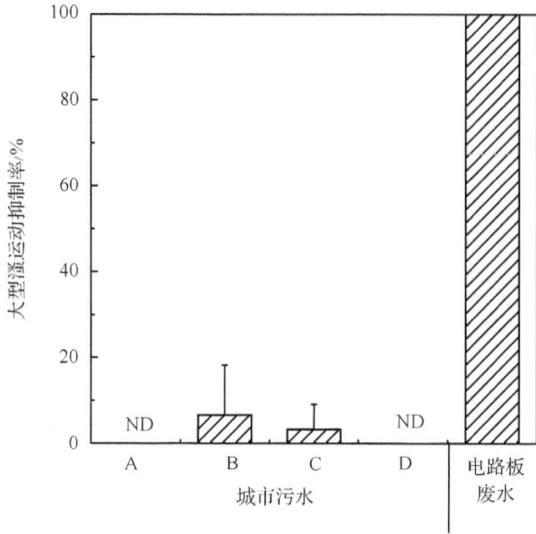

图 6.36　以电路板废水或城市污水为水源的二级处理出水对大型溞的急性毒性

(5) 鱼类急性毒性测试

鱼类是水生生态系统中的重要组成部分,亦是重要的经济动物。鱼类暴露于一定浓度的有毒物质时,会产生游动停滞、终止摄食乃至死亡等多种中毒症状。因此,鱼类常作为生物毒性测试的受试生物。

鱼类急性毒性测试是通过检测样品在短时间内对鱼类存活状况和行为的影响以表征样品急性毒性的一种方法。受试鱼种多采用斑马鱼、稀有鮈鲫、剑尾鱼等,亦可选择白鲢、鳙鱼、鲤鱼、草鱼等当地代表性鱼种。测试终点除了死亡以外,亦包括鱼体侧翻、平衡能力降低,游泳能力和呼吸功能减弱,色素沉积等异常行为(国家环境保护总局水和废水监测分析方法编委会,2002)。该方法被广泛用于污水、再生水的生物监测、评价,对保障再生水回用于景观和渔业的安全具有重要意义。

2. 慢性毒性试验

慢性毒性作用是指生物长期(甚至终生)反复接触外源化学物质所产生的毒性效应。再生水中毒害污染物种类繁多、浓度不高,暴露于水生生物时间长,长期低剂量毒害污染物暴露对生物的慢性毒性受到广泛关注。

慢性毒性试验的受试物中包括浮游动物(大型溞等)、鱼、哺乳动物(小鼠、狗)等。其中,大型溞、鱼常作为受试生物,用于污水、再生水的慢性毒性评价。慢性毒性试验的试验期限较长,如鱼类通常为 6~12 月或更长,大型溞等无脊椎动物 3~4 周或更长。因此,需要根据化学物质的具体要求选择合适的慢性毒性试验。

（1）大型溞生命周期评价法

大型溞生命周期毒性测试方法是一种测试样品对大型溞整个生命周期的毒性作用以表征样品慢性毒性的方法。该方法以幼体大型溞（出生时间<24 h）为测试对象，在 21 天以上的长期培养过程中，通过 10 只以上单独培养大型溞的存活、生长、繁殖等特征参数来反映测试物质对大型溞整个生命周期活动的影响。

大型溞生命周期评价法具有诸多优点：①水溞是水生生态系统重要组成部分；②方法灵敏度高；③方法耗时较短，溞类生命周期评价试验仅需 21 天，而鱼类全生命周期评价试验则长达 1 年；④既可用于全生命周期评价，又可用于多生命周期评价，检测样品的隔代蓄积性。因此，大型溞生命周期评价法已成为环境污染物慢性毒性评价的常见方法，并被美国和 ISO、OECD 等国家和组织列为标准方法。

大型溞生命周期评价法在污水/再生水、环境样品的毒性评价和控制中可发挥重要作用。图 6.37 给出了大型溞在铜绿微囊藻、吞噬铜绿微囊藻的金藻 915、未吞噬铜绿微囊藻的金藻 O、栅藻等藻悬液中的存活曲线。在铜绿微囊藻悬液组中，大型溞短时间内便死亡，说明铜绿微囊藻对水溞具有急性毒性。而大型溞在吞噬了铜绿微囊藻的金藻 915 组中的存活时间与未吞铜绿微囊藻的金藻 O 组的相似，但长于饥饿对照组的。这表明金藻没有从铜绿微囊藻中积累毒素，对水溞无急性毒性，但也不是水溞的良好食物（Zhang et al，2009）。

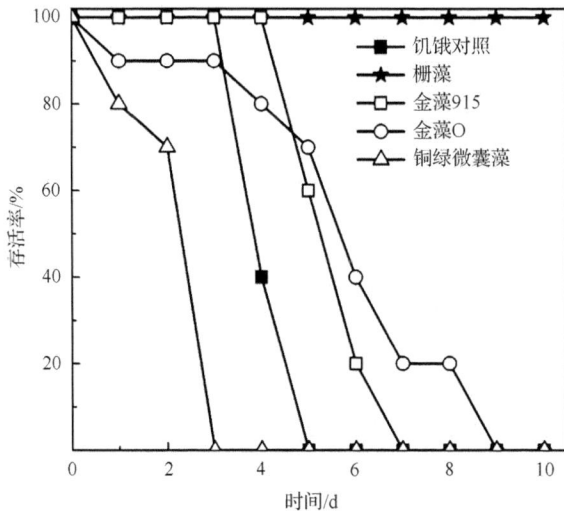

图 6.37　大型溞在几种藻悬液中的存活曲线（Zhang et al，2009）

金藻 915 为吞噬铜绿微囊藻的金藻；金藻 O 为未吞噬铜绿微囊藻的金藻

（2）鱼类慢性毒性试验

早期慢性毒性试验是针对鱼整个生活周期展开的，通常从受精卵或幼体开始，一直持续到下一代幼鱼结束。对于部分危害大的蓄积性污染物,慢性毒性试验不仅要包括一个生活周期,而且要延续三代。慢性毒性试验时,常观察存活率、体长、体重、产卵量、卵孵化率、畸性率以及一些生理、生化和行为等指标。但是该实验耗时很长,如黑头软口鲦鱼、花尾鱼慢性毒性试验周期通常在 8 个月以上,最多可达 2 年。太长的试验周期使得整个试验耗资大,且难以长期维持试验条件稳定,这就限制了该试验的应用(张彤和金洪钧,1994)。

鉴于鱼类全生活周期试验耗时长,研究者试图通过对鱼的部分生活周期评价进行评价来表征有毒物质的慢性毒性效应。1977 年,Mckim 和 Macek 等发现胚胎-幼体阶段和早期幼鱼阶段是鱼类最敏感的生活阶段,并由此提出了早期生活阶段试验(McKim,1977;Macek and Sleight,1977)。该试验历经受精卵/胚胎期-幼体期阶段的暴露,当鱼达到早期幼鱼期时结束试验,通常需要 30~90 天。主要监测终点包括存活、孵化、畸形、生长发育、行为等(张彤和金洪钧,1994)。经过多年试验,该试验已成为公认的慢性毒性试验方法。根据美国环境保护局的水质基准推导指南规定,在缺乏全生命周期和部分生活周期试验数据的情况下,可用早期生命阶段试验结果来替代推导水质基准(张彤和金洪钧,1994;USEPA,1985)。

20 世纪 80 年代以来,鱼类和两栖类胚胎-幼体存活和致畸试验、鱼类幼体 7 天存活和生长试验等慢性毒性的短期试验逐渐兴起。鱼类和两栖类胚胎-幼体存活和致畸试验为美国环境保护局推荐方法。其主要测试有毒物质对胚胎期和幼体期生物的毒性效应,主要从受精卵到幼体孵化后第 4 天(根据试验需要可延长),一般整个试验周期为 8~30 天。鱼类幼体 7 天存活生长试验则主要考察有毒物质对鱼类幼体存活和生长的影响,主要测试指标包括体长、体重、存活率等(张彤和金洪钧,1994)。

(3) 慢性毒性试验结果应用

慢性毒性试验通过测定多个浓度梯度的毒性效应,可以确定不产生影响的最高浓度(no observed effect concentration,NOEC)和产生影响的最低浓度(low observed effect concentration,LOEC)并估算最大可接受有毒物质浓度的范围(maximum acceptable toxic concentration,MATC)。一般来说,NOEC<MATC<LOEC(周启星 等,2004)。

在毒性评价和管理过程中,往往只有有毒物质的急性毒性数据,缺乏其慢性毒性数据。针对这种情况,可采用应用因子(AF)将水生生物的急性毒性与慢性毒性联系起来。应用因子即用 MATC 的极限浓度(NOEC 和 LOEC)除以急性毒性半致死浓度(LC_{50}),参见式(6.1)(周启星 等,2004)。在实际研究中,若已知某物质对受试鱼种的 LC_{50} 以及该物质在大型溞毒性试验中的应用因子,便可估算该物质对受试鱼种的 MATC 范围。

$$AF = MATC/LC_{50} \tag{6.1}$$

3. 遗传毒性检测

遗传毒性作用指生物接触外源化学物所产生 DNA 直接损伤或基因和染色体改变的效应,包括基因突变、染色体畸变和染色体分离异常等。遗传毒性试验种类繁多,包括 Ames 试验、SOS/*umu* 试验、微核试验和彗星试验等。其中,Ames 试验和 SOS/*umu* 试验常用于再生水遗传毒性评价。

(1) 鼠伤寒沙门氏菌回复突变试验

鼠伤寒沙门氏菌回复突变试验又称 Ames 试验,是检测样品导致鼠伤寒沙门氏菌组氨酸缺陷型菌株发生回复突变的程度以表征样品致突变性的一种方法。其试验原理如图 6.38 所示,将具有致突变性的样品与无法合成组氨酸的鼠伤寒沙门氏菌缺陷型菌株接触,使得无法在低含量组氨酸培养基上生长的缺陷型菌株发生回复突变(reverse mutation)成为野生型菌株,并在低含量组氨酸培养基上生长(印木泉,2002)。细菌回复突变试验经过多年改进,已发展出多种菌株用于测定不同类型的突变,见表 6.18。

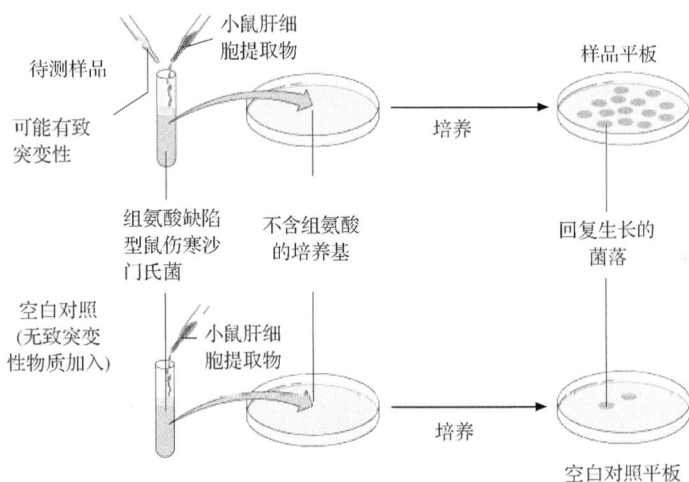

图 6.38　细菌回复突变试验示意图(Tortoro et al, 2001)

表 6.18　细菌回复突变试验常用菌株及其检测的突变类型

菌株	检测的突变类型
TA98	移码
TA1535	碱基替换
TA100	碱基替换和移码
TA1537、TA97	移码
TA102	多方向检测致癌剂、氧化型物质

资料来源: 印木泉, 2002.

（2）SOS/*umu* 遗传毒性试验

SOS/*umu* 遗传毒性试验是通过检测细菌 DNA 经样品损伤后的修复程度以表征样品遗传毒性的一种方法。图 6.39 给出了 SOS/*umu* 试验的原理。遗传毒性物质导致细菌 DNA 损伤，受损 DNA 诱导产生一系列物质，启动 DNA 修复所需酶并提高酶活力，使受损 DNA 修复，从而重新恢复细胞分裂，这一系列反应称为 SOS 反应。细菌在发生 SOS 反应时，可生成具有活性的蛋白水解酶，该酶切除阻遏 *umu*C 操纵子的蛋白，使受封闭的 *umu*C 操纵子启动，并带动与 *umu* C 操纵子融合的 LacZ 基因转录、翻译，生成 β-半乳糖苷酶，测定 β-半乳糖苷酶活，便可确定 DNA 的受损程度。

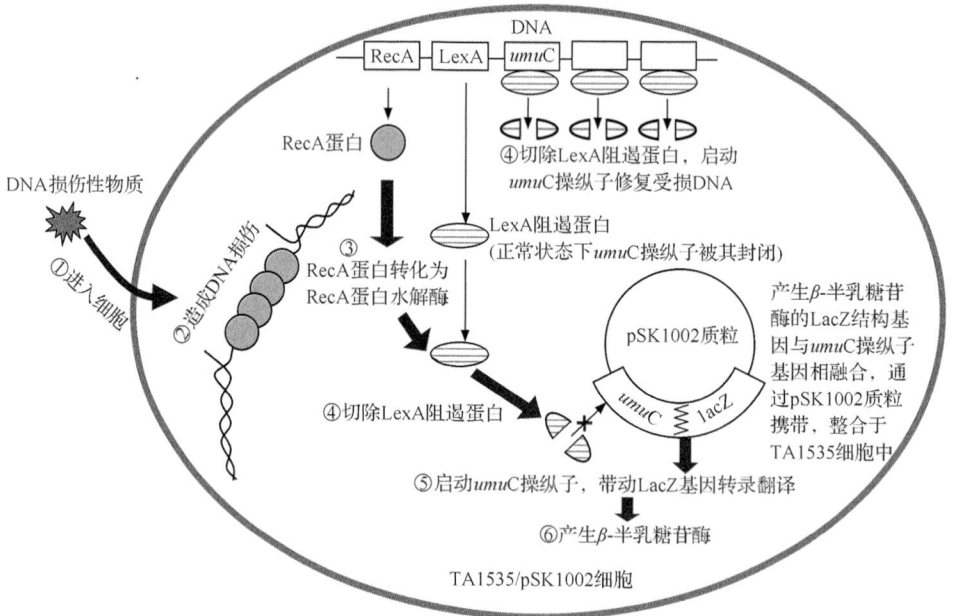

图 6.39　SOS/*umu* 试验的原理

SOS/*umu* 遗传毒性试验具有简单、快速（4～6 h）、敏感、价廉的特点，该方法的结果与 Ames 致突变性试验有 90% 的一致性，且具有 SOS/*umu* 遗传毒性的物质有 90% 以上的可能是致癌物（Reifferscheid and Hell，1996）。因此，该方法被 ISO 列为标准方法（ISO，2000）。基于该方法的遗传毒性指标已被德国列入化工废水的排放标准中（Germany FMENCNS，2004）。

SOS/*umu* 遗传毒性试验应用于污水、再生水遗传毒性评价的案例越来越多。图 6.40 给出了再生水处理工艺对 SOS/*umu* 遗传毒性的影响（王丽莎，2007）。由图 6.40 可知，好氧滤床、砂滤、臭氧等可去除部分遗传毒性，但氯消毒则可导致再生水遗传毒性上升。

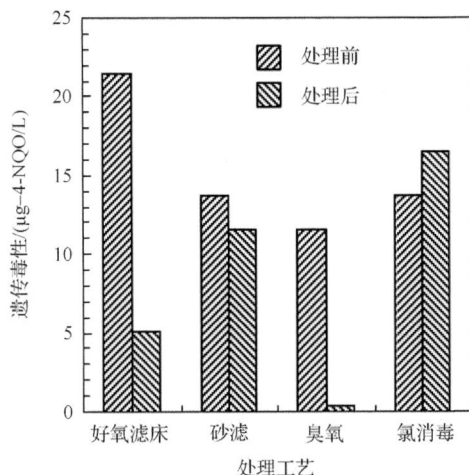

图 6.40　再生水处理工艺对 SOS/*umu* 遗传毒性的影响(王丽莎,2007)

4. 内分泌干扰性检测

内分泌干扰性检测法是检测样品对生物内分泌系统功能影响的一类方法。常见的内分泌干扰作用评价方法包括双杂交酵母法、鱼类卵黄卵原蛋白试验等。主要关注的内分泌干扰效应包括雌激素活性、抗雌激素活性、雄性激素活性、甲状腺激素活性、糖皮质激素活性等。

(1) 双杂交酵母法

在高等动物体内,雌激素等固醇类激素与受体结合,引起相关基因的表达,最终引发相应的生理现象,该途径被称为受体介导途径。基于这一途径,研究者开发了双杂交酵母法用于测定样品中的内分泌干扰效应(Nishikawa et al,1999)。双杂交酵母法是检测样品诱导酵母体内的类固醇激素受体能力以表征样品内分泌干扰性的一种方法。

双杂交酵母法测定雌激素活性的基本原理如图 6.41 所示。雌激素活性物质与酵母细胞中的雌激素受体结合,产生一系列的生化反应,诱导转录产生 β-半乳糖苷酶,检测 β-半乳糖苷酶活便可表征样品的雌激素活性。

双杂交酵母测定抗雌激素活性的基本原理与雌激素活性类似,如图 6.42 所示。在试验中添加样品的同时,添加一定量的标准雌激素活性物质 17β-雌二醇,通过测定样品对 17β-雌二醇的 β-半乳糖苷酶诱导活性的抑制程度,来表征浓缩样品的抗雌激素活性强弱(Jung et al,2004;Wu et al,2009)。

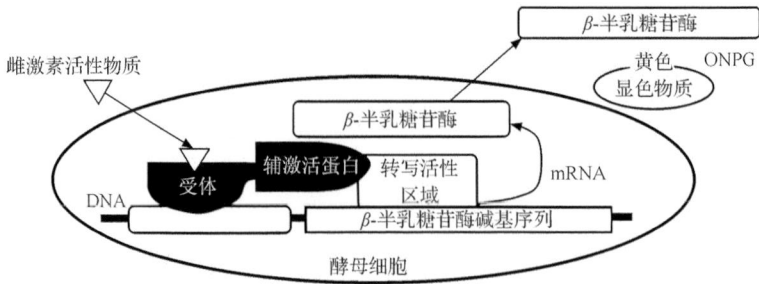

图 6.41　双杂交酵母法测定雌激素活性的基本原理

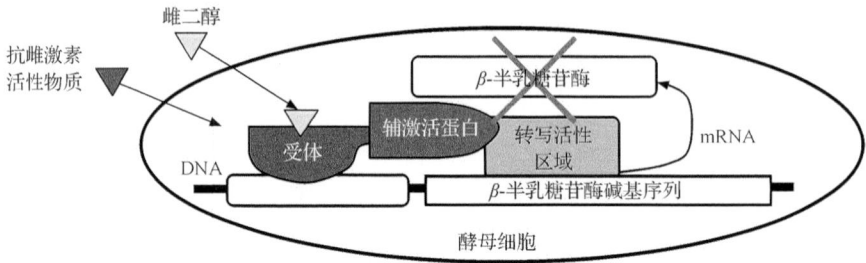

图 6.42　双杂交酵母法测定抗雌激素活性的基本原理

（2）鱼类卵黄蛋白原试验

鱼类卵黄蛋白原（vitellogenin，Vtg）试验是检测样品诱导雄性鱼类卵黄蛋白原的生成量以表征样品雌激素活性的一类方法。卵黄蛋白原是一种存在于性成熟的卵生雌性动物血液中的特异性蛋白，其是卵生动物卵黄蛋白的前体。卵黄蛋白原通常情况下仅存在于雌性动物体内，其在雄性动物体内含量很低或没有。但是当雄性动物暴露于雌激素活性物质时，其肝细胞亦可合成卵黄蛋白原（翟丽丽和张育辉，2009；周庆祥和江桂斌，2003）。

6.5.2　毒性因子识别

生物毒性检测技术能综合、直观地反映再生水水质的安全性，在再生水水质安全评价和综合毒性控制中将起到重大作用，但仍存在许多不足：

1）毒性检测涉及受试生物保存培养、暴露、检测等多个环节，操作复杂。培养鱼、溞等受试生物，不仅需要定期（1～2 天）喂养并更换培养基，还需培养栅藻、草履虫、丰年虫等受试生物食物。

2）毒性检测标准方法耗时长，难以评价和控制再生水污染物短时间排放带来的风险。藻、鱼、溞急性毒性检测暴露时间通常为 1～4 天，溞、鱼的短期慢性毒性暴露时间为 7～21 天，而鱼的全生命周期评价则高达 1～2 年。

3）由于毒性检测操作复杂、耗时长，因此在日常水质管理中污废水/再生水毒性检测频率通常较低。加拿大金属冶炼加工废水排放标准中要求鱼类急性毒性试验检测频率为每月仅 1 次(Canada Justice Minister，2002)。

4) 毒性检测常只评价再生水对少数标准种受试生物的影响,如美国环境保护局要求受试生物种类相对较多,仅要求不少于 3 种。但是,我国地域广阔,生物多样性丰富,各地区生物种类众多且不同地区存在较大差异,再生水对各地不同种生物的毒害作用亦各不相同。即使是同一种生物,其在不同地区的生长繁殖特性亦不同,废水对其的毒害作用仍存在差异。因此,仅仅评价污废水/再生水对少数标准种受试生物的毒害作用不能有效反映再生水对当地水环境的危害,需要筛选各地区代表性敏感种水生生物,以客观准确评价再生水的安全性。

综上,仅仅监测生物毒性难以满足污水/再生水水质安全日常管理的需求,需要综合控制生物毒性及导致再生水具有毒性的毒性因子,以保障再生水水质安全。图 6.43 给出了基于毒性因子控制的再生水水质安全管理体系。该体系利用本地代表性敏感水溞系统评价再生水生物毒性,并通过组分分离和仪器分析等手段,结合对再生水处理工艺的分析,识别并筛选水中的优先控制毒性因子。在再生水水质日常管理工作中,利用简易分析方法监测再生水中的优先控制毒性因子含量,在此基础上优化再生水处理工艺,以保障水生态系统安全和公众健康。

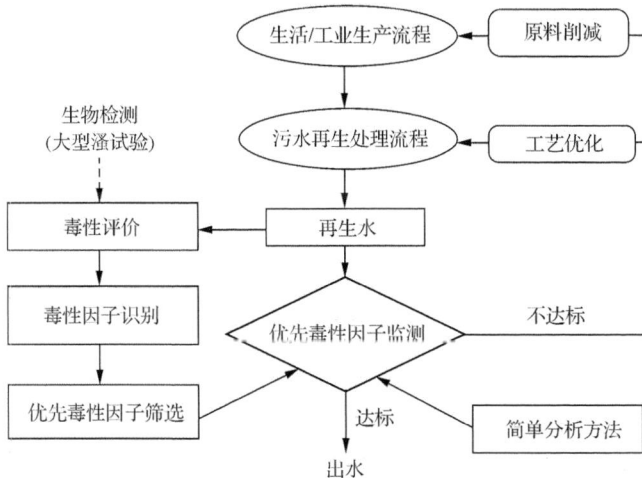

图 6.43 基于毒性因子控制的再生水水质安全管理体系

在早期,毒性因子识别工作通常围绕水中的优先控制污染物展开,其流程如图 6.44 所示。测定样品中优先控制污染物的浓度,并将其浓度水平与文献中毒性数据或者相关物质的环境标准进行比较。通过质量衡算和比较,确定相关优先污染物是否导致样品的毒性效应(USEPA，1991)。但是,再生水中的污染物种类十分复杂,除了优先控制污染物以外还存在许多未知或已知的有毒物质,仅仅评价优先控制污染物难以识别再生水的毒性因子。

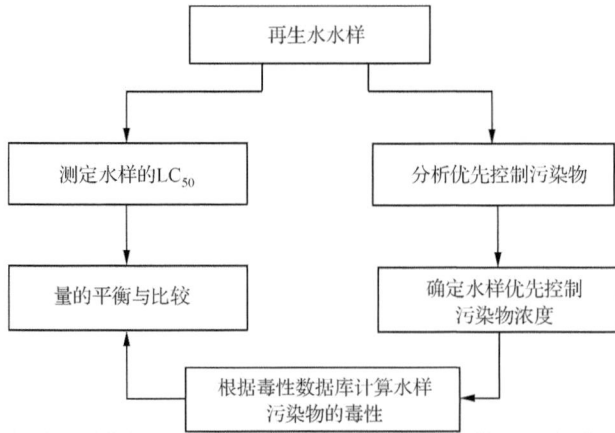

图 6.44　水生生物毒性识别评价早期路径(USEPA，1991)

　　针对污水/再生水中污染物十分复杂这一特点，美国环境保护局自 1988 年便提出了水毒性识别评价法(toxicity identification evaluation，TIE)，以识别导致水中毒性效应的因子。TIE 方法包括毒性因子特性评价、毒性因子鉴别以及毒性因子确认三个环节。其通过对毒性因子物理、化学特性进行分析，结合分级分离技术和毒性试验，识别具有毒性效应的组分，在此基础上通过仪器分析手段识别毒性因子(USEPA，1991)。

1. 毒性因子特性评价

　　对污水/再生水毒性因子特性进行全面、系统评价，可掌握样品中毒性因子的物理、化学特性，确定毒性因子物质类别，避免对无毒组分的分析，并为毒性因子控制和毒性减排技术的开发提供依据。其通过水样初始毒性试验确定水样毒性水平，后利用各种物理、化学方法对样品进行处理(表 6.19)，考察处理前后毒性的变化，从而判断样品中毒性因子的物理、化学特性及其类别(USEPA，1991)。

表 6.19　毒性因子特性评价方法

物理、化学处理方法	毒性因子特征
调节 pH	酸性物质、碱性物质
调节 pH 后曝气	挥发性或还原性的物质
调节 pH 后过滤	颗粒物、易吸附在颗粒物上的有毒物质
调节 pH 后固相萃取	非极性有机物
XAD/离子交换树脂分离	疏水酸性物质、疏水碱性物质、疏水中性物质、亲水酸性物质、亲水碱性物质、亲水中性物质
氧化还原	还原性或氧化性物质
投加 EDTA	金属阳离子
梯度 pH	氨、离子化的农药和部分重金属

　　资料来源：USEPA，1991.

2. 毒性因子鉴别

毒性因子鉴别是整个毒性因子识别方法的关键和难点,其流程图参见图 6.45。毒性因子鉴别应根据特性评价试验中确定的毒性因子物理化学性质及其所属类别,选择适合的分离分析方法。若特性评价试验中发现特性毒性因子可能是重金属、氨、余氯等物质,则可直接检测相应物质含量。否则,根据毒性因子类别及其特性富集该类别物质组分,后采用固相萃取梯度洗脱、制备型液相色谱分离等分离分级技术将经富集的物质组分进一步细分,并通过生物毒性试验识别出毒性组分。然后,利用色谱、质谱、核磁共振波谱等手段,结合对再生水处理工艺的分析,鉴别出组分中的毒性因子。

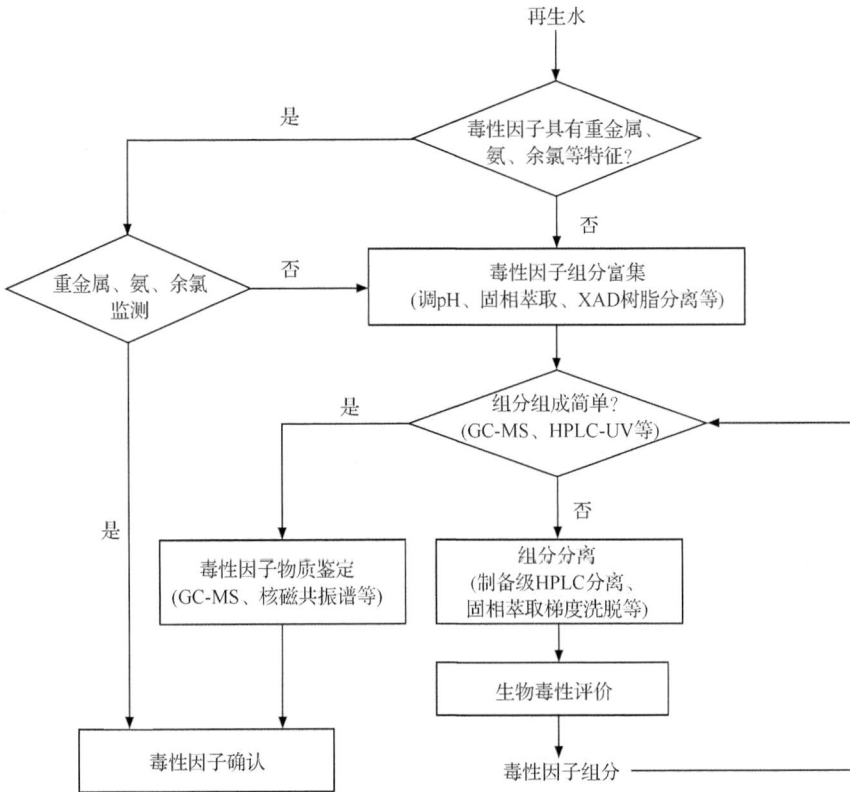

图 6.45　再生水毒性因子鉴别方法

对于复杂样品,往往需要利用单级乃至多级制备型液相色谱分离毒性因子。图 6.46 为利用制备型液相色谱和双杂交酵母抗雌激素活性检测方法,从苯丙氨酸氯消毒产物中分离具有抗雌激素活性的毒性因子组分(Wu et al,2010a)。

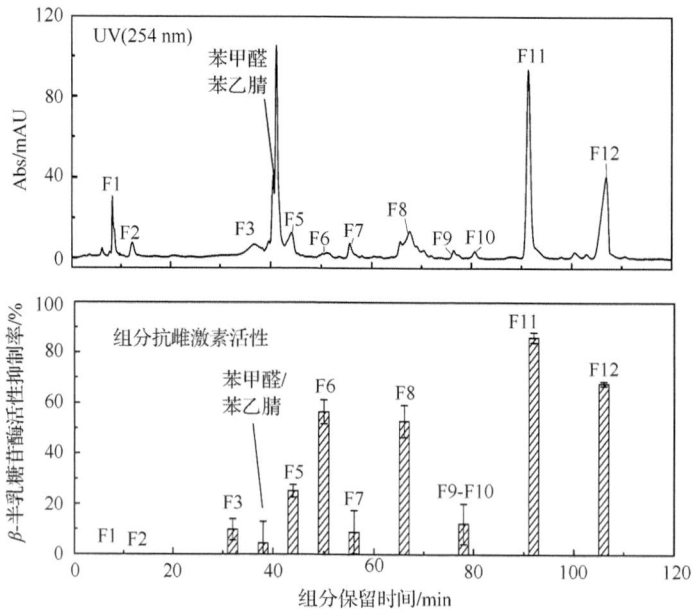

图 6.46　经制备色谱分离和双杂交酵母法测试的苯丙氨酸氯
消毒副产物组分及其抗雌激素活性

3. 毒性因子确认

毒性因子确认试验是用于验证毒性因子是否为导致废水具有毒性的关键有毒有害污染物。毒性因子确认可通过多种方式展开，包括相关性分析（correlation approach）、症状分析（symptom approach）、物种敏感性分析（species sensitivity approach）、质量平衡（mass balance approach）、删除试验（deletion approach）、屏蔽毒性因子试验（hidden toxicants）等（USEPA，1993）。

相关性分析法是将样品中毒性因子的毒性与样品毒性进行线性相关分析。其中，毒性因子的毒性是将因子在样品中的物质浓度除以其半效应浓度（EC_{50} 等）而得到的。理论上，若样品中仅有 1 种毒性因子，则其毒性与样品的线性拟合曲线斜率应为 1，y 轴截距应为 0，R^2 越高可信度就越高。图 6.47 给出了不同污水中毒性因子与样品毒性的线性相关分析结果。在图 6.47（a）中，拟合曲线的斜率与截距与理想状况接近，说明可疑毒性因子是样品中的主要毒性因子。在图 6.47（b）中，拟合曲线的斜率和截距均显著大于理论曲线的，这说明仍存在未知毒性因子，有待鉴别。在图 6.47（c）中，R^2 为 0.89，斜率略高于 1，但其截距则为 −12.34，这可能是因为样品中的背景基质对毒性因子毒性具有拮抗作用，具体原因还有待进一步验证（USEPA，1993）。

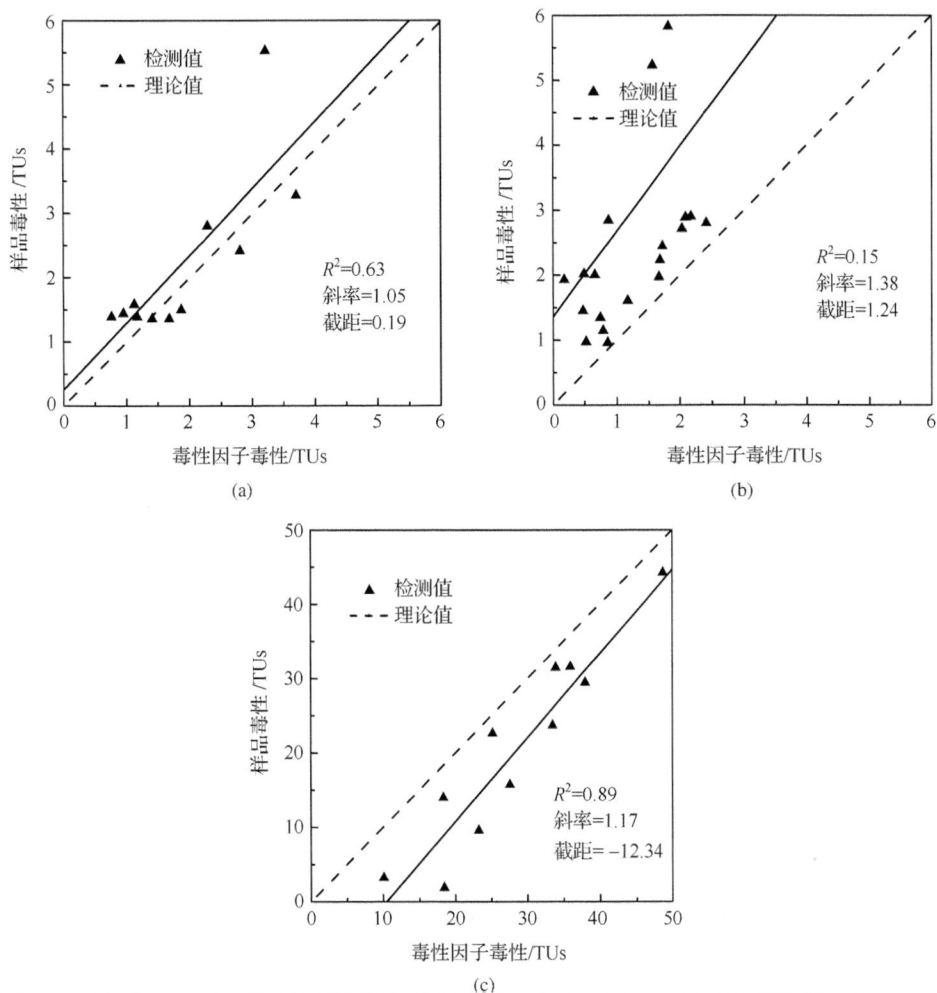

图 6.47 废水毒性与毒性因子的线性相关分析(USEPA,1993)

症状分析法的原理是同一种有毒物质在特定浓度范围内毒性效应是相似的,若样品的症状与可疑毒性因子存在显著差异,便说明毒性因子可能不是导致样品具有毒性的物质。例如在急性毒性试验中,部分有毒物质可导致测试生物迅速致死,而部分有毒物质则缓慢导致生物致死,若毒性因子与样品在各个时间段内导致测试生物的死亡率存在很大差异,则需重新识别毒性因子(USEPA,1993)。

物种敏感性法是观测不同测试物种对样品和毒性因子的敏感性,若敏感性一致,便可认为可疑毒性因子是导致样品具有毒性的物质。

质量平衡法适用于样品中的毒性因子可被去除并在后续步骤中恢复的情况。其通常采用固相萃取的方法分离样品,后又将各个组分混合,若毒性因子所在组分的毒性与样品以及经固相萃取得到各组分混合物的相似,则可认为毒性因子所在组分为关键组分。而且样品中毒性因子的毒性与废水的相近,便可认为毒性因子是导致样品具有毒性的物质(USEPA,1993)。

参 考 文 献

安谱. 2010. 固相萃取手册. 34,39. [EB/OL]http://www. anpel. com. cn/Chi/TechnologyView. aspx? TechID=105&TechName=固相萃取%20>%20固相萃取手册.

陈小华,汪群杰. 2010. 固相萃取技术与应用. 北京:科学出版社. 2,8~24,53~57,194~272.

董春宏,胡洪营,魏东斌,等. 2004. 酚类化合物对底泥氨氧化活性的抑制作用. 中国给水排水,20(9):43~46.

冯玉红. 2008. 现代仪器分析实用教程. 北京:北京大学出版社. 440.

国家环境保护总局水和废水监测分析方法编委会. 2002. 水和废水监测分析方法. 第四版. 北京:中国环境科学出版社. 715~719,725~726.

胡洪营,魏东斌,董春宏. 2002. 污/废水的水质安全性评价与管理. 环境保护,301(11):37~38.

胡洪营,吴乾元,杨扬,等. 2011. 面向毒性控制的工业废水水质安全评价与管理方法. 环境工程技术学报,1(1):42~47.

胡洪营,赵文玉,吴乾元. 2010. 工业废水污染治理途径与技术研究发展需求. 环境科学研究,23(7):861~868.

蒋燮治,堵南山. 1979. 中国动物志(节肢动物门 甲壳纲 淡水枝角类). 北京:科学出版社. 104.

金熹高,黄俐研,史燚. 2009. 裂解气相色谱方法及应用. 北京:化学工业出版社.

刘虎威. 2007. 气相色谱方法及应用. 北京:化学工业出版社.

穆乃强. 1985. 气相色谱顶空分析. 分析化学,13(3):187~191.

盛龙生,苏焕华,郭丹滨. 2006. 色谱质谱联用技术,北京:化学工业出版社. 130~135.

孙凤霞. 2004. 仪器分析. 北京:化学工业出版社. 49~55,182~186,236,275~277.

田杰. 2006. 城市污水氯化消毒副产物产生规律研究:[硕士论文]. 北京:清华大学.

王丽莎. 2007. 氯和二氧化氯消毒对污水生物毒性的影响研究:[博士论文]. 北京:清华大学.

王丽莎,胡洪营,魏杰,等. 2006. 城市污水再生处理工艺中发光细菌毒性变化的初步研究. 安全与环境学报,6(1):72~74.

吴乾元. 2010. 氯消毒对再生水遗传毒性和雌/抗雌激素活性的影响研究:[博士论文]. 北京:清华大学.

许金钧,王尊本. 2004. 荧光分析法. 北京:科学出版社. 22~28,154~156.

印木泉. 2002. 遗传毒理学. 北京:科学出版社. 404~406.

张彤,金洪钧. 1994. 水生态毒理学中检测慢性毒性的短期试验方法. 环境保护科学,23(3):1~6.

张月琴,吴淑琪. 2003. 水中有机污染物前处理方法进展. 分析测试学报,22(3):106~109.

翟丽丽,张育辉. 2009. 基于环境雌激素评估的卵黄蛋白原研究进展. 生态毒理学报,4(3):332~337.

赵瑶兴,孙祥玉. 2003. 有机分子结构光谱鉴定. 北京:科学出版社. 106~112.

周启星,孔繁翔,朱琳. 2004. 生态毒理学. 北京:科学出版社. 85.

周庆祥,江桂斌. 2003. 卵黄蛋白原的分离测定及其在环境内分泌干扰物质筛选中的应用. 化学进展,15(1):67~73.

Abbt-Braun G, Lankes U, Frimmel F H. 2004. Structural characterization of aquatic humic substances—The need for a multiple method approach. Aquatic Sciences,66(2):151~170.

Camilla G, Gunnel D. 2001. Development of nitrification inhibition assay using pure cultures of nitrosomonas and nitrobacter. Water Research,35(2):433~440.

Canada Justice Minister. 2002. SOR/2002-222 Metal mining effluent regulations. Canada Justice Minister. 10. http://laws. justice. gc. ca/PDF/Regulation/S/SOR-2002-222. pdf.

Chan C M, Lo W H, Wong K Y, et al. 1999. Monitoring the toxicity of phenolic chemicals to activated sludge using a novel optical scanning respirometer. Chemosphere, 39(9):1421~1432.

Charrois, J W A, Arend M W, Froese K L, et al. 2004. Detecting N-nitrosamines in drinking water at nanogram per liter levels using ammonia positive chemical ionization. Environmental Science & Technology, 38 (18), 4835~4841.

Chen W, Westerhoff P, Leenheer J A, et al. 2003. Fluorescence excitation-emission matrix regional integration to quantify spectra for dissolved organic matter. Environmental Science & Technology, 37 (24): 5701~5710.

Dalzell D J B, Alte S, Aspichueta E, et al. 2002. A comparison of five rapid direct toxicity assessment methods to determine toxicity of pollutants to activated sludge. Chemosphere, 47(5):535~545.

DeZwart D, Sloof W. 1983. The Microtox as an alternative assay in the acute toxicity assessment of water pollutants. Aquatic Toxicology, 4(2):129~138.

Germany FMENCNS (Federal Ministry for the Environment, Nature Conservation and Nuclear Safety). 2004. Promulgation of the new version of the ordinance on requirements for the discharge of waste water into waters. Federal Law Gazette BGBl. I p 1108.

ISO(International Standard Organization). 2000. ISO 13829 Water quality-Determination of the genotoxicity of water and waste water using the umu-test. Geneva: International Standard Organization.

ISO(International Standard Organization). 2006. ISO 9509 Water quality-Toxicity test for assessing the inhibition of nitrification of activated sludge microorganisms. 2nd ed. Geneva: International Standard Organization.

Jung J, Ishida K, Nishihara T. 2004. Anti-estrogenic activity of fifty chemicals evaluated by in vitro assays. Life Science, 74(25):3065~3074.

Kaiser K L E, Esterby S R. 1991. Regression and cluster analysis of the acute toxicity of 267 chemicals to six species of biota and the octanol/water partition coefficient. The Science of the Total Environment, 109/110: 499~519.

Lee H B, Peart T E, Svoboda M L. 2007. Determination of ofloxacin, norfloxacin, and ciprofloxacin in sewage by selective solid-phase extraction, liquid chromatography with fluorescence detection, and liquid chromatography-tandem mass. Journal of Chromatography A, 1139(1):45~52.

Lee Y W, Ong S K, Sato C. 1997. Effects of heavy metals on nitrifying bacteria. Water Science and Technology, 36(12):69~74.

Leenheer J A. 1981. Comprehensive approach to preparative isolation and fractionation of DOC from natural waters and wastewaters. Environmental Science & Technology, 15(5):578~587.

Leenheer J A, Croue J P. 2003. Characterizing aquatic dissolved organic matter. Environmental Science & Technology, 37(1):18A~26A.

Levine A D, Tchobanoglous G, Asano T. 1985. Characterization of the size distribution of contaminants in wastewater: treatment and reuse implications. Journal (Water Pollution Control Federation), 57 (7): 805~816.

Li C W, Korshin G V, Benjamin M M. 1998. Monitoring DBP formation with differential UV spectroscopy. Journal of American Water Works Association, 90(8):88~100.

Macek K,Sleight B. 1977. Utility of toxicity tests with embryos and fry of fish in evaluating hazards associated with the chronic toxicity of chemicals to fishes//Aquatic toxicology and hazard evaluation. STP634. Philadelphia:American Society for Testing and Materials. 134~146.

McKim J M. 1977. Evaluation of tests with early life stages of fish for predicting long-term toxicity. Journal of the Fisheries Research Board of Canada,34:1148~1154.

McKnight D M,Boyer E W,Westerhoff P K,et al. 2001. Spectrofluorometric characterization of dissolved organic matter for indication of precursor organic materials and aromaticity. Limnology & Oceanography,46 (1):38~48.

Miller W E,Peterson S A,Greene J C,et al. 1985. Comparative toxicology of laboratory organisms for assessing hazardous waste sites. Journal of Environmental Quality,14(4):569~574.

Najm I,Patania N L,Jacangelo J G,et al. 1994. Evaluating surrogates for disinfection by-products. Journal of American Water Works Association,86(6):98~106.

Nikolaou A D,Golfinopoulos S K. 2002. Determination of haloacetic acids in water by acidic methanol esterification-GC/ECD method. Water Research,36(4):1089~1094.

Nikolaou A D,Golfinopoulos S K. 2005. Optimization of analytical methods for the determination of DBPs: Application to drinking waters from Greece and Italy. Desalination,176(1-3):25~36.

Nishikawa J,Saito K,Goto J,et al. 1999. New screening methods for chemicals with hormonal activities using interaction of nuclear hormone receptor with coactivator. Toxicology and Applied Pharmacology,154(1): 76~83.

Nowak O. Svardal K. 1993. Observations on the kinetics of nitrification under inhibiting conditions caused by industrial wastewater compounds. Water Science and Technology,28(2):115~123.

Reckhow D A, Singer P C, Malcolm R L. 1990. Chlorination of humic materials: by-product formation and chemical interpretations. Environmental Science & Technology,24(11):1655~1664.

Reifferscheid G,Hell J. 1996. Validation of the SOS/umu test using test results of 486 chemicals and comparison with the Ames test and carcinogenicity data. Mutatation Research,369(3-4):129~145.

Shon H K,Kim S H,Erdei L,et al. 2006a. Analytical methods of size distribution for organic matter in water and wastewater. Korean Journal of Chemical Engineering,23(4):581~591.

Shon H K,Vigneswaran S,Snyder S A. 2006b. Effluent organic matter (EfOM) in wastewater Constituents effects and treatment. Critical Reviews in Environmental Science and Technology,36(4):327~374.

Sui Q,Huang J,Deng S B,et al. 2009. Rapid determination of pharmaceuticals from multiple therapeutic classes in wastewater by solid-phase extraction and ultra-performance liquid chromatography tandem mass spectrometry. Chinese Science Bulletin,54(24):4633~4643.

Świetlik J,Sikorska E. 2004. Application of fluorescence spectroscopy in the studies of natural organic matter fractions reactivity with chlorine dioxide and ozone. Water Research,38(17):3791~3799.

Tortoro G J, Funke B R, Case C L. 2001. Microbiology:An introduction. 7th ed. Redwood City:Benjamin Cummings. 233.

USEPA (United States Environmental Protection Agency). 1985. Guidelines for deriving numerical national water quality criteria for the protection of aquatic organism and their uses. Springfield:National Technical Information Service. 37~39. http://www. epa. gov/waterscience/criteria/library/85guidelines. pdf.

USEPA (United States Environmental Protection Agency). 1991. EPA/600/6-91/003 Methods for aquatic toxicity identification evaluations:Phase I toxicity characterization procedures. Washington DC:Office of

Research and Development.

USEPA (United States Environmental Protection Agency). 1993. EPA/600/R-92/081 Methods for aquatic toxicity identification evaluations: Phase III toxicity confirmation procedures for samples exhibiting acute and chronic toxicity. Washington DC: Office of Research and Development.

Wang L S, Hu H Y, Wang C. 2007a. Effect of ammonia nitrogen and dissolved organic matter fractions on the genotoxicity of wastewater effluent during chlorine disinfection. Environmental Science & Technology, 41 (1):160~165.

Wang L S, Wei D B, Wei J, et al. 2007b. Screening and estimating of toxicity formation with photobacterium bioassay during chlorine disinfection of wastewater. Journal of Hazardous Materials, 141(1):289~294.

Wolfe A P, Kaushal S S, Fulton J R, et al. 2002. Spectrofluorescence of sediment humic substances and historical changes of lacustrine organic matter provenance in response to atmospheric nutrient enrichment. Environmental Science & Technology, 36(15):3217~3223.

Wu Q Y, Hu H Y, Zhao X, et al. 2009. Effect of chlorination on the estrogenic/antiestrogenic activities of biologically treated wastewater. Environmental Science & Technology, 43(13):4940~4945.

Wu Q Y, Hu H Y, Zhao X, et al. 2010a. Characterization and identification of antiestrogenic products of phenylalanine chlorination. Water Research, 44(12):3625~3634.

Wu Q Y, Hu H Y, Zhao X, et al. 2010b. Effects of chlorination on the properties of dissolved organic matter and its genotoxicity in secondary sewage effluent under different concentrations of ammonia. Chemosphere, 80(8):941~946.

Wu Q Y, Li Y, Hu H Y, et al. 2010c. Reduced effect of bromide on the genotoxicity in secondary effluent of a municipal wastewater treatment plant during chlorination. Environmental Science & Technology, 44(13): 4924~4929.

Zhang H Q, Yamada H, Tsuno H. 2008. Removal of endocrine-disrupting chemicals during ozonation of municipal sewage with brominated byproducts control. Environmental Science & Technology, 42 (9): 3375~3380.

Zhang X, Warming T P, Hu H Y, et al. 2009. Life history responses of *Daphnia magna* feeding on toxic *Microcystis aeruginosa* alone and mixed with a mixotrophic *Poterioochromonas* sp. Water Research, 43(20): 5053~5062.

第7章 再生水利用的潜在风险及水质要求

再生水利用途径主要包括农、林、牧、渔业利用,城市杂用,工业回用,景观和娱乐利用,饮用水增补应用以及地下水补给应用等。由于污水中存在多种多样的病原微生物、有毒有害有机物、重金属、无机盐和植物营养物质(氮、磷)等污染物,污染物对再生水安全利用带来的风险不容忽视(美国环境保护局,2008)。在不同的再生水利用途径中,风险危害对象也各不相同,例如再生水农业利用需要关注对植物、土壤的危害,而再生水工业利用则需关注对工业生产的影响。不同再生水利用途径所关注的风险因子及其暴露途径亦存在差别。因此,对于再生水的每种利用途径都需充分考虑其潜在风险和对水量和水质的要求。

7.1 再生水在农、林、牧、渔业的应用及其潜在风险

7.1.1 再生水在农、林、牧、渔业的使用状况

再生水作为农、林、牧、渔业用水,主要用于农田灌溉、造林育苗、畜牧养殖、水产养殖等方面,具体用途参见表 7.1。

表 7.1 再生水在农、林、牧、渔业的使用场所

用　　途	使用场所
农田灌溉	种籽与育种、粮食与饲料作物、经济作物
造林育苗	种籽、苗木、苗圃、观赏植物
畜牧养殖	畜牧、家畜、家禽
水产养殖	淡水养殖

资料来源:GB/T 18919—2002(国家质量监督检验检疫总局,2002a).

1. 再生水在农业灌溉中的应用

农业灌溉对于淡水的需求量大。在我国,农业用水占中国总用水量的 62%(中华人民共和国水利部,2009)。北京市 2009 年农业用水为 12.0 亿 m³,占全市总用水量的 34%。图 7.1 为北京市 2001~2009 年各种用途用水量所占的比例(北京市统计局,2002~2010)。从全球看,灌溉用水量超过了其他用途的所有用水量,大约占总用水量的 75%。在美国,农业灌溉用淡水量占其淡水总用量的 41%

(Solley et al，1998)。

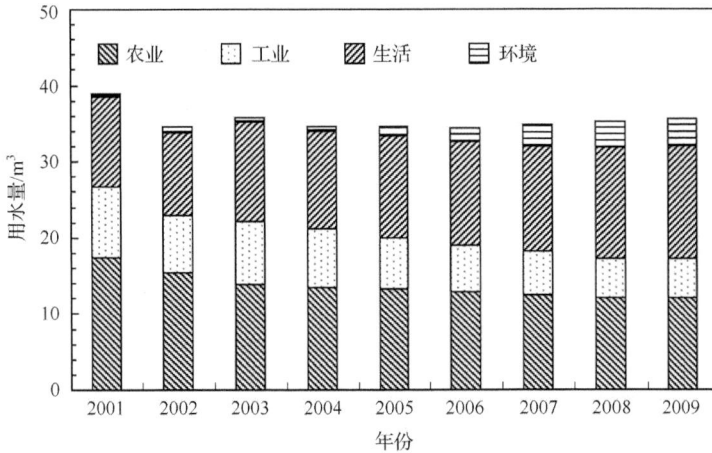

图 7.1　北京市 2001～2009 年各种用途的用水量(北京市统计局，2002～2010)

　　由于农业灌溉的需水量大,农业灌溉成为再生水的重要利用途径。图 7.2 给出了北京排水集团中水公司在 2008 年向各类用户供应再生水的比例。其中,北京农业灌溉用再生水 5200 万 m^3,占再生水供水量的 27.4%(周军等,2009)。在国外,农业灌溉亦是再生水利用的重要途径。例如,再生水应用广泛的澳大利亚,2000 年用于农业灌溉的再生水水量为 4.2×10^8 m^3,占其再生水总产量的 82%(Australian Bureau of Statistics，2006)。

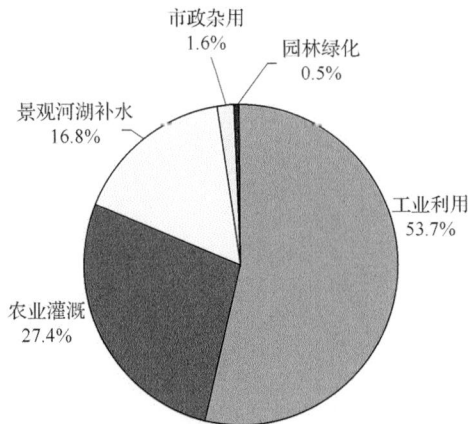

图 7.2　北京排水集团中水公司供应的再生水各用途用水量比例(周军 等,2009)

　　在美国,佛罗里达州和加利福尼亚州用于农业灌溉再生水量分别占再生水总量的 19% 和 44%,参见表 7.2(Hamilton et al，2007)。以色列作为水资源严重短缺的国家,其污水处理率高达 91.2%,预计到 2040 年,将有 1000 亿 m³ 处理的城市污水作为农业灌溉水源,约占总用水量(1400 亿 m³)的 70%(Haruvy,1998)。此外,突尼斯 2000 年再生水灌溉量达 1.25 亿 m³(Bahri,1998);约旦大多数城市污水处理后回用于农业,灌溉面积近 1.07 万 hm²(Al-Nakshabandi et al,1997)。同时,俄罗斯、意大利、南非、伊朗等国家的污水回用也很普遍(曾德付和朱维斌,2004;Heidarpour et al,2007;Pollice et al,2004)。

表 7.2　美国加利福尼亚州和佛罗里达州不同用途再生水所占的比例(单位:%)

用途	加利福尼亚州/%	佛罗里达州/%
农业灌溉	48	19
景观	20	44
地下水补给	15	16
工业	5	15
环境用水等	2	6

资料来源:Hamilton et al,2007.

再生水农业灌溉的前身是污灌。污灌是将未处理或简单处理的工业废水、生活污水灌溉农田的一种形式。我国从 20 世纪六七十年代便开始开展城市污水灌溉方面的工作。据统计,1998 年全国的污水灌溉面积为 361.8 万 hm²,占总灌溉面积的 7.3%,其中 85% 左右分布在水资源严重短缺的黄、淮、海、辽四大流域(张海新 等,2006)。污水灌溉区根据污水类型不同可以分为城市混合污水灌溉区、石化废水灌溉区和工、矿废水灌溉区,参见图 7.3(全国污水灌区农业环境质量普查协作组,1984)。与国外再生水农业灌溉相比,当时我国污水农业灌溉用水处理水平低、水质差。

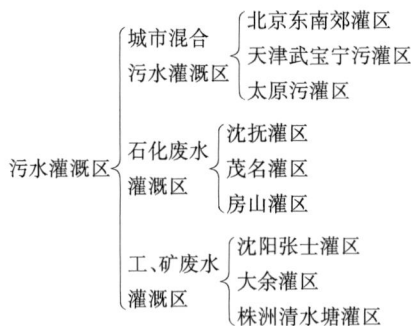

图 7.3　污水灌溉区分类及案例(全国污水灌区农业环境质量普查协作组,1984)

近年来,随着污水排放标准、再生水农业利用标准的出台,北京等地开始采用再生水替代未经处理的污水灌溉农田。表 7.3 给出了北京市再生水农田灌溉区。

其中大兴南红门灌区主要引用小红门和黄村污水处理厂的二级、三级处理出水,灌溉规模达 $3.5×10^5 m^3/d$(赵勇和朱姝,2007)。图 7.4 为用于输配再生水灌溉南红门灌区的凉凤灌渠(北京京城中水公司,2010)。

表 7.3　2008 年北京市再生水农灌区

灌区名	灌溉面积/hm²
大兴南红门灌区	$1.33×10^4$
通州新河灌区	$1.95×10^4$
房山、延庆灌区等	533

资料来源:张晓晖 等,2010.

图 7.4　用于输配再生水灌溉南红门灌区的凉凤灌渠(北京京城中水公司,2010)

2. 再生水在林业的应用

补给湖泊、河流、灌渠的再生水,除了被用于农田灌溉外,亦可用于浇灌果树、苗木等。在美国佛罗里达的奥兰多市和奥林奇县,其污水处理厂出水被禁止排入下游河湖中,因此两市将其污水处理厂处理出水用于 Lake Wales Ridge 沙质地区柑橘树的浇灌等用途,大大节约了柑橘种植者的费用支出(美国环境保护局,2008)。

在某些缺水地区,林地灌溉亦常作为污水/再生水处理处置工艺的一部分。在内蒙古东部的霍林河煤矿矿区,年平均降水量 354 mm,但蒸发量达 1700 mm,水资源十分缺乏。当地霍林河是农牧民生产生活用水的重要来源。为了避免矿区污水对霍林河水质产生不良影响,矿区将其采矿的疏干水、矿坑水和生活污水经一级强化处理和消毒后,在污水库储存过冬后用于灌溉林地和草地,处理规模为 $0.75×10^4 \sim 1.5×10^4$ m³/d(李淑杰,1995;吴云峰,1999)。

3. 再生水在牧业的应用

再生水回用于湿地、地表水水体时,水中常放养各种家禽,附近河滩草地亦常放养家畜,此外再生水亦可用于牧草灌溉。如在美国加利福尼亚圣罗莎亚区(Santa Rosa Subregion),其再生水系统从 20 世纪 60 年代开始便为牧场提供再生水用于草地灌溉(美国环境保护局,2008)。

4. 再生水在渔业的应用

再生水回用于湖泊、河流、池塘、水库等地表水水体时,水中常放养或野生各种鱼类。这使得水体除了具有农田灌溉、景观和娱乐功能,亦有渔业功能。天津市鸭淀水库补水便是雨水和由生活污水处理后的再生水(张素玲和刘振亮,2005)。鸭淀水库养殖水面面积达 533 hm²,水库功能以农田灌溉和水产养殖为主。该水库投放了大量的鲢鱼、鳙鱼,2004 年鱼虾产量达 129 t。图 7.5 为游人在鸭淀水库钓鱼的场景(王艳和田健,2009)。此外,北京稻香湖园林水系亦是以由酒店生活污水处理得到的再生水为补给水源,其水面面积为 4.5 hm²,蓄水量为 7×10^4 m³,补给规模约为 510 m³/d(图 7.6)。在该水系里,人工投加了白鲢、鳙鱼、鲫鱼、鲤鱼等鱼苗,控制水体中的藻类、浮游植物等并发展渔业(李荣旗 等,2008)。

图 7.5 游人在天津鸭淀水库钓鱼的场景(王艳和田健,2009)

图 7.6 北京稻香湖园林水系(北京稻香湖景酒店,2010)

7.1.2 再生水用于农、林、牧、渔业的潜在风险

农、林、牧、渔业与人们日常生活密切相关。再生水可有效缓解农、林、牧、渔业用水短缺的局面,但再生水中仍不可避免地存在一定的污染物,其所带来的潜在风

险和问题亦是人们所关注的焦点。可能的风险如表 7.4 所示。

表 7.4　再生水农、林、牧、渔业利用的潜在风险分析

用途	风险类型	暴露对象	通过途径	风险因子
农田灌溉	危害食品安全	直接食用农作物		病原微生物、重金属、有毒有害有机物
		间接食用农作物		重金属、有毒有害有机物
	毒害灌溉植物	植物	接触	无机盐、余氯
	污染土壤及地下水			病原微生物、重金属、有毒有害有机物、无机盐
造林育苗	毒害灌溉植物	植物	接触	无机盐、余氯
畜牧养殖	危害食品安全	家畜、家禽	摄入、接触	病原微生物、重金属、有毒有害有机物
水产养殖	危害食品安全	水生生物	接触	重金属、有毒有害有机物、余氯、营养元素（水华）

1. 再生水用于农业和林业的风险

再生水用于农业和林业时，水中的无机盐、病原微生物、有毒有害有机物、重金属、营养物质所带来的潜在风险和问题不容忽视，具体包括损害作物、危害食品安全和公众健康、污染土壤地下水、堵塞土壤喷嘴等。

（1）再生水对作物苗木的损害

再生水对作物生长的影响是种植者所关注的焦点，是影响再生水能否在农业和林业推广的关键问题。研究表明，再生水中含有作物所需的氮、磷、钾、锌、硼、硫等营养物质，可使西红柿、蔬菜等许多作物的年产量显著增加或无显著影响。但是在某些情况下，再生水中的无机盐、余氯、重金属、类金属、有毒有害有机物等污染物亦可能对作物生长产生以下不良影响（美国环境保护局，2008）。

1）无机盐的毒性：较低浓度的无机盐便可能对发芽阶段的植物和幼苗产生较大的伤害。此外，含有高浓度无机盐的再生水用于浇灌树叶时，水中的 Na^+ 和 Cl^- 可被树木叶片直接吸收，损伤叶片。

2）余氯的毒性：浓度小于 0.05 mg/L 的游离态余氯便可损害某些敏感农作物。当余氯浓度高于 5 mg/L 时，其对大多数作物可产生严重的损伤。

3）重金属、类金属和有毒有害有机物的毒性：镍、铜、铍等许多重金属和类金属在高浓度时会对作物有毒害作用。

（2）再生水对食品安全和公众健康的危害

食品安全和公众健康是公众所关注的热点。污水中常含有重金属、类金属、有毒有害有机物、病原微生物等污染物,其对食品安全和公众健康的影响是关系再生水能否回用于农业和林业的关键。

1）有毒物质在食品中积累。污染物,特别是重金属和疏水性有机物在食品中易积累。例如,经再生水灌溉的花生,其花生仁中铅的含量显著高于对照组(刘洪禄和吴文勇,2009)。未经处理的污水直接灌溉所引起的有毒物质积累问题更为严重。在墨西哥,10～38 年污水灌溉区的球花甘蓝(broccoli)、胭脂仙人掌(nopal)等作物镉、铅含量超标严重(Lucho-Constantino et al,2005)。在日本,炼锌厂废水污染下游农民灌溉、捕鱼用的河流,导致稻米、鱼虾中镉含量超标,引起多人神经痛、骨痛,即"痛痛病"事件。

2）病原微生物污染食品。利用再生水灌溉或洗涤作物时,再生水可与作物食用部分接触,水中病原微生物可能因此污染食品。再生水沟灌时,细菌易在西红柿表皮积累(Al-Lahham et al, 2003)。图 7.7 为墨西哥农民用混有污水的河水漂洗作物(Chatterjee, 2008)。

图 7.7　墨西哥农民用混有污水的河水漂洗作物(Chatterjee, 2008)

3）污染物影响公众健康。再生水在喷灌时可雾化成小液滴,挥发性有机物亦可从水中挥发出来。挥发性有机物和小液滴中的病原微生物、有毒化学物质随风飘移,给农民以及周边居民的健康带来威胁。此外,农民在使用再生水灌溉时,亦可能与再生水发生皮肤接触。有研究发现,用二级处理出水灌溉稻田时,农民和小孩因大肠杆菌得病的概率约为 $10^{-4}\sim10^{-6}$,其中小孩得病概率高于成年农民(An et al, 2007)。

（3）再生水对土壤的潜在影响

土壤的物理化学性质是影响作物生长的重要因素。再生水灌溉时,水中的无机盐、溶解性有机物、重金属等污染物可能在土壤中积累,从而对作物生长产生长期影响。

1）无机盐在土壤中的积累及其影响。在炎热干燥、水资源不丰富的地区,无机盐在土壤中积累是再生水灌溉面临的重要问题。无机盐会改变土壤的渗透压,使得植物需要消耗更多能量来吸收水分,从而导致可供植物生长的能量减少,影响植物生长(美国环境保护局,2008)。

2）在各种无机盐离子中,Na^+ 对土壤的物理化学性质影响较大,通常用钠吸收率(sodium adsorption ratio,SAR)来表示。长期利用再生水灌溉时,可导致 Na^+ 在土壤中积累,Na^+ 吸收率增大。过量的 Na^+ 不仅阻碍植物对水分的吸收,还可降低土壤的稳定性,导致土壤分散以及结构坍塌,使得细小的土壤颗粒填充于土壤孔隙中并封住土壤表面,阻碍水渗透至土壤中,从而影响植物的生长(Tanji,1990;AWWA,1997;美国环境保护局,2008)。

3）溶解性有机物在土壤中的积累及其影响。再生水中的溶解性有机物作为生物可利用的有机碳源,在一定程度上影响土地生态系统中的生物可利用性。Magesan 等(2000)研究表明,水中高 C/N 比的营养物质可促进土壤微生物的活动,但同时降低了所灌溉土地的水力传导率,降低土壤的水力传导能力。水力传导率下降可能是由于微生物的过剩生长导致土壤结构表面形成微生物膜,从而减小了土壤颗粒间的孔径而造成的。

4）重金属、类金属在土壤中的积累及其影响。水中的镉、硼等重金属、类金属易在土壤中积累。土壤用污水灌溉时间越长,其重金属、类金属含量常常越高(图7.8),长期灌溉可能导致土壤的重金属、类金属污染(Lucho-Constantino et al,2005)。重金属在常规的活性污泥法二级处理中易被有效去除,原水中主要重金属被活性污泥所吸附,通常情况下二级出水中的重金属含量很低。若再生水为工业废水或未经过常规二级处理,则需要考虑再生水中的重金属对土壤的影响。

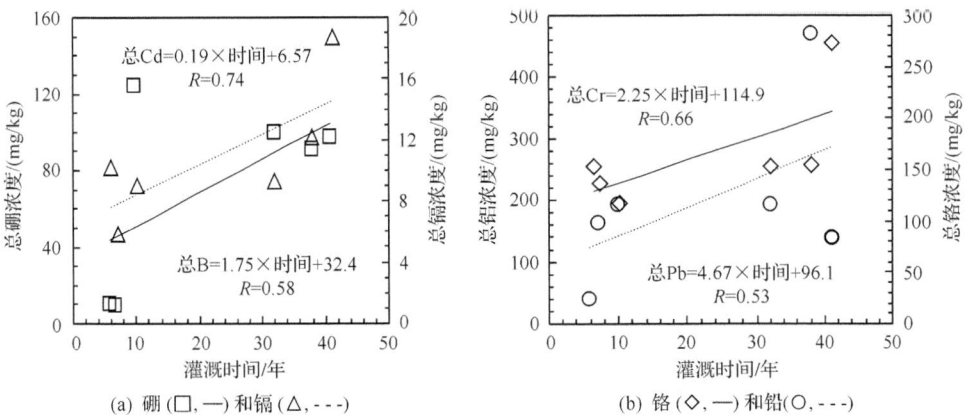

图 7.8　灌溉时间对土壤中总金属浓度的影响(Lucho-Constantino et al,2005)

（4）再生水对地下水的潜在影响

长期灌溉时,在上层土壤中积累的 Na^+、NO_3^- 等无机盐离子、重金属等污染物经渗透淋溶,可进入埋深较浅的含水层污染浅层地下水。若该地下水是封闭型含水层(即地下水层与地表水系不连通),则地下水中的无机盐、重金属等污染物将不断累积。若地下水含水层与地表水系相连通,则污染物可能重新进入河流、湖泊等地表水系统,导致地表水的富营养化等问题。如果灌溉区域地下水含水层或地表水水体为饮用水水源地,再生水中的污染物亦将威胁饮用水水质安全(Bond,1998)。

（5）再生水堵塞灌溉系统

长期使用再生水灌溉系统时,水中的 Ca^{2+}、Mg^{2+}、HCO_3^- 等无机盐和颗粒物易形成水垢、沉淀,从而堵塞喷嘴、滴头。图 7.9 为由二级处理出水和自来水引起的 $CaCO_3$ 和 $MgCO_3$ 对滴头流量的影响(刘海军 等,2009)。此外,水中的营养物质可导致微生物在管线和喷嘴处大量生长。

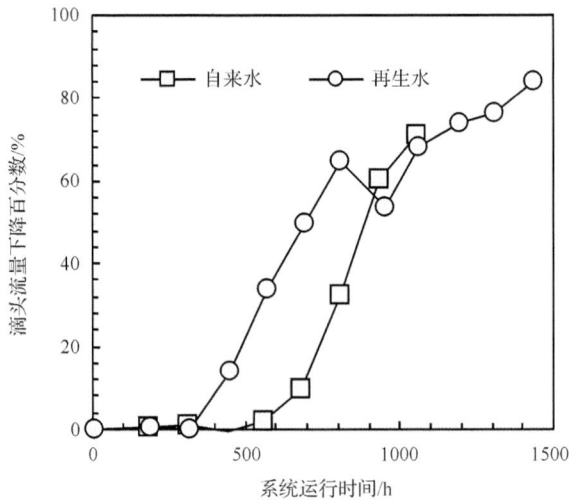

图 7.9　再生水和自来水对滴灌单翼迷宫式滴头流量的影响

2. 再生水用于畜牧养殖的风险

再生水用于灌溉牧草时,水中的氮、磷及微量元素可以促进牧草的生长 。再生水用于补给水体及湿地、滩涂时,亦可为家畜、家禽带来水源、食物和栖息空间。但是再生水中的重金属、病原微生物、有毒有害有机物亦可能毒害家畜、家禽,从而危害食品安全和居民健康。此外,与再生水灌溉农田和林地的风险类似,水中的无机盐、有毒有害有机物、重金属亦可能损害作物、污染土壤地下水。

（1）有毒污染物在牧草中的积累及其对家畜的危害

再生水用于灌溉牧草时，水中的钼等重金属和有毒有害有机物可能在牧草中积累，从而对家畜生长乃至食品安全产生潜在不良影响。选矿废水、工业废水等未经处理直接灌溉所引起的有毒物质积累问题更为严重。在江西、陕西等部分流域，选矿废水曾使得下游河水及牧草中积累高浓度的钼，导致牛羊食用牧草和饮用河水后发生钼中毒，持续性腹泻乃至死亡（李三强 等，1998）。

（2）有毒污染物对家禽的危害

再生水用于补给湿地、地表水水体时，放养的家禽将摄入和接触水中的重金属、有毒有害有机物等，存在毒害家禽、污染食品的潜在风险。未经处理或简单处理的工业废水对下游家禽的毒害更为严重。据报道，上海郊区某地在受工业废水和农田农药污染的河流中放养的鸭子肿瘤发病率（13/6824）显著高于饮用自来水的对照组（1/3385）（戴乾宝，1991）。

3. 再生水用于水产养殖的风险

再生水用于渔业时，水中的重金属、病原微生物、有毒有害有机物可能在鱼体内积累，从而危害食品安全和居民健康。马挺军等（2010）发现用再生水补给水库的鱼体内汞含量现状高于对照组，其中以底泥中动植物残骸为食的泥鳅体内汞含量最高，存在重金属积累的风险。此外，暴露于二级处理出水中的虹鳟鱼（rainbow trout）体内雌激素活性和雄激素活性明显高于对照组，存在着有毒有害有机物在鱼体内蓄积的风险（Hill et al, 2010）。Jobling 等报道以二级处理出水为补水河流中雄鱼还出现雌化现象，这被认为可能与水中的抗雄性激素等物质有关（Jobling et al, 2009）。此外，水中余氯亦可毒害水生生物，如图 7.10 所示。

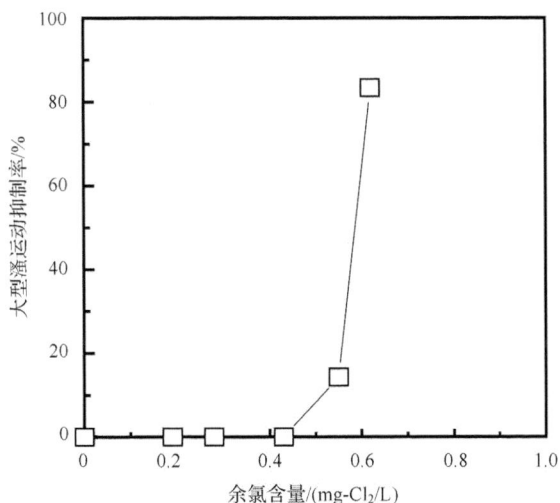

图 7.10　余氯对大型溞运动的抑制作用

7.1.3 用于农、林、牧、渔业的再生水的水质要求

再生水用于灌溉的水质标准和指南常将作物分为食用作物和非食用作物,其中食用作物包括不经加工直接食用的作物和经加工灭菌的作物。水质标准限值根据灌溉作物的类型不同而不同,具体限值参见表 7.5～表 7.8(参见 GB/T 20922—2007;美国环境保护局,2008)。

表 7.5 美国用于灌溉不经加工灭菌的食用作物的再生水水质标准

指标	USEPA 推荐限值[a]	加利福尼亚州[b]	亚利桑那州[c]
生化需氧量(BOD$_5$)/(mg/L)	10	—	—
浊度/NTU	2(24 h 平均值) 5(24 h 最大值)	2(24 h 平均值) 5(24 h 最大值)	2(24 h 平均值) 5(最大值)
pH	6～9	—	—
总溶解性固体(TDS)/(mg/L)	500～2000	—	—
粪大肠菌群数/(个/L)	检出限以下	—	检出限以下
大肠菌群数/(个/100 mL)	—	2.2(7 d 中位值) 23(30 d 最大值)	—
对处理工艺的要求	二级处理、过滤、消毒	二级处理、混凝、过滤、消毒	二级处理、过滤、消毒
与饮用水井的距离/m	>15	>15(灌溉) >30(储存)	—

a. 其他推荐限值见表 7.8。再生水中不能含有具有活性的病原微生物。利用前,最好对其微生物学特性进行全面评价。灭活病毒和细菌时,必须保证较高浓度的余氯和(或)较长的消毒时间。过高的营养浓度可能对某些处于特定生长期的作物有不利影响。

b. 在加利福尼亚州,再生水满足该标准灌溉时可接触作物的食用部分。不接触作物食用部分的再生水则仅需满足相对较低要求的标准(表 7.6 和表 7.7)。

c. 食用作物、果园和葡萄园的喷灌需满足该标准。

表 7.6 灌溉需经加工食用作物的再生水水质标准、指南限值

指标	中国			美国			
	旱地谷物	水田谷物	露地蔬菜	USEPA 推荐限值[a]	加利福尼亚州[b]	亚利桑那州[c]	佛罗里达州[d]
生化需氧量(BOD$_5$)/(mg/L)	80	60	40	30	—	—	20(CBOD$_5$)
化学需氧量(COD$_{Cr}$)/(mg/L)	180	150	100	—	—	—	—
悬浮物(SS)/(mg/L)	90	80	60	30	—	—	5
溶解氧/(mg/L)	—	≥0.5	≥0.5	—	—	—	—
pH	5.5～8.5	5.5～8.5	5.5～8.5	6～9	—	—	6～8.5

续表

指标	中国			美国			
	旱地谷物	水田谷物	露地蔬菜	USEPA 推荐限值[a]	加利福尼 亚州[b]	亚利桑 那州[c]	佛罗里 达州[d]
总溶解性固体 (TDS)/(mg/L)	1000 (非盐碱区) 2000 (盐碱区)	1000 (非盐碱区) 2000 (盐碱区)	1000	500～ 2000	—	—	—
氯化物/(mg/L)	350	350	350	—	—	—	—
硫化物/(mg/L)	1.0	1.0	1.0	—	—	—	—
余氯/(mg/L)	1.5	1.0	1.0	1.0[e]	—	—	>1.0[f]
粪大肠菌群数 /(个/L)	40 000	40 000	20000	2000	—	2000	75%不得检出 (30 d 以上)
大肠菌群数 /(个/100 mL)	—	—	—	—	2.2	—	—
蛔虫卵数/(个/L)	2	2	2	—	—	—	—
对处理工艺的要求	一级强 化处理	二级处理	二级处理	二级处理、 消毒	二级处理、 消毒	二级处理、 消毒	二级处理、 过滤、消毒
与饮用水井的 距离/m	—	—	—	>90	>30(灌溉 和储存)	—	>37.5 >60(非封 闭储存塘)
与公众可接触 区域距离/m	—	—	—	>30(喷灌)	>30(喷灌)	—	—

a. 灌溉需经加工的作物、出地表灌溉的果园、葡萄园。

b. 在美国加利福尼亚州,满足该标准的再生水可用于灌溉地上食用部分的作物,但再生水不得接触作物的食用部分。不接触作物食用部分的再生水则仅需满足相对较低要求的标准(参见表 7.8)。接触作物食用部分的再生水需满足的标准参见表 7.5。

c. 在美国亚利桑那州,满足该标准的再生水可用于表灌果园、葡萄园。用于喷灌食用作物、果园、葡萄园的再生水需满足的标准参见表 7.5。

d. 在美国佛罗里达州,若禁止公众接触再生水、果实不直接接触再生水、或果实在食用前经过加工,可用只经二级处理和简单消毒处理的再生水灌溉柑橘。不直接接触作物果实的再生水满足该标准,便可间接灌溉任何食用作物。需布设监测井监测地下水水质。

e. 管网末梢游离性余氯<1.0 mg/L,接触时间 30 min 时余氯≥1.0 mg/L。

f. 接触时间 15 min 时余氯≥1.0 mg/L。

表 7.7　用于灌溉非食用作物的再生水水质标准、指南

指标	中国		美国			
	纤维作物	油料作物	USEPA 推荐限值[a]	加利福尼亚州[b]	亚利桑那州[c]	佛罗里达州[d]
生化需氧量(BOD$_5$)/(mg/L)	100	80	.30	—	—	20[e](CBOD$_5$)
化学需氧量(COD$_{Cr}$)/(mg/L)	200	180	—	—	—	—
悬浮物(SS)/(mg/L)	100	90	30	—	—	20[e]
溶解氧/(mg/L)	—	—	—	—	—	—
pH	5.5~8.5	5.5~8.5	6~9	—	—	6~8.5
总溶解性固体(TDS) /(mg/L)	1000 (非盐碱区) 2000 (盐碱区)	1000 (非盐碱区) 2000 (盐碱区)	500~2000	—	—	—
氯化物/(mg/L)	350	350	—	—	—	—
硫化物/(mg/L)	1.0	1.0	—	—	—	—
余氯/(mg/L)	1.5	1.5	1.0[f]	—	—	>0.5[g]
粪大肠菌群数 /(个/L)	40000	40000	2000	—	2000	2000 (年平均值)
大肠菌群数 /(个/100 mL)				23(7 d 中 位值)		
蛔虫卵数/(个/L)	2	2				
对处理工艺的要求	一级强化 处理	一级强化 处理	二级处理、 消毒	二级处理、 消毒	二级处理、 消毒	二级处理、 消毒
与饮用水井的 距离/m	—	—	>90	>30(灌溉 和蓄积)	—	>150(灌溉) >30(输配) >150(非封闭 储存塘)
与公众可接触 区域距离/m	—	—	>30(喷灌)	>30(喷灌)	—	>30(距室外 公共餐饮、洗 浴设施)

　　a. 灌溉产奶动物的牧场、作为饲料的作物、使用纤维、种子的作物。灌溉后 15 d 内禁止放牧产奶动物,如果要缩短此期限,则必须采用高剂量消毒,如达到粪大肠杆菌≤14/100 mL。

　　b. 在美国加利福尼亚州,满足该标准的再生水可用于灌溉对公众接触无限制的观赏性苗圃树木和绿地,产奶动物的牧场,限制公众接触且灌溉区域无与公园、运动场或校园类似功能的任何非食用作物地。再生水用于灌溉无果树木、观赏性苗圃树木和绿地,草料和纤维作物、奶不用于人类消费的产奶动物牧场、种子不被人类食用的种子作物时,仅需满足采用二级生物处理的标准。此外,灌溉观赏性苗圃树木、绿地,在收获、零售或公众接触前的 14 d 均需停止。

　　c. 在美国亚利桑那州,满足该标准的再生水可用于产奶动物牧场的灌溉和牲畜(产奶动物)饮水。再生水用于非奶制品动物牧场的灌溉,牲畜饮水(非产奶动物),草场、纤维、种子、草料、类似作物和森林的灌溉时,仅需经二级处理(可用系列稳定塘,停留时间>20 d)且水中粪大肠杆菌含量应<1000 个/100 mL(最近 7 d 中至少 4 d 不能超过)。

　　d. 在美国佛罗里达州,满足该标准的再生水可用于牧场、大规模苗圃、草场、森林、或用于种植饲料、草料、纤维或种子的作物。再生水使用后 15 d 内禁止放牧奶牛。

　　e. CBOD$_5$ 和 TSS(年平均)≤20 mg/L,CBOD$_5$ 和 TSS(月平均)≤30 mg/L,CBOD$_5$ 和 TSS(周平均)≤45 mg/L,CBOD$_5$ 和 TSS(单个样品)≤60 mg/L。用于地下灌溉系统时(单个样品)TSS≤10 mg/L。

　　f. 管网末梢游离性余氯<1.0 mg/L,接触时间 30 min 时余氯≥1.0 mg/L。

　　g. 峰值流量时接触时间至少 15 min 后余氯≥0.5 mg/L。

表 7.8　灌溉用再生水水质标准、指南中微量物质的推荐限值(mg/L)

成分	中国	USEPA		备　　注
		长期使用	短期使用	
铝	—	5.0	20	会导致酸性土壤作物不产粮食,但在 pH 为 5.5~8.0 的土壤会促使离子沉降,消除毒性
砷	0.1(纤维作物、油料作物、旱地谷物) 0.05(水田谷物、露地蔬菜)	0.10	2.0	对植物的毒性有很大的变化,从苏丹草的 12 mg/L 至大米的 0.05 mg/L
铍	0.002	0.10	0.5	对植物的毒性有很大的变化,从甘蓝菜的 5 mg/L 至灌木豆的 0.5 mg/L
硼	1.0	0.75	2.0	对植物生长很重要,当浓度为十分之几毫克每升时效果最佳。对多数敏感植物(如柑橘)的毒性浓度为 1 mg/L。通常在再生水中的浓度较高,可以弥补土壤成分的缺乏。大部分禾本科植物的相对毒性在 2.0~10 mg/L
镉	0.01	0.01	0.05	当浓度为 0.1 mg/L 时对豆类、甜菜和芜菁有毒
铬	0.1(六价)	0.1	1.0	通常认为不是重要的生长元素。由于对铬的毒性缺乏了解而推荐保守限值
钴	1.0	0.05	5.0	浓度为 0.1 mg/L 时对番茄植物有毒。在中性和碱性土壤中趋于不活泼
铜	1.0	0.2	5.0	浓度为 0.1~1.0 mg/L 时对许多植物有毒
氟化物	2.0	1.0	15.0	在中性和碱性土壤中不活泼
铁	1.5	5.0	20.0	在通气的土壤中对植物无毒,但会导致土壤酸化和必要的磷和钼的损失
铅	0.2	5.0	10.0	在很高的浓度时会阻止植物细胞的生长
锂		2.5	2.5	在浓度低于 5 mg/L 时大多数作物都能耐受;在土壤中可移动。在低剂量时对柑橘有毒,推荐限值为 0.075 mg/L
锰	0.3	0.2	10.0	在酸性土壤中,在十分之几至数毫克每升的浓度范围内,对许多作物有毒
钼	0.5	0.01	0.05	在土壤和水中的浓度对植物无毒。如果草料在含有高浓度的可利用钼的土壤中生长,会对牲畜有毒

续表

成分	中国	USEPA		备 注
		长期使用	短期使用	
镍	0.1	0.2	2.0	浓度在 0.5~1.0 mg/L 范围内对许多植物有毒;在中性和碱性条件下,毒性降低
硒	0.02	0.02	0.02	在低浓度时对植物有毒。如果草料在含有低浓度硒的土壤中生长,对牲畜有毒
锡、钨、钛	—	—	—	与植物显著相斥;特有的耐受水平未知
钒	0.1	0.1	1.0	在相对较低的浓度时对多数植物有毒
锌	2.0	2.0	10.0	对多数植物有毒,且毒性浓度变化很大;当 pH 升高(高于 6),毒性降低;在细质土壤或有机土壤中毒性低
汞	0.001			
氯化物	350	—	—	
硫化物	1.0			
氰化物	0.5	—	—	
石油类	10(纤维作物、油料作物、旱地谷物)	—	—	
	5.0(水田谷物)			
	1.0(露地蔬菜)			
挥发酚	1.0	—	—	
阴离子表面活性剂	8.0(纤维作物、油料作物、旱地谷物)	—	—	
	5.0(水田谷物、露地蔬菜)			
三氯乙醛	0.5	—	—	
丙烯醛	0.5	—	—	
甲醛	1.0			
苯	2.5	—	—	
余氯	1.5(纤维作物、油料作物、旱地谷物) 1.0(水田谷物、露地蔬菜)	<1 mg/L (游离性余氯)		当浓度高于 5 mg/L 时对多数植物产生严重的毒性,而对某些敏感植物浓度低至 0.05 mg/L 时也会受到损伤

　　我国的再生水水质标准主要针对经加工灭菌的食用作物和非食用作物,主要分为纤维作物、油料作物、旱地谷物、水田谷物和露地蔬菜,尚未针对直接食用的作

物。在美国,仅有部分州允许用再生水灌溉直接食用作物,部分州甚至禁止用再生水灌溉食用的作物,绝大部分州要求对用于灌溉食用作物尤其是直接食用的作物的再生水进行深度处理。需要关注的水质要求包括无机盐、余氯、病原微生物、有毒有机物、重金属等方面。

1. 无机盐

再生水用于灌溉农田、林地和牧场时,需控制无机盐含量,以防止土壤盐碱化。无机盐含量通常用溶解性固体电导率(electrical conductance,EC)或者总溶解性固体(total dissolved solid,TDS)来表征。

2. 余氯

余氯控制需要综合考虑病原微生物灭活和控制余氯毒性两方面因素。当再生水用于农田灌溉和渔业时,需保证对病原微生物的灭活效果,常要求接触时间30 min时余氯不小于 0.5 mg/L。但在再生水用于农田、果树、牧草灌溉和水产养殖时,为了防止过高浓度余氯对作物和水生动物有害,则又需要控制管网末梢余氯。

3. 病原微生物、重金属和有毒有机物

再生水用于农田灌溉、水产养殖、畜牧养殖时,需要控制水中病原微生物、重金属和有毒有机物等污染物含量,以防止污染物在农作物、家禽、家畜、鱼、牧草等体内积累,污染食品。

7.2　再生水城市杂用及其潜在风险

生活用水在城市用水中占有重要的地位。在北京市,2009 年全市生活用水量为 14.7 亿 m³,占总用水量的 41%(北京市统计局,2002~2010)。在生活用水中有很大一部分可以采用再生水等其他水源代替。在美国,绿地浇灌和冲厕等非饮用用途的生活用水量占总生活用水量的 50% 以上(Asano et al,2007)。但目前再生水用于城市杂用比例仍较低,例如北京排水集团中水公司在 2008 年向北京的园林用户、体育场馆、小区用户等供水 410 万 m³,占其再生水供水量的 2.6%(周军等,2009)。这表明再生水城市杂用量远低于生活用水量,仍具有较大的应用前景和发展空间。此外,再生水城市杂用所占比例虽小,但涉及公众生活的方方面面,已成为了人们关注的焦点。

7.2.1　再生水城市杂用的使用状况

再生水城镇杂用,主要用于冲厕、道路清扫、消防、城市绿化、车辆冲洗、建筑施工等方面,具体用途参见表 7.9。

表 7.9　再生水城市杂用的使用场所

用途	具体使用场所
城市绿化	公共绿地、住宅小区、商业区、高尔夫球场绿化
冲厕	卫生间便器冲洗
街道清扫	城市道路的冲洗、喷洒
车辆冲洗	各种车辆冲洗
建筑施工	施工场地洒扫、灰尘抑制、混凝土养护与制备、施工中的混凝土构建和建筑物冲洗
消防	消火栓、消火水炮

资料来源:GB/T 18919—2002(国家质量监督检验检疫总局,2002a).

1. 再生水用于城市绿化

城市绿化包括公共绿地、住宅小区、商业区、高尔夫球场绿化,是城市建设的重要组成部分,对改善城市生态环境、增加城市美学效果、提高公众生活品质有重要意义。北京、大连等许多城市都非常重视城市绿化工作,不断扩增城市绿地面积。北京市园林绿地面积由 2001 年的 3 万 hm^2 增至 2008 年的 4.7 万 hm^2,其中公园绿地由 0.75 万 hm^2 增至 1.23 万 hm^2(图 7.11)(北京市统计局,2002~2010)。

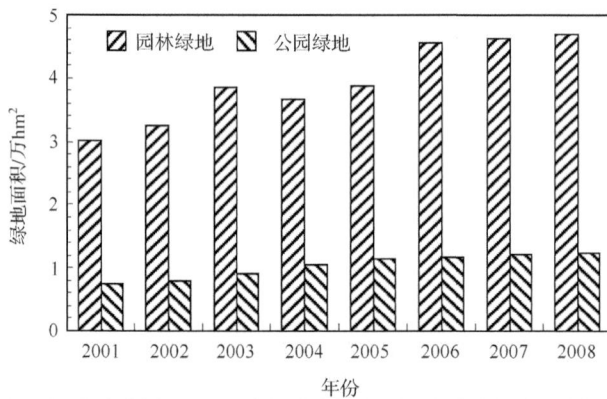

图 7.11　北京市 2001~2008 年绿地面积(北京市统计局,2002~2010)

随着城市绿地面积的扩大,城市绿化对水资源的需求量亦不断增加,按照 2001 年《北京市主要行业用水定额》估算,2008 年北京市绿地用水定额便达 4.7 亿 m^3,除了降水补给以外,还需消耗大量的地表水、地下水乃至饮用水。

为了满足日益增长的绿地用水需求,北京、宁波等城市逐步将再生水用绿地灌溉。北京市 2009 年 5 月利用再生水灌溉绿地面积达 1000 hm^2(闫雪静,2009)。

利用再生水灌溉的绿地包括东四环、玉蜓桥等道路绿化带,天坛公园、四德公园等公园绿地和居民小区绿地等。

2. 再生水用于冲厕

冲厕是居民生活用水的重要利用途径,据统计,卫生间冲洗用水水量占室内住宅用水水量的 45%(Grisham and Fleming,1989)。鉴于冲厕用水对水质的要求低于饮用水,再生水已在北京、日本东京、澳大利亚新南威尔士州等国内外许多城市和地区用于居民小区、机关事业单位、宾馆酒店等的冲厕。所用的再生水可以分为建筑自行收集生产和市政管线输配两种。其中,建筑内自行生产的再生水主要来源于建筑内洗浴、盥洗、厨房用水。再生水用于冲厕大大节省了居民区饮用水使用量。在美国 Irvine Ranch,给水管理部门将再生水用于高层建筑卫生间冲洗,这使得饮用水的消耗量减少了约 75%(美国环境保护局,2008)。

再生水在冲厕方面的推广和应用离不开政府的政策鼓励和配套的相关管网设施。北京市在 2001 年《关于加强中水设施建设管理的通告》中规定"建筑面积 2 万 m^2 以上的宾馆、饭店、公寓等,建筑面积 3 万 m^2 以上的机关、科研单位、大专院校和大型文化、体育等建筑,以及建筑面积 5 万 m^2 以上,或可回收水量大于 150m^3/d 的居住区和集中建筑区"均需设计、建设中水设施。在相关政策的推动下,截至 2009 年 9 月,北京共有 237 个住宅小区接通了由北京排水集团提供的再生水,总覆盖建筑面积达到 7300 万 m^2,这些小区内再生水的主要利用方式为冲厕(刘宇鑫,2009a)。

3. 再生水用于街道清扫

街道清扫耗水环节主要包括道路冲刷、降尘等。目前,在北京、唐山等地,再生水已成为道路清扫的重要水源。如唐山市在其新华道、建设路、北新道等主干道采用再生水作为道路喷洒用水,回用规模为 50 m^3/d 左右(王军伍 等,2009)。

4. 再生水用于车辆冲洗

随着国民经济的发展,城市汽车拥有量不断增加。北京民用汽车拥有量由 2001 年的 114.5 万辆增至 2008 年的 318.1 万辆(图 7.12)。汽车拥有量的快速增长促进了洗车行业的发展,也使得洗车行业的用水量不断增加。为了有效节约水资源,北京市等城市要求再生水管网覆盖区域内洗车站点必须使用再生水洗车,同时提高洗车用自来水价格,使之高于再生水价格。例如,北京洗车用自来水为 61.68 元/m^3,而再生水仅为 1 元/m^3(刘宇鑫,2009b)。在相关措施的推动下,再生水在洗车行业得到了推广和应用,据统计,2007 年北京市西城区洗车行业使用再生水达 31%(李立群和陈远生,2009)。

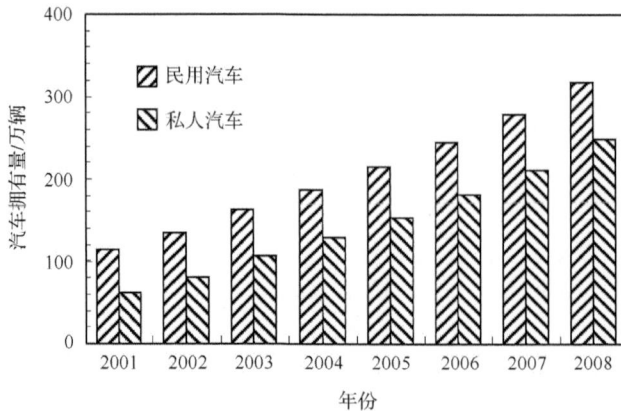

图 7.12　北京市民用汽车保有量(北京市统计局,2002~2010)

目前再生水在洗车行业的推广仍受到管网不到位等因素的制约。在管网不配套的区域,洗车店使用再生水需雇用运水车运送再生水并支付相应运费,这使得再生水综合价格达 15~20 元/m³,超过民用自来水价格(3.7 元/m³)。高额的再生水价格使得部分洗车店存在违规使用民用自来水的现象(刘宇鑫,2009b)。

洗车方式可以分为手工洗车和洗车机机洗两种类型。手工洗车主要是利用高压水枪清洗,如图 7.13 所示。该方式只需高压水泵、吸尘器、洗衣机等小型设备,适合小型洗车店,约占各洗车店的 80%(李立群和陈远生,2009)。洗车机机洗可分成龙门式和隧道式两种。龙门式洗车机洗车是将汽车停在固定位置不动,洗车设备来回往复运动洗车,因此该方式又常称为往复式洗车,如图 7.13 所示。隧道式洗车是利用轨道带动汽车运行进行清洗。

洗车主要包括冲洗除浮土泥沙、喷洒洗车液并擦洗、冲洗除泡沫、喷水蜡、风干擦干等工序。这些工序在手工洗车和汽车机洗上都普遍使用。其中冲洗除浮土泥沙工序,部分洗车机机洗店通过人工高压水枪清洗来完成。

5. 再生水用于建筑施工

中国正处于快速城镇化的阶段,建筑业已成为国民经济重要产业。建筑施工中的施工场地洒扫、灰尘抑制、混凝土养护与制备、混凝土构件和建筑物冲洗等环节都需要消耗大量水资源。例如,北京市的建筑行业用水定额为 1~1.5 m³/m²。近年来,再生水逐步开始作为建筑施工用水。如北京市紫芳园六区一组团工程是北京市第一个用再生水施工的建筑项目,建筑面积达 1.53×10^5 m²(水工业市场,2007)。

(a) 手工洗车　　　　　　(b) 龙门式洗车机洗车

(c) 隧道式洗车机洗车

图 7.13　再生水洗车方式

6. 再生水用于消防

消防水源保障是城市消防工作必不可少的环节。目前,消防用水的来源包括城市饮用水管网、消防水池、天然水源等,以城市饮用水管网为主。在美国的部分地区,再生水被用于消防用水的水源,主要供应室外消火栓,见表 7.10。在加州旧金山,再生水是双管道系统的部分水源,主要向高层建筑的消防设施供应。在美国佛罗里达州圣·彼得斯堡市,再生水与饮用水共同作为消防用水的水源,其中再生水为备用水源(美国环境保护局,2008)。

表 7.10　美国利用再生水作为消火栓水源的案例

城　市	与再生水管网相连的消火栓数量
佛罗里达州圣·彼得斯堡市 (St. Petersburg)	308
佛罗里达州阿尔塔蒙特斯普林斯市 (Altamonte Springs)	75
加利福尼亚州利弗莫尔市 (Livermore)	50

资料来源：Asano et al, 2007.

再生水用于室内消防喷洒系统可通过将建筑再生水池与消防水池合并实现。该方法避免了消防水池与饮用水池合并所带来的停留时间过长、微生物生长污染饮用水的问题,但其对人仍存在较大的暴露风险,且节约饮用水资源有限,因此较为少见(Asano et al,2007)。

7.2.2 再生水城市杂用的潜在风险

再生水城市杂用与人们日常生活密切相关,其涉及人群众多、影响面广,再生水与人接触频繁。由于再生水中仍存在一定的污染物,污染物所引发的潜在风险和问题是人们所关注的热点,可能的风险如表 7.11 所示。其中危害职工居民健康、影响感官是再生水各杂用用途中具有共性的风险。

表 7.11 再生水城市杂用的潜在风险分析

用途	使用方式	风险类型	暴露对象	暴露途径	风险因子
城市绿化	喷洒	危害公众健康影响感观	游人、绿化工人	呼吸吸入,皮肤接触	病原微生物、重金属、有毒有机物、嗅味物质、致色物质
		毒害灌溉植物	植物	接触	无机盐、余氯
		污染土壤及地下水			病原微生物、重金属、有毒有害有机物
		结垢、堵塞喷洒系统			悬浮性颗粒物、无机盐、营养物质
冲厕		危害公众健康影响感观	居民	呼吸吸入	病原微生物、重金属、有毒有害有机物、嗅味物质、致色物质
		结垢、堵塞喷洒系统			悬浮性颗粒物、无机盐、营养物质
		腐蚀金属管网			水中物质
		微生物滋生			营养物质
街道清扫	高压喷洒	危害公众健康影响感观	路人、司机	呼吸吸入	病原微生物、重金属、有毒有害有机物、嗅味物质
车辆冲洗	高压冲洗	危害公众健康	洗车工人	呼吸吸入,皮肤接触	病原微生物、重金属、有毒有害有机物、嗅味物质
建筑施工	低压冲洗	危害公众健康	工人、居民	呼吸吸入,皮肤接触	病原微生物、重金属、有毒有害有机物
	拌和混凝土	腐蚀钢筋、降低混凝土强度			Cl^-、SO_4^{2-}
消防	高压喷洒	危害公众健康	消防员、居民	呼吸吸入,皮肤接触	病原微生物、重金属、有毒有害有机物

1. 危害职工和居民健康

再生水在各种杂用过程中常与人体发生接触,使得水中的病原微生物、有毒有机物和重金属可能进入人体内,从而引发健康风险。污染物的暴露途径包括呼吸吸入、皮肤接触和摄入。

1) 呼吸吸入途径:再生水在绿地喷灌滴灌、街道清扫、洗车、消防、施工场地洒扫降尘等喷洒过程中,水中的病原微生物、有毒有害物质在随着空气运动的过程中,水逐渐雾化,形成气溶胶等被人体吸入。此外,在喷洒过程中,水中的挥发性有毒物质亦可能从水中挥发出来并被人体所吸入。

2) 皮肤接触和摄入途径:再生水在城市杂用过程中,职工和居民有可能被再生水溅到或利用再生水洗手、洗脸,从而与再生水发生皮肤接触,使得有毒有机物通过皮肤渗透进入体内。此外,再生水利用设施无有明显标识,再生水管与饮用水管路错误连接,均可引发误饮再生水的事故,引发潜在健康风险。

2. 影响感官

二级处理出水中常含有致色致嗅物质,部分未经深度处理的再生水具有较为明显的色度和嗅味。当再生水输配过程中停留时间过长时,管网中的硫酸盐在厌氧条件下被微生物还原成硫化氢等嗅味物质,亦使得再生水嗅味问题进一步加剧(Asano et al,2007)。此外,在部分建筑小区自行收集运行的再生水系统中,由于系统运行不稳定,"再生水发黑发臭,马桶内积累污渍"现象时有发生(蓝筠,2010)。嗅味和色度将使得公众对再生水水质产生怀疑,影响公众对再生的水认可度。

再生水城市杂用除了存在危害职工和居民健康、影响感官的潜在风险以外,部分用途还存在特定的风险。例如,再生水绿地灌溉存在毒害植物,滤头堵塞,污染土壤、地下水和饮用水等风险。

3. 再生水用于城市绿化的潜在风险

再生水中的无机盐、余氯、有毒有害有机物、重金属、营养物质、悬浮物等所带来的潜在风险和问题不容忽视,具体包括毒害绿地植物,堵塞喷洒系统,污染土壤、地下水和饮用水等风险。

(1) 再生水对绿地植物的损害

再生水对草坪、林木生长的影响是园林工作者关注的焦点。现有研究表明,二级处理出水或三级处理出水的使用对黑麦草、高羊茅等植物产量影响不显著(孙吉

雄 等,2001)。但是再生水中污染物对绿地植物的毒害亦不容忽视。再生水中的余氯对草坪草等绿地植物有急性毒性(图 7.14)。水中高浓度的钠离子可使植物叶片焦边、黄化(陆景陵,1995)。经再生水浇灌的紫薇、油松等植物叶片中的钠元素会累积,其中紫薇叶片出现严重焦边的现象(王艳春 等,2005)。表 7.12 为典型园林植物对盐的耐受能力(北京市园林局和北京市水务局,2005)。

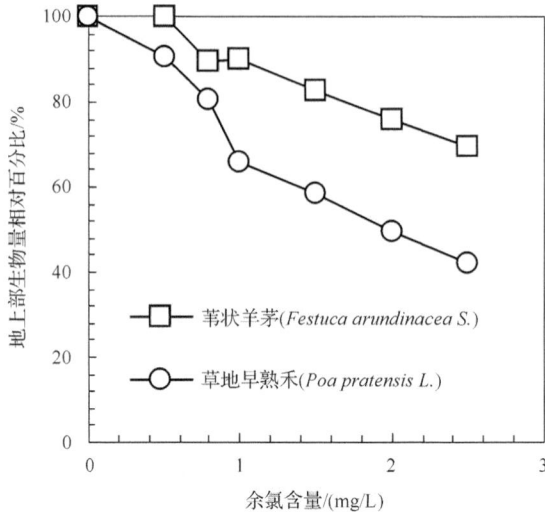

图 7.14　余氯对绿地植物地上部分生物量的影响(Ji et al, 2006)

表 7.12　典型园林植物对盐的耐受能力

耐盐性	植物种类	盐害症状
弱	油松	枯针、脱落
	棣棠	焦边、落叶
	紫薇	焦边、落叶
	玉兰	叶缘焦枯、脱落
较弱	早园竹	叶尖枯黄
	白皮松	枯针、脱落
	雪松	枯针、脱落
中等	银杏	焦边
	大叶黄杨	落叶
	早熟禾	叶片枯黄
	万寿菊	叶片焦枯

耐盐性	植物种类	盐害症状
	毛白杨	焦边、落叶
	白蜡	焦边、落叶
	国槐	焦边、落叶
	碧桃	焦边、落叶
	山楂	焦边、落叶
	桧柏	焦边、落叶
较强	女贞	焦边、落叶
	小檗	焦边、落叶
	高羊茅	叶片枯黄
	野牛草	叶片枯黄
	萱草	焦边、枯黄
	鸢尾	焦边、枯黄
	月季	焦边、落叶

资料来源：北京市园林局和北京市水务局，2005.

（2）堵塞喷洒系统

再生水长期灌溉时，水中悬浮物将在喷洒系统中淤积，此外由于再生水中含盐量和营养物质含量较高，易形成水垢和微生物膜，亦可堵塞喷洒系统。

（3）污染土壤、地下水和饮用水

再生水长期灌溉可能对土壤、地下水乃至饮用水产生影响。Na^+、Cl^-、NO_3^-、SO_4^{2-} 等无机盐离子在土壤中蓄积，并导致土壤的电导率、钠吸收率等用于评价土壤盐碱化的指标显著上升（黄冠华 等，2002；王昌俊，2005）。土壤中积累的 NO_3^- 等污染物亦可能从土壤中淋溶并造成对地下水乃至饮用水的污染（姜翠玲 等，1997）。

4. 再生水用于冲厕的潜在问题

再生水回用于冲厕时需要关注嗅味、色度以及对公众健康的潜在影响，此外还需关注结垢、堵塞、金属腐蚀和微生物膜滋生等问题。水中的 Ca^{2+}、磷等成分可能引起管道、便具的结垢，悬浮、胶体和溶解性固体亦可在冲厕系统中形成污垢。水中的营养物质可向冲厕系统中的微生物提供碳源等，促进微生物膜滋生。此外，再生水中的物质还可导致金属材质的再生水管道发生腐蚀（Asano et al，2007）。

5. 再生水用于车辆冲洗的潜在问题

再生水用于车辆冲洗时，除了需要关注其危害职工和居民健康、影响感官的潜在风险,还需关注水中污染物对车辆的潜在影响。无机盐等溶解性固体残留在汽车表面,可能形成水渍等污点。鉴于此,美国洗车行业常利用经反渗透脱盐的再生水或饮用水进行最后一次漂洗,以防止污点产生(Asano et al,2007)。

6. 再生水用于建筑施工的潜在风险

再生水用于建筑施工时需关注的风险,除了喷洒时对施工人员健康的潜在影响以外,还需关注再生水作为混凝土拌合用水时水中无机盐对建筑质量的潜在影响。例如,水中的 Cl^- 可腐蚀钢筋,SO_4^{2-} 可降低混凝土的后期强度(郭保林和王保民,2005),因此在《混凝土拌合用水标准》(JGJ63—89)中要求控制水中的 Cl^- 和 SO_4^{2-} 含量。有研究表明,北京再生水中的 Cl^- 和 SO_4^{2-} 含量可满足相关标准要求,用再生水拌合的混凝土各项指标满足相关标准要求(丁威 等,2005)。但是高含盐量再生水对混凝土强度的潜在影响仍需关注。

7.2.3 再生水城市杂用的水质要求

再生水城市杂用水质要求与各杂用途径中的潜在风险类型以及人体接触再生水的程度密切相关。例如再生水用于绿地灌溉的水质要求需要考虑对居民、职工健康的风险,亦需关注再生水对植物、土壤、地下水等的潜在影响。而再生水用于建筑施工除了关注对职工健康的影响外,也需关注对建筑质量的影响。此外,人体接触再生水的程度越高,对再生水水质的要求也就越高。表 7.13~表 7.15 给出了再生水用于城市杂用的水质标准(GB/T 18920—2002;美国环境保护局,2008)。

表 7.13 国内外再生水城市杂用的水质标准和指南

国家或地区	中国					中国北京	日本		美国(USEPA 推荐)		加拿大
用途	冲厕	道路清扫、消防	城市绿化	车辆冲洗	建筑施工	城市绿化	冲厕	浇洒[a]	城区用水[b]	建筑用水[c]	冲厕
pH		6~9				6.5~8.5	5.8~8.6		6~9	—	—
色(度)		30				—	—		清澈		—
嗅					无不快感					—	
浊度/NTU	5	10	10	5	20	10	2	2	2[d]		2
TSS/(mg/L)	—	—	—	—	—					30	
总溶解性固体/(mg/L)	1500	1500	1000	1000		1000					
生化需氧量/(mg/L)	10	15	20	10	15	20			10	30	10
氨氮/(mg/L)	10	10	20	10	20	20					

续表

国家或地区	中国					中国北京	日本		美国(USEPA 推荐)		加拿大
用途	冲厕	道路清扫、消防	城市绿化	车辆冲洗	建筑施工	城市绿化	冲厕	浇洒a	城区用水b	建筑用水c	冲厕
总磷/(mg/L)	—					10	—				—
阴离子表面活性剂/(mg/L)	1	1	1	0.5	1	1					
铁/(mg/L)	0.3	—	0.3			0.3			5.0		
锰/(mg/L)	0.1			0.1		—			0.2		
汞/(mg/L)	—					0.001					
镉/(mg/L)	—					0.005			0.01		
砷/(mg/L)	—					0.05			0.1		
铬/(mg/L)	—					0.1(六价)			0.1		
铅/(mg/L)	—					0.1			5.0		
溶解氧/(mg/L)			1			—					
总余氯/(mg/L)	接触 30 min 后≥1.0，管网末端≥0.2					0.2≤管网末端≤0.5	管网末梢：游离氯≥0.1 或结合氯≥0.4		接触 30 min 后≥1.0		≥0.5 (蓄水池出水)
总大肠菌群/(个/L)	3						100 mL 以内		—	—	100 mL 以内
粪大肠菌群数/(个/100 mL)	—						—		未检出	200	—
耐热大肠菌/(个/100 mL)											未检出
对处理工艺的要求	—						砂滤或等价工艺		二级处理、过滤、消毒	二级处理、消毒	
与饮用水井的距离/m	—	—	—	—	—		>15		—		

a. 浇洒用水指用于城市绿化和道路冲洗的再生水。

b. 城区用水指所有的土地灌溉(含高尔夫球场、墓地等限制公众进入的区域)、洗车、消防系统、空调以及其他类似的使用方式。重金属等污染物限值参见表 7.8。如果灌溉区域是可控的，并且其设计运行的范围都显著小于公众可接触的范围，那么较低程度的处理也是可以接受的，如消毒后粪大肠杆菌<14/100 mL。

c. 建筑用水包括土壤夯实、粉尘控制、混凝料冲刷和混凝土制作。应尽量减少工人与再生水的接触。如需连续与再生水接触，则必须采用高剂量消毒，如达到粪大肠杆菌≤14/100 mL。

d. 推荐的浊度标准应在消毒前达到。平均浊度指 24 h 周期内的平均值。任何时候浊度都不能超过 5 NTU。如果采用 TSS 代替浊度，则 TSS 不能超过 5 mg/L。

表 7.14　美国各州再生水用于非限制性城市利用的水质标准

	亚利桑那	加利福尼亚	佛罗里达	夏威夷	内华达	得克萨斯	华盛顿
处理方法	二级处理、过滤、消毒	氧化、絮凝、过滤、消毒	二级处理、过滤、深度消毒	氧化、过滤、消毒	二级处理、消毒	NS	氧化、絮凝、过滤、消毒
BOD$_5$	NS	NS	20 mg/L CBOD$_5$	NS	30 mg/L	5 mg/L	30 mg/L
TSS	NS	NS	5 mg/L	NS	NS	NS	30 mg/L
浊度	2 NTU（平均值） 5 NTU（最大值）	2 NTU（平均值） 5 NTU（最大值）	NS	2 NTU（最大值）	NS	3 NTU	2 NTU（平均值） 5 NTU（最大值）
大肠杆菌数	粪大肠杆菌 不可检出（平均值） 23/100 mL（最大值）	总大肠杆菌 2.2/100 mL（平均值） 23/100 mL（30天最大值）	粪大肠杆菌 75%的样品低于检出限 25/100 mL（最大值）	粪大肠杆菌 2.2/100 mL（平均值） 23/100 mL（30天最大值）	粪大肠杆菌 2.2/100 mL（平均值） 23/100 mL（最大值）	粪大肠杆菌 20/100 mL（平均值） 75/100 mL（最大值）	总大肠杆菌 2.2/100 mL（平均值） 23/100 mL（最大值）

注：NS 表示州法规中未标明。

表 7.15　美国各州再生水用于限制性城市利用的水质标准

	亚利桑那	加利福尼亚	佛罗里达	夏威夷	内华达	得克萨斯	华盛顿
处理方法	二级处理和消毒	二级处理、氧化、消毒	二级处理、过滤、深度消毒	氧化、消毒	二级处理、消毒	NS	氧化、消毒
BOD$_5$	NS	NS	20 mg/L CBOD$_5$	NS	30 mg/L	20 mg/L	30 mg/L
TSS	NS	NS	5 mg/L	NS	NS	NS	30 mg/L
浊度	NS	NS	NS	2 NTU（最大值）	NS	3 NTU	2 NTU（平均值） 5 NTU（最大值）
大肠杆菌数	粪大肠杆菌 200/100 mL（平均值） 800/100 mL（最大值）	总大肠杆菌 230/100 mL（平均值） 240/100 mL（30天最大值）	粪大肠杆菌 75%的样品低于检出限 25/100 mL（最大值）	粪大肠杆菌 23/100 mL（平均值） 200/100 mL（最大值）	粪大肠杆菌 23/100 mL（平均值） 240/100 mL（最大值）	粪大肠杆菌 200/100 mL（平均值） 800/100 mL（最大值）	总大肠杆菌 23/100 mL（平均值） 240/100 mL（最大值）

注：NS 表示州法规中未标明。

在美国，再生水城市杂用分成非限制性杂用和限制性杂用。非限制性杂用指灌溉公众可进入的区域（如公园、操场、校园、居民区等），冲厕、空调、消防、建筑、景观喷泉等。限制性利用则指灌溉限制公众进入的区域,包括高尔夫球场、墓地、高速公路中线绿化带等。通常非限制性杂用的水质要求高于限制性杂用的(美国环境保护局,2008)。

再生水城市杂用的具体水质要求包括色、嗅、浊度/悬浮颗粒物、无机盐、余氯、病原微生物、重金属和有毒有害有机物等方面。

1. 色、嗅、浊度/悬浮颗粒物

再生水城市杂用与公众日常生活密切相关,其感官效果是公众评价再生水水质好坏的直接方式,关系公众是否能接受再生水用于城市杂用。与再生水感官效果有关的水质指标包括色度、嗅味、浊度/悬浮颗粒物等。其中,浊度/悬浮颗粒物在再生水用于冲厕时可能在冲厕系统中形成污垢,在用于洗车时可能在车辆表面形成污点。因此在我国再生水水质标准中,冲厕和洗车用途的浊度/悬浮颗粒物指标限值严于道路清扫、消防、城市绿化、建筑施工等用途。

2. 无机盐

再生水用于城市杂用时,需要控制无机盐的含量,防止无机盐腐蚀管网。在城市绿化用途中,控制再生水无机盐含量,特别是 Na^+、Cl^- 等无机盐离子的含量,可防止无机盐毒害植物、导致土壤和地下水盐碱化等问题。在车辆清洗用途中,控制无机盐可防止其在车辆表面形成污点。在建筑施工用途中,控制无机盐还可防止 SO_4^{2-}、Cl^- 等无机盐腐蚀钢筋,降低混凝土强度。

3. 余氯

再生水城市杂用时,常要求再生水在消毒 30 min 后或管网末梢具有一定浓度的余氯,以有效灭活病原微生物、控制管网中微生物的生长等问题。目前,我国再生水城市杂用标准中要求接触 30 min 后余氯浓度大于 1.0 mg/L,管网末端大于0.2 mg/L。此外,由于过高浓度的余氯对植物有害,因此再生水用于城市绿化时余氯含量应低于一定限制。例如,在北京城市园林绿地使用再生水灌溉指导书中要求管网末梢的余氯含量应大于 0.2 mg/L 但小于 0.5 mg/L(北京市园林局和北京市水务局,2005)。

4. 病原微生物、重金属和有毒有害有机物

再生水城市杂用涉及人口众多,公众或职工人群暴露于再生水利用区域的频率高、暴露时间长。水中病原微生物、重金属和有毒有害有机物可能通过呼吸吸入、皮肤接触等途径进入体内。因此需要控制水中病原微生物、重金属和有毒有害有机物的含量。此外,还需采取区别性颜色、指示牌等手段,防止再生水管网误与

饮用水管连接、居民误入再生水使用区等,从而降低居民误饮、误接触再生水所引发的风险。

7.3　再生水工业回用及其潜在风险

为了满足工业不断增长的用水需求,大量再生水被用于工业生产。北京市中水公司在 2008 年向北京的石景山热电厂、太阳宫热电厂、高井发电厂等工业用户供水 1.02 亿 m³,占其再生水供水量的 53.7%(周军 等,2009)。在各种工业用途中,再生水回用于电力行业最为普遍,具体包括冷却、水流输灰、烟道废气冲刷等方面。除了发电厂以外,再生水可应用于电子、印染、造纸等行业。

7.3.1　再生水工业回用的使用状况

再生水工业回用,主要用在冷却用水、洗涤用水、锅炉用水、工艺用水、产品用水等方面,具体用途参见表 7.16。

表 7.16　再生水工业回用的使用场所

用途	具体使用场所
冷却用水	直流式、循环式补充水
洗涤用水	冲渣、冲灰、消烟除尘、清洗等
锅炉用水	低压、中压锅炉补给水
工艺用水	溶料、蒸煮、漂洗、水力开采、水力输送、增湿、稀释、搅拌、选矿、油田回注等
产品用水	浆料、化工制剂、涂料等

资料来源:GB/T 19923—2005(国家质量监督检验检疫总局,2005b).

1. 冷却水

工业冷却水系统为直流式和循环式两大类,在循环冷却水系统中又可分为敞开式和密闭式循环水系统。直流式冷却水系统应用较少,其是再生水流过冷却设备等进行一次性热交换,后便被排放掉,水源消耗太大。而循环冷却水系统则最为常用,其采用再生水吸收生产过程中释放的热量,然后通过蒸发转移吸收的热量。由于冷却水在循环过程中有损失,因此需要定期补充一定量的再生水。

在大型循环冷却水系统中,主要以敞开式循环冷却系统为主,其水量损失包括蒸发损失、风吹损失、排污损失和渗漏损失。而密闭式循环系统由于设备结构较为复杂、技术要求较高,只在小水量冷却装置上使用,目前在大水量冷却装置上尚未广泛采用。

电厂冷却用水耗水量巨大,约占其用水量的 60%~70%(张国斌,2005)。表

7.17 给出了国内利用再生水的电厂及再生水使用量。华能北京热电厂装机容量为 4×250 MW 的发电机组需消耗 2 万～4 万 m^3/d 的再生水。中电国华北京热电子公司(原北京第一热电厂)所消耗再生水量高达 25 万 m^3/d。此外,辽宁大连热电集团、山西古交电厂、山西候马电厂、山东邹县电厂、山东潍坊电厂、甘肃张掖电厂等亦利用再生水作为其冷却水。

表 7.17　国内电厂再生水利用案例

电厂名称	装机容量/MW	再生水用量/(万 m^3/d)	再生水用途
华能北京热电厂	4×250	2～4	循环冷却水补给
国华三河电厂	2×300	2	循环冷却水补给
大同第二发电厂	2×600 (直接空冷)	1.7	辅机循环冷却水补给、锅炉补给水水样
河北西柏坡电厂	600	3	循环冷却水补给
沧州华润热电厂	2×325	2.6～3.8	循环冷却水补给

资料来源:鲁燕宁和刘慧娟,2008;马乐农,2009;张英然,2009.

　　电厂再生水使用量大的特点,使得再生水厂向电厂输配再生水通常与河湖等景观水体再生水体利用相结合。在北京市,高碑店污水处理厂生产的再生水(8 万 m^3/d)从北京东部通过管线、西南护城河水系和永定河引水渠等调至北京西部,作为城市河道景观补水,并供给北京西部的石景山热电厂、高井热电厂等,以缓解官厅水库的蓄水压力(俞亚平 等,2007)。整个调水工程项目全长 31 km(图 7.15)。此外,高碑店污水处理厂还通过高碑店湖向北京第一热电厂提供 25 万 m^3/d 的再生水。

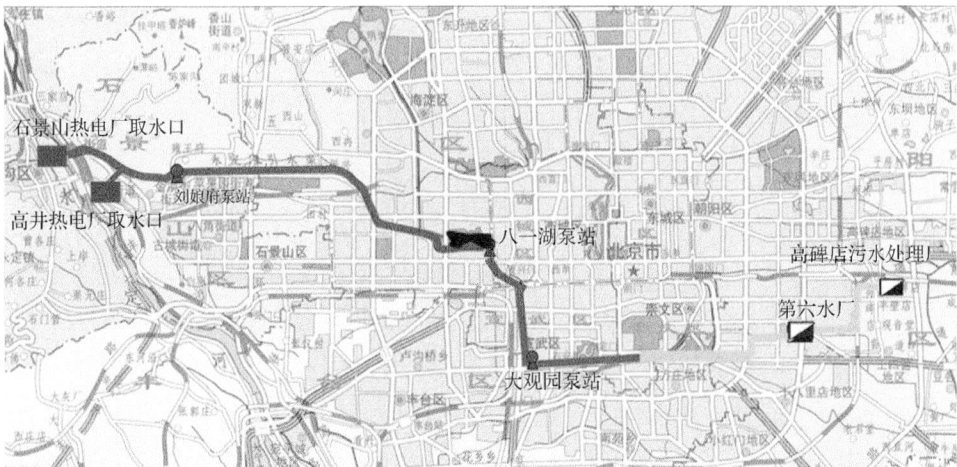

图 7.15　北京高碑店污水处理厂向北京西部的热电厂长距离输配再生水(北京排水集团,2010)

2. 锅炉补给水

集中供热系统使用再生水作为锅炉补给水,以解决其供水水源短缺、生产成本较高的问题。北京市太阳宫热电厂便采用再生水补给锅炉用水。该厂负责向奥运村地区供暖,其锅炉补给水采用经三级超滤和反渗透处理的再生水,补给规模为 100 m^3/h。锅炉补给水对硬度等水质指标要求十分严格,且水量需求较小,这使得再生水作为锅炉补给水的利用受到限制。

3. 工业过程用水

再生水回用于工业过程的适用性与工业企业类型和用水要求密切相关。例如,电子行业冲洗电路板等电子器件的用水对水质要求很高,需要达到纯水乃至高纯水的程度。纺织、纸浆和造纸以及金属制造等行业用水对水质要求则较低,而皮革行业就可使用低品质的水资源(美国环境保护局,2008)。

(1) 电子工业

电子工业是我国国民经济的重要产业,其生产过程中需要消耗大量的高品质水资源。在集成电路行业,电路生产能力为 5 万片/月的生产线耗水量通常为 7000 m^3/d 左右。集成电路行业用水环节包括清洗、冷却、洗涤塔和生活用水。其中,清洗环节需使用超纯水,其用水量占全厂的 2/3 以上(张国栋,2007)。

在北京经济技术开发区,再生水厂针对开发区内微电子企业的用水需求,1 期工程采用微滤-反渗透工艺,日处理量可达 2 万 m^3/d,向诺基亚公司、中芯国际集成电路制造有限公司等电子企业供应高品质再生水。图 7.16 为该再生水厂处理流程图(许波 等,2009)。

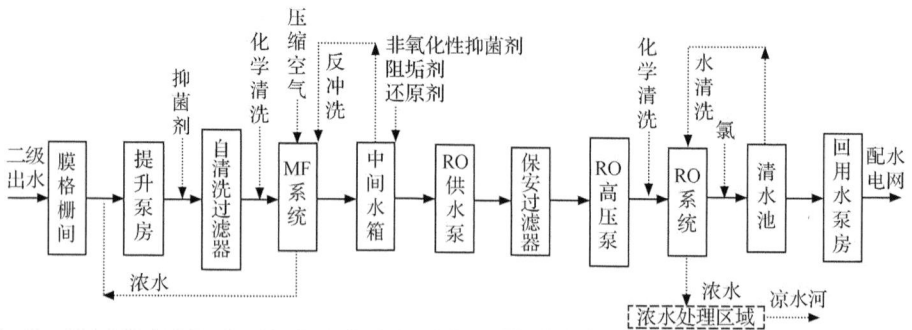

图 7.16 北京经济技术开发区再生水厂工艺流程图(许波 等,2009)

(2) 造纸行业

造纸行业是一个高耗水的行业,先进的造纸机取水量为 10~30 m^3/t 纸,而以草浆为原料的小造纸机取水量则高达 100 m^3/t 纸。由于水资源的短缺,造纸企业广泛开展企业内部的循环水回用或使用城镇再生水厂供应的再生水。造纸行业再生水利用方式根据产品、生产环节对水质要求不同而各不相同,具体如下(张文秀,2005):

1) 纸机白水可用于制浆等生产环节。在废纸制浆生产线中,从纸机排出的白水可直接用于碎浆机。

2) 瓦楞纸、包装纸、纸板等生产对水质要求不高,纸机废水经过混凝沉淀、气浮等工艺处理后便可回用于生产系统。

3) 特种纸生产对水质要求较高,需根据水质要求进行强化处理。在浙江嘉兴,民丰特造纸厂采用生物处理、过滤、活性炭吸附等技术将车间废水处理后用于卷烟纸、水松纸等特种纸生产,日处理量达 2 万 m^3。

(3) 印染业

印染是一个高耗水高排污的行业,其耗水量约为 0.2~0.5 m^3/kg 产品,废水产生量约占工业废水总量的 35%(杨蕴敏,2009)。随着水资源短缺、工业自来水水价上涨,印染企业水资源成本日益增加,所允许的排水量不断下降。江苏省2002 年起禁止开采地下水,工业自来水涨价,2007 年出台的地方标准《太湖地区城镇污水处理厂及重点工业行业主要水污染物排放限值》又限制了企业的排水量,其规定"百米布最高允许排水量为 2.0 m^3"。这使得印染企业对污水再生利用的需求不断加大。

在山东潍坊,金丝达公司将其印染废水经过"厌氧-絮凝-过滤-臭氧氧化-活性炭吸附"处理后回用于企业生产,处理能力达 1.5 万 m^3/d(周雁凌和季英德,2010)。在美国加利福尼亚州,Irvine 当地的一个地毯制造企业使用再生水对地毯进行染色,节约饮用水水量为 1800 m^3/d(美国环境保护局,2008)。

7.3.2　再生水工业回用的潜在风险与问题

再生水工业利用有效缓解了工业用水的紧张,但是再生水中含有一定浓度的微生物、无机盐、重金属和有机物,可能导致管道腐蚀、水垢增加和微生物生长(结垢)、影响产品质量等问题。各种工业利用再生水的方式各不相同,再生水利用的潜在风险亦存在差别。表 7.18 给出了再生水工业回用的潜在风险。

表 7.18　再生水工业回用的潜在风险分析

用途	风险类型	风险因子
冷却水	管道腐蚀、微生物生长和结垢	微生物、无机盐(钙、镁、硫酸盐、磷酸盐、二氧化硅等)、氨氮
锅炉补给水	腐蚀和结垢	无机盐(钙、镁、硫酸盐、磷酸盐、二氧化硅等)
工业过程用水	对产品质量造成影响	致色物质、悬浮物、无机盐(氯离子等)、铁、锰、微生物

1. 再生水用于冷却水的风险

再生水在用于冷却用途时,水中的微生物、无机盐(钙、镁、硫酸盐、磷酸盐、二氧化硅等)、氨氮可导致冷却系统结垢、腐蚀,威胁着冷却系统的安全运行。此外,对于敞开循环式冷却系统,病原微生物和有毒物质所带来的健康风险亦不容忽视。

(1)磷酸盐垢

再生水中的磷在冷却系统中可生成磷酸钙、磷酸镁等硬垢,难以清洗和去除。此外,磷是微生物营养物质,可促进冷却系统中微生物生长,堵塞冷却系统。

(2)氨氮腐蚀

氨氮可与消毒剂次氯酸反应生成灭菌效果较差的氯胺,降低了消毒剂对微生物的灭活效果。氨氮可与铜管表面的离子络合,严重腐蚀铜合金,极易产生铜管点蚀问题,使得冷却系统存在较大安全隐患。氨氮在硝化菌的作用下发生硝化反应,导致冷却水 pH 降低,腐蚀冷却系统(顾小红 等,2003;孙心利,2007)。

(3)微生物结垢和腐蚀

以再生水为补水的冷却系统十分利于微生物的生长。再生水中的有机物、氮和磷可为细菌、藻类生长提供营养物质,冷却水温度为 25~40℃,水中溶解氧含量较高,易引起冷却系统中微生物生长并促进结垢和腐蚀,降低换热器的传热效率(顾小红 等,2003)。

(4)氯离子、硫酸盐等无机盐腐蚀作用

氯离子、硫酸盐可促进冷却水系统管道及冷却塔的腐蚀。对于常规标号水泥,氯离子、硫酸根含量总和不应高于 1500 mg/L(张春波 等,2008)。

(5)病原微生物和有毒有害有机物的健康风险

目前电厂多采用敞开式循环冷却系统进行冷却。冷却塔运行时产生的气溶胶随风飘散,气溶胶中的病原微生物、有毒有害化学物质给工作人员以及周边居民的健康带来威胁。

2. 再生水作为锅炉用水的风险

水中的无机盐(钙盐、镁盐、碳酸盐、硫酸盐、磷酸盐等)可导致锅炉结垢和腐蚀,使锅炉金属过热鼓疱、胀粗变形,缩短锅炉使用寿命,增加维修和燃料费用,严重时可发生爆管重大事故(侯红霞,2006)。此外,水中的悬浮颗粒物可在离子交换器沉积,污染离子交换剂,影响离子交换器出水水质。若悬浮颗粒物在锅炉内沉积,将阻碍锅炉传热,导致锅炉金属因局部过热而损坏。

3. 再生水用于电子行业的风险

运用于电子行业的再生水多通过反渗透技术获得。反渗透过程中产生的浓缩水含有无机盐、有毒有害污染物、病原微生物等。若将浓缩水直接排放到环境中，水中的污染物将对人体健康和生态安全产生较大的威胁，需对其进行处理。

4. 再生水用于造纸行业的问题

特种纸等部分企业循环使用再生水时，溶解性有机物、微生物、无机盐易在生产系统中积累，从而引发系统腐蚀结垢、腐浆增加变臭等问题。

（1）腐蚀和影响生产系统

造纸厂厂内循环使用再生水时，水中无机盐容易在系统中积累结垢，可能导致阳离子聚合物失效，降低填料存留于成纸中的留着率，腐蚀生产系统，影响纸页施胶等问题（张文秀，2005）。

（2）腐浆增加变臭

制浆造纸过程中，管壁、池内常生长黏液状、质地柔软且具有恶臭的附着物，常称为"腐浆"。其成分包括微生物、细小纤维、填料颗粒等。腐浆可堵塞管道、铜网，混入纸浆，导致纸张断头、有异味，纸面上有洞眼、异色点等问题（高培基 等，1998）。造纸厂厂内循环使用再生水时，水中有机物、微生物容易积累，使得腐浆问题更加严重，缩短了纸机的清洗周期，降低了生产效率（张文秀，2005）。

5. 再生水用于印染行业的问题

如何保障纺织品的质量是再生水用于印染行业需解决的重要问题。再生水中含有无机盐、致色物质、溶解性有机物、悬浮态固体等污染物，其对纺织品质量存在潜在影响，如表 7.19 所示。水中无机盐（氯离子等）、染料、表面活性剂、致色物质可影响染色效果，导致纺织品出现色差；水质过硬导致某些染料和助剂沉淀，并会在纺织品上形成絮状沉淀；漂洗时具有较高色度的再生水易使漂洗后的纺织品发黄（杨蕴敏，2007；美国环境保护局，2008；鲁胜 等，2009）。

表 7.19　水质指标对纺织品质量的影响

水质指标	对纺织品质量的影响
浊度	纺织品表面出现污渍、色斑
色度	干扰染色，导致纺织品出现色差，对浅色纺织品影响较明显
pH	影响染料上染率以及纺织品的色光
硬度	导致染料和助剂沉淀，染色不均，色泽鲜艳度和色牢度下降；洗涤时易形成斑渍，影响手感
铁、锰	纺织品表面出现锈斑
有机物	纺织品表面吸附有机物，色光萎暗
无机盐	干扰染色，导致纺织品出现色差

资料来源：杨蕴敏，2007；美国环境保护局，2008；鲁胜 等，2009.

7.3.3 再生水工业回用的水质要求

再生水工业回用的潜在风险决定了再生水的工业用途需要满足一定的水质。在不同的工业生产工艺中，再生水的利用方式不同，再生水对产品质量和生产设备的影响不相同，再生水与工人接触程度亦不相同，需要根据具体情况规定水质要求。表 7.20 给出了国内外再生水工业回用的水质指标限值(GB/T 19923—2005；美国环境保护局，2008)。

表 7.20 国内外再生水工业回用的水质标准和指南

指标	中国					美国					
	冷却用水水源		洗涤用水水源	锅炉补给水水源	工艺与产品用水水源	USEPA 推荐值		加利福尼亚州		佛罗里达州	
	直流冷却水	敞开式循环冷却水、系统补充水				管内流动冷凝	循环冷凝塔	喷雾用冷却水	非喷雾用冷却水	冲洗用水或工艺用水	开放式冷却塔用水
pH	6.5～9.0	6.5～8.5	6.5～9.0	6.5～8.5	6.5～8.5	6～9	6～9	—	—	6～8.5	6～8.5
色度/度	30	30	30	30	30	—	—	—	—	—	—
浊度/NTU	—	5	—	5	5	—	—	2	—	—	—
TSS/(mg/L)	30	—	30	—	—	30	30	—	—	20[a]	5
总溶解性固体/(mg/L)	1000	1000	1000	1000	1000	—	—	—	—	—	—
生化需氧量 BOD$_5$/(mg/L)	30	10	30	10	10	30	30	—	—	20[a] CBOD$_5$	20[b] CBOD$_5$
化学需氧量 COD$_{Cr}$/(mg/L)	—	60	—	60	60	—	—	—	—	—	—
氨氮/(mg/L)	—	10 (1[c])	—	10	10	—	—	—	—	—	—
总磷/(mg/L)	—	1	—	1	1	—	—	—	—	—	—
铁/(mg/L)	—	0.3	0.3	0.3	0.3	—	—	—	—	—	—
锰/(mg/L)	—	0.1	0.1	0.1	0.1	—	—	—	—	—	—
氯离子/(mg/L)	250	250	250	250	250	—	—	—	—	—	—
二氧化硅(SiO$_2$)	50	50	—	30	30	—	—	—	—	—	—
总硬度(以 CaCO$_3$ 计)/(mg/L)	450	450	450	450	450	—	—	—	—	—	—
总碱度(以 CaCO$_3$ 计)/(mg/L)	350	350	350	350	350	—	—	—	—	—	—

续表

指标	中国					美国					
	冷却用水水源		洗涤用水水源	锅炉补给水水源	工艺与产品用水水源	USEPA 推荐值		加利福尼亚州		佛罗里达州	
	直流冷却水	敞开式循环冷却水、系统补充水				管内流动冷凝	循环冷凝塔	喷雾用冷却水	非喷雾用冷却水	冲洗用水或工艺用水	开放式冷却塔用水
硫酸盐/(mg/L)	600	250	250	250	250	—	—	—	—	—	—
石油类/(mg/L)	—	1	—	1	1	—	—	—	—	—	—
阴离子表面活性剂/(mg/L)	—	0.5	—	0.5	0.5						
余氯/(mg/L)	0.05d	0.05d	0.05d	0.05d	0.05d	1e	1e	—	—	1f	1f
粪大肠菌群/(个/L)	2000	2000	2000	2000	2000	2000g	2000g	—	—	2000b	检测限以下
总大肠杆菌/(个/100mL)								2.2	23		
对处理工艺的要求						二级处理、消毒	二级处理、消毒h	氧化、混凝i、过滤和消毒	二级处理、消毒	二级处理、消毒	二级处理、过滤、深度消毒

a. CBOD$_5$ 和 TSS (年平均) ≤20 mg/L,CBOD$_5$ 和 TSS (月平均) ≤30 mg/L,CBOD$_5$ 和 TSS (周平均) ≤45 mg/L,CBOD$_5$ 和 TSS (单个样品) ≤60 mg/L。

b. 年平均值。

c. 当敞开式循环冷却水系统换热器为铜质时,循环冷却系统中循环水的氨氮指标应小于 1 mg/L。

d. 加氯消毒时管末梢值。

e. 余氯量应在接触时间至少为 30 min 时测定。

f. 峰值流量时接触至少 15 min 后总余氯达到 1 mg/L 以上。

g. 推荐的大肠杆菌数标准指的是检测前最近 7 d 内细菌数量的中位数,采用滤膜法或三管法测定。任何样品中粪大肠杆菌数不超过 800/100 mL。

h. 也可以采用化学絮凝和过滤代替消毒。

i. 对经膜过滤且(或)浊度达标的,可不用混凝工艺。

1. 再生水作为冷却水的水质要求

再生水用于冷却时,需要控制水中的余氯、有机物、营养物质、无机盐、悬浮性固体,以控制冷却系统中微生物生长、结垢、腐蚀问题。此外,若采用冷却塔以及其他可能使再生水与公众、工人接触的雾化冷却方式,需要控制水中的病原微生物和有毒物质含量,并要求冷却装置与公众可接触区域具有一定的距离,以控制污染物所带来的潜在健康风险。

（1）余氯

再生水处理过程中，如果采用氯消毒，常要求接触时间 $15\sim30$ min 时余氯不小于 0.5 mg/L 或管网末梢余氯$\geqslant0.05$ mg/L，以保障对病原微生物的灭活效果，控制再生水输配管网中微生物的生长。此外，冷却系统中还常投加氯等消毒剂，以控制冷却系统中微生物的生长。

（2）无机盐

无机盐控制指标包括总溶解性固体、碱度、硬度、Cl^-、SO_4^{2-}、总磷含量，用于防止冷却系统的腐蚀和结垢。例如，我国再生水用于工业冷却水的水质标准要求氯离子含量$\leqslant250$ mg/L，总硬度（以 $CaCO_3$ 计）$\leqslant450$ mg/L 和总碱度（以 $CaCO_3$ 计）$\leqslant350$ mg/L。可根据再生水中氯离子等无机盐含量，确定循环冷却系统的浓缩倍数。

（3）营养物质

营养物质控制指标包括氨氮、总磷，用于防止氨氮腐蚀冷却系统以及藻类等微生物生长。当冷却水系统采用铜质材料时，对氨氮要求更为严格。例如，我国再生水用于敞开式循环冷却水的水质标准要求氨氮含量$\leqslant10$ mg/L，若敞开式循环冷却水系统换热器为铜质时，循环水的氨氮指标应小于 1 mg/L。

（4）病原微生物和有毒有害有机物

病原微生物和有毒有害有机物是与工人、公众健康有关的水质指标，目前国内外标准主要以控制水中的粪大肠菌群、总大肠杆菌为主，但其他病原微生物和有毒有害有机物等的风险和控制仍有待关注。我国和美国环境保护局的水质标准要求粪大肠菌群数$\leqslant2000$ 个/L。而美国部分地区将冷却系统分成雾化冷却和非雾化冷却两种，雾化冷却对病原微生物的要求严于非雾化冷却的。例如，美国加利福尼亚州要求若采用冷却塔以及其他可能使再生水与公众、工人接触的雾化冷却方式，再生水中总大肠杆菌数$\leqslant2.2$ 个/100 mL；若采用非雾化冷却方式，则仅需不大于 23 个/100 mL。

2. 再生水作为锅炉补给水的水质要求

锅炉补给水的水质指标包括余氯、重金属、无机盐、悬浮性固体、浊度、pH 等，具体水质要求需要根据锅炉运行压力而定。一般来说，压力越高，水质要求越高。通常用于锅炉补给的饮用水和再生水都必须使锅炉供给水的硬度接近于零。

再生水用作锅炉补给水水源的水质标准参见表 7.20。达到该标准的再生水尚不能直接补给，需要根据锅炉运行压力等要求，对补给水源水进行脱盐、软化等附加处理，以满足锅炉用水的水质标准。我国《城市污水再生利用——工业用水水质》标准要求"对于低压锅炉，水质应达到《工业锅炉水质》(GB1576—2001)的要求；对于中压锅炉，水质应达到《火力发电机组及蒸汽动力设备水汽质量标准》(GB/T

12145—89)的要求;对于热水热力网和热采锅炉,水质应达到相关行业标准"。

3. 再生水用于造纸的水质要求

造纸用水的水质指标包括有机物、无机盐、微生物、悬浮性颗粒物等,用于控制生产设备腐蚀结垢、腐浆和纸张质量下降等问题。目前我国对再生水用于造纸等工艺和产品用水仅规定水源的水质标准,尚需造纸企业根据各自纸张类型、利用再生水的工序等确定具体水质要求。例如,卷烟纸等特种纸对再生水水质要求高于瓦楞纸等,纸机造纸工序的水质要求高于制浆等工序。

4. 再生水作为印染用水的水质要求

印染行业对再生水水质要求较高,需要控制的水质指标包括 pH、浊度/悬浮性固体、色度、硬度、无机盐(Cl^-、NO_3^-、NO_2^- 等)、表面活性剂、铁、锰等,以保障纺织品的质量。

目前我国对再生水用于印染等工艺和产品用水仅规定水源的水质标准,尚需印染企业根据各自纺织品质量、生产工艺以及利用再生水的工序等确定具体水质要求。通常纺织品的质量越高,对再生水的水质要求也越高。此外,印染各工序对再生水水质要求亦不同。例如,退浆、煮炼、漂白、丝光等前处理工序需要添加氧化剂、碱、表面活性剂等,对再生水水质要求较低;染色工序将染料固定在纺织品上,需要使用多种浆料、染料、助剂等,对再生水水质要求较高;后整理工序对纺织品手感、外观、防水性、起毛性等进行处理,需要添加柔软剂、防水剂等多种助剂,对再生水水质要求较高(杨蕴敏,2007)。

5. 再生水作为化学工业用水的水质要求

化工行业用水水质与其产品要求密切相关,差异很大。化工行业用水通常要求 pH 处于中性范围内(6.2~8.3),浊度低,悬浮固体(suspended solid, SS)颗粒和二氧化硅的含量少。对溶解性物质和氯化物等指标,则要求不高(Water Pollution Control Federation, 1989)。

6. 再生水作为石油和煤炭业用水的水质要求

石油和煤炭制造行业用水的水质要求较低。通常要求生产用水的 pH 处于6~9 范围内,SS 浓度不超过 10 mg/L。

7.4　再生水景观和娱乐利用及其潜在风险

我国北方地区严重缺水,城市娱乐和景观用水得不到保证,许多河道、湖泊、湿地等在枯水期时常面临断流的威胁。在众多的再生水利用途径中,景观和娱乐利用将占重要地位。同时,再生水景观利用还常作为农业灌溉、工业利用等其他再生水利用途径的储存和中转环节,其在污水再生利用中的重要性会越来越大。因此,近年来再生水景观与娱乐利用成为人们关注的热点。

7.4.1　再生水景观和娱乐利用的使用状况

　　再生水的观赏性景观环境利用途径包括不设娱乐设施的景观河流、景观湖泊补给。再生水的娱乐利用途径则包括设有娱乐项目设施的景观河道和景观湖泊补给、高尔夫球场的水障碍区补水等。其中娱乐项目按照再生水与人体的接触程度,可分成与人体可能发生偶然接触的垂钓、划船项目以及与人体发生全面接触的游泳、涉水项目两大类。再生水在湿地方面的利用途径主要包括改善和修复现有湿地,建立作为野生动物栖息地的湿地等(表 7.21)(美国环境保护局,2008)。

表 7.21　再生水娱乐和景观利用的使用场所

用途	具体使用场所
观赏性景观环境用水	观赏性景观河道、景观湖泊及水景
娱乐性景观环境用水	娱乐性景观河道、景观湖泊及水景
湿地环境用水	恢复自然湿地、营造人工湿地

　　资料来源: GB/T 18919—2002(国家质量监督检验检疫总局,2002a).

　　在我国北方地区,景观与娱乐利用是再生水利用的重要途径。2008 年,北京排水集团中水公司便向北京的清河、清洋河、西土城沟、小月河、陶然亭、奥运龙形水系、圆明园等景观及河湖补水 3200 万 m³,占其再生水供水量的 16.8%(周军等,2009)。此外,在天津、青岛、合肥等城市亦逐步将再生水回用于已干涸的景观河道、湖泊,再生水回用于景观和娱乐水体的规模正不断扩大。

　　在国外,再生水景观与娱乐利用亦受到关注。2000 年美国加利福尼亚州用于环境和娱乐的再生水为 17.9 万 m³/d,约占其再生水用量的 10%。佛罗里达州则有约 6% 的再生水(13.2 万 m³/d)用于改善和修复湿地(美国环境保护局,2008)。

1. 观赏性景观环境用水

　　观赏性景观环境用水指人体非直接接触的景观环境用水,包括不设有娱乐设施的景观河道、景观湖泊及其他观赏性景观用水。它们由再生水组成,或部分由再生水组成(另一部分由天然水或自来水组成)。再生水回用于景观环境对于那些上游水体被大量抽取使用,使得下游水量显著减小的地区十分重要,其通过维持水体水量以达到改善水生动物栖息环境和维护水体美学价值的目标,有别于以"处置"为目标的污水排放(美国环境保护局,2008)。

再生水在景观环境中的实际应用十分普遍。北京奥林匹克森林公园景观水系便是以再生水为主要补充水源(图 7.17)。奥林匹克森林公园位于北京市市区北部,是奥林匹克公园的重要组成部分。森林公园景观水系主要由主湖、洼里湖、湿地、氧化塘等构成,形成了以"主湖"为主要水面的"龙头"格局。水系设计水深为 1～3 m,再生水补水量为 3200 m³/d(胡洪营 等,2008)。

图 7.17　森林公园景观水系示意图

再生水回用于景观环境对于水体生态系统修复具有重要作用。在北京市,高碑店污水处理厂二级处理出水自 1993 年起便是通惠河重要的补给水源。许木启等(1998)曾报道高碑店污水处理厂二级出水的补给使得通惠河下游聚氨酯泡沫塑料块(polyurethane foam unit,PFU)原生动物的群集量(第 1 天)由补给前的 9 种(1986 年)增至 39 种(1996 年),消失多年的各种鱼虾重现河中。

2. 娱乐性景观环境用水

娱乐性景观环境用水指人体非全身性接触的景观环境用水,包括设有娱乐设施的景观河道、景观湖泊及其他娱乐性景观用水。它们由再生水组成,或部分由再生水组成(另一部分由天然水或自来水组成)。

再生水所回用的许多景观水体常设有娱乐设施。例如,北京奥林匹克森林公园、朝阳公园等的水系便可供游人划船(图 7.18)。在美国得克萨斯州 Lubbock 的 Yellowhouse Canyon Lakes 公园,1.5 万 m³/d 的再生水被作为娱乐性湖泊的水源水。这些娱乐性湖泊设有人工瀑布、垂钓和划船设施等(Water Pollution Control Federation,1989)。

图 7.18　游人在北京某用再生水补给的公园水系中划船

3. 湿地用水

湿地是重要的生态系统,其为野生动物提供栖息地和繁殖地。许多水鸟的繁殖和迁移离不开湿地,湿地因此被称为“鸟类乐园”。此外,湿地还可维持区域内水文平衡,可削减洪峰,补给地下水含水层,并通过天然系统改善水质。长期以来,大量湿地因为水资源短缺、过渡开垦和畜牧养殖而遭到破坏。为了保护湿地生态系统,人们利用再生水补给湿地系统,建立、修复和改善湿地,为野生动物提供栖息地,并利用湿地系统进一步处理再生水,保护下游受纳水体。

再生水在湿地中的应用十分普遍。北京奥林匹克森林公园利用湿地等对城市再生水厂出水(3200 m³/d)和水系内循环水进行处理,后排入受纳水系中,流程图如图 7.19 所示。部分再生水(600 m³/d)进入“生态展示温室(即可持续性发展教育中心)”利用多种水处理技术进行处理,之后依次进入表面流湿地和植物氧化塘;另一部分再生水(约 2600 m³/d)直接进入潜流(垂直流)湿地处理,之后进入植物氧化塘。在植物氧化塘和叠水花台之间建立内部循环系统,从植物氧化塘中提升部分水进入叠水花台,以达到景观效果,同时起到净化水体的作用。主湖内循环水(1 万~2 万 m³/d)经潜流湿地处理后与植物氧化塘的出水共同进入生态氧化塘,最后通过生物功能区返回湖体。通过以上措施,该公园水系构建湖体内部多种生态群落和复杂生态系统,以提高湖体的自净能力以及对水质的稳定和缓冲能力,从而在根本上保证主湖水系的水质维持在较好水平(胡洪营 等,2008)。

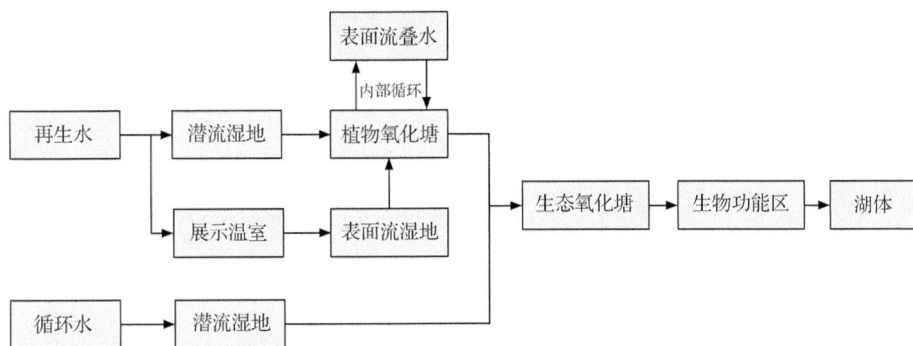

图 7.19　森林公园水质净化与保持系统示意

北京市南海子麋鹿苑是我国重要的麋鹿繁育基地,在湿地里放养了一百多只麋鹿。小龙河等上游河流污染日益严重,自然降水减少,使得麋鹿栖息繁育所需要的湿地环境遭到严重破坏。为此,麋鹿苑利用再生水改善麋鹿栖息的湿地环境,共恢复湿地 33 hm²。再生水来自小红门污水处理厂,经混凝澄清一紫外线消毒一潜流湿地(1 hm²)处理后,进入表流湿地(10 hm²)。表流湿地种植着芦苇、香蒲、水葱、荷花等多种水生植物,可供麋鹿洗浴和水鸟栖息,其出水可用于浇灌麋鹿散放区(22 hm²)的牧草。湿地建成后吸引了绿头鸭、苍鹭、白鹭、夜鹭、家燕等多种水鸟,生态系统得到了恢复,如图 7.20 所示(张林源,2010)。

图 7.20　以再生水为补给水源的麋鹿苑湿地及水中绿头鸭(麋鹿苑,2010)

7.4.2 再生水景观和娱乐利用的潜在风险

再生水景观和娱乐利用虽可带来良好的环境效益,但仍存在一定的潜在风险,主要包括水体富营养化、有毒物质在底泥和地下水中积累、毒害水生生物、危害职工和游人健康等方面,如表 7.22 所示。

表 7.22　再生水景观和娱乐利用的潜在风险分析

用途	风险类型	暴露对象	暴露途径	风险因子
娱乐性水体	危害公众健康影响感官	游人、职工	呼吸吸入皮肤接触摄入	病原微生物、重金属、有毒有害有机物、嗅味物质、营养元素(富营养化)
	毒害水生生物	水生生物		营养元素(富营养化)、重金属、有毒有害有机物、氯
	底泥中积累、污染地下水			重金属、有毒有害有机物
景观性用水、湿地	危害公众健康影响感官	游人、职工	呼吸吸入	病原微生物、有毒有害有机物、嗅味物质、营养元素(富营养化)
	毒害水生生物	水生生物		营养元素(富营养化)、重金属、有毒有害有机物、氯
	污染地下水			重金属、有毒有害有机物

1. 水体富营养化

再生水中含有一定浓度的氮磷营养物质,其作为景观水系的补充水源,存在藻类大量生长、水体富营养化的风险,不但会破坏水体的景观娱乐效果,亦可产生藻毒素等有毒有害次生藻类代谢产物,甚至会出现水体恶臭、鱼类等水生动物大量死亡的现象,破坏整个水生生态系统。因此,采取有效措施,控制再生水中氮磷含量,保障景观水系的水质,防止水华爆发,成为再生水回用于景观和娱乐水体的难点和关键问题,也是备受社会关注的热点问题。

2. 有毒物质在底泥和地下水积累

近年来,再生水中重金属、有毒有害有机物等在水体中转化和累积风险备受关注。有研究发现,多年以再生水为补水水源的景观水体底泥中蓄积了多溴联苯醚、多氯联苯等有毒物质(Wang et al,2007)。此外,有研究发现抗菌剂三氯生的氯消毒副产物在光照等作用下可生成毒性更大的二𫫇英类物质,并在底泥中蓄积(Buth et al,2010)。有毒有害污染物在底泥、地下水等环境介质中累积问题值得关注。

3. 毒害水生生物

再生水中可能毒害水生生物的物质包括余氯、有毒有害有机物、重金属等,对水生生物的生长发育存在潜在威胁。例如,水中的余氯对水生动植物具有较强的急性毒性,可导致水中鱼类大量死亡。此外,重金属、有毒有害有机物等亦可在鱼等水生动植物体内积累,参见本章7.2.2节。

4. 危害职工和游人健康

再生水景观与娱乐利用过程中危害职工和游人健康途径包括呼吸吸入、皮肤接触和摄入。

1) 呼吸吸入途径:再生水在回用于喷泉、瀑布时可雾化成小液滴,水中的病原微生物、有毒有害物质可能伴随着小液滴被人体所吸入,从而引发潜在健康风险。

2) 皮肤接触和摄入途径:再生水回用于娱乐水体(划船、钓鱼)或水景、河道等时,人可能与再生水发生皮肤接触或不慎摄入,从而引发潜在健康风险(图7.21)。

图 7.21　儿童在北京用再生水补给的公园水系中接触再生水

7.4.3　再生水景观和娱乐利用的水质要求

在娱乐和景观环境用水中,随再生水的用途不同,对水质的要求也有较大差异,随着人体接触水体的程度不同,对水质的要求也有所不同。需要关注的水质要求包括色、嗅味、浊度/悬浮颗粒物、营养物质、余氯、病原微生物、有毒有害有机物、重金属等方面。表 7.23～表 7.25 给出了国内外再生水景观和娱乐利用的水质标准(GB/T 18921—2002;美国环境保护局,2008)。

表 7.23　国内外再生水作为观赏性景观环境用水的相关水质标准和指南

指标	中国			美国(USEPA 推荐)		日本
	河道	湖泊	水景	景观用水[a]	环境用水[b]	景观用水
基本要求	无漂浮物,无令人不快的嗅和味					无令人不快的嗅和味
pH	6～9	6～9	6～9			5.8～8.6
生化需氧量 BOD$_5$/(mg/L)	10	6	6	30	30	
TSS/(mg/L)	20	10	10	30	30	
浊度/NTU	—	—	—			2
色度/度	30	30	30			40
溶解氧/(mg/L)	1.5	1.5	1.5			
氨氮/(mg/L)	5.0	5.0	5.0			
总氮/(mg/L)	15	15	15			
总磷/(mg/L)	1.0	0.5	0.5			
石油类/(mg/L)	1.0	1.0	1.0			
阴离子表面活性剂/(mg/L)	0.5	0.5	0.5			
余氯/(mg/L)	0.05[c]	0.05[c]	0.05[c]	1[d]		—
粪大肠菌群/(个/L)	10000	10000	2000	2000	2000	
总大肠杆菌/(个/100 mL)						1000
对处理工艺的要求				二级处理、消毒	二级处理、消毒	砂滤或类似工艺

　　a. 禁止公众接触到再生水的景观水体。应尽量去除有机物以避免藻类爆发。水体底部未做防渗处理时,距离饮用水井至少 150m。

　　b. 再生水作为湿地、沼泽、野生生物栖息地、溪流的补水。

　　c. 接触时间不应低于 30 min 的余氯,对于非加氯消毒方式无此项要求。对需要通过管道输送再生水的非现场回用情况采用加氯方式;而对现场回用情况不限制消毒方式。

　　d. 接触时间不应低于 30 min 的余氯,为保护水生植物和动物,必须进行脱氯处理。

表 7.24　国内外再生水作为娱乐性景观环境用水的相关水质标准和指南

指标	中国			美国(USEPA 推荐)[a]	日本
	河道	湖泊	水景		
基本要求	无漂浮物,无令人不快的嗅和味			无令人不快的嗅和味	无令人不快的嗅和味
pH	6～9	6～9	6～9	6～9	5.8～8.6
生化需氧量 BOD₅/(mg/L)	6	6	6	10	
TSS/(mg/L)	—	—	—		
浊度/NTU	5	5	5	2	2
色度/度	30	30	30		10
溶解氧/(mg/L)	2.0	2.0	2.0		
氨氮/(mg/L)	5.0	5.0	5.0		
总氮/(mg/L)	15	15	15		
总磷/(mg/L)	1.0	0.5	0.5		
石油类/(mg/L)	1.0	1.0	1.0		
阴离子表面活性剂/(mg/L)	0.5	0.5	0.5		
余氯/(mg/L)	0.05[b]	0.05[b]	0.05[b]	1[c]	管网末梢: 游离氯≥0.1 或 结合氯≥0.4
粪大肠菌群/(个/L)	500	500	不得检出	不得检出	

a. 允许人体偶然接触(钓鱼、划船)和全身接触。再生水需对皮肤和眼睛无刺激。尽量去除有机物以避免藻类爆发。在过滤工艺前必须投加化学试剂(絮凝剂)以使水质满足标准。湖中养的鱼是可食用的。再生水中不能含有具有活性的病原微生物,再生水利用前,最好对其微生物学特性进行全面评价。

b. 接触时间不应低于 30 min 的余氯,对于非加氯消毒方式无此项要求。对需要通过管道输送再生水的非现场回用情况采用加氯方式;而对现场回用情况不限制消毒方式。

c. 接触时间不应低于 30 min 的余氯,为保护水生植物和动物,必须进行脱氯处理。灭活病毒和细菌时,必须保证较高浓度的余氯和(或)较长的消毒时间。

表 7.25　中国再生水景观利用标准选择控制项目最高允许排放浓度(以日均值计)

序号	选择控制项目	标准值/(mg/L)	序号	选择控制项目	标准值/(mg/L)
1	总汞	0.01	8	总镍	0.5
2	烷基汞	不得检出	9	总铍	0.001
3	总镉	0.05	10	总银	0.1
4	总铬	1.5	11	总铜	1.0
5	六价铬	0.5	12	总锌	2.0
6	总砷	0.5	13	总锰	2.0
7	总铅	0.5	14	总硒	0.1

序号	选择控制项目	标准值/(mg/L)	序号	选择控制项目	标准值/(mg/L)
15	苯并[a]芘	0.000 03	33	甲苯	0.1
16	挥发酚	0.1	34	邻二甲苯	0.4
17	总氰化物	0.5	35	对二甲苯	0.4
18	硫化物	1.0	36	间二甲苯	0.4
19	甲醛	1.0	37	乙苯	0.1
20	苯胺类	0.5	38	氯苯	0.3
21	硝基苯类	2.0	39	对二氯苯	0.4
22	有机磷农药(以P计)	0.5	40	邻二氯苯	1.0
23	马拉硫磷	1.0	41	对硝基氯苯	0.5
24	乐果	0.5	42	2,4-二硝基氯苯	0.5
25	对硫磷	0.05	43	苯酚	0.3
26	甲基对硫磷	0.2	44	间苯酚	0.1
27	五氯酚	0.5	45	2,4-二氯酚	0.6
28	三氯甲烷	0.3	46	2,4,6-三氯酚	0.6
29	四氯化碳	0.03	47	邻苯二甲酸二丁酯	0.1
30	三氯乙烯	0.3	48	邻苯二甲酸二辛酯	0.1
31	四氯乙烯	0.1	49	丙烯腈	2.0
32	苯	0.1	50	可吸附有机卤化物(以Cl计)	1.0

1. 色度、嗅味和浊度/悬浮颗粒物

娱乐和景观水体起观赏、娱乐的作用,因此再生水回用到这些用途时需关注其感官效果。与再生水感官效果有关的水质指标包括色度、嗅味和浊度/悬浮颗粒物等。

2. 营养元素

再生水还需要考虑营养物质的去除,否则,就有可能出现藻华、恶臭、不快感觉、富营养化等问题。

3. 余氯

水体中的余氯对水生动植物有害,因此在回用前须脱除余氯。

4. 病原微生物、重金属和有毒有害有机物

再生水回用于娱乐水体(划船、钓鱼)或瀑布、喷泉等水景、河道等时,应控制病原微生物、重金属和有毒有机污染物,防止污染物在鱼体内积累,降低污染物经呼吸吸入、皮肤接触、摄入等途径危害人体健康。再生水回用于非限制性娱乐水体,如游泳等时,允许人体全身接触水体,因此这类水必须要达到微生物学安全、无色、对皮肤、眼睛无刺激等要求。即使人无意或偶然摄入一定限量的水,也不应该造成不良后果。这类再生水必须要经过三级处理和充分的消毒处理后,保证水体中不含病原微生物,对其他化学污染物的要求也较高。再生水回用于不允许公众接触的观赏性水体等时,对水质的要求相应降低。

7.5　再生水饮用水增补应用及其潜在风险

再生水补充饮用水是解决缺水地区水资源短缺问题的重要途径,亦是关系公众健康的重要事宜。如何有效安全补充饮用水一直都是再生水利用领域所关注的热点问题。

7.5.1　再生水补充饮用水的使用状况

再生水对饮用水的补充分成间接饮用(indirect potable)水和直接饮用(direct potable)水。再生水间接饮用通常是指污水经过人工处理和环境净化过程后作为新的水源水。而再生水直接饮用则是指处理后的再生水不经过环境净化过程直接进入饮用水供水系统(美国环境保护局,2008)。

1. 再生水间接饮用

再生水间接作为饮用水,主要是将再生水补给地表水、地下水作为饮用水水源水。再生水间接饮用并非新概念,其在大型河流流域普遍存在。例如在中国长江、欧洲莱茵河、日本淀川及美国特拉华河、俄亥俄州河、密西西比河等流域,上游城市向河流、湖泊中排放处理后的污水,下游城市从接纳大量污水的江河、湖泊中取水作为饮用水,这实际上便是再生水间接利用。图 7.22 为我国长江水系流域图,上游城市污水经处理后排入长江,下游城市的居民则以长江水系作为饮用水水源。

由于水资源日益短缺,美国、新加坡等从补给和修复饮用水水源角度出发,有计划地将再生水深度处理后排到地表或地下水源地中,后从水源地中取水。表 7.26 给出了国外再生水间接饮用的案例。在这些案例中,美国再生水占水源水的比例达 4.8%～18%,其中上奥柯昆再生水厂旱季时可达 80%～90%。而新加坡 Newater 计划中再生水比例仅占总供水量的 1%,2011 年以后计划增至 2.5%。

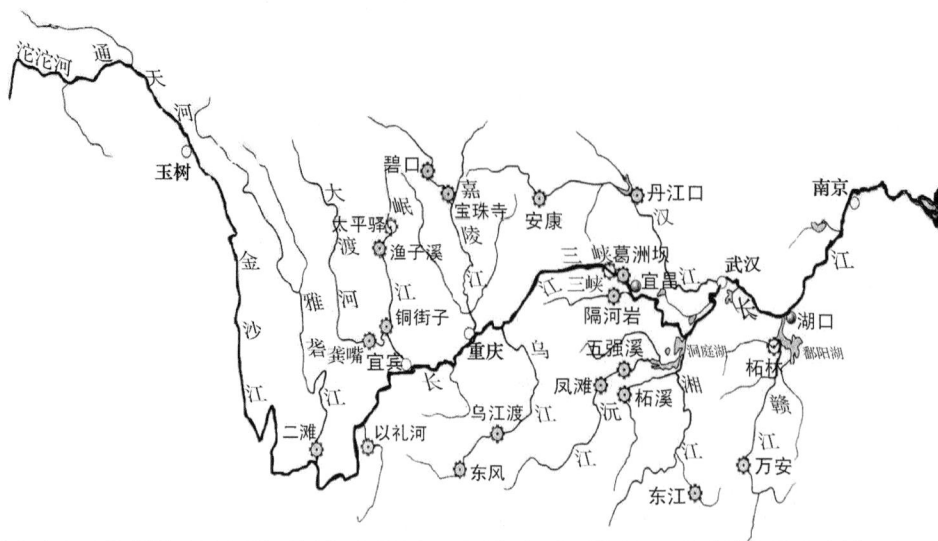

图 7.22　长江水系流域图

上奥柯昆、维梯尔那罗斯、圣乔斯和帕摩等再生水厂已回补饮用水水源地 30 多年，未见危害公众健康的事件报道。

表 7.26　国外再生水间接饮用的案例

再生水厂	回用方式	使用时间	水量($10^4 m^3/d$)	占供水规模比例
美国弗吉尼亚州上奥柯昆再生水厂	补给奥柯昆（Oc-caquan）水库	1978 年至今	12	平均 7% 旱季：80%～90%
美国洛杉矶县维梯尔那罗斯、圣乔斯和帕摩那 3 座再生水厂	经 Whittier narrows 盆地渗流回灌地下	1978 年至今	140	盆地流入总水量的 16%
美国加州橘县 21 世纪再生水厂	回灌地下	1976～2004 年	5.3	总供水量 3.2%，地下水量 4.8%
过渡期	回灌地下	2004 年至今	0.97	地下水量 1%
地下水补充系统	回灌地下	2007 年至今	24	地下水量 18%
新加坡 Newater 再生水厂	补给水库	2003 年至今	1.36	1%

资料来源：郭瑾和王淑莹，2007；Asano et al，2007.

2. 再生水直接作为饮用水

在一些极度缺水的城市或地区，由于需水量不断增大、替代水源短缺和旱季的延长，再生水短期或长期直接用于补给饮用水，但相关案例很少。纳米比亚（Namibia)的温得和克(Windhoek)市从 1968 年起便将再生水直接作为饮用水使用。将经滴滤/活性污泥法-稳定塘工艺处理后的生活污水,与当地的 Goreangab 水库水按 1∶3.5 的比例混合,经混凝、气浮、砂滤、臭氧氧化、活性炭吸附等处理后,又与其他来源饮用水混合作为饮用水。其再生水工艺流程见图 7.23。该厂经 2002 年改建后处理规模达 $2.1 \times 10^4\,m^3/d$,旱季可满足城内 50% 的日常饮用水需要(Asano et al, 2007;美国环境保护局,2008)。该厂成功运行了几十年,未见影响公众健康的负面报道。这表明,再生水直接饮用在技术上具有一定的可行性。

1997年升级的工艺:

2002年升级的工艺:

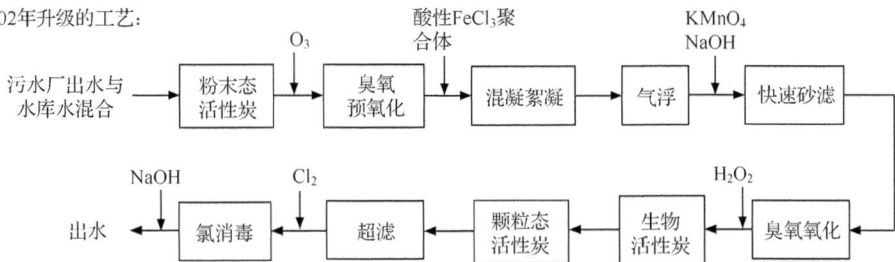

图 7.23　直接补充饮用水的纳米比亚温得和克再生水厂工艺(污水处理厂
出水经滴滤/活性污泥法-稳定塘工艺处理)(Asano et al, 2007)

除了纳米比亚以外,美国的堪萨斯(Kansas)州 Chanute 市曾因严重干旱,于 1956~1957 年短期将经二级处理和氯消毒的再生水与水源水混合处理后作为饮用水,历时 150 天。在使用时,公众可接受再生水在短期紧急情况下直接用于饮用水补给,但无法接受其长期使用(Asano et al, 2007)。

公众在心理上难以接受是再生水直接饮用所面临的重要障碍。相比于直接饮用,公众更容易接受再生水间接作为饮用水的利用方式。公众认为再生水间接饮用,可在河道、水库或者蓄水层的贮存过程中得到天然净化。此外,人们直接饮用的水量占总用水量的比例很小。

7.5.2　再生水补充饮用水的潜在风险

再生水补充饮用水虽可有效增加饮用水的供应,但仍存在一定的潜在风险,主要包括水体富营养化、有毒物质在底泥、土壤和地下水中积累、危害公众健康等方面,如表 7.27 所示。

表 7.27　再生水补充饮用水的潜在风险分析

用途	风险类型	暴露对象	暴露途径	风险因子
直接饮用水	危害公众健康影响感官	居民	摄入	病原微生物、重金属、有毒有害有机物、嗅味物质
间接饮用水	危害公众健康、污染地下水 影响感官 水华	居民	摄入	病原微生物、重金属、有毒有害有机物 嗅味物质 营养元素（富营养化）

1. 水体富营养化

再生水补充地表饮用水水源地时，水中的氮磷营养物质可能引发藻类大量生长、水体富营养化的风险。藻类大量生长可产生藻毒素等有毒有害次生藻类代谢产物，使得水源水和饮用水恶臭、鱼类死亡，引发城市供水危机。2007 年 5～6 月太湖爆发水华，形成的污染团进入无锡饮用水取水口，导致无锡市饮用水出现腥臭现象，引起无锡市饮用水危机。

2. 有毒物质在底泥、土壤和地下水积累

再生水在补给地表水、地下水水源地时，水中病原微生物、有毒污染物可能会在水源地底泥、土壤乃至地下水中积累，其风险有待评估。

3. 危害居民健康

再生水用于饮用水补给时，若未经严格处理，水中的有毒有害有机物、重金属和病原微生物可能污染饮用水，并通过摄入途径进入人体体内，从而引发潜在健康风险。

在现有大部分研究中，用于补给饮用水的再生水水质与饮用水相近，或优于饮用水。但再生水用于补给饮用水使得人体频繁接触和使用再生水。因此，仍然有必要对于再生水作为饮用水的风险进行分析、识别和评价。

7.5.3　再生水补充饮用水的水质要求

再生水用于补充饮用水的水质要求很高，通常要求达到或超过饮用水水质标准。在实践中，很难对再生水作为饮用水（无论直接或间接饮用方式）的水质要求做出十分明确的规定。需要关注的水质要求包括色、嗅、浊度/悬浮颗粒物、营养物质、余氯、病原微生物、有毒有害有机物、重金属等方面。表 7.28 给出了再生水用于间接补充饮用水的水质标准（美国环境保护局，2008）。

表 7.28　美国再生水作为间接饮用水的相关水质标准和指南

指标	USEPA 推荐			加利福尼亚州	佛罗里达州		
	渗透进入饮用水含水层[a]	向饮用水含水层布水以补给地下水[b]	补给地表水体[c]		补充家庭用水地表水源[d]	快速土地回灌[e]	回灌 TDS> 3000 mg/L 地下水[f]
pH		6.5~8.5	6.5~8.5	由实际情况确定			
生化需氧量 BOD$_5$/(mg/L)	30				20		20
TOC/(mg/L)		≤3	≤3		≤3(平均值) 5(最大值)		
TOX/(mg/L)		≤0.2				≤0.2(月平均) 0.3(单个样品)	
TSS/(mg/L)	30				5	5	5
浊度/NTU		2	2				
总氮/(mg/L)					10	10	10
余氯/(mg/L) (接触时间大于 30 min 时测定)		1	1				
粪大肠菌群 /(个/L)		不可检出					
总大肠杆菌 /(个/100 mL)			不可检出				
对处理工艺的要求	二级处理、消毒	二级处理、过滤、消毒、深度处理	二级处理、过滤、消毒、深度处理		深度处理、过滤、深度消毒	二级处理、过滤、深度消毒	深度处理、过滤、深度消毒
至饮用水水井距离/m	>150	>600		按具体地点和条件确定			

　　a. 经渗滤后需满足饮用水标准。在地下水位最高点,再生水至地下水的深度(即渗滤层的厚度)至少为 2 m。再生水被取用前至少在地下保存 6 个月以上。经渗滤层的过滤后,再生水中不能检测出具有活性的病原微生物。再生水利用前,最好对其微生物学特性进行全面评价。除饮用水标准规定项外,应对已知或可能的并且未被列入饮用水标准的有毒物质、致癌物、致畸变剂、致突变剂进行检测。

　　b. 需满足饮用水标准。再生水被取用前至少在地下保存 9 个月以上。必须建设监测井以检验补给对地下水的影响。经渗滤层的过滤后,再生水中不能检测出具有活性的病原微生物。再生水利用前,最好对其微生物学特性进行全面评价。为灭活病毒和原生动物,必须保证较高浓度的余氯和(或)较长的消毒时间。除饮用水标准规定项外,应对已知或可能的并且未被列入饮用水标准的有毒物质、致癌物、致畸变剂、致突变剂进行检测。

　　c. 需满足饮用水标准。再生水处理的水平根据具体地点以及其他条件确定,主要包括受纳水体水质、至取水点的时间和距离、稀释倍数、进入饮用水管网前的处理方法等。再生水利用前,最好对其微生物学特性进行全面评价。为灭活病毒和原生动物,必须保证较高浓度的余氯和(或)较长的消毒时间。

　　d. 需满足一级(除石棉外)和二级饮用水标准。

　　e. 需满足一级(除石棉和细菌学指标外)和二级饮用水标准。

　　f. 除对达到 TOC 和二级饮用水标准不做要求外,其余与补充家庭用水地表水源的要求相同。

1. 色、嗅和浊度/悬浮颗粒物

对于公众而言,颜色、嗅味、浊度等感官效果是评价饮用水水质好坏的最直观方式。因此,在再生水补给饮用水时,需关注其色度、嗅味和浊度/悬浮颗粒物等与感官效果有关的水质指标。

2. 营养元素

再生水用于补给地表水源地时,需要控制和去除氮磷等营养元素,防止水源地富营养化、水华爆发等问题。当再生水用于补给地下水时,需要控制氨氮、硝酸盐氮、亚硝酸盐氮等含氮化合物,从而防止硝酸盐在人体唾液和肠胃道内经微生物作用后被还原成有毒的亚硝酸盐,危害人体健康。

3. 病原微生物、有毒有害有机物、重金属

再生水用于饮用水补给时,需对水中病原微生物、有毒有害有机物、重金属进行控制,防止污染物通过摄入途径进入人体体内,控制潜在健康风险。

7.6 再生水的地下水补给应用及其潜在风险

地下水是许多缺水城市的重要供水水源,北京市 2008 年地下水供水量为 22.9 亿 m³,占总供水量的 65%(北京市统计局,2002~2010)。地下水常年大量开采使得地下水水位不断下降,形成大规模的地下水漏斗区。如何利用再生水等非常规水源补给地下水,防止地下水水位过度下降和地面沉降逐渐,引起了人们的关注。

7.6.1 再生水补给地下水的使用状况

再生水补给地下水,指将再生水通过井孔、沟、渠、塘等水工构筑物从地面渗入或注入地下补给地下水,增加地下水资源(GB/T 19772—2005)。利用再生水补给地下水可以防止海水入侵沿海土壤含水层,防止地面下沉,为后续回用提供土壤含水层处理,增补饮用和非饮用地下水源,为后续利用储备再生水(美国环境保护局,2008)。因此,利用再生水补给地下水在欧洲、美国、澳大利亚等地区十分普遍。

再生水补给地下水按照补水方式可以分成地表撒布、渗流区注水井和直接注入等类型。这些地下水补给方式所采用的工艺系统如图 7.24 所示。选择补给方式时需综合再生水水质特征、费用、水文地质条件和下游用户要求等多个因素,其特点见表 7.29。

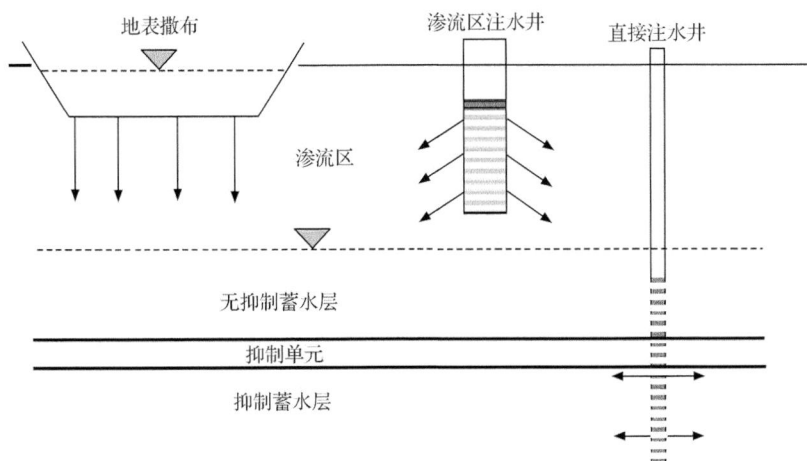

图 7.24　地下水补给的三种工程手段(美国环境保护局,2008)

表 7.29　地下水补给方式的技术经济特点

指标	地表散布	渗流区注水井	直接注水井
蓄水层类型	开放式	开放式	开放式或封闭式
预处理需求	简单技术	去除固体物质	高级技术
预计总投资额/美元	取决于土地和配水系统	25 000~75 000/井	500 000~1 500 000/井
处理能力	100~20 000m³/(ha·d)	1000~3000 m³/(d·井)	2000~6000 m³/(d·井)
维护要求	干燥、清淤	干燥、消毒	消毒、逆向流动
预计生命周期	>100 年	5~20 年	25~50 年
土壤蓄水层处理	渗流区和饱和区	渗流区和饱和区	饱和区

资料来源:美国环境保护局,2008.

1. 地表撒布

地表撒布是一种直接的补给方式,是指在透水性较好的土层上修建沟、渠、塘等蓄水构筑物,通过人工放水,使水渗过包气带流入含水层,利用重力进行回灌(GB/T 19772—2005)。地表撒布包括田间入渗回灌、沟渠河网入渗回灌以及坑塘入渗回灌等。该方法建设和运行简单,通常不会附加很多设计和操作要求,仅需要经初级或二级处理的再生水,其还可利用土层渗透作用对再生水进行进一步处理,因此应用十分普遍。

地表撒布补给方式对土壤性质要求较高,例如土层的水流渗透和传输速率较快;没有限制水流入目标含水层的土层;不存在伸缩性强、易产生裂缝的黏土,注水时不易发生短流;黏土和有机物含量较高,具有较强吸附重金属和微量元素的能力,并为反硝化提供充足的碳源;黏土的阳离子交换能力可以实现氮的转化和去除;土壤可保持有益微生物的活性,防止病原微生物侵入,促进外来有机污染物快速降解。实际土壤往往难以满足所有要求，应根据再生水补给目的进行判断。例如，在以再生水处理为主要目标的回灌方式中需考虑土壤吸附特性，但以储存为目的便不需要考虑该因素（美国环境保护局，2008）。

根据地表撒布的原理，人们开发了土壤含水层处理技术（soil aquifer treatment，SAT）。将再生水经过土壤渗流区域渗流到土壤含水层，利用过滤、吸附、氧化还原、生物降解等方式去除污染物，后与地下水一起回收利用。典型的 SAT 补给和回收系统如图 7.25 所示。再生水进入 SAT 系统之前往往需要经过一级和二级处理。由于 SAT 系统具有较强去除 BOD 的能力，因此有研究者认为若再生水不回用于饮用水时，可以利用 SAT 处理系统代替传统的二级处理工艺（美国环境保护局，2008）。

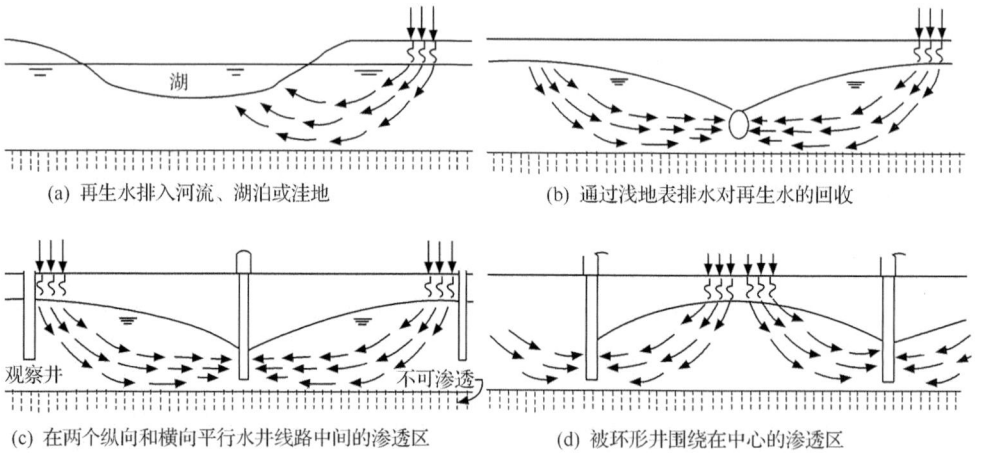

(a) 再生水排入河流、湖泊或洼地　　　　　　(b) 通过浅地表排水对再生水的回收

(c) 在两个纵向和横向平行水井线路中间的渗透区　　(d) 被环形井围绕在中心的渗透区

图 7.25　土壤含水层处理系统示意图（美国环境保护局，2008）

在渗流场地选择和建设时，土壤粒径应兼顾较高的渗透速率和充分的过滤作用，其表层土壤一般优先选择砂质壤土、壤质砂土或细砂。在后期运行时，应定期清理，防止渗滤系统堵塞，这对于 SAT 系统的稳定运行至关重要。

2. 渗流区注水

再生水通过渗流区注水井（vadose zone injection well）补给地下水始于 20 世纪 90 年代，适用于地下水水位很深、土地价格昂贵的地区。该技术已在美国亚利桑那州的斯科茨代尔等城市应用。斯科茨代尔的地下水水位埋深达 150 m，因此当地在水校园处设立 27 个渗流区注水井，将经反渗透处理后的再生水注入地下，回灌规模达 4×10^4 m³/d。水校园的渗流区注水井示意图见图 7.26（Asano et al，2007）。该渗流区注水井直径 1.2 m，井深 60 m，填充有多孔介质和 1 根防止水流夹带空气的管道。

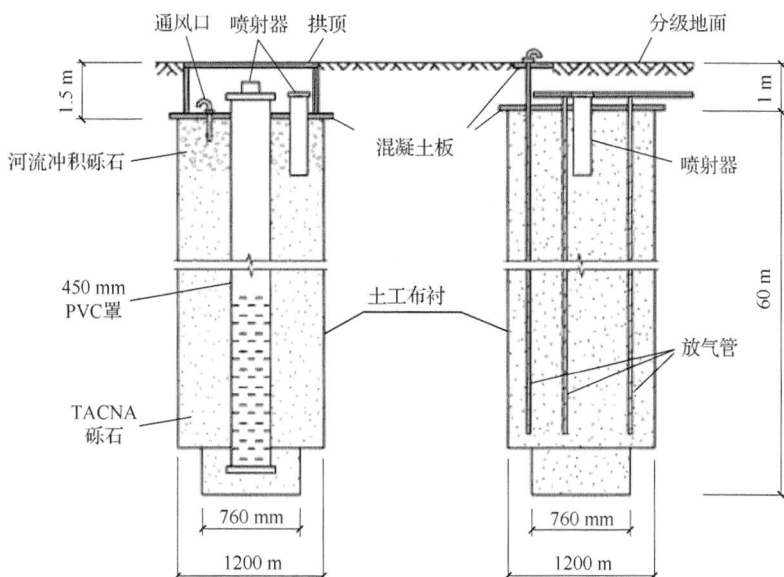

图 7.26　美国亚利桑那州斯科茨代尔水校园（Scottsdale water campus）
渗流区注水井（Asano et al，2007）
图左为主要设计方案，图右用于预防供水超出主系统容量的突发情况

渗流区注水井的渗透速率与直接注水井相当，但成本显著低于直接注水井。渗流区注水井的主要缺点是无法进行反冲洗，会因堵塞而导致永久性损坏。因此，在注水前需进行有效的预处理去除水中颗粒态物质、灭活微生物等，从而维持渗流区注水井的性能稳定（美国环境保护局，2008）。

3. 直接补给

直接补给（direct injection）是将再生水直接注射到地下含水层（图 7.24），其适用于地下水水位较深或低渗透性土壤、不利于建造水池的地形、要求对封闭蓄水层补给或土壤不足等不适合采用地表撒布方式的水文地质条件（美国环境保护局，2008）。再生水直接补给地下水在美国应用较为普遍，用于补充地下水、防止海水倒灌，典型案例如表 7.30 所示。

表 7.30　美国利用再生水直接补给地下水的典型案例

城市	起始时间	回灌规模（$10^4 m^3/d$）	主要处理工艺
EI Paso，TX	1985 年	3.8	硝化/反硝化、石灰、砂滤、臭氧、活性炭
Orange County，CA	2007 年	24	微滤、反渗透、过氧化氢/UV
Carson CA	1992 年	1.9	—

资料来源：Asano et al，2007.

为了防止污染地下饮用水源和堵塞补给井,对用于直接补给再生水的处理程度要高于二级处理,根据不同水质要求选择化学絮凝、沉降、过滤、曝气、离子交换、活性炭吸附、膜处理(反渗透等)、消毒等适当工艺组合处理,使其达到地下水的水质要求。如果回补地下水是为了补充饮用水源,对回灌的要求通常更加严格,例如回补的水量、回补水在地下的停留时间、抽水井离注射井的距离等方面都要作相应要求。在美国的某些州,不允许将回补的地下水作为饮用水源,也不允许将处理的再生水注射到饮用水取水层。

7.6.2 再生水补给地下水的潜在风险与问题

再生水补充地下水可有力保障地下水资源,但其存在的问题和所引发的潜在风险亦不容忽视,主要包括地表撒布区富营养化、堵塞、污染土壤地下水乃至饮用水、危害公众健康等方面,如表 7.31 所示。

表 7.31   再生水补充地下水的潜在风险分析

用途	风险类型	暴露对象	暴露途径	风险因子
地表撒布	污染土壤地下水 危害公众健康	居民	摄入	病原微生物、重金属、有毒有害有机物、硝酸盐、亚硝酸盐
	结垢堵塞			藻类等微生物、颗粒物
	水华			营养元素(富营养化)
渗流区注水、 直接补给	污染土壤地下水 危害公众健康	居民	摄入	病原微生物、重金属、有毒有害有机物、硝酸盐、亚硝酸盐
	结垢堵塞			微生物、颗粒物、空气

1. 地表撒布区富营养化

再生水通过沟渠河网、坑塘等进行地表撒布时,水中的氮磷营养物质可能引发沟渠河网、坑塘中藻类大量生长、富营养化的风险。藻类将导致再生水 pH 升高,水中碳酸钙生成,并与大量生长的藻类一起堵塞土壤。此外,藻类生长亦可生成藻毒素等有毒微生物产物,从而污染土壤和地下水。

2. 结垢和堵塞

结垢和堵塞是再生水回灌地下需关注的问题,可引起渗流速率下降,严重时可导致渗流井永久损坏。结垢和堵塞主要由微生物、颗粒物、空气引起。微生物结垢是由于再生水含有较多的有机物、氮磷等营养物质,易滋生藻类、细菌等微生物,从而堵塞渗流区土壤、补水井孔洞,降低过滤流速。

3. 污染土壤地下水

再生水回灌地下时,水中部分有毒物质、病原微生物可被土壤层截留,尽管部分污染物可被土壤中的微生物降解,但仍有部分物质生物降解性差,具有在土壤层中累积并穿透土壤层污染地下水的风险。此外,土壤层难以去除水中的可吸附有机碘化物,从而导致这些污染物污染地下水,如图7.27所示(Drewes and Jekel,1998)。当经再生水补给地下水作为饮用水时,残留的有毒物质和病原微生物便可能通过摄入途径进入人体体内,从而引发潜在健康风险。

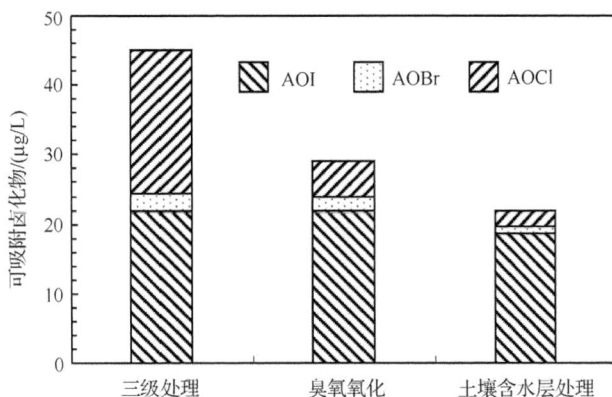

图 7.27　臭氧氧化和土壤含水处理技术对三级处理出水中
可吸附卤化物的去除效果(Drewes and Jekel,1998)
AOI-可吸附有机碘化物;AOBr-可吸附有机溴化物;AOCl-可吸附有机氯化物

再生水补给地下水时遇到难题在于很难区分饮用水和非饮用水含水层之间的分界线。由于缺乏对再生水中污染物所产生的后果和长期健康影响的认识,需要对再生水中污染物所引发的风险进行评估,慎重考虑由于长期暴露于低浓度污染物所产生的健康影响以及由病原微生物或有毒有害物质造成的毒性问题,并采取保守的水质标准和严格的监测措施。

7.6.3　再生水补给地下水的水质要求

再生水补给地下水的水质要求与地下水用途、补给方式密切相关。通常直接补给、渗流区注水所需的再生水水质高于地表撒布的再生水水质,用于饮用水水源地补给的再生水水质高于防止海水入侵等非饮用水水源地用途。需要关注的水质要求包括浊度/悬浮颗粒物、营养物质、余氯、病原微生物、有毒有害有机物、重金属等方面。表7.32和表7.33给出了国内外再生水作为地下水补给水的相关水质标准限值(GB/T 19772—2005;美国环境保护局,2008)。

表 7.32　国内外再生水作为地下水补给水的相关水质标准和指南

指标	中国		美国		
	地表回灌[a]	井灌	USEPA 推荐[b]	加利福尼亚州	华盛顿州[c]
pH	6.5～8.5	6.5～8.5			
生化需氧量 BOD$_5$/(mg/L)	10	4	根据具体情况确定	根据具体情况确定	5(7 d 均值)
化学需氧量 COD/(mg/L)	40	15			
TSS/(mg/L)					5
浊度/NTU	10	5			2(7 d 均值)
色度/度	30	15			
氨氮/(mg/L)	1.0	0.2			
硝酸盐氮/(mg/L)	15	15			
亚硝酸盐氮/(mg/L)	0.02	0.02			
总磷/(mg/L)	1.0	1.0			
总溶解性固体/(mg/L)	1000	1000			
氯化物/(mg/L)	250	250			
硫酸盐/(mg/L)	250	250			
石油类/(mg/L)	0.5	0.05			
动植物油/(mg/L)	0.5	0.05			
挥发酚/(mg/L)	0.5	0.002			
阴离子表面活性剂/(mg/L)	0.3	0.3			
氰化物/(mg/L)	0.05	0.05			
硫化物/(mg/L)	0.2	0.2			
氟化物/(mg/L)	1.0	1.0			
余氯/(mg/L)	—	—			1[d]
粪大肠菌群/(个/L)	1000	3			
总大肠杆菌/(个/100 mL)	—	—			2.2(7 d 中位值)
对处理工艺的要求	—	—	渗透式回补：一级处理 注入式回补：二级处理		二级处理、混凝、过滤和消毒

　　a. 表层黏土厚度不宜小于 1 m，若小于 1 m，按井灌要求执行。

　　b. 该标准适用的地下水补给方式为渗透进入或注入非公共用水的含水层，必须在保证再生水不能进入饮用水含水层的前提下设计再生利用设施。

　　c. 该标准适用于非饮用性蓄水层回灌，回收用于非饮用性的再生水可以在回灌后任何时间抽取。

　　d. 峰值流量时接触 30 min 后最小余氯值 1 mg/L，再生水输送到回灌区的途中余氯保持 0.5 mg/L 以上。

表 7.33　我国再生水回灌地下水质标准选择控制项目及限值

序号	选择控制项目	限值/(mg/L)	序号	选择控制项目	限值/(mg/L)
1	总汞	0.001	27	三氯乙烯	0.07
2	烷基汞	不得检出	28	四氯乙烯	0.04
3	总镉	0.01	29	苯	0.01
4	六价铬	0.05	30	甲苯	0.7
5	总砷	0.05	31	二甲苯a	0.5
6	总铅	0.05	32	乙苯	0.3
7	总镍	0.05	33	氯苯	0.3
8	总铍	0.0002	34	1,4-二氯苯	0.3
9	总银	0.05	35	1,2-二氯苯	1.0
10	总铜	1.0	36	硝基氯苯b	0.05
11	总锌	1.0	37	2,4-二硝基氯苯	0.5
12	总锰	0.1	38	2,4-二氯苯酚	0.093
13	总硒	0.01	39	2,4,6-二氯苯酚	0.2
14	总铁	0.3	40	邻苯二甲酸二丁酯	0.003
15	总钡	1.0	41	邻苯二甲酸二(2-乙基己基)酯	0.008
16	苯并[a]芘	0.00001	42	丙烯腈	0.1
17	甲醛	0.9	43	滴滴涕	0.001
18	苯胺	0.1	44	六六六	0.005
19	硝基苯	0.017	45	六氯苯	0.05
20	马拉硫磷	0.05	46	七氯	0.0004
21	乐果	0.08	47	林丹	0.002
22	对硫磷	0.003	48	三氯乙醛	0.01
23	甲基对硫磷	0.002	49	丙烯醛	0.1
24	五氯酚	0.009	50	硼	0.5
25	三氯甲烷	0.06	51	总 α 发射性	0.1
26	四氯化碳	0.002	52	总 β 发射性	1

a. 二甲苯包括对二甲苯、间二甲苯和邻二甲苯。

b. 硝基氯苯包括对硝基氯苯、间硝基氯苯和邻硝基氯苯。

1. 浊度/悬浮颗粒物

再生水补给地下水时,需控制浊度、悬浮颗粒物,防止补给时堵塞土壤、补给井。

2. 营养元素

再生水补给地下时需要考虑硝酸盐、亚硝酸盐和氨氮等营养物质的去除，防止其污染地下水。若受污染地下水被人们摄入时，硝酸盐可转化成有毒的亚硝酸盐，危害人体健康。此外，在地表撒布时控制营养元素亦可防止水华爆发、堵塞渗流区土壤。

3. 余氯

再生水回用地下时需保持一定的余氯含量，以控制致病菌等微生物，防止微生物生长、堵塞补给井、危害人体健康。

4. 病原微生物、有毒有害有机物和重金属

补给地下的再生水对公众健康的影响一直备受关注，需控制水中的病原微生物、有毒有害有机物和重金属，防止有毒污染物和病原微生物在土壤、地下水中积累和污染饮用水，保障公众健康。美国环境保护局（USEPA）把用于补给和回用的再生水回灌井划归为五级补给井。某些州的市政部门要求补给五级井的再生水必须达到饮用水的标准。

参考文献

北京稻香湖景酒店. 2010. [EB/OL]. http://www.daoxianghu.com.cn/fengjing.asp. 2010-11-16.

北京京城中水公司. 2010. [EB/OL]. http://bjreclaimedwater.com.cn/main.php? optionid=17&auto_id=455. 2010-11-16.

北京排水集团. 2010. 高碑店再生水泵站[EB/OL]. http://www.bdc.cn/cenweb/portal/user/anon/page/BeijingDrainage_CMSItemInfoPage.page? metainfoId=ABC00000000000009234. 2010-11-16.

北京市统计局. 2002～2010. 北京统计年鉴 2002～2010.

北京市园林局，北京市水务局. 2005. 北京城市园林绿地使用再生水灌溉指导书.

戴乾宝. 1991. 上海郊县不同水源饲养的鸭肿瘤发病率比较. 癌变·畸变·突变，3(2)：160.

丁威，冷发光，马冬花，等. 2005. 城市再生水在混凝土中应用技术分析. 住宅产业，(6)：27～31.

高培基，王祖农，荣寿枢. 1998. 造纸厂“腐浆”生成原因的分析和药物防治试验. 中华纸业，(4)：39～40.

顾小红，黄种买，虞启义. 2003. 我国城市污水回用作火电厂循环冷却水的研究. 电力环境保护，19(1)：35～37.

郭保林，王宝民. 2005. 再生水及海水作为混凝土拌合用水的探讨. 低温建筑技术，(1)：11～12.

郭瑾，王淑莹. 2007. 国内外再生水补给水源的实际应用与进展. 中国给水排水，23(6)：10～14.

国家质量监督检验检疫总局. 2002a. 城市污水再生利用：分类. GB/T 18919-2002.

国家质量监督检验检疫总局. 2002b. 城市污水再生利用：城市杂用水水质. GB/T 18920-2002.

国家质量监督检验检疫总局. 2002c. 城市污水再生利用：景观环境用水水质. GB/T 18921-2002.

国家质量监督检验检疫总局. 2005a. 城市污水再生利用：地下水回灌水质. GB/T 19772-2005.

国家质量监督检验检疫总局. 2005b. 城市污水再生利用:工业用水水质. GB/T 19923-2005.

国家质量监督检验检疫总局. 2007. 城市污水再生利用:农田灌溉用水水质. GB/T 20922-2007.

侯红霞. 2006. 浅谈锅炉水质处理工作的重要性. 同煤科技,(4):38～39.

胡洪营,孙迎雪,李鑫. 2008. "十一五"国家科技支撑计划项目研究课题——奥运森林公园景观水系水质净化与保持技术. 建设科技,(19):22～23.

黄冠华,杨建国,黄权中. 2002. 污水灌溉对草坪土壤与植株氮含量影响的试验研究. 农业工程学报,18(3):22～26.

姜翠玲,夏自强,刘凌. 1997. 污水灌溉土壤及地下水三氮的变化动态分析. 水科学进展,8(2):183～188.

蓝筠. 2010. 北京大量社区中水系统瘫痪 冲厕系统多为自来水. 新京报. 2010-03-22.

李立群,陈远生. 2009. 北京市洗车行业用水分析及节水对策. 给水排水,35(z1):218～221.

李荣旗,杜桂森,李慧敏. 2008. 北京稻香湖园林水系的浮游植物与水质变化. 世界科技研究与发展,30(3):307～309.

李三强,等. 1998. 家畜钼中毒研究简史浅述. 西北农业学报,7(1):98～100.

李淑杰. 1995. 霍林河矿区污水的慢速渗滤土地处理. 露天采煤技术,(S1):34～37.

刘海军,黄冠华,王鹏超,等. 2009. 再生水滴灌对滴头堵塞的影响. 农业工程学报,25(9):15～20.

刘洪禄,吴文勇,等. 2009. 再生水灌溉技术研究. 北京:中国水利水电出版社.89.

刘宇鑫. 2009a. 237 个小区冲厕用上再生水. 北京日报,2009-09-29.

刘宇鑫. 2009b. 北京再生水仅 1%用于洗车. 北京日报,2009-11-30.006.

鲁胜,杨俊,丁艳华,等. 2009. 印染废水处理回用现状. 纺织科技进展,(4):16～19.

鲁燕宁,刘慧娟. 2008. 再生水在电厂中的应用与系统设计. 电力勘测设计,(2):73～76.

陆景陵. 1995. 植物营养学. 北京:中国农业大学出版社.

马乐农. 2009. 中水在电厂循环水中的应用. 河北电力技术,28(6):41～42.

马挺军,林炳荣,贾昌喜. 2010. 再生水养殖鱼体内重金属残留及食用风险分析. 中国农学通报,26(5):332～336.

美国环境保护局. 2008. 污水再生利用指南. 2004 版. 胡洪营,魏东斌,王丽莎,等译. 北京:化学工业出版社.6～40.

麋鹿苑. 2010. 好图共享[EB/OL]. http://www.milupark.org.cn/htgs.php. 2010-11-26.

全国污水灌区农业环境质量普查协作组. 1984. 全国主要污水灌区农业环境质量普查评价(一). 农业环境科学学报,(5):1～4.

水工业市场. 2007. 北京出现首个用中水施工的项目. 水工业市场,(4):67.

孙吉雄,韩烈保,陈学平. 2001. 用二级城市污水灌溉草坪. 草原与草坪,(1):36～40.

孙心利. 2007. 城市污水再生水回用电厂循环水的系统腐蚀及防护措施. 中国电力,40(6):28～31.

王昌俊. 2005. 再生水灌溉对城市绿地生态系统的影响研究:[硕士论文]. 北京:北京林业大学.

王军伍,郭东瑞,高颖,等. 2009. 重点路段将洒水降尘[N/OL]. 燕赵都市报. http://news.sina.com.cn/c/2009-03-18/032415324884s.shtml. 2009-03-18.

王艳,田健. 2009. 天津西青区鸭淀水库:垂钓爱好者的好去处[N/OL]. 人民网天津视窗. http://www.022net.com/2009/5-15/486030252629263.html. 2009-05-15.

王艳春,张莉楠,古润泽. 2005. 再生水灌溉对园林植物和土壤的影响研究. 北京园林,21(4):6～11.

吴云峰. 1999. 霍林河矿区城市污水预处理系统去污效果的评价. 东北煤炭技术,(4):62～64.

许波,卓仪若,胡杰,等. 2009. "MF+RO"双膜法工艺在再生水工程中的应用——以北京经济技术开发区为例. 安徽农业科学,37(1):432～433.

许木启,翟家骥,邵永怡. 1998. 利用 PFU 原生动物群落多样性快速监测北京通惠河水质. 动物学杂志,(4):1~7.

闫雪静. 2009. 200 万平方米绿地今年改"喝"再生水[N/OL]. 北京日报. http://news. sina. com. cn/c/2009-05-14/093015623242s. shtml. 2009-05-14.

杨昕,田媛,刘传. 2008. 中水灌溉对植物及土壤环境质量的影响. 北京工商大学学报(自然科学版),26(1):1~4.

杨蕴敏. 2007. 关于印染废水的回用问题. 上海纺织科技,35(12):3~5.

杨蕴敏. 2009. 印染企业中水回用处理工程的实践探索. 纺织导报,(11):44~46.

俞亚平,郑秋丽,轩永利. 2007. 首都创再生水利用亮点. 科学时报,2007-09-10. B02.

曾德付,朱维斌. 2004. 我国污水灌溉存在问题和对策探讨. 干旱地区农业研究,22(4):221~224.

张春波,李广,张凤琴. 2008. 中水回用于电厂循环水补充水的处理方案研究. 吉林电力,36(5):7~10.

张国斌. 2005. 火力发电厂中水回用技术与应用前景. 中国给水排水,21(7):89~91.

张国栋. 2007. 集成电路行业废水处理新工艺及中水回用的研究与实践:[硕士论文]. 上海:上海交通大学.

张海新,乔梁,刘豆豆. 2006. 污水灌溉中环境保护问题的研究. 农机化研究,(7):196~198.

张林源. 2010. 利用再生水改善北京南海子麋鹿的栖息环境[EB/OL]. http://www. milupark. org. cn/If-News. php? ID=427. 2010-11-10.

张素玲,刘振亮. 2005. 鸭淀水库鲢鳙鱼增养殖高产高效技术. 天津水产 (1):33~34.

张文秀. 2005. 特种纸生产废水处理回用的应用研究:[硕士论文]. 南京:南京林业大学.

张晓晖,张少文,白忠. 2010. 北京市农业节水灌溉成效存在问题及发展对策. 北京水务,(2):1~3.

张英然. 2009. 中水的深度处理及其在电厂循环冷却水中的应用. 河北电力技术,28(3):52~54.

赵勇,朱姝. 2007. 南红门灌区再生水利用安全性及环境影响分析. 北京水务,(5):21~24.

中华人民共和国水利部. 2009. 2008 中国水资源公报. 北京:水利水电出版社.

周军,杜炜,张静慧,等. 2009. 北京市再生水行业的现状与发展. 中国建设信息(水工业市场),(9):12~14.

周雁凌,季英德,等. 2010. 印染废水是如何零排放的. 中国环境报,2010-01-05. 006.

Al-Lahham O,El Assi N M,Fayyad M. 2003. Impact of treated wastewater irrigation on quality attributes and contamination of tomato fruit. Agricultural Water Management,61(1):51~62.

Al-Nakshabandi G A,Saqqar M M,Shatanawi M R,et al. 1997. Some environmental problems associated with use of treated wastewater for irrigation in Jordan. Agricultural Water Management,34(1):81~94.

An Y J,Yoon C G,Jung K W,et al. 2007. Estimating the microbial risk of E-coli in reclaimed wastewater irrigation on paddy field. Environmental Monitoring and Assessment,129(1/2/3):53~60.

Asano T,Burton F L,Leverenz H L,et al. 2007. Water Reuse:Issues, technologies and applications. New York:Metcalf & Eddy. 1171~1173,1187~1196,1283~1292,1348~1355.

Australian Bureau of Statistics. 2006. 4610. 0-Water Account,Australia, 2004-05[EB/OL]. http://www. abs. gov. au/AUSSTATS/abs @. nsf/allprimarymainfeatures/6F380840F971B08DCA2577E700158A5E? opendocument. 2006-6-11-28.

AWWA(American Water Works Association),California-Nevada Section. 1997. Guidelines for the onsite retrofit of facilities using disinfected tertiary recycled water.

Bahri A. 1998. Fertilizing value and polluting load of reclaimed water in Tunisia. Water Resource,32(11):3484~3489.

Bond W J. 1998. Effluent irrigation—An environmental challenge for soil science. Australian Journal of Soil Research,36(4):543~555.

Buth J M, Steen P O, Sueper C, et al. 2010. Dioxin photoproducts of triclosan and its chlorinated derivatives in sediment cores. Environmental Science & Technology, 44(12): 4545~4551.

Chatterjee R. 2008. Fresh produce from wastewater. Environmental Science & Technology, 42 (21): 7732.

Drewes J E, Jekel M. 1998. Behavior of DOC and AOX using advanced treated wastewater for groundwater recharge. Water Research, 32(10): 3125~3133.

Grisham A, Fleming W M. 1989. Long-term options for municipal water conservation. Journal of American Water Works Association, 81: 34~42.

Hamilton A J, Stagnitti F, Xiong X Z, et al. 2007. Wastewater irrigation: The state of play. Vadose Zone Journal. 6(4): 823~840.

Haruvy N. 1998. Wastewater reuse-regional and economic considerations. Resources Conservation and Recycling, 23(1/2): 57~66.

Heidarpour M, Mostafazadeh-Fard B, Abedi Koupai J, et al. 2007. The effects of treated wastewater on soil chemical properties using subsurface and surface irrigation methods Agricultural Water Management, (90): 87~94.

Hill E M, Evans K L, Horwood J, et al. 2010. Profiles and some initial identifications of (anti)androgenic compounds in fish exposed to wastewater treatment works effluents. Environmental Science & Technology, 44 (3): 1137~1143.

Ji M, Zhang N, Zhang K Q, et al. 2006. Upper limit of residual chlorine in reclaimed wastewater. Water Practice and Technology, 1(2): 1~6.

Jobling S, Burn R W, Thorpe K, et al. 2009. Statistical modeling suggests that antiandrogens in effluents from wastewater treatment works contribute to widespread sexual disruption in fish living in English rivers. Environmental Health Perspectives, 117(5): 797~802.

Lucho-Constantino C A, Prieto-Garcia F, Del Razo L M, et al. 2005. Chemical fractionation of boron and heavy metals in soils irrigated with wastewater in central Mexico. Agriculture Ecosystems & Environment, 108 (1): 57~71.

Magesan G N, Williamson J C, Yeates G W, et al. 2000. Wastewater C: N ratio effects on soil hydraulic conductivity and potential mechanisms for recovery. Bioresource Technology, 71(1): 21~27.

Pollice A, Lopez A, Laera G, et al. 2004. Tertiary filtered municipal wastewater as alternative water source in agriculture: A field investigation in Southern Italy. The Science of the Total Environment, 324 (1/2/3): 201~210.

Solley W B, Pierce R R, Perlman H A. 1998. Estimated use of water in the United States in 1995//USGS (United States Geological Survey). U. S. Geological Survey Circular 1200. Denver: USGS.

Tanji K K. 1990. Agricultural salinity assessment and management. New York: American Society of Civil Engineers.

Wang Y W, Li X M, Li A, et al. 2007. Effect of municipal sewage treatment plant effluent on bioaccumulation of polychlorinated biphenyls and polybrominated diphenyl ethers in the recipient water. Environmental Science & Technology, 41(17): 6026~6032.

Water Pollution Control Federation. 1989. Water reuse manual of practice. 2nd ed. Alexandria: Water Pollution Control Federation.

第 8 章　再生水利用的健康风险评价

8.1　再生水利用的潜在健康风险

第 7 章论述了再生水各种回用途径存在的潜在风险。在我国尤其是北京等缺水大城市,再生水回用已经成为必然,未来甚至可能将再生水作为间接或直接的饮用水源。随着再生水的广泛应用,人们对再生水回用面临的水质安全问题也越来越关注。不同再生水回用途径对人体健康和生态环境的危害途径如表 8.1 所示。

表 8.1　再生水回用对人体健康和生态环境的危害途径

再生水回用途径	使用方式	可能的暴露途径及危害
农业灌溉	喷灌;滴灌;微灌;漫灌	消化道(食入蔬菜、水果、农作物等);呼吸道(气溶胶、蒸发);毒害灌溉植物;污染土壤
城市杂用	喷灌;滴灌;微灌;高压冲洗;高压喷洒	呼吸道(气溶胶、蒸发);消化道(接触);皮肤接触;毒害灌溉植物;污染土壤;污染地表水及地下水
回灌地下	补给堤坝;地表渗滤系统;土壤含水层处理系统;直接注入	污染地下水;消化道(饮用途径)
工业用水	冷却塔;冷却池;密封、高温、高压体系	呼吸道(蒸发、气溶胶);生物生长;影响锅炉性能
景观娱乐	喷泉;瀑布;水塘	呼吸道(蒸发、气溶胶);消化道;皮肤接触;水体富营养化;毒害水生生物;污染地下水

资料来源:仇付国,2004.

再生水的安全性主要包括化学安全性和微生物安全性两个方面。近年来,人们对再生水的化学安全性越来越重视,对包括持久性、蓄积性以及具有激素效应有机污染物在内的各种污染物进行了大量研究,并结合处理工艺在这些目标污染物的去除方面取得了一定研究成果。但在再生水的微生物安全性方面所做的工作则相对较少,而国内对这方面的研究更为零散。有研究者认为,污水再生利用对人的健康风险,主要来自于其中的病原微生物(Toze,2006)。

风险是指不良后果或不希望事件发生的可能性,是一种统计学的概念。对可能使人体健康产生不利影响的事件发生概率进行描述和定量分析的过程称为健康风险评价。就再生水利用而言,健康风险评价就是对人群通过各种途径暴露于再生水中的化学污染物和病原微生物所导致的潜在健康风险发生的概率、性质及程度进行定量评价的系统过程。

早在 20 世纪 30 年代就已经开始了对职业暴露的流行病学和动物实验剂量反应关系的研究。但健康风险评价的历史并不长,在 20 世纪 70 年代才逐渐兴起,以美国为主的一些发达工业国家在这方面开展了大量研究。健康风险评价大致可以分为三个发展阶段:

第一阶段是 20 世纪 30～60 年代,风险评价刚刚起步,处于萌芽阶段。在这个时期,闻名世界的八大公害事件陆续出现,使得环境污染对人体健康的危害逐渐被环境学家和毒理学家所关注。这时的风险评价研究主要以定性分析为主,采用毒物鉴定的方法评价健康影响。60 年代以后,毒理学家才开发了一些定量分析方法对低浓度暴露条件下的健康风险进行评价。

第二阶段是 20 世纪 70～80 年代,风险评价研究处于高峰期,健康风险评价体系逐渐形成。这期间,以美国国家科学院和美国环境保护局的研究成果最为丰富。1983 年,美国国家科学院(National Academy of Sciences,NAS)出版了红皮书《联邦政府的风险评价:管理程序》,并在这个报告中首次提出了风险评价"四步法",包括风险识别、暴露评价、剂量反应关系和风险表征四个部分。这一文件对于风险评价具有里程碑式的意义。随后,美国国家环境保护局又根据这一红皮书制定并颁布了一系列的技术性文件、准则和指南。

第三阶段是 20 世纪 90 年代至今,风险评价进入不断发展和完善阶段。美国对 80 年代出台的评价技术指南进行了修订和补充,并颁布了一些新的手册和指南,使得风险评价技术体系不断丰富和完善。与此同时,风险评价也在世界范围内得到承认并广泛应用,而生态风险评价也开始成为新的研究热点。关于生态风险评价的相关内容将在第 9 章介绍。

我国风险评价的研究起步相对较晚,始于 20 世纪 90 年代,开始主要以介绍和应用国外的研究结果为主。目前,我国关于健康风险评价的研究正在逐步展开,但是由于我国有关居民暴露参数等基础数据积累有限,健康风险评价资料的收集及参数的确定还都存在诸多的困难和问题,有时需要借鉴和引用国外的资料。

再生水利用的健康风险评价可为再生水水质标准的制定、利用过程风险管理和决策提供理论依据(如图 8.1 所示),指导管理人员或决策者制定相应有效的风险控制措施,具有非常重要的意义和作用。

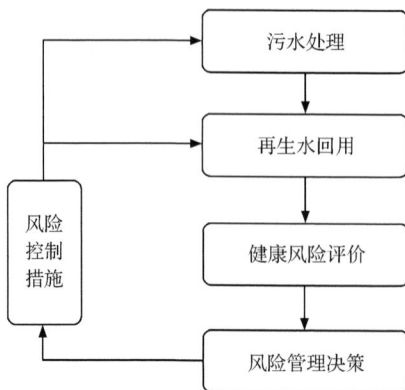

图 8.1　再生水健康风险评价的作用

8.2　健康风险评价的基本方法

目前,健康风险评价方法最普遍采用的是 1983 年美国国家科学院(NAS)提出的针对有毒有害化学物质的健康风险评价四步法,该方法包括风险识别、暴露评价、剂量反应关系和风险表征四个步骤。此后,微生物健康风险定量评价方法也在此方法的基础上逐渐发展起来。1991 年美国-以色列联合召开的污水回用会议提出,应采用定量风险评价(quantitative risk assessment)的方法来指导再生水水质标准的制定。风险评价四步法的基本流程图如图 8.2 所示。

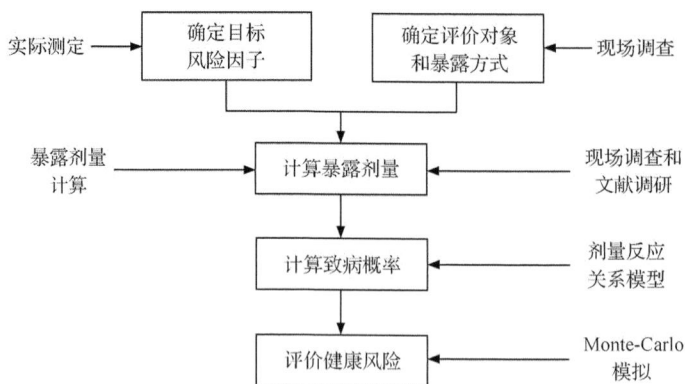

图 8.2　再生水利用健康风险评价流程图

8.2.1　风险识别

风险识别(hazard identification)是健康风险评价的第一步,目的是确定影响人体健康的风险源、风险因子、风险的主要承担者(即评价对象、及评价对象对风险因子的暴露途径)等。

再生水的风险因子包括化学污染物和病原微生物两大类。通过对再生水水质的测定,并结合毒理学和病理学的数据资料,可以确定健康风险评价中的目标污染物。

在再生水利用的过程中,回用用途不同,敏感暴露人群及其暴露方式都会存在较大的差异。典型的暴露途径主要包括经口摄入、呼吸吸入和皮肤接触渗入等。通过现场调查,可以确定健康风险评价对象及其暴露途径。

8.2.2　暴露评价

在健康风险评价中,暴露是指人体暴露在环境中对某有害因子(如化学污染物和病原微生物等)的接触和吸收。暴露评价(exposure assessment)是健康风险评价工作中的关键步骤,是进行风险评价的定量依据,其具体内容是结合具体事件和具体暴露人群的情况,调查研究暴露过程、暴露人群的特征,确定暴露环境介质中有害因子的强度、暴露时间和频率,估算或预测对有害因子的暴露剂量。

1. 暴露途径

如前所述,在再生水利用过程中,人体接触化学污染物和病原微生物的可能途径主要有经口摄入、呼吸吸入和皮肤接触渗入等。

（1）经口摄入

再生水进入环境水体或者回灌地下,可能会污染地表水、地下水等水源地水体,或者有可能污染给水管渠,从而使化学污染物和病原微生物进入饮用水系统。如果受污染的饮用水在人饮用前没有得到很好的处理,这些污染物便可经口摄入人体。此外,再生水用于农业灌溉,一些不去皮的水果以及生食的蔬菜上都可能有化学污染物和病原微生物残留。再生水用于补充娱乐景观水体,与此类水体亲密接触的人群也可能会直接摄入化学污染物和病原微生物。

（2）呼吸吸入

再生水用于园林绿化、道路浇洒、农业灌溉、水景喷泉及洗车等时,都伴随着由于再生水喷洒或喷溅而产生雾化的现象。在雾化的过程中,再生水中的化学污染物和病原微生物进入到空气中,形成气溶胶,并随气流运动扩散,可以通过呼吸吸入的方式进入人体内(Karra and Katsivela, 2007; Pascual et al, 2003; Bauer et al, 2002)。

气溶胶作为病原微生物的载体,被人体吸入后甚至可以深入到肺泡(Bauer et al,2002)。已有的研究表明,再生水喷灌可使下风向至少 200 m 距离内的空气中粪大肠菌群、粪链球菌、分枝杆菌和大肠杆菌噬菌体等病原微生物的浓度明显高于周围环境的背景值(美国环境保护局,2008)。因为由呼吸吸入而导致的再生水暴露过程,同时具备了污染物可以深入人体体内、污染物从再生水利用到进入人体的时间短、再生水暴露量较大等特点,所以呼吸吸入往往被认为是再生水利用过程中最主要的暴露途径。

(3) 皮肤接触渗入

再生水回用于景观娱乐用水时,可能会发生游人与再生水直接接触的现象;再生水回用于城市杂用等用途时,人群尤其是相应的职业工作人员也不可避免地在一定程度上与再生水直接接触。接触情况下,再生水中的化学污染物和病原微生物可能通过皮肤渗入人体内,从而对人体健康造成危害。

2. 暴露剂量

在再生水利用的健康风险评价中,风险因子暴露剂量的确定是重点和难点。化学污染物和病原微生物的暴露剂量均可以根据再生水中污染物的浓度和再生水的暴露量来确定,因此再生水暴露量的确定非常关键。

风险因子暴露剂量或再生水暴露量的确定,一是采用直接测定的方法,二是根据风险因子的排放浓度、迁移转化规律、环境因素、暴露人群的生理特征等参数,通过适当的数学模型进行估算。

在实际健康风险评价工作中,采用直接测定的方法是比较困难的,测定的结果也不稳定。因此,通常需要根据已确定的目标污染物、评价对象和暴露方式,选择合适的暴露剂量计算方法,如由雾化导致的病原微生物暴露剂量计算方法(谢兴等,2009),在现场调查和文献调研的基础上确定相关参数,对评价对象的风险因子暴露剂量进行计算。

在暴露评价中应当注意的是,暴露人群的人数、年龄、性别、暴露时间、暴露频率、接触方式以及污染物浓度等因素都存在一定的不确定性,需要对各种不确定因素的分布情况给以充分的考虑并对其进行描述,以确保风险评价的结果更具参考价值。然而,目前关于不同暴露途径的再生水暴露量的计算方法还不够系统,已有研究成果的准确性也有待进一步验证,暴露剂量计算方法的建立与完善一直是定量风险评价中的研究重点。

在定量风险评价方法不断发展的今天,确定再生水暴露量时,对精确度的要求也越来越高。关于再生水利用暴露剂量的确定将在 8.3 节中详细讨论。

8.2.3　剂量反应关系

剂量反应关系(dose-response assessment)是对风险因子暴露剂量与其导致暴露人群发生不良效应概率之间的关系进行的定量估算。在毒理学的研究中,通常将剂量反应关系分为两种:一是指某一物质的暴露剂量与个体呈现某种生物反应强度之间的关系,亦称为剂量-效应关系;二是指某一物质的暴露剂量与群体中出现某种反应的个体在群体中所占比例的关系,常用百分比来表示,如死亡率、肿瘤发生率等。在风险评价工作中一般采用后者。

在人体健康风险评价中,从流行病学调查中获得的剂量反应关系最为可靠和准确。然而,人群的暴露资料非常有限,在大多数情况下很难得到完整的人群暴露资料,在一般情况下是利用动物试验获得的资料,采用体重、体表面积等外推法,将从动物试验得到的高剂量风险外推到人体经常接触的低剂量风险。可选择的外推模型有 Probit 模型、Logit 模型、Weibull 模型、Onehit 模型、Multi-hit 模型和 Multistage 模型等。对于病原微生物,常用的剂量反应关系包括指数模型和 Beta-Poisson 模型两种。关于各种化学污染物和病原微生物的剂量反应关系模型及其参数取值将在 8.4 和 8.5 节具体介绍。

8.2.4　风险表征

风险表征(risk characterisation)是在综合前三项内容的基础上,估算暴露人群在不同接触条件下可能产生的某种健康危害效应的发生概率,并对其可靠程度或不确定性加以分析。根据实际情况确定可以接受的年风险值,一般情况参考 USEPA 提出的 10^{-4} 作为可以接受的年风险值,即 1 年 1 万人中有 1 人的健康出现问题,作为可以接受的最高风险。

年风险一般有两种计算方法:

(1) 持续性暴露

根据年总暴露剂量直接采用剂量反应关系模型计算年致病风险。

(2) 间歇性暴露

根据单次致病风险和暴露次数计算年风险,见式(8.1)。

$$P_{ai} = 1 - (1 - P_i)^n \tag{8.1}$$

式中,P_{ai} 为年致病风险,无量纲;P_i 为单次致病风险,无量纲;n 为年暴露次数,无量纲。

通过以上方法,确定模型中的各参数值就能得到年致病风险值。但是,它只能反映在这一特定情况下的年致病风险。一般情况下,在一年当中,模型中有几个参数都是在一个范围内波动的,如环境参数、再生水中微生物浓度等,因此年致病风险值应该也在一个范围内变化,具有一定的不确定性。所以,可以采用蒙特卡罗

(Monte-Carlo)模拟,根据各参数特点以及分布情况,对相互独立的几个参数利用计算机随机选取,计算年致病风险值。当计算次数足够多时,便可以得到年致病风险值的分布情况、平均值和取值范围。将计算所得的年风险值与可接受年风险值进行比较,对其能满足可接受年风险值的概率,即安全性进行评价。蒙特卡罗模拟可以采用软件(如美国 Palisade 公司的@Risk 风险模拟软件)完成。再生水回用健康风险评价的计算案例详见 8.5.2 节。

8.3　再生水利用过程中暴露剂量的确定

8.3.1　暴露评价方法

暴露评价的方法很多,比如现场直接测量、生物标志物法、模型估计计算等,总体而言,这些方法可以分为直接法和间接法两大类。

1. 直接法

(1) 外暴露环境介质直接测量

目前,再生水的健康风险评价往往是基于外暴露的方法,如呼吸、经口摄入、皮肤接触等,因此测定基于外暴露环境中人体表面接触的再生水中污染物的浓度及再生水暴露量是再生水暴露评价中最直接的方法,最能真实地反映人体与污染物的接触情况。

然而,现场直接测量往往是比较困难的,成本也较高,大规模进行直接测量也是不现实的。而且,受诸多环境因素的影响,直接测量得到的结果波动范围较大。

(2) 生物标志物法

生物标志物法是通过测定尿液、头发、血液或排出气体等人体代谢产物中的生物标志物来反映一段时间内通过各种途径进入人体内的污染物质的累积暴露量,能够综合反映个体对多介质、多途径污染物暴露的水平和风险。由于暴露评价的目的就是要对人体受污染物影响的最终情况进行评价,因此生物标志物法就显得十分重要,且越来越受到关注。实际上,暴露量的测定应该是选择人体受影响最敏感部位的暴露量进行测定,但直接利用人体器官进行分析显然不现实,只能通过测定血、尿、毛发或排出气体中的化学物质及其代谢产物的含量来代表作用敏感部位的含量。

生物标志物法能够动态观察人体内的变化,非常直观、灵敏。但此方法的不足之处在于它无法区分不同暴露途径分别产生的暴露剂量,只能测定出人体内所有生物标志物的总量。

目前,该方法在饮用水消毒副产物、空气污染等方面的暴露评价中都有一定的研究和应用,这对今后再生水的暴露评价工作具有很大的借鉴意义。

2. 间接法

(1) 问卷调查法

问卷调查法是社会学调查方法中的一种,在暴露评价中是一种最常用、最有效的方法。通过对某一特定再生水回用方式的暴露人群进行问卷调查,可以获得暴露人群的日常行为特征、年龄性别等组成分布情况,以及暴露人群与再生水的接触频率、程度、暴露时间等参数。

问卷调查中所了解和统计的信息数据可以更准确地反映某一特定地区或某一特定人群的真实情况,为暴露评价提供较为可靠的基础资料。但是问卷调查存在误报的可能,数据也需要进行检验,该方法一般与其他方法结合使用。

(2) 模型计算法

再生水利用的暴露剂量计算模型还不是很多,远没有达到系统成熟的水平,目前仍是健康风险评价研究中的重点。后面将介绍一些目前已有的再生水利用的暴露剂量计算模型。采取预测模型对暴露剂量进行计算的最大不足在于,相对普适的模型用于某一具体的使用过程时,模型中参数取值的选择是否合适准确,会给计算结果带来较大的不确定性。

(3) 地理信息系统和地理统计技术的应用

近年来,随着地理信息系统(geographic information system, GIS)和地理统计技术的不断发展,可以用监测地区的数据,预测非监测地区的污染物浓度。例如,在再生水输送的管网中,某些管段会设置水质监测点,可以结合地理信息系统和水力学模型等预测相近区域内其他地区再生水中的污染物浓度。在饮用水领域已有相应的软件基于该项技术来预测饮用水中消毒副产物的浓度及有可能处于危险中的用水人口数量。这项技术在暴露评价中的应用刚刚兴起,尚不成熟,但对于今后的再生水安全管理和暴露评价工作,都具有重要意义。

综上所述,暴露评价是一项综合性很强的基础工作,可以采取的方法手段也涉及诸多领域。在实际应用时,这些方法之间都不是相互孤立单独存在的,而往往是一种相辅相成、相互补充的关系。

8.3.2 再生水暴露剂量的确定

Asano 等曾经对污水再生利用于不同途径的暴露剂量进行过粗略估计,如表8.2 所示(Asano et al, 1992)。这一估计值在之后的许多风险评价研究工作中被广泛采用(Tanaka et al, 1998;仇付国和王晓昌,2003;Ryu et al, 2007)。虽然这一估计值具有一定的参考价值,但其准确性还有待进一步验证,而且该估计值忽略了许多重要影响因素,如没有考虑同一使用途径下不同的具体使用强度和暴露方式等问题。

表 8.2　不同用途再生水的人体暴露量和暴露频次

用途	暴露频次	每次暴露量/mL
城市绿化	每周 2 次	1
农田灌溉	每天 1 次	10
景观娱乐	每年 40 次(只计算夏天)	100
地下水回灌	每天 1 次	1000

资料来源：Asano et al,1992.

何星海等结合北京市再生水利用工程,建立了再生水用于公园绿化、道路降尘和冲洗作业时,职业人群和公众的暴露评价方法和评价模型,提出了再生水利用暴露人群的再生水日摄入量和终生日均暴露剂量(何星海 等,2006)。

对于日暴露剂量,可以按照式(8.2)计算：

$$D = c_{wi} \cdot V \tag{8.2}$$

式中,D 为某种暴露途径某种风险因子的日暴露剂量,mg/d；c_{wi}为再生水中某种风险因子的浓度,mg/L；V 为某种暴露途径再生水的日暴露量,L/d。

对于呼吸吸入途径：

$$V = v \cdot ET \cdot F \times 0.63 \tag{8.3}$$

式中,v 为呼吸速率,m³/h；ET 为日暴露时间,h/d；F 为空气中再生水水雾浓度,即单位空气中所含再生水形成的水雾量,L/m³；0.63 为吸收率。

对于皮肤接触渗入途径：

$$V = S_A \cdot P_C \cdot ET \times 10^3 \tag{8.4}$$

式中,S_A 为接触再生水皮肤表面积,m²；P_C 为皮肤渗透速率,m/h；ET 为日暴露时间,h/d。

将式(8.3)和式(8.4)代入式(8.2)中,则可以计算再生水中某种风险因子的日暴露剂量。

对于终生日均暴露剂量,可以按照式(8.5)计算：

$$LADD = \frac{D \cdot ED}{BW \cdot LT} \tag{8.5}$$

式中,LADD 为终生日均暴露剂量(lifetime average daily doses),mg/(kg · d)；ED 为终生暴露天数,d；BW 为评价对象的平均体重,kg；LT 为评价对象的平均寿命,d。

根据上述计算方法,并通过现场调研和监测分析,何星海等估算了再生水用于公园绿化、道路降尘和道路冲洗等途径不同暴露人群的再生水日摄入量,如表 8.3 所示。

表 8.3 再生水不同回用用途的日摄入量

回用方式	暴露人群	日摄入量/(L/d)	
		呼吸吸入途径	皮肤接触渗入途径
公园绿化	职业人群	0.058	0.012
	游人(中青年)	0.04	0
	游人(老年)	0.05	0
道路降尘	职业人群	0.077	0.018
	临街工作人员	0.031	0
	行人	0.010	0
道路冲洗	职业人群	0.024	0.036

资料来源：何星海 等,2006.

　　这一方法为健康风险评价提供了定量依据,但是呼吸速率、皮肤接触面积、皮肤渗透系数等人体暴露参数需要结合文献资料和一定的社会学调查来确定,参数取值的准确性直接关系到暴露评价的结果。

8.3.3 雾化导致的病原微生物的暴露剂量

　　确定空气中病原微生物的浓度是计算呼吸途径病原微生物暴露剂量的前提。空气中的病原微生物浓度很低,即使因再生水的使用而导致空气中病原微生物的浓度升高,其浓度值一般仍低于目前测试方法的检出限。这使得在计算暴露剂量时,空气中病原微生物浓度较难通过实际测定获得(Eisenberg et al,1996),因此往往需要通过间接手段或者借助模型进行估算。

　　间接测定即测定再生水中病原指示微生物(如粪大肠菌群和总异养菌群)的浓度和病原微生物的浓度,求得两者的比例关系;再测定空气中病原指示微生物的浓度,通过比例关系确定空气中病原微生物的浓度。然而,在实际的风险评价工作中,病原指示微生物浓度的测定也是一件较为繁琐的工作。

　　研究还表明,不同微生物在空气中的存活能力不同,如革兰氏阴性菌在干燥的扩散气溶胶体系中存活能力较低,即使它们能存活一段时间,其生长能力也会显著下降(Pascual et al,2003)。因此,再生水中微生物之间的比例关系不一定能代表其雾化并扩散一段距离后空气中微生物的比例关系。

　　水中的微生物进入到空气中,主要是通过水喷洒过程中的雾化作用。含有微生物的小液滴在随着空气运动的过程中,水逐渐雾化,最后剩下微生物而形成微生物气溶胶。所以,微生物气溶胶的形成过程和水的雾化过程密不可分,而水的雾化会导致空气湿度的增加。

　　谢兴(2008)针对某块采用再生水作为灌溉用水的长方形绿地(20 m×25 m)

考察了喷灌过程中各采样点总异养菌群浓度和空气相对湿度的关系。该绿地上均布喷头 25 个。在喷灌过程中,对绿地周边空气进行采样。其中 8 个采样点在绿地周边,距绿地边缘约 0.5 m;2 个采样点在绿地上风向,距绿地分别为 10 m 和 20 m;2 个采样点在绿地下风向,距绿地分别为 10 m 和 20 m。结果发现总异养菌群浓度和空气相对湿度之间相关关系显著($p < 0.05$)。因此提出式(8.6),用于估算空气中的微生物浓度。

$$c_{空气} = k \cdot w \cdot c_{水} \cdot (\varphi - \varphi_0) + B \qquad (8.6)$$

式中,$c_{空气}$为空气中微生物浓度,个/m;k 为系数,无量纲;$c_{水}$为再生水中微生物浓度,个/mL;φ 为相对湿度,无量纲;φ_0 为背景相对湿度,无量纲;w 为空气中的饱和水气量,mL/m³;B 为背景空气中微生物浓度,个/m³。

谢兴(2008)对试验测得的 12 个采样点总异养菌群浓度和相对湿度的数据进行线性拟合,得到 k 值为 0.52,并在其研究条件下通过式(8.6)计算得到了空气中的总异养菌群浓度值,其和实际检测值的比较如图 8.3 所示。结果表明,通过式(8.6)计算喷灌过程空气中的微生物浓度水平具有一定可行性,可以通过测定湿度和再生水中的微生物浓度间接测定空气中的微生物浓度,从湿度分布情况也可推测微生物的分布情况。

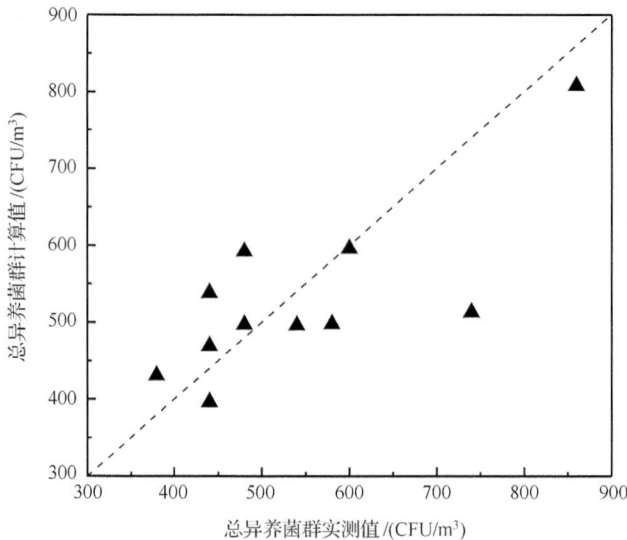

图 8.3　总异养菌群浓度计算值和实测值的比较

式(8.6)中的系数 k 主要由两方面因素决定:①空气中的总含水量和水气量的比值关系;②微生物在雾化过程中的活性变化。实际应用时,k 值还受到水中微生物测定和空气中微生物测定方法差异的影响。在不同的环境条件下,需要通过一些实测值对其进行修正。

式(8.6)用于计算空气中病原微生物浓度基于两个假设前提：①再生水雾化形成气溶胶中的微生物浓度比例与再生水中相同；②湿度与空气微生物浓度线性相关。

此外，随着与喷洒源距离的增大，喷洒对湿度的影响逐渐减小，环境条件逐渐成为湿度的主要影响因素。因此，湿度与空气中微生物浓度不一定能存在好的线性相关关系。由此可见，式(8.6)的计算方法只适用于计算与再生水喷洒源距离较近(小于 20 m)的空气微生物浓度。

当再生水喷洒源距离较远时，基于水在喷洒过程中的雾化模型和大气污染物扩散模型，当空气中的病原微生物主要来自于再生水喷洒过程中的雾化作用时，其浓度可以按照式(8.7)进行计算(Camann，1980)。

$$c_{空气} = Q \cdot D \cdot R + B \tag{8.7}$$

式中，$c_{空气}$ 为空气中的病原微生物浓度，个/m³；Q 为排放源强度，个/s；D 为微生物气溶胶扩散系数，s/m³；R 为病原微生物衰减系数，无量纲；B 为背景病原微生物浓度，个/m³，一般可以忽略。

1. 排放源强度 Q

再生水喷洒过程的雾化作用导致病原微生物进入空气，形成微生物气溶胶。排放源病原微生物的强度 Q 与再生水中病原微生物浓度、喷洒强度和雾化效率因子有关。其中，再生水中病原微生物浓度反映再生水水质，喷洒强度反映再生水使用方式和使用规模，雾化效率因子反映气象条件。排放源强度可以通过式(8.8)计算(Camann，1980)：

$$Q = c_{水} \cdot q \cdot A \tag{8.8}$$

式中，$c_{水}$ 为再生水中病原微生物浓度，个/m³；q 为喷洒强度，m³/s；A 为雾化效率因子，无量纲。

通过对再生水水样测定，可确定再生水中病原微生物的浓度 $c_{水}$。喷洒强度 q 可以通过流量计直接读取，或者通过现场调查，根据喷头的型号、数量、水压等计算确定。雾化效率因子 A 取值在 0 和 1 之间，具体数值可以参考式(8.9)计算(Camann，1980)。

$$\log_{10} A = 0.031T + 0.000096 \cdot (u + u_i) \cdot i - 3.10 \tag{8.9}$$

式中，T 为温度，℃；u 为风速，m/s；u_i 为喷头流速，m/s；i 为日照强度或光照强度，W/m²。

2. 微生物气溶胶扩散系数 D

微生物气溶胶扩散系数 D 主要由排放源形式、评价点与排放源的相对位置和气象条件等决定,如式(8.10)所示(郝吉明和马广大,2002;梅尔 等,2004)。

$$D(x,y,z) = \frac{1}{2\pi u \sigma_y \sigma_z} e^{-\frac{1}{2}\left(\frac{y}{\sigma_y}\right)^2} \left[e^{-\frac{1}{2}\left(\frac{z-H}{\sigma_z}\right)^2} + e^{-\frac{1}{2}\left(\frac{z+H}{\sigma_z}\right)^2} \right] \tag{8.10}$$

式中,x 为评价点离排放源沿风向上的距离,m;y 为评价点离排放源垂直风向上的距离,m;z 为评价点离地高度,m;u 为风速,m/s;σ_y 为微生物气溶胶在垂直风向上的分布参数,m;σ_z 为微生物气溶胶在离地高度方向上的分布参数,m;H 为排放源高度,m。

x、y、z、u 和 H 由现场测量确定,分布参数 σ_y 和 σ_z 的计算可参考 GB/T 3840—91。

3. 病原微生物衰减系数 R

不同病原微生物在空气中的存活能力不同。空气中病原微生物的衰减系数 R 可以按式(8.11)计算(Camann,1980):

$$R = I \cdot e^{\lambda t_{air}} \tag{8.11}$$

式中,I 为环境影响因子,无量纲;λ 为病原微生物在空气中的衰减因子,s^{-1};t_{air} 为气溶胶龄,s,等于沿风向距离 x 比风速 u($t_{air}=x/u$)。

环境影响因子 I 和病原微生物衰减因子 λ 类似,均是描述空气中病原微生物衰减速率的参数,其中 I 表征的是环境对病原微生物的影响,而 λ 主要描述病原微生物自身随时间的变化。每一种病原微生物的 I 和 λ 都需要通过实验模拟确定。但是由于实验模拟的难度很大,因此目前这方面的数据还非常缺乏。表 8.4 和表 8.5 分别给出了空气中几种典型微生物的 I 和 λ 值及其分布情况(Camann,1980)。

表 8.4 环境影响因子 I 的估计值及其分布情况

微生物指标	实验次数	环境影响因子 I 的估计值及其分布情况						
		10%	25%	40%	50%	60%	75%	90%
粪大肠菌群	13	—	0.068	—	0.13	—	0.58	—
总大肠菌群	44	0.016	0.060	0.13	0.16	0.23	0.55	1.1
总异养菌群	33	0.036	0.11	0.19	0.21	0.24	0.35	1.2
噬菌体	43	0.017	0.094	0.18	0.34	0.52	0.91	1.8
分枝杆菌	8	—	0.77	—	0.89	—	2.1	—
产气荚膜杆菌	11	—	0.24	—	1.2	—	6.5	—
肠链球菌	31	0.27	0.71	0.97	1.7	2.7	6.1	32
假单胞菌	13	—	1.7	—	14	—	73	—

注:$n\%$ 表明实验所得结果中有 $n\%$ 低于表中给出的数值。

资料来源:Camann,1980.

表 8.5　微生物衰减因子 λ 的估计值及其分布　　　　（单位：s^{-1}）

微生物指标	实验次数	微生物衰减因子 λ 的分布情况						
		10%	25%	40%	50%	60%	75%	90%
粪大肠菌群	13	−0.19	−0.070	—	−0.023	—	0	—
总大肠菌群	44	−0.23	−0.094	−0.050	−0.032	−0.020	−0.004	0
总异养菌群	33	−0.12	−0.020	−0.006	−0.004	0	0	0
噬菌体	43	−0.11	−0.051	−0.029	−0.011	0	0	0
分枝杆菌	8	−0.15	−0.009	—	0	—	0	0
产气荚膜杆菌	11	−0.10	−0.039	—	−0.004	—	0	0
肠链球菌	31	−0.06	−0.006	0	0	0	0	0
假单胞菌	13	−0.08	−0.008	—	0	—	0	0

注：n% 表明实验所得结果中有 n% 低于表中给出的数值。

资料来源：Camann，1980.

　　计算病原微生物的衰减系数 R 时，根据病原微生物的种类，选择表中对应的或类似的微生物指标的参数值。具体参数的选取，一般根据环境条件，选择25%～75%区间的数值。当环境条件比较适宜微生物生存时，如低日照强度、温暖适宜的温度、高的湿度，选择靠近 75% 的值，而强日照、高温或低温、低湿度时选择靠近25%的值。对于 I >1 的情况可以理解为再生水雾化过程中，这些微生物在气溶胶中存在聚集效应（WHO，2001）。对于环境耐受能力较强的病原微生物以及无法估计衰减系数的病原微生物，如隐孢子虫卵囊和贾第鞭毛虫孢囊等，衰减系数 R按 1 计算。

　　通过式(8.7)～式(8.11)即可求得与再生水喷洒源距离较远情况下的空气中病原微生物浓度。在实际的暴露评价中，需根据现场调查，结合实际情况确定空气中病原微生物浓度的计算方法。

　　确定空气中病原微生物的浓度后，呼吸途径暴露剂量可按式(8.12)计算(USEPA，1997)。

$$N = c_{空气} \cdot v \cdot t \tag{8.12}$$

式中，N 为呼吸途径的暴露剂量，个；$c_{空气}$ 为空气中的病原微生物浓度，个/m^3；v 为呼吸速率，m^3/d 或 m^3/h；t 为暴露时间，d 或 h。

　　呼吸速率 v 应根据不同的再生水利用方式和易感人群确定，可按日平均呼吸速率或小时平均呼吸速率两种方式计算。一般情况下，生活居住在受污染区域易感人群的长期暴露剂量按照日平均呼吸速率计算，只在某些特定活动方式下存在的短期暴露剂量按照小时平均呼吸速率计算。呼吸速率的一般值可以参考表 8.6和表 8.7，或者查阅 USEPA 的暴露因子手册(USEPA，1997)。

表 8.6　日平均呼吸速率 v 参考值

易感人群年龄/岁	<1	1~2	3~5	6~8	9~11		12~14		15~18		>19	
					男	女	男	女	男	女	男	女
呼吸速率 v/(m³/d)	4.5	6.8	8.3	10	14	13	15	12	17	12	15.2	11.3

资料来源：USEPA，1997.

表 8.7　小时平均呼吸速率 v 参考值

易感人群	儿童					成人				
	睡眠	静坐	低	中	高	睡眠	静坐	低	中	高
呼吸速率 v/(m³/h)	0.3	0.4	1.0	1.2	1.9	0.4	0.5	1.0	1.6	3.2

注：低、中、高指易感人群的活动强度。

资料来源：USEPA，1997.

暴露时间 t 需在现场针对不同的易感人群进行调查后确定。对于多数连续排放的暴露评价,暴露时间即为再生水的喷洒时间。但同时还要考虑喷洒结束后病原微生物在空气中的停留时间。

8.3.4　暴露评价中的人体暴露参数

在前面暴露剂量的确定方法中已经提到人体呼吸速率、皮肤渗透速率等暴露参数。暴露参数一般用来描述人体通过暴露途径(如呼吸吸入、经口摄入、皮肤接触渗透等)暴露于外界环境物质的量和速率以及人体特征(如体重、寿命等)。暴露参数是健康风险评价中的重要基础数据之一,是评价人体暴露剂量的重要因子。

在暴露剂量的确定过程中,暴露参数值的准确选取与环境介质中风险因子浓度值的准确定量同样重要,是决定健康风险评价结果准确性的重要因素。在暴露评价工作中,人体暴露参数往往通过查阅手册或文献报道确定。关于人体暴露参数的研究工作,美国开展得较多,而我国还缺乏系统全面的调查研究,下面将作一介绍。

美国是世界上第一个开展人体暴露参数研究并发布暴露参数数据库和相关手册的国家,主要成果来自于美国环境保护局。早在 1983 年,Johnson 和 Akland 等就在美国丹佛和华盛顿地区对人群活动的时间及行为方式等参数进行了调查研究,评估了当地居民对一氧化碳的暴露情况(段小丽 等,2009)。后来,类似的调查研究陆续开展进行。1989 年,USEPA 基于这些研究成果,并结合一些全国性大规模调查所获取的数据,发布了第一版《暴露参数手册》,后来于 1997 年又对其进行了补充和完善。《暴露参数手册》中对人体通过饮水、各种类型的食物、呼吸、皮肤接触等各种暴露情况下的暴露参数给出了均值、中位值、最大值、最小值和范围值等,给出了各种情况下暴露参数的选用原则和建议,表 8.6~表 8.9 列出了手册中一些典型的数据。该手册对于各种暴露情况下的暴露参数进行了较为全面系统的总结,目前已成为健康风险评价工作中的重要工具之一。随着社会经济水平和人民生活水平的发展变化,暴露参数也会发生一定程度的改变。自 2006 年起,USEPA 又开始对《暴露参数手册》进行新一轮的修订(段小丽 等,2009)。

此外,对于儿童这一特殊人群,USEPA 于 2002 年编写、2008 年正式发布了《儿童暴露参数手册》,同时 USEPA 还发布了《社会人口学数据》、《暴露参数变量分布》、《食品摄入分布》等一系列《暴露参数手册》的配套手册。这些暴露参数手册在美国的健康风险研究和管理工作中起到了重要作用,对推行基于风险管理和风险决策的制度具有重要意义。

表 8.8　不同年龄人群的体重和预期寿命

年龄/岁	体重/kg		预期寿命/年	年龄/岁	体重/kg		预期寿命/年
	男	女			男	女	
6~11*	9.4	8.8	75.8	13	49.9	50.9	63.7
1	11.8	10.8	75.4	14	57.1	54.8	62.7
2	13.6	13.0	74.5	15	61.0	55.1	61.7
3	15.7	14.9	73.5	16	67.1	58.1	60.7
4	17.8	17.0	72.5	17	66.7	59.6	59.8
5	19.8	19.6	71.6	18	71.1	59.0	58.8
6	23.0	22.1	70.6	18~25	73.8	60.6	57.9~52.2
7	25.1	24.7	69.6	25~35	78.7	64.2	51.3~42.9
8	28.2	27.9	68.6	35~45	80.9	67.1	42.0~33.8
9	31.1	31.9	67.6	45~55	80.9	68.0	32.9~25.1
10	36.4	36.1	66.6	55~65	78.8	67.9	24.3~17.5
11	40.3	41.8	65.6	65~75	74.8	66.6	17.5~11.2
12	44.2	46.4	64.6	18~75	78.1	65.4	—

*为月龄。

资料来源：USEPA,1997.

表 8.9　不同活动类型人群的皮肤暴露参数

活动类型	日常情况		游泳或洗澡	
	典型人群	极端个体	男性	女性
皮肤表面积/m²	0.20	0.53	1.94	1.69

资料来源：USEPA,1997.

USEPA 发布的这些暴露参数手册也逐渐在世界范围内被健康风险评价的研究和管理人员广泛参考和引用,其手册内容的框架也成为很多国家制定本国暴露参数手册时的重要参考。进入 21 世纪以后,欧洲、韩国、日本等国家和地区都在参考了 USEPA 暴露参数手册的基础上相继编制了更适合于当地居民的暴露参数手册或数据库。

由于在人体生理特征、经济发展水平、人民生活饮食习惯等诸多方面,我国与美国都存在着较大差异,如果简单地引用 USEPA《暴露参数手册》的暴露参数来进行我国的健康风险评价,会导致风险评价结果与实际情况之间产生偏差。虽然我国也曾经开展过一些大规模的居民营养与健康状况调查,在暴露参数方面有一定的数据积累,但至今还没有一套由国家部门发布的标准或手册,与欧美在暴露参数方面的研究相比还存在较大差距。目前,我国科研人员在暴露评价工作中仍然主要采用国外的数据或资料。因此,今后非常有必要建立基于我国居民实际情况的暴露参数手册或基础数据库。

8.4　再生水利用过程中化学污染物的健康风险评价

再生水中的化学污染物种类繁多,组成复杂,对化学污染物的毒性鉴定是健康风险评价的前提。关于化学污染物的毒性参数,如参考剂量、致癌强度系数等资料,最为常用和权威的是美国环境保护局建立的综合风险信息系统(integrated risk information system,IRIS)。综合风险信息系统是根据每种化学物质的毒理学、医学和流行病学的资料建立起来的,其中包括了上千种化学物质对人体健康的危害信息,并且该系统会根据最新研究成果不断进行更新。化学污染物一般可以分为致癌物质和非致癌物质两类。对于不同类别的化学污染物,风险评价时所采用的方法也不尽相同。

8.4.1　致癌化学物质的健康风险评价方法

1. 风险评价方法

判断化学物质是否具有致癌性以及致癌性的强弱,主要的依据包括人类暴露于该物质与癌症发生关系的相关资料及动物试验研究成果。USEPA 对目前已有的资料和研究结果,通过证据加权的方法将化学物质的致癌程度进行了分类,如表 8.10 所示。

表 8.10　化学物质致癌程度分类

类别		含义	
A		确定为人体致癌物	
B	B1	很可能致癌物	有少量的人体致癌证据
	B2		动物致癌证据充分但人体致癌证据不足
C		可能为人体致癌物	
D		不能确定是否为人体致癌物	
E		对人体致癌无证据	

　　再生水中化学物质的浓度相对较低,属于低剂量暴露水平。对于这些致癌物质健康危害的风险评价实际上就是评价其在低剂量水平下的致癌风险。然而,低剂量的致癌风险既无法根据人类流行病学的资料直接得到,也很难采用动物试验进行直接确定,通常是借助高剂量暴露水平下的资料,包括动物试验和流行病学调查,通过建立数学模型向低剂量暴露水平外推来求得其健康风险。

　　目前已有的外推模型主要有对数正态模型、韦布(Weibull)模型、单击(one-hit)模型、多阶段(multistage)模型等,其中较为常用的是多阶段模型,各种外推模型的表达式如表 8.11 所示。

表 8.11　常用的致癌化学物质低剂量外推模型

模型	表达式	低剂量范围的曲线特征
对数正态模型	$P(D) = \dfrac{1}{\sigma\sqrt{2\pi}}\displaystyle\int_{-\infty}^{c}\exp(Z^2/2)\mathrm{d}Z$ $Z = \dfrac{\log D - \mu}{\sigma}$	超线性
韦布模型	$P(D) = 1 - \exp(-a + bD^m)$	$m>1$ 时,次线性; $m=1$ 时,线性; $m<1$ 时,超线性
单击模型	$P(D) = 1 - \exp(-k_0 - k_1 D)$	线性
多阶段模型	$P(D) = 1 - \exp\left(-\displaystyle\sum_{i=0}^{n}k_i D_i\right)$	$k_1>0$ 时,线性; $k_1=0$ 时,超线性

　　注:表中 P 为暴露人群不良健康效应的发生概率;D 为暴露剂量;μ 和 σ 分别为 $\log D$ 的平均值和标准偏差;i 为阶段序号;其他为剂量反应关系曲线拟合系数。

　　资料来源:仇付国,2004.

　　以上外推模型在一定条件下能较好地拟合一些观察资料,然而对致癌化学物质在低剂量暴露水平下的致癌风险进行预测时仍可能存在较大偏差。由于致癌过程本身是一种极其复杂的生理生化过程,这些过程的机理人们还没有完全掌握,很难用相对简化的数学模型将其全面准确地表达出来,所以迄今为止也没有一种公认的最适于预测低剂量暴露水平致癌风险的外推模型。然而,在风险评价工作中,为了对人体健康受危害的可能性进行预测分析,利用数学模型确定化学污染物的剂量反应关系十分必要。

USEPA 评价致癌风险的观念是,仅确定出风险的上限而不估算其真实的风险究竟是多少,于是可采用线性多阶段模型来确定风险上限,即以致癌强度系数(carcinogenic potency factor,CPF)来表达,见式(8.13):

$$P = LADD \cdot CPF \tag{8.13}$$

式中,P 为终生致癌风险;LADD 为致癌化学物质的终生日均暴露剂量,mg/(kg·d);CPF 为致癌强度系数,(kg·d)/mg。

致癌强度系数的含义是,人体对某种致癌化学物质的终生暴露剂量为每千克体重每天 1mg 时的超额致癌风险,其数值为剂量反应关系曲线斜率的 95% 置信上限(以动物试验资料为依据时)或者为该斜率的最大似然估计值(以人体资料为依据时)。致癌强度系数越大,该化学物质单位剂量所导致人体的致癌概率就越大。每种化学物质根据其暴露途径均有其特定的致癌强度系数,也就是说,暴露途径不同时同一物质的致癌性也不一定相同。当致癌化学物质的暴露途径为呼吸吸入空气时,其致癌强度系数的单位为 m³/mg。目前尚没有皮肤接触渗入途径的致癌强度系数,一般暂时采用消化道途径的数值来代替。有关各种化学物质的致癌强度系数可参见综合风险信息系统(IRIS)。

对致癌化学物质的健康风险进行评价时,若考虑背景环境的癌症发生率,常用的风险表征方法有增量风险和超额风险两种。

(1) 增量风险

增量风险(added risk,AR)如式(8.14)所示:

$$AR = P_i - P_0 \tag{8.14}$$

式中:P_i 为某一暴露剂量下的致癌风险;P_0 为暴露剂量为 0 时由背景环境导致的致癌风险。

(2) 超额风险

超额风险(extra risk,ER)如式(8.15)所示:

$$ER = \frac{P_i - P_0}{1 - P_0} \tag{8.15}$$

式中各符号含义同式(8.14)。

2. 风险评价案例

Chiou 等对再生水用于农业灌溉时致癌物质如某些重金属和杀虫剂等的暴露剂量及其致癌健康风险做了调查和分析,污染物浓度参考台湾当地农业灌溉水质标准中相应物质的限值,污染物在不同介质中传递时的浓度变化采用 USEPA 提出的方法和参数。结果表明在三种暴露途径中,污染物通过再生水→地表水→鱼类→人体产生的健康危害最明显,而铍、除草剂和艾氏剂的致癌风险最值得关注。表 8.12 列出了 Chiou 等的研究结果(Chiou,2008)。

表 8.12　农业灌溉时不同暴露途径化学污染物的致癌健康风险

污染物	致癌健康风险		
	再生水→土壤→农作物→人体	再生水→地表水→鱼类→人体	再生水→地表水→(经土壤至地下水)→饮用→人体
砷	—	3.87×10^{-5}	3.52×10^{-5}
铍	—	1.29×10^{-4}	2.49×10^{-4}
除草剂	1.27×10^{-6}	1.37×10^{-4}	5.21×10^{-7}
DDT	6.70×10^{-9}	2.27×10^{-5}	3.93×10^{-8}
艾氏剂、狄氏剂	1.82×10^{-6}	6.26×10^{-4}	5.97×10^{-6}
五氯苯酚	2.78×10^{-6}	1.44×10^{-6}	5.14×10^{-8}
毒杀芬	4.28×10^{-6}	8.72×10^{-5}	4.71×10^{-7}

资料来源：Chiou,2008.

8.4.2　非致癌化学物质的健康风险评价方法

1. 风险评价方法

非致癌化学物质对人体健康的危害主要有两个特点：一是所造成的危害种类众多,可以对人体的呼吸、消化、循环、排泄、生殖、神经等各种系统及其相关器官造成不良影响；二是所导致的健康危害程度差别很大,从轻微的皮肤红肿到影响心脑功能甚至致命等严重后果。由于各种健康危害的机理各不相同,没有统一的标准去衡量,这给健康风险评价带来了很大困难。

目前,对于非致癌化学物质健康危害的评价方法,通常将其看做一种有阈效应,即存在一个参考剂量,当暴露剂量低于参考剂量时则不会发生健康危害,而高于参考剂量时则人体健康会受到不良影响。此外,非致癌化学物质剂量与效应之间的关系不仅表现在发生概率方面,还表现在严重程度上。

所谓参考剂量(reference dose,RfD),就是某种化学物质在人一生的暴露时间(平均寿命)内,通过口服途径进入人体内且不会对人体健康造成不利影响的最高剂量。相对应的通过呼吸吸入途径进入人体的剂量称作参考浓度(reference concentration,RfC)。

通常认为躯体毒物质是有阈的,无毒副作用剂量(NOAEL)本身就有阈值的含义。而无毒副作用剂量同时又是所研究群体对象大小的函数,即群体数量较小时可能不会发生低剂量效应,当群体增大时则可能出现。事实上,参考剂量是一个不确定的量。当从风险评价或者风险管理的角度出发时,可以假设参考剂量暴露水平下所对应的健康风险为 10^{-6},即个体终生暴露剂量为参考剂量时发生某种健康危害的概率为 10^{-6}。这样就可以把暴露剂量和健康风险直接联系起来,用于评价非致癌化学物质的健康风险,如式(8.16)所示：

$$P = \frac{\text{LADD}}{\text{RfD}} \times 10^{-6} \tag{8.16}$$

式中,P 为发生某种健康危害的终生风险;LADD 为非致癌化学物质的终生日均暴露剂量,mg/(kg·d);RfD 为该化学物质的参考剂量,mg/(kg·d)。

虽然通过某一种化学物质的参考剂量可以计算其所导致的某种健康危害的风险,但现实中一个人往往不可能仅暴露于一种化学污染物。不同化学污染物之间可能会存在协同或拮抗作用,不同躯体毒物质的毒性终点也很可能不同,这样,不同毒害物质之间的相互关系就变得极为复杂。这一问题在当前的认识和研究水平上还难以进行定量描述。当环境中(如再生水)的多种有毒物质共同作用于人体时,一般是将各种化学污染物所导致的健康风险总和作为此时人体健康危害的总风险,也就是说,忽略了不同物质间的相互作用以及毒性终点的不同。

2. 风险评价案例

郝瑞霞等选取再生水中具有内分泌干扰作用的壬基酚(nonylphenol,NP)作为风险因子,采集了北京某再生水厂的出水,该再生水厂以城市污水处理厂二级出水为水源,采用絮凝沉淀—砂滤—消毒再生工艺,测得水中 NP 的平均浓度为 3.62 μg/L。对 NP 在再生水利用时对人体可能产生的健康影响做了评价,并参考国内外研究资料,得到了不同暴露途径下再生水人体吸收量和 NP 暴露量,如表 8.13 所示(郝瑞霞 等,2007)。不同再生水暴露途径下 NP 对人体健康危害风险的大小关系是城市绿化(园林工人)、道路喷洒和污水处理、电厂冷却作业>农田灌溉>游泳用水>公园绿化>建筑中水>城市绿化(行人)、道路降尘。

表 8.13 不同暴露途径的再生水人体吸收量和 NP 暴露量

暴露途径	再生水			NP	
	暴露频率	日(次)吸收量	年吸收量/mL	年暴露量/(μg/kg)	日均暴露量/(10^{-7}mg/kg)
游泳用水	20 次/a	100 mL/次	2000	0.103	2.820
城市绿化(园林工人)	150 d/a	100 mL/d	15 000	0.775	21.200
城市绿化(行人)	105 次/a	1 mL/次	105	0.005	0.137
公园绿化(游人)	40 次/a	5 mL/次	200	0.010	0.274
道路喷洒(清洁工人)	150 d/a	100 mL/d	15 000	0.775	21.200
道路降尘(行人)	105 次/a	1 mL/次	105	0.005	0.137
污水处理、电厂冷却作业(工人)	150d/a	100 mL/d	15 000	0.775	21.200
建筑中水(使用者)	365 d/a	0.5 mL/d	182.5	0.009	0.247
农田灌溉(食用农作物)	365 d/a	10 mL/d	3650	0.189	5.180

资料来源:郝瑞霞 等,2007.

　　类似地,何星海等对北京市某再生水厂的再生水用于绿化灌溉和道路喷洒时的健康风险进行了暴露评价,通过现场调研和监测分析,对 19 种化学污染物对于不同暴露人群的暴露剂量进行了估算,结果如表 8.14 和表 8.15 所示。评价结果表明这些物质对人体的健康危险度均在可接受的健康范围内(何星海 等,2007a;何星海 等,2007b)。

表 8.14　北京市某再生水厂再生水绿化灌溉时不同人群不同暴露途径的暴露剂量

污染物	终生日均暴露剂量/[mg/(kg·d)]			
	呼吸吸入 (职业人群)	皮肤渗入 (职业人群)	呼吸吸入 (中青年游客)	呼吸吸入 (老年游客)
氯仿	1.16×10^{-5}	2.39×10^{-6}	6.82×10^{-6}	4.09×10^{-6}
一溴二氯甲烷	1.18×10^{-6}	2.44×10^{-7}	6.94×10^{-7}	4.16×10^{-7}
二溴一氯甲烷	6.26×10^{-7}	1.29×10^{-7}	3.67×10^{-7}	2.20×10^{-7}
溴仿	3.27×10^{-7}	6.74×10^{-8}	1.92×10^{-7}	1.15×10^{-7}
四氯化碳	9.68×10^{-9}	2.00×10^{-9}	5.68×10^{-9}	3.41×10^{-9}
二氯甲烷	1.08×10^{-5}	2.22×10^{-6}	6.31×10^{-6}	3.79×10^{-6}
1,2-二氯乙烷	4.63×10^{-6}	9.53×10^{-7}	2.71×10^{-6}	1.63×10^{-6}
苯	3.43×10^{-6}	7.06×10^{-7}	2.01×10^{-6}	1.21×10^{-6}
甲苯	7.86×10^{-8}	1.62×10^{-8}	4.61×10^{-8}	2.76×10^{-8}
乙苯	1.29×10^{-7}	2.66×10^{-8}	7.57×10^{-8}	4.54×10^{-8}
二甲苯	4.30×10^{-7}	8.87×10^{-8}	2.52×10^{-7}	1.51×10^{-7}
DDT	3.44×10^{-9}	7.09×10^{-10}	2.02×10^{-9}	1.21×10^{-9}
六六六	1.51×10^{-9}	3.10×10^{-10}	8.83×10^{-10}	5.30×10^{-10}
六氯苯	1.13×10^{-7}	2.33×10^{-8}	6.63×10^{-8}	3.98×10^{-8}
砷	2.15×10^{-8}	4.43×10^{-8}	1.26×10^{-8}	7.57×10^{-9}
镉	5.49×10^{-8}	1.13×10^{-7}	3.22×10^{-8}	1.93×10^{-8}
铬(Ⅵ)	1.08×10^{-7}	2.22×10^{-7}	6.31×10^{-8}	3.79×10^{-8}
汞	2.15×10^{-9}	4.43×10^{-9}	1.26×10^{-9}	7.57×10^{-10}
镍	1.39×10^{-6}	2.86×10^{-6}	8.14×10^{-7}	4.88×10^{-7}

　　资料来源:何星海 等,2007a。

表 8.15　北京市某再生水厂再生水道路喷洒时不同人群不同暴露途径的暴露剂量

污染物	终生日均暴露剂量/[mg/(kg·d)]			
	呼吸吸入 (职业人群)	皮肤渗入 (职业人群)	呼吸吸入 (行人)	呼吸吸入 (临街工作人员)
氯仿	2.49×10^{-5}	5.85×10^{-6}	4.01×10^{-6}	1.22×10^{-5}
一溴二氯甲烷	2.53×10^{-6}	5.96×10^{-7}	4.09×10^{-7}	1.24×10^{-6}
二溴一氯甲烷	1.34×10^{-6}	3.15×10^{-7}	2.16×10^{-7}	6.56×10^{-7}
溴仿	7.00×10^{-7}	1.65×10^{-7}	1.13×10^{-7}	3.42×10^{-7}
四氯化碳	2.07×10^{-8}	4.88×10^{-9}	3.35×10^{-9}	1.01×10^{-8}
二氯甲烷	2.30×10^{-5}	5.42×10^{-6}	3.72×10^{-6}	1.13×10^{-5}
1,2-二氯乙烷	9.91×10^{-6}	2.33×10^{-6}	1.60×10^{-6}	4.84×10^{-6}
苯	7.34×10^{-6}	1.72×10^{-6}	1.18×10^{-6}	3.59×10^{-6}
甲苯	1.68×10^{-7}	3.95×10^{-8}	2.71×10^{-8}	8.22×10^{-8}
乙苯	2.76×10^{-7}	6.50×10^{-8}	4.46×10^{-8}	1.35×10^{-7}
二甲苯	9.22×10^{-7}	2.17×10^{-7}	1.49×10^{-7}	4.51×10^{-7}
DDT	7.37×10^{-9}	1.73×10^{-9}	1.19×10^{-9}	3.60×10^{-9}
六六六	3.23×10^{-9}	7.58×10^{-10}	5.20×10^{-10}	1.58×10^{-9}
六氯苯	2.42×10^{-7}	5.69×10^{-8}	3.90×10^{-8}	1.18×10^{-7}
砷	4.61×10^{-8}	1.08×10^{-8}	7.43×10^{-9}	2.25×10^{-8}
镉	1.17×10^{-7}	2.76×10^{-8}	1.90×10^{-8}	5.74×10^{-8}
铬(Ⅵ)	2.30×10^{-7}	5.42×10^{-8}	3.72×10^{-8}	1.13×10^{-7}
汞	4.61×10^{-9}	1.08×10^{-9}	7.43×10^{-10}	2.25×10^{-9}
镍	2.97×10^{-6}	6.99×10^{-6}	4.79×10^{-7}	1.45×10^{-6}

资料来源：何星海 等,2007b.

　　Haruta 等对再生水用于园林绿化等灌溉途径时污染物（二甲基亚硝胺，N-nitrosodimethylamine,NDMA）通过土壤渗透到地下水的危害风险,结果认为在常规灌溉条件下该风险较小。但当土壤的水力传导性增大、NDMA 吸附量降低、灌溉强度增大时,这种风险会显著升高,因此在使用再生水灌溉时要注意对以上因素的控制(Haruta et al,2008)。

8.5　再生水利用过程中病原微生物的健康风险评价

8.5.1　病原微生物的健康风险评价方法

　　对于病原微生物的健康风险评价,首先要确定再生水中影响人体健康的病原微生物,并对其进行鉴定分类,识别可能对人体有害的主要病原微生物种类。第 3 章已经对再生水中可能存在的病原微生物及其危害作了较详细的论述。对病原微生物的暴露剂量进行确定时,很多种类病原微生物的浓度和数量往往是不易通过实验直接测定的,常需要利用指示微生物或预测模型进行估计。在得到某种病原微生物的暴露剂量后,需要通过剂量反应关系,对其可能导致暴露人群生病的概率进行预测。剂量反应关系是通过大量实际致病案例的病原微生物检验数据,或在实际人体或动物试验的基础上,建立起来的暴露剂量与致病概率之间的定量关系。

8.2 节已提到常用的病原微生物剂量反应关系模型有指数模型和 Beta-Poisson 模型(WHO,2001):

(1) 指数模型

$$P_i = 1 - \mathrm{e}^{-\frac{N}{\beta}} \tag{8.17}$$

式中,P_i 为致病风险,无量纲;N 为暴露剂量,个;β 为剂量反应关系因子,个$^{-1}$。

(2) Beta-Poisson 模型

$$P_i = 1 - \left[1 + \frac{N}{N_{50}} (2^{\frac{1}{\alpha}} - 1) \right]^{-\alpha} \tag{8.18}$$

式中,P_i 为致病风险,无量纲;N 为暴露剂量,个;N_{50} 为暴露人群 50% 被感染剂量,个;α 为剂量反应关系因子,无量纲。

根据病原微生物的种类对以上两个模型进行选择。模型中的剂量反应关系因子也需要通过大量实际致病案例的病原微生物检验数据,或实际的人体或动物试验才能获得,因此目前也很缺乏。已报道的一些病原微生物的适用模型及其剂量反应关系因子如表 8.16 所示(WHO,2001)。

表 8.16　病原微生物的剂量反应关系因子

微生物名称	指数模型 β/个$^{-1}$	微生物名称	Beta-Poisson 模型 N_{50}/个	α
脊髓灰质炎病毒	109.87	轮状病毒	6.17	0.2531
甲肝病毒	1.8229	沙门氏菌	23600	0.3126
腺病毒	2.397	沙门伤寒氏菌	3.60×10^6	0.1086
艾柯病毒	78.3	志贺氏菌	1120	0.2100
柯萨奇病毒	69.1	埃希氏大肠杆菌	8.60×10^7	0.1778
隐孢子虫	238	空肠弧菌	896	0.145
贾第鞭毛虫	50.23	霍乱弧菌	243	0.25
		内阿米巴属大肠杆菌	341	0.1008

资料来源:WHO,2001.

综合前三项内容,对病原微生物的致病概率以及所得概率的可靠度给以估算和分析,并进行统计描述。通常采用 USEPA 提出的万分之一风险,即一年一万个人中有一个人感染,作为可以接受的最高风险。

8.5.2　病原微生物健康风险评价案例

1. 再生水用于水景喷泉的健康风险评价

针对再生水用于水景喷泉时的典型情景进行风险评价,条件设定和假设如下所示:

1) 再生水中的病原微生物浓度参考文献中某污水处理厂 G 的砂滤出水,如表 8.17所示(谢兴,2008)。

2) 再生水中的病原微生物浓度服从对数正态分布。

3) 再生水中病毒与粪大肠菌群的浓度比值为 $1:10^5$(Shuval et al,1997)。

4) 再生水中的病毒以感染性较强的轮状病毒和甲肝病毒为代表计算风险。

5) 背景空气中的病原微生物浓度按 0 计算。

6) 隐孢子虫和贾第鞭毛虫的衰减系数 R 按 1 计算,轮状病毒和甲肝病毒的衰减系数 R 参考表 8.4 和表 8.5 中噬菌体的参数进行计算。

7) 风险评价中使用的各参数是相互独立的。

表 8.17　目标病原微生物相关参数

参　数	隐孢子虫	贾第鞭毛虫	轮状病毒	甲肝病毒
再生水中浓度 $c_水$/(个/L)	0.11±0.15	0.49±0.53	0.035±0.010	0.035±0.010
分布情况	对数正态	对数正态	对数正态	对数正态
剂量反应关系因子 α	—	—	0.2531	—
暴露人群 50% 感染剂量 N_{50}/个	—	—	6.17	—
剂量反应关系因子 β/个$^{-1}$	238	50.23	—	1.8229
自身衰减因子 I	1	1	0.34	0.34
环境影响因子 λ/s^{-1}	0	0	−0.011	−0.011

注:"—"表示无相关数据。

资料来源:谢兴,2008.

风险识别和暴露评价考虑典型情景设置,参数的选取均参考相关实际工程。

污水处理厂使用再生水作为办公区水景喷泉用水。目标病原微生物为隐孢子虫、贾第鞭毛虫、轮状病毒和甲肝病毒。评价对象为污水处理厂位于喷泉下风向的工作人员(如工人、门卫)。环境气象、喷洒设备和评价对象的相关参数如表 8.18～表 8.20 所示。

表 8.18　环境气象相关参数（水景喷泉）

参数	取值	分布情况
温度 $T/℃$	$15±5$	正态
风速 $u/(m/s)$	$3±1$	正态
日照强度 $i/(W/m^2)$	$600±200$	正态

表 8.19　喷洒设备相关参数（水景喷泉）

参数	取值	分布情况
喷洒流量 $q_i/(m^3/s)$	$0.010±0.002$	正态
喷洒流速 $u_i/(m/s)$	$10±2$	正态
每天喷洒时间/h	8	定值
喷头离地高度/m	0	定值
喷洒水头/m	5	定值

表 8.20　评价对象相关参数（水景喷泉）

参数	取值
与喷洒源距离/m	50
高度/m	1
呼吸速率 $v/(m^3/h)$	0.5
单次暴露时间/h	8
年暴露频次 n	200

　　基于以上情景设置,采用 8.3.3 节中的暴露剂量计算方法计算污水处理厂工作人员的暴露剂量,然后利用 8.5.1 节中的病原微生物剂量反应关系,采用蒙特卡罗模拟方法,根据各参数特点以及分布情况,对相互独立的几个参数利用计算机随机选取,计算再生水中隐孢子虫、贾第鞭毛虫、轮状病毒和甲肝病毒对污水处理厂工作人员产生的午健康风险值,结果如表 8.21 所示,其中隐孢子虫和轮状病毒的概率密度和累积概率分布如图 8.4 和图 8.5 所示。

表 8.21　再生水用于水景喷泉的安全性

安全性评价指标	目标病原微生物			
	隐孢子虫	贾第鞭毛虫	轮状病毒	甲肝病毒
年风险平均值	$6.06×10^{-5}$	$1.28×10^{-3}$	$7.70×10^{-4}$	$7.12×10^{-4}$
年风险值$<10^{-5}$的概率/%	15.1	0.1	0.2	0.1
年风险值$<10^{-4}$的概率/%	76.9	3.7	1.2	0.9
年风险值$<10^{-3}$的概率/%	99.5	53.4	63.6	69.1
年风险值$<10^{-2}$的概率/%	100	96.6	99.9	99.8

注:表中结果是基于表 8.3 水质条件和表 8.4~表 8.6 设定的情景。

　　由表 8.21 可见,再生水用于水景喷泉时,4 种目标病原微生物对污水处理厂工作人员的年健康风险平均值从高到低依次为:贾第鞭毛虫(1.28×10^{-3})＞轮状病毒(7.70×10^{-4})＞甲肝病毒(7.12×10^{-4})＞隐孢子虫(6.06×10^{-5}),年风险值小于 10^{-4} 的概率分别为 3.7％、1.2％、0.9％和 76.9％。

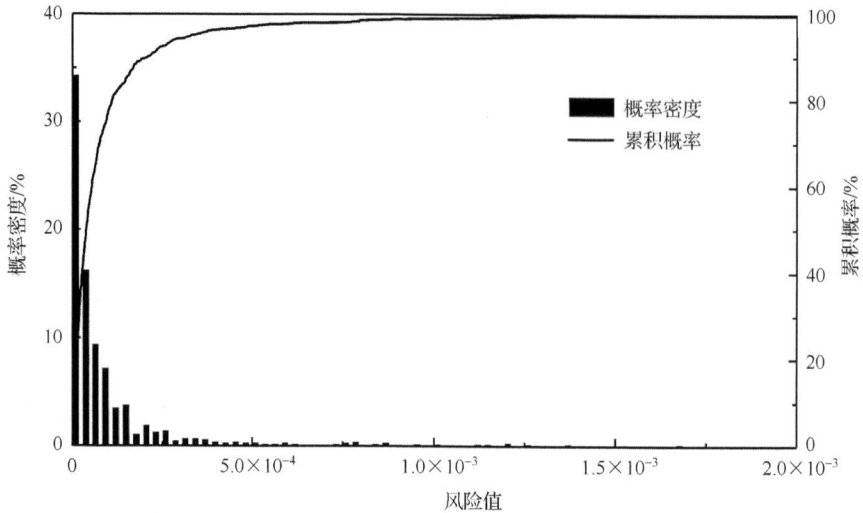

图 8.4　再生水用于水景喷泉时隐孢子虫致病风险概率密度及累积概率的分布

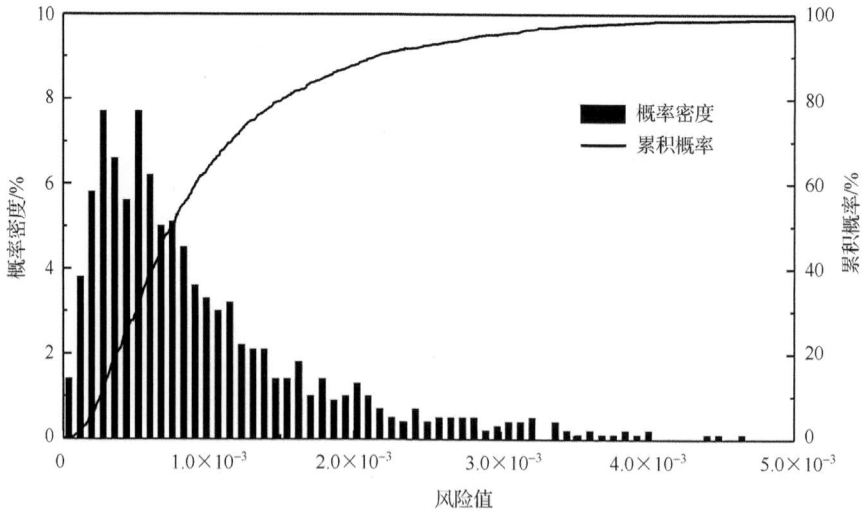

图 8.5　再生水用于水景喷泉时轮状病毒致病风险概率密度及累积概率的分布

2. 其他案例

Tanaka 等对加利福尼亚 4 个二级污水处理厂的出水进行了深度处理和消毒试

验,研究处理后的再生水用于高尔夫球场灌溉、食用作物灌溉、娱乐用水和地下水回灌时的感染风险。以年感染风险概率 10^{-4} 作为可接受风险水平,可靠性定义为年感染风险不超过可接受风险水平的概率,分析结果见表 8.22(Tanaka et al,1998)。

表 8.22　再生水用于不同用途时的可靠性

处理工艺	二级污水处理厂	可靠性/%			
		高尔夫球场灌溉	食用作物灌溉	娱乐用水(接触性)	地下水回灌
深度处理或接触过滤(加氯量为 10 mg/L)病毒去除率为 5.2 log*	A	100	100	100	100
	B	100	100	99	100
	C	100	100	98	100
	D	99	77	62	100
二级出水加氯消毒(加氯量为 5 mg/L)病毒去除率为 3.9 log	A	95	100	10	100
	B	100	100	81	100
	C	99	100	93	100
	D	84	100	11	100
接触过滤(加氯量为 5 mg/L)病毒去除率为 4.7 log	A	100	100	48	100
	B	100	100	96	100
	C	100	100	97	100
	D	97	100	39	100

资料来源:Tanaka et al,1998.

　*非法定表达方式,用于表示对数去除(灭活)率,其计算表达式为 $-\log_{10}(100\%-$ 去除率)。例如,去除率 $99\%=2\ \text{log}$,$99.9\%=3\ \text{log}$。

　　从表 8.22 可知,二级污水处理厂出水经深度处理及氯消毒(10 mg/L)后,用于高尔夫球场、食用庄稼灌溉和地下水回灌时,其可靠性基本上可以达到100%。由于在制定美国饮用水水质标准时,病原微生物指标限值也基于病原菌感染风险概率(10^{-4})确定,因而认为在该条件下使用再生水与自来水没有显著差异,但用于接触性娱乐用水(如游泳等)则安全性较差,还需提高处理深度并增加投氯量。

　　Petterson 和 Ashbolt 研究了污水再生利用于农田灌溉时,由微生物气溶胶导致的健康风险。结果表明,当再生水中的病毒浓度低于 1 PFU/L 时,即使在距离灌溉场所 20 m 处,致病风险也在可以接受的范围。但是随着再生水中病毒浓度的升高,可以接受致病风险的安全距离也随之增大。病毒浓度为 100 PFU/L 时,安全距离为 400 m,病毒浓度为 1000 PFU/L 时,安全距离为 600 m(Petterson and Ashbolt,2006)。

仇付国等以西安某再生水厂出水为研究对象,对再生水用于绿化、农田灌溉、景观娱乐用途时肠道病毒的感染风险进行了评价。由于直接检测肠道病毒非常困难,其通过检测再生水中粪大肠菌群数,假设肠道病毒与粪大肠菌群数的比值为 $1:10^5$ 来确定再生水中肠道病毒的浓度。其评价结果见表 8.23(仇付国和王晓昌,2003)。研究结果与 Tanaka 的结果基本一致。

表 8.23　不同用途再生水中肠道病毒的年感染风险

用途	风险范围	平均值	标准偏差	可靠性/%
城市绿化	$1.09\times10^{-7}\sim4.09\times10^{-6}$	1.21×10^{-6}	1.09×10^{-6}	100
农田灌溉	$1.94\times10^{-9}\sim1.45\times10^{-7}$	4.31×10^{-8}	3.79×10^{-9}	100
景观娱乐	$2.05\times10^{-6}\sim1.55\times10^{-4}$	4.77×10^{-5}	3.45×10^{-6}	90.97

注:再生水经过二级生物处理、混凝沉淀过滤以及氯消毒处理。
资料来源:仇付国和王晓昌,2003.

An 等通过大肠杆菌评估了再生水应用于水稻田灌溉时病原微生物对农民及附近儿童所造成的健康风险。结果表明,病原菌感染风险概率在 $10^{-8}\sim10^{-4}$ 范围内,且如果再生水经紫外线消毒后再用于灌溉,风险概率会降低(An et al,2007)。

张德友等对北京某污水处理厂二沉出水及再生水中的轮状病毒进行了检测,并根据表 8.3 中的暴露参数,采用 Beta-Poisson 模型,对该污水处理厂二沉出水及再生水用于道路喷洒和绿地灌溉时的轮状病毒健康风险进行了评价。结果表明,二沉出水和再生水在不同回用用途中对不同暴露人群的年平均感染概率范围分别为 $0.35\times10^{-2}\sim10.36\times10^{-2}$ 和 $0.23\times10^{-2}\sim6.82\times10^{-2}$,其中道路喷洒用途中职业工人的年平均感染概率均为最高。可见,该污水处理厂的二沉出水和再生水用作城市绿化和道路喷洒时存在一定的健康风险(张德友 等,2009)。

此外,还有研究者将定量风险评价的方法与流行病学方法结合,提出了流行病风险的定量评价方法。它通过核实诊断病原微生物感染病例,调查可能的传染源、传播途径及影响因素,再结合剂量反应的定量关系模型,综合评价流行性疾病爆发的风险,从而为疫情的预防控制提供科学依据(Eisenberg et al,1996)。然而这一方法要求掌握系统全面的流行病学数据,开展起来较为困难。较为可行的是针对具体的再生水水质、具体的再生水利用方式以及具体的暴露情景进行定量的健康风险评价。

8.6　健康风险评价面临的课题

8.6.1　不确定性问题

健康风险评价是一种新兴的方法,其理论体系日趋完善,但仍存在诸多问题。

其中,不确定性问题是风险评价的主要问题之一。实际问题的复杂性和多样性、对实际问题认知的局限性,以及风险评价过程中使用的模型、参数的确定等过程中出现的误差,都会造成风险评价的结果与实际情况之间存在较大差异。

USEPA 把不确定性定义为对评价参数、模型和特定细节认知的缺乏。不确定性是指对所研究系统当前和将来状态的认识不完全,对危害程度或其表征方式认识不充分而产生的风险评价结果的组成部分。不确定性的存在使得无法对某一健康危害的大小及出现概率做出很好的预测和估算。USEPA 将不确定性分为三类:参数选择的不确定性、模型本身的不确定性以及事件背景的不确定性(USE-PA, 1992;仇付国, 2004)。

1. 参数选择的不确定性

参数选择的不确定性来源于参数确定时产生的误差,如测量误差、抽样误差、事物本身的多变性和使用替代指标等。测量误差包括随机误差和系统误差;抽样误差是由样本量过小或者选取的样本没有代表性而导致的;事物本身的多变性指由于环境和暴露的多样性而造成的误差,如时间和空间的变化,人类活动方式随年龄性别和地理位置的不同而产生的变化;替代指标的使用也会导致参数的不确定性。

2. 模型的不确定性

模型的不确定性是由数学理论和计算方法不完善或者使用了不合适的模型造成的。由于评价对象的复杂性,采用简化的数学模型对其进行模拟计算时,往往会产生一定的误差。

3. 事件背景的不确定性

事件背景的不确定性是指由于缺少充足的数据或者关于所评价暴露过程的完整信息而导致的确定暴露剂量等过程中产生的误差。

在很多情况下,健康风险评价者在做假设和选取参数时,采用较保守的态度,计算的一般是最不利情况下的风险,但同时忽视了对不确定性的估算。该做法的缺点是,现实中最不利情况的发生概率往往是很小的,完全基于最不利情况得到的风险评价结果会导致风险管理者在决策过程中的偏差。此外,最不利情况本身也是具有不确定性的,总有可能假设出更不利的情况,过于保守的假设会造成不切实际的结果,这样便会大大降低健康风险评价工作的有效性和科学性。因此,在健康风险评价中有必要对不确定性的来源、性质、大小等进行分析处理。

8.6.2 风险因子长期积累风险

国内外已有的再生水健康风险评价研究,多是针对短期内污染物对人体可能造成的健康风险,也就是说,再生水中风险因子从源排放到进入人体这一过程考虑的大多是相对不长的时间,对污染物质长期在某一种环境介质中积累而导致风险变化的评价研究很少。

再生水长期持续地回用于某种途径时,如土地灌溉、景观水体补充等,再生水中的污染物会在土壤、水体底泥等环境介质中积累或转化。这样,人体健康风险评价就不能只考虑再生水中风险因子的浓度或剂量,同时还要考虑在环境介质中风险因子背景值的变化情况。

虽然再生水中的有毒有害有机物浓度相对较低,金属阳离子也常与带负电的有机物质或黏土矿物形成沉淀进入污泥中,但长期的再生水土地灌溉等回用方式可能会导致污染物的积累,从而引起慢性毒害作用。

由于很少有在某一区域环境中足够长时间的再生水回用案例供研究者进行污染物长期积累的研究,目前对再生水中污染物在环境中长期积累规律的了解还很有限(Hamilton et al,2007)。Xiong 等对澳大利亚墨尔本以西一个用污水灌溉超过 100 年的牧场进行研究,考察了不同灌溉时间土壤中各种金属浓度的积累情况(图 8.6),可以看出,Zn、Cr、Pb 等金属在土壤中的浓度经过长期灌溉后均有明显的上升(Xiong et al,2001)。

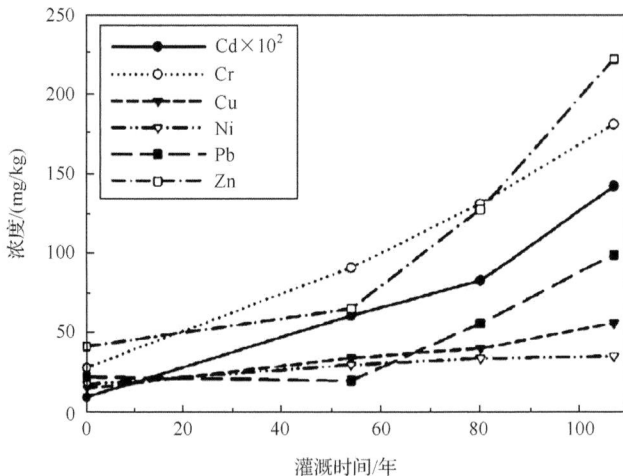

图 8.6　长期使用污水灌溉的牧场土壤中金属的积累情况(Xiong et al,2001)

同时,对于这些健康风险因子长期积累的定量预测和估算还没有成熟的理论和方法,即使在健康风险评价工作中引入了污染物的累积风险,在现有研究阶段也很难将其对健康风险的影响作用给以定量的描述和评价。

随着定量风险评价技术的不断发展,以及人类社会对健康水平的要求越来越高,如何对再生水回用过程中化学污染物和病原微生物的长期累积健康风险进行评价是今后再生水健康风险评价的主要研究方向之一。

参 考 文 献

段小丽,聂静,王宗爽,等.2009.健康风险评价中人体暴露参数的国内外研究概况.环境与健康杂志,26(4):370~373.

郝吉明,马广大.2002.大气污染控制工程.第二版.北京:高等教育出版社.

郝瑞霞,周玉文,姚宁,等.2007.再生水中壬基酚健康风险评价.环境与健康杂志,24(5):301~303.

何星海,马世豪,李安定,等.2006.再生水利用健康风险暴露评价.环境科学,27(9):1912~1915.

何星海,马世豪,潘小川,等.2007a.再生水用于绿化灌溉的健康风险评价研究.给水排水,33(4):33~37.

何星海,马世豪,潘小川,等.2007b.再生水道路降尘化学污染物的健康风险评价研究.环境科学,28(6):1290~1294.

梅尔 R M,佩珀 I L,格巴 C P.2004.环境微生物学.上册.张甲耀,宋碧玉,郑连爽,等译.北京:科学出版社.

美国环境保护局.2008.污水再生利用指南.胡洪营,魏东斌,王丽莎,等译.北京:化学工业出版社.

仇付国.2004.城市污水再生利用健康风险评价理论与方法研究:[博士论文].西安:西安建筑科技大学.

仇付国,王晓昌.2003.城市回用污水中病毒对人体健康风险的评价.环境与健康杂志,20(4):197~199.

谢兴.2008.再生水城市杂用的微生物健康风险研究:[硕士论文].北京:清华大学.

谢兴,胡洪营,郭美婷,等.2009.再生水雾化导致的病原微生物暴露剂量计算方法研究.环境科学,30(1):65~69.

张德友,何晓青,程莉,等.2009.再生水处理过程中轮状病毒的变化规律及风险评价.生态毒理学报,4(5):751~757.

中华人民共和国国家技术监督局/国家环境保护局.1991.制定地方大气污染物排放标准的技术方法.GB/T 3840-91.北京:中国标准出版社.

An Y J,Yoon C G,Jung K W,et al.2007. Estimating the microbial risk of E-coli in reclaimed wastewater irrigation on paddy field. Environmental Monitoring and Assessment,129(1/2/3):53~60.

Asano T,Leong L Y C,Rigby M G,et al.1992. Evaluation of the California wastewater reclamation criteria using enteric virus monitoring data. Water Science and Technology,26(7/8):1513~1524.

Bauer H,Fuerhacker M,Zibuschka F,et al.2002. Bacteria and fungi in aerosols generated by two different types of wastewater treatment plants. Water Research,36(16):3965~3970.

Camann D E.1980. A model for predicting dispersion of microorganisms in wastewater aerosols//Pahren H, Jakubowski W. Waste water aerosol and disease. USA:USEPA.46~70.

Chiou R J.2008. Risk assessment and loading capacity of reclaimed wastewater to be reused for agricultural irrigation. Environmental Monitoring and Assessment,142(1/2/3):255~262.

Eisenberg J N,Seto E Y W,Olivieri A W,et al.1996. Quantifying water pathogen risk in an epidemiological framework. Risk Analysis,16(4):549~563.

Hamilton A J,Stagnitti F,Xiong X,et al.2007. Wastewater irrigation:The state of play. Vadose Zone Journal,6(4):823~840.

Haruta S,Chen W P,Gan J,et al.2008. Leaching risk of N-nitrosodimethylamine(NDMA)in soil receiving reclaimed wastewater. Ecotoxicology and Environmental Safety,69(3):374~380.

Karra S,Katsivela E. 2007. Microorganisms in bioaerosol emissions from wastewater treatment plants during summer at a Mediterranean site. Water Research,41(6):1355~1365.

Pascual L,Perez-Luz S,Yanez M A,et al. 2003. Bioaerosol emission from wastewater treatment plants. Aerobiologia,19(3/4):261~270.

Petterson S A,Ashbolt N J. 2006. WHO Guidelines for the safe use of wastewater and excreta in agriculture-microbial risk assessment section.

Ryu H,Alum A,Mena K D,et al. 2007. Assessment of the risk of infection by *Cryptosporidium* and *Giardia* in non-potable reclaimed water. Water Science and Technology,55(1/2):283~290.

Shuval H,Lampert Y,Fattal B. 1997. Development of a risk assessment approach for evaluating wastewater reuse standards for agriculture. Water Science and Technology,35(11/12):15~20.

Tanaka H,Asano T,Schroeder E D,et al. 1998. Estimating the safety of wastewater reclamation and reuse using enteric virus monitoring data. Water Environment Research,70(1):39~51.

Toze S. 2006. Water reuse and health risks-real vs. perceived. Desalination,187(1/2/3):41~51.

USEPA. 1992. Guidelines for Exposure Assessment.

USEPA. 1997. Exposure factors handbook.

WHO. 2001. Water quality guidelines,standards and health:Assessment of risk and risk management for water-related infectious disease.

Xiong X,Stagnitti F,Peterson J,et al. 2001. Heavy Metal Contamination of Pasture Soils by Irrigated Municipal Sewage. Bulletin Environmental Contamination and Toxicology,67(4):535~540.

第9章 再生水利用的生态风险评价

9.1 再生水利用的潜在生态风险

9.1.1 生态风险概述

生态系统是指由生物群落与非生物自然因素构成的统一整体,是生命有机体生存和发展的载体以及物质和能量的供给者。维护生态系统的良性循环是人类社会存在和发展的必要条件。工业革命爆发以后,随着经济飞速增长、人口持续膨胀和城市化不断加剧,生态环境也受到了前所未有的冲击和破坏。

生态系统及其组分所承受的风险称为生态风险。它是指在一定区域内,具有不确定性的事故或灾害对生态系统及其组分可能产生的不利作用。这些作用最终可能导致生态系统结构和功能的损害,进而危及生态系统的健康和安全。

相对于其他风险,生态风险的主要特点包括以下几点:

1) 复杂性:由于生态系统包括生物个体、种群、群落、生态系统、区域等多个层次的组建水平,生态风险的最终受体也更复杂。另外,各生物之间的相互作用和不同组建水平之间的相互联系使生态风险具有显著的复杂性。

2) 内在价值性:经济上的风险评价和自然灾害风险评价通常用经济损失来表示风险的大小。但对于生态系统来说,风险评价体现和表征的生态系统自身结构和功能应以生态系统的内在价值为依据,而不能简单地采用物质或经济方面的损失来表示。例如生态系统中某 物种的灭绝很难说究竟会给人类造成多大的经济损失,因为这些损失不能简单地通过经济投入加以挽回。

3) 动态性:生态系统永远都不会是静止不变的,影响生态风险的各个随机因素都是处于动态变化的过程,所以以生态风险具有动态性。

目前关于生态风险产生的原因大体可以分为生物技术(如基因工程等)、生态入侵(外源生物入侵)和人类活动(如工业化、城镇化等)三种情况。

9.1.2 再生水利用中可能存在的生态风险

污水中通常含有各种不同的无机、有机和生物污染物,这些污染物如果不经过适当的处理进入环境,将会产生各种环境影响,污染地表水、地下水的水质,污染土壤、大气,进而污染农作物和影响土壤及水生生态系统,以上危害也都会直接或间接地对人体健康造成威胁。

　　图 9.1 从再生水不同的回用途径出发,分析了在不同回用方式中的污染物迁移途径。表 9.1 列出了再生水中不同污染物可能引起的生态环境危害。

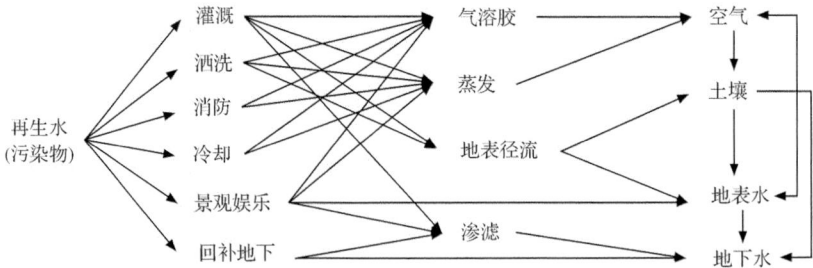

图 9.1　再生水回用方式与污染物的迁移途径分析

表 9.1　再生水中主要污染物及其对生态环境的影响

	污染物	来源	影响
水质物理指标	固体悬浮物	公共给水,家庭和工业废弃物、土壤侵蚀、渗流等	能导致沉积在水体底部的污泥处于缺氧状态,水体出现恶臭现象
	溶解性固体	公共给水,家庭和工业废弃物、土壤侵蚀、渗流等	影响水体硬度,限制了再生水用于灌溉等用途
无机污染物	营养元素 (N, P)	家庭、工业和农业的废弃物,地表径流	导致水体富营养化,出现藻类过度生长现象,如果含有高浓度营养物质的污水排入土壤,有可能造成地下水污染
	金属	来自采矿、石油、金属铸造等行业的废弃物	大多数金属是有毒的,在污水处理过程中破坏生态平衡,限制了再生水的回用
	气态无机物	家庭和工业废弃物	H_2S、NH_3 有令人不快的气味,危害健康
有机污染物	难处理的/微量有机物,如苯酚、表面活性剂等	工业和农业废弃物	在传统污水处理工艺中难以被生物降解去除,因此出现令人不快的味道,而且通常是有毒的或致癌性的
	生物可降解性有机物,如烃、蛋白质和脂肪等	家庭和工业污水	在有氧的条件下可以被生物降解,但消耗水体中溶解氧,出现腐败现象
	油脂等漂浮物	工业废弃物,特别是来自汽车工业的废弃物	干扰处理工艺,对生态系统有毒害,也可能出现浮泥/浮渣问题
生物危害	病原微生物	家庭和医院污水	传播传染病,导致流行病爆发
	有害基因	家庭和医院污水	改变自然环境中微生物的遗传性状,产生生态风险

再生水中的化学污染物可引起多方面的生态环境影响,包括对地表、地下受纳水体的水质影响,进而危害水体中或灌溉土壤中生存的动植物和微生物。再生水中的挥发性污染物可进入地表水,在其他回用过程中由于挥发等作用,对空气也会产生一定影响。

再生水中的生物可能引起的生态风险包括生物水平和基因水平两个层面。

病原微生物在再生水利用过程中进入自然环境,并可能在某些局部环境中进行大量生长繁殖,传播疾病,从而对原有生态环境造成影响。因此,再生水处理工艺中往往通过消毒环节对病原微生物进行灭活和控制。然而,即使病原微生物已死亡,其所携带的有害基因如抗生素抗性基因、致病基因等,仍可能较完整地保存下来,最终进入环境。

自然界中的微生物具有适应新环境和对新选择压力作出反应的能力,而这种能力的获得往往与微生物细胞之间遗传物质的水平迁移有关。例如抗生素抗性基因和生物难降解物的降解基因的扩散便是水平基因传递的结果,同时与环境中某种抗生素或难降解物质的量不断增加而导致的选择压力增大也有很大关系。此外,致病微生物所携带的致病基因也可通过基因的水平转移传播给其他微生物(池振明,2005)。如本书第 3 章内容所述,再生水中的微生物浓度水平仍较高且种类丰富,其中自然也包含大量携带有致病基因和抗生素抗性基因等有害基因的病原微生物。在再生水利用过程中,这些有害基因有可能会在地表水、土壤等环境中发生物种间的水平迁移,使得自然环境中更多的微生物具有致病或抗生素抗性等性状,从而带来生态风险。

微生物物种间的水平基因转移主要有三种方式:转化、转导和接合。转化是指微生物直接从环境中吸收裸露的 DNA,并将其组入受体细胞。转导是以噬菌体作为载体实现的,宿主细胞中的 DNA 首先被噬菌体颗粒包埋,然后噬菌体在感染其他细胞时将此 DNA 注射到受体细胞中。接合是指不同细胞之间直接接触发生DNA 转移的现象,这种现场在大部分细菌属之间都可以发生。

地表水是贫营养的生态系统,微生物和 DNA 浓度一般都相对较低,细菌细胞与 DNA 分子或其他细胞接触的机会相对较低。然而,某些环境如底泥、岩石表面等处由于微生物富集而形成局部较高的密度,增加了细胞之间的接触机会,有利于诱导基因转移的发生。再生水中含有较高浓度的微生物和有机物,排放进入环境中同样也可提高质粒转移的概率。表 9.2 列出了自然环境中容易发生基因转移的场所。

表9.2 环境中易于发生基因转移的场所

生态系统	热点场所	基因转移机理
水环境	岩石表面	接合
	污水、污泥	接合
	底泥	接合、转化
土壤	植物根系	接合、转化
	植物叶际	接合
	施肥的土壤	接合
	土壤生物的肠道	接合

资料来源：van Elsas and Bailey，2002.

可见，再生水利用过程中可能存在的生态风险是不能忽视的，下面将分别详细介绍再生水对土壤、地表水和地下水等生态系统可能造成的影响。

9.2 再生水灌溉对土壤生态的影响

由于全世界约70％的淡水供给用于农业灌溉，农业是人类社会水资源的最大消耗者（Metcalf & Eddy，Inc，2007），所以农业灌溉同时也是再生水回用用途中历史较久、规模较大的一种途径。此外，再生水也可用于城市绿地、高尔夫球场等景观娱乐场所的土地灌溉。

再生水用于土地灌溉时，再生水中的化学污染物和病原微生物会进入土壤，从而可能对土壤造成污染，进而对植物以及土壤中原有的微生物生态等造成影响和破坏。

由于污水中的溶解性固体在再生处理过程中难以被去除，再生水中往往含有较高浓度的溶解性固体，从而拥有较高的盐度和碱度。土地灌溉时，再生水中较高的盐度使得土壤水分与植物根细胞之间的渗透梯度降低。于是，植物从土壤中吸收水分时需要消耗更多的能量来浓缩根细胞中的溶液，从而植物生长会受到影响，导致其表现出类似于在干旱条件下生长的症状。

再生水中含有多种微量元素，这些微量元素在低浓度条件下对植物生长是无害甚至有益的，但是在浓度较高时则可能会表现出植物毒性。再生水在短期灌溉时不会有太多负面影响，但在长期使用的情况下微量元素可能会在土壤中积累，从而危害植物。另外，农作物的可食部分也可能积累微量元素，因此存在对人和动物产生危害的风险。用于灌溉的再生水中各种微量元素的建议最大浓度如表9.3所示（Metcalf & Eddy，Inc，2007）。此外，再生水中的常见元素 Na、Cl 和 B 等离子在浓度较高时也可能会对植物生长造成危害。

表 9.3　灌溉用水中微量元素的建议最大浓度值

元素	建议最大浓度 /(mg/L)	备注
Al	5.0	在 pH<5.5 的酸性土壤中可导致土地不出产
As	0.10	对不同植物的毒性差异较大,从苏丹草的 12 mg/L 到水稻的 0.05 mg/L
Be	0.10	对不同植物的毒性差异较大,从甘蓝的 5 mg/L 到矮菜豆的 0.05 mg/L
Cd	0.010	营养溶液中 0.1 mg/L 即对豆类、甜菜和萝卜有毒,可在土壤和植物中积累
Co	0.050	营养溶液中 0.1 mg/L 对西红柿有毒,在中性或碱性土壤中没有活性
Cr	0.10	对植物的毒性尚缺乏认识
Cu	0.20	营养溶液中 $0.1\sim1.0$ mg/L 对很多植物有毒
F	1.0	在中性或碱性土壤中没有活性
Fe	5.0	在通气好的土壤中对植物无毒,但引起土壤酸化和 P、Mo 的流失。
Li	2.5	多数植物可耐受至 5 mg/L,在低浓度(>0.075 mg/L)对柑橘类植物有毒
Mn	0.20	在几到几十毫克每升对许多植物有毒,但常仅存在于酸性土壤中
Mo	0.010	在土壤和水中的正常浓度下对植物无毒。在含高浓度 Mo 土壤中生长的饲料可对牲畜造成毒害
Ni	0.20	在 $0.5\sim1.0$ mg/L 对许多植物有毒,在中性或碱性 pH 下毒性降低
Pb	5.0	在非常高浓度时可抑制植物细胞生长
Se	0.020	在 0.025 mg/L 即对植物有毒,在含相对高浓度 Se 土壤中生长的饲料可对牲畜造成毒害
Sn/Ti/W	—	可有效地被植物排除,特殊的耐受性未知
V	0.10	在相对低的浓度即对许多植物有毒
Zn	2.0	对许多植物有毒,不同植物的浓度范围差异大,在 pH>6.0 的细质或有机土壤中毒性降低

注：表中最大浓度值基于灌溉速率为 1.25 m/a 的条件。

资料来源:Metcalf & Eddy,Inc,2007.

　　目前,再生水灌溉对于生态影响的研究主要考虑的是植物,此外还会涉及以这些植物为食物的牲畜等动物。对于土壤中的微生物生态受再生水影响变化的研究还比较有限。

9.3　再生水对地表水生态的影响

9.3.1　对流量的影响

　　河流的流量对维持该流域的生态环境系统具有非常重要的意义。但在过去的很长一段时间里,人们并没有认识到这一问题,大多数地方没有严格规定河流的最小流量以保持生境安全(National Research Council,1994)。一些地方在污水回用实施以前,污水处理厂的出水几乎全部排入河流,这种排放通常被认为是一种严重的污染。在那些长期排放污水的地区,土著动植物已经开始适应排入的污水,甚至有些变得依赖污水。污水的排入可能会给河流造成一定程度的污染,但却补充了河流的流量,对维持生态环境系统的平衡起了一定作用。实施污水回用以后,排河水量大幅度减少,有些情况下,考虑到水权问题和河流下游用户水量不足等问题,在一些地方部分污水回用项目反而被迫停止。

　　在美国佛罗里达州的 Altamonte Springs 市,其城市污水处理厂的日处理能力为 50 000 m³,原来污水处理厂出水全部排入 Little Wekiva 河,后来在污水处理厂周边开展污水回用项目,每日将其中约 40 000 m³ 的出水作为城镇杂用水,极大减小了河流的水力负荷和营养负荷,剩余约 10 000 m³ 的出水经过深度处理后仍排入河中,以维持河流系统最小的水力平衡。当再生水需求量减小时,处理厂出水几乎全部排放进入河流,当然再生水达到相应水质标准是最基本的要求(Howard et al,1986)。

　　美国菲尼克斯市的污水处理厂和位于其下游的 Palo Verde 核电厂和灌溉用户达成了一致的回用协议,污水处理厂首先将其出水排入 Salt River,然后将再生水通过输送管线送到核电厂作为冷却用水,灌溉用水可以通过天然河道传输。将来计划将再生水通过输水管线直接输送到灌溉用户,剩余的再生水还可以进行地下水回补。

9.3.2　水华风险评价

　　再生水回用于景观环境是满足缺水城市对娱乐性水环境需要而发展起来的一种再生水回用方式,也是完成水生态循环的自然修复与恢复的最佳途径。在国外,再生水回用于景观水体已经非常普遍,国内将经处理后的城市污水回用于景观环境正处于起步阶段。水华是回用过程中面临的主要问题。因此,水华藻种在再生水水质条件下的生长特性对再生水利用过程中的水华风险控制具有重要意义。

　　杨佳等(2010)以北京市三个污水处理厂二级处理出水(水样水质如表 9.4 所示)为对象,研究了铜绿微囊藻(*Microcystis aeruginosa*)、羊角月牙藻(*Selenastrum capricornutum*)、二形栅藻(*Scenedesmus dimorphus*)和椭圆小球藻(*Chlorella ellipsoidea*)等典型水华藻在其中的生长特性,分析了其回用于景观水体的水华风险。

表 9.4　北京市三个污水处理厂二级处理出水的水质

水样	工艺	TN/(mg/L)	TP/(mg/L)	NH₃-N/(mg/L)	pH
Q	再生处理 A²O	15.5±1.1	0.05±0.01	2.5±0.01	7.7±0.2
J	氧化沟	16.7±1.2	0.08±0.12	2.3±0.51	7.6±0.1
G	活性污泥	27.1±2.4	2.9±0.42	13±2.50	7.8±0.2

　　结果表明,铜绿微囊藻在再生水中的生长潜力大于其他受试藻种,结果如图 9.2 所示。

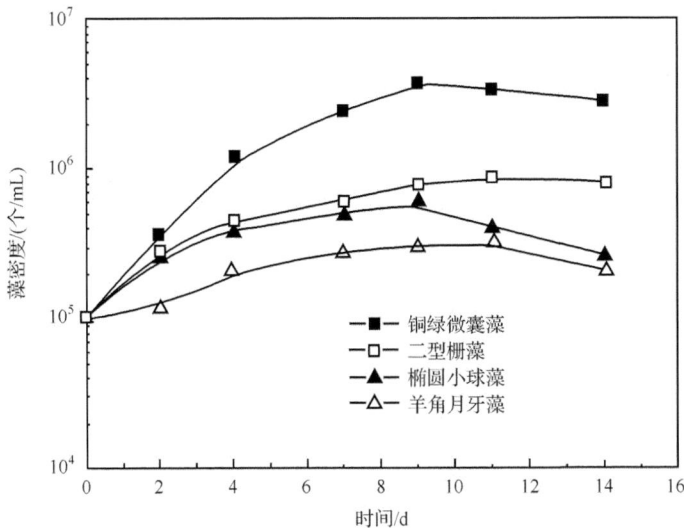

图 9.2　混合藻种在 Q 水样中的生长曲线

　　Logistic 模型是描述有限环境下种群生物量增长速率具密度制约特点的经典种群增长模型:

$$N_t = \frac{K}{1 + e^{a-rt}} \qquad (9.1)$$

$$\frac{dN}{dt} = rN\frac{K-N}{K} \qquad (9.2)$$

式中,N_t 为 t 时刻的种群密度,个/mL;t 为培养时间,d;K 为种群最大密度,个/mL;a 为常数,表示曲线对原点的相对位置;r 为种群的比生长速率或内禀增长速率,d⁻¹,指单个个体潜在的最大增长速率;dN/dt 为种群生物量的增长速率,个/(mL·d)。

　　式(9.1)表示种群生物量随时间变化的生长曲线,具"S"形特征。式(9.2)表示生物量增长速率随密度变化的规律,当密度为最大密度一半时,生物量的增长速率最大,为 $R_{max} = rK/4$ [个/(mL·d)]。

利用 Logistic 模型对 Q、J、G 水样中铜绿微囊藻的生长曲线(图 9.3)进行拟合,结果如表 9.5 所示,铜绿微囊藻在三种二级出水中的最大藻密度均大于 10^6 个/mL,比生长速率大于 $0.39\ d^{-1}$。

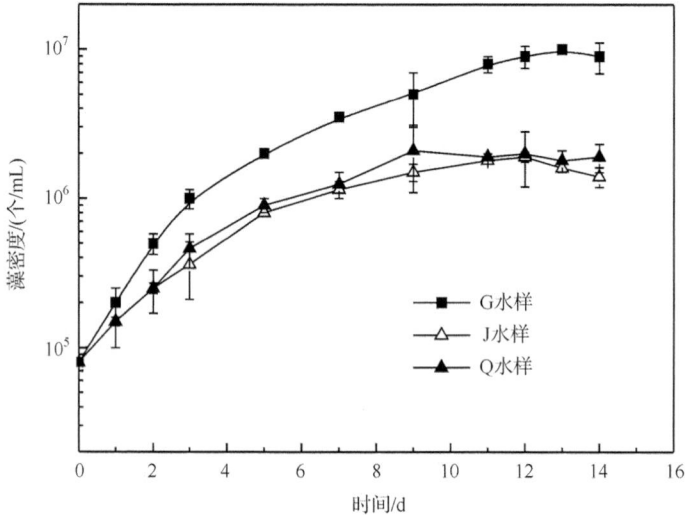

图 9.3　铜绿微囊藻在 Q、J、G 水样中的生长曲线

藻密度能直接说明水华优势藻爆发的强度。藻密度高于 10^4 个/mL 时被认为具有轻度水华风险,藻细胞密度到 10^6 个/mL 时则被认为发生了严重水华。A^2O、氧化沟和活性污泥法均为常见的传统二级生物处理工艺,铜绿微囊藻在以上三种传统二级生物处理工艺再生水中的藻密度均可达到 10^6 个/mL 以上,可认为常见的传统二级处理后再生水在回用于景观水体时可能会引起水华爆发。

表 9.5　水样 Q、J、G 中的铜绿微囊藻生长的 Logistic 模型拟合参数

样品	相关系数 R	最大密度 $K \times 10^6$/(个/mL)	比生长速率 r/d^{-1}	种群最大增长速率 $R_{max} \times 10^6$/[个/(mL·d)]
Q	0.98	2.64±0.59	0.39	0.26±0.06
J	0.97	2.47±0.88	0.40	0.25±0.09
G	0.98	10.63±2.38	0.55	1.45±0.23

三级(深度)处理工艺是保障再生水回用安全的重要手段,杨佳等(2010)进一步针对北京市某采用 A^2O＋超滤膜过滤＋活性炭吸附＋氯消毒为处理工艺的污水处理厂,分别向各处理阶段出水中接种铜绿微囊藻,研究了深度处理工艺处理后再生水中铜绿微囊藻的生长潜力。结果表明,二级出水经过超滤膜过滤、活性炭吸附和加氯消毒三个深度处理环节后铜绿微囊藻的生长未受影响,培养 10 天后最大

藻密度均接近 10^6 个/mL。

N、P 等营养元素是影响水华发生的首要因子。通常认为,当氮磷比大于 7.2 时,磷是藻类增长的限制因素。杨佳等(2010)在 TP 浓度很低的 Q 水样中通过添加正磷酸盐获得不同起始 TP 质量浓度的再生水,另添加硝酸盐使 TN 的起始浓度固定在 15.0 mg/L。利用 Logistic 模型拟合不同初始 TP 浓度下铜绿微囊藻的生长曲线,结果如图 9.4 和图 9.5 所示。

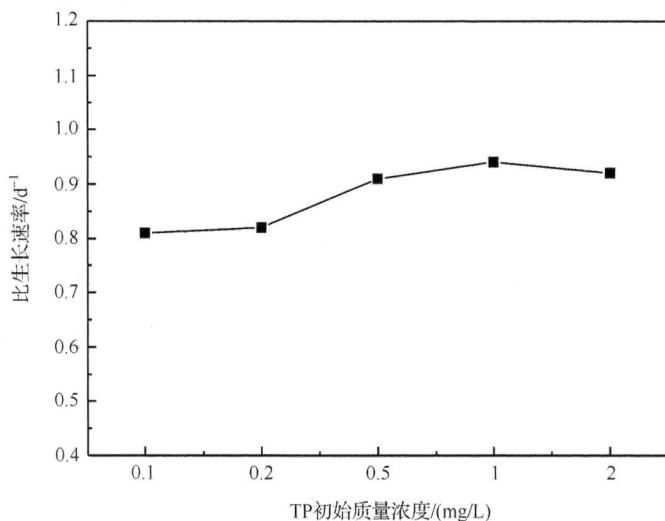

图 9.4　不同初始 TP 质量浓度下铜绿微囊藻的比生长速率

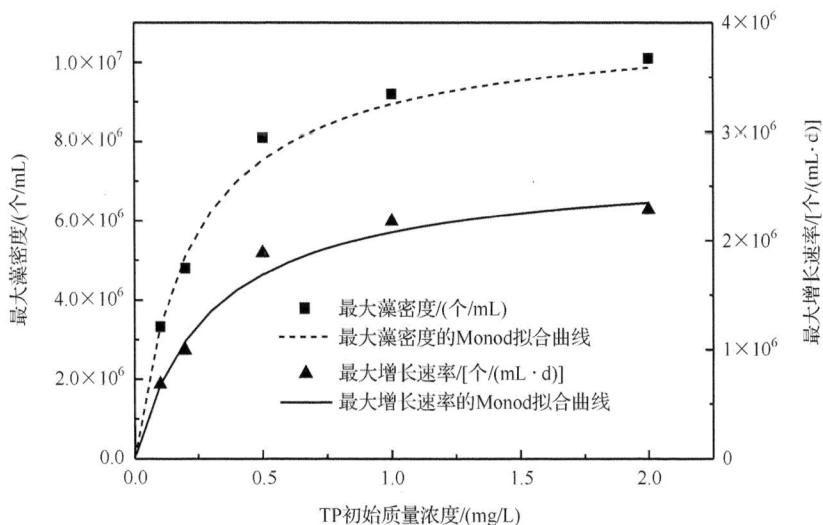

图 9.5　不同初始 TP 质量浓度下铜绿微囊藻的最大藻密度和最大增长速率

可以看出,藻细胞在不同的 TP 初始质量浓度下的比生长速率差别不大,均在 $0.81\sim0.94$ d^{-1} 之间,这说明单个藻细胞生长速率在不同的 TP 初始质量浓度下变化不大。藻细胞的最大密度和种群最大增长速率($R_{max}=rK/4$)呈增加趋势,且增长趋势符合 Monod 方程。

式(9.3)是铜绿微囊藻生物量最大增长速率与 TP 质量浓度关系的 Monod 模型:

$$R_{\text{max,P}} = \frac{R'_{\text{max,P}}\rho_p}{K_p + \rho_p} \tag{9.3}$$

式中,$R'_{\text{max,P}}$ 为饱和增长速率,即 TP 饱和时的生物量最大增长速率,个/(mL · d);ρ_p 为 TP 质量浓度,mg/L;K_p 为 TP 质量浓度的半饱和速率常数。

式(9.4)是铜绿微囊藻最大密度与 TP 质量浓度关系的 Monod 模型:

$$K_{\text{max,P}} = \frac{K'_{\text{max,P}}\rho_p}{K'_p + \rho_p} \tag{9.4}$$

式中,$K'_{\text{max,P}}$ 为饱和最大密度,即饱和 TP 质量浓度时的铜绿微囊藻的最大密度,个/mL;K'_p 为 TP 质量浓度的半饱和速率常数。

利用 Monod 方程拟合铜绿微囊藻的最大增长速率和最大藻密度与 TP 初始质量浓度的关系,为

$$R_{\text{max,P}} = \frac{2.7 \times 10^6 \rho_p}{0.30 + \rho_p}, K_{\text{max,P}} = \frac{1.1 \times 10^7 \rho_p}{0.23 + \rho_p}$$

从模型参数可以看出,铜绿微囊藻的半饱和速率常数和半饱和密度常数都较低,表明铜绿微囊藻在低质量浓度 TP 的利用能力较强,也就是说,在低质量浓度 TP 的再生水中铜绿微囊藻也能够较好的生长。

根据 Monod 方程的形式可以知道,当 TP 的初始质量浓度远低于半饱和常数时,藻细胞的最大增长速率和最大密度与 TP 初始质量浓度的关系才能满足一级动力学关系,即藻细胞生长会受到磷限制。本研究中,再生水中的 TP 质量浓度需低于 0.23 mg/L 才可认为铜绿微囊藻的生长受到磷限制。

Monod 方程表征了 TP 质量浓度与铜绿微囊藻最大密度的关系,而藻密度则可用于表征水华爆发的强度。若以水体中藻密度为 10^6 个/mL 为水华的标准,通过计算可知 TP 质量浓度需低于 0.023 mg/L 才可控制铜绿微囊藻水华的发生。

9.3.3　对水生生物的影响

当再生水用作环境和娱乐用水时,再生水对水生生态的影响是最受关注的问题之一。再生水中的余氯、氨氮和一些微量有机物成分都有可能对鱼和其他水生生物产生毒害作用。目前,已有一些关于污水中的某些组分对水生生物影响的报道。

Jobling 等(1998)针对污水处理厂出水中内分泌干扰性物质对英国 8 条河流中鱼类的影响进行了调查研究。结果表明,在 8 条河流中均发现了成年雄性拟鲤

性状发生变化的现象,雄鱼雌化的比例从 16% 到 100% 不等,明显高于实验室及无污水处理厂出水排放的湖泊对照组的情况(如图 9.6 所示)。同时,雄鱼雌化的程度与河水中污水处理厂出水的浓度也存在一定的相关关系。

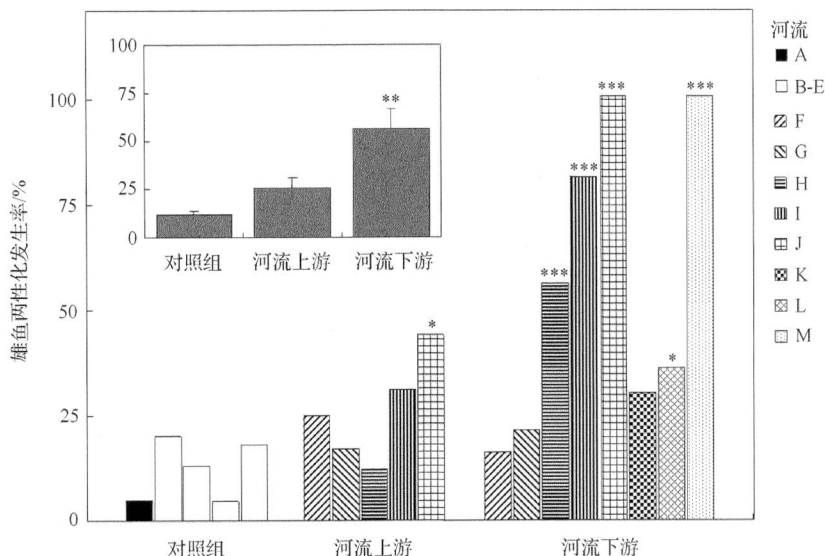

图 9.6　不同河流中雄鱼两性化发生率(Jobling et al,1998)

A 为实验室对照;B～E 为无污水排放的湖泊或河渠;F～M 为有污水处理厂出水排放的河流

在上述研究的基础上,Rodgers-Gray 等(2000)进一步对拟鲤长期暴露于实际污水处理厂出水的情况进行了实验研究。通过对雌激素暴露生物标记物血浆卵黄蛋白原的测定发现,成年雄鱼受污水处理厂出水中雌激素活性物质的影响与河水中污水处理厂出水的浓度和暴露时间均存在一定的相关性。

此外,van Aerle 等(2001)又对英国河流中白杨鱼雄鱼雌化的情况进行了调查,结果证明白杨鱼同样受污水处理厂出水中内分泌干扰物的影响,污水中的雌激素活性物质对鱼的性状干扰不存在物种特异性。

再生水中的化学污染物并不是在环境中都能迅速地分解转化,当再生水排放到自然水体时,某些化学污染物可能会在底泥等处长期积累。三氯生是个人护理品等消费品中常用的一种抗菌剂。美国的 Cantwell 等(2010)调研了大西洋沿岸四个城市河口底泥中三氯生的积累情况。研究中发现三氯生在底泥中最早出现的年代与美国三氯生专利发布时间(1964 年)相符,说明了三氯生在河口底泥中存在长期积累。图 9.7 所示是四个河口不同时期的底泥中三氯生的浓度,不同地区的积累情况各不相同,底泥中三氯生的积累与当地不同时期的使用情况具有明显的相关关系。

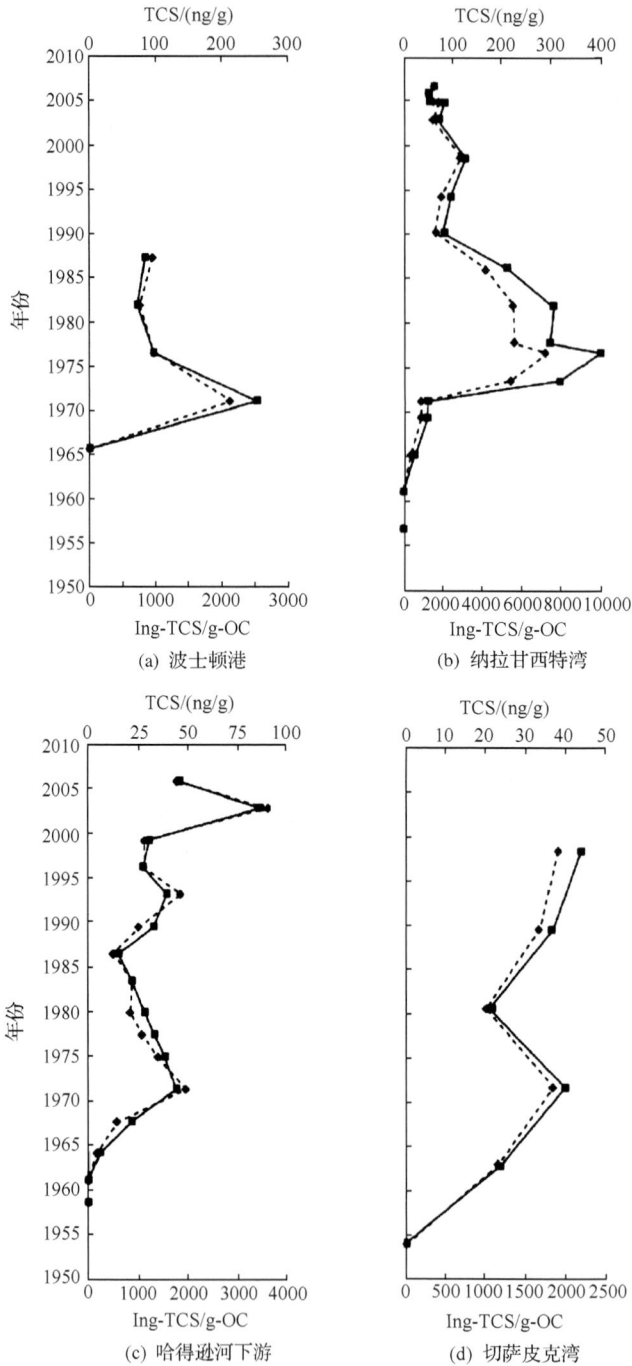

图 9.7　不同河口底泥中的三氯生浓度(Cantwell et al,2010)

实线为底泥中三氯生浓度,虚线为单位有机碳含有的三氯生浓度以上案例说明,再生水中的微量有毒有害污染物除了直接进入水体对水生生物造成影响外,也有可能在底泥中长期积累。当污染物积累达到较高浓度后,释放到水体中,便会对水生生态造成较大的危害。

9.4　再生水对地下水的影响

再生水回用对地下水的影响可以通过两种途径实现:一是再生水直接用于回灌补充地下水,二是如 9.2 节所述,再生水用于土地灌溉时,污染物可能会随着水分渗滤进入地下含水层。

在某些水资源严重短缺的地区,地下水是一种重要的淡水资源。地下水的天然补充过程很慢,长期持续过度开采地下水会导致地下水水位降低,甚至造成地下水资源枯竭,进而引起海水入侵、地面下陷等危害。因此,地下水人工回灌成为了地下水资源保护和管理的一种至关重要的措施。再生水用于回灌地下水可以减轻或防止地下水水位下降,对缺水地区淡水资源的长期储备具有重要意义。早在 20世纪 60 年代,美国便开始了非饮用及间接饮用用途的再生水回灌地下水的实践,主要目的之一便是提供一种长期储备水资源的途径。

含氮化合物是地下水中的重要污染物之一,而地下水中含氮化合物的来源通常被认为与再生水回用有关。氮元素在再生水回灌过程中的迁移转化是非常复杂的,通常有两种可能的途径:①好氧氨氧化,然后在缺氧条件下硝酸盐在异养微生物作用下发生反硝化;②部分氨不完全氧化成亚硝酸盐,然后 NH_4^+ 与 NO_2^- 发生厌氧氨氧化。实际上,在很多情况下,氮元素的转化和去除过程是很难被确定的。例如,回灌过程中大量的有机物可能会被去除,便导致反硝化无法进行。然而,在一些实际工程中也发现,在利用地表漫灌池回灌时,氮的去除比较明显(如表 9.6所示)。按照传统的反硝化作用,表 9.6 中这几个地区的再生水中都没有充足的有机碳来支持去除超过 30% 的氮,但事实上监测到的最高去除率接近 90%。

表 9.6　利用回灌池进行地下水回灌时的氮去除

地点	年份	处理工艺	NH_4^+ 平均浓度 /(mg-N/L)	氮平均去除率/%
Flushing Meadows, Phoenix, AZ	1967~1978	二级活性污泥法,无氯消毒	21	65
23rd Avenue, Phoenix, AZ	1974~1983	二级活性污泥法,1980 年前无氯消毒,1980 年后有氯消毒	18	69
TTSA, Tahoe-Truckee, CA	1978 至今	深度处理,离子交换去除 NH_4^+,氯消毒	7	70~90
Sweerwater, Tucson, AZ	1986 至今	二级处理,氯消毒	20	75

资料来源:Metcalf & Eddy,Inc,2007.

事实上,并不是所有的地下水污染都归咎于再生水回用。在美国佛罗里达州的塔拉哈西(Tallahassee),在评价再生水回用的影响时,对地下水进行监测,发现地下水中硝酸盐浓度较高。但通过进一步研究后发现,地下水中硝酸盐浓度的升高与再生水回用之间并无直接关系,而主要原因是由于农田中化肥的过度使用(Allhands,1989)。

由于地下水停留时间长、温度低、稀释程度低和微生物数量少等特点,有利于再生水中的微量污染物在地下水中长期积累(Silvia Diaz-Cruz and Barcelo,2008)。但某些有机物,如雌激素活性物质,容易吸附在沉积物和有机物质上而不易迁移到地下水中。

病原微生物也是再生水人工回灌对地下水的潜在污染物之一。一般来说,病原微生物在地下水中较难生长繁殖,所以主要关心的是其在地下的迁移能力。由于细菌和寄生虫体积过大而不能随着地下水流迁移,故很多研究集中在病毒的迁移和生存能力方面。

除了病原菌和病毒外,抗生素抗性基因近年来越来越受到研究者的关注。污水排放是抗生素进入环境的一个重要来源,因此污水或再生水中可能存在大量的具有抗生素抗性的微生物,再生水回用可能会成为导致某些自然环境中具有抗生素抗性的重要原因。Bockelmann 等(2009)于 2007 年对欧洲三个不同的人工地下水回灌系统中六种抗生素抗性基因的浓度进行了调查,结果如表 9.7 所示,其中

表 9.7　欧洲人工地下水回灌系统中的抗生素抗性基因

采样地点	采样时间	抗性基因浓度(拷贝数/100mL)					
		tetO	*ampC*	*ermB*	*vanA*	*mecA*	*blaSHV*-5
Nardo,意大利(水源由城市污水处理厂出水和周围区域的地表径流组成)	2 月	1.39×10^5 (1.41×10^4)	0 (0)	1.35×10^5 (2.69×10^4)	0 (0)	0 (0)	0 (0)
	5 月	2.67×10^5 (1.68×10^5)	0 (0)	0 (0)	0 (0)	0 (0)	0 (0)
	9 月	3.67×10^6 (0)	0 (0)	0 (0)	0 (0)	0 (0)	0 (0)
Sabadell,西班牙(水源为通过河床过滤的河水,当地的一个污水厂出水排入该河流)	1 月	0 (0)	3.85×10^3 (1.34×10^3)	2.28×10^5 (4.95×10^3)	0 (0)	1.35×10^5 (1.06×10^4)	1.60×10^2 (2.83×10^1)
	3 月	9.18×10^6 (7.85×10^5)	0 (0)	2.64×10^6 (4.38×10^5)	0 (0)	0 (0)	4.72×10^3 (2.48×10^3)
	6 月	2.77×10^6 (1.07×10^6)	6.88×10^3 (5.69×10^3)	2.00×10^4 (8.49×10^2)	0 (0)	0 (0)	1.14×10^4 (0)
	10 月	3.22×10^6 (3.32×10^5)	0 (0)	0 (0)	0 (0)	0 (0)	0 (0)

采样地点	采样时间	抗性基因浓度(拷贝数/100mL)					
		tetO	*ampC*	*ermB*	*vanA*	*mecA*	*blaSHV*-5
Torreele, 比利时(水源为经超滤和反渗透深度处理的再生水)	1 月	1.05×10^7	0	1.92×10^5	0	0	0
		(3.54×10^6)	(0)	(1.06×10^4)	(0)	(0)	(0)
	7 月	0	0	0	0	0	0
		(0)	(0)	(0)	(0)	(0)	(0)
	10 月	4.35×10^6	0	0	0	0	0
		(5.59×10^5)	(0)	(0)	(0)	(0)	(0)

注：*tetO* 为四环素抗性，*ampC* 为氨卡青霉素抗性，*ermB* 为红霉素抗性，*vanA* 为万古霉素抗性，*mecA* 为甲氧苯青霉素抗性，*blaSHV*-5 为广谱 β-内酰胺类抗生素抗性。

表中数据为原作者各次采样中测定的最大值，括号中为标准方差。

资料来源：Bockelmann et al, 2009.

tetO 和 *ermB* 是检出频率最高的抗性基因。人工回灌的地下水如果用于农业灌溉或作为饮用水源，则其有可能成为食物链中抗生素抗性的潜在来源。

值得注意的是，对于不同的再生水人工回灌地下水项目，由于土壤性质、再生水水质和回灌操作系统的差异，其对地下水的影响程度也各不相同。

再生水用于土地灌溉时引起的再生水渗滤进入地下含水层，可以看成一种非计划性的地下水回灌行为，同样也会对地下水水质造成类似于上述的影响。不同的是，由于经过了更长距离的土壤过滤作用，最终进入地下水中的污染物量会更少，污染程度可能比较有限。

9.5　生态风险评价方法

从前面几节的内容可以看出，由于再生水中仍会含有相当浓度水平的化学污染物和病原微生物，在再生水的长期利用过程中，重金属、持久性有机物等化学污染物会在土壤、河湖底泥等环境中积累，病原微生物及其携带的有害基因在环境中传播扩增，这些过程都将对自然生态系统中原有生物的生长繁殖造成影响甚至破坏，从而产生生态风险。因此，为了评估再生水利用所产生生态风险的大小，有必要对其进行生态风险评价。

所谓生态风险评价(ecological risk assessment，ERA)，是对产生不利的生态效应的可能性进行评价的过程，是环境风险评价的重要组成部分。生态风险评价是近 20 年逐渐兴起的一个研究领域，其方法体系是在健康风险评价的基础上发展起来的。

20 世纪 90 年代初，美国科学家 Joshua Lipton 等提出环境风险的最终受体不应该仅仅是人体，还应包括生命系统的各个组建水平。1990 年，USEPA 风险评价专题讨论会正式提出生态风险评价的概念，并讨论将 1983 年提出的人体健康风险评价的方法引入生态风险评价。于是,区域生态风险评价、景观生态风险评价、外来生物的风险评价、转基因作物的潜在生态风险等领域从健康风险评价中脱离出来,成为了生态风险评价的研究范畴。

　　USEPA 在 1992 年发表了生态风险评价工作框架,后来又于 1998 年公布了生态风险评价导则,对 1992 年的工作框架进行了补充和完善,并提出了包含问题形成、分析和风险表征三部分的生态风险评价"三步法",同时要求在正式的科学评价前首先要制定一个总体规划,以明确评价目的。美国的生态风险评价框架如图 9.8 所示(USEPA,1998)。

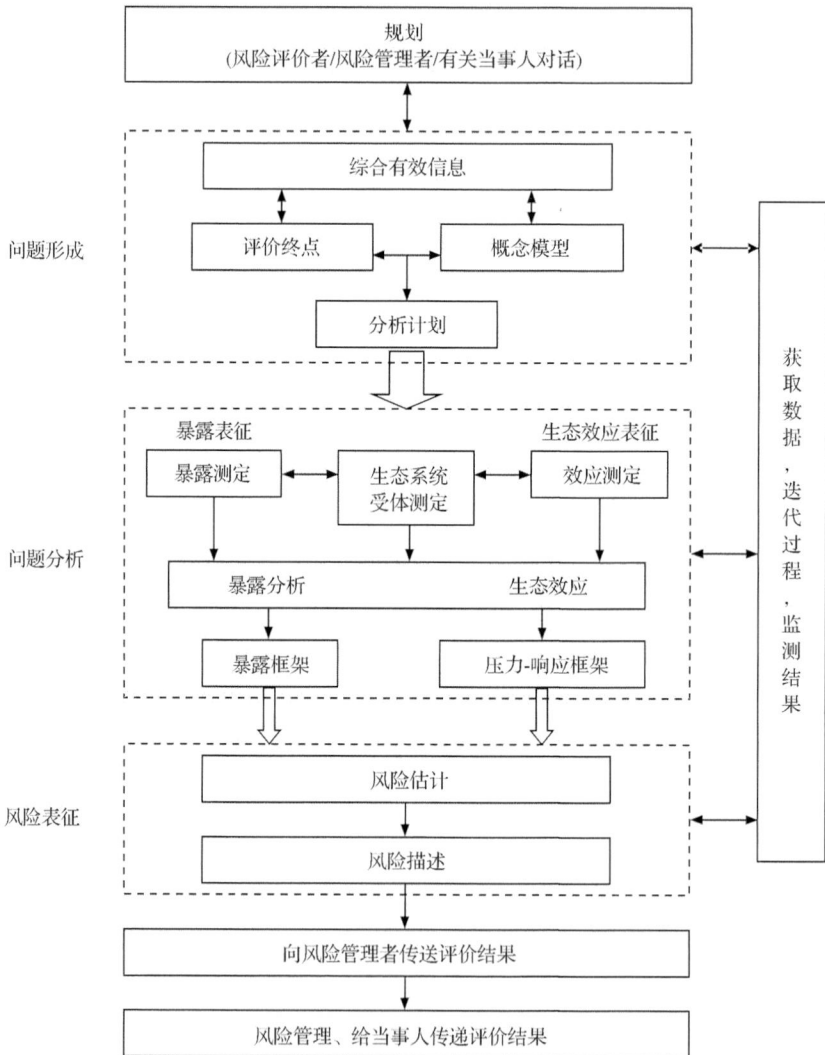

图 9.8　生态风险评价框架图(USEPA)

我国的生态风险评价研究起步晚于美国。从 20 世纪 90 年代以来,我国学者参照国外生态风险评价的研究成果和方法,对水环境生态风险评价和区域生态风险评价等领域的基础理论和技术方法做了一定的研究和探讨,但目前也还没有较权威的生态评价技术导则等技术性文件。此外,我国目前有关生态风险评价的研究对象主要是污染物对生态系统及其组分带来的损失,即大多以污染物作为生态风险的主要风险源。

9.5.1　问题形成

问题形成阶段是对生态风险为什么会发生或可能发生的假设进行分析评价的过程,是整个生态风险评价的基础。它的目标是建立生态风险评价的目标,确定存在的问题,并制定一个数据分析和风险表征的计划。问题形成阶段工作上的任何不足都将对之后的风险评价工作造成影响。

问题形成阶段工作的结果体现在三个方面:①确定能够充分反映管理目标及它们所代表生态系统的评价终点;②确定可以描述一种或多种压力与评价终点之间关系的概念模型;③分析计划。

1. 评价信息的收集

收集综合有效的信息是问题形成阶段的首要任务。这里,有效的信息包括风险源及其性质、暴露情况、潜在生态风险的性质和生态学效应等,这些信息如何被较好地综合利用是问题形成阶段的基础。信息的数量和质量决定了问题形成的过程。当关键信息充足且适当时,问题的形成将会有效地进行。当数据难以获得时,风险评价工作可能会暂停下来直到再收集到更多的信息。如果这一点很难做到的话,就要根据已知的信息对未知的情况进行一定的推断。风险评价工作往往不是在掌握了所有需要的信息的情况下才开始的,问题形成的过程会帮助确定所缺的数据并为收集更多的数据提供一个框架。

2. 评价终点的确定

评价终点就是要保护的目标和对象,它是要保护的实体环境价值的明确表征。评价终点对于问题形成是至关重要的,它们与生态风险评价的关联取决于它们对敏感的生态完整性的反映程度。评价终点对风险管理决策的支持取决于它们如何表征生态系统的可测度特性,而这些特性充分代表了生态风险管理的目标。

评价终点选择的三个主要标准是:生态相关性、对已知或潜在压力的敏感性以及与管理目标的关联。

定义清晰合理的评价终点可以帮助评价者确定量化的、可预测的变化对风险的贡献以及管理目标是否已经或可能实现。定义评价终点有两个必需的要素:一是有价值的生态要素,比如一个种群、一组功能性的种群、一个群落、一个生态系统、一个特定的栖息地、一个独特的场所等。二是需要保护对象和潜在风险的特征要素。表9.8列出了在不同水平上进行生态风险评价时一些可能选择的评价终点。

表9.8 生态风险评价可能的评价终点

评价水平	评价终点
个体水平	行为变化、生理反应变化、血液化学变化、生长下降、对病原体敏感增加、组织生理变化、酶的抑制和诱导、特殊蛋白活性、死亡
种群水平	生物量下降、死亡率增加、生物后备群下降、患病易感性增加、繁殖损伤、生长速度下降、种群分布、产量降低
群落水平	初级生产力下降、第二生产力下降、物种多样性下降、优势种/衰退种、水华增加、食物网多样性下降
生态系统水平	种群多样性下降、营养物质循环改变、代谢率降低

资料来源:白志鹏 等,2009.

明确定义了评价终点,可以使生态风险评价有一个确切的边界,可以减少误解及降低不确定性。生态风险评价中常会提到"生态完整性",但完整性本身也不是一个明确的评价目标和评价终点。它的含义必须在明确地表征某一环境实体时才有效,要通过定义一系列的评价终点来实现。

3. 模型的选择

概念模型是问题形成阶段关于生态完整性及其所暴露压力之间关系的书面描述和形象表示,是采用语言模型或图解模型对生态风险评价过程进行的一种简化定性描述。概念模型表现了许多关系,包括那些影响受体响应或暴露情况的生态过程。生态风险评价的概念模型来自压力、潜在暴露和评价终点的预测效应等信息。建立概念模型的过程有助于识别未知的评价要素。概念模型的复杂性取决于问题的复杂性,例如压力的数量、评价终点的数量、效应的性质和生态系统的特征等。概念模型由两个基本内容组成:一是一套描述预测的压力、暴露和评价终点的合理关系的风险假定,二是表示风险假定中各种关系的框图。

概念模型中如果遗漏了重要的功能关系或者定位不够准确,都可能造成风险表征阶段对风险估计得过高或过低。不确定性的来源包括不了解生态系统功能、识别或关联时空参数错误、遗漏压力、不了解次生效应等。在实际生态风险评价中采用一个以上的概念模型也是合理的,为了降低模型的不确定性,可以利用替代模型。

4. 分析计划

分析计划是问题形成阶段的最后环节。在分析计划中,要判断如何使用已有的和新的数据来评估风险假设。这个计划是一个包含评估设计、所需数据和问题分析阶段所用方法的轮廓。分析计划的繁简依评价而定,对于某些评价(如 USE-PA 的新化学物评价),分析计划已经包含于已建立的方法中,于是新计划一般是不需要的。由于风险评价越来越复杂且具有独特性,一个好的分析计划便更为重要。

分析计划包括问题形成中识别的途径和关系。选择那些假设中认为可能对风险有贡献的因素作为目标,选择的基本原则包括数据的缺失和不确定性。当需要获取新的数据时,要考虑到获取这些数据的可行性。如果数据很有限且新数据不易收集,可能便要利用已有数据来进行外推。外推时可以使用存在相似问题的其他场所或生物的数据。例如,营养物质利用与藻类生长的关系已经建立且比较一致,尽管在不同生态系统中的表现有所差异,这种关系是可以被承认的。当从数据进行外推时,数据来源的鉴定、外推方法的证明以及不确定性的讨论都是非常重要的。

分阶段或分级的风险评价方法可在较少数据情况下更容易进行管理决策。然而当几乎没有数据可用时,分析计划中要建议收集新的数据。当新数据不能获取时,不能评估的关系便是一种不确定性的来源,应该在分析计划中提出并在后面的风险表征中进行讨论。

9.5.2　问题分析

分析阶段是检验风险的两个基本内容——暴露和效应,以及它们互相之间和它们与生态系统特征之间关系的过程。这一阶段的目的是为确定和预测暴露条件下压力造成的生态响应提供所需的要素。

分析阶段把问题形成和风险表征衔接起来。问题形成阶段确定的评价终点和概念模型为分析提供了重点和框架。分析阶段的产物是描述暴露以及压力与响应间关系的归纳,而这些归纳为风险表征中评估和描述风险提供了基础。分析阶段包括两个过程,暴露表征和生态效应表征。

1. 暴露表征

暴露表征一方面是对污染物质进入环境后的迁移转化过程及其在不同环境介质中的分布进行分析,另一方面是要掌握受体的暴露途径、暴露频率时间和暴露剂量。暴露表征描述了压力与生态学受体之间的接触或共存,建立在对源的分析、压力在环境中的分布、接触或共生的范围和方式这三方面内容之上。暴露表征的目的是识别出受体,描述污染物质从源到受体的过程,描述接触或共存的强度及时间空间的范围。最后,暴露表征还要对暴露估计的可变性和不确定性的影响因素给以分析描述。

2. 生态效应表征

生态效应表征就是描述压力所引发的效应,把效应与评价终点联系起来,并评估生态效应在不同压力水平下的变化。生态效应表征首先要通过评价效应数据来分析所引起的生态效应,确认它们与评价终点一致,且它们发生的条件与概念模型一致。一旦某种生态效应被识别出来,评价者便要进行生态响应分析,评估效应随不同压力水平变化的程度,然后将效应与评价终点联系起来。

生态响应分析要考察三项基本内容:压力水平与生态效应的关系;可能发生或正在发生的压力暴露结果的可能性研究;当评价终点不能直接测定时,寻找与其相关联的可测度的生态效应。

生态效应表征一般是先进行毒理试验以确定不同暴露浓度和暴露时间情况下生态学指标所受的影响,再根据试验结果建立统计模型或数学模型,最后用得到的模型模拟生态终点对风险源暴露强度的响应水平。在缺乏数据的情况下常采用定量结构活性关系(quantitative structure-activity relationship, QSAR)的方法来进行合理的预测。在实际的生态系统中,暴露的各种物种之间存在敏感性差异,这是效应表征的重要组成部分。

9.5.3　生态风险表征

风险表征是生态风险评价的最后阶段,是暴露表征和生态效应表征的综合,表示了污染物质对生物个体、种群、群落或生态系统是否存在不利影响,判断和表达这种不利影响出现的可能性大小,对生态风险给出定性或定量的表示。生态风险表征首先要利用问题分析阶段的结果,估计在问题形成阶段中确认的评价终点面临风险的大小。评估风险后,评估者要对风险估计进行解释。最终,识别并总结风险评价中的不确定性和假设,将结论报告给风险管理者。

风险表征阶段得出的结论要提供明确的信息供风险管理人员做出环境生态决策。如果生态风险不能被充分地确定来支持风险管理决策,风险管理者可能会选择另一轮或更多新的风险评价过程,对概念模型进行再评估,或开展更多的研究,以改进风险评估。

风险估计是综合暴露和效应数据,评估任何有关联的不确定性的过程。该过程要使用根据分析计划制定的暴露和压力-响应框架。风险估计可以使用以下的一个或多个技术方法:①野外观察研究;②等级分类;③单点暴露与效应估计的对比;④综合完整的压力-效应关系的对比;⑤综合暴露和效应估计的可变性;⑥以暴露和效应为基础,部分或全部的理论近似机制模型。

生态风险估计的准备工作完成之后,评估者需要解释并讨论有关评价终点风险的有效信息。风险解释包括对支持或反驳风险估计的证据的罗列,对评价终点不利效应的解释。在分析阶段,评价者可能已经建立了评价终点、效应的量度和可度量的易于描述的证据排列之间的关系;或者,评价者也可以把评价终点有效的证据定性地联系起来。不论采用什么风险评估技术,叙述性的技术支持和风险估计本身同样重要。

风险表征可分为定性风险表征和定量风险表征两种。定性风险表征一般只是给出一个是否具有风险以及属于何种性质风险的定性结论,不需要利用数学模型进行定量计算。而定量风险表征除了要得出定性风险表征的结论外还要定量表示出风险的大小。

定量风险表征的最基本方法是通过比较环境暴露浓度和表示物质危害程度的毒性数据来计算风险商,称为商值法(risk quotient,RQ)。商值法要先设定一个参照浓度标准,即预测无效应浓度(predicted no effect concentration,PNEC),这个值一般是某污染物的无影响浓度和安全系数的比值,可以通过毒理学试验获得,且建立在大量慢性毒性数据的基础上。然后将暴露评价得到的预测环境浓度(predicted environment concentration,PEC)与之比较,见式(9.5)。风险商大于1,说明该物质具有一定的生态风险,商值越大,风险越高。

风险商 = 预测环境浓度(PEC) / 预测无效应浓度(PNEC) (9.5)

孙艳等(2010)对再生水中雌激素活性物质浓度分布情况进行了调查研究,如图 5.28、图 5.29 和图 5.31 所示,并采用商值法比较了不同类型雌激素活性物质的生态风险,各物质的预测无效应浓度如表 9.9 所示。

表 9.9　不同雌激素活性物质的预测无效应浓度(PNEC)

物质	PNEC/(ng/L)	物质	PNEC/(ng/L)
雌酮(E1)	0.16	双酚 A (BPA)	118
雌二醇(E2)	1×10^3	壬基酚(NP)	5×10^2
雌三醇(E3)	0.75	邻苯二甲酸二丁酯(DBP)	1×10^4
乙炔雌二醇(EE2)	2×10^{-3}	邻苯二甲酸二(2-乙基己基)酯(DEHP)	$>1 \times 10^4$

资料来源:孙艳 等,2010.

图 9.9 为再生水中不同类型 e-EDCs 的生态风险比较,其中 EE2、E1、E3 的风险商均大于1,说明这三种物质在污水处理厂出水中的存在具有较高的生态风险。EE2 风险商值最高,且范围广,从 10^1 到 10^5,明显高于其他物质,因此在出水各类 e-EDCs 中必须优先控制。与其类似的物质还有 E1 和 E3,应被列入高生态风险物

质。BPA、NP 的风险商值较类固醇物质小,但大于 1 的比例为 30%～50%,说明该物质具有一定的生态风险。DBP 的风险商累积频率 90% 小于 1,E2 的风险商均处于 1 以下,因此这两种物质的生态风险最小。

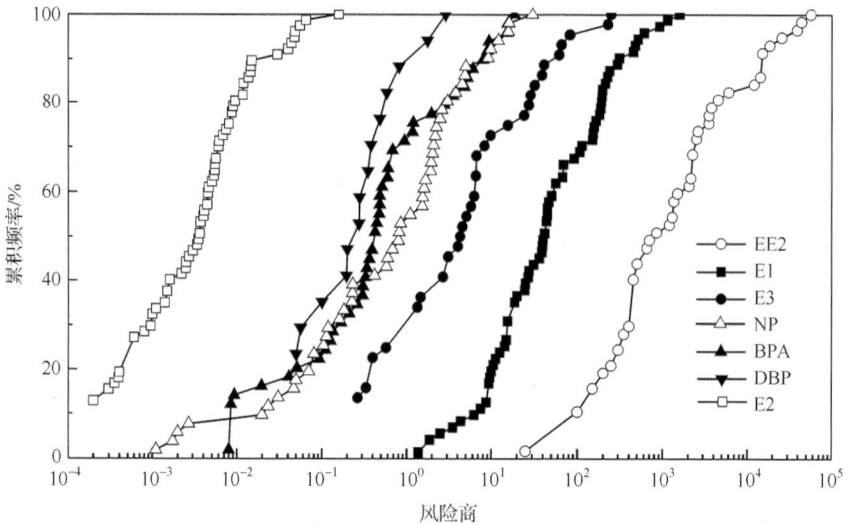

图 9.9　城市污水处理厂出水中典型 e-EDCs 的风险比较(孙艳 等,2010)

　　王珺等(2010)对上海污水处理厂中合成麝香的浓度水平进行了调研,同样采用商值法对主要污染物佳乐麝香(HHCB)和吐纳麝香(AHTN)进行了风险估计。HHCB 和 AHTN 的预测无效应浓度分别选取 6.8 $\mu g/L$ 和 3.5 $\mu g/L$,而污水处理厂出水中的最高预测浓度分别为 0.355 $\mu g/L$ 和 0.125 $\mu g/L$,进而得到二者的风险商分别为 0.05 和 0.04。说明目前上海地区污水处理厂出水中的合成麝香对水生生物影响还较小。

　　商值法实际上是一种点估计的评价方法,PEC 与 PNEC 都是一个确定的数值,而风险本身是一种可能性或者概率,不论暴露还是效应都具有不确定性和变异性,用简单的、确定的危害商并不能表示风险因子对受体生物产生危害的风险水平。因此,商值法往往仅用于比较保守的、筛选级的风险评价,或者作为前期低层次的风险评价,而高水平的风险评价一般采用概率模型。

　　概率风险评价方法(probabilistic risk assessment,PRA)考虑了环境暴露浓度和毒性效应的不确定性和变异性,是目前被广泛研究和应用的风险评价方法。常见的概率风险评价方法包括安全阈值法、基于 Monte Carlo 模拟的商值概率分布法、概率曲线面积重叠法和联合概率曲线边界法等。随着生态风险评价的发展,一些研究者也把商值法和概率风险评价方法相结合,提出了从低层次到高层次的多层次生态风险评价方法,该方法对风险表征的过程是从一个相对保守的假设开始,逐渐过渡到更接近实际的风险估计。

9.6 生态风险评价及该领域面临的课题

生态风险评价技术的关键之一就是确定受体和端点。受体是生态系统中已受到或可能受到某种污染物或其他胁迫因子不利影响的组成部分。端点是某种化学物质或其他环境胁迫因子对某一受体的特殊典型危害或潜在危害表现。如前所述,生态系统具有复杂性,在进行生态风险评价时不可能对所有的受体和端点都一一进行潜在危害的评价,必须选择典型的有代表意义的受体与端点,选择的原则一般是易于获得毒性数据的受体与端点,即选择敏感种类和敏感效应。

在生态风险评价中,如何将不确定性进行定量处理具有非常重要的意义。生态风险中必然会存在不确定性的来源,生态系统本身固有的随机性和复杂性,对风险评价中受体、端点、暴露等要素认识上的不足,都会造成生态风险评价过程中的误差。一般来说,生态风险评价中的不确定性等量分析主要分为自然随机和评估误差这两方面。对具有大量实验数据的优先权方法,常采用"应用系数"、"安全系数"等进行样本的校正处理。此外,现在常用的处理技术还有利用统计学的置信限来确定暴露风险的不确定性,例如 Monte Carlo 模拟技术。有时由于数据或理论认识上的不足,一种途径不可能准确地定量模型误差,在可能的情况下,应利用多种途径进行风险评估,比较来自不同模型的结果,以避免或减少生态风险评价中产生的不确定性。

参 考 文 献

白志鹏,王珺,游燕. 2009. 环境风险评价. 北京:高等教育出版社.

池振明. 2005. 现代微生物生态学. 北京:科学出版社.

孙艳,黄璜,胡洪营,等. 2010. 城市污水处理厂出水(再生水)中雌激素活性物质的浓度分布特征与生态风险水平. 环境科学研究,23(12):1488~1493.

王珺,张晓岚,郭亚文,等. 2010. 上海城市污水处理厂中合成麝香的分布与来源解析. 中国环境科学,30(6):796~801.

杨佳,胡洪营,李鑫. 2010. 再生水水质环境中典型水华藻的生长特性. 环境科学,31(1):76~81.

Allhands M. 1989. Effects of municipal effluent irrigation on agricultural production and environmental quality:[Ph D dissertation]. Gainesville,Florida:University of Florida.

Bockelmann U,Dorries H H,Ayuso-Gabella M N,et al. 2009. Quantitative PCR Monitoring of Antibiotic Resistance Genes and Bacterial Pathogens in Three European Artificial Groundwater Recharge Systems. Applied and Environmental Microbiology,75(1):154~163.

Cantwell M G,Wilson B A,Zhu J,et al. 2010. Temporal trends of triclosan contamination in dated sediment cores from four urbanized estuaries:Evidence of preservation and accumulation. Chemosphere,78(4):347~352.

Howard, Needles, Tammen & Bergendoff. 1986. Design report: Dual distribution system (reclaimed water supply, storage and transmission system), Project APRICOT. Prepare for the City of Altamonte Springs, Florida.

Jobling S, Nolan M, Tyler C R, et al. 1998. Widespread sexual disruption in wild fish. Environmental Science and Technology, 32(17):2498~2506.

Metcalf & Eddy, Inc. An AECOM Company. 2007. Water Reuse: Issues, Technologies, and Applications. McGraw-Hill Professional.

National Research Council. 1994. Groundwater recharge using waters of impaired quality. Washington DC: National Academy Press.

Rodgers-Gray T R, Jobling S, Morris S, et al. 2000. Long-Term Temporal Changes in the Estrogenic Composition of Treated Sewage Effluent and Its Biological Effects on Fish. Environmental Science and Technology, 34(8):1521~1528.

Silvia Diaz-Cruz M, Barcelo D. 2008. Input of pharmaceuticals, pesticides and industrial chemicals as a consequence of using conventional and non-conventional sources of water for artificial groundwater recharge. Handbook of Environmental Chemistry, 5:219~238.

USEPA. 1998. Guidelines for Ecological Risk Assessment.

van Aerle R, Nolan M, Jobling S, et al. 2001. Sexual disruption in a second species of wild cyprinid fish (the Gudgeon, gobio gobio) in United Kingdom freshwaters. Environmental Toxicology and Chemistry, 20(12): 2841~2847.

van Elsas J D, Bailey M J. 2002. The ecology of transfer of mobile genetic elements. FEMS Microbiology Ecology, 42(2):187~197.

第10章 再生水水质标准制定方法

10.1 再生水水质标准制定原则

再生水水质标准是污水再生处理工艺设计的依据,也是再生水水质管理的重要依据。我国在 2002～2008 年期间颁布了再生水用于市政杂用、景观环境、地下水回灌、工业用水和农业灌溉等一系列水质标准:GB/T 18920－2002、GB/T 18921－2002、GB/T 20922－2007、GB/T 19772－2005 和 GB/T 19923－2005。

我国的再生水水质标准是在结合国外标准以及国内其他水质标准的基础上制定的,水质指标的科学依据并不十分明确,有些指标可能存在浓度限值要求过严或过松的情况。因此,根据我国的国情,基于健康风险评价,科学合理地制定适合于我国污水再生利用水质标准具有重要的意义。

近年来,基于风险评价来制定再生水水质标准的方法日益得到重视。早在 1991 年,美国-以色列联合召开的污水回用会议上就提出了采用定量风险评价方法制定再生水水质标准的概念,在美国环境保护局(USEPA)再生利用指南和 1993～1999 年佛罗里达州再生水水标准制定的过程中,专家普遍认为风险评价方法是一种很有前途的制定水质标准的方法(仇付国,2004)。

考虑到再生水回用的不同用途和可能的影响途径,在制订再生水水质标准时,应该着重注意以下几个方面的问题:

1) 保护公众健康。再生水回用水质安全指标的制定必须以充分保护公众健康为首要目标,对非饮用再生水,通常考虑人体健康和环境问题。

2) 用水要求。对于工业用水或其他用水,通常对水质有特殊的要求,与人体健康关系不大。有些指标即使符合保护人体健康安全的要求,但其物理、化学、生物指标对于工业用水或许并不适合。因此,这些用途的水质往往与人体健康和环境保护关系不大,应根据具体要求制定相应的水质标准。

3) 灌溉影响。灌溉可能引起很多相关问题,如土壤污染、地下水污染、地表水污染以及暴露人群的健康效应,制定标准时需要系统考虑各方面的问题。

4) 环境安全。除了保护公众健康之外,再生水使用区域以及周围地区的动植物、受纳水体等,都是需要保护的对象。

5) 感观要求。对于较高要求的用水,如冲洗厕所、街道清扫、绿地灌溉、洗车、景观环境、水景、娱乐等用途,用水在美学方面应该和使用饮用水有相同或相似的要求。比如水体要澄清透明、无色、无异味等。另外,在娱乐水体中也不能有藻类出现,不能对眼睛、皮肤有刺激。

6) 切合实际。制定标准时必须结合当前公共政策、技术可行性、经济可行性等。

在再生水利用历史中,美国等发达国家未出现由此引起的健康问题,但也有不正确使用再生水引起健康问题的相关报道(Feachem et al,1983;Lund,1980;Sepp,1971;Shuval et al,1986)。因此,在制订水质标准时不仅要考虑相关的病原微生物,也要考虑化学污染物带来的安全风险。另外,还要充分考虑公众或工作人员的暴露情况。

10.2　再生水水质标准指标体系

本书在第 2 章提出了包括常规物理化学指标、生物学指标、特征污染物指标、生物毒性指标和生态效应指标在内的系统的再生水水质安全评价体系。该指标体系对于全面、系统评价再生水的水质安全有重要意义,但并不是该体系中的所有指标都可以作为再生水水质标准中的指标。再生水水质标准指标和标准限值的确定应遵循"科学性、合理性、操作性和经济性"原则。

再生水水质标准指标体系如图 10.1 所示。

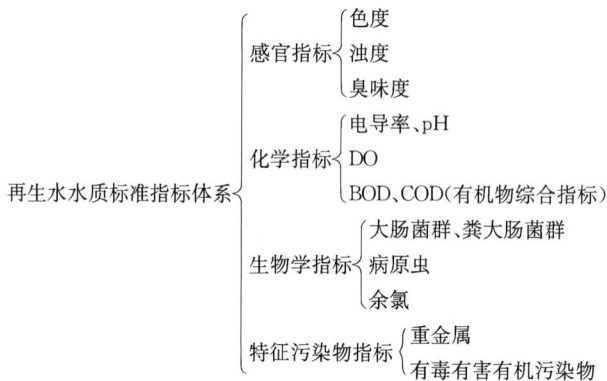

图 10.1　再生水水质标准指标体系

在上述标准中,生物学指标关系到人体健康,而氮、磷关系到再生水景观利用的水华爆发问题,因此备受关注。本章重点阐述生物学指标和氮、磷标准的制定方法。

10.3　基于健康风险评价的再生水生物学标准制定方法

10.3.1　生物学标准现状与存在的问题

我国现行的再生水利用水质标准与目前世界上大多数再生水水质标准一样，只是对常规指标和生物学指示指标(如总大肠菌群数、粪大肠菌群数等)作了规定，还没有制定健康风险较大的病原菌、病毒、病原虫等生物学指标。表 10.1～表 10.3 列举了国内外相关标准中与微生物有关的规定。可以看出，目前污水再生利用的水质标准中，大肠菌群和粪大肠菌群是最常用的生物学指标。此外，各国的浓度限值之间也存在着较大的差异。从控制风险的角度看，再生水中的微生物浓度应该降到越低越好，但同样必须考虑经济问题。

表 10.1　国外再生水用于非限制性灌溉的水质生物学标准

制定机构或地区	生物学指标要求	其他说明
美国环境保护局	粪大肠菌数 140 MPN/L	所有样品均要达标，并且二级处理后应进行混凝、沉淀、过滤和消毒处理
加拿大	总大肠菌数≤10000 MPN/L(几何平均数)；粪大肠菌数≤2000 MPN/L；总大肠菌数≤24000 MPN/L(灌溉蔬菜时)	要求大于 20%的样品达标；灌溉蔬菜时在任何一天均要达标
塞浦路斯	粪大肠菌数≤500 MPN/L；肠道线虫≤1 个/L	粪大肠菌数要求每月 80%的样品要达标，最大允许值 1000 MPN/L；三级处理后需消毒处理
以色列	总大肠菌数≤22 MPN/L(50%的样品)；总大肠菌数≤120 MPN/L(80%的样品)	二级处理或相当于二级处理(如长期储存过程)后需消毒处理
约旦	粪大肠菌数≤2000 MPN/L	
科威特	总大肠菌数≤100000 MPN/L	经过深度处理之后 BOD 和 TSS 均低于 10 mg/L
澳大利亚	耐高温大肠菌数≤100 MPN/L(中间值)	最低处理要求二级处理和过滤，出水浊度不超过 2 NTU
沙特阿拉伯	总大肠菌数≤22 MPN/L	BOD 和 TSS 均低于 10 mg/L
世界卫生组织	粪大肠菌数≤2000 MPN/L(灌溉用水)；肠道线虫≤1 个/L	要有一级、二级处理过程，适当增加过滤和消毒过程

资料来源：何星海和马世豪,2004.

表 10.2　美国再生水用于景观用水的水质生物标准

地区	病原微生物指标	
	总大肠菌群数/(CFU/L)	粪大肠菌群数/(CFU/L)
亚利桑那州	—	230（限制）
加利佛尼亚州	230（限制）	—
夏威夷州	—	230（限制）
内华达州	—	230（不限制） 2000（限制）
得克萨斯州	—	750（不限制） 8000（限制）
华盛顿州	230（限制）	230（不限制）

注："—"表示无相关数据；"限制"表示限制人体接触；"不限制"表示不限制人体接触。

表 10.3　我国目前颁布的再生水利用相关水质标准

标准名称	标准编号	病原微生物指标	
		总大肠菌群/(CFU/L)	粪大肠菌群数/(CFU/L)
杂用水水质	GB/T 18920—2002	3	—
景观娱乐 用水水质	GB/T 18921—2002	—	10 000（观赏性河道、湖泊） 2000（观赏性水景） 500（娱乐性河道、湖泊） 不得检出（娱乐性水景）
农田灌溉 用水水质	GB/T 20922—2007	—	40 000（纤维旱地作物、水田谷物）； 2500（加工、烹饪及去皮蔬菜）； 120（生食类蔬菜、瓜类及草本水果）
地下水回灌 水质	GB/T 19772—2005	—	1000（地表回灌） 3（井灌）
工业用水 水质	GB/T 19923—2005	—	2000

注："—"表示无相关数据。

10.3.2　病原指示微生物

在当前的技术水平下，虽然可以检测出水中的大多数病原微生物，但分离和计数方法仍然非常复杂、费时。如果要对水中每一种可能造成污染的病原微生物都进行监测，显然是不切实际的。更为合理的办法是，检查人与其他温血动物粪便中通常存在的微生物,作为评价水体受粪便污染程度和水处理与消毒处理效果的指示微生物。如果这种(这些)微生物存在,意味着水体受到了粪便污染,也意味着肠道病原微生物可能存在。检查这种粪便污染指示微生物,是质量控制的一个手段。

如何选择具有代表性的指示微生物作为评价水质安全的指标,既便于测试,又能有效保障水质的安全性,显得尤其迫切。一般地,指示微生物需要备以下条件:

1) 这类微生物仅存在于粪便等污染源中;

2) 在洁净水体中不存在、与病原微生物存活能力相似或更强的微生物;

3) 在宿主外不繁殖;

4) 容易测试。

实际上很难有完全符合上述所有要求的指示生物,目前最常用的微生物学水质指标有大肠菌群、粪大肠菌群、粪链球菌和产气荚膜梭菌,但这些指标都是针对饮用水和污水而选择的。就再生水而言,目前还没有一致认可的非常合理的水质安全指标。

1. 常规生物学指标

(1) 大肠菌群

大肠菌群被作为饮用水水质的细菌性指标已有很长时间,在很大程度上是由于这些菌易于检验和计数。其主要特征是能在 35℃ 或 37℃ 下培养时发酵乳糖。大肠菌群不应该在处理过的出水中检出,如果发现有大肠菌群存在,则意味着处理不当或消毒不够,或是处理后又被污染。在这个意义上,大肠菌群检验可作为处理效果的一种评价指标。尽管大肠菌群与水体中病毒的存在可能没有直接关系,在公共给水的微生物学质量监测中,大肠菌群的检验仍不可少。此外,大肠菌群的来源并不单一,即不只在温血动物的粪便中存在。因此,大肠杆菌并不能专一地说明水体受粪便污染的情况。

粪大肠菌群通常也被当做评价水体是否受粪便污染的细菌学指标,近年来逐渐更多地用来表示水体受病原微生物的污染程度。但在最初,作为水质指标,使用更多的却是总大肠菌群数,后来发现该指标不能准确反映水体受粪便污染的水平。粪大肠菌群属于耐热型微生物,能在 (44.5 ± 0.5)℃ 下发酵乳糖,其中包括埃希氏菌属,偶尔还有几株肠杆菌、枸橼酸杆菌和克雷白氏菌。其中,只有埃希氏大肠菌专一来自粪便,总是在人、动物和禽类的粪便中大量存在,极少在未受粪便污染的水或土壤中被检出。

(2) 粪链球菌

水中若存在粪链球菌,一般表示有粪便污染。这些链球菌通常存在于人、兽粪便中。其中包括粪链球菌、屎链球菌、坚忍链球菌、牛链球菌、鸟链球菌以及在性质上介于它们之间的中间型。这些菌极少在污水中繁殖,对消毒的抵抗力略强于大肠菌群,存活能力也强,在 10～45℃,甚至在 6.5％的盐水和 pH 9.6 的条件下都能存活。这些情况多出现于混合供水,很少有人把这种指标用于饮用水质量控制,但用于评价娱乐性回用水的水质时显得非常有效(Cabelli,1983;Dufour,1984)。但是,在常规测试中必须同时进行菌株鉴定,否则,即使在水质标准中要求粪链球菌的含量不超过 100 个/100 mL,但由于粪链球菌的演化、亚种的普遍存在,该数值也会失去意义。当作为辅助指标使用时,对于被粪便严重污染的水源,只要数据充分,粪大肠菌群与粪链球菌之比(人粪便比为大于 3∶1,其他动物为小于 0.7∶1)能有效确定污染源的位置。

2. 非传统生物学指标

由于各方面的原因,很多发展中国家长期受水介传播流行病的困扰。这些国家在选择合适的生物学水质指标时往往要比其他发达国家更加复杂。Hazen 和 Toranzos (1990)的研究结果显示,对于地处热带的国家和地区,埃希氏大肠杆菌是最常用的指标。另外,Mazari-Hiriart 等(1999)指出,MS-2 大肠杆菌噬菌体也是一个值得考虑的生物学指标,他们的研究发现,在同一个水样中,MS-2 大肠杆菌噬菌体(male specific coliphages)的存在与传统指标(大肠菌群和粪链球菌)并无关系。其他研究者在同一批样品的检测中发现,有 72％的样品中检出了 MS-2 大肠杆菌噬菌体,48％检出了总大肠菌群,28％检出了粪链球菌,只有 14％检出了粪大肠杆菌。因此,他们认为,用噬菌体作为水体受粪便污染的评价指标似乎比粪大肠杆菌更加合适(Snowdon and Cliver,1989;Yahya et al,1993)。Mazari-Hiriart 等(1999)建议联合用粪链球菌和大肠杆菌噬菌体作为再生水回用水质安全指标,而且它们的检测方法相对廉价、简便。

(1) 幽门螺旋杆菌

幽门螺旋杆菌是一类存在于污水中的细菌,同样也能在许多被污染的水源中检出。幽门螺旋杆菌是一种病原微生物,人体受其感染,引发浅表性胃炎和十二指肠溃疡,是胃癌的诱变因子之一(Jerris,1995)。此类疾病在发展中国家的发病率明显高于发达国家。在发展中国家,1～10 岁儿童的发病率约 50％,远远高于发达国家的 10％(Graham et al,1991)。25 岁以上的成人中,血清反应呈阳性者在发展中国家为 80％,而发达国家为 66％。因此,将幽门螺旋杆菌作为再生水水质安全指标对于发展中国家来说更具有现实意义。

Mazari-Hiriart 等(2001)研究表明,若污水中余氯浓度不同(0.2～1.0 mg/L),粪大肠菌群浓度随之变化,而水体中的幽门螺旋杆菌对消毒的抵抗能力很强,即使余氯浓度较高,也并不能说明水体中的幽门螺旋杆菌浓度很低。其实,在发达国家,将幽门螺旋杆菌作为水质指标也是可行的,因为该种细菌广泛地存在于世界各地。瑞典的水处理程度虽然很高,但仍然可从井水、污水以及供水系统中检测出幽门螺旋杆菌(Hulten et al,1998)。

(2) 产气荚膜梭菌

产气荚膜梭菌属厌氧型细菌,通常存在于粪便中。在英国,产气荚膜梭菌被选作水体受粪便污染的评价指标之一(Bisson and Cabelli,1980)。其意义在于该细菌容易被定量测定,而且其对消毒处理的抵抗力和外界环境的耐受能力比其他病原微生物更强。在不利环境中,产气荚膜梭菌能形成一层有抵抗性的芽孢壁。因此,如果检测到的是活性产气荚膜梭菌细胞,说明水体刚受到污染,如果检测到的是产气荚膜梭菌的芽孢,则说明污染是以前发生的。但是,Grabow(1990)对产气荚膜梭菌在再生水中的应用提出质疑,虽然该类细菌能抵抗消毒处理,但其数量较少,检测存在一定困难。只有借助现代先进的测试技术才能解决,有关该类细菌在再生水中含量的报道也很少。

(3) 病毒

在污水和再生水中有很多种类的病毒存在。和细菌一样,要检测水体中所有的病毒几乎是不可能的,况且细菌学水质指标也不能反映水体中的病毒含量,因此,选择并确立再生水中病毒指标也是很有必要的。但是,若要把一些源自动物的病毒作为指示病毒,还存在两点不足:其一,病毒通常经人传播,它们在再生水中的浓度有时比较低;其二,即使水中检不出病毒,而其他病原微生物仍可能存在。

Payment(1993)曾报道,在部分饮用水中检测出了少量肠道病毒,而这些水也符合饮用水的微生物学水质标准要求。许多证据表明单纯依靠粪大肠菌指标难以保障再生水水质安全,特别是无法反映水中病毒等其他病原微生物的含量。另外,人类对病毒的免疫力都相对较低。

噬菌体是细菌的病毒,一般与人类疾病没有直接关系,因此噬菌体含量对人而言并无意义。但是,由于其检测相对容易,有时也被用作水质评价指标。大肠杆菌噬菌体已经作为指标应用,因为大肠杆菌噬菌体通常存在于营养丰富的水体中,而且检测相对容易、便宜、省时(一般 24 h),但是它却不能准确反映病毒的特性。特异性 F^+ 大肠杆菌噬菌体是一种人类肠道病毒的指示微生物,其在污水中检出的浓度范围为 100~1000 个/mL,而且它们与人类肠道病毒有相似的消毒抵抗力和环境存活能力。因此,可将特异性 F^+ 大肠杆菌噬菌体列为肠道病毒的指示生物指标。

(4) 病原虫孢囊或卵囊

近年来,越来越多的研究发现在一些天然水体中检测出了"新"病原微生物——病原虫,如隐孢子虫、贾第鞭毛虫等。寄生虫孢囊由于个体小,人们对其认识较少,因此在再生水回用中存在较大风险。病原虫的卵囊或孢囊在环境中能存活较长时间,并且能够抵抗消毒处理。用 UV 在 60 mW·s/cm^2 的剂量下才能杀灭隐孢子虫,在 176 mW·s/cm^2 的剂量时才能杀灭阿米巴虫(Maya et al,2003)。

病原虫的卵囊或孢囊的存在与细菌和病毒相关性不大。即使水体中不存在细菌和病毒等其他病原微生物,也并不意味着寄生虫孢囊也不存在。因此,如果仍然采用原来的粪大肠菌群数作为水质评价指标,显然不能保障水质的安全性。1994年的美国密尔沃基市大规模隐孢子虫爆发事件充分说明了这一问题。这无疑对水质安全评价指标的选择提出了新的挑战。

通过上面的分析、比较,可以看出,在再生水回用水质的生物学安全评价中,最好能分别从细菌、病毒、寄生虫等三类病原微生物中筛选出一些能较好反映受病原微生物污染程度的、抵抗力强的指示生物,作为评价水质安全的指标。

10.3.3　生物学指标的选择

在再生水生物学水质指标的筛选和确定方面仍存在较大的争议,目前还没有非常权威的观点。由于研究水平的限制,分析、鉴别水体中的病原微生物还存在很多困难,因此,在实际操作中,通常选择一些指示微生物或替代指示生物来反映水体受污染的程度。

1. 生物学指标的可行性分析

大肠菌群作为指示细菌反映水质已有很长时间,在国内外广泛应用。在再生水回用中,很多人仍然沿袭传统习惯,将总大肠菌群或粪大肠菌群作为评价水质安全的生物学指标,美国环境保护局也推荐将粪大肠菌群作为再生水水质安全指标。大肠菌群被用做指示细菌是因为它们主要存在于温血动物的粪便中,浓度高,容易检测,与粪便污染程度成正相关。然而,埃希氏大肠杆菌能否充分反映水体受污染的程度尚不清楚。如果测试结果显示水体中存在埃希氏大肠杆菌,也不能肯定水体是否受粪便污染。

与粪大肠菌群相比,水体中的病毒、原生动物和蠕虫等的卵囊对消毒处理的抵抗力更强,在环境中也能存活很长时间。即使刚经过消毒的地表水中没有大肠菌群,却未必意味着没有贾第鞭毛虫、阿米巴或其他寄生虫的孢囊。有研究表明,如果出水中没有余氯,将处理出水用于地下水回补或其他用途时,就可能出现再生长现象。此时,粪大肠菌群指标就失去了生物学安全的意义。因此,有人曾提出并试图将病原虫(如隐孢子虫、贾第鞭毛虫等)作为水质安全指标。

但是最近,有学者对寄生虫作为水质指标提出异议,在美国环境保护局制定的再生水回用水质标准中没有寄生虫指标,他们认为,在美国推荐的污水再生处理工艺中,经过过滤和高效消毒处理可完全去除水中的病原虫,另外,通常在过滤前添加适当的化学试剂以彻底杀灭病原虫。因此,在美国等发达国家隐孢子虫感染并不是主要问题(而在其他国家情况却并非如此)。另外,病原虫的检测程序相对复杂,周期长,准确度也较低。

　　此外,人蛔虫卵对消毒处理有很强的抵抗力,因此有人建议将其作为水质指标,但所面临的问题是相似的,检测技术复杂且不完善,需要大量人力、物力和财力。

　　关于病毒,也有人尝试将肠道病毒作为水质安全指标,近年来人们也对再生水中的病毒产生过兴趣,但选择病毒也存在很多实际的问题,具体如下:

　　1) 从文献报道看,经过适当的处理,水中的病毒可以被有效灭活或去除,使其含量降低至检测限以下;

　　2) 由于污水中病毒测定的回收率较低,很难准确测定病毒的类型和浓度;

　　3) 病毒测试通常需要有专业人员和专门设备,一般单位不具备这样严格的条件;

　　4) 病毒测试时间比较长;

　　5) 再生水中低含量的病毒是否会造成显著的健康效应,目前还没有统一观点;

　　6) 美国还没有因再生水回用而引发病毒性疾病的报道。重组 DNA 技术为水体中病毒的测试提供了崭新的方法,如核酸探针和聚合酶链式反应 PCR 技术。但目前的这些方法还不能定量测试病毒,也不能区分传染性病毒和非传染性病毒。

　　在美国现行的再生水水质标准中,大多数仍选择总大肠菌群和(或)粪大肠菌群作为病原微生物的控制测试指标。总大肠菌群包括粪大肠菌群和非粪大肠菌群两部分。其中粪大肠菌群在表示水体受粪便污染状况时更具有代表性。因此,在水质标准中更多采用粪大肠菌群作为病原微生物的测试指标。

2. 消毒处理与生物学安全保障

　　美国 1992 年颁布的再生水回用指南中指出,不管再生水做何用途,都必须要对其进行消毒以保证健康安全性,同时也预防公众因偶尔接触或由于事故、误用等引起的风险。对于非饮用再生水,一般提供两种不同程度的处理和消毒处理。如果工作人员或公众不直接或间接接触再生水,进行二级处理和消毒处理,使出水中粪大肠菌群数不超过 200 个/100 mL 即可。这是因为,大多数细菌性病原微生物在这样的处理过程中都会被杀灭或数量降低到很低的水平,容易达到水质标准规定的浓度水平,但不能保证水体中没有其他病原微生物。

　　在 2001 年加利福尼亚州颁布的第 22 条款中,规定出三类生物学标准:

　　第一类:消毒二级出水－2.2 再生水。指已经氧化处理和消毒的再生水,其总大肠杆菌的浓度为:连续 7 天分析结果的中值不超过 2.2 MPN/100 mL,在任何 30 天的周期内超过 23 MPN/100 mL 的样品不多于 1 个。

　　第二类:消毒二级出水－23 再生水。指已经氧化处理和消毒的再生水,其总大肠杆菌的浓度为:连续 7 天分析结果的中值不超过 23 MPN/100 mL,在任何 30

天的周期内超过 240 MPN/100 mL 的样品不多于 1 个。

第三类:消毒三级再生水。指已经过滤和消毒的污水,并且满足以下要求:

1) 过滤后的污水需要经过以下任何一种消毒程序:①经过加氯消毒工序,且当以旱季高峰设计流量计算时,接触时间不低于 90 min、浓度-时间(浓度与时间之积,CT)值在任何时候都不低于 450 mg·min/L;②当采用组合消毒工艺时,应能灭活或去除污水中 99.999% 的 F^+ MS-2 型噬菌体或脊髓灰质炎病毒。比脊髓灰质炎病毒更具有消毒抗性的病毒也可以用作指示生物。

2) 消毒后出水中的总大肠杆菌的浓度为:连续 7 天分析结果的中值不超过 2.2 MPN /100 mL,在任何 30 天的周期内超过 23 MPN/100 mL 的样品不多于 1 个,任何样品的浓度都不能超过 240 MPN/100 mL。

对于人体可能直接或间接接触的再生水,其水质要达到粪大肠菌群的含量为 0 个/100 mL 的水平,因此对污水的处理程度必须要达到三级,并且要求消毒前水体浊度小于 2 NTU。经过这样处理的再生水被认为是可以安全回用的。

3. 生物学指标的选择

根据上述分析,并结合我国的国情,从实际出发,选择大肠菌群/粪大肠菌群作为再生水水质安全控制指标,可操作性更强,更具有实际意义。另外,为了保障再生水的生物学安全,消毒是杀灭水体中病原微生物的关键环节,因此再生水中余氯的含量对于控制病原微生物的再生繁殖非常重要。虽然余氯并不属于生物学范畴,但为了便于实际应用,这里也将余氯作为一项生物学指标,用于控制再生水水质的生物学安全。

10.3.4　基于健康风险评价的生物学水质标准的制定

1. 水质标准的确定方法

基于健康风险评价的再生水水质标准的制定就是要从可接受的健康风险水平出发,按照健康风险定量评价方法推算再生水中可接受的污染物浓度限值。下面介绍基于健康风险评价的生物学学标准制定方法,基本步骤如图 10.2 所示。

(1) 单次暴露致病概率的计算

根据可接受的年风险值以及年暴露次数推算可接受的单次致病风险,由式(8.1)可得

$$P_i = 1 - (1 - P_{ai})^{\frac{1}{n}} \tag{10.1}$$

(2) 病原微生物单次暴露剂量的计算

相对应于不同的剂量反应关系模型,分别计算出不同风险值的病原微生物单次暴露剂量 N。对于指数模型和 Beta-Poisson 模型,由式(8.17)和式(8.18)分别

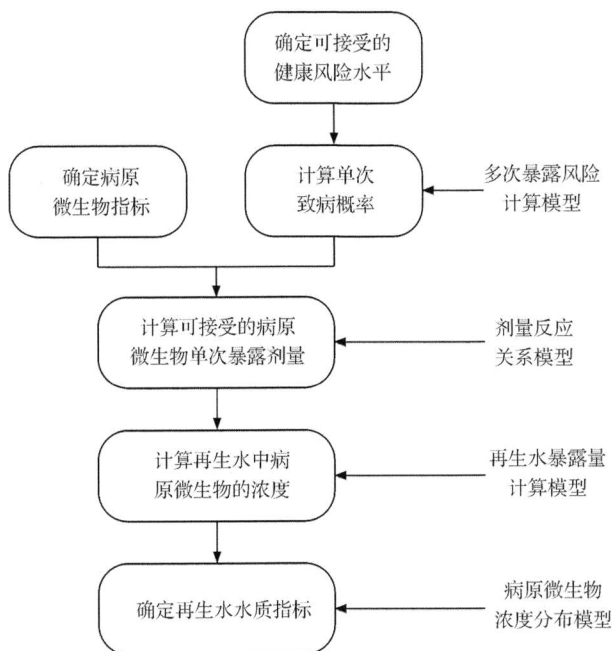

图 10.2　基于健康风险评价的再生水生物学标准制定步骤

可得

$$N = -\beta \ln(1 - P_i) \tag{10.2}$$

$$N = \left[(1 - P_i)^{-\frac{1}{\alpha}} - 1 \right] N_{50} (2^{\frac{1}{\alpha}} - 1)^{-1} \tag{10.3}$$

（3）再生水中可接受的病原微生物浓度的计算

根据适合的病原微生物暴露剂量或再生水暴露量计算方法可以确定再生水中可接受的病原微生物浓度 $c_{水}$。

（4）再生水生物学标准的确定

在实际情况中，再生水中的病原微生物浓度是随时间不断波动变化的，研究发现对数正态分布能较好地描述再生水中病原微生物的浓度变化分布情况（仇付国，2004）。于是再生水中病原微生物浓度小于某值的概率可以表示为

$$P(c \leqslant c_{水}) = \Phi\left(\frac{\log c_{水} - \mu}{\sigma} \right) \tag{10.4}$$

式中，Φ 为标准正态函数；μ 为病原微生物浓度所服从的对数正态分布的期望值；σ^2 为该对数正态分布的方差；P 为病原微生物浓度不大于 $c_{水}$ 的概率。

通过前三步计算，已知由某一年风险值反推得到的再生水中病原微生物浓度限值为 $c_{水}$，若使病原微生物产生的健康风险低于该年风险值的概率到达 P，则根据式（10.4）可得

$$\mu = \log c_{\text{水}} - \sigma \Phi^{-1}(P) \tag{10.5}$$

$$c_0 = 10^\mu \tag{10.6}$$

式中,c_0 为与病原微生物浓度对数正态分布期望值对应的浓度值,即控制病原生物产生的健康风险低于某一年风险值的概率到达 P 时所需的指标限值。

再生水回用的用途不同,健康风险评价工作中所使用的暴露人群的暴露时间、再生水的使用强度和环境气象等相关参数值也会存在较大的差异。因此,再生水水质标准要根据不同的回用用途分别制定。在某一特定再生水回用用途下,不同的暴露人群,如职业人群和非职业人群,其年龄结构、行为方式和对污染物的敏感性等均有所不同。在制定再生水水质标准时,需要根据最敏感原则,选择其中要求最严格的浓度限值作为指标建议值。

10.3.5 用于绿地灌溉的再生水生物学标准确定的案例分析

以再生水用作城市公园绿地灌溉用水为例,以隐孢子虫和贾第鞭毛虫作为指标,分别基于再生水对公园内的工作人员(如报亭售货员)和经常到公园的游人(如经常到公园散步的群众)所产生的健康风险来制定再生水中隐孢子虫和贾第鞭毛虫的指标限值。

假设风险评价中使用的各参数相互独立,暴露剂量根据 10.3.4 节中雾化导致的病原微生物暴露剂量计算方法[式(10.6)]计算。k 值按 0.52 计算,背景空气中病原微生物浓度按 0 计算。再生水中的病原微生物浓度服从对数正态分布。隐孢子虫和贾第鞭毛虫的剂量反应关系一般采用指数模型表征,剂量反应关系因子分别为 238(1/个)和 50.23(1/个)。风险评价中涉及的环境气象和评价对象的相关参数分别如表 10.4 和表 10.5 所示。

表 10.4　环境气象相关参数

参数	取值	分布情况
温度 $T/℃$	25±5	正态
空气饱和水气量 $w/(\text{mL/m}^3)$	24±6	正态
背景相对湿度 φ_0	25%	定值
相对湿度 φ	50%	定值

表 10.5　评价对象相关参数

参数	工作人员	游人
呼吸速率 $v/(\text{m}^3/\text{h})$	0.5	1.0
单次暴露时间/h	2.5	0.5
年暴露频次 n	250	100

　　基于以上的情景设置和参数设定,可以得到再生水中隐孢子虫和贾第鞭毛虫在不同可接受年风险值的情况下的指标限值,如图 10.3 所示(要求隐孢子虫和贾第鞭毛虫产生的健康风险低于可接受年风险值的概率达到 95%)。

　　由图 10.3 可以看出,随着可接受的年风险值的增大,再生水中病原微生物的指标限值也增大。如果参考 USEPA 提出的 10^{-4} 的年风险作为可以接受的年风险值,再生水用于公园绿地灌溉时分别基于公园工作人员和游人的隐孢子虫和贾第鞭毛虫指标限值列于表 10.6。

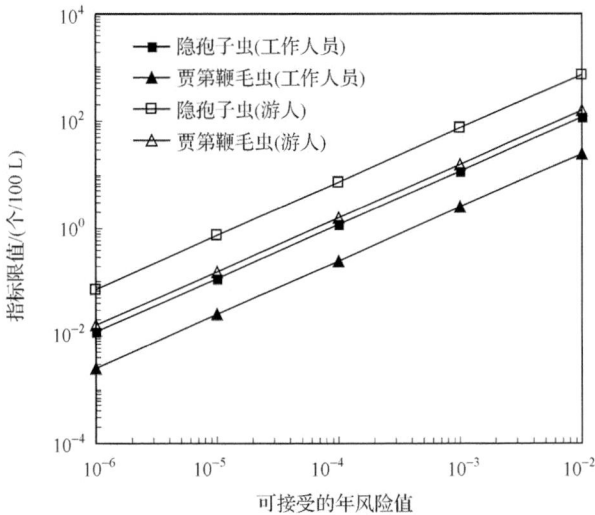

图 10.3　再生水用于绿地灌溉时再生水中生物学指标限值与年风险值的关系

表 10.6　年风险值小于 10^{-4} 的概率为 95% 时的隐孢子虫和贾第鞭毛虫指标限值

指标	工作人员		游人	
	隐孢子虫	贾第鞭毛虫	隐孢子虫	贾第鞭毛虫
再生水中浓度限值/(个/100 L)	1.2	0.3	7.4	1.6

　　由图 10.3 和表 10.6 可以看出,在同一可接受健康风险水平下,相对于游人来说,针对于公园工作人员的再生水中隐孢子虫和贾第鞭毛虫浓度的控制要求更严格,二者的指标参考值分别为 1.2 个/100 L 和 0.3 个/100 L,说明再生水利用过程中健康风险的敏感人群是职业人群。参考我国某市污水处理厂二级处理出水中隐孢子虫和贾第鞭毛虫的浓度分别为 1~46 个/L 和 6~153 个/L(宗祖胜 等,2005),如果该二级处理出水用于城市绿化灌溉,在本文设定的情景和参数条件下,由隐孢子虫和贾第鞭毛虫产生的健康风险将分别达到 1.6×10^{-3}~7.3×10^{-2} 和 4.5×10^{-2}~7.0×10^{-1},大大超过 10^{-4} 的年风险值,存在较大的生物安全性隐患。

今后,涉及人体健康的环境标准的制定都应建立在风险评价的基础上,因此有必要对基于风险评价的再生水水质标准制定方法进行研究和探讨。此外,前述的再生水生物学指标限值的制定方法和思路同样也可类似地推广到化学污染物指标限值的制定。

10.4　再生水景观利用的氮磷水质标准确定方法

10.4.1　氮磷水质标准现状与存在的问题

水华爆发是再生水景观回用过程中面临的主要问题,氮磷营养盐是造成水华爆发的主要原因,因此再生水景观利用中氮磷水质标准的确定是关键问题。

再生水景观利用易爆发水华,其原因为:污染物本底值相对较高,水体稀释自净能力较天然水体差;景观水体流速缓慢甚至静止,营养盐输出慢,易在水体中积聚,为藻类生长繁殖提供条件;人工景观水体水深一般为 $1\sim2$ m,浅型水体上下水层的光通量可满足藻类光合作用所需。

控制景观水体中的氮磷浓度,是防止其爆发水华的根本措施。我国先后颁布了一系列水环境质量标准,其中与再生水景观利用相关的水质标准包括《地表水环境质量标准(GB 3838—2002)》中的Ⅲ~Ⅴ类水标准、《城镇污水处理厂污染物排放标准(GB 18918—2002)》和《城市污水再生利用景观娱乐用水水质(GB 18921—2002)》。

《地表水环境质量标准(GB 3838—2002)》中的Ⅴ类水标准规定了一般景观要求水域的氮磷水质标准;《城镇污水处理厂污染物排放标准(GB 18918—2002)》中规定,当污水处理厂出水引入稀释能力较小的河湖作为城镇景观用水和一般回用水等用途时,执行一级 A 标准;《城市污水再生利用景观娱乐用水水质(GB 18921—2002)》规定了湖泊类观赏性景观环境用水的氮磷水质标准。此外,水体富营养化状态定义也对水体中的氮磷浓度做了相关规定。将上述标准和水体富营养化状态定义(彭近新和陈慧君,1988)中对氮磷浓度限值的要求进行比较,如表 10.7 所示。

表 10.7　与景观水体相关的氮磷水质标准比较

水质标准	TN/(mg/L)	氨氮/(mg/L)	TP/(mg/L)
地表水环境质量标准(GB 3838—2002)Ⅳ类	1.5	1.5	0.3(湖、库 0.1)
地表水环境质量标准(GB 3838—2002)Ⅴ类	2.0	2.0	0.4(湖、库 0.1)
城镇污水处理厂污染物排放标准(GB 18918—2002)一级 A	15.0	5.0	0.5
城市污水再生利用景观娱乐用水水质(GB 18921—2002)湖泊类观赏性景观环境用水	15.0	5.0	0.5
水体富营养化状态定义	0.3(无机氮)	—	0.02

一般认为水体形成富营养化的指标是：无机氮大于 0.3 mg/L，总磷大于 0.02 mg/L，BOD_5 大于 10 mg/L，细菌总数大于 10 万个/mL，叶绿素 a 大于 10 mg/L。美国环境保护局在水质富营养化研究中也认为当 TP 超过 0.02 mg/L 时，磷浓度即达到富营养化状态指标。

但水体富营养化状态定义中对氮磷浓度的限制标准过于严格，尤其是氮浓度的限制，一般生物处理工艺难以将氮去除到如此低的水平。按照该氮磷浓度限值制定再生水水质标准，不仅技术上难以实现，经济成本也不合算。《城镇污水处理厂污染物排放标准（GB 18918—2002）》的一级 A 标准和《城市污水再生利用景观娱乐用水水质（GB 18921—2002）》的湖泊类观赏性景观环境用水标准对氮磷浓度的限值则过于宽松，也没有考虑面源污染负荷输入和水分蒸发等因素造成的景观水体中氮磷浓度的积累和升高。因此采用该标准，对于不流动或流动缓慢的浅水型景观水体仍存在水华爆发的风险。

《地表水环境质量标准（GB 3838—2002）》的 V 类水标准对氮磷的要求介于上述"严格"和"宽松"之间。然而，该标准中限定的 V 类水体已是水质相对较低、水体功能相对较弱的水体。对于浅水型景观 V 类水体，在夏季极易因水分蒸发、阳光充足和面源污染负荷输入等因素导致水体中氮磷浓度的积累和升高，最终爆发水华。

综上，在已有的景观水体水质标准中，氮磷浓度标准限值的科学依据不明确。多种不统一的标准并行，再生水处理过程中对标准的执行易出现矛盾，不利于保障再生水回用于景观水体的水质安全。

10.4.2　基于藻类生长特性的氮磷水质标准制定方法

针对目前再生水现有氮磷标准存在的问题，李鑫等（2009）提出了基于微藻生长特性的再生水景观利用氮磷水质标准制定的思路及方法，具体步骤如下：

1）根据水华爆发的藻密度限值，在藻类最大生长潜力研究的基础上，通过 Logistic 模型和 Monod 模型计算出景观水体（不流动或流动缓慢）的氮磷限值。

2）构建景观水体氮磷浓度模型，综合考虑氮磷输入、输出和累积，在步骤 1）的基础上，通过模型初步确定再生水（用于不流动或流动缓慢的景观水体）回用的氮磷水质标准。

3）充分考虑水体自净功能和水质保障措施（水生生物和人工湿地净化水质等），在步骤 2）的基础上确定再生水实际景观水体利用的氮磷水质标准。

1. 景观水体中氮磷限值的确定

确定景观水体的氮磷限值，主要目的是控制景观水体中的氮磷浓度，使其不足以支持水华爆发的藻密度。以下将利用 Logistic 模型和 Monod 模型，探讨景观水体中氮磷限值确定的方法。

Logistic 模型是描述有限环境下种群生物量增长速率具密度制约特点的经典种群增长模型(种云霄,2004),即

$$N = \frac{K}{1 + e^{a-n}}$$　　　　　　　　　　(10.7)

式中,N 为 t 时刻的种群密度,个/mL;t 为培养时间,d;K 为种群最大密度,个/mL;a 为常数,表示曲线对原点的相对位置;r 为种群内禀增长速率,d^{-1},指单个个体潜在的最大增长速率。

式(10.7)表示种群生物量随时间变化的生长曲线,具"S"形特征。

通过不同氮磷浓度下的藻类最大生长潜力研究,利用 Logistic 模型拟合得到不同氮磷浓度下的种群最大藻密度 K。

Monod 模型可用于描述生物量随基质浓度的变化关系(胡洪营 等,2005):

$$K = K_{\max} \cdot \frac{N}{K_N + N} \cdot \frac{P}{K_P + P}$$　　　　　　　(10.8)

式中,$K_{\max}$ 为 K 的最大值,个/mL,表示在不受氮磷浓度限制时的种群最大密度;K_P 为磷浓度的半饱和速率常数;K_N 为氮浓度的半饱和速率常数;P 为水体中磷浓度;N 为水体中氮浓度。

利用 Monod 模型可以得到最大藻密度(K)与氮磷基质浓度(N,P)的关系。通过确定景观水体中允许达到的最大藻密度,利用 Monod 模型可求得对应的氮磷浓度,即为景观水体中氮磷的限值。

2. 再生水景观利用氮磷水质标准的初步确定

前文讨论了利用 Logistic 模型和 Monod 模型可以确定景观水体中氮磷的限值。实际水体中的氮磷浓度与进水氮磷负荷符合一定的关系,因而通过计算可以反推景观水体的进水氮磷负荷。

Vollenweider 模型(涂晓光,1986)是经典的磷负荷模型,该模型假定:湖泊水体均匀混合,故水体的总磷浓度等于单位容积内输入的磷减去输出的磷及其在湖内沉积的磷,即

$$V \frac{dP}{dt} = Q_{in} P_{in} - Q_{out} P_{out} - A \cdot S \cdot P$$　　　　(10.9)

式中,V 为湖泊水体积;P 为磷浓度(假设全湖均匀);Q_{in} 和 P_{in} 分别为进水流量和进水磷浓度;Q_{out} 和 P_{out} 分别为出水流量和出水磷浓度;A 为湖面面积;S 为磷的表观沉降速率。

进入湖水中的磷会发生许多物化、生化变化,而其过程非常复杂不易用数学公式表达,故采用"表观沉降速度"S 来代表所有非移流变化,如磷的沉降、各种磷之间的相互转化等。

在稳态条件下，$\dfrac{\mathrm{d}P}{\mathrm{d}t}=0$，$P_{\mathrm{out}}=P$，可以求出，

$$P_{\mathrm{in}} = \frac{Q_{\mathrm{out}} + A \cdot S}{Q_{\mathrm{in}}} P \tag{10.10}$$

如再生水是景观水体中磷元素的唯一来源，令景观水体中的磷浓度 P 为 10.5.1 节中确定的磷限值，则通过式（10.10）计算出的 P_{in} 即为再生水中磷的限值。

现实水体中，除再生水中磷的输入外，还有其他包括地表径流在内的多种磷负荷来源。湖泊进水磷浓度与各种磷负荷的关系为

$$P_{\mathrm{in}} Q_{\mathrm{in}} = \sum_{i=1}^{n} P_i Q_i \tag{10.11}$$

式中，P_i、Q_i 分别为不同来源的磷负荷及流量。通过调查得出其他来源的磷负荷及流量，则可由式（10.11）计算得出再生水中磷的限值。

同理，根据景观水体中的氮浓度限值，也可以通过氮浓度模型计算出再生水中氮的限值。

关于各种氮磷负荷来源，日本在琵琶湖营养物质负荷量的调查中，将营养物质负荷量分为以下 7 个方面的来源，见表 10.8（李锋民 等，2007）。

表 10.8　琵琶湖营养物质来源

来源	N 负荷	P 负荷
森林径流	0.694 kg · km²/d	0.039 kg/(km² · d)
降雨降水	3.41 kg · km²/d	0.107 kg/(km² · d)
地下水	1.268 mg/L	0.087 mg/L
生活污水	11～17.5 g/(人 · 月)	1.46～2.2 g/(人 · 月)
家畜	牛 8 g/(头 · d) 猪 31.3 g/(头 · 日)	牛 5.6 g/(头 · 日) 猪 20.5g/(头 · d)
工业负荷	根据各行业的不同，按每年的总产值计算出所产生的负荷量	
农田负荷	0.0576 kg/(hm² · d)	0.000354 kg/(hm² · d)

琵琶湖的营养物质来源仅仅是一个案例，其数值结果在其他地点不具有参考价值，但是其研究方法及对营养物质来源的分类值得借鉴。对于不同的湖泊，由于营养负荷的来源各不相同，因而计算得到的再生水氮磷浓度限值也不相同。

3. 实际应用中再生水氮磷水质标准的确定

一般景观水体都具有一定的自净能力和水质保障措施，在制定再生水景观利用的氮磷水质标准时，应该考虑这些因素。

（1）水体流动性

当景观水体具有流动性时，藻类不易大量繁殖。同时，由于水流不断富氧，在水体生态系统的作用下能一定程度地维持水体环境容量，即轻度的富营养化不会很快使流动水体产生黑臭现象（Voros et al，2003）。

（2）水生生物净化作用

在景观水体中种植水生植物和放养食藻型鱼类，可以改善水体的生态系统结构和功能。

一方面，大型水生植物以自身为主体，和根区微生物共生，产生协同效应净化水质。植物通过直接吸收、微生物转化、物理吸附和沉降作用去除水中的氮磷和悬浮颗粒，效果良好（GB/T 18921—2002）。水生植物还可以通过释放化感物质对浮游植物产生抑制（Voros et al，2003），同时向水体中放氧。大型水生植物的上述特点均有利于抑制藻类生长，防止水华爆发。常用于改善水体生态结构的大型水生植物包括芦苇（*Phragmites australis Trin*）（付春平 等，2005）、香蒲（*Typha orientalis Presl*）、凤眼莲（*Eichhornia crassipes*）（Voros et al，2003）、川蔓藻（*Ruppia maritima Linn*）（柳瑞翠和姜付义，2004）和莲（*Nelumbo nucifera Gaertn*）等。

另一方面，放养食藻型鱼类，可以通过鱼类的捕食作用去除藻细胞（刘建康和谢平，1999），在一定程度上也可以抑制水华的爆发。常用的食藻型鱼类包括鲢鱼（*Hypophthalmichthys molitrix*）、鳙鱼（*Aristichthys mobilis*）、鲤鱼（*Cyprinus carpio*）和鲫鱼（*Carassius auratus*）等。东湖（顾岗，1996）和太湖（卢大远 等，2000）的水华控制研究表明，鲢鱼和鳙鱼的大量放养可以有效控制水华藻类，抑制水华爆发。

（3）人工湿地净化水质

人工湿地是再生水景观水体常见的水质保障措施和生态修复工程，可以进一步去除再生水中的氮磷浓度，并且和景观水体之间形成良好的生态循环，可有效降低再生水回用于景观水体后爆发水华的风险。人工湿地生态修复工程还可使景观水体澄清透明，增强环境美感（Voros et al，2003）。

再生水景观利用的过程中，在景观水体具有一定自净能力和以上水质保障措施的情况下，应该在实地调研和水体自净能力及水质保障措施效果综合分析的基础上，将 10.5.2 节中确定的再生水氮磷水质标准适当放宽。

10.4.3　基于水华控制的景观水体氮磷限值确定的案例分析

一般认为，藻密度高于 10^4 个/mL 时具有轻度水华风险（卢大远 等，2000），达到 10^6 个/mL 时可认为发生严重水华（GB 3838—2002；GB 18918—2002）。下面以栅藻（*Scenedesmus sp.*）为例，说明基于水华控制（以 10^6 个/mL 的藻密度作为控制标准）的景观水体（不流动或流动缓慢）中氮磷限值的确定过程，对前述的方法给出实例分析。

栅藻在初始 TN 浓度 2.5 mg/L、5.0 mg/L、10.0 mg/L、15.0mg/L、25.0 mg/L(初始 TP 为 1.3 mg/L)和初始 TP 浓度 0.1 mg/L、0.2 mg/L、0.5 mg/L、1.0 mg/L、2.0 mg/L(初始 TN 为 10.0 mg/L)下的生长曲线如图 10.4 所示。

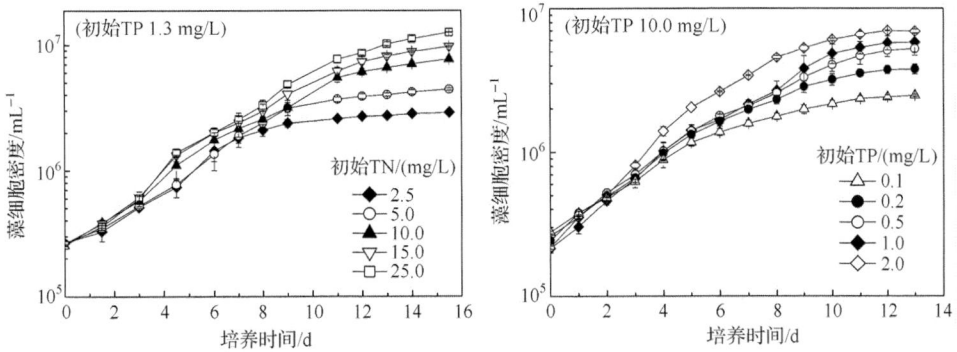

图 10.4　不同初始氮磷浓度下栅藻的生长曲线

将图 10.4 中的栅藻生长曲线利用 Logistic 模型[式(10.7)]拟合,可得到不同氮磷浓度下栅藻的种群最大密度 K(个/mL),如表 10.9 所示。

表 10.9　不同氮磷浓度下栅藻的种群最大密度 K

氮磷浓度/(mg/L)		种群最大密度 K/(10^6 个/mL)
TN	TP	
2.5	1.3	2.9
5.0	1.3	4.4
10.0	1.3	7.7
15.0	1.3	9.7
25.0	1.3	12.6
10.0	0.1	2.5
10.0	0.2	3.8
10.0	0.5	5.2
10.0	1.0	5.8
10.0	2.0	6.9

再将表 10.9 中不同氮磷浓度下栅藻的种群最大密度 K 利用 Monod 模型[式(10.8)]进行拟合,可得栅藻种群最大密度 K 与初始氮磷浓度的关系,如

式(10.12)所示：

$$K = 16.4 \times 10^6 \cdot \frac{N}{9.9 + N} \cdot \frac{P}{0.23 + P} \tag{10.12}$$

以 10^6 个/mL 的藻密度作为水华控制标准，则可根据式(10.12)确定景观水体(暂不考虑水体自净能力和水质保障措施)中的氮磷浓度限制。例如，按照景观水体中氮磷浓度比为 10：1 考虑，则由式(10.12)得到的景观水体中氮磷浓度限值分别为 TN≤1.7 mg/L，TP ≤ 0.17 mg/L。

参 考 文 献

付春平,唐运平,张志扬,等.2005.沉水植物对景观河道水体氮磷去除的研究.农业环境科学学报,24(增刊):114~117.

国家环境保护总局,国家质量监督检验检疫总局.2002.城镇污水处理厂污染物排放标准.GB18918－2002.北京:国家环境保护总局.5.

国家环境保护总局,国家质量监督检验检疫总局.2002.地表水环境质量标准.GB3838－2002.北京:国家环境保护总局.2.

顾岗.1996.太湖蓝藻暴发成因及其富营养化控制.环境监测管理与技术,8(6):17~19.

何星海,马世豪.2004.再生水的卫生安全问题探讨.给水排水,30(3):1~5.

胡洪营,张旭,黄霞,等.2005.环境工程原理.北京:高等教育出版社.536.

李锋民,胡洪营,种云霄,等.2007.芦苇化感物质对藻类细胞膜选择透性的影响.环境科学,28(11):2453~2456.

李鑫,胡洪营,杨佳,等.2009.再生水用于景观水体的氮磷水质标准确定.生态环境学报,18(6):2404~2408.

刘建康,谢平.1999.揭开武汉东湖蓝藻水华消失之谜.长江流域资源与环境,8(3):312~319.

柳瑞翠,姜付义.2004.富营养化藻类及其控制方法的探讨.青海环境,14(2):89~91.

卢大远,刘培刚,范天俞,等.2000.汉江下游突发"水华"的调查研究.环境科学研究,13(2):29~31.

美国环境保护局.2008.污水再生利用指南.胡洪营,魏东斌,王丽莎,等译.北京:化学工业出版社.

彭近新,陈慧君.1988.水质富营养化与防治.北京:中国环境科学出版社.

仇付国.2004.城市污水再生利用健康风险评价理论与方法研究:[博士论文].西安:西安建筑科技大学.

涂晓光.1986.常见湖泊水库水质模型的研究:[硕士论文].北京:清华大学.

谢兴.2008.再生水城市杂用的微生物健康风险研究:[硕士论文].北京:清华大学.

谢兴,胡洪营,郭美婷,等.2009.再生水雾化导致的病原微生物暴露剂量计算方法研究.环境科学,30(1):70~74.

赵欣,胡洪营,谢兴,等.2010.基于健康风险评价的再生水生物学标准制定方法.给水排水,36(5):43~48.

中华人民共和国国家质量监督检验检疫总局.2002a.城市污水再生利用城市杂用水水质.GB/T 18920－2002.北京:中国标准出版社.

中华人民共和国国家质量监督检验检疫总局.2002b.城市污水再生利用景观环境用水水质.GB/T 18921－2002.北京:中国标准出版社.

中华人民共和国国家质量监督检验检疫总局.2005a.城市污水再生利用地下水回灌水质.GB/T 19772－2005.北京:中国标准出版社.

中华人民共和国国家质量监督检验检疫总局.2005b.城市污水再生利用工业用水水质.GB/T 19923－2005.北京:中国标准出版社.

中华人民共和国国家质量监督检验检疫总局. 2007. 城市污水再生利用农田灌溉用水水质. GB/T 20922—2007. 北京:中国标准出版社.

种云霄. 2004. 浮萍氮磷转化能力的研究:[博士论文]. 北京:清华大学.

宗祖胜,胡洪营,卢益新,等. 2005. 某市贾第鞭毛虫和隐孢子虫污染现状. 中国给水排水,21(5):44~46.

Bisson J,Cabelli V. 1980. Clostridium perfringens as a pollution indicator. Journal of Water Pollution Control Federation,2(55):241~248.

Bonomo L,Nurizzo C,Rolle E. 1999. Advanced wastewater treatment and reuse: Related problems and perspectives in Italy. Water Science and Technology,40(4/5):21~28.

Cabelli V. 1983. Health effects criteria for marine recreational waters. USEPA. Cincinnati,Ohio,USA. 98.

Dufour A. 1984. Health effects criteria for fresh recreational water. USEPA. Cincinnati,Ohio,USA. 87.

Elmund G K,Allen M J,Rice E W,et al. 1999. Comparison of Escherichia coli,total coliform,and fecal coliform populations as indicators of wastewater treatment efficiency. Water Environmental Research,71(3):332~339.

Feachem R G,Bradley D J,Garelick H,et al. 1983. Sanitation and disease:health aspects of excreta and waste water management. Chicester, Great Britain:John Wiley & Sons.

Grabow W. 1990. Microbiology of drinking water treatment: Recycled wastewater in drinking water microbiology. New York:Springer-Verlag. 185~203.

Graham D Y,Malaty H M,Evans D G,et al. 1991. Epidemiology of Helicobacter pylori in an asymptomatic population in the United States-Effect of age, race, and socioeconomic status. Gastroenterology,100(6):1495~1501.

Hazen T,Toranzos G. 1990. Drinking water microbiology. New York:Springer-Verlag. 32~53.

Hulten K,Enroth H,Nyostrom T,et al. 1998. Presence of Helicobacter species DNA in Swedish water. Journal of Applied Microbiology,85(2):282~286.

Jerris R. 1995. Helicobacter//Murray P R,Baron E,Pfaller M A,et al. Manual of clinical microbiology. 6th ed. Washington DC:American Society for Microbiology. 492.

Jin G,Englande A J,Bradford H,et al. 2004. Comparison of E. coli,enterococci,and fecal coliform as indicators for brackish water quality assessment. Water Environmental Research,76(3):245~255.

Lund E. 1980. Health problems associated with the reuse of sewage:I. Bacteria, II. Viruses, III. Protozoa and Helminths. Working papers prepared for WHO Seminar on health aspects of treated sewage reuse. Algiers, Algeria.

Maya C,Beltran N,Jimenez B,et al. 2003. Evaluation of the UV disinfection process in bacteria and amphizoic amoebae inactivation. Water Recycling in the Mediterranean Region,3(4):285~291.

Mazari-Hiriart M,Torres-Beristain B,Velázquez E,et al. 1999. Bacterial and viral indicators of fecal pollution in Mexico City's southern aquifer. Journal of Environmental Science and Health,34(9):1715~1735.

Metaxa E,Deviller G,Pagand P,et al. 2006. High rate algal pond treatment for water reuse in a marine fish recirculation system:Water purification and fish health. Aquaculture,252(1):92~101.

Mazari-Hiriart M,Lopez-Vidal Y,Castillo-Rojas G,et al. 2001. Helicobacter pylori and other enteric bacteria in freshwater environments in Mexico City. Archives of Medical Research,32(5):458~467.

Payment P. 1993. Viruses:Prevalence of disease,levels,and sources//Craun G F. Safety of Water Disinfection:Balancing Chemical & Microbial Risks. Washington DC:ILSI Press. 99~114.

Sepp E. 1971. The use of sewage for irrigation—A literature review. Bureau of Sanitary Engineering, Berkeley, California.

Shuval H I, Adin A, Fattal B, et al. 1986. Integrated resource recovery: wastewater irrigation in developing countries: health effects and technical solutions. World Bank Technical Paper Series No. 51, UNDP project management report No. 6. Washington DC: World Bank.

Snowdon J, Cliver O. 1989. Critical Review in Environmental Control. Falta Nombre Articulo, 19: 231~248.

Voros L, Balogh K V, Koncz E, et al. 2003. Phytoplankton and bacterioplankton production in a reed-covered water body. Aquatic Botany, 77(2): 99~110.

Yahya M, Galsonies L, Gerba C, et al. 1993. Survival of bacteriophages MS-2 and PRD-1 in groundwater. Water Science and Technology, 27: 409~412.

第11章 污水再生处理工艺对病原微生物的去除

11.1 病原微生物的去除原理

污水再生处理过程能降低污水中病原微生物的浓度,从而降低污水再生利用的健康风险。污水中病原微生物的去除主要通过两个途径:"分离"和"灭活"(美国环境保护局,2008)。

分离是指通过沉淀或者过滤将病原微生物从污水中去除。由于密度的原因,大部分病原微生物不可能以单个细胞或者菌落的形式沉降去除,而是通过吸附在颗粒物或絮体(如沙砾、污泥、混凝剂形成的絮体等)上,然后这些颗粒物可以通过沉淀去除。灭活是指利用化学或物理方法破坏病原微生物细胞或干扰其繁殖能力。这种类型的灭活通常称为消毒。有关再生水消毒方面的内容,将在后续的章节中介绍。

病原微生物也可以通过砂滤、布滤、膜过滤等方法去除。砂滤和布滤的去除效果取决于过滤介质的有效粒径和涂布于过滤器表面的滤料层(通常是其他颗粒物质)(美国环境保护局,2008)。对于膜过滤,包括微滤($0.1 \sim 10~\mu m$)、超滤($0.01 \sim 1~\mu m$)、纳滤($0.001 \sim 0.1~\mu m$)、反渗透($0.0001 \sim 0.01~\mu m$),理论上,大于滤膜孔径的病原微生物都能被完全去除。但是通常所指的膜孔径只是膜的平均孔径,实际的膜材料存在一个孔径分布的范围,它因不同膜材料的质量会存在较大的差异。因此在实际的膜分离过程中,对比膜孔径更大的病原微生物,也经常出现无法全部截留的现象(郑祥 等,2005)。被沉淀或过滤的病原微生物以污泥的形式或通过反冲洗处理从系统中去除。

各种病原微生物在个体尺寸大小、表面特性、内部结构等方面存在差异,因此它们在污水处理过程中的去除机理不同。

病毒的个体尺寸较小,在水处理过程中不易沉降,较难通过沉淀的方式去除。初级沉淀对病毒的去除率仅为 $0.3 \sim 0.5~\log^*$(李海涛,2007)。采用膜技术则需要采用超滤或者膜孔径更小的过滤方式才能保证去除效果。比如超滤系统对病毒的去除率一般在 $3 \sim 4~\log$。对病毒而言,灭活是更重要的方式。由于病毒的个体

---

* 非法定表达方式,用于表示对数去除(灭活)率,其计算表达式为 $-\log_{10}(100\% - 去除率)$。例如,去除率 $99\% = 2~\log$,$99.9\% = 3~\log$。

尺寸较小且结构相对简单,大部分消毒剂在较低 Ct 值时就可有较好的灭活效果。但是病毒的蛋白外壳可以遮挡紫外光,因此采用紫外线消毒时,需要采用较高的辐射量(美国环境保护局, 2008)。

而原生动物和寄生虫的个体尺寸较大,较容易通过物理手段去除。一般情况下,只要微滤或超滤系统运行正常,就足以保证完全有效地控制原生动物和寄生虫(张彤, 2006)。美国佛罗里达州进行的一项调查显示,经过二级沉淀,寄生虫就能被完全去除(美国环境保护局, 2008)。但是在灭活方面,寄生虫的卵和幼虫对环境的影响有很强的抵抗力,不易在污水消毒过程中被灭活。

从污水处理的阶段来看,一级处理主要去除污水中呈悬浮状态的固体污染物,是简单的物理过程,相比较而言对病原微生物的去除效果不明显。二级处理对病原微生物有明显的去除效果,对于不同的病原微生物,不同的工艺有不同的去除率,但基本上能达到 2 log 左右。三级处理能进一步去除污水中的病原微生物。国内外一些实际运行的污水再生处理工艺对病原微生物以及指示性微生物指标的去除率如表 11.1 所示(Toze, 2006;张彤, 2006;黄文广和杨正炎, 2003;曹蓉等, 2003;叶茂, 2004)。

表 11.1　国内外实际污水再生处理工艺对病原微生物的去除率

(单位:log)

	处理工艺	细菌总数	大肠菌群	粪大肠菌	肠道病毒	噬菌体	隐孢子虫	贾第鞭毛虫
	一级处理	—	—	0.06	—	0.12	0.13	0.18
二级处理	A²O	—	—	2.81	1.00~2.20	2.19	1.50	1.67
	生物滤池	3.30	—	3.52	—	—	—	—
	MBR	—	—	—	—	3.40	—	—
	生态塘	2.70	4.00	—	—	—	—	—
三级处理	混凝沉淀砂滤	—	—	1.24	1.80	0.65	1.36	1.70
	氯消毒	—	—	3.00	—	0.10~2.50	0.10	—
	O₃ 消毒	—	—	2.00~3.00	3.50~6.00	2.00~6.00	—	—
	UV 消毒	—	—	2.00~3.50	—	4.00~6.00	—	—
	膜过滤	—	—	7.00	2.30	>6.00	6.00~7.00	6.00

注:"—"表示无相关数据。

资料来源:Toze, 2006;张彤, 2006;黄文广和杨正炎, 2003;曹蓉 等, 2003;叶茂, 2004.

污水再生处理工艺对病原微生物的去除效果还因地域、气候、处理工艺及运行状况的不同,存在较大的差距。国外污水再生处理开展得较早,对污水再生利用的微生物安全性关注地也较早,积累了较多实际运行的污水再生处理工艺中病原微生物浓度变化规律的数据。国内污水再生处理的实际工程较少,且大多数是小型的污水再生处理系统。因此,国内实际的城市污水再生处理过程中病原微生物去除特性的研究相当缺乏。

　　系统研究污水处理过程中病原微生物以及指示微生物的浓度水平和变化规律,考察病原微生物与指示微生物之间的相关关系,并比较不同处理工艺对病原微生物的去除特性,可以为污水再生利用的健康风险评价提供基础,为我国再生水水质标准中微生物指标的选取提供依据,为我国污水再生处理工艺的选择和优化提供参考。

11.2　污水再生处理工艺对病毒的去除

　　再生水中可能存在的病毒(主要是肠道病毒)对人体健康的风险日益受到重视。通过考察 SC 噬菌体和 F-RNA 噬菌体在城市污水再生处理过程中的去除情况,可以在一定程度上反映污水再生处理工艺对于肠道病毒的去除特性。

11.2.1　污水再生处理工艺对 SC 噬菌体的去除

　　以北京市 G、Q 和 J 三座城市污水处理厂为代表,研究了再生处理工艺对 SC 噬菌体的去除特性。其主要处理工艺、取样点的选取如表 11.2 所示。这三座污水处理厂的二级处理分别为传统活性污泥法、A²O 工艺和氧化沟工艺,是目前城市污水处理的典型二级处理工艺;而前两者的深度处理工艺分别为混凝沉淀加砂滤、超滤加消毒,污水处理厂 J 无深度处理工艺,此三种出水作为再生水回用具有代表性。

表 11.2　污水处理厂的主要处理工艺及取样点选取(取样时间:2005 年 8 月～2008 年 2 月)

污水处理厂	主要处理工艺	取样点
	曝气沉砂	原污水(G1)
	初沉	初沉出水(G2)
	传统活性污泥	二沉出水(G3)
G	二沉	混凝沉淀出水(G4)
	混凝沉淀	砂滤出水(G5)
	砂滤	
	曝气沉砂	原污水(Q1)
	A²O	二沉出水(Q2)
Q	二沉	超滤出水(Q3)
	超滤	清水池出水(Q4)
	氯/臭氧消毒	(氯/臭氧消毒后)

续表

污水处理厂	主要处理工艺	取样点
	曝气沉砂	原污水(J1)
J	氧化沟	二沉出水(J2)
	二沉	

1. 污水处理厂 G 对 SC 噬菌体的去除特性

对污水处理厂 G 的原污水、初沉出水、二沉出水、混凝沉淀出水和砂滤出水中的 SC 噬菌体进行了 13 次测定,得到其各阶段水样中 SC 噬菌体的浓度水平如图 11.1 和表 11.3 所示(谢兴,2008)。污水处理各单元对 SC 噬菌体的去除率以及污水处理工艺对 SC 噬菌体的累计去除率如表 11.4 所示(谢兴,2008)。

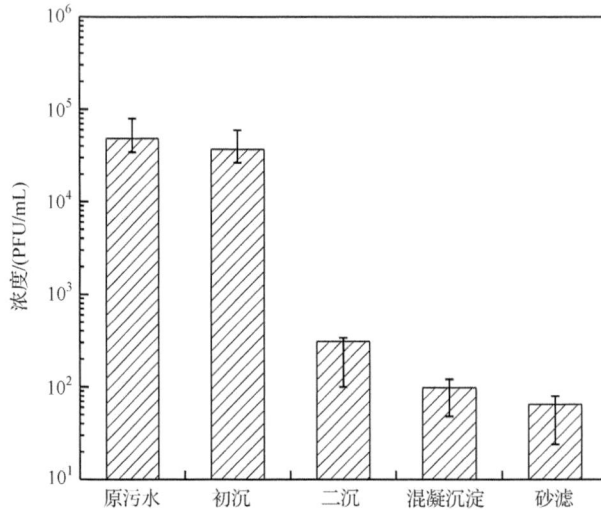

图 11.1　污水处理厂 G 各单元出水水样中 SC 噬菌体的浓度水平

图中浓度值为中值,误差线表示最大值和最小值;时间为 2005 年 8 月~2006 年 8 月

表 11.3　污水处理厂 G 各单元出水水样中 SC 噬菌体检出结果

(单位:PFU/mL)

微生物指标	原污水(G1)	初沉(G2)	二沉(G3)	混凝沉淀(G4)	砂滤(G5)
检出率($n=13$)	100	100	100	100	100
算术平均值	5.4×10^4	4.1×10^4	271	94	61
标准偏差	1.8×10^4	1.1×10^4	79	21	19
最大值	8.0×10^4	5.9×10^4	340	121	80
中值	4.9×10^4	3.7×10^4	310	99	65
最小值	3.4×10^4	2.7×10^4	100	49	25

表 11.4　污水处理工艺(G)对 SC 噬菌体的平均去除率　　　（单位：log）

微生物指标	初沉	二沉	混凝沉淀	砂滤
各单元的去除率	0.12	2.18	0.46	0.19
累计去除率	0.12	2.30	2.76	2.95

污水处理厂 G 各水样中 SC 噬菌体的检出率均为 100%。原污水中 SC 噬菌体浓度水平为 $3.4 \times 10^4 \sim 8.4 \times 10^4$ PFU/mL，算术平均值为 5.4×10^4 PFU/mL。

曝气沉砂和初沉的一级处理工艺对 SC 噬菌体的去除效果不明显，对数去除率只有 0.12 log。初沉出水中 SC 噬菌体浓度水平下降到 $2.7 \times 10^4 \sim 5.9 \times 10^4$ PFU/mL，算术平均值为 4.1×10^4 PFU/mL。

二级生物处理对 SC 噬菌体的去除效果明显，对数去除率达到 2.18 log。二沉出水中 SC 噬菌体浓度水平显著下降到 $100 \sim 340$ PFU/mL，算术平均值为 271 PFU/mL。混凝沉淀和砂滤对 SC 噬菌体有一定去除效果，但去除率分别只有 0.46 log 和 0.19 log。砂滤出水中 SC 噬菌体浓度水平仍然在 $25 \sim 80$ PFU/mL，算术平均值为 61 PFU/mL。

2. 污水处理厂 Q 对 SC 噬菌体的去除特性

对污水处理厂 Q 的原污水、二沉出水、超滤出水和清水池出水（消毒后）中的 SC 噬菌体进行了 18 次测定，得到其各阶段水样中 SC 噬菌体的浓度水平如图 11.2 和表 11.5 所示（谢兴，2008）。污水处理厂 Q 各单元对 SC 噬菌体的去除率以及污水处理到各单元时 SC 噬菌体的累计去除率结果如表 11.6 所示（谢兴，2008）。

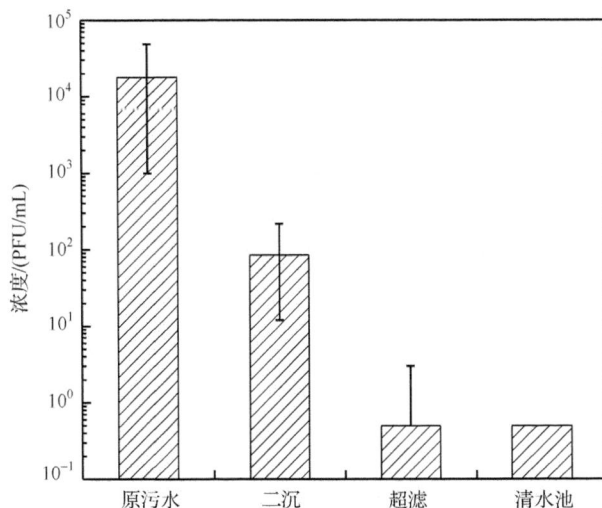

图 11.2　污水处理厂 Q 各单元出水水样中 SC 噬菌体的浓度水平

图中浓度值为中值；误差线表示最大值和最小值；时间为 2007 年 3 月～2008 年 2 月

表 11.5　污水处理厂 Q 各单元出水水样中 SC 噬菌体检出结果

（单位：PFU/mL）

微生物指标	原污水（Q1）	二沉（Q2）	超滤（Q3）	清水池（Q4）
检出率（$n=18$）	100	100	11	0
算术平均值	2.0×10^4	94	0.22	<0.056
标准偏差	1.5×10^4	61	0.73	—
最大值	4.9×10^4	215	3	—
中值	2.0×10^4	85	<1	—
最小值	1.0×10^3	$12<1$	—	—

注："—"表示无法获得相关统计数据。

表 11.6　污水处理工艺（G）对 SC 噬菌体的平均去除率　　（单位：log）

微生物指标	二沉	超滤	消毒
各单元的去除率	2.32	2.63	>0.60
累计去除率	2.32	4.95	>5.55

污水处理厂 Q 原污水和二沉出水中 SC 噬菌体的检出率为 100%。原污水中 SC 噬菌体浓度水平为 $1.0 \times 10^3 \sim 4.9 \times 10^4$ PFU/mL，平均值为 2.0×10^4 PFU/mL。

经过二级处理，SC 噬菌体的对数去除率达到 2.32 log，浓度水平下降到 12~215 PFU/mL，平均值为 94 PFU/mL。

超滤系统对 SC 噬菌体进一步显著去除，超滤出水中 SC 噬菌体检出率下降到 11%。SC 噬菌体的去除率达到 2.63 log，浓度下降到 0~3 PFU/mL，平均值为 0.22 PFU/mL。再经过臭氧和氯的联合消毒处理，清水池出水水样中均未检出 SC 噬菌体，SC 噬菌体的累计去除率超过 5.55 log。

3. 污水处理厂 J 对 SC 噬菌体的去除特性

对污水处理厂 J 的原污水和二沉出水中的 SC 噬菌体分别进行了 10 次和 8 次测定，得到其各阶段水样中 SC 噬菌体的浓度水平如图 11.3 和表 11.7 所示（谢兴，2008）。污水处理厂 J 对 SC 噬菌体的平均去除率为 2.68 log。

污水处理厂 J 的原污水和二沉出水中 SC 噬菌体均能被 100% 检出。其中，原污水中 SC 噬菌体浓度水平为 $3.0 \times 10^3 \sim 5.0 \times 10^4$ PFU/mL，算术平均值为 1.7×10^4 PFU/mL。

经过二级处理，SC 噬菌体的对数去除率达到 2.60 log，浓度下降到 3~100 PFU/mL，算术平均值为 42 PFU/mL。

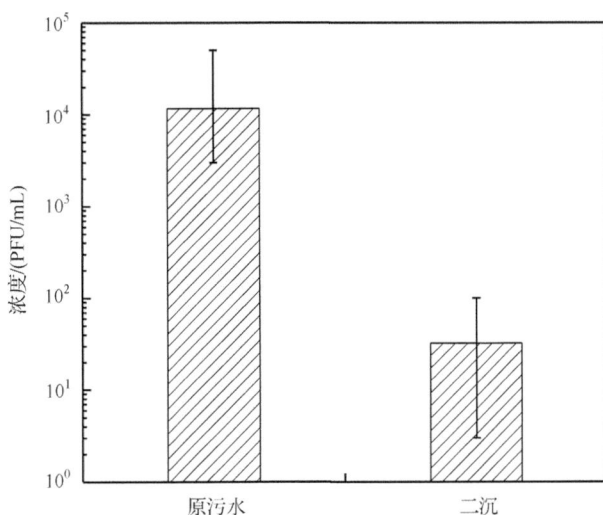

图 11.3　污水处理厂 J 各单元水样中 SC 噬菌体的浓度水平

图中浓度值为中值，误差线表示最大值和最小值；时间为 2007 年 9 月～2008 年 2 月

表 11.7　污水处理厂 J 各单元出水水样中 SC 噬菌体检出结果

（单位：PFU/mL）

微生物指标	原污水(J1)	二沉(J2)
检出率(样本数)	100(10)	100(8)
算术平均值	1.7×10^4	42
标准偏差	1.4×10^4	35
最大值	5.0×10^4	100
中值	1.2×10^4	33
最小值	3.0×10^3	3

4. 污水再生处理工艺对 SC 噬菌体去除效果的综合分析和比较

污水处理厂 G、Q 和 J 的原污水中，SC 噬菌体的浓度分别为 $3.4 \times 10^4 \sim 8.4 \times 10^4$ PFU/mL、$1.0 \times 10^3 \sim 4.9 \times 10^4$ PFU/mL 和 $3.0 \times 10^3 \sim 5.0 \times 10^4$ PFU/mL。统计学分析表明，污水处理厂 G 原水中的 SC 噬菌体浓度显著高于污水处理厂 Q 和 J($p < 0.05$)，但污水处理厂 Q 和 J 之间没有显著差异($p > 0.05$)。

随着污水处理过程，SC 噬菌体的浓度逐渐下降。其中曝气沉砂和初级沉淀的一级处理工艺对 SC 噬菌体的去除效果不理想，对数去除率仅为 0.12 log，低于 Lucena 等的报道(0.3～0.5 log)(Lucena et al, 2004)。去除率低的原因与本章 2.3.4 中的讨论类似。

　　三个污水处理厂二级处理工艺对污水中 SC 噬菌体的去除率都在 2 log 以上,从高到低依次为:氧化沟(2.60 log)＞ A²O(2.32 log)＞ 传统活性污泥法(2.18 log)。同本章 2.3.4 类似,推测曝气池污泥浓度和二沉池停留时间的差异是造成不同污水处理工艺对 SC 噬菌体去除率差异的主要因素。二级处理工艺的不同,使得三个污水处理厂二级出水中的 SC 噬菌体浓度存在显著差异($p < 0.05$),从高到低依次为 G(100～340 PFU/mL)＞ Q(12～215 PFU/mL)＞ J(3～100 PFU/mL)。

　　比较所考察的两种三级处理工艺,超滤系统对 SC 噬菌体的去除效果(2.63 log)明显优于混凝沉淀砂滤系统(0.63 log)。砂滤出水中 SC 噬菌体浓度仍然有 25～80 PFU/mL。超滤出水再经过氯/臭氧联合消毒处理基本能保证 SC 噬菌体的完全去除(总去除率超过 5.55 log)。

11.2.2　污水再生处理工艺对 F-RNA 噬菌体的去除

　　考察了城市污水处理厂 A、B、C 的各处理单元对 F-RNA 噬菌体的去除特性。A 厂为典型的活性污泥工艺,B 厂为氧化沟工艺,C 厂为 A²O 工艺,各污水厂都有深度处理工艺,包括絮凝沉淀、加氯消毒和砂滤,其中 C 厂没有砂滤工艺。各厂的工艺流程如图 11.4 所示。

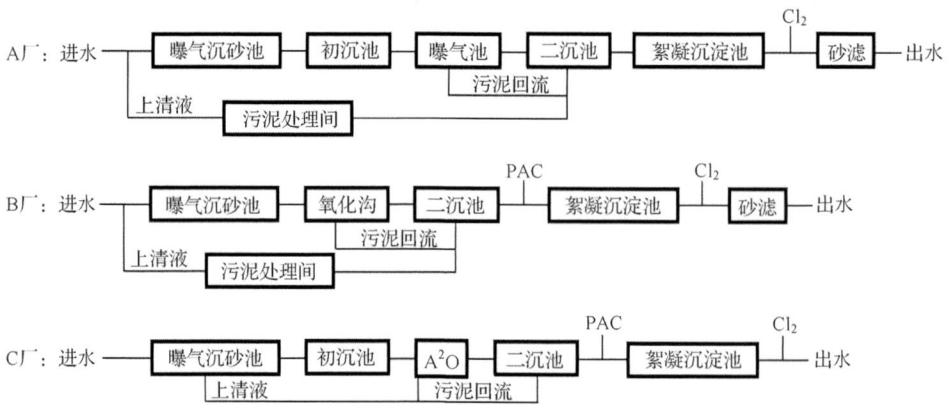

图 11.4　A、B、C 三座污水处理厂的污水处理工艺流程

　　A、B、C 三个污水处理厂进水中 F-RNA 噬菌体为 2.4×10～2.4×10^3 PFU/mL,与国内外其他文献报道类似(李梅 等,2006)。三个污水处理厂对 F-RNA 噬菌体的平均总去除率分别为 57.84%、91.90% 和 93.06%,均低于 A 厂对粪大肠菌的去除效果(总去除率 99.89%)。与 Chung 等(1998)报道的结果相比,A 污水厂对 F-RNA 噬菌体去除率偏低。

　　不同污水处理厂各处理单元对 F-RNA 噬菌体的去除效果不同(表 11.8)(李梅 等,2006)。A 厂中,曝气生物处理对 F-RNA 噬菌体的去除率最高,为

1.21 log,其次为曝气沉砂池和初沉池,F-RNA 噬菌体的去除率分别为 0.42 log 和0.39 log。B 厂的曝气生物处理过程对 F-RNA 噬菌体的去除率为 1.01 log,曝气沉砂池工艺对 F-RNA 噬菌体的去除率为 0.41 log。C 厂中,加氯消毒处理工艺可去除 1.70 log 的 F-RNA 噬菌体,絮凝沉淀和曝气生物处理过程的去除率分别为 0.45 log 和 0.18 log。

表 11.8　污水处理工艺对 F-RNA 噬菌体的各单元去除率　　（单位:log）

污水处理厂	初沉池	曝气沉砂池	曝气生物处理	絮凝沉淀	氯消毒
污水处理厂 A	0.39	0.42	1.21	—	—
污水处理厂 B	—	0.41	1.01	—	—
污水处理厂 C	—	—	0.18	0.45	1.70

各污水处理厂都有污水的深度处理工艺,包括絮凝沉淀、加氯消毒和砂滤工艺,其中 C 厂没有砂滤工艺。A 厂的絮凝沉淀工艺对 F-RNA 噬菌体有明显的去除效果,C 厂的絮凝沉淀和加氯消毒工艺对 SC 噬菌体、F2RNA 噬菌体有明显的去除效果,与文献报道的结论相同。B 厂的这两个工艺对 F-RNA 噬菌体的去除效果不明显(李梅 等,2006)。

A,B 厂的砂滤工艺对 F-RNA 噬菌体没有明显的去除作用,其中 A 厂中的 F-RNA 噬菌体浓度在经过加氯消毒和砂滤后有明显增加,原因可能与 F-RNA 噬菌体的吸附特性有关,还需要进一步的研究验证。

总体而言,污水处理过程中的曝气沉砂池、初沉池、生物曝气池、絮凝沉淀池对 F-RNA 噬菌体有明显的去除效果,C 厂的加氯消毒工艺对噬菌体有明显的去除作用。其中曝气生物处理过程对 F-RNA 噬菌体的去除效果最好,砂滤工艺对噬菌体没有明显的去除效果。

11.3　污水再生处理工艺对病原指示菌的去除

粪大肠菌群数和大肠菌群数是指征水环境被粪便污染与否的常规指标。本节主要以粪大肠菌群作为病原指示菌的代表,辅以大肠菌群和总异养菌群来阐释污水再生处理工艺对病原指示菌的去除特性。

城市污水处理厂的选取及相关工艺同 11.2.1,取水点同 11.2.1。

11.3.1　污水处理厂对病原指示菌的去除特性

1. 污水处理厂 G 对病原指示菌的去除特性

对污水处理厂 G 的原污水、初沉出水、二沉出水、混凝沉淀出水和砂滤出水中的粪大肠菌群进行了 11 次测定,得到其各阶段水样中粪大肠菌群的浓度水平如图 11.5 和表 11.9 所示。各单元对粪大肠菌群的去除率以及污水处理工艺对粪大肠菌群的累计去除率如表 11.10 所示。

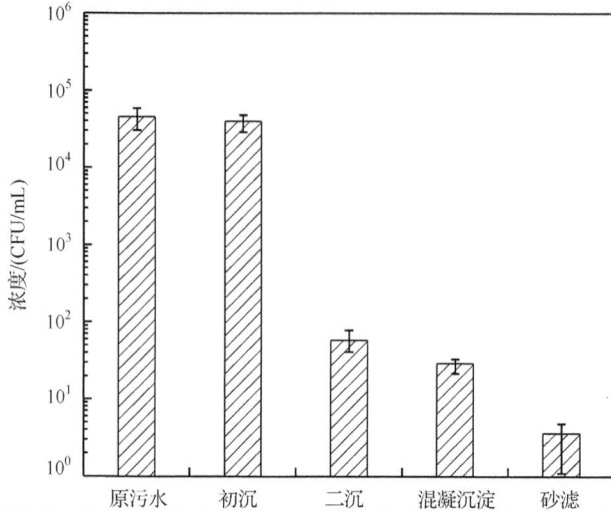

图 11.5　污水处理厂 G 各单元水样中粪大肠菌群的浓度水平

图中浓度值为中值,误差线表示最大值和最小值;时间为 2005 年 8 月~2006 年 8 月

表 11.9　污水处理厂 G 各单元出水水样中粪大肠菌群检出结果

（单位:CFU/mL）

微生物指标	原污水(G1)	初沉(G2)	二沉(G3)	混凝沉淀(G4)	砂滤(G5)
检出率(n=11)	100	100	100	100	100
算术平均值	4.4×10^4	3.8×10^4	59	29	3.5
标准偏差	7.8×10^3	5.4×10^3	9.0	2.9	1.0
最大值	5.9×10^4	4.8×10^4	78	33	4.8
中值	4.5×10^4	4.0×10^4	58	29	3.6
最小值	3.0×10^4	2.9×10^4	41	22	1.1

表 11.10　污水处理工艺(G)对粪大肠菌群的平均去除率　（单位:log）

微生物指标	初沉	二沉	混凝沉淀	砂滤
各单元的去除率	0.06	2.81	0.31	0.92
累计去除率	0.06	2.87	3.18	4.09

污水处理厂 G 各单元水样中粪大肠菌群的检出率均为 100%。原污水中粪大肠菌群浓度水平为 $(3.0 \sim 5.9) \times 10^4$ CFU/mL,算术平均值为 4.4×10^4 CFU/mL。

　　曝气沉砂和初沉的一级处理工艺对粪大肠菌群的去除效果不明显,对数去除率只有 0.06 log。初沉出水中粪大肠菌群浓度水平下降到 $(2.9\sim4.7)\times10^4$ CFU/mL,算术平均值为 3.8×10^4 CFU/mL。二级生物处理对粪大肠菌群的去除效果明显,对数去除率达到 2.87 log。二沉出水中粪大肠菌群浓度水平显著下降到 $41\sim78$ CFU/mL,算术平均值为 59 CFU/mL。混凝沉淀和砂滤对粪大肠菌群的对数去除率分别为 0.31 log 和 0.92 log,砂滤出水中粪大肠菌群浓度水平在 $1.1\sim4.8$ CFU/mL,算术平均值为 3.5 CFU/mL。

2. 污水处理厂 Q 对病原指示菌的去除特性

　　对污水处理厂 Q 的原污水、二沉出水、超滤出水和清水池出水(消毒后)中的总大肠菌群、粪大肠菌群和总异养菌群分别进行了 13 次、18 次和 13 次检测,得到污水处理厂 Q 各阶段水样中病原指示菌的浓度水平如图 11.6 和表 11.11 所示。各阶段对病原指示菌的去除率,以及污水处理到各阶段时病原指示菌的累计去除率如表 11.12 所示。

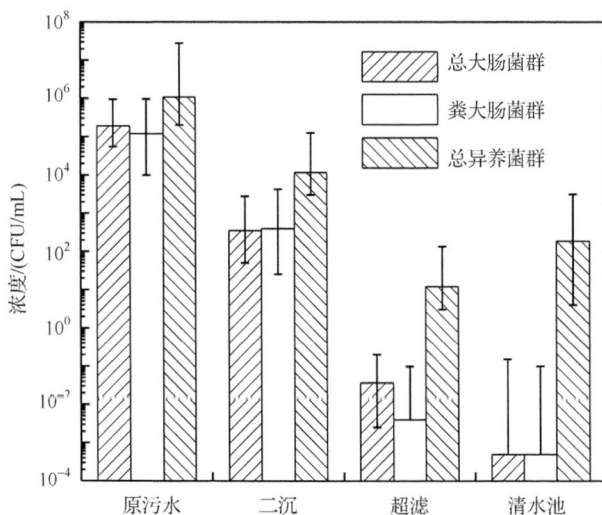

图 11.6　污水处理厂 Q 各单元出水水样中病原指示菌的浓度水平

图中浓度值为中值;误差线表示最大值和最小值;时间为 2007 年 3 月～2008 年 2 月

　　由图 11.6 可知,污水处理厂 Q 的原污水中总大肠菌群、粪大肠菌群和总异养菌群的检出率均为 100%,浓度水平分别为 $5.5\times10^4\sim9.5\times10^5$ CFU/mL、$1.0\times10^4\sim9.6\times10^5$ CFU/mL 和 $2.0\times10^5\sim2.8\times10^7$ CFU/mL,算术平均值分别为 3.1×10^5 CFU/mL、1.9×10^5 CFU/mL 和 3.7×10^6 CFU/mL。

表 11.11 污水处理厂 Q 各阶段水样中病原指示菌检出结果

（单位：CFU/mL）

微生物指标		原污水（Q1）	二沉（Q2）	超滤（Q3）	清水池（Q4）
总大肠菌群	检出率（$n=13$）	100	100	92	54
	算术平均值	3.1×10^5	6.4×10^2	0.057	0.022
	标准偏差	3.0×10^5	7.8×10^2	0.062	0.042
	最大值	9.5×10^5	2.8×10^3	0.200	0.148
	中值	1.9×10^5	3.5×10^2	0.034	0.001
	最小值	5.5×10^4	5.0×10^1	<0.001	<0.001
粪大肠菌群	检出率（$n=18$）	100	100	72	44
	算术平均值	1.9×10^5	7.1×10^2	0.017	0.015
	标准偏差	2.2×10^5	1.0×10^3	0.028	0.031
	最大值	9.6×10^5	4.2×10^3	0.097	0.099
	中值	1.2×10^5	3.9×10^2	0.004	<0.001
	最小值	1.0×10^4	2.5×10^1	<0.001	<0.001
总异养菌群	检出率（$n=13$）	100	100	100	100
	算术平均值	3.7×10^6	3.1×10^4	37	611
	标准偏差	7.7×10^6	4.2×10^4	46	927
	最大值	2.8×10^7	1.3×10^5	134	3150
	中值	1.0×10^6	1.2×10^4	12	185
	最小值	2.0×10^5	3.0×10^3	3	4

表 11.12 污水处理工艺（Q）对病原指示菌的平均去除率 （单位：log）

	微生物指标	二沉	超滤	消毒
各单元的去除率	总大肠菌群	2.69	4.05	0.40
	粪大肠菌群	2.43	4.63	0.05
	总异养菌群	2.08	2.93	−1.22
累计去除率	总大肠菌群	2.69	6.74	7.14
	粪大肠菌群	2.43	7.06	7.12
	总异养菌群	2.08	5.01	3.79

经过 A^2O 工艺处理，三种病原指示菌仍能 100% 检出，但浓度显著下降到 $2.5 \times 10 \sim 4.2 \times 10^3$ CFU/mL、$5.0 \times 10 \sim 2.8 \times 10^3$ CFU/mL 和 $3.0 \times 10^3 \sim 1.3 \times 10^5$ CFU/mL，算术平均值分别为 6.4×10^2 CFU/mL、7.1×10^2 CFU/mL 和 3.1×10^4 CFU/mL，对数去除率分别达到 2.69 log、2.43 log 和 2.08 log。

经过超滤系统之后,总大肠菌群、粪大肠菌群和总异养菌群的检出率分别为92%、72%和100%,浓度分别下降到 0~0.200 CFU/mL、0~0.097 CFU/mL 和3~134 CFU/mL,算术平均值分别为 0.057 CFU/mL、0.017 CFU/mL 和37 CFU/mL,对数去除率分别为 4.05 log、4.63 log 和 2.93 log,累计对数去除率分别达到 6.74 log、7.06 log 和 5.01 log。

污水处理厂 Q 的臭氧和氯联合消毒系统对病原指示菌的去除效果不明显,对总大肠菌群和粪大肠菌群的对数去除率仅分别为 0.40 log 和 0.05 log,而污水中总异养菌群在消毒之后反而升高了 1.22 log。经过对现场调查发现,消毒效果较差的可能原因主要有两方面:一方面,超滤出水中病原指示菌的浓度已经降低到较低水平,较难进一步去除;另一方面,可能是因为清水池污染造。

3. 污水处理厂 J 对病原指示菌的去除特性

对污水处理厂 J 的原污水的总大肠菌群、粪大肠菌群和总异养菌群进行了 10次测定,得到污水处理厂 J 各阶段水样中病原指示菌的浓度水平如图 11.7 和表 11.13 所示。污水处理厂 J 对病原指示菌的去除率如表 11.14 所示。

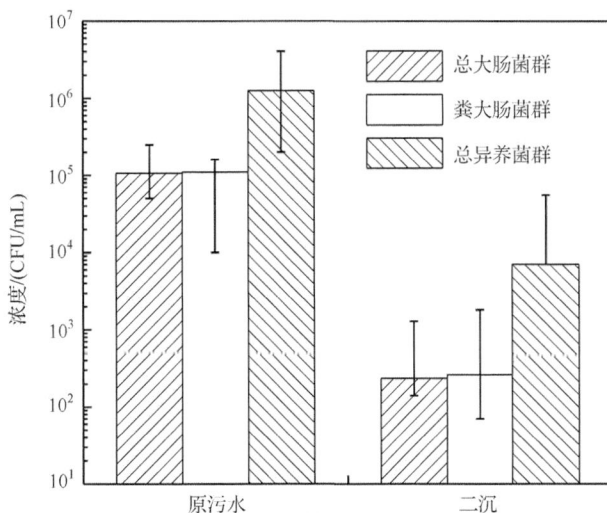

图 11.7　污水处理厂 J 各单元出水水样中病原指示菌的浓度水平

图中浓度值为中值,误差线表示最大值和最小值;时间为 2007 年 9 月~2008 年 2 月

由图 11.7 可知,污水处理厂 J 的原污水中总大肠菌群、粪大肠菌群和总异养菌群的检出率均为 100%,浓度水平分别为 $5.0 \times 10^4 \sim 2.5 \times 10^5$ CFU/mL、$1.0 \times 10^4 \sim 1.6 \times 10^5$ CFU/mL 和 $2.0 \times 10^5 \sim 4.0 \times 10^6$ CFU/mL,算术平均值分别为 1.3×10^5 CFU/mL、9.4×10^4 CFU/mL 和 1.5×10^6 CFU/mL。

表 11.13　污水处理厂 J 各单元出水水样中病原指示菌检出结果

（单位：CFU/mL）

微生物指标		原污水（J1）	二沉（J2）
总大肠菌群	检出率（样本数）	100(10)	100(8)
	算术平均值	1.3×10^5	4.2×10^2
	标准偏差	7.6×10^4	3.9×10^2
	最大值	2.5×10^5	1.3×10^3
	中值	1.1×10^5	2.3×10^2
	最小值	5.0×10^4	1.4×10^2
粪大肠菌群	检出率（样本数）	100(10)	100(8)
	算术平均值	9.4×10^4	5.6×10^2
	标准偏差	5.9×10^4	6.3×10^2
	最大值	1.6×10^5	1.8×10^3
	中值	1.1×10^5	2.6×10^2
	最小值	1.0×10^4	7.0×10
总异养菌群	检出率（样本数）	100(10)	100(8)
	算术平均值	1.5×10^6	1.5×10^4
	标准偏差	1.3×10^6	1.8×10^4
	最大值	4.0×10^6	5.5×10^4
	中值	1.3×10^6	7.0×10^3
	最小值	2.0×10^5	1.5×10^3

表 11.14　污水处理工艺对病原指示菌的平均去除率　（单位：log）

微生物指标	二沉
总大肠菌群	2.49
粪大肠菌群	2.23
总异养菌群	1.99

　　经过氧化沟工艺处理，三种病原指示菌仍能 100% 检出，但浓度水平显著下降到 $1.4 \times 10^2 \sim 1.3 \times 10^3$ CFU/mL、$7.0 \times 10 \sim 1.8 \times 10^3$ CFU/mL 和 $1.5 \times 10^3 \sim 5.5 \times 10^4$ CFU/mL，算术平均值分别为 4.2×10^2 CFU/mL、5.6×10^2 CFU/mL 和 1.5×10^4 CFU/mL，平均对数去除率分别达到 2.49 log、2.23 log 和 1.99 log。

11.3.2　污水再生处理工艺对病原指示菌去除效果的综合分析和比较

　　比较三种污水二级处理工艺对病原指示菌的去除效果，如表 11.15 所示。

由表 11.15 可见,对于病原指示菌指标粪大肠菌群而言,三个污水处理厂的三种不同二级处理工艺对其去除率从高到低依次为传统活性污泥法＞A²O＞氧化沟。而对于三种不同的病原指示菌指标,污水处理厂 Q 和 J 对它们的去除率大小关系一致,从高到低依次为总大肠菌群＞粪大肠菌群＞总异养菌群。

表 11.15　三个污水处理厂二级处理工艺对病原指示菌的去除率比较

（单位：log）

微生物指标	污水处理厂		
	G	Q	J
总大肠菌群	—	2.69	2.49
粪大肠菌群	2.81	2.43	2.23
总异养菌群	—	2.08	1.99

注:"—"表示无相关数据。

比较两种三级处理工艺对粪大肠菌群的去除效果可以看出,超滤系统的去除效果(表 11.12)明显优于混凝沉淀砂滤系统(表 11.10)。

此外,二级处理出水中的病原指示菌浓度水平与第 2 章所述类似,均达不到国家再生水利用的水质标准。砂滤出水也只能满足景观利用和农田灌溉的最低要求。而且,即使超滤和氯/臭氧联合消毒工艺的出水也不能满足目前污水再生利用杂用水的水质要求。

11.4　污水再生处理工艺对病原性原虫的去除

隐孢子虫和贾第鞭毛虫是两种具有较高致病风险的病原性原生动物。一些研究表明,经一级、二级处理后的污水中,"两虫"浓度仍然较高,其卵囊和孢囊对传统的化学消毒手段有较强的抗性。絮凝、澄清、过滤等常用的污水再生处理工艺对两虫污染有较好的控制效果。本节以"两虫"为指标,比较分析隐孢子虫和贾第鞭毛虫在污水再生处理工艺中的去除特性。

城市污水处理厂的选取及相关工艺同 8.2.1,取水点同 8.2.1。

11.4.1　污水再生处理工艺对病原性原虫的去除特性

1. 污水处理厂 G 对病原性原虫的去除特性

对污水处理厂 G 的原污水、初沉出水、二沉出水、混凝沉淀出水和砂滤出水中的隐孢子虫和贾第鞭毛虫进行了 22 次测定,得到污水处理厂 G 各阶段水样中隐孢子虫和贾第鞭毛虫的浓度水平如图 11.8 和表 11.16 所示。污水处理厂 G 各单元对隐孢子虫和贾第鞭毛虫的去除率以及污水再生处理工艺对隐孢子虫和贾第鞭毛虫的累计去除率如表 11.17 所示。

污水处理厂 G 的原污水中隐孢子虫和贾第鞭毛虫的检出率均为 100%,浓度水平分别为 100～400 oocysts/L 和 833～2667 cysts/L,算术平均值分别为 238 oocysts/L 和 1568 cysts/L。

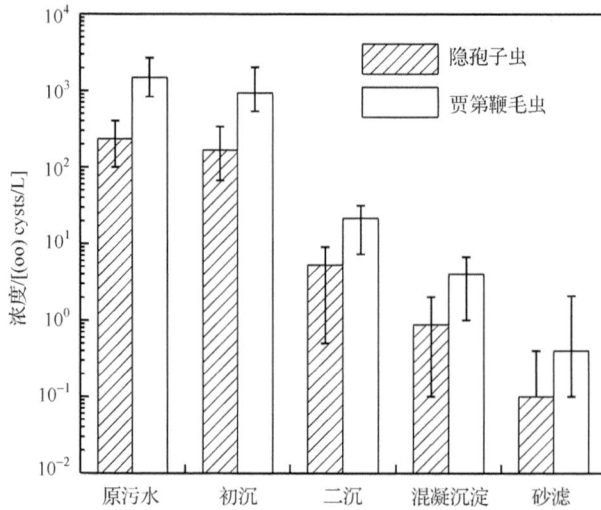

图 11.8　污水处理厂 G 各单元出水水样中病原性原虫的浓度水平

图中浓度值为中值，误差线表示最大值和最小值；时间为 2005 年 8 月～2006 年 8 月

表 11.16　污水处理厂 G 各单元出水水样中病原性原虫检出结果

微生物指标		原污水(G1)	初沉(G2)	二沉(G3)	混凝沉淀(G4)	砂滤(G5)
隐孢子虫 /(oocysts /L)	检出率(n=22)	100	100	95	91	41
	算术平均值	238	179	5.4	0.91	0.11
	标准偏差	88	73	2.3	0.53	0.15
	最大值	400	333	9.0	2.0	0.40
	中值	233	167	5.3	0.87	<0.2
	最小值	100	67	<1	<0.2	<0.2
贾第鞭毛虫 /(cysts /L)	检出率(n=22)	100	100	100	100	82
	算术平均值	1568	1048	21.8	4.08	0.53
	标准偏差	557	422	5.4	1.59	0.49
	最大值	2667	2033	31.7	6.67	2.07
	中值	1483	933	21.5	4.00	0.40
	最小值	833	533	7.3	1.00	<0.2

表 11.17　污水处理工艺(G)对病原性原虫的平均去除率　　（单位：log）

	微生物指标	初沉	二沉	混凝沉淀	砂滤
各单元的去除率	隐孢子虫	0.12	1.52	0.77	0.92
	贾第鞭毛虫	0.18	1.68	0.73	0.89
累计去除率	隐孢子虫	0.12	1.64	2.42	3.34
	贾第鞭毛虫	0.18	1.86	2.59	3.47

曝气沉砂和初沉的一级处理工艺对隐孢子虫和贾第鞭毛虫的去除效果不明显,对数去除率分别只有 0.12 log 和 0.18 log。初沉出水中隐孢子虫和贾第鞭毛虫的检出率为 100%,浓度水平下降到 67~333 oocysts/L 和 533~2033 cysts/L,算术平均值分别为 179 oocysts/L 和 1048 cysts/L。

传统活性污泥法作为二级生物处理,在有效降低化学污染物的同时,对隐孢子虫和贾第鞭毛虫也具有显著的去除效果,对数去除率分别达到 1.52 log 和 1.68 log。经过一级和二级处理,隐孢子虫和贾第鞭毛虫的累计去除率达到 1.54 log 和 1.86 log。二沉出水中隐孢子虫和贾第鞭毛虫的检出率仍分别为 95% 和 100%,但浓度水平下降到 0~9.0 oocysts/L 和 7.3~31.7 cysts/L,算术平均值分别为 5.4 oocysts/L 和 21.8 cysts/L。

混凝沉淀和砂滤作为三级处理,能进一步去除隐孢子虫和贾第鞭毛虫。混凝沉淀对隐孢子虫和贾第鞭毛虫的去除率分别为 0.77 log 和 0.73 log,砂滤对隐孢子虫和贾第鞭毛虫的去除率分别为 0.92 log 和 0.89 log。三级处理过后,隐孢子虫和贾第鞭毛虫的累计去除率达到 3.34 log 和 3.47 log。砂滤出水中隐孢子虫和贾第鞭毛虫的检出率下降为 41% 和 82%,浓度水平下降到 0~0.4 oocysts/L 和 0~2.1 cysts/L,算术平均值分别为 0.11 oocysts/L 和 0.53 cysts/L。

2. 污水处理厂 Q 对病原性原虫的去除特性

对污水处理厂 Q 的原污水、二沉出水、超滤出水和清水池出水(消毒后)中的隐孢子虫和贾第鞭毛虫进行了 6 次测定,得到污水处理厂 Q 各单元出水水样中隐孢子虫和贾第鞭毛虫的浓度水平如图 11.9 和表 11.18 所示。污水处理厂 Q 各单元对隐孢子虫和贾第鞭毛虫的去除率以及污水处理工艺对隐孢子虫和贾第鞭毛虫的累计去除率如表 11.19 所示。

表 11.18　污水处理厂 Q 各单元出水水样中病原性原虫检出结果

微生物指标		原污水(Q1)	二沉(Q2)	超滤(Q3)	清水池(Q4)
隐孢子虫 /(oocysts /L)	检出率($n=6$)	100	100	0	0
	算术平均值	142	2.3	<0.033	<0.033
	标准偏差	152	1.6	—	—
	最大值	433	5.0	—	—
	中值	67	2.0	—	—
	最小值	33	0.5	—	—

续表

微生物指标		原污水(Q1)	二沉(Q2)	超滤(Q3)	清水池(Q4)
	检出率($n=6$)	100	100	0	0
	算术平均值	911	8.4	<0.033	<0.033
贾第鞭毛虫	标准偏差	1329	5.9	—	—
/(cysts/L)	最大值	3600	16.5	—	—
	中值	483	8.5	—	—
	最小值	167	1.3	—	—

注:"—"表示无法获得相关统计数据。

表 11.19　污水处理工艺(Q)对病原性原虫的平均去除率　　(单位:log)

	微生物指标	二沉	超滤	消毒
各单元的去除率	隐孢子虫	1.79	>1.84	—
	贾第鞭毛虫	2.04	>2.40	—
累计去除率	隐孢子虫	1.79	>3.63	>3.63
	贾第鞭毛虫	2.04	>4.44	>4.44

注:"—"表示无法获得相关统计数据。

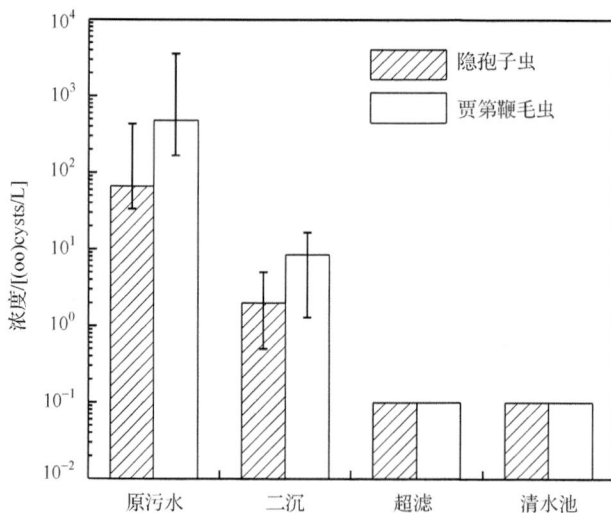

图 11.9　污水处理厂 Q 各单元出水水样中病原性原虫的浓度水平

图中浓度值为中值,误差线表示最大值和最小值;时间为 2007 年 3 月~2008 年 2 月

　　污水处理厂 Q 的原污水中隐孢子虫和贾第鞭毛虫的检出率均为 100%,浓度水平分别为 33~433 oocysts/L 和 167~3600 cysts/L,算术平均值分别为

142 oocysts/L 和 911 cysts/L。污水处理厂 Q 未设初沉池,污水经过曝气沉砂后直接进入生物处理阶段。经过 A^2O 处理,隐孢子虫和贾第鞭毛虫仍能 100%检出,但浓度水平显著下降到 $0.5\sim5.0$ oocysts/L 和 $1.3\sim16.5$ cysts/L,算术平均值分别为 2.3 oocysts/L 和 8.4 cysts/L,对数去除率分别达到 1.79 log 和 2.04 log。

超滤系统之后,隐孢子虫和贾第鞭毛虫的浓度已经低于本研究方法的检出限 0.2 (oo)cysts/L,累计去除率分别超过 3.63 log 和 4.44 log。污水处理厂 Q 超滤系统采用的膜孔径为 $0.02\ \mu m$,远小于隐孢子虫和贾第鞭毛虫的尺寸大小,理论上可以将隐孢子虫和贾第鞭毛虫完全去除。

3. 污水处理厂 J 对病原性原虫的去除特性

对污水处理厂 J 的原污水和二沉出水中的隐孢子虫和贾第鞭毛虫进行了 5 次测定,得到污水处理厂 J 各阶段水样中隐孢子虫和贾第鞭毛虫的浓度水平如图 11.10 和表 11.20 所示。污水处理厂 J 的原污水中隐孢子虫和贾第鞭毛虫的检出率均为 100%,浓度水平分别为 $33\sim600$ oocysts/L 和 $133\sim1233$ cysts/L,算术平均值分别为 223 oocysts/L 和 803 cysts/L。

污水处理厂 J 也未设初沉池,污水经过曝气沉砂后直接进入生物处理阶段。经过氧化沟处理,隐孢子虫和贾第鞭毛虫仍能 100%检出,但浓度水平显著下降到 $0.5\sim2.5$ (oo)cysts/L,算术平均值分别为 1.5 oocysts/L 和 2.0 cysts/L,对数去除率分别达到 2.17 log 和 2.60 log。

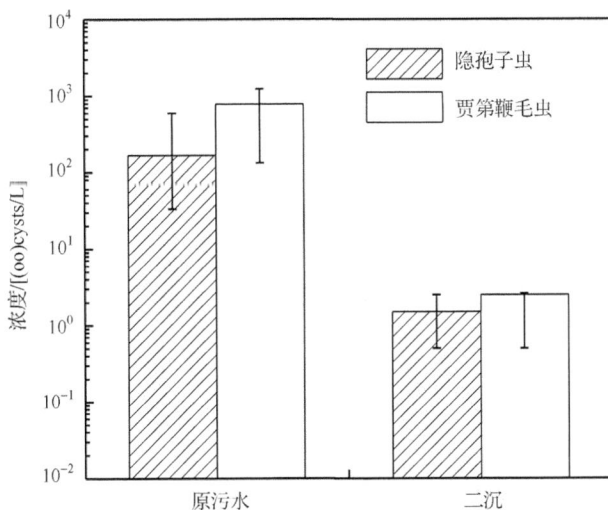

图 11.10　污水处理厂 J 各单元水样中病原性原虫的浓度水平

图中浓度值为中值,误差线表示最大值和最小值;时间为 2007 年 9 月~2008 年 2 月

表 11.20　污水处理厂 J 各阶段水样中病原性原虫检出结果

微生物指标		原污水(J1)	二沉(J2)
隐孢子虫 /(oocysts/L)	检出率(n=5)	100	100
	算术平均值	223	1.5
	标准偏差	224	0.7
	最大值	600	2.5
	中值	167	1.5
	最小值	33	0.5
贾第鞭毛虫 /(cysts/L)	检出率(n=5)	100	100
	算术平均值	803	2.0
	标准偏差	450	0.9
	最大值	1233	2.5
	中值	780	2.5
	最小值	133	0.5

11.4.2　污水再生处理工艺对病原性原虫去除效果的综合分析和比较

随着污水处理过程,隐孢子虫和贾第鞭毛虫的浓度逐渐下降。其中曝气沉砂和初级沉淀的一级处理工艺对污水中隐孢子虫和贾第鞭毛虫的去除效果不理想,对数去除率分别仅为 0.12 log 和 0.18 log。其中,隐孢子虫去除率与 Payment 等对加拿大蒙特利尔某城市污水处理厂的水质检测结果比较接近(Payment et al, 2001)。但与其他相关报道相比,污水处理厂 G 的一级处理工艺对隐孢子虫和贾第鞭毛虫的去除率偏低(Stadterman et al, 1995; Cacciò et al, 2003)。Whitmore 和 Robertson(1995)认为,初级处理的效果不好,主要是因为与传统沉淀池设计的自由沉降速率相比,隐孢子虫和贾第鞭毛虫的沉降速度要低很多。因此,沉淀等预处理工艺不能很好地将两虫从水体中分离出去。

相比之下,污水二级生物处理能有效降低污水中的隐孢子虫和贾第鞭毛虫的浓度水平。三个污水处理厂 G、Q 和 J 的二沉出水中隐孢子虫的浓度分别为 0~9 oocysts/L、0.5~5.0 oocysts/L 和 0.5~2.5 oocysts/L,贾第鞭毛虫的浓度分别为 7.3~31.7 cysts/L、1.3~16.5 cysts/L 和 0.5~2.5 cysts/L。统计学分析表明,除了污水处理厂 Q 和 J 的隐孢子虫浓度没有显著差异($p > 0.05$)外,污水处理厂 G 和 Q、G 和 J 的隐孢子虫浓度以及三个污水处理厂之间的贾第鞭毛虫浓度均存在显著差异($p < 0.05$)。

总体上看,三个污水处理厂原污水中隐孢子虫和贾第鞭毛虫浓度水平没有显著差异,二级出水中隐孢子虫和贾第鞭毛虫的浓度就有显著差异了,表明不同的二级处理工艺对隐孢子虫和贾第鞭毛虫的去除效果具有显著差异。

三个污水处理厂 G、Q 和 J 的二级处理工艺对隐孢子虫的去除率分别为 1.52 log、1.79 log 和 2.17 log，对贾第鞭毛虫的去除率分别为 1.68 log、2.04 log 和 2.60 log。三种不同工艺的去除效果从高到低依次是氧化沟 > A²O > 传统活性污泥法。除了通过自身沉降外，隐孢子虫和贾第鞭毛虫在污水二级处理过程中的去除，很大一部分是先黏附在污泥絮体上，再通过二沉池的沉降作用完成的（宗祖胜 等，2005）。因此，推测曝气池中的污泥浓度和二沉池的停留时间可能是影响二级生物处理对隐孢子虫和贾第鞭毛虫去除效果的重要因素。考察三个污水处理厂二级处理工艺的曝气池的污泥浓度和二沉池的停留时间，如表 11.21 所示。由表 11.21 可见，三个污水处理厂这两项参数之间的关系与其对隐孢子虫和贾第鞭毛虫的去除率一致。三个污水处理厂中，去除效果最好的氧化沟工艺曝气池污泥浓度最高，二沉池停留时间最长。

表 11.21 国内外污水处理厂二级处理工艺的比较

污水处理厂	二级处理工艺	曝气池污泥浓度/(mg/L)	二沉池停留时间/h
G	传统活性污泥法	1500~2000	5
Q	A²O	2000~3000	6
J	氧化沟	3500~4500	7

北京市城市污水处理厂的二级生物处理对隐孢子虫和贾第鞭毛虫的去除效果与 Montemayor 等的结果类似（Montemayor et al，2005），在 2 log 左右，略高于 Rose 等和 Stadterman 等的结果（Rose et al，1996；Stadterman et al，1995），显著高于 Bukhari 等和 Lim 等的结果（Bukhari et al，1997；Lim et al，2007）。

经过二级处理的污水中，隐孢子虫和贾第鞭毛虫的浓度都已经下降到较低的水平，但三级处理仍然能够进一步增强去除效果。本研究考察了两种不同的污水二级处理工艺：传统的混凝沉淀砂滤工艺和超滤工艺。研究结果表明，虽然混凝沉淀和砂滤工艺对隐孢子虫和贾第鞭毛虫的去除率都能接近 1 log，但是出水中仍然能够检出隐孢子虫和贾第鞭毛虫。超滤工艺对隐孢子虫和贾第鞭毛虫的去除效果明显优于混凝沉淀砂滤工艺，超滤出水隐孢子虫和贾第鞭毛虫的浓度已经低于本研究试验方法的检出限。

11.5 典型污水再生处理工艺对于病原微生物的去除

11.5.1 典型污水再生处理工艺对三类病原微生物去除特性的比较

综合比较各种污水再生处理工艺对病原微生物及病原指示微生物的去除效果，如表 11.22 所示。

曝气沉砂和初级沉淀是一级处理工艺最为普遍的形式,由表 11.22 可见,其对病原及指示微生物的去除效果不显著,对数去除率均小于 0.2 log。

表 11.22 污水再生处理工艺对微生物的去除效果比较

(平均去除率/log)

微生物指标	一级处理	二级处理			三级处理			
	曝气沉砂初级沉淀	传统活性污泥法	A²O	氧化沟	混凝沉淀	砂滤	超滤	臭氧/氯消毒
隐孢子虫	0.12	1.52	1.79	2.17	0.77	0.92	＞1.84	—
贾第鞭毛虫	0.18	1.68	2.04	2.60	0.73	0.89	＞2.40	—
SC 噬菌体	0.12	2.18	2.32	2.60	0.46	0.19	2.63	＞0.60
总大肠菌群	—	—	2.69	2.49	—	—	4.05	0.40
粪大肠菌群	0.06	2.81	2.43	2.23	0.31	0.92	4.63	0.05
总异养菌群	—	—	2.08	1.99	—	—	2.93	−1.22

注:"—"表示无相关数据。

三种二级处理工艺对病原及指示微生物的对数去除率都能达到 2 log 左右,对所考察微生物指标的平均对数去除率从高到低依次为总大肠菌群(2.59 log)＞粪大肠菌群(2.49 log)＞SC 噬菌体(2.37 log)＞贾第鞭毛虫(2.11 log)＞总异养菌群(2.04 log)＞隐孢子虫(1.83 log)。比较不同的二级处理工艺,对病原性原虫和 SC 噬菌体的对数去除率从高到低依次为氧化沟＞A²O＞传统活性污泥法。而对三种病原指示菌的对数去除率却相反,从高到低依次为传统活性污泥法＞A²O＞氧化沟。

三级处理工艺都能进一步去除污水中的微生物,提高污水再生利用的安全性。传统的混凝沉淀砂滤工艺对微生物的去除效果明显不如超滤系统。而对于不同的微生物,混凝沉淀砂滤和超滤系统对其去除率主要跟微生物的尺寸大小有关,总体上看从高到低依次为病原性原虫＞病原指示菌＞SC 噬菌体(表 11.22)。

11.5.2 污水初级处理对病原微生物的去除

一级处理包括污水的过筛、除渣、一级沉淀等过程,原水首先与回流的污泥滤液混合,进入隔栅过滤、曝气沉砂池和一级沉淀池。A、B 两座城市污水处理厂的一级处理对指示噬菌体和粪大肠菌的去除率见表 11.23(李梅 等,2006)。污水处理厂的一级处理对 SC 噬菌体的去除率范围在 17.1%～23.7%,对 F-RNA 噬菌体的去除率范围为 88.6%～60.9%,明显高于对 SC 噬菌体的去除率,说明 F-RNA 噬菌体比 SC 噬菌体更容易通过吸附作用被去除。预测的肠道病毒的去除率为 58.2%～86.7%,印度 Dadar 污水处理厂一级处理可去除 24.1%～83.4%的肠道病毒(比顿,1986),两者去除率相似。

一级处理工艺对隐孢子虫和贾第鞭毛虫的去除效果不理想,去除率分别仅为 0.12 log 和 0.18 log。原污水中 SC 噬菌体的浓度为 $1.0 \times 10^3 \sim 8.4 \times 10^4$ PFU/mL。一级处理工艺对 SC 噬菌体的去除效果不理想,对数去除率仅为 0.12 log。

表 11.23　城市污水处理厂一级处理对噬菌体、粪大肠菌和病毒的去除率

(单位:%)

微生物	城市污水处理厂 A	城市污水处理厂 B	Dadar 污水处理厂
SC 噬菌体	23.7	17.1	—
F-RNA 噬菌体	88.6	60.9	—
粪大肠	74.8	—	—
肠道病毒	86.7	58.2	24.1~83.4

资料来源:李梅 等,2006.

11.5.3　污水二级处理对病原微生物的去除

污水处理厂二级处理对噬菌体和细菌的去除效果见表 11.24。活性污泥工艺对 SC 噬菌体和 F-RNA 噬菌体的去除率分别为 99.7% 和 93.0%,氧化沟工艺对二者的去除率分别为 98.5% 和 96.1%,A²O 工艺对 SC 噬菌体的去除率为 95.1%,对 F-RNA 噬菌体的去除率为 23.4%,表明 A²O 工艺对水中的噬菌体去除效果较差。活性污泥工艺对粪大肠菌的去除率为 98.5%,低于微滤膜过滤的处理效果(廖飞凤 等,2003)。根据 F-RNA 噬菌体浓度预测的相应的肠道病毒去除率,显示二级处理对肠道病毒的去除率范围为 22.3%~95.2%,其中 B 厂氧化沟工艺的去除效果与文献报道结果相近,A 厂活性污泥工艺和 C 厂 A²O 工艺的去除效果较差。可能与处理工艺、水质变化等有关,需要进一步研究。

表 11.24　污水处理厂二级处理对噬菌体、粪大肠菌和病毒的去除率

(单位:%)

污水处理厂(二级处理工艺)	SC 噬菌体	F-RNA 噬菌体	粪大肠菌	肠道病毒
A(活性污泥)	99.7	38.8	98.5	36.9
B(氧化沟)	98.5	96.1	未测定	95.2
C(A²O)	95.1	23.4	未测定	22.3
Dadar 污水处理厂(活性污泥)[a]	—	—	—	91.7~99.6
活性污泥[b]	—	—	—	61.0~99.9
生物滤池(微滤膜)[c]	—	—	99.99~99.999	99.9~99.99
膜生物反应器[d]	>99.9*	—	—	—

* 大肠杆菌噬菌体 T4。

资料来源:a.比顿,1986;b.颜文洪 等,2003;c.廖飞凤 等,2003;d.郑祥 等,2005.

不同二级处理工艺对隐孢子虫和贾第鞭毛虫的对数去除率从高到低依次是氧化沟(2.17 log 和 2.60log)＞A²O(1.79 log 和 2.04 log)＞传统活性污泥法(1.52 log和1.68 log)。曝气池污泥浓度和二沉池停留时间可能是影响病原性原虫去除效果的重要因素。超滤系统对隐孢子虫和贾第鞭毛虫的去除效果(＞1.84 log和＞2.40 log)明显优于混凝沉淀砂滤系统(1.69 log 和 1.62 log)。

三种二级处理工艺对污水中SC噬菌体的去除率都在2 log以上,从高到低依次为氧化沟(2.60 log)＞A²O(2.32 log)＞传统活性污泥法(2.18 log)。二沉出水中SC噬菌体的浓度为3～340 PFU/mL。

三种二级处理工艺对病原指示菌的去除率高低关系与其对病原性原虫和SC噬菌体的去除率高低关系相反,从高到低依次为传统活性污泥法＞A²O＞氧化沟。

11.5.4　污水深度处理对于病原微生物的去除

不同的污水深度处理工艺对病原微生物的去除效果不同,尤其是对于病毒的去除。研究发现,超滤系统对SC噬菌体的去除效果明显优于混凝沉淀砂滤系统。砂滤出水中SC噬菌体浓度仍然有25～80 PFU/mL;而超滤出水再经过臭氧和氯的联合消毒处理基本上能保证SC噬菌体的完全去除。

1. 絮凝沉淀和加氯消毒工艺

表11.25列出了A、B、C三个污水处理厂以及文献报道的絮凝沉淀和加氯消毒对噬菌体和粪大肠菌的去除效果。其中A厂水样测定了絮凝沉淀和加氯消毒对SC噬菌体、F-RNA噬菌体和粪大肠菌的总去除率,分别为77.6%、92.1%和95.5%。与文献报道结果相比,C厂加氯消毒工艺对F-RNA噬菌体的去除率较高,为97.8%,B厂的絮凝沉淀工艺对F-RNA噬菌体没有去除效果,并且出现F-RNA噬菌体浓度升高的现象。由于絮凝剂和消毒剂的投加量直接影响微生物的去除效果,因此本研究中的絮凝沉淀和加氯消毒工艺对噬菌体和粪大肠菌的去除规律还需要进一步的研究。

表 11.25　絮凝沉淀和加氯消毒对噬菌体、粪大肠菌和病毒的去除率

（单位:%）

	处理工艺	SC 噬菌体	F-RNA 噬菌体	粪大肠菌	肠道病毒
A 厂	絮凝沉淀和加氯消毒	77.6	92.1	95.5	91.0
B 厂	絮凝沉淀	73.5	−18.0	未测定	−20.6
	加氯消毒	25.0	31.1	未测定	34.4
C 厂	絮凝沉淀	37.3	67.8	未测定	65.0
	加氯消毒	85.6	97.8	未测定	97.1

续表

	处理工艺	SC 噬菌体	F-RNA 噬菌体	粪大肠菌	肠道病毒
废水[b]	加氯消毒	83.6~99.3	>5 log	−40~32	
BVDC[a]	加氯消毒	49.9	20.6	99.9	—
NBC[a]	加氯消毒	60.2	20.6	99.9	—
EG[a]	加氯消毒	74.9	74.9	99.9	—
EP[a]	加氯消毒	99.2	95.0	99.9	—
饮用水[b]	混凝剂(氯化铁)	99.3~99.9	—	—	96.6~93.1
	混凝剂(硫酸铝)	93.5~99.8	—	—	86.3~98.7

a. 美国罗得岛四个城市污水处理厂,氯消毒接触时间 15 min,余氯 1.2 ppm(Tyrrell et al,1995)。

b. Kott et al,1974.

2. 砂滤工艺

不同城市污水处理厂的砂滤工艺对水中的噬菌体、粪大肠菌和病毒的去除效果有很大差异(表 11.26)(李梅 等,2006)。其中 B 厂中噬菌体和病毒浓度有小幅降低。A 厂出水中噬菌体浓度和粪大肠菌浓度有不同程度提高,其中 F-RNA 噬菌体和病毒浓度分别提高了 1.3 倍和 1.2 倍,粪大肠菌浓度提高了 0.5 倍,其原因可能与噬菌体和病毒的吸毒特性有关,并可能存在二次污染。

表 11.26　砂滤工艺对噬菌体、粪大肠菌和病毒的去除效果　　(单位:%)

污水处理厂	SC 噬菌体	F-RNA 噬菌体	粪大肠菌	肠道病毒
A	−13.0	−13.4	−49.2	−11.6(?)
B	3.4	5.2	—	4.9

郑耀通等(2004)研究了砂滤工艺对饮用水处理中病毒的去除效果,显示砂滤对病毒的去除效果不理想。病毒与石英砂的吸附作用受到水的 pH、金属阳离子的组成和浓度、有机物存在及含量的影响,因此水质的差异可能使砂滤工艺对其中病毒的去除效果产生明显差异。

11.6　病原微生物去除率之间的相关关系

11.6.1　病原指示微生物指标去除率与病原性原虫去除率之间的相关关系

近年来,较多的研究者在进行水质监测时开始全面关注细菌、病毒、病原性原虫等各项微生物指标,并希望寻找到各种微生物指标间的相关关系,从而实现对某一特定指标的间接测定。定量考察北京某城市污水处理厂各工艺单元对四种微生物去除率之间的相关关系,如图 11.11、图 11.12 和表 11.27 所示。总体上看,SC 噬菌体和粪大肠菌与两虫的累积去除率和去除率间均呈一定的正相关关系。当 SC 噬菌体或粪大肠菌去除率降低时,可以初步判断两虫浓度也会上升,处理系统某环节出现问题,不能有效保障两虫安全性。

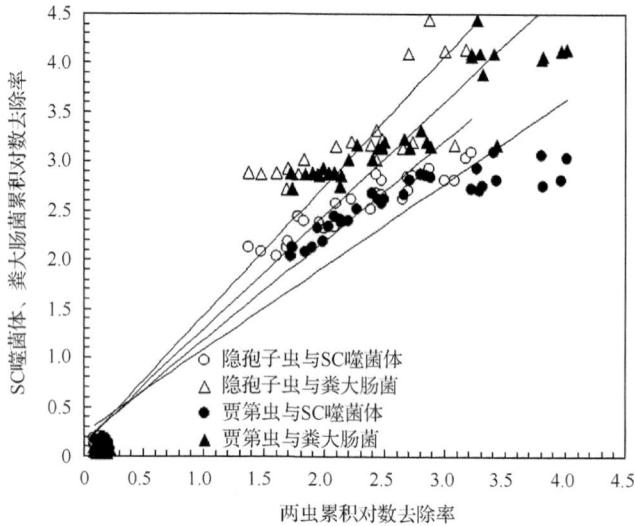

图 11.11　污水再生处理过程对 SC 噬菌体、粪大肠菌与两虫累积去除率的相关性

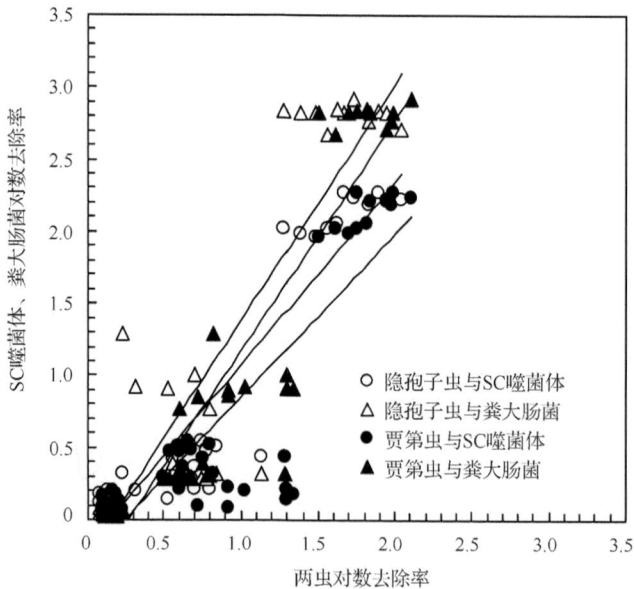

图 11.12　污水再生处理过程对 SC 噬菌体、粪大肠菌与两虫去除率的相关性

表 11.27　北京某城市污水处理厂各工艺单元水样中四种病原微生物的线性相关系数 **R**

项目		污水	初沉池	二沉池	絮凝沉淀	砂滤后
累积去除率	隐虫-SC 噬菌体	—	0.1049	0.7782	0.5712	0.8828
	隐虫-粪大肠菌	—	0.0917	0.1970	0.0520	0.2636
	贾第虫-SC 噬菌体	—	0.3754	0.9036	0.7637	0.3421
	贾第虫-粪大肠菌	—	0.1523	0.3202	0.2502	0.0548
去除率	隐虫-SC 噬菌体	—	0.1049	0.8011	0.0700	0.4492
	隐虫-粪大肠菌	—	0.0917	0.1789	0.1034	0.7175
	贾第虫-SC 噬菌体	—	0.3754	0.7744	0.1000	0.0600
	贾第虫-粪大肠菌	—	0.1523	0.2728	0.3524	0.1127

　　然而,表 11.27 的数据显示,多数情况下,SC 噬菌体和粪大肠菌与两虫的去除率间线性相关关系不好。这说明,要有效保障污水再生处理系统的水质安全性,对两虫的直接检测是必要的。

11.6.2　隐孢子虫去除率与贾第鞭毛虫去除率之间的相关关系

　　北京某城市污水处理厂对卵囊和孢囊的累积去除率和去除率间的相关关系,如图 11.13～图 11.16 所示。污水处理厂再生处理过程中隐孢子虫和贾第鞭毛虫的累积去除率和去除率有理想的线性相关关系,并且去除率的大小也相似。其中,二级生物处理和絮凝处理过程中,隐孢子虫和贾第鞭毛虫的去除率相关性较好,去除特性较为接近。

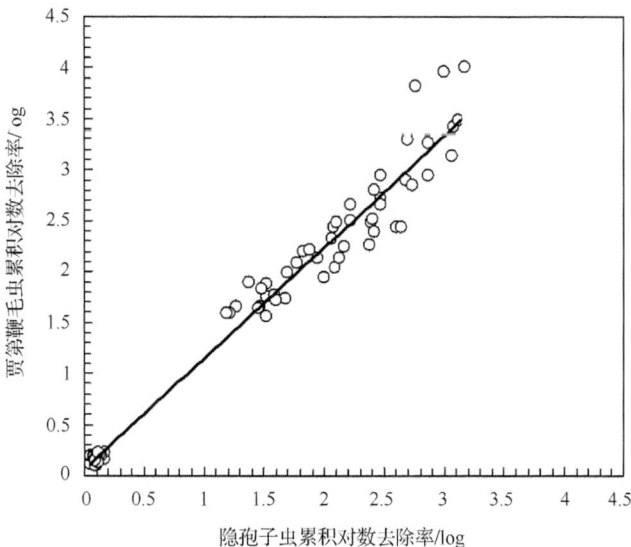

图 11.13　再生处理过程对隐孢子虫与贾第鞭毛虫累计去除率的相关性

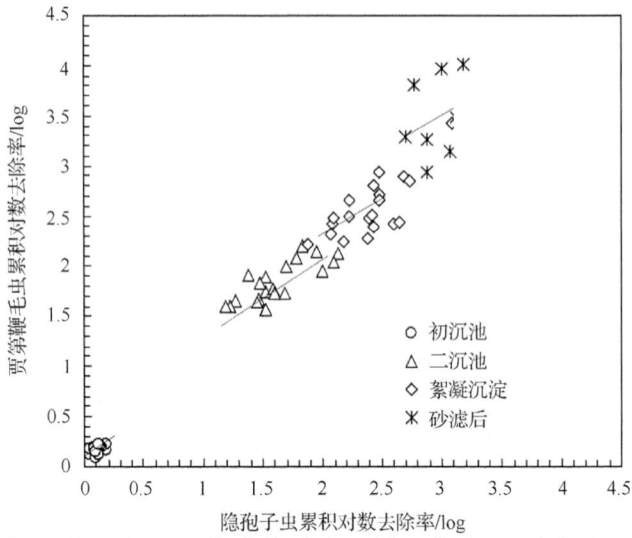

图 11.14　各工艺单元对隐孢子虫与贾第鞭毛虫累计去除率的相关性

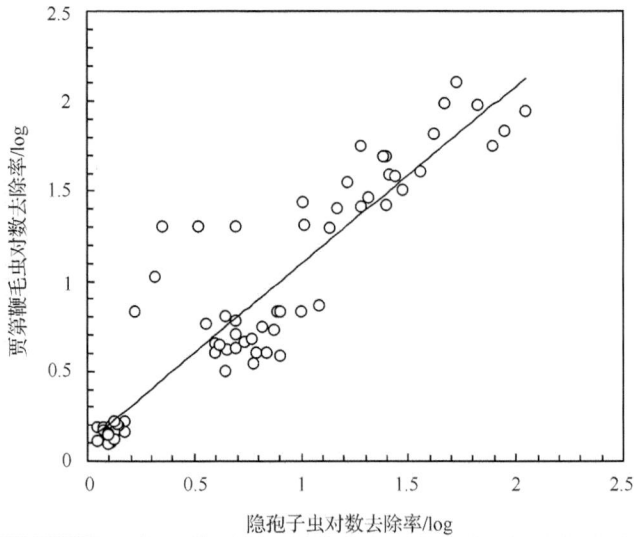

图 11.15　再生处理过程对隐孢子虫与贾第鞭毛虫去除率的相关性

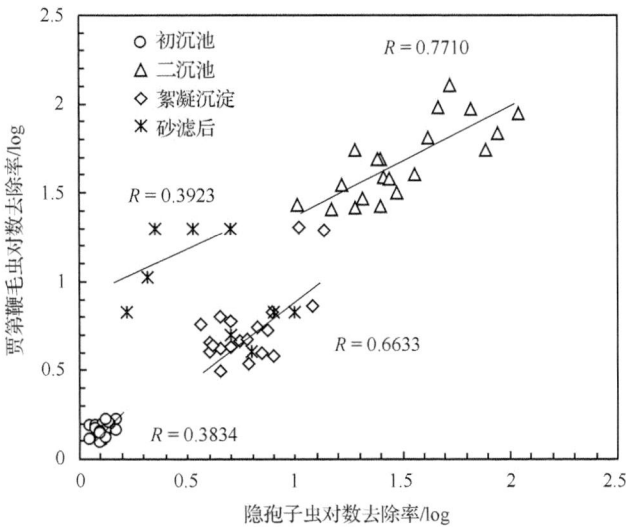

图 11.16　各工艺单元对隐孢子虫与贾第鞭毛虫去除率的相关性

参 考 文 献

比顿 G. 1986. 环境病毒学导论. 王小平, 乔佩文, 张润, 译. 北京: 中国环境科学出版社.

曹蓉, 王宝贞, 王琳, 等. 2003. 东营的生态塘污水处理系统. 中国给水排水, 19(13): 153~155.

廖飞凤, 邓兴灿, 等. 2003. 再生水厂微生物风险评价述评//全国城市污水再生利用经验交流和技术研讨会. 天津.

黄广文, 杨正炎. 2003. 生物滤池对生活及医院污水中微生物的影响. 现代预防医学, 30(5): 646~647.

李海涛. 2007. 膜-生物反应器去除 SC 噬菌体特性的研究: [硕士论文]. 北京: 清华大学.

李梅, 胡洪营, 张薛, 等. 2006. 城市污水处理工艺对噬菌体的去除效果. 环境科学, 27(1): 80~84.

廖飞凤, 郑兴灿, 鞠宇平, 等. 2003. 再生水厂微生物风险评价述评//全国城市污水再生利用经验交流和技术研讨会. 天津.

美国环境保护局. 2008. 污水再生利用指南. 胡洪营, 魏东斌, 王丽莎, 等译. 北京: 化学工业出版社.

谢兴. 2008. 再生水城市杂用的微生物健康风险研究: [硕士论文]. 北京: 清华大学.

颜文洪, 欧阳劲进, 商谦, 等. 2003. 去除生活废水及污泥中病毒的研究. 重庆环境科学, 25(9): 18~22.

叶茂. 2004. 城市污水再生利用的微生物风险分析: [硕士论文]. 西安: 西安建筑科技大学.

张彤. 2006. 污水再生处理过程中病原性原虫的去除特性研究: [硕士论文]. 北京: 清华大学.

郑祥, 吕文洲, 杨敏, 等. 2005. 膜技术对污水中病原微生物去除的研究进展. 工业水处理, 25(1): 1~6.

郑耀通, 林奇英, 谢联辉. 2004. 天然砂和修饰砂对病毒的吸附和去除. 中国病毒学, 19(2): 163~167.

宗祖胜, 胡洪营, 卢益新, 等. 2005. 某市贾第鞭毛虫和隐孢子虫污染现状. 中国给水排水, 21(5): 44~46.

Bukhari Z, Smith H V, Sykes N, et al. 1997. The occurrence of Cryptosporidium spp oocysts and Giardia spp cysts in sewage influents and effluents from treatment plants in England. Water Science and Technology, 35 (11/12): 385~390.

Cacciò S M, Giacomo M D, Aulicino F A, et al. 2003. Giardia cysts in wastewater treatment plants in Italy. Applied and Environmental Microbiology, 69(6): 3393~3398.

Chung H, Jaykus L A, Lovelace G, et al. 1998. Bacteriophages and bacteria as indicators of enteric viruses in oysters and their harvest waters. Water Science and Technology, 38(12): 37~44.

Kott Y, Roze N, Sperber S, et al. 1974. Bacteriophages as viral pollution indicators. Water Research, 8: 165~177.

Lim Y A L, Hafiz W I W, Nissapatom V. 2007. Reduction of Cryptosporidium and Giardia by sewage treatment processes. Tropical Biomedicine, 24(1): 95~104.

Lucena F, Duran A E, Moron A, et al. 2004. Reduction of bacterial indicators and bacteriophages infecting faecal bacteria in primary and secondary wastewater treatments. Journal of Applied Microbiology, 97(5): 1069~1076.

Montemayor M, Valero F, Jofre J, et al. 2005. Occurrence of Cryptosporidium spp. oocysts in raw and treated sewage and river water in north-eastern Spain. Journal of Applied Microbiology, 99(6): 1455~1462.

Payment P, Plante R, Cejka P. 2001. Removal of indicator bacteria, human enteric viruses, Giardia cysts, and Cryptosporidium oocysts at a large wastewater primary treatment facility. Canadian Journal of Microbiology, 47(3): 188~193.

Rose J B, Dickson L J, Farrah S R, et al. 1996. Removal of pathogenic and indicator microorganisms by a full-scale water reclamation facility. Water Research, 30(11): 2785~2797.

Stadterman K L, Sninsky A M, Sykora J L, et al. 1995. Removal and inactivation of Cryptosporidium oocysts by activated sludge treatment and anaerobic digestion. Water Science and Technology, 31(5/6): 97~104.

Toze S. 2006. Water reuse and health risks - real vs. perceived. Desalination, 187(1/2/3): 41~51.

Tyrrell S A, Rippey S R, Watkins W D, et al. 1995. Inactivation of bacterial and viral indicators in secondary sewage effluents, using chlorine and ozone. Water Research, 29(11): 2483~2490.

Whitmore T N, Robertson L J. 1995. The effect of sewage sludge treatment processes on oocysts of Cryptosporidium parvum. Journal of Applied Bacteriology, 78(1): 34~38.

第12章 污水再生处理工艺对化学污染物的去除

12.1 污水再生处理系统及典型工艺

城市污水再生处理一般可分为预处理、一级处理、二级处理和深度处理(亦称高级处理或三级处理)。城市污水处理流程图见图 12.1(Pettygrove and Asano, 1985)。

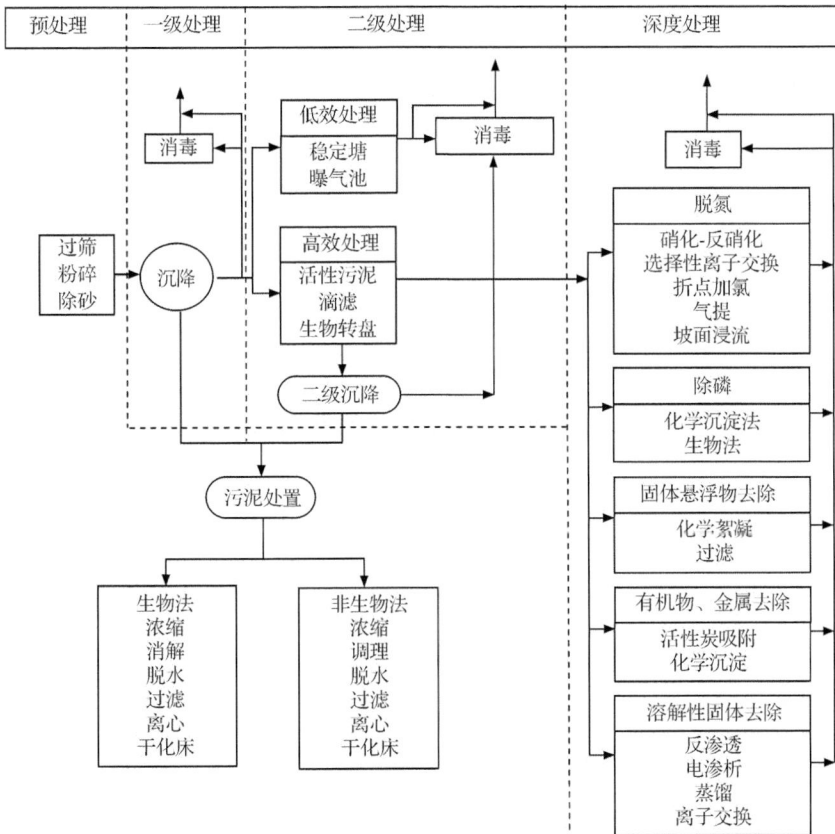

图 12.1 污水处理流程图

1. 预处理

城市污水的预处理主要包括筛滤和除砂等处理过程,去除沙子、瓦砾、煤渣、蛋壳、骨头、晶粒、有机残渣等材料。预处理可以保护后续工艺中的水泵与管道,以防止被废水中的大粒料损坏。粉碎设备主要是将一些大的固体物质磨碎,保障后续处理。其他预处理方式还有絮凝、恶臭气体控制、化学处理和预曝气等(魏东斌,2003)。

2. 一级处理

一级处理通常是经过沉降处理去除可沉积的有机和无机固体颗粒,漂浮物被去除。一级处理也可以去除部分有机氮、有机磷和重金属,但对胶体和溶解性物质却无能为力。通过添加化学混凝剂和聚合物可以提高磷和重金属的去除效率(魏东斌,2003)。一级处理过程中污染组分的去除效率如表 12.1 所示。

表 12.1　城市污水处理中典型化学组分的去除率　　　　(单位:%)

污染物	平均去除率		污染物	平均去除率	
	一级处理	二级处理		一级处理	二级处理
BOD_5	42	89	硒	0	13
COD_{Cr}	38	72	氨氮	18	63
总悬浮物	53	81	磷	27	45
铬	44	55	油脂	65	86
铜	49	70	银	55	7
铁	43	65	泡沫	27	—
锌	36	75	浊度	31	—
色度	15	55	砷	34	83
铅	52	60	镉	38	28
锰	20	58	TOC	34	—
汞	11	30			

资料来源:WPCF, 1989.

3. 二级处理

二级处理是接在一级处理后的污水处理程序。运用好氧生物处理去除有机污染物,有时也可以去除部分氮、磷。好氧生物处理顾名思义需要在污水中有氧气存在,微生物利用氧气氧化降解有机污染物。在二级处理中常用的好氧生物处理方法有活性污泥法、滴滤池法、生物转盘法和稳定塘法等。表 12.1 也列出了污水中典型组分在二级处理中的去除情况。

活性污泥法、滴滤池法、生物转盘法等都是高效的二级生物处理工艺,能够去除大约 95% 的 BOD、COD 和 SS,并能显著除去部分重金属和部分毒性有机污染物。表 12.2 比较了不同二级处理中金属的去除情况。滴滤池法在处理溶解性有机物方面效果不如活性污泥法,因为在滴滤池中降解性微生物和有机污染物的接触机会大大降低。活性污泥法能将溶解性 BOD 降低到 1~2 mg/L,而滴滤池只能降低到 1~15 mg/L。生物处理,包括二级沉降,可以将 BOD 降低到 15~30 mg/L,将 COD 降低到 40~70 mg/L,将 TOC 降低到 15~25 mg/L。在传统二级处理中,对溶解性矿物质的去除非常有限。

表 12.2 各种不同城市污水二级处理中金属的去除情况

处理方法	组分	平均去除率/%	平均可靠性			平均出水浓度/(mg/L)
			10%	50%	90%	
活性污泥法二级处理	镉	71	96	96	20	0.002
	铬	85	98	87	60	0.025
	铜	88	98	89	62	0.014
	铅	85	98	85	54	0.022
	汞	23	31	18	0	0.086
	锌	67	90	67	23	0.138
滴滤池二级处理	镉	38	75	37	5	0.005
	铬	55	81	49	6	0.094
	铜	78	95	82	24	0.026
	铅	73	97	68	21	0.040
	汞	11	—	8	—	0.100
	锌	72	95	75	20	0.117
生物转盘二级处理	镉	57	—	—	—	0.003
	铬	93	—	—	—	0.012
	铜	94	—	—	—	0.007
	铅	98	—	—	—	0.003
	汞	84	—	—	—	0.018
	锌	81	—	—	—	0.080

资料来源：Culp and Wesner,1979.

稳定塘处理工艺的占地面积相对较大,因此在气候温暖的农村或土地不太紧张的地区选用稳定塘处理污水相对比较经济。通常设计一系列的厌氧塘、兼性塘和熟化塘等,根据当地温度和对出水水质的要求,总的设计水力停留时间为 10~50 天。大多数有机物可以在厌氧塘和兼性塘内被去除。熟化塘也属于一个大的厌氧塘,其主要的设计目的是在生物氧化处理后,去除水体中的病原微生物。设计好的稳定塘能降低 BOD 到 15～30 mg/L,将 COD 降低到 90～135 mg/L,将 SS 降低到 15～40 mg/L(魏东斌,2003)。

4. 深度处理

深度处理也叫三级处理,是进一步去除常规二级处理所不能完全去除的污水中杂质的净化过程。常规二级处理后,还有一些污染物质(如营养型无机氮、磷、胶体、细菌、病毒、微量有机物、重金属以及影响回用的溶解性矿物质)没有被完全去除。为了达到更高的水质要求,在二级处理后选择一些处理技术进行后续处理。城市污水深度处理的基本单元技术有混凝(化学除磷)、沉淀(澄清、气浮)、过滤、活性炭吸附、反渗透、离子交换、电渗析、消毒等,可选用一种或几种组合。

《城市污水回用设计规范》给出了深度处理单元技术的处理效率和目标水质(表 12.3 和表 12.4)。在无试验资料情况下,此数据可供参考。

表 12.3　城市污水二级出水进行混凝沉淀、过滤的处理效率与目标水质

项目	处理效率			目标水质
	混凝处理	过滤	综合	
浊度/NTU	50～60	30～50	70～80	3～5
SS/(mg/L)	40～60	40～60	70～80	5～10
BOD_5/(mg/L)	30～50	25～50	60～70	5～10
COD_{Cr}/(mg/L)	25～35	15～25	35～45	40～75
总氮/(mg/L)	5～15	5～15	10～20	—
总磷/(mg/L)	40～60	30～40	60～80	1
铁/(mg/L)	40～60	40～60	60～80	0.3

表 12.4　城市污水其他单元过程对污染物的去除率　　　　　(单位:%)

项目	活性炭吸附	脱氨	离子交换	折点加氯	反渗透	臭氧氧化
BOD_5	40～60	—	25～50	—	≥50	20～30
COD_{Cr}	40～60	20～30	25～50	—	≥50	≥50
SS	60～70	—	≥50	—	≥50	—
总氮	30～40	≥90	≥50	≥50	≥50	—
总磷	80～90	—	—	—	≥50	—
色度	70～80	—	—	—	≥50	≥70
浊度	70～80	—	—	—	≥50	—

12.2   污水中常规有机污染物的去除

生物处理是去除有机污染物最常用的工艺。活性污泥和生物膜法在污水生物处理的发展和应用中一直占据主导地位。以生物处理技术为主体的二级处理,可有效去除污水中的有机污染物,对 BOD_5 的去除率达 $85\%\sim95\%$,处理后出水的 COD_{Cr} 可降至 $15\sim30$ mg/L(李伟和陈朴,2008)。

胡洪营等分析了日本城镇生活污水处理厂的进水及出水 BOD_5 浓度分布,结果如图 12.2 所示,大部分出水 BOD_5 浓度在 5 mg/L 以下。

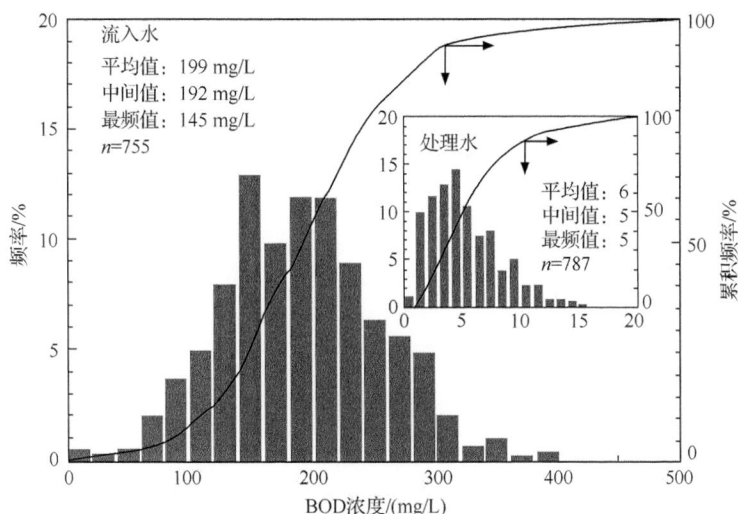

图 12.2   日本污水处理厂进水及出水 BOD_5 浓度分布(1994 年)

苏州某城镇生活污水处理厂 2005～2009 年进出水 COD_{Cr} 和 BOD_5 统计数据如图 12.3 和图 12.4 所示。与日本城镇生活污水处理厂的统计结果类似,大部分出水 BOD_5 浓度在 5～6 mg/L 以下,COD_{Cr} 浓度在 40 mg/L 以下。可见,一般活性污泥法处理工艺对城镇生活污水中的有机污染物(BOD_5 和 COD_{Cr})有良好的去除效果。

12.2.1   活性污泥法

活性污泥法是城市生活污水处理中应用最广的一种生物处理技术,具有处理能力高、出水水质好的优点。该方法主要由曝气池、沉淀池、污泥回流和剩余污泥排放系统组成。

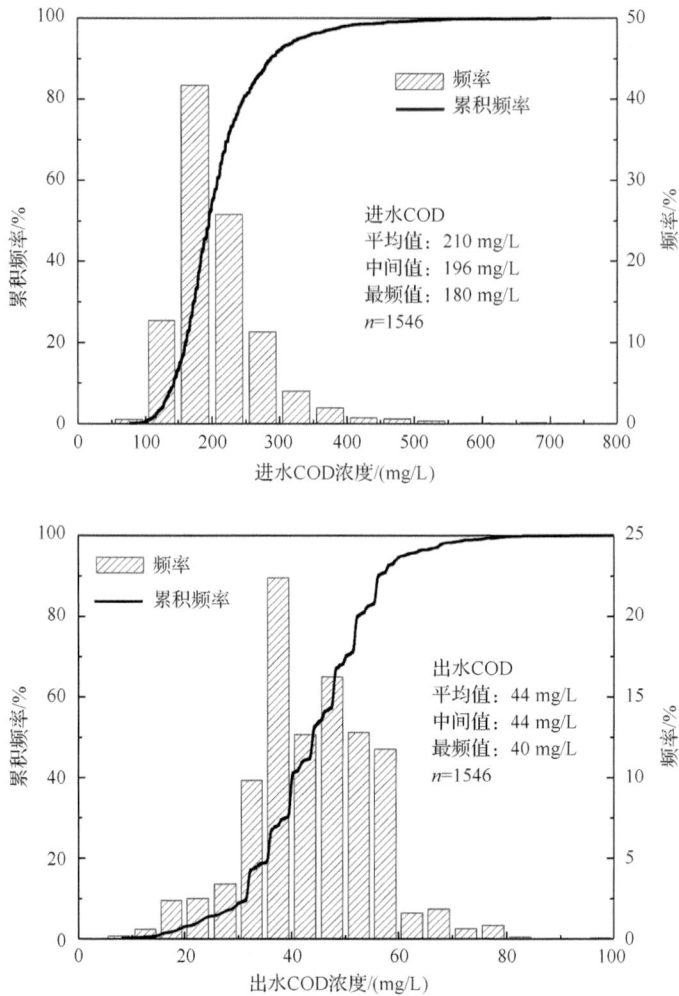

图 12.3 苏州某城镇生活污水处理厂进出水 COD 浓度分布

活性污泥法主要包括传统活性污泥法、氧化沟、序批式反应器(sequencing batch reactor，SBR)活性污泥法和膜生物反应器(membrane bioreactor，MBR)。

传统活性污泥法是污水处理最早的工艺，有机物去除率高，能耗和运行费用低，适用于中等负荷的大型污水处理厂。厌氧-好氧工艺(anaerobic-oxic，AO)和厌氧-缺氧-好氧工艺(anaerobic-anoxic-oxic，A^2O)是传统活性污泥法的改进型，适于在去除有机物的同时，对污水进行脱氮除磷。

氧化沟一般不设初沉池和污泥消化池，结构简单、工艺稳定、管理方便，可分为四类:①多沟交替式(合建式)，采用转刷曝气，无单独二沉池;②卡鲁塞尔式(分建式)，采用表曝机曝气，有单独二沉池;③奥贝尔式(多建式)，采用转碟曝气，沟深较

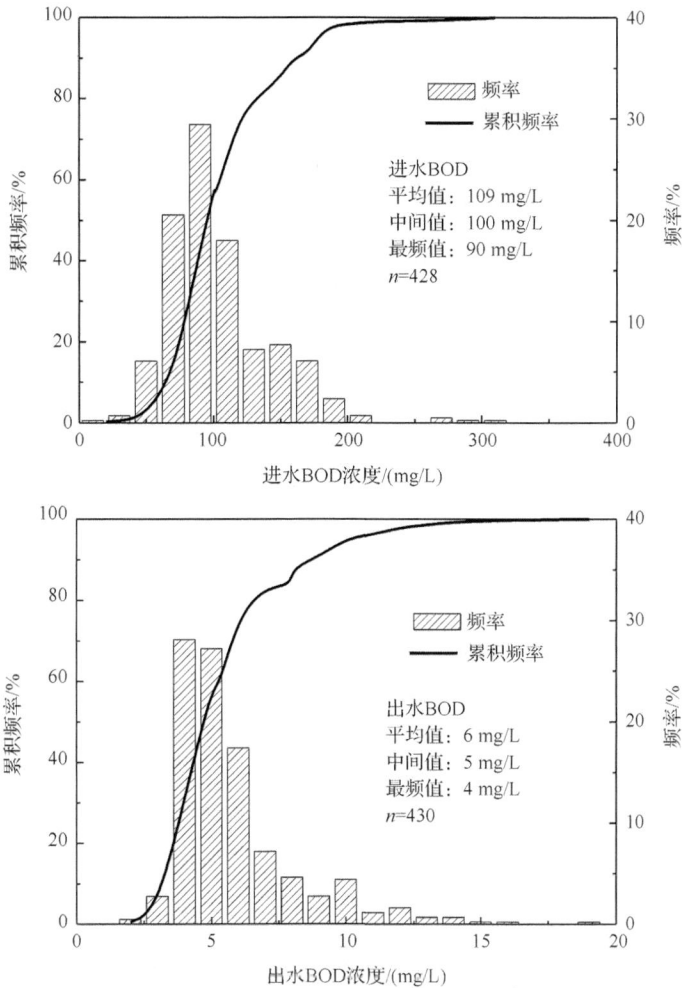

图 12.4　苏州某城镇生活污水处理厂进出水 BOD 浓度分布

大,有单独二沉池;④一体化式,不设初沉池和单独二沉池,集曝气沉淀、泥水分离和污泥回流功能为一体。氧化沟对有机物去除率较高,具有脱氮除磷的综合功能,适用于中小规模的低负荷污水处理厂(顾润南,2001)。

　　SBR 工艺为合建式,进水、反应、沉淀、排放和闲置顺序在同一池中完成,无二沉池和污泥回流设备,周期运行。SBR 工艺对自控要求高,但具有剩余污泥产生量少、结构简单和运转灵活的优势。与常规活性污泥法相比,SBR 工艺的基建费用低,运行费用高,适于地价高、进水 BOD$_5$ 浓度较低的中小型污水处理厂。

　　与传统工艺相比,MBR 具有占地面积小、生化效率高、出水水质好、运行稳定可靠等优点,在水处理领域中逐渐得到了较为广泛的应用,其数量日益增多,规模也不断扩大。一般而言,MBR 适用于中小规模的污水处理厂,膜制造的高成本和膜污染是限制其大规模应用的主要原因。影响膜污染的主要因素有膜自身特性、进水水质、活性污泥混合液性质和工艺运行条件等(丁毅 等,2007)。

12.2.2　生物膜法

生物膜法主要用于污水中溶解性有机污染物的去除,主要特点是微生物附着在介质"滤料"表面,形成生物膜,污水同生物膜接触后,溶解的有机污染物被微生物吸附转化为 H_2O、CO_2、NH_3 和微生物细胞物质。该方法具有处理效率高、耐冲击负荷性能好、产泥量低、占地面积少、便于运行管理等优点。生物膜法处理系统适用于处理中小规模的城市生活污水(李伟和陈朴,2008)。

生物膜法采用的处理构筑物有生物滤池和生物转盘,其中生物滤池在我国南方更为适用。

曝气生物滤池借鉴了污水生物接触氧化法和给水快滤池的设计思路,集曝气、高滤速、截留悬浮物和降解有机物、定期反冲洗于一体。曝气生物滤池的生物浓度高,有机负荷高,水力停留时间短,无污泥膨胀问题,无需污泥回流(熊志斌和邵林广,2009)。

生物转盘技术开创于 20 世纪五六十年代。传统的生物转盘主要由盘片、接触反应槽、转轴及驱动装置所组成。为降低生物转盘的动力消耗,节省工程投资和提高处理设备的效率,近年来生物转盘有了一些新发展。主要有空气驱动的生物转盘,与曝气池合建的生物转盘,与沉淀池合建的生物转盘,藻类转盘和生物接触转盘等(刘富军 等,2007)。

12.2.3　生物处理工艺的比较

各种生物处理工艺的具体比较如表 12.5 所示。

表 12.5　各种生物处理工艺比较

工艺	处理能力	操作条件	经济性		污染物去除性能
			建设成本	运行成本	
传统活性污泥法	中等负荷、大型污水处理厂	管理复杂	基建费高	运行费高,能耗大	BOD_5 去除率 90%~95%
氧化沟	低负荷、中小型污水处理厂	管理方便,操作简化	基建费低	运行费高	BOD_5 去除率 >85%
SBR	耐冲击负荷、中小型污水处理厂	结构简单,运转灵活,自控要求高	基建费低;土建费低、设备费高	运行费高	BOD_5 去除率 >80%

续表

工艺	处理能力	操作条件	经济性		污染物去除性能
			建设成本	运行成本	
MBR	耐冲击负荷、中小型污水处理厂	运行稳定;膜易污染	占地面积小,膜成本高	运行成本低	出水水质好且稳定
生物滤池	耐冲击负荷、对水量适应性强	运行灵活,操作可靠性高,进水对 SS 要求高	占地面积小,基建投资省	运行费用低	出水水质高
生物转盘	耐冲击负荷、小型污水处理厂	管理方便,操作容易	占地面积大	能耗低,运行费用低	BOD_5 去除率 90% 左右

12.3　污水中氮磷等无机污染物的去除

氮和磷是藻类生长的必需无机元素。污水中的氮和磷排放进入水体中,会使水体处于富营养化状态,引起藻类大量繁殖,产生水华,对水体生态环境和人类健康均存在很大威胁。因此,污水中氮磷等无机污染物的去除是污水再生处理的重要任务之一。

目前,污水中氮磷的去除工艺主要包括生物法和化学法,现根据具体工艺介绍如下。

12.3.1　污水中氮的去除

污水中氮的去除主要通过生物法实现,常见工艺包括 $A^2O(AO)$、氧化沟和高效藻类塘(high-rate algal pond, HRAP)。

1. AO 和 A^2O 工艺

AO 和 A^2O 分别指缺氧-好氧生物脱氮工艺(图 12.5)和厌氧-缺氧-好氧生物脱氮除磷工艺(图 12.6)。20 世纪 70 年代,Barnard 在 Ludzack 和 Ettinger 提出的前置反硝化工艺的基础上,提出了改良型工艺,即 AO 工艺。在进一步研究中,他又提出了可同时实现脱氮除磷的 Phoredox 工艺。取消该工艺的第二级缺氧、好氧池,即 A^2O 工艺。

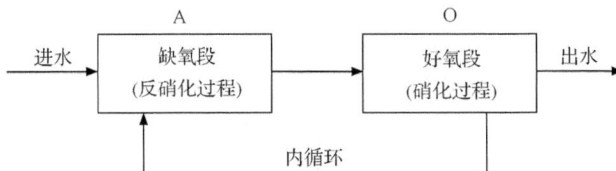

图 12.5　AO(缺氧-好氧)工艺流程

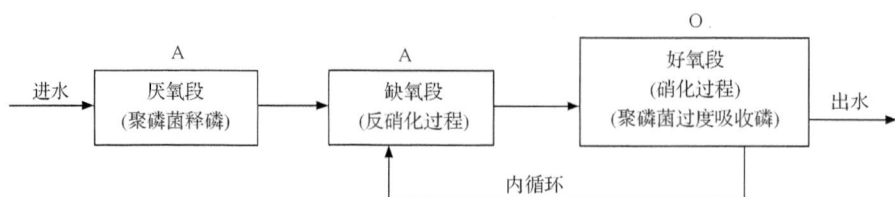

图 12.6　A²O(厌氧-缺氧-好氧)工艺流程

在 AO 或 A²O 中,生物脱氮的基本原理是氨化及硝化-反硝化过程,硝化-反硝化反应如式(12.1)~式(12.4)所示,最终将污水中的有机氮和氨氮转化为氮气的形式排入大气,从而将污水中的氮去除。通过式(12.3)和式(12.4)可以看出,反硝化过程需要有机物作为 H 供体提供 H^+,用于还原硝酸根或亚硝酸根离子。当污水中的有机物不足以提供足够的 H 供体时,往往需要人为投加外部碳源,供给反硝化所需。

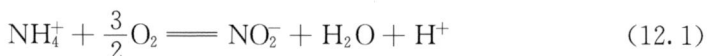

$$NH_4^+ + \frac{3}{2}O_2 \Longrightarrow NO_2^- + H_2O + H^+ \tag{12.1}$$

$$NO_2^- + \frac{1}{2}O_2 \Longrightarrow NO_3^- \tag{12.2}$$

$$NO_3^- + 2H^+（H 供体 - 有机物）\Longrightarrow NO_2^- + H_2O \tag{12.3}$$

$$NO_2^- + 3H^+（H 供体 - 有机物）\Longrightarrow \frac{1}{2}N_2 + 2H_2O + OH^- \tag{12.4}$$

A²O 工艺在只有脱氮(或除磷)功能的 AO 工艺中添加了一个缺氧池,能同步脱氮除磷,操作简单、运行费用低,所产生的剩余污泥量较一般生物处理系统少,而且污泥沉降性能好,易脱水。A²O 工艺是我国最常用的同步脱氮除磷工艺,运行状况均较好,在国内污水处理厂中的部分应用情况如表 12.6 所示(李楠 等,2008)。

表 12.6　A²O 工艺在我国城镇污水处理厂中的应用示例

城市	污水处理厂名称	规模/(万 t/d)	建成年份
广州	大坦沙污水处理厂	15	1989
桂林	东区污水处理厂	4	1990
昆明	第一污水处理厂	5.5	1991
泰安	泰安污水处理厂	5	1992
大连	经济开发区污水处理厂	6	1992
昆明	第二污水处理厂	10	1993
西安	邓家村污水处理厂	16	1994
保定	鲁岗污水处理厂	8	1996
珠海	香洲污水处理厂	3	2005
合肥	合肥污水处理厂	15	2006

　　我国南方某污水处理厂 A^2O 工艺 2008～2009 年度对 TN 去除的运行数据统计如图 12.7 所示。可见, A^2O 工艺对 TN 有很好的去除效果,60%出水 TN 浓度在 15 mg/L 以下。

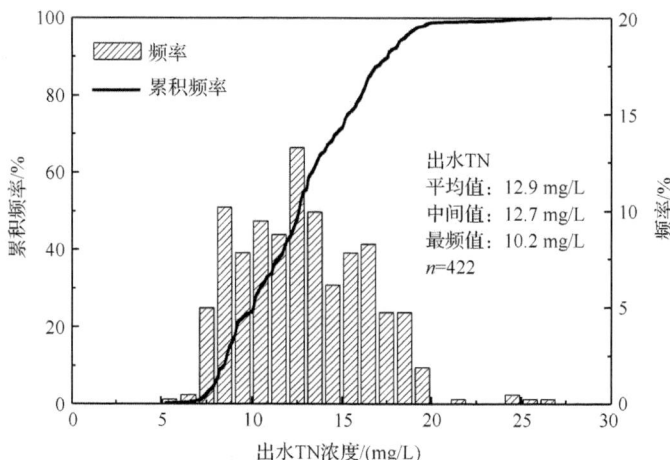

图 12.7　苏州某污水处理厂二期工程出水 TN 浓度分布

　　A^2O 工艺将厌氧段、缺氧段放在工艺的第一级,充分发挥了厌氧菌群承受高浓度、高有机负荷能力的优势,处理效果较好,产生的污泥较一般的生物法少。A^2O 工艺可用于处理工业废水比重较大的城市污水。另外,由于它是在普通活性污泥法的基础上发展起来的,因而也较容易用于生物法处理的老污水处理厂的改造(王英和陈泽军,2002)。

　　2. 氧化沟

　　氧化沟工艺具有较强的脱氮除磷能力。常见的氧化沟工艺包括 Carrousel 氧化沟(设置厌氧、缺氧段的具有脱氮除磷功能的卡式氧化沟简称 A2/C 氧化沟)、Orbal 氧化沟、一体化氧化沟、微曝氧化沟和 DE 氧化沟。

　　基于硝化-反硝化过程,通过特殊的运行方式,在氧化沟前增设厌氧池,在沟体前内增设缺氧区,形成改良型氧化沟(彭勃和李绍秀,2008)。氧化沟内部的溶解氧梯度,使硝化和反硝化作用在氧化沟中交替发生而完成生物脱氮功能,不需要混合液回流。随着我国对脱氮除磷要求的提高、节能降耗要求以及特殊水质对于氧化沟工艺的特殊要求,人们需要不断地去开发氧化沟工艺,以进一步加强氧化沟脱氮除磷的能力(董国日,2008)。

　　氧化沟工艺流程简单、运行稳定、运行方式灵活、管理方便、处理费用低。由于 BOD 负荷较低、水力停留时间较长以及流动方式独特,与其他工艺相比,氧化沟有较强的耐冲击负荷、出水水质较好,剩余污泥少且稳定,构筑物少。

几种常见的具有脱氮除磷功能氧化沟的技术工艺比较如表 12.7 所示(朱静平和柴立民,2004)。

表 12.7　几种常见的具有脱氮除磷功能氧化沟的技术比较

类型	曝气设备	备注
T 形氧化沟	多用转刷	不设二沉池及污泥回流装置,节省占地
DE 氧化沟	多用转刷	有独立的二沉池及污泥回流装置
Carrousel 氧化沟	表面曝气机	有独立的二沉池及污泥回流装置
Orbal 氧化沟	转盘	有独立的二沉池及污泥回流装置
微曝氧化沟	微孔曝气器	有独立的二沉池及污泥回流装置
一体化氧化沟	—	无单独二沉池及污泥回流装置,节省占地

氧化沟工艺在我国城镇污水处理厂中的部分应用情况如表 12.8 所示。Orbal 氧化沟已由我国自行设计,实现设备国产化。采用 Carrousel 氧化沟工艺的城市污水处理厂大部分为外贷项目。如昆明市第一污水处理厂,其 TP 去除率在 90 % 左右,TN 去除率在 70% 左右。DE 氧化沟和三沟式氧化沟在中高污染物浓度的中小型城市污水处理中也有应用,如四川省新都污水处理厂,出水 TP 达到 0.5 mg/L 以下(李楠 等,2008)。

表 12.8　氧化沟工艺在我国城镇污水处理厂中的应用示例

城市	污水处理厂名称	规模/(万 t/d)	建成年份	工艺
邯郸	东郊污水处理厂	5.4	1991	三沟式氧化沟
昆明	第一污水处理厂	5.5	1991	Carrousel 氧化沟
珠海	香洲污水处理厂	3	1994	Carrousel 氧化沟
苏州	新区污水处理厂	4	1996	三沟式氧化沟
深圳	滨河污水处理厂	25	1997	三沟式氧化沟
西安	北石桥污水处理厂	15	1998	DE 氧化沟
中山	中山污水处理厂	10	1998	Carrousel 氧化沟
北戴河	西部污水处理厂	7	2000	Orbal 氧化沟
重庆	北碚污水处理厂	5	2000	Carrousel 氧化沟
温州	中心区污水处理厂	10	2003	Orbal 氧化沟
深圳	罗芳污水处理厂(二期)	25	2003	三沟式氧化沟
邯郸	西污水处理厂	10	2004	改良型自流式氧化沟

全国若干采用氧化沟工艺的污水处理厂出水 NH_4-N 和 TN 的浓度分布如图 12.8 所示。氧化沟对氮有较好的去除效果。在二级出水的氮浓度分布统计中,

绝大部分出水氨氮浓度在 10 mg/L 以下,有将近 30% 的出水氨氮浓度在 1 mg/L 以下。大于 80% 的出水总氮浓度在 15 mg/L 以下,但也有一部分出水总氮浓度较高,为 20~30 mg/L。

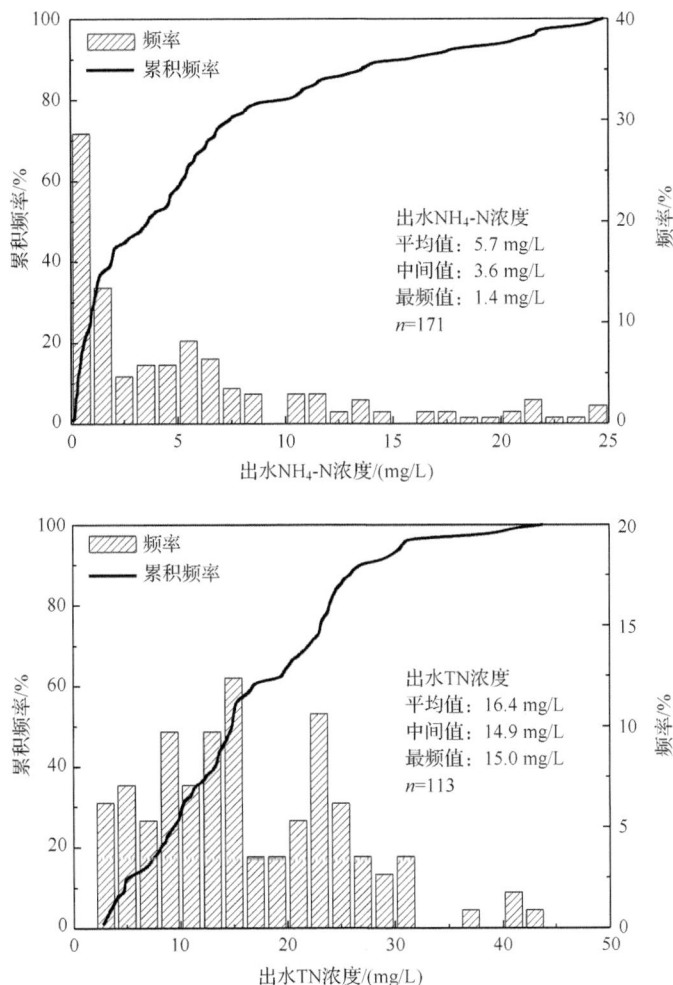

图 12.8　氧化沟工艺二级出水中的 NH_4-N 和 TN 浓度分布

3. 高效藻类塘

高效藻类塘(high-rate algal ponds,HRAP)是利用藻类快速生长形成藻菌共生系统来去除营养元素、重金属和病原体的池塘(Munoz and Guieysse,2006),其示意图如图 12.9 所示。中间有隔墙,将 HRAP 分开;左侧有叶轮,作为推流系统,推动来水在 HRAP 中运动,也可使表层水与底层水周期交换。需要注意的是,此推流系统不应对藻细胞产生大的剪切力(Munoz and Guieysse,2006)。

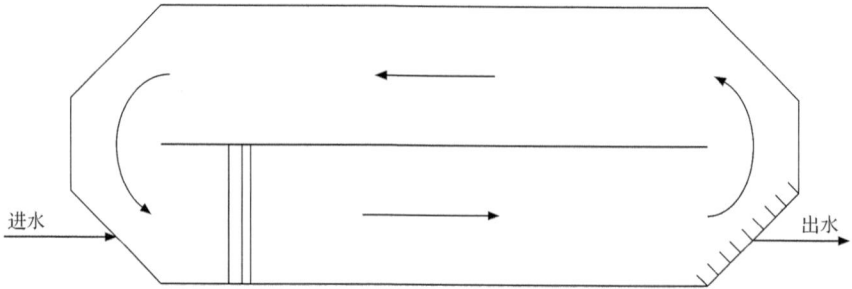

图 12.9　　HRAP 示意图

HRAP 通常设计深度为 0.3~0.6 m(使光线更好地透过),水力停留时间为 4~10 天(较短,可减少池塘表面积)。持续搅拌,使藻细胞悬浮,周期性的暴露于阳光。表面速度为 10~30 cm/s。

微藻在污水处理中去除氮磷的机理包括直接作用和间接作用(图 12.10)(Nurdogan and Oswald,1995)。微藻细胞能利用水体中多种无机氮和有机氮化合物作为氮源,利用二氧化碳和碳酸盐作为碳源,进行光能自养生长。被藻细胞吸收的硝酸盐、亚硝酸盐和铵盐可以用于氨基酸和蛋白质等物质的合成;水中的磷可直接被藻细胞吸收,并通过多种磷酸化途径转化成 ATP、磷脂等有机物。同时,微藻的光合作用造成水体 pH 升高,导致正磷酸盐和 $NH_3 \cdot H_2O$ 分别通过形成沉淀和挥发的形式去除,从而间接去除氮磷。此外,微藻光合作用形成的高 pH,也可起到一定的消毒作用(Munoz and Guieysse,2006)。

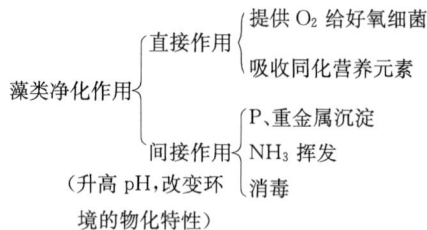

图 12.10　　藻类在 HRAP 中的净化作用原理

藻类通过光合作用释放氧气,供给好氧异养型微生物进行代谢活动(Garcia et al,2006)。好氧异养型微生物对有机污染物进行氧化分解,代谢产物二氧化碳和无机氮、磷化合物,又供给藻类作为光合作用所需的碳源和营养元素。如此循环,形成藻菌之间的互生关系,称之为"藻菌共生",其示意图如图 12.11 所示(Munoz and Guieysse,2006)。

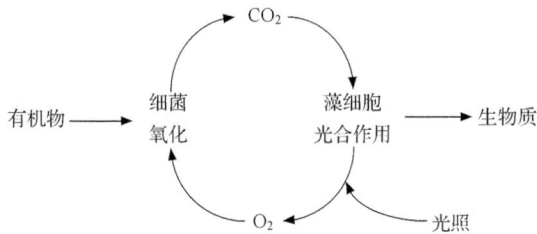

图 12.11　藻菌共生系统示意图

HRAP 用于污水处理,是细菌、藻类和浮游动物联合作用的结果。藻类生长可以产生氧气,去除 N、P 营养元素;浮游动物可捕食藻类,使藻类的生物量大大减少,从而获得好的水质(Canovas et al,1996)。

一般情况下,HRAP 对氮的去除率范围在 54%~96%;对磷的去除率范围在 40%~98%(Cromar et al,1996)。HRAP 对 TN 去除率的分布如图 12.12 所示。可见,HRAP 对 TN 的去除效率较高,大多集中在 75%~95%之间。

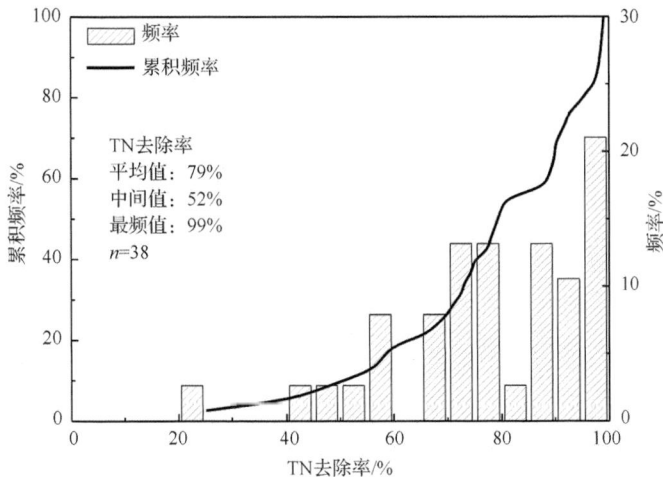

图 12.12　HRAP 对 TN 的去除率分布

利用 HRAP 中藻细胞的生长来去除氮、磷元素,有以下优点(Grobbelaar et al,1988;Grenn,1996;Mihalyfavy et al,1998;Aslan and Kapdan,2006;Metaxa et al,2006;Munoz and Guieysse,2006):①光合作用产生氧气,可减少机械曝气,节约能源,降低运行成本(机械曝气的能耗占污水好氧处理总能耗的 50%以上),同时防止一些污染物的挥发;②去除氮磷的同时可固定 CO_2;③出水中含有溶解氧(水力混合条件好的 HRAP,每天可产生的 DO 量为 $100 \sim 300$ bp DO/acre*);④脱氮除磷不需要添加碳源;⑤运行操作简单停留时间短;⑥无污泥处置问题;⑦获得的藻细胞利用途径多(如动物饲料、生物沼气、生物柴油等)。

HRAP 的不足有以下几点(Bich et al, 1999; Munoz and Guieysse, 2006):①由于 HRAP 是利用藻类吸收营养元素促使藻类生长,因此处理后的出水中往往含有较高的悬浮有机物含量;②HRAP 受光照、气温和 pH 的影响很大;③出水中的藻类难以打捞去除;④开放系统的 HRAP 对产地要求较高,而封闭系统则建设成本高。

HRAP 运行中出现的问题之一是水的绿色会消失或减少,产生恶臭。在HRAP 之前加设一个厌氧池,即可避免此问题(Hamouri et al, 1995)。

将培养藻细胞与大型水生植物相结合,可作为 HARP 的另一选择。Bich(1999)等研究表明,将小球藻与凤眼莲结合,可使营养元素去除率提高 23%;但Valderrama 等(Aslan and Kapdan, 2006)的研究表明,在小球藻对水中的营养元素进行去除之后,后续的浮萍对营养元素的去除没有额外的贡献。

HRAP 运行中容易出现的另一个问题是,藻细胞与细菌相比体积较大,对有害物质更敏感,因此生长速率小于细菌,在藻菌共生系统中,保持藻细胞的生物量较困难,在与细菌的竞争中易处于劣势(Munoz and Guieysse, 2006)。

在已有的研究报道中,氮磷去除效率与 HRAP 中藻的收获频率(Deviller et al, 2004)、环境条件(如水温、pH)(Metaxa et al, 2006)、气候条件(Deviller et al, 2004)有关。

HRAP 的设计参数如下:

(1) HRT

与藻类稳定塘相比,HRAP 的水力停留时间(hydrolic retention time, HRT)较短,一般为 $4 \sim 10$ 天,可减少池塘表面积。同时,HRT 对 HRAP 中的浮游动物组成有影响(Canovas et al, 1996)。根据藻细胞的生长,也要相应调整停留时间(Gomez et al, 1995)。

由于甲壳虫类浮游动物有捕食过滤藻细胞的能力,因此可以设计由几个塘组成的系列 HRAP。第一个塘的停留时间短,有利于藻细胞的生长进入对数增长期;第二个塘的停留时间长,有助于甲壳虫类浮游动物的生长(Canovas et al, 1996)。

法国学者研究表明,调整水力停留时间可以适应气候的变化:冬季和夏季的停留时间分别为 8 d 和 4 d,对 COD、NH_3-N、PO_4^{3-}-P 的去除率分别为 80%、92%、71%和68%、94%、71%(Picot et al, 1991)。

---

* 英亩:非法定计量单位,1 acre=0.404 856 hm^2。

（2）水深

水深对 HRAP 的处理效率影响很大，HRAP 通常设计深度为 0.3～0.6 m，由于水深较浅，因此光线可以更好地透过。当 $h=0.3$ m 时，HRAP 的净化效果最好（Picot et al，1992）。

（3）比表面积

比表面积（A/V）决定了单位体积藻细胞生长速率、O_2 产量和污染物去除速率（Munoz and Guieysse，2006），因此该设计参数对于 HRAP 的运行效果至关重要。

（4）表面流速

为了使藻细胞处于悬浮状态，能够周期性暴露于太阳光中，需要对 HRAP 进行持续搅拌，表面流速一般为 10～30 cm/s。

藻细胞收获对于 HRAP 中营养元素的去除十分重要（Mallick，2002；Deviller et al，2004），它的成本也决定了 HRAP 系统的经济性（Olguín，2003）。因此，选择单一藻种培养基，培养多细胞藻类（如 *Spirulina*，螺旋藻）或具有自我凝聚能力的藻类（如 *Phormidium*，鲍氏席藻）是人们关注的热点（Olguín，2003）。此外，藻细胞的悬浮能力也是影响收获成本的一个因素。当硝酸盐浓度大于 2.8 mmol/L、磷酸盐浓度大于 0.65 mmol/L 时，可保证 80% 的多细胞丝状藻悬浮（Olguín，2003）。

常用的藻细胞分离技术包括自然沉淀（Grenn et al，1996）、絮凝（Sukenik et al，1985；Moutin et al，1992；Munoz and Guieysse，2006）、气浮（Grenn，1996）、捕食（陈耀璋和张丽明，1984；Canovas et al，1996）和固定化（Olguín，2003；Munoz and Guieysse，2006）。

高效藻类塘对营养元素有较好的去除效果，在美国、德国、法国、新西兰、以色列、南非、新加坡、印度、玻利维亚、墨西哥和巴西等地均有应用。

4. 反硝化生物滤池

污水处理厂二级出水中的氮磷浓度仍相对较高，排放至河湖后，对于不流动或流动缓慢的浅水型景观水体仍存在水华爆发的风险（李鑫 等，2008）。因此，在二沉池之后有必要通过深度处理工艺进一步去除二级出水中的氮磷。反硝化生物滤池可作为深度处理单元进一步去除二级出水中的氮。反硝化生物滤池生物量大、处理效率高，因而成为污水深度脱氮技术的选择之一。

白宇等（2008）在北方某污水处理厂建立了 200 m^3/d 的示范工程，进行高品质再生水的生产，在二级出水强化脱氮除磷的基础上，采用臭氧（O_3）-活性炭（GAC）-反硝化生物滤池（DNBF）工艺进行中试研究。13 个月的运行结果表明，反硝化生物滤池是实现污水深度处理的有效手段。当外加乙酸钠作为碳源并使 C/N > 8 时，TN 去除率可达到 80% 以上。该工艺由于 O_3 在脱色除臭基础上能够强化活性炭滤池的生物多样性及活性,从而使出水 COD_{Cr} 能够长期稳定在 30 mg/L 以下,NH_3-N 小于 1 mg/L。在投加碳源 CH_3COONa 的条件下,系统经反硝化生物滤池处理后出水 TN 小于 2 mg/L(白宇 等,2008;刘金瀚 等,2008)。该工艺对 NH_3-N 和 TN 的具体处理效果见图 12.13。

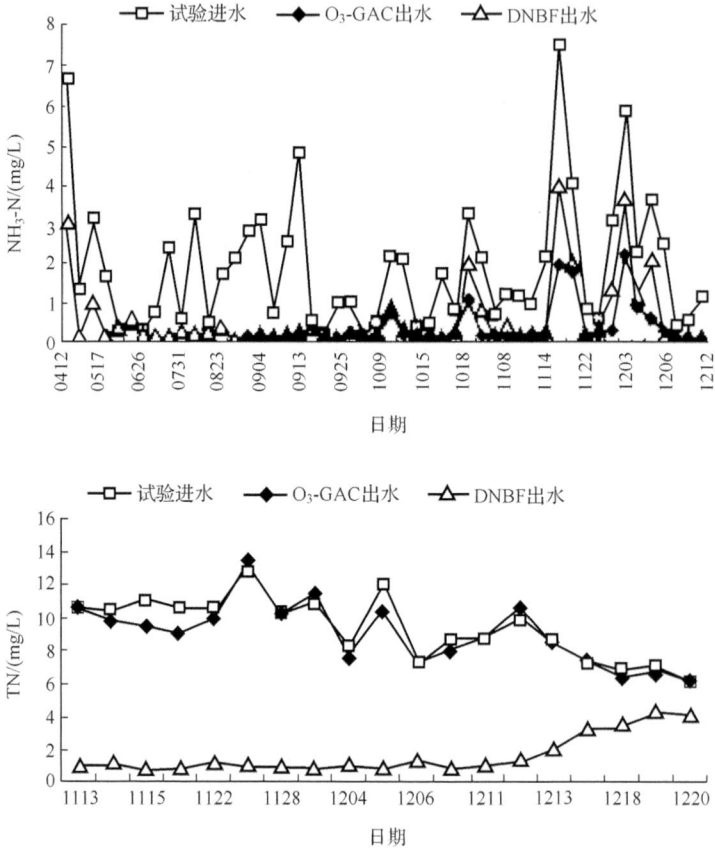

图 12.13　北方某污水处理厂臭氧(O_3)-活性炭
(GAC)-反硝化生物滤池(DNBF)工艺的脱氮效果

12.3.2　污水中磷的去除

1. AO 和 A^2O 工艺

AO 和 A^2O 工艺生物法除磷的主要原理是聚磷菌在厌氧条件下释放磷,在好氧条件下过度吸收磷,然后再通过排出剩余污泥的形式,将磷从污水中去除。主要工艺有 AO 工艺(厌氧-好氧生物除磷工艺,见图 12.14)和 A^2O 工艺(厌氧-缺氧-好氧生物脱氮除磷工艺,见图 12.6)。

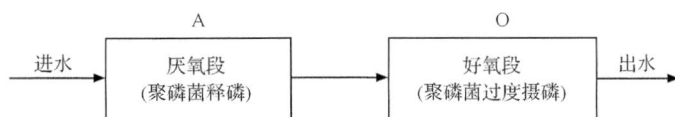

图 12.14　AO(厌氧-好氧)工艺流程

　　AO 工艺通过聚磷菌在厌氧和好氧状态的循环实现磷的去除。该工艺不需外加碳源,又能充分实现反硝化且易于控制污泥膨胀,投资和运行费用较低,在我国污水处理厂中广泛使用,其部分应用情况如表 12.9 所示(李楠 等,2008)。

表 12.9　AO 工艺在我国城镇污水处理厂中的应用示例

城市	污水处理厂名称	规模/(万 t/d)	建成年份
上海	吴淞污水处理厂	4	1988
天津	纪庄子污水处理厂	26	1989
上海	青浦污水处理厂	1.5	1991
北京	方庄污水处理厂	4	1992
天津	东郊污水处理厂	40	1993
北京	高碑店污水处理厂	50	1993
保定	银定庄污水处理厂	8	1996
青岛	李村污水处理厂	8	1998
杭州	四堡污水处理厂	60	1999
成都	三瓦窑污水处理厂(二期)	30	1999
大连	马栏河污水处理厂	12	2001
潮州	第一污水处理厂	4	2002
沈阳	西郊污水处理厂	60	2005
天津	北仓污水处理厂	10	2007

　　以上污水处理厂的运行结果表明,AO 工艺在污泥沉降性和磷的去除上明显优于传统活性污泥法,但对工艺控制的要求较高。AO 法在除磷方面的推广受到以下几个因素的制约:当温度低、进水负荷低时,微生物代谢能力减弱,污泥生长缓慢,磷的去除率必然降低,厌氧池的厌氧条件难以保证,受水质波动影响大,不够稳定。由于 AO 工艺流程简单,是在活性污泥法基础上发展起来的一种污水处理工艺,较适用于老厂改造。

　　如 12.3.1 节所述,A^2O 工艺同时具有脱氮除磷的功能。南方某污水处理厂二期工程(A^2O 工艺)2008～2009 年度对 TP 去除的运行数据统计如图 12.15 所示。A^2O 工艺对总磷也有很好的去除效果,80% 出水 TP 在 0.5 mg/L 以下。

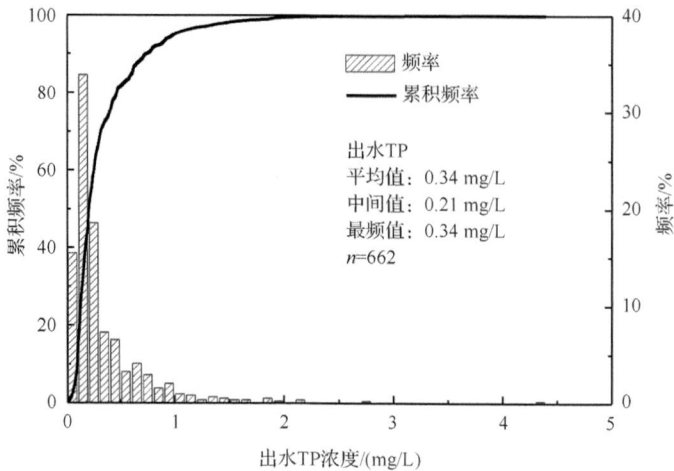

图 12.15　苏州某污水处理厂二期工程出水 TP 浓度分布

在生物脱氮除磷工艺中,污泥由硝化菌、反硝化菌和聚磷菌组成,在厌氧段、缺氧段和好氧段之间循环。由于不同微生物的最佳生长环境不同,因此生物脱氮和生物除磷之间往往存在矛盾,即在实际污水处理过程中容易出现脱氮和除磷很难同时达到最佳效果的情况(张波,2006)。

常规生物脱氮除磷工艺流程中存在着影响有效运行的相互制约因素,主要包括:①厌氧段与缺氧段污泥量的分配比影响磷释放或硝态氮反硝化的效果,厌氧段污泥量比例大,则释磷效果好,但反硝化效果差,反之,则反硝化效果好,而释磷效果差;②原污水经厌氧段进入缺氧段,磷释放与硝酸盐氮反硝化争夺碳源,当原水中碳源不足时,磷释放或反硝化不完全;③硝化菌世代繁殖时间长,要求较长的污泥龄,但磷从系统中被去除主要是通过剩余污泥的排放,因此要提高除磷效率则要求短污泥龄。

含有硝酸盐的回流活性污泥回流到厌氧区,会影响厌氧释磷作用,进而影响 A^2O 工艺的除磷能力。A^2O 工艺需要更高的进水 C/N 和 C/P 来达到同步脱氮除磷。倒置 A^2O 工艺和 A-A^2O 工艺对传统 A^2O 工艺进行了改进。

倒置 A^2O 工艺把缺氧池置于厌氧池之前。进水时少于 60% 的污水进入缺氧池,其余的进入厌氧池。倒置 A^2O 工艺在有无硝酸盐回流条件下均可运行。对于含氮低的污水,氮可以通过增加污泥回流转移到缺氧池。因此,厌氧池进水中硝酸盐含量很低,可产生一个较低的氧化还原电位,直接进入好氧池进行磷的过量摄取。倒置 A^2O 工艺有利于微生物形成更强的吸磷动力,所有污泥都将经历完整的释磷和吸磷过程使除磷能力得到增强。

江苏省常州市清潭污水处理厂两年多的运行状况表明,COD_{Cr}、SS、TN 和 TP

的去除率均有不同程度的提高,TP 去除率提高最多。2003 年出水 COD_{Cr}、BOD_5、SS、NH_3-N 和 TP 分别为 35.5 mg/L、5.35 mg/L、12 mg/L、0.65 mg/L 和 0.4 mg/L(李楠 等,2008)。

A-A^2O 工艺在厌氧池前增设缺氧池。充足的回流污泥停留时间保证了回流活性污泥中硝酸盐彻底反硝化,需要 20~30 min。10%~20% 的原污水保证了足够的碳源。厌氧池中最低限度的硝酸盐使磷去除率得到提高。通过分隔厌氧池和原污水,此工艺可以很容易地由 A^2O 工艺改造而成。A-A^2O 工艺最初应用在泰安污水处理厂,之后又应用于青岛团岛污水处理厂。团岛污水处理厂 COD_{Cr}、BOD_5、SS、NH_3-N 和 TP 的去除率分别为 95.3%,96.7%,98.4%,91% 和 80%,在没有化学除磷的条件下,TP 由进水的 29.3 mg/L 降低为出水的 5.8 mg/L(李楠 等,2008)。

2. 氧化沟

如 12.3.1 节所述,氧化沟同时具有脱氮除磷的功能。对全国若干采用氧化沟工艺的污水处理厂出水磷浓度进行分布统计,如图 12.16 所示。大约 80% 左右的出水总磷浓度在 1 mg/L 以下,其中小于 0.5 mg/L 和大于 0.5 mg/L 的出水总磷浓度约各占 50%。

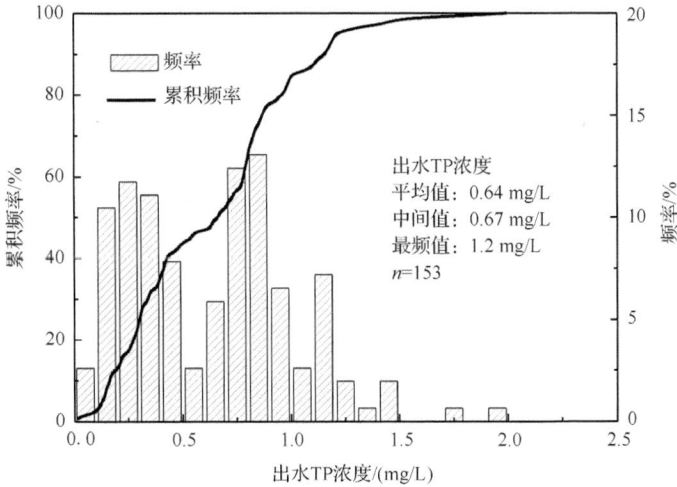

图 12.16 氧化沟工艺二级出水中的 TP 浓度分布

3. 高效藻类塘

如 12.3.1 节所述,HRAP 同时具有脱氮除磷的功能。HRAP 对 TP 去除率的分布如图 12.17 所示。与脱氮相比,HRAP 对 TP 的去除率相对较低,TP 去除率大多集中在 35%～60% 之间。

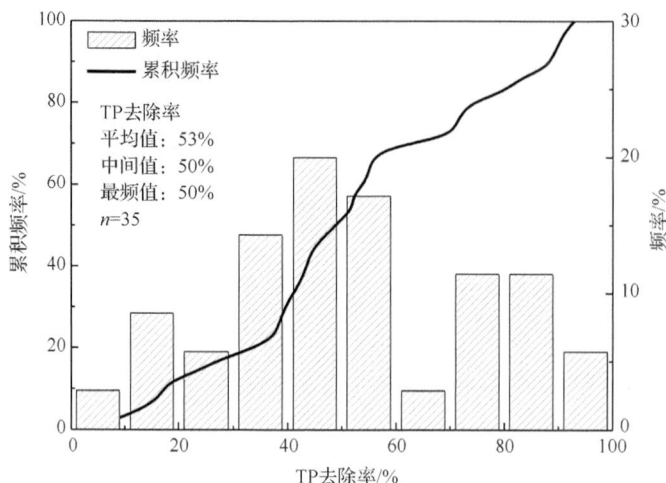

图 12.17　HRAP 对 TP 的去除率分布

4. 化学除磷

实际运行经验表明,生物除磷法对磷的去除量一般约为 BOD_5 去除量的 3.5%～4.5%(污泥龄为 5～20 d),MLSS 中磷的含量平均为 5%。而出水中颗粒态磷的含量取决于出水中的 SS 值(SS 中的含磷量为 5%)。因此,单独采用生物除磷工艺一般很难使出水中磷含量达到低于 1.0mg/L 的排放要求。在污水处理厂的实际运行中,常通过化学法进一步除磷。

化学除磷的主要原理是磷酸根离子的化学沉淀和混凝作用,具体而言可以分为四个步骤:沉淀、凝聚、絮凝、固液分离。沉淀反应和凝聚过程在一个混合单元内进行,目的是使化学沉淀试剂在污水中快速有效地混合。凝聚过程中,沉淀形成的胶体和污水中的原有胶体共同凝聚成为直径在 10～15 μm 的主粒子。絮凝过程中主粒子结合在一起形成尺寸更大的絮体。通过增加沉淀颗粒的尺寸,更加有利于沉淀颗粒在典型的沉淀或气浮工艺中分离。固液分离可单独进行,也可与初沉池污泥或二沉池污泥的排放相结合。

可用于化学除磷的金属盐有三种:钙盐、铝盐和铁盐,最常用的是 $Ca(OH)_2$、$Al_2(SO_4)_3$、$FeCl_3$、$FeCl_2$、$Fe_2(SO_4)_3$ 和 $FeSO_4$。一般认为,磷酸盐沉淀是配位基参与竞争的电中和沉淀反应,即通过 PO_4^{3-} 与钙离子、铝离子或(亚)铁离子的化学沉淀作用而将磷去除。以 $Ca(OH)_2$、$Al_2(SO_4)_3$ 和 $FeCl_3$ 为例,金属盐与磷酸盐、碱度的反应可用以下反应式表示。

石灰：

主反应，$Ca(OH)_2 + HCO_3^- \longrightarrow CaCO_3 \downarrow + OH^- + H_2O$　　(12.5)

副反应，$5Ca^{2+} + 3PO_4^{3-} + OH^- \longrightarrow Ca_5(OH)(PO_4)_3 \downarrow$　　(12.6)

硫酸铝：

主反应，$Al_2(SO_4)_3 \cdot 14H_2O + 2PO_4^{3-} \longrightarrow 2AlPO_4 \downarrow + 3SO_4^{2-} + 14H_2O$

(12.7)

副反应，$Al_2(SO_4)_3 \cdot 14H_2O + 6HCO_3^- \longrightarrow 2Al(OH)_3 \downarrow + 3SO_4^{2-} + 6CO_2 + 14H_2O$

(12.8)

三氯化铁：

主反应，$FeCl_3 + PO_4^{3-} \longrightarrow FePO_4 \downarrow + 3Cl^-$　　(12.9)

副反应，$2FeCl_3 + 3Ca(HCO_3)_2 \longrightarrow 2Fe(OH)_3 \downarrow + 3CaCl_3 + 6CO_2$

(12.10)

　　化学法的除磷效率较高,高于生物除磷,可达 75%～85%,且稳定可靠。一般情况下,出水 TP 含量可满足 1 mg/L 的排放要求;当化学法结合后续生物处理时,出水的 TP 含量可望满足 0.5 mg/L 的排放要求;在化学法后增加出水过滤,出水 TP 达到 0.2 mg/L(邱维和张智,2002)。

　　对全国若干采用化学除磷法的污水处理厂出水 TP 浓度分布进行统计分析,结果如图 12.18 所示。化学除磷法对磷的去除效果很好,统计出水中有 70% 以上的 TP 浓度在 1 mg/L 以下,有 48% 左右的 TP 浓度在 0.5 mg/L 以下。

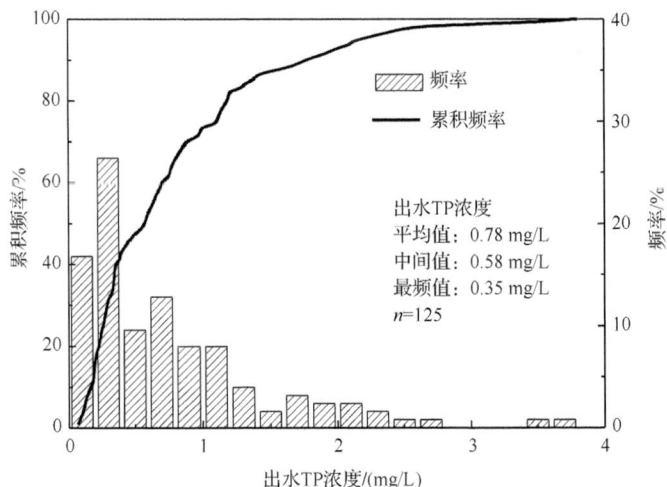

图 12.18　化学除磷工艺出水中 TP 浓度分布

　　化学法除磷处理效果稳定可靠,受季节温度变化影响不大,污泥在处理处置过程中不会重新释放磷而造成二次污染,耐冲击负荷的能力也较强。然而,在我国应用该项技术的主要问题是药剂价格昂贵、运行费用较高、由于产生大量化学污泥而导致污泥处理处置难度加大。

在污水处理厂中,根据化学药剂在处理流程中投加点不同,化学除磷工艺主要有前置沉淀、同步沉淀、后置沉淀、接触过滤(王文超 等,2008)和微絮凝过滤(王中民 等,1992)等工艺。

(1) 前置沉淀

在前置沉淀工艺中,一般将化学药剂投加在沉砂池、初次沉淀池的进水渠(管)、或文丘里渠中。为了达到混合要求,需要设置涡流产生装置或提供能量。在一次沉淀池中通过沉淀分离大块沉淀絮凝体。常用的沉淀药剂主要是石灰和金属盐。一般不采用Fe^{2+},主要原因是Fe^{2+}可能因不完全氧化而形成沉淀效果不好的颗粒。在超负荷运转的污水处理厂改造中通常使用前置沉淀,以降低生物处理段的负荷(约降低30%~50%),从而降低能耗和活性污泥产量;还可去除有毒物质,从而对敏感的生物段起到保护作用,并使水力停留时间明显缩短(王文超 等,2008)。

(2) 同步沉淀

同步沉淀是最广泛使用的化学除磷工艺,在国外约占所有化学除磷工艺的50%,其操作流程是将沉淀药剂投加在曝气池出水或二次沉淀池进水中,特殊情况下也有将药剂直接投加在曝气池进水或回流的活性污泥中。混凝剂可采用铝盐、铁盐、亚铁盐等,一般不采用石灰(于文超 等,2008)。

同步沉淀除磷效率为90%左右,出水中的磷浓度一般为1 mg/L。所投加的混凝剂在去除磷的同时对有机物的固液分离也有帮助。由于化学污泥与生物污泥的共同沉淀会增加污泥量,因此与单一生化处理相比污泥龄显著较小,从而影响硝化程度(王文超 等,2008)。

(3) 后置沉淀

在二次沉淀池之后设置固液分离设施,在其进水中加入化学沉淀剂进行单独的絮凝沉淀。在这种处理工艺中需要控制pH的条件,沉淀剂可以使用铝盐、三价铁盐和石灰等,一般不采用亚铁盐。在所有除磷工艺中,后置沉淀的除磷效果最好,磷去除效率一般大于95%,出水中的磷浓度一般低于0.5 mg/L。一般情况下,后置沉淀的化学污泥会回流至初沉池与初沉污泥共同沉淀,这样有利于污泥浓缩并可提高初沉池的处理效率。后置沉淀对生物处理也会起到关键作用,在高负荷条件下可防止敏感的生物污泥流失,因此在除磷的同时也提高了BOD和COD的去除效率(王文超 等,2008)。

(4) 接触过滤

接触过滤也称直接过滤,通常不作为单独的除磷步骤,一般与前置沉淀、同步沉淀或后置沉淀组合使用,作为二步除磷法中的第二步骤,以保证最后出水中的磷含量达到最低浓度。第一步除磷后,出水中磷含量 0.8~1.2 mg/L。用微滤膜或超滤膜组件进行接触过滤,可获得更高的出水水质和除磷效率,在适宜的铁、铝盐投加量下,其渗透液的磷含量一般低于 0.1 mg/L(王文超 等,2008)。

目前在城市污水处理中普遍采用生物除磷和化学除磷相结合的除磷工艺,其显著特点是在处理流程中投加化学混凝剂,其余则与普通活性污泥法类似。将生物法与化学法相结合,可充分结合生物除磷费用低及化学除磷出水水质好且比较稳定的优点。对于需要同时除磷脱氮的场合,可以优先考虑脱氮,辅以化学除磷,从而使出水中的氮磷含量均满足所排放标准(王文超 等,2008)。

(5) 微絮凝过滤

微絮凝过滤是省去沉淀过程而将混凝与过滤过程在滤池内同步完成的一种接触絮凝过滤工艺,可充分发挥滤池中滤料的含污能力。微絮凝过滤适用于待滤水中的絮体小而密实的场合。微絮凝体可穿过滤料层表面,进入滤层中间,使较深层的滤料也能吸附、截留到微絮凝体,因而比一般过滤法增大了含污层的厚度,即增大了滤池的截污能力。因此,这种直接过滤技术不仅可简化水厂处理流程、降低投资费用和减少运行费用,而且过滤周期长,反冲次数少,可提高产水量及出水水质(王中民 等,1992;傅金祥 等,2006)。

针对浊度不高的二级处理出水,获得过滤性能良好的微絮凝体的方法是,投加凝聚剂并快速混合后,直接进入滤池,或在微絮凝池中产生小而密实的微絮凝体后,再进入滤池。此法又称微絮凝直接过滤。国内外统计资料表明,微絮凝直接过滤可节省基建投资 30% 左右,节省运行费(包括药剂费等)10%~40%(王中民 等,1992)。

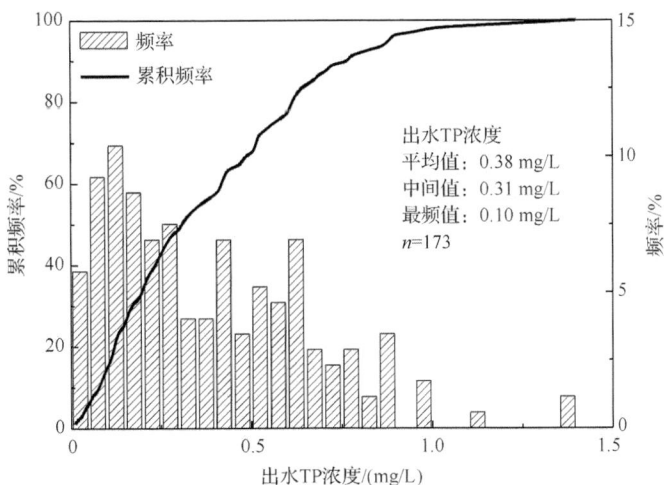

图 12.19 微絮凝过滤除磷工艺出水中 TP 浓度分布

　　傅金祥等(2006)采用微絮凝过滤法处理城市污水处理厂二级出水,在 PAC 投加量为 12 mg/L、阳离子 RT2300 投加量为 0.3 mg/L,反应时间为 30 s,滤速为 8 m/h 的条件下,过滤周期可达到 12 h,出水 COD 为 25~30 mg/L,出水浊度、色度和 TP 分别控制在 1 NTU、25 倍和 1 mg/L 以下,出水水质满足人工景观用水要求。

　　对全国若干采用微絮凝过滤除磷工艺的污水处理厂出水 TP 浓度进行统计分析,结果如图 12.19 所示。微絮凝过滤工艺对 TP 有良好的去除效果,统计出水中有 95%左右的 TP 浓度在 1.0 mg/L 以下,有 60%以上的 TP 浓度在 0.5 mg/L 以下。

12.3.3　污水氮磷去除新技术及发展方向

　　国内外大量研究表明,常规污水生物处理工艺虽然能够去除污水中大部分有机和无机污染物,但对氮磷营养物质的去除效果较差(Urrutia et al, 1995; Vílchez et al, 1997)。化学法的除磷效果良好,但化学药剂成本高,产生的污泥难以处理(Khan and Yoshida, 2008)。自从 Oswald 在 1958 年提出利用藻细胞去除氮磷的概念以来,基于藻细胞培养的污水处理技术有了快速发展。微藻具有生长速率快、收获时期短、光合利用效率高等特点,生长过程中会吸收大量氮磷,可作为污水处理厂三级处理单元深度净化污水(Anithan et al, 2002)。同时,微藻每年固定的 CO_2 大约占全球净光合产量的 40%(Hilton et al, 2006),并且是目前所知的唯一可能代替化石能源的原料。因此,近年来微藻技术的应用引起了越来越多的关注。

　　作为一种新型的"绿色"技术,利用藻细胞去除氮磷主要有以下优势:①能源(太阳光)充足;②去除氮磷的同时可固定 CO_2;③去除氮磷无需投加外部碳源;④处理出水中含有丰富的溶解氧;⑤无污泥处置问题,无二次污染;⑥获得的藻细胞利用途径多(如动物饲料、生物沼气、生物柴油等)。

　　由于微藻的上述优势,加之其生长速度快,代谢迅速,对污水的净化效率高,因此利用微藻净化污水已经成为污水处理中的重要研究方向。在李鑫等(2008)对栅藻 LX1 去除氮磷的研究中,固定初始 TP 浓度为 1.30 mg/L 时,培养 13 天后栅藻 LX1 在不同初始 TN 浓度条件下对氮磷的去除情况如图 12.20 所示。可见,栅藻 LX1 对 TP 的去除效果良好,培养至第 11 天,TP 去除率均接近 100%。在初始 TN 不高于 15 mg/L 的条件下,栅藻 LX1 对 TN 也有很高的去除率(83%~99%)。

　　在污水二、三级处理中,常见报道的藻种如表 12.10 所示。其中,目前研究较多的为栅藻(*Scenedesmus*)(Martínez et al, 2000; Shi, 2007)、小球藻(*Chlorella*)(Ogbonna et al, 1996; Hernandez et al, 2006)和螺旋藻(*Spirulina*)(Rose et al, 1996; Olguín et al, 2003)。

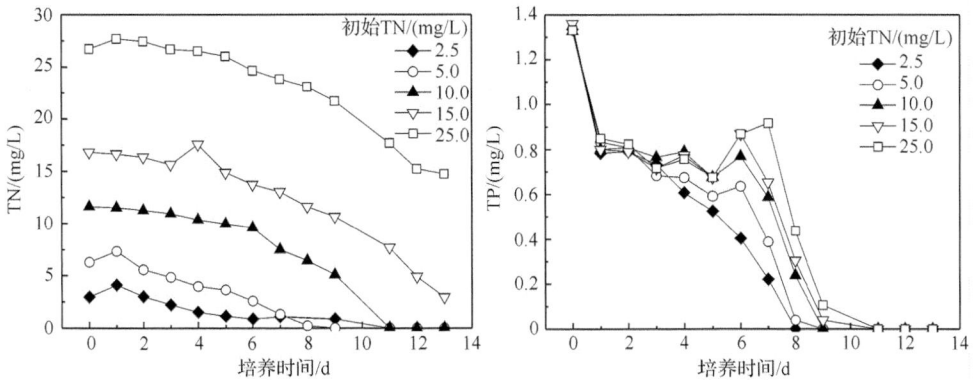

图 12.20　不同初始 TN 浓度下栅藻 LX1 对氮磷的去除效果(初始 TP 1.30 mg/L)

表 12.10　去除营养元素的优势藻种

藻种	优点	应用
螺旋藻(Spirulina)	①可絮凝,降低收获成本;②在氮源充足的条件下,藻细胞中蛋白质含量高(60%~70%干重);③可作为哺乳动物的饲料;④高价值化合物(如多聚不饱和脂肪酸)含量高;⑤多聚糖含量高,可作为重金属的生物吸附剂;⑥可在高 pH 条件下生长;⑦一些藻种可在高浓度的 NH₃-N 下生长;⑧一些藻种可在异养或兼养条件下生长。	处理废水方面应用广泛
席藻(Phormidium)	①可在低于 10℃ 的条件下去除营养元素;②在 30℃ 左右亦可处理废水;③沉淀速度快。	处理低温、高温废水
红细菌(Rhodobacter) 小球藻(Chlorella)	可在好氧、黑暗、异养条件下高效去除营养元素;与螺旋藻结合,可去除综合废水中所有营养元素。	处理含高浓度有机酸的综合废水
葡萄藻(Botryococcus)	可在二级处理出水的序批、连续培养基中生长;碳氢化合物含量为 40%~53%(干重)	处理一般二级处理出水
栅藻(Scenedesmus)	生长速率快,去除氮磷效率高,部分藻种自沉降性能好	处理二级出水
微绿球藻(Nannochloris)	对氮磷去除效率较高	处理二级出水

　　微藻不仅对氮磷有良好的去除效果,部分藻种还具有较高含量的油脂,可作为生产生物柴油的原料,以缓解当今世界能源紧缺的问题(Peer et al,2008)。利用微藻作为原料生产生物柴油,单位藻细胞油脂产量高(单位生物量藻细胞的产油脂能力是农作物的 30 倍,单位面积藻细胞油脂产量是农作物的 100 倍)(Chisti,2007);藻细胞光合作用效率高、生长速率高、生长周期短;藻细胞体积微小,易被粉碎和干燥,预处理成本低。

　　在目前已有研究中,利用微藻去除氮磷和利用微藻生产生物新型能源均为人们的关注焦点,有望将实际污水深度处理和资源能源生产相耦合。在污水三级处理系统中选择有益藻种作为进一步去除氮磷的单元,可以在深度净化水质的同时,从水中回收氮磷,获得的高价值藻细胞生物质可作为原料生产生物能源,从而将水质深度净化与高价值生物质生产相耦合,实现污水处理系统从处理工艺向生产工艺的转化,在深度净化污水的同时,以污水作为资源为人类服务(胡洪营 等,2009)。

在未来的新型污水处理系统中,人们的关注点不应仅局限于污染物的去除,而应将污水处理和以污水为资源的生产过程相耦合,实现污水处理系统从"处理工艺"向"生产工艺"的转化。处理污水的同时,以污水为原料获取"新"资源和"新"能源,不仅是一种新理念,更为缓解当前资源匮乏、能源紧缺的形势提供了可能的解决途径。因此,在未来资源、能源愈加紧张的严峻形势下,基于藻细胞培养的水质深度净化与高价值生物质生产耦合技术具有广阔的发展前景(胡洪营 等,2009)。

12.4　污水中微量有毒有害有机污染物的去除

由于环境中的微量有毒有害有机污染物具有潜在的"三致"效应或慢性毒性,且这类污染物多难于生物降解,会在生物体内积累,并可在食物链中经生物富集、浓缩而传递,分布广泛,特别是在其迁移、转化过程中,由于生物富集作用,其浓度水平还可能提高数倍甚至于上百倍,对生态环境和人体健康是一种潜在的威胁。环境中的微量有毒有害有机污染物的去除,尤其是持久性有机污染物(POPs)、药品和个人护理用品(PPCPs)与内分泌干扰物(EDCs)的去除,已成为污水再生处理领域普遍重视的新问题。

12.4.1　污水中 POPs 的去除

1. 常规污水处理工艺对 POPs 的去除

污水中的 POPs 经过一级处理后,主要吸附到悬浮物中并随着沉淀去除。研究发现,一级处理对七氯的吸附仅有 32%,对 PCBs 的吸附去除可达 70%,对林丹的去除高达 91%。溶解性有机物与小于 $100\mu m$ 细颗粒的存在会增加初沉池出水中疏水性污染物的浓度。

二级生物处理对 POPs 的去除途径包括活性污泥的吸附、生物降解/生物转化与曝气造成的吹脱。活性污泥对七氯的吸附率达到 65%,但仅吸附 18% 的林丹。虽然 POPs 具有持久性,但一些 POPs 仍可被生物降解,如林丹。一些化合物可被生物转化,如艾氏剂转化成狄氏剂。研究发现,某些情况下空气吹脱对 POPs 的去除起了重要作用,50% 的七氯可能由于挥发而去除,但林丹难以吹脱(Katsoyiannis and Samara，2005）。

　　污水处理厂对 POPs 的去除各不相同，其与处理工艺及 POPs 的物质种类相关。徐艳玲等对北京某污水处理厂不同工艺段水中部分 POPs 的残留水平进行了分析，其工艺流程见图 12.21（徐艳玲 等，2006）。

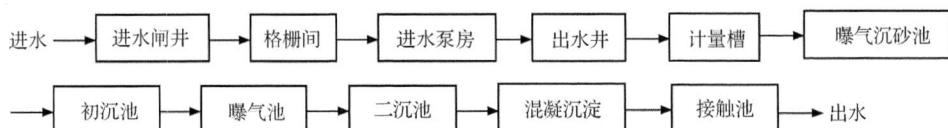

进水 ——→ 进水闸井 ——→ 格栅间 ——→ 进水泵房 ——→ 出水井 ——→ 计量槽 ——→ 曝气沉砂池

——→ 初沉池 ——→ 曝气池 ——→ 二沉池 ——→ 混凝沉淀 ——→ 接触池 ——→ 出水

图 12.21　北京某污水处理厂的流程图

　　各工艺段出水的有机氯农药浓度水平见图 12.22。在 20 种目标有机氯农药化合物中，仅检测出四种 HCHs 异构体（α-HCH，β-HCH，γ-HCH/林丹，δ-HCH），其质量浓度分别在 1~8 ng/L。进水中 HCHs 总质量浓度为 13 ng/L，以较稳定的异构体 β-HCH 为主要成分（质量分数为 62%），说明 HCHs 的污染可能为长期残留所致。整个水处理过程中，总 HCHs 逐渐下降，但 HCHs 检出浓度均比较低，无明显变化，说明二级处理（活性污泥法）和混凝沉淀对痕量 HCHs 的去除效果有限。

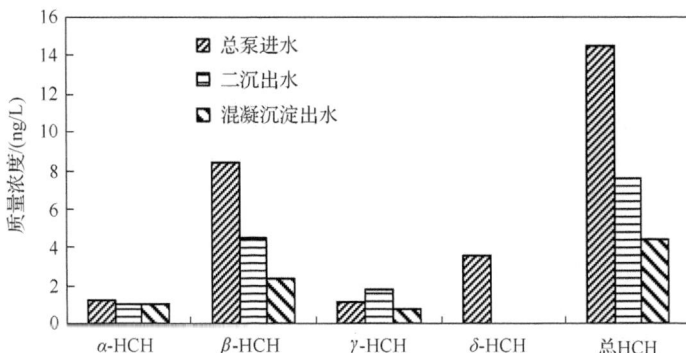

图 12.22　北京某污水处理厂各工艺段出水有机氯农药浓度（徐艳玲 等，2006）

　　污水处理厂的进水中共检出 18 种 PAHs，低环芳烃在进水中的浓度比较高，其中以萘的质量浓度最高，占总 PAHs 的 30%；五环、六环芳烃的质量浓度较低，均低于 10 ng/L。经过二级处理后可使低环芳烃质量浓度明显降低，萘和 1-甲基萘分别从 253 ng/L、146 ng/L 降到 18 ng/L、12 ng/L。通过污水处理厂的三个不同工艺段测试结果对比可知（如图 12.23 所示），常规二级处理工艺对低环数 PAHs 有较好的去除效果，去除率超过 80%；但对难降解的高环芳烃基本没有去除效果。经过二级处理后，混凝沉淀工艺对污水中的 PAHs 没有明显地进一步去除效果。

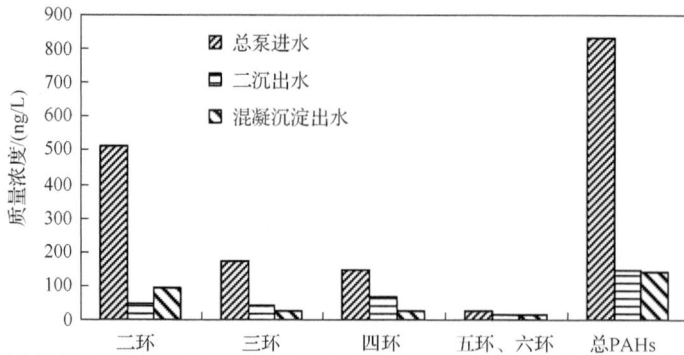

图 12.23　北京某污水处理厂各工艺段出水多环芳烃浓度(徐艳玲 等,2006)

2. POPs 去除技术研究进展

由于 POPs 的持久性、全球性、生物累积性以及高毒性,世界各国对 POPs 的去除与控制研究越来越关注,POPs 的去除方法包括物理法、化学法与生物法。

(1) 物理法

物理法通常包括混凝沉淀、吸附、萃取、蒸馏等。金重阳等研究了活性炭纤维对含多氯联苯废水的吸附处理,确定了相关条件下的吸附容量,并实际应用于含多氯联苯废水的处理中,处理之后的废水能够达到排放标准(金重阳 等,1997)。物理方法操作相对简便,但只能使污染物发生形态和地点的变化,不能彻底解决POPs 引起的污染问题,由于其可对污染物起到浓缩富集并部分处理的作用,常作为一种预处理手段与其他处理方法联合使用。

(2) 化学法

目前,化学方法在 POPs 污染治理中的应用较多,包括光化学降解法、超声波氧化法、湿式氧化法和超临界水氧化法等。

近年来,国内外学者对水体中 POPs 的光化学降解开展了广泛的研究,包括对水体中 POPs 的直接光解、光敏化降解与光催化降解等方面。在水体中,由于POPs 自身能吸收太阳光,或由于腐殖质、悬浮颗粒和藻类的催化或敏化作用而发生光降解。此外,水体中的 POPs 在半导体催化剂(如 TiO_2)作用下也能迅速光解,达到降解有机污染物的目的。研究者以菲和芘为代表,考察了水相中的多环芳烃在 TiO_2 催化下的光降解,发现其具有良好的降解效果(文晟,2002)。

超声波氧化法又称声化学氧化法,是利用超声空化效应以及由此引发的物理和化学变化起作用。张光明探讨了用超声波降解水中低浓度多氯联苯的可行性,发现超声波氧化法可在 30 min 内降解水体中 95% 的低浓度多氯联苯,且其反应符合假一级反应,358 kHz 是最佳频率(张光明,2003)。

湿式氧化法是让液态有机污染物与空气或氧气接触,控制温度在 177～

315℃、压力为 3.5~10 MPa,使有机物氧化的方法。张秋波等以 $Cu(NO_3)_2$ 为催化剂湿式氧化处理煤气化废水,在适当的处理时间内,不仅 COD 去除率可达 65%~90%,且对多环芳烃具有明显的去除作用(张秋波 等,1988)。

超临界水氧化法以超临界水为反应介质,在氧化剂如氧气、过氧化氢等的存在下经由高温高压下的自由基反应将有机物氧化为 CO_2 等产物。Swallow 等研究表明,用超临界水氧化法,在 600~630℃、25.6 MPa 条件下,可以在短时间内迅速破坏 PCDD/Fs(Swallow and Killilea et al.,1992)。

(3) 生物法

生物法是治理污染的一种较为理想的方法,包括植物修复与微生物降解。植物修复是利用植物转移或转化污染物,包括植物对污染物的直接吸收、植物根部分泌酶来降解污染物、植物根系与微生物协同吸收转化污染物,从而达到净化环境中 POPs 的目的。安凤春等比较了不同植物对 DDT 的吸收,结果发现丹麦产的 Taya 草和美国产的 Titan 草的效果最好(安凤春 等,2002)。

微生物降解主要是利用微生物体内的酶将 POPs 转化为易降解的物质甚至矿化。研究已发现多种 POPs 降解菌,可降解 DDT 的微生物包括无色杆菌、气杆菌、芽孢杆菌、梭状芽孢杆菌、埃希氏菌、镰孢霉菌、诺卡氏菌、变形杆菌、链球菌(Kale,1999)。对于 PCBs 的降解,目前研究一般认为细菌降解 PCB 的快慢与氯化程度成反比,并且只能以较慢的速度降解浓度较低的废水。任昱宗从污水处理系统中所筛选出的菌株(W-02 菌株)对多氯联苯的降解率可以达到 70%(任昱宗,2008)。生物法成本低、效果好、不破坏生态环境,但选择性较高,且耗时较长,高效降解菌的筛选与分离是一大难点。

12.4.2　污水中 PPCPs 的去除

1. 常规污水处理工艺对 PPCPs 的去除

目前对污水处理厂 PPCPs 浓度沿污水处理流程变化的研究越来越多,污水处理厂对不同药品及个人护理用品的去除情况如表 12.11 所示(Kang et al,2005)。

从表 12.11 可以看出,污水处理厂对不同 PPCPs 的去除率差异较大。对于解热止痛消炎药去除率在 15%~98% 之间,对于调血脂药的去除率为 6%~69%,对受体阻滞剂的去除率为 85% 左右,对其他药品去除率范围变化很大;对个人护理用品中常用的香料的去除率在 80%~100% 之间。去除率差异较大有多方面原因:首先,不同 PPCPs 的化学结构及特性不同,其在污水中的降解行为也不一样;其次,目前对污水中 PPCPs 的检测方法还不完善,检测结果偏差可能较大;再次,各国污水水质不同,污水处理厂处理工艺也不同,即使同一工艺不同的处理单元对 PPCPs 的去除特性也可能有差异。

表 12.11　污水处理厂进水 PPCPs 浓度及去除率

PPCPs		进水浓度/(μg/L)	去除率/%
解热止痛消炎药	阿司匹林	0.34~3.1	81~88
	双氯芬酸	0.035~3.02	(−200)~98
	氨基比林	1.1	38
	布洛芬	0.3~4.1	90
	吲哚美辛	0.3~1.0	71~83
	酮洛芬	0.6	48~69
	萘普生	0.6~1.3	15~78
	安替比林	0.3	33
调血脂药	非诺贝酸	0.5~1.03	6~64
	氯贝酸	0.46~1.2	0~51
	吉非贝齐	0.35~0.9	16~69
β受体阻滞剂	美托洛尔	6.5	83
	普萘洛尔	8.9	96
其他药品	环磷酰胺	0.007~0.143	0~94
	环丙沙星	0.22~0.37	70~80
	咖啡因	230	99.9
	卡马西平	1.78~2.1	7~8
	苯扎贝特	1.2~5.3	27~83
	三氯生	0.5~1.3	34~92
个人护理用品	香料	0.3~154	80~100

Marta Carballa 等研究了西班牙一家污水处理厂不同处理单元中 PPCPs 浓度的变化情况。该污水处理厂工艺流程如图 12.24 所示,其进水和出水中 PPCPs 浓度如表 12.12 所示。图 12.25 给出一级和二级生物处理过程中各物质的去除效率。

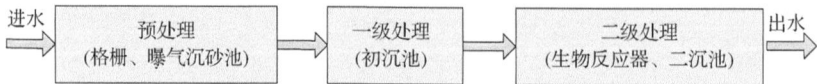

图 12.24　西班牙某污水处理厂的流程图

从图 12.25 可以看出,一级处理对两种香料的去除率为 40%,表明它们能够较好地吸附于固体表面从而在初沉池被部分去除;镇痛药布洛芬和萘普生在预处理和沉淀阶段并没有得到去除;合成抗菌药磺胺甲噁唑和 X 射线造影剂碘普胺不仅没有被去除,浓度还有所升高,这可能是由于水质变化导致检测结果的不稳定而造成的。

表 12.12　西班牙某污水处理厂进水及出水中 PPCPs 的浓度

物质	进水浓度/(μg/L)	出水浓度/(μg/L)
佳乐麝香	2.10～3.40	0.49～0.6
吐纳麝香	0.9～1.69	0.15～0.20
布洛芬	2.64～5.7	0.91～2.10
萘普生	1.79～4.6	0.80～2.60
磺胺甲噁唑	Nd 至 0.58	Nd 至 0.25
碘普胺	Nd 至 6.60	Nd 至 9.30

资料来源：Carballa et al，2004.

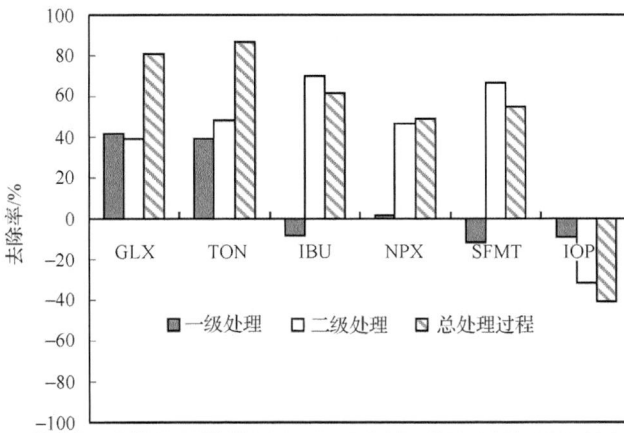

图 12.25　污水处理厂中初级处理、二级处理及总处理
过程中 PPCPs 的去除率(Carballa et al，2004)
GLX：佳乐麝香；TON：吐纳麝香；IBU：布洛芬；
NPX：萘普生；SFMT：磺胺甲噁唑；IOP：碘普胺

　　二级生物处理(传统活性污泥法)对碘普胺无去除作用，对其他物质的去除率
为 30%～75%。其中对镇痛药去除明显，对香料的去除率为 40% 左右，对磺胺甲
噁唑的去除率为 67%。该污水处理厂对香料的总去除率为 70%～90%，对镇痛药
为 60% 左右，对磺胺甲噁唑为 60%(郭美婷 等，2005)。

2. PPCPs 去除技术研究进展

　　如前所述，传统的污水处理工艺对 PPCPs 的去除效果不佳。Jones 等根据模
型和污泥计算，认为大多数的 PPCPs 不太可能在污水处理厂中被降解或被污泥吸
附(郭美婷 等，2005)。因此学者们开展了关于 PPCPs 的去除手段的研究，包括高
级氧化、活性炭吸附、膜分离等。

目前研究较为广泛的是高级氧化工艺,包括臭氧氧化工艺及臭氧氧化与其他工艺的组合工艺。

Ternes 等采用 O_3 对德国一城市污水处理厂的出水进行深度处理(表 12.13),结果表明,O_3 对水中的 PPCPs 类物质有较好的去除效率,各物质的去除率基本在 50% 以上,且 O_3 氧化后多数 PPCPs 已无法检出(Ternes et al,2003)。

表 12.13　O_3 处理对污水处理厂出水中 PPCPs 的去除效果

PPCPs		出水浓度 /(μg/L)	5mg/L O_3氧化	
			浓度/(μg/L)	去除率/%
解热止痛消炎药	双氯芬酸	1.3	<LOQ	>96
	布洛芬	0.13	0.067	48
	吲哚美辛	0.1	<LOQ	>50
	萘普生	0.1	<LOQ	>50
调血脂药	非诺贝酸	0.13	0.06	62
	氯贝酸	0.12	0.06	50
β受体阻滞剂	美托洛尔	1.7	0.37	78
	普萘洛尔	0.18	<LOQ	>72
	塞利洛尔	0.28	<LOQ	>82
	索他洛尔	1.34	<LOQ	>96
香料	吐纳麝香	0.10	<LOQ	>50
	佳乐麝香	0.73	0.09	93

注:<LOQ 表示低于检测限。

资料来源:Ternes et al,2003.

Norihide 等测定了城市污水处理厂进出水中 24 种 PPCPs 类化合物的浓度,发现经过砂滤、臭氧氧化的深度处理后,除了卡马西平与二乙甲苯酰胺之外的 22 种 PPCPs 类化合物的去除率均高于 80%,其中萘普生、酮洛芬、三氯生、克罗米通、磺胺嘧啶、大环内酯类抗生素等的去除主要是由于臭氧氧化的作用(Norihide et al,2007)。Kim 等研究了 UV、UV/H_2O_2、O_3、O_3/UV、O_3/H_2O_2 这 5 种氧化手段对 PPCPs 的去除,发现臭氧与甲芬那酸、四环素、土霉素的反应速率很大,紫外光降解与臭氧氧化对双氯芬酸的去除速率接近,紫外光降解对酮洛芬的去除起主要作用,而醋氨酚、艾芬地尔、茶碱在 O_3/H_2O_2 联合作用下的反应速率最大,说明羟基自由基是氧化这类物质的关键(Kim et al,2008)。

由于高级氧化工艺与传统净化工艺相比费用较高,因此,开发去除效率更高、成本更低廉的污水或给水净化工艺将成为将来这一领域的发展趋势。潜流湿地去除污水中 PPCPs 的研究受到关注。

Viactor 等经过两年的试验,考察了潜流湿地对进水浓度 $1\sim25\mu g/L$ 的 11 种 PPCPs 化合物的去除效率(图 12.26)。结果表明,该工艺对咖啡因、水杨酸、二氢茉莉酮酸甲酯、羰基布洛芬的降解率在 80% 以上,对布洛芬、羟基布洛芬和萘普生的降解率在 50%~80%,酮洛芬和双氯芬酸难以被降解,佳乐麝香和吐纳麝香由于强疏水性,可以被填料层吸附,因而去除率也达到 80% 以上,但是不被降解(刘莹 等,2009)。

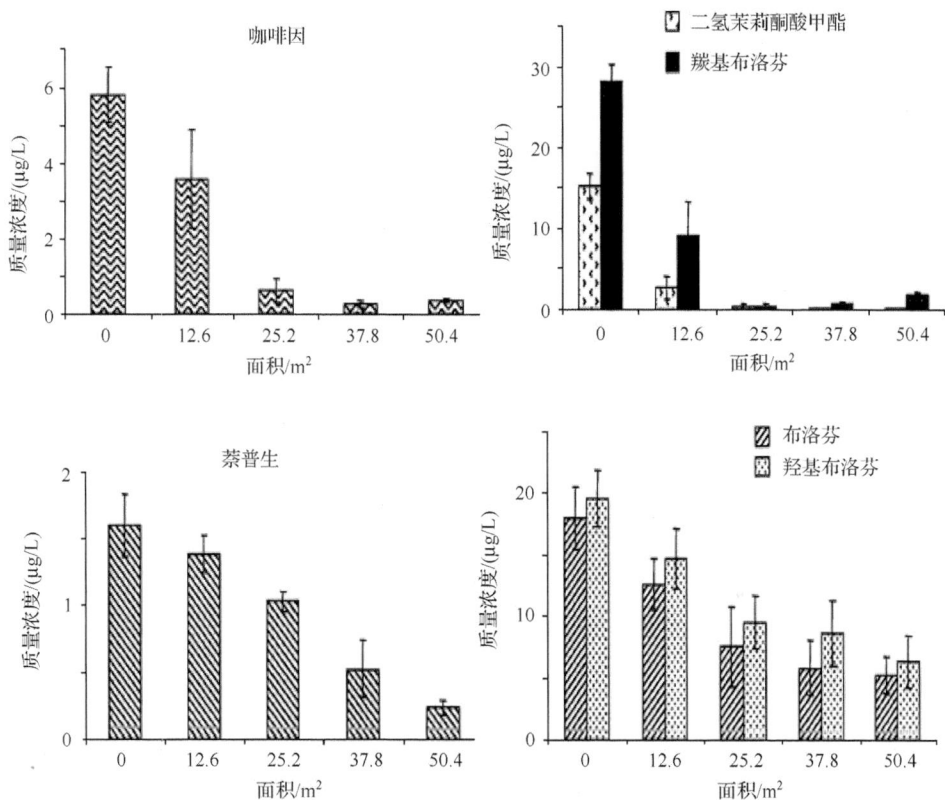

图 12.26　潜流湿地沿程 PPCPs 的浓度变化(Viactor and Josepm, 2006)

12.4.3　污水中 EDCs 的去除

1. 常规污水处理工艺对 EDCs 的去除

随着人们对 EDCs 越来越关注,同时由于检测手段的发展,关于污水处理厂进出水中 EDCs 浓度水平与迁移转化的研究越来越多,表 12.14 列出了污水处理厂对典型 EDCs 的去除率。经过常规工艺处理后,EDCs 不能被完全去除,其出水浓度具有波动性,与进水中 EDCs 的浓度及污水处理厂的运行条件相关。

早在 1999 年，德国、加拿大、巴西的学者就研究了活性污泥对 EDCs 的去除，E1、E2、EE2 的去除率分别可达到 83%、99.9%、78%。2003 年，瑞士的学者调查了 20 座污水处理厂的 EDCs 浓度分布，发现在活性污泥法、生物滴滤池与化学沉淀法三种处理工艺中，活性污泥法的去除效果最好，其平均去除率为 81%，而滴滤池与化学沉淀的平均去除率仅为 28% 与 18%。随后在 2005 年与 2007 年的研究中也发现同样的规律。

表 12.14 污水处理厂对 EDCs 的去除率

化合物	浓度/(ng/L)		去除率/%
	进水	出水	
E1	ND 至 18.3	ND 至 6.7	64~100
	57.8~83.3	6.3~49.1	41~89
	44	17	61
	25~132	2.5~82	−22~95
	19~78	1~96	−55~98
E2	4.0~25	0.35~3.5	59~98
	11	1.6	85
	35~125	ND 至 30	44~100
	2.4~26	0.2~14.7	−18.5~98.8
E3	24~188	0.43~18	77~99
	72	2.3	97
	23~48	ND 至 1	96.7
EE2	0.40~13	ND 至 1.7	52~100
	4.9~7.1	2.7~4.5	33~45
	<0.7~14.4	<0.7~4.1	71~93
	ND 至 1.2	ND 至 0.6	55
NP	4194~8768	1120~2235	75
	240~19000	550~1500	50
	1570~27411	426~4926	33~94
	2100~4500	300~400	84~93
BPA	332~339	13~36	90
	250~5620	<43~4090	92
	720~2376	16~1840	10~99
	281~3642	6~50	90~98

资料来源：Liu Z-H, et al, 2009.

Andersen 等研究了德国污水处理厂中 E1、E2 与 EE2 的迁移转化,发现 E1、E2 的去除率均高达 98%,而 EE2 的去除率相对较低,且大约 90% 的 E1 与 E2 在活性污泥系统中被降解,而 EE2 的降解主要发生在硝化池中。Yi 等发现 EE2 的转化率与氨氮的转化率成线性关系。这些说明硝化效果好的污水处理厂对 EE2 的去除效率较高。从上表中可以看出,一些污水处理厂出水中 E1 的浓度高于进水,这可能与 E2 转化成 E1 有关。

关于污泥龄对去除率的影响,有学者表示合适的 SRT 有利于 EDCs 的去除,但也有学者表示 EDCs 的去除效率与 SRT 不具有相关性。环境条件如溶解氧 DO 是一个重要的影响因数,通常好氧条件下的 EDCs 去除率高于厌氧条件下的(Liu Z-H et al, 2009)。

2. EDCs 去除技术研究进展

针对污水中的内分泌干扰物(EDCs)的去除技术,目前的研究热点包括过滤、吸附、化学氧化分解和生物降解及组合工艺。

(1) 过滤技术

过滤技术主要包括膜过滤技术等。近年来,利用膜技术去除污水中 EDCs 的研究迅速展开,包括不同类型膜对 EDCs 的去除性能以及膜污染、污水中有机质等其他因素对 EDCs 去除的影响。Liu 等总结了膜技术对 EDCs 的去除率数据,发现不同膜对 EDCs 的截留率范围宽泛,从 10% 至 99.9%。这不仅缘于不同 EDCs 理化性质的差异,还与膜的类型直接相关。

膜对污水中 EDCs 的截留主要是利用体积排阻、电荷相斥和吸附去除作用来实现的(Liu Z-H et al, 2009)。Yoon 研究了纳滤(NF)和超滤(UF)对 EDCs 的膜截留/吸附特性,发现纳滤可截留 40% 左右的类固醇类内分泌干扰物,而超滤对 E1 的截留作用显著,如图 12.27 所示。由于该研究使用了四种不同的水样进行试验,而膜过滤对不同来源水样的截留效果差别较大,因此每种化合物的截留效果不易进行比较(Yoon et al, 2007)。Change 等研究了微滤对 E1 的截留作用,截留率可高达 95%,但随着过滤时间的增加截留效果下降。这是因为实验所用的微滤膜孔径比 E1 分子大几个数量级,截留通过吸附作用而非筛分作用达到,于是截留是可逆的(Chang et al, 2003)。

目前,膜技术是国际上一项热门水处理技术,其研究热点包括在饮用水和再生水安全性上的控制原理以及与其他工艺组合的机理和效果。但较高的运行成本成为制约其在再生水制备领域应用的瓶颈。

(2) 吸附技术

污水中 EDCs 的吸附去除研究多围绕活性炭技术展开。不同研究者从活性炭的种类、表面特性等方面考察其对 EDCs 的吸附影响。

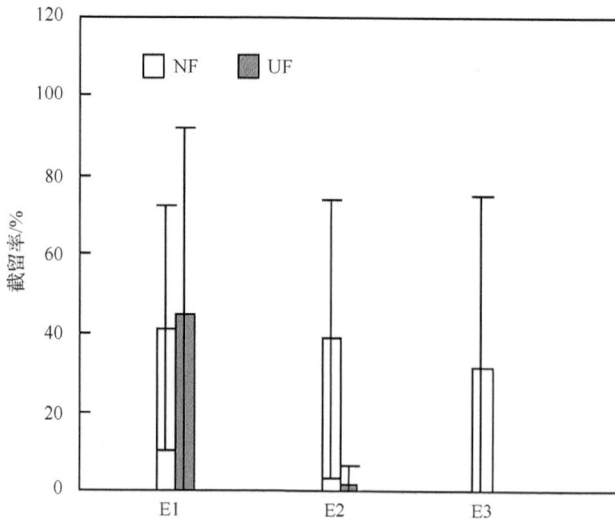

图 12.27　纳滤与超滤对 EDCs 的截留效果(Yoon et al, 2007)

　　Abe 研究了活性炭对 70 种 EDCs 的吸附性能,结果显示活性炭可有效地吸附去除水中的 EDCs。Choi 等利用实验室规模的颗粒活性炭固定床进行壬基酚、双酚 A 等 EDCs 的去除研究,发现 K_{ow}(正辛醇-水分配系数)越大的 EDCs 越易被活性炭吸附。同时,作者还发现活性炭的类型与使用寿命会影响其对 EDCs 的吸附:由于煤质炭的孔容积大,其吸附效果最好;活性炭的吸附能力随炭柱使用时间的增长而下降(Liu Z-H et al, 2009)。

　　研究者们不仅考察了活性炭对人工合成污水中 EDCs 的去除特性,还利用实际污水进行试验。Fukuhara 等发现活性炭对污水中 E2 的吸附量大约是纯水中的千分之一。纯水与市政污水二级出水中,市售活性炭对 E2 的吸附曲线如图 12.28 所示。当 E2 平衡浓度为 1 ng/L 时,在纯水体系中,活性炭的吸附容量为 0.53～4.1mg/g,而在污水处理厂二级出水中的体系中,活性炭的吸附容量仅为 0.28～1.0μg/g(Fukuhara et al, 2006)。这与污水中复杂的化学成分相关,且污水中富含的大分子物质在吸附过程中亦难以去除,而且大分子物质的存在会堵塞活性炭空隙,导致大量微孔无法应用,加快活性炭饱和,缩短活性炭使用周期,增加经济成本。此外,再生效率较低、经济成本较高是单一活性炭吸附技术推广和应用的瓶颈。

　　(3) 化学氧化技术

　　化学氧化能完全降解或部分氧化污水中的 EDCs,以达到控制风险因子的目的。氯化过程广泛应用于自来水或污水出水的消毒环节,对 EDCs 也具有氧化去除作用。Moriyama 等利用 HClO 氧化 EE2,反应速率快并且去除率可达 100%,

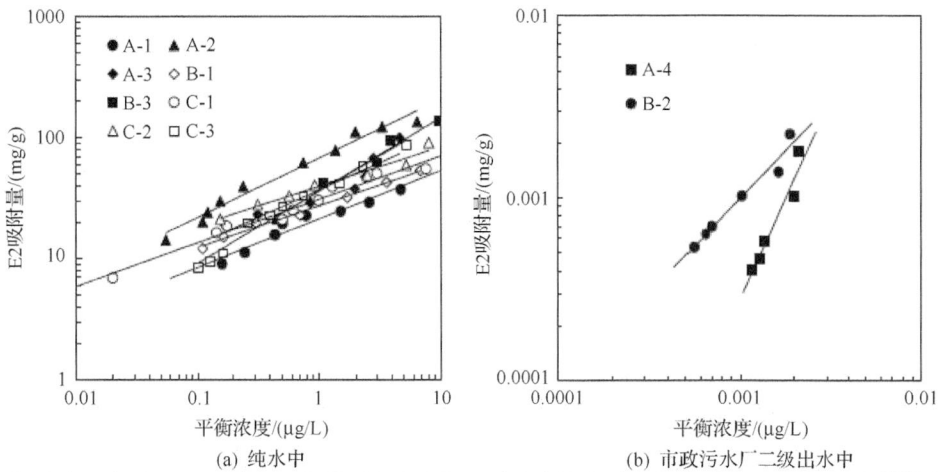

图 12.28　活性炭对 E2 的吸附曲线(Fukuhara et al, 2006)

但是部分氯化副产物具有致癌性和(或)致突变性。因此,确定 EDCs 的氯化产物及其雌激素活性是很重要的。Hu 等利用 NaClO 氧化 E2,去除率可达 100%,但形成的 4-Cl-E2 等氯化产物仍具有雌激素活性(Auriol et al, 2006)。

　　与氯化相比,O_3、UV/ H_2O_2 与其他的组合方法是更有效地去除 EDCs 的手段。臭氧(O_3)是最常采用的氧化剂,其氧化能力仅次于羟基自由基,能与多种无机和有机物反应。O_3 与有机物反应的最大特点是其选择性,其能快速与含有不饱和键的化合物反应,形成醛、酮、羧酸等反应产物;同时臭氧灭活微生物能力强,经过投加适量的 O_3 处理后,水中的病原微生物能被有效灭活。许多研究者利用臭氧氧化去除 EDCs,均可获得较高的去除率,如表 12.15 所示。Rosenfeldt 等发现 UV/ H_2O_2 对 E2、EE2 与 BPA 的去除率也高达 90%(Rosenfeldt and Linden, 2004)。

表 12.15　臭氧对 EDCs 的氧化去除

EDCs	实验用水	EDCs 初始浓度	去除率	反应时间	臭氧投加量	参考文献
E1	市政污水处理厂出水	0.015 μg/L	>80%	18 min	5 mg/L	Ternes et al, 2003
E1	污水处理厂二级出水	9.7~28 ng/L	95%	10 min	5 g/L	Nakagawa et al, 2002
E2、EE2、BPA	人工配水	100 nmol/L	100%	1~120 min	1.5 mg/L	Alum et al, 2004
EE2	人工配水	1 μmol/L 或 10 μmol/L	98.5%	—	0.5~20 mg/L	Huber et al, 2004

EDCs	实验用水	EDCs 初始浓度	去除率	反应时间	臭氧投加量	参考文献
E1、E2、EE2	污水处理厂出水	0.5 μg/L 或 1μg/L	>90%	—	2 mg/L	Huber et al, 2005
E1、E2、EE2、NP	人工配水	100μg/L	>92%	4 min	63.6μg/L	刘桂芳 等, 2007

锰氧化物也可氧化去除 EDCs。Rudder 等利用 MnO_2 反应器处理 EE2 可获得 81.7% 的去除率。由于 40 天后 MnO_2 反应器仍未饱和,作者推测 EE2 不仅被 MnO_2 吸附,还可被 MnO_2 氧化降解,但是作者并未进一步确定 EE2 的代谢产物及其雌激素活性。近年来,研究者采用生物氧化锰进行试验,以实现 MnO_2 的自我循环再生。

化学氧化过程对于去除 EDCs 具有很大的潜力,然而,大部分研究数据是采用人工配水获得的,因此,需要进一步验证这些氧化手段在 EDCs 处于纳克每毫升浓度水平时是否起作用,并考察污水中的其他有机物、颗粒对氧化过程的影响。同时,氧化副产物的形成及其雌激素活性等仍不明确(Auriol et al, 2006)。

(4) 生物降解技术

在污水常规处理过程中,EDCs 的生物降解主要集中在二级生物处理工艺,包括以活性污泥法、生物滤池为代表的好氧处理以及厌氧处理。研究者通过总结各种污水处理厂对 EDCs 的去除率发现,活性污泥法相比生物滤池可更有效地降低污水中的雌激素活性,这可能与活性污泥对 EDCs 的吸附有关(Svenson et al, 2003)。而厌氧过程难以完全矿化 E2 等,同时反应速率远慢于好氧过程(表 12.16)。近年来,膜生物反应器也广泛应用于实际工程中。Wintgens 等采用膜生物反应器可去除废水中 90% 的 NP 与 BPA(Wintgens et al, 2002)。

表 12.16 不同类型的微生物对 E2 的去除率

E2 初始浓度	降解反应类型	微生物来源	实验时间	去除率/%
1 mg/L	好氧	活性污泥	1~3 h	>95
0.4 mg/L	好氧	硝化菌	187 h	>95
100 μg/L	好氧	活性污泥	28 d	>90
5 ng/L	好氧	活性污泥	4 h	>80
200 μg/L	厌氧	活性污泥	7 d	50
1 μg/g	厌氧	含水层物质	107 d	50

资料来源:Liu Z-H et al, 2009.

近年来,研究者分离得到了多株 EDCs 的高效降解菌(表 12.17)。Shi 等发现硝化污泥对 E1、E2、EE2 等类固醇激素具有良好的降解能力,去除率在 90% 以上,同时作者还发现氨氧化菌,如 N. europaea,对硝化污泥降解 EDCs 具有关键作用。然而,N. europaea 只能将 EDCs 氧化至中间产物,硝化污泥中的其他异养菌再继续氧化中间产物,完成 EDCs 的矿化(Shi et al,2004)。Gabriel 等从活性污泥中分离出鞘氨醇单胞菌 Bayram,该菌种能以 NP 为唯一碳源生长,对 NP 的去除率超过 95%(Gabriel et al,2005)。

表 12.17　EDCs 降解菌

降解物质	菌种	降解率	菌种来源	参考文献
E1、E2、E3、EE2	*Nitrosomonas europaea*	>90%	硝化污泥	Shi et al,2004
E2	*Novosphingobium tardaugens* sp.	~80%	活性污泥	Fujii et al, 2002
NP	*Sphingomonas xenophaga* Bayram	>95%	污泥	Gabriel et al, 2005
BPA	*Streptomyces* sp.	>90%	河水	Kang et al,2004

在污水处理过程中可将降解菌等固定在填料(活性炭、砂粒等)上降解 EDCs。美国 21 世纪再生水厂采用生物活性炭技术对二级出水处理并将出水回灌于地下,其对酞酸二异丁酯等 EDCs 的去除率高达 90%。日本的 Li 等与 Yamanaka 等分别研究了生物活性炭对 E2、BPA 的去除,出水 EDCs 浓度均在检测限以下,微生物降解作用的引入,延长了炭柱的使用寿命(Li et al,2008;Yamanaka et al,2008)。目前,利用生物活性炭吸附再生水中的有毒物质正日益受关注,已成为再生水领域的研究热点之一。

(5)组合工艺

组合工艺主要包括土层处理技术、臭氧-生物活性炭技术等。土层处理技术主要通过土壤含水层对再生水进行深度处理,包括表层土壤的过滤、非饱和带渗滤与渗流以及含水层的处理与储存三个部分。以土壤基质作为生物反应过滤器,通过土壤蓄水层的物理、化学和生物作用实现了自然生物链的循环,将其中的有毒物质和病原微生物进一步去除,使水得到了充分的净化、修复和恢复。经过土层处理系统处理的再生水水质与采用膜技术处理的水质相当。在美国,土层地处理技术应用较为广泛。在我国土地处理的研究大多是用于污水处理或污灌,有关人工地下水回灌的技术研究刚刚起步,虽然也针对不同目的开展了大量的试验研究,但也仅限于处理目的,尚未提到回用的高度,目前多采用自来水进行地下回灌。

臭氧-生物活性炭技术是将臭氧氧化、活性炭吸附和生物降解结合为一体的工艺。利用臭氧预氧化作用,使水中难以生物降解的有机物断链、开环,将大分子有机物氧化为小分子有机物,提高原水中有机物的可生化性和可吸附性,从而减小活性炭床的有机负荷,延长活性炭的使用寿命。同时臭氧分解后产生的氧,可提高水中溶解氧,使水中溶解氧呈饱和状态或接近饱和状态,促使好氧微生物在活性炭表面繁殖,为生物降解提供必要条件。王晓东等研究了臭氧-生物活性炭工艺对 NP、OP 与 BPA 的去除效果,当进水浓度各为 $200\mu g/L$,臭氧投加量为 $2\sim 6$ mg/L,臭氧接触时间 $10\sim 30$ min,相应的活性炭空床停留时间为 $4\sim 12$ min 时,工艺出水中均未检出 NP、OP 与 BPA,且结果表明活性炭吸附是该工艺去除 NP、OP 和 BPA 的主要单元(王晓东 等,2006)。研究表明臭氧-活性炭工艺用于去除 NP、OP、BPA 等 EDCs 是可行的。

综上所述,每一种工艺都有其优势和局限性,单一的高级氧化技术、生物炭技术、膜技术等都无法高效去除所有 EDCs 等微量有毒物质。只有建立多重安全控制体系才能有效控制再生水健康风险。

12.5　污水中的重金属的去除

1. 常规污水处理工艺对重金属的去除

城市污水生物处理厂最初设计的主要目的是去除污水中的颗粒悬浮物质、有机污染物质(以 COD 或 BOD 表示)和部分营养物质等(如 N、P)。然而,大量的研究结果和工程实践表明,污水中的部分重金属在此过程中也可以被同时去除。研究表明,传统活性污泥法城市污水处理厂正常运行过程中,Cd、Cr、Cu、Pb、Zn 的去除率可以达到 70%～90%;而 Ni 被认为是去除效率最低的一种金属元素,仅有40%～50%。Chang 等认为在污水处理过程中 Pb、Cu 和 Zn 具有较高的去除效率,而 Cd、Ni 和 Mn 的去除率则比较低(Chang et al,1995)。

李晓晨调查了某城市污水处理厂原水与二沉出水中的重金属浓度,其工艺流程如图 12.29(a)所示。研究发现,该厂进水中浓度最高的金属是 Fe,浓度为 (1.7 ± 0.702)mg/L;其次是 Mn,浓度为 (0.240 ± 0.137)mg/L,浓度最低的是 Cu,其平均浓度仅为 0.006 mg/L。对比进水中重金属的浓度,由高到低的顺序为Fe>Mn>Zn>Ni>Cr>Pb>Mo>Cu,这种分布规律主要是由污水的来源决定的。处理后最终出水中的重金属也表现相似的浓度顺序,出水中各种金属的浓度均低于《城镇污水处理厂污染物排放标准》(GB 18918—2002)中相应的最高容许排放浓度限值。

从图 12.29(b)可看出,在污水处理过程中,去除率较高的是 Mo、Fe、Pb 三种重金属,其去除率分别为 69.4%±38.0%、64.9%±4.3%和 67.3%±49.4%;Cr和 Ni 的去除率比较低,仅为 15.6%±13.4%和 11.8%±10.6%;Zn、Mn 和 Cu 的平均去除率为 50%左右。对比这 8 种重金属在污水处理过程中的平均去除率,其由高到低的顺序为 Mo>Pb>Fe>Mn>Zn>Cu>Cr>Ni。与其他学者的研究结果相比较,该污水处理厂对重金属离子的去除率相对偏低,这可能与该污水处理工艺中的污泥泥龄、污水 pH、生物浓度以及有机负荷等因素有关。而该污水处理厂的来源污水中重金属的浓度普遍较低也可能会影响到其去除效果(李晓晨,2006)。

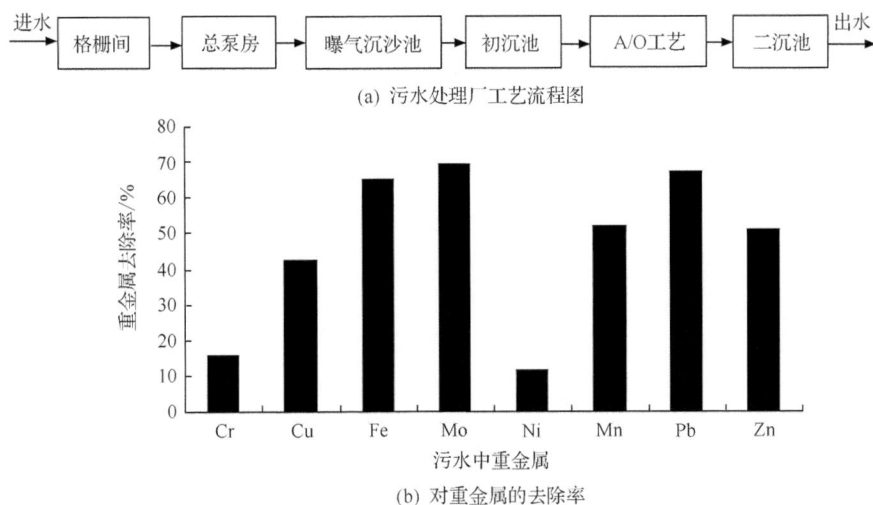

进水 → 格栅间 → 总泵房 → 曝气沉沙池 → 初沉池 → A/O工艺 → 二沉池 → 出水

(a) 污水处理厂工艺流程图

(b) 对重金属的去除率

图 12.29　某城市污水处理厂对污水中重金属的去除(李晓晨,2006)

城市污水处理厂的处理工序、污水中金属含量以及赋存形态等均对金属的去除率有重要影响。其中,初沉池中主要通过颗粒物的吸附、共沉淀等理化作用去除颗粒物结合态金属离子,而溶解态的金属离子则主要在生化处理单元和二沉池中得到去除。对于城市污水的传统活性污泥法处理而言,重金属离子在不同工序中的去除情况如图 12.30 所示。

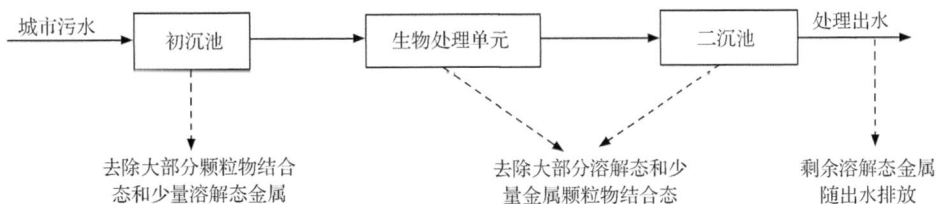

城市污水 → 初沉池 → 生物处理单元 → 二沉池 → 处理出水

去除大部分颗粒结合态和少量溶解态金属

去除大部分溶解态和少量金属颗粒物结合态

剩余溶解态金属随出水排放

图 12.30　重金属在不同工艺段中的去除情况(李晓晨,2006)

2. 重金属去除技术研究进展

目前,重金属废水处理方法主要有三类:化学处理法,使废水中重金属离子通过发生化学反应除去的方法;物理处理法,使废水中的重金属在不改变其化学形态的条件下进行吸附、浓缩、分离的方法;生物处理法,借助微生物或植物的絮凝、吸收、积累、富集等作用去除废水中重金属的方法。

（1）化学处理法

化学处理法包括化学沉淀法、氧化还原法、电化学还原法和重金属捕集剂法等。

化学沉淀法就是通过化学反应使重金属离子变成不溶性物质而沉淀分离出来，包括中和沉淀法［投加 NaOH 或 Ca(OH)$_2$］、硫化物沉淀法（投加 Na$_2$S）与铁氧体共沉淀法（投加铁盐）等。赵如金采用铁氧体法处理金属废水，处理后的废水中各种金属离子的质量浓度均达到污水综合排放指标。沉淀法使用范围广、效率高、经济简便，但加入沉淀剂容易造成二次污染，而且沉淀剂和环境条件都会影响出水质量（于萍 等，2006）。

氧化还原法是利用重金属的多种价态，在废水中加入一定的氧化剂或还原剂，使重金属获得人们所需价态的方法。常用的还原剂有铁屑、铜屑、硫酸亚铁、亚硫酸氢钠、硼氢化钠等，常用的氧化剂有液氯、空气、臭氧等。目前化学氧化还原法一般作为废水处理的预处理方法使用。

电化学还原法是溶液与电源的正负极接触并发生氧化还原反应的方法。当对重金属废水进行电解时，废水中的重金属离子在阴极得到电子而被还原。这些重金属或沉淀在电极表面或沉淀到反应槽底部，从而降低废水中重金属含量。这种方法消耗能量大，适合于重金属浓度较高的废水。

重金属捕集剂是水溶性高分子的一种，高分子基体具有亲水性的螯合形成基，它与水中的重金属离子选择性的反应生成不溶于水的金属络合物。徐颖等用聚阳离子-聚阴离子合成物的 PEI 处理含多种重金属的废水，讨论了各个因素对重金属废水处理效果的影响，并就捕集产物的稳定性与传统中和沉淀法进行了比较。结果表明，重金属捕集剂对 Pb^{2+}、Cd^{2+}、Cu^{2+} 和 Hg^{2+} 的去除率均可达 99％以上，且处理效果不受 pH、共存金属离子的影响（徐颖和张方，2005）。因此，该方法在电镀废水处理中得到广泛应用。

（2）物理处理法

物理处理法包括吸附、膜分离等。

吸附法是应用多孔吸附材料吸附处理废水中重金属的一种方法。吸附剂种类很多，常用的是活性炭，虽然它有很强吸附能力、去除率高，但价格贵，应用受到限制。近年来，国内外许多学者把注意力转向寻找可替代的吸附材料，壳聚糖、沸石、废泥浆与木质素这些价格低廉的吸附材料对铅、汞、铬、铜、镉等重金属具有良好的吸附性能，如图 12.31 所示（Sandhya and Tonni，2003）。

膜分离是利用一种特殊的半透膜，在外界压力的作用下，不改变溶液中化学形态的基础上，将溶剂和溶质进行分离或浓缩的方法。目前反渗透、超滤膜在电镀废水处理得到广泛的应用。中国科学院大连化学物理研究所利用芳香聚酰胺型高分子作为膜材料（DP-1）组装成反渗透器对去除电铰废水中的镍、镉效果极佳（于萍

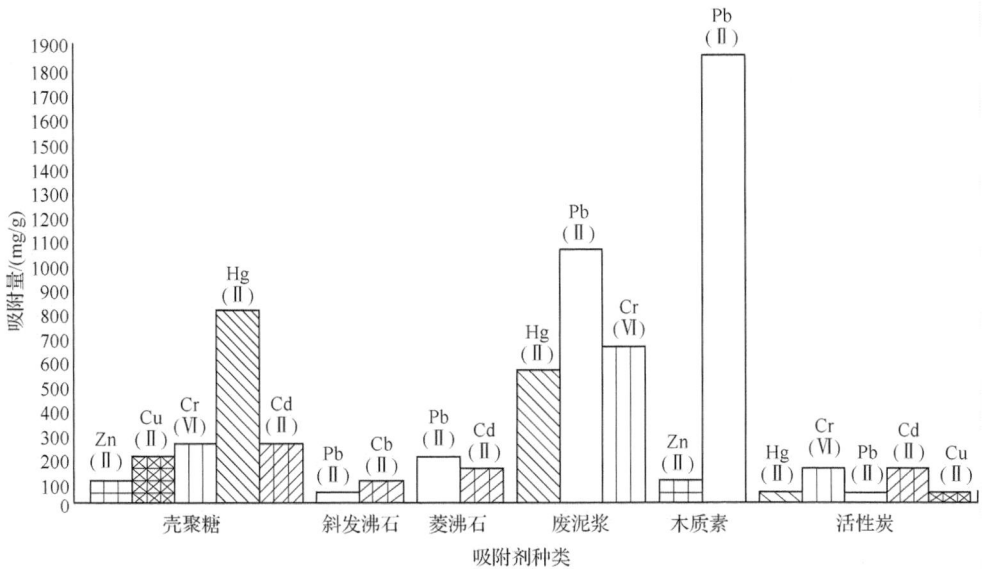

图 12.31　不同吸附剂对重金属的吸附量(Sandhya and Tonni，2003)

等，2006)。

（3）生物处理法

生物处理法主要包括生物絮凝法、生物吸附法与植物修复法等。

生物絮凝法是利用微生物本身或微生物絮凝剂对重金属进行絮凝沉淀。微生物絮凝剂是一类由微生物产生并分泌到细胞外、具有絮凝活性的代谢物，一般由多糖、蛋白质、DNA、纤维素、糖蛋白和聚氨基酸等高分子物质构成，分子中含有多种官能团，能使水中胶体悬浮物相互凝聚沉淀。康建雄等利用生物絮凝剂短梗霉聚糖(pullulan)絮凝水中的 Pb^{2+}，在合适的条件下，短梗霉聚糖对 Pb^{2+} 的去除率可达 70% 以上，且絮凝效果具有较高的稳定性。与无机絮凝法和合成有机絮凝法相比，生物絮凝法不产生二次污染、絮凝效果好，但生产成本较高、活体絮凝剂保存困难、难以进行工业化生产，目前大部分生物絮凝剂还处于探索研究阶段(马前和张小龙等，2007)。

生物吸附法是利用生物体的化学结构及成分特性来吸附溶于水中的金属离子。这些作用包括络合、螯合、离子交换、吸附等。微生物(如细菌、真菌、藻类、酵母等)一般需经过处理、加工成生物吸附剂来使用。张慧等研究了从电镀废水中分离出的一株具有还原作用的菌株 Aspergillus sp. 对 Cr^{6+} 的吸附特性，结果表明在 pH=2 时，其对起始浓度为 20 mg/L 的 Cr^{6+} 的吸附率高达 97.9%。生物吸附剂不会发生二次污染、来源广泛且价格便宜，同时易解吸，能够有效地回收重金属离子。但生物吸附剂的机械强度弱、化学稳定性差，因此并没有被广泛地应用于工业生产中(于萍 等,2006)。

　　植物修复法是指利用植物通过吸收、沉淀和富集等作用降低被污染土壤或水体的重金属含量。在植物修复技术中能利用的植物有藻类、草本植物和木本植物等。Yang 等构建的湿地系统对 Cd 的去除率为 94%,Pb 为 99.04%,Zn 为 97.3%,湿地系统出水口水质指标均保持稳定。植物修复法实施较简便、成本较低、对环境扰动少,但治理效率也较低。因此,植物修复技术作为一种新的污染治理替代技术,尽管具有极大的潜力和市场前景,但目前主要还停留于实验室模拟研究阶段(马前和张小龙,2007)。

参 考 文 献

安凤春,莫汉宏,郑明宏,等.2002.DDT 污染土壤的植物修复技术.环境污染治理技术与设备,3(7):39~45.

白宇,刘金瀚,甘一萍,等.2008.臭氧-活性炭-反硝化生物滤池在污水再生回用中的应用.给水排水,34(8):49~53.

陈耀璋,张丽明.1984.固定藻去除氨氮的研究.环境科学,5(4):4~8.

丁毅,张传义,袁立梅,等.2007.MBR 在污水处理中的应用与研究进展.给水排水,33(11):170~173.

董国日.2008.脱氮除磷工艺研究进展.大众科技,12:101~103.

傅金祥,陈正清,赵玉华,等.2006.微絮凝过滤处理污水厂二级出水用作景观水研究.中国给水排水,22(19):65~67.

顾润南.2001.我国城市生活污水处理方法评估.环境保护,9:46~47.

郭美婷,胡洪营,王超.2005.城市污水中的 PPCPs 及其去除特性.中国给水排水,21(10):25~27.

胡洪营,李鑫,杨佳.2009.基于微藻细胞培养的水质深度净化与高价值生物质生产耦合技术.生态环境学报,18(3):1122~1127.

金重阳,刘辉,荆志严.1997.活性炭纤维处理含多氯联苯废水的研究.环境保护科学,23(3):6~7.

李楠,王秀衡,任南琪,等.2008.我国城镇污水处理厂脱氮除磷工艺的应用现状.给水排水,34(3):39~42.

李伟,陈朴.2008.简述城市生活污水的处理方法.高等教育研究,25(1):94~96.

李鑫,胡洪营,甘柯.2008.氮元素对贫营养型二形栅藻 LX1 生长及去除氮磷特性的影响研究.2008 中国水环境污染控制与生态修复技术高级研讨会论文集,936~948.

李晓晨.2006.城市污水处理过程中重金属形态分布及潜在迁移性研究:[博士论文].南京:河海大学.

刘富军,郭福生,曾华,等.2007.生物转盘在污水生物处理中的研究进展.工业安全与环保,33(9):32~34.

刘桂芳,马军,秦庆东,等.2007.水中典型内分泌干扰物质的臭氧氧化研究.环境科学.28(7):1466~1471.

刘金瀚,白宇,林海,等.2008.反硝化生物滤池用于污水深度脱氮研究.中国给水排水,24(21):26~29.

刘莹,管运涛,水野忠雄,等.2009.药品和个人护理用品类污染物研究进展.清华大学学报(自然科学版),49(3):368~372.

马前,张小龙.2007.国内外重金属废水处理新技术的研究进展.环境工程学报,1(7):10~14.

彭勃,李绍秀.2008.城市污水同步生物脱氮除磷工艺特点及选择.公用工程设计,4:68~73.

邱维,张智.2002.城市污水化学除磷的探讨.重庆环境科学,24(2):81~84.

任昱宗.2008.多氯联苯降解菌的筛选、菌株性质研究及其活性酶的性质分析:[硕士论文].上海:东华大学.

王青,陈建中.2006.污水生物脱氮除磷技术的研究进展.环境科学与管理,31(8):126~129.

王文超,张华,张欣.2008.化学除磷在城市污水处理中的应用.水科学与工程技术,1:14~16.

王晓东,赵新华,张勇.2006.臭氧—活性炭工艺去除饮用水中典型内分泌干扰试验研究.给水排水,32(4):

10～14.

王英,陈泽军. 2002. 生物脱氮除磷工艺的研究进展. 环境污染与防治,24(3):180～183.

王中民,叶洪辉,陈继志. 1992. 微絮凝过滤技术的应用和分析. 给水排水,5:5～9.

魏东斌. 2003. 城市污水再生回用的水质安全指标体系及保障措施研究:[博士后研究报告]. 北京:清华大学.

文晟. 2002. 水体中多环芳烃的 TiO_2 光催化降解研究:[博士论文]. 广州:中国科学院研究生院(广州地球化学研究所).

熊志斌,邵林广. 2009. 曝气生物滤池技术研究进展. 当代化工,38(1):61～64.

徐艳玲,程永清,秦华宇,等. 2006. 有机微污染物在污水处理过程中的变化研究. 环境污染与防治,28(11):804～808.

徐颖,张方. 2005. 重金属捕集剂处理废水的试验研究. 河海大学学报(自然科学版),33(2):153～156.

于萍,任月明,张密林. 2006. 处理重金属废水技术的研究进展. 环境科学与管理,31(7):103～105.

张波. 2006. 关于废水中氮和磷的去除研究. 环境科学与管理,31(3):96～98.

张光明. 2003. 超声波处理多氯联苯微污染技术研究. 给水排水,29(5):35～40.

张秋波,李忠,王菊思,等. 1988. 煤加压气化废水的催化湿式氧化处理. 环境科学学报,8(1):98～106.

朱静平,柴立民. 2004. 氧化沟工艺技术的发展. 四川环境,23(4),57～61.

Alum A,Yoon P,Westerhopff M,et al. 2004. Oxidation of bisphenol A,17β-estradiol,and 17α-ethynylestradiol and byproduct estrogenicity. Environmental Toxicology,19(3):257～264.

Anithan B,Rohit S,Yusuf C,et al. 2002. Botryococcus braunii:A renewable source of hydrocarbons and other chemicals. Critical Reviews in Biotechnology,22(3):245～279.

Aslan S,Kapdan I. 2006. Batch kinetics of nitrogen and phosphorus removal from synthetic wastewater by algae. Ecological Engineering,28(1):64～70.

Auriol M, Filali-Meknassi Y, Tyagi R D, et al. 2006. Endocrine disrupting compounds removal from wastewater,a new challenge. Process Biochemistry,41(3):525～539.

Bich N,Yaziz M,Bakti N. 1999. Combination of Chlorella Vulgaris and Eichhornia Crassipes for wastewater nitrogen removal. Water Research,33(10):2357～2362.

Canovas S,Picot B,Casellas C. 1996. Seasonal development of phytoplankton and zooplankton in a high-rate algal pond. Water Science and Technology,33(7):199～206.

Carballa M,Omil F,Juan M. 2004. Behavior of pharmaceuticals,cosmetics and hormones in a sewage treatment plant. Water Research,38(12):2918～2926.

Chang D,Fukushi K,Ghosh S. 1995. Stimulation of activated sludge cultures for enhanced heavy metal removal. Water Environmental Research,67(5):822～827.

Chang S,Wait D T,Schafer A I,et al. 2003. Adsorption of the endocrine-active compound estrone on micro-filtration hollow fiber membranes. Environmental Science & Technology,37(14):3158～3163.

Chisti Y. 2007. Biodiesel from microalgae. Biotechnology Advances,25(3):294～306.

Cromar N,Fallowfield H,Martin N. 1996. Influence of environmental parameters on biomass production and nutrient removal in a high rate algal pond operated by continuous culture. Water Science and Technology,34(11):133～140.

Culp G,Wesner G. 1979. Water reuse and recycling. Volume 2,Evaluation of treatment technology. Washington DC:US Department of Interior. 70,110.

Deviller G,Aliaume C,Nava M. 2004. High-rate algal pond treatment for water reuse in an integrated marine fish recirculating system:effect on water quality and sea bass growth. Aquaculture, 235 (1/2/3/4):

331~344.

Fujii K,Kikuchi S,Satomi M,et al. 2002. Degradation of 17β-estradiol by a gram-negative bacterium isolated from activated sludge in a sewage treatment plant in Tokyo. Japanese Applied and Environmental Microbiology,68(4):2057~2060.

Fukuhara T,Iwasaki S,Kawashima M,et al. 2006. Adsorbability of estrone and 17β-estradiol in water onto activated carbon. Water Research,40(2):241~248.

Gabriel F L P,Giger W,Guenther K,et al. 2005. Differential degradation of nonylphenol isomers by Sphingomonas xenophaga bayram. Applied and Environmental Microbiology,71(3):1123~1129.

Garcia J,Green B,Oswald W. 2006. Long term diurnal variations in contaminant removal in high rate ponds treating urban wastewater. Bioresource Technology,97(14):1709~1715.

Gomez E,Casellas C,Picot B. 1995. Ammonia elimination processes in stabilisation and high-rate algal pond systems. Water Science and Technology,31(12):303~312.

Grenn F,Bernstone L,Lundquist T. 1996. Advanced integrated wastewater pond systems for nitrogen removal. Water Science and Technology,33(7):207~217.

Grobbelaar J,Soeder C,Groeneweg J. 1988. Rates of biogenic oxygen production in mass cultures of microalgae,absorption of atmospheric oxygen and oxygen availability for wastewater treatment. Water Research,22(11):1459~1464.

Hamouri B,Jellal J,Outabiht H. 1995. The performance of a high-rate algal pond in the Moroccan climate. Water Science and Technology,31(12):67~74.

Hernandez J,de-Bashan L E,Bashan Y. 2006. Starvation enhances phosphorus removal from wastewater by the microalga *Chlorella* spp. Co-immobilized with *Azospirillum brasilense*. Enzyme and Microbial Technology,38(1-2):190~198.

Hilton J,O'Hare M,Michael J,et al. 2006. How green is my river? A new paradigm of eutrophication in rivers. Science of Total Environment,365(1-3):66~83.

Huber M M,Gobel A,Joss A,et al. 2005. Oxidation of pharmaceuticals during ozonation of municipal wastewater effluents:a pilot study. Environmental Science & Technology,39(11):4290~4299.

Huber M M,Ternes T,Gunten U V. 2004. Removal of estrogenic activity and formation of oxidation products during ozonation of 17α-ethinylestradiol. Environmental Science & Technology,38(19):5177~5186.

Kale S P,Murthy N B,Raghu K. 1999. Studies on degradation of 14C-DDT in the marine environment. Chemosphere,39(6):959~968.

Kang J H,Ri N,Kondo F. 2004. *Streptomyces* sp. strain isolated from river water has high bisphenol A degradability. Letters in Applied Microbiology,39(2),178~180.

Kang X,Bhandari A,Das K,et al. 2005. Occurrence and fate of pharmaceuticals and personal care products (PPCPs) in biosolids. Journal of Environmental Quality,34(1):91~104.

Katsoyiannis A,Samara C. 2005. Persistent organic pollutants (POPs) in the conventional activated sludge treatment process:fate and mass balance. Environmental Research,97(3):245~257.

Khan M,Yoshida N. 2008. Effect of L-glutamic acid on the growth and ammonium removal from ammonium solution and natural wastewater by Chlorella vulgaris NTM06. Bioresource Technology,99(3):575~582.

Kim I H,Tanaka H,Iwasaki T,et al. 2008. Classification of the degradability of 30 pharmaceuticals in water with ozone,UV and H_2O_2. Water Science & Technology,57(2):195~200.

Li F S,Yuasa A,Tanaka H,et al. 2008. Adsorption and biotransformation of 17 beta-estradiol in biological activated carbon adsorbers. Adsorption-Journal of the International Adsorption Society,14(2/3):389~398.

Liu Z-H,Kanjo Y,Mizutani S. 2009. Removal mechanisms for endocrine disrupting compounds (EDCs) in wastewater treatment - Physical means,biodegradation,and chemical advanced oxidation:A review. Science of the Total Environment,407(2):731~748.

Mallick N. 2002. Biotechnological potential of immobilized algae for wastewater N,P and metal removal:A review. BioMetals,15(4):377~390.

Martínez M E,Sánchez S,Jiménez J M,et al. 2000. Nitrogen and phosphorus removal from urban wastewater by the microalga *Scenedesmus obliquus*. Bioresource Technology,73(3):263~272.

Metaxa E,Deviller G,Pagand P. 2006. High rate algal pond treatment for water reuse in a marine fish recirculation system:Water purification and fish health. Aquaculture,252(1):92~101.

Mihalyfavy E,Johnston H,Garrett M. 1998. Improved mixing of high rate algal ponds. Water Research,32(4):1334~1337.

Moutin T,Gal J,Halouani H. 1992. Decrease of phosphate concentration in a high rate pond by precipitation of calcium phosphate:theoretical and experimental results. Water Research,26(11):1445~1450.

Munoz R,Guieysse B. 2006. Algal-bacterial processes for the treatment of hazardous contaminants:A review. Water Research,40(15):2799~2815.

Nakagawa S,Kenmochi Y,Tutumi K,et al. 2002. A study on the degradation of endocrine disruptors and dioxins by ozonation and advanced oxidation processes. Journal of Chemical Engineering of Japan,35(9):840~847.

Norihide N,Hiroyuki S,Ayako M,et al. 2007. Removal of selected pharmaceuticals and personal care products (PPCPs) and endocrine-disrupting chemicals (EDCs) during sand filtration and ozonation at a municipal sewage treatment plant. Water Research,41:4373~4382.

Nurdogan Y,Oswald W. 1995. Enhanced nutrient removal in high-rate ponds. Water Science and Technology,31(12):33~43.

Ogbonna J C,Yada H,Masui H,et al. 1996. A novel internally illuminated stirred tank photobioreator for large-scale cultivation of photosynthetic cells. Journal of fermentation and bioengineering,82(1):61~67.

Olguín E J. 2003. Phycoremediation:Key issues for cost-effective nutrient removal processes. Biotechnology Advances,22(1/2):81~91.

Peer M,Schenk,Skye R,et al. 2008. Second Generation Biofuels:High-Efficiency Microalgae for Biodiesel Production. Bioenergy Research,1(1):20~43.

Pettygrove G S,Asano T. 1985. Irrigation with reclaimed municipal wastewater-A guidance manual. Michigan:Lewis Publishers Inc.

Picot B,Bahlaoui A,Moersidik S. 1992. Comparison of the purifying efficiency of high rate algal pond with stabilization pond. Water Science and Technology,25(12):197~206.

Picot B,Halouani H,Casellas C. 1991. Nutrient removal by high rate pond system in a mediterranean climate (France). Water Science and Technology,23(7/9):1535~1541.

Ren H Y,Ji S L,Ahmad N U D,et al. 2007. Degradation characteristics and metabolic pathway of 17alpha-ethynylestradiol by *Sphingobacterium* sp JCR5. Chemosphere,66(2):340~346.

Rose P D,Maart B A,Dunn K M,et al. 1996. High rate algal oxidation ponding for the treatment of tannery effluents. Water Science and Technology,33(7):219~227.

Rosenfeldt E J,Linden K G. 2004. Degradation of endocrine disrupting chemicals bisphenol A,ethinyl estradiol,and estradiol during UV photolysis and advanced oxidation processes. Environmental Science & Technology,38(20):5476~5483.

Sandhya B,Tonni A K. 2003. Low-cost adsorbents for heavy metals uptake from contaminated water:a review. Journal of Hazardous Materials,97(1/2/3):219~243.

Shi J,Fujisawa S,Nakai S,et al. 2004. Biodegradation of natural and synthetic estrogens by nitrifying activated sludge and ammonia-oxidizing bacterium Nitrosomonas europaea. Water Research,38(9):2323~2330.

Shi J,Podola B,Melkonian M. 2007. Removal of nitrogen and phosphorus from wastewater using microalgae immobilized on twin layers:an experimental study. Journal of Applied Phycology,19:417~423.

Sukenik A,Schroder W,Lauer J. 1985. Corprecipitation of microalgal biomass with calcium and phosphate ions. Water Research,19(1):127~129.

Svenson A,Allard A-S,Ek M. 2003. Removal of estrogenicity in Swedish municipal sewage treatment plants. Water Research,37(18):4433~4443.

Swallow K C,Killilea W R. 1992. Comment on "Phenol oxidation in supercritical water:formation of dibenzofuran, dibenzo-p-dioxin, and related compounds". Environmental Science & Techonlogy, 26 (9): 1849~1850.

Ternes T A,Stuber J,Herrmann N,McDowell D,et al. 2003. Ozonation:a tool for removal of pharmaceuticals,contrast media and musk fragrances from wastewater? Water Research,37(8):1976~1982.

Urrutia I,Serra J L,Llama M J. 1995. Nitrate removal from water by *Scenedesmus obliquus* immobilized in polymeric foams. Enzyme and Microbial Technology,17(3):200~205.

Viactor M,Josepm B. 2006. Elimination of pharmaceuticals and personal care products in subsurface flow constructed wetlands. Environmental Science & Technology,40(18):5811~5816.

Vílchez C,Garbayo I,Lobato M V. 1997. Microalgae-mediated chemicals production and wastes removal. Enzyme and Microbial Technology,20(8):562~572.

Wintgens T,Gallenkemper M,Melin T. 2002. Endocrine disrupter removal from wastewater using membrane bioreactor and nanofiltration technology. Desalination,146(1/2/3):387~391.

WPCF(Water Pollution Control Federation). 1989. Water reuse. 2nd ed,Manual of practice SM-3. Alexandria: Water pollution control federation.

Yamanaka H,Moriyoshi K,Ohmoto T,et al. 2008. Efficient microbial degradation of bisphenol a in the presence of activated carbon. Journal of Bioscience and Bioengineering,105(2):157~160.

Yoon Y M,westerhoff P,Snyder S A,et al. 2007. Removal of endocrine disrupting compounds and pharmaceuticals by nanofiltration and ultrafiltration membranes. Desalination,202(1/2/3):16~23.

第 13 章 再生水消毒及其风险控制

13.1 再生水消毒的意义及该领域面临的课题

13.1.1 再生水消毒方法

为了防止病原菌的扩散,对污水进行消毒是必不可少的环节之一。再生水消毒是推广污水再生利用的基本保障。

现有的再生水消毒技术主要包括化学方法(氯化/脱氯和臭氧等)及物理方法(紫外线和膜技术等)。这些方法的技术和经济性比较见表 13.1(Lazarova et al, 1999)。氯消毒由于其成本低廉、操作简单,是目前再生水消毒中使用最为广泛的消毒方法。但近年来,随着氯消毒消毒副产物的发现,同时余氯对受纳水体生态环境有影响,寻求取代消毒工艺的研究日趋活跃。

表 13.1 主要再生水消毒方法技术经济比较

特征	化学消毒		物理消毒		
	氯化/脱氯	臭氧	UV	微滤	超滤
安全性	+	++	+++	+++	+++
细菌去除率	++	++	+++	+++	+++
病毒去除率	+	++	++	+	+++
原生动物去除率	−	+	+	+++	+++
细菌再生	+	+	+	−	−
残留物毒性	+++	+	−	−	−
副产物	+++	+	−	−	−
运行费用	+	++	+	+++	+++
投资费用	++	+++	++	+++	+++

注:"−"无;"+"低;"++"中等;"+++"高。

资料来源:Lazarova et al, 1999.

臭氧消毒技术运行投资费用相对较高,且操作较为复杂,其发展受到一定的限制。同时消毒副产物如溴酸盐等仍是臭氧消毒的风险因子(Myllykangas et al, 2005)。

　　物理消毒方法避免了消毒副产物的产生,因此高效除菌的紫外线技术及膜技术受到关注。然而膜技术由于目前造价仍然很高,同时膜污染问题仍是研究和争论的焦点(Meng et al,2007;Hong et al,2002),这使得膜技术的大规模应用受到了限制。紫外线技术发展历史悠久,技术相对成熟。紫外线在高效广谱地灭活微生物的同时,在一般消毒剂量的范围内未检测到消毒副产物的生成(Koivunen and Tanski,2005;Liberti et al,2002)。但紫外线没有持续杀菌消毒的能力,因此紫外线在污水消毒领域的应用亦受到一定的限制。

13.1.2　再生水消毒面临的课题

1. 污水/再生水消毒原水的水质特点

　　"污水/再生水消毒原水"是指消毒前经过特定工艺处理过的、达到一定水质要求的水。与饮用水相比,污水/再生水消毒原水的水质有以下特点:

　　1) 水质变化大。污水处理或再生后的用途不同,对处理水的水质要求也不尽相同,因此不同污水处理厂的出水水质之间存在显著的差异。即使是在同一污水处理厂或再生水厂,由于处理性能的波动,出水水质也会发生较大的变化。污水/再生水消毒单元的操作应根据水质条件的不同或变化进行优化,以达到经济、高效的消毒效果。

　　2) 病原微生物种类多、数量大。污水中含有种类繁多的病原微生物(包括寄生虫、病原菌、病毒等),且常规的污水处理工艺不能有效地去除这些微生物。如城市污水中的大肠杆菌和病毒数量的最大值可分别高达 4.5×10^5 CFU/mL 和 100 PFU/mL,兰伯氏贾第虫等的最大浓度也多达 100 cysts/mL,而二级生物处理后的污水中的大肠杆菌和病毒数量仍高达 1.5×10^5 CFU/mL 和 10 PFU/mL,其中还含有很难杀死的致病性原生动物,如隐孢子虫等。

　　3) 悬浮物浓度高、波动大。消毒原水中常常含有较高浓度的悬浮物(SS),而且变化幅度大,这样会大大影响消毒的效率。附着在 SS 表面,特别是包裹在 SS 内部的病原微生物由于 SS 的"屏蔽作用"而难以被有效去除。

　　4) 有机污染物浓度高、种类复杂。消毒原水的 BOD 和 COD 浓度较高,有机污染物的种类复杂,其组成与饮用水源水中的有机物有显著的差异。如污水二级处理水中除含有没有被去除的难降解有机物和生物降解中间产物之外,还含有较大比例的微生物分泌产物,即溶解性微生物产物(soluble microbial product,SMP)。这些物质的生物可降解性差,一般不能反映在 BOD 中,在后续的再生处理工艺中也很难被去除。在我国的《污水再生利用工程设计规范》中没有对难降解的 COD 加以限制,这些高浓度的难降解有机物将成为有毒有害消毒副产物的潜在前体物,存在着大的生态风险。

5) 氨氮等还原性无机污染物浓度高、变化大。消毒原水中一般含有较高浓度的氨氮(2~30 mg/L)或其他还原性无机污染物。这些无机污染物在一定条件下会通过消耗过量的消毒剂或改变消毒剂在水中的形态而影响消毒效果。例如,在氯化消毒中,对于同样的有效氯添加量,水中的氨氮浓度不同,水中有效氯的形态和浓度就可能不同,因此会影响消毒效果。

6) 总溶解性固体的浓度高、成分复杂。由于在处理过程中使用各种各样的药剂,在多数情况下,处理后水中的总溶解性固体的浓度将有所增加,组分也越复杂。高浓度的总溶解性固体将对消毒效果产生复杂的影响。如水中高浓度的碳酸根离子将大大提高臭氧的消耗,从而降低臭氧消毒效果。水中溴离子的存在会使臭氧消毒过程中产生致癌物质。

2. 污水/再生水消毒面临的技术挑战与存在的风险

污水消毒原水与饮用水之间的水质差异决定了污水/再生水消毒面临着更大的技术挑战,主要表现在以下几个方面(胡洪营 等,2005):

1) 消毒剂耐性病原微生物的高效杀灭。污水中常含有耐一般消毒剂的病毒和原生动物,如隐孢子虫等。如何保证杀灭这些消毒剂耐性病原微生物,是污水/再生水消毒面临的技术挑战之一。

2) 高悬浮物浓度条件下的高效消毒。消毒原水中的悬浮物在消毒过程中将成为病原微生物的保护伞,大大削弱消毒的效果。如何保障高悬浮物浓度条件下的高效消毒,是污水/再生水消毒面临的最大技术挑战。

3) 不同水质条件下消毒方式的优选和操作条件的优化。不同的污水处理厂和再生水厂的处理水水质存在很大的差异,如何根据不同的水质条件和其他要求选择适宜的消毒方式还没有科学、合理的依据。另一方面,在确定消毒方式之后,如何优化消毒操作,保证在水质波动条件下的动态安全消毒是污水/再生水消毒面临的重要课题。如何根据水质确定消毒强度(如消毒剂的添加量、消毒接触时间等)还没有系统、科学的依据和实践经验的支持。

4) 消毒化学风险的控制。在消毒处理中,水中的部分污染物可能会发生"质"的变化(化学变化),这些"新"生成的污染物,即消毒副产物又会带来生态安全方面的负面效应。污水中的污染物种类和含量比饮用水中更多,污水/再生水消毒处理时消毒剂的投加量比饮用水消毒的剂量高,因此产生的消毒副产物的复杂性也更大。如何处理好卫生学安全和生态安全的矛盾是消毒实践中面临的重大问题。

5) 消毒剂、消毒设备等的质量保证。目前,我国化学消毒剂的生产企业有近2000 家,存在着企业生产规模小、产品质量差、缺乏行业标准等问题。紫外灯、臭氧发生器等的产品质量与先进国家相比还存在着较大的差距。

6) 适用于不同目的的消毒工艺的优选。再生水的利用目的不同,对生物学安全的要求也不同,如何根据不同的消毒原水水质和再生水的利用目的,选择高效、经济、安全的消毒工艺是污水消毒面临的重要课题。

13.2 再生水氯消毒及其风险

氯(包括次氯酸钠和氯气等)是常见的消毒剂,可有效灭活许多病原微生物,成本低,使用较为方便。氯消毒还可使再生水管网中保持一定浓度的余氯,控制管网微生物的生长。因此,氯消毒在国内外再生水处理中得到广泛应用,工艺也最成熟。

2002 年有关消毒技术在污水再生处理中应用的国际调查表明,氯消毒(包括次氯酸钠和氯气消毒)应用最为广泛,紫外消毒次之,世界各国采用某种消毒技术的比例见图 13.1。

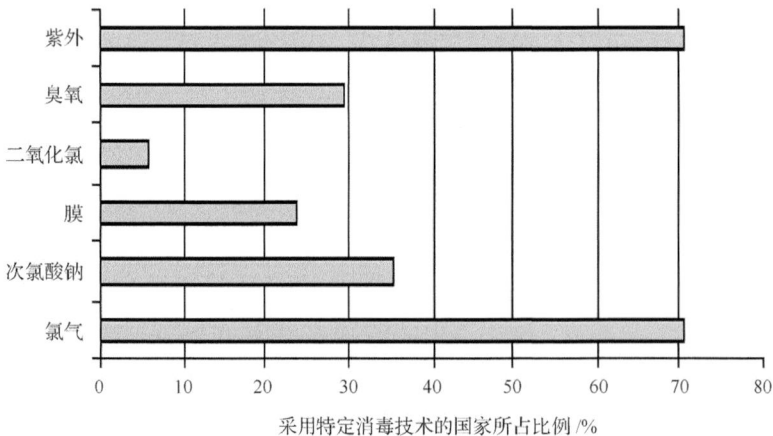

图 13.1　各种消毒技术在污水再生处理中的应用

(截至 2002 年)(Jacangelo and Trussell, 2001)

但人们在氯消毒实践过程中亦发现氯消毒存在一定的风险(图 13.2)。氯消毒对贾第鞭毛虫(*Giardia*)、隐孢子虫(*Cryptosporidium*)等氯抗性病原微生物灭活效果较差。剩余的氯消毒剂可毒害许多水生生物。此外,氯在消毒过程中还可与水中的污染物反应生成许多有毒有害副产物。总之,氯抗性病原微生物、消毒副产物等氯消毒风险因子逐步成为人们关注的焦点。

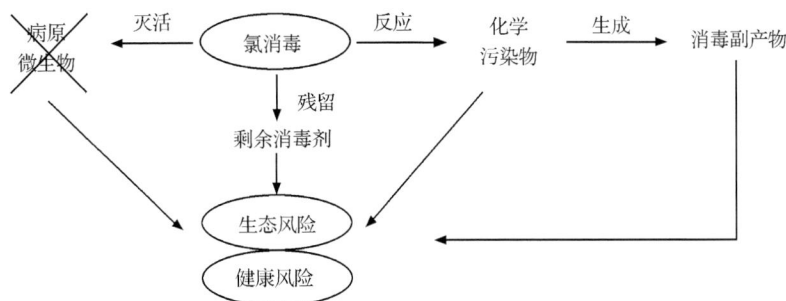

图 13.2　再生水氯消毒风险

13.2.1　氯消毒对病原微生物的灭活特性

1. 氯消毒的原理

氯及其化合物是一类具有多攻击位点的化学消毒剂。目前对氯消毒灭活微生物的机理仍不明确,氯消毒对微生物的作用和破坏呈现相互交叉的现象。具体作用机制主要包括对含硫基酶和氨基酸的氧化作用、氨基酸环上的氯代作用、呼吸代谢物质的氧化作用、导致细胞质的泄露、抑制营养与氧摄入、抑制蛋白与 ATP 合成、造成 DNA 断链或合成受阻等(Rusin and Gerba,2001)。

2. 氯消毒对病原微生物的灭活与剂量标准

氯消毒对于一般的病原微生物均有较好的灭活效果。从病原微生物本身特性来看,氯消毒对病原性原虫和芽孢的灭活效果通常比细菌和病毒要差;而细菌中革兰氏阳性菌比革兰氏阴性菌的灭活效果差。以灭活率达到 2log(即 99%)为例,肠道病毒通常所需的氯消毒剂量比肠道细菌高 1 个数量级,而病原性原虫所需的氯消毒剂量比肠道病毒高 2 个数量级。

由于污水成分复杂,因此污水/再生水消毒制定消毒剂量时,通常还需要考虑污水/再生水水质。表 13.2 给出了常见污水(再生水)中的大肠菌群数达到一定排放标准的氯消毒剂量。以典型二级处理出水为例,要达到出水中大肠菌群数不多于 3 个/100 mL,氯投加浓度在 7~25 mg/L,接触时间在 10~30 min 范围内。

3. 氯消毒的影响因素

氯消毒的影响因素主要包括水质条件(pH、温度、浊度等)、水力条件(混合效果)、余氯浓度、反应时间等,如表 13.3 所示。通常,pH 越低,温度越高,浊度越低,混合越充分,氯投加量越高,反应时间越长,则氯消毒效果越好。pH 影响活性氯在水中存在的不同形态及其比例,从而影响消毒效果。

表 13.2　典型污水/再生水氯消毒剂量

污水类型	初始大肠菌群数 /(MPN/100 mL)	氯消毒剂量/(mg/L)			
		出水标准			
		1000 MPN/100 mL	200 MPN/100 mL	23 MPN/100 mL	≤2.2 MPN/100 mL
原污水	$10^7 \sim 10^9$	$5 \sim 15$			
一级处理出水	$10^7 \sim 10^9$	$5 \sim 10$	$6 \sim 15$		
滴滤池出水	$10^5 \sim 10^6$	$1 \sim 2$	$2.5 \sim 5$	$16 \sim 22$	
活性污泥反应器出水	$10^5 \sim 10^6$	$1 \sim 2$	$2.5 \sim 5$	$16 \sim 20$	
过滤后活性污泥反应器出水	$10^4 \sim 10^6$	$0.25 \sim 0.5$	$0.5 \sim 1.5$	$1.8 \sim 7$	$7 \sim 25$
硝化出水*	$10^4 \sim 10^6$	$0.1 \sim 0.2$	$0.3 \sim 0.5$	$0.9 \sim 1.4$	$3 \sim 5$
过滤后硝化出水*	$10^4 \sim 10^6$	$0.1 \sim 0.2$	$0.3 \sim 0.5$	$0.9 \sim 1.4$	$3 \sim 4$
微滤出水	$10^1 \sim 10^3$		$0.1 \sim 0.15$	$0.15 \sim 0.2$	$0.2 \sim 0.5$
反渗透出水*	~ 0	0	0	0	$0 \sim 0.3$
化粪池出水	$10^7 \sim 10^9$	$5 \sim 10$	$6 \sim 15$		
间歇砂滤出水	$10^2 \sim 10^4$		$0.02 \sim 0.05$	$0.1 \sim 0.16$	$0.4 \sim 0.5$

* 表示基于自由氯的消毒效果。

资料来源:Asano et al,2007.

表 13.3　水质对氯消毒效果影响的定性分析

水质指标	对氯消毒效果影响的定性分析
BOD,COD 和 TOC	污水中的有机物通过消耗氯来影响氯对病原微生物的灭活,影响程度取决于有机物的功能基团和化学结构
NOM(天然有机物)	与氯结合形成氯化有机物,以余氯的形式存在于污水中,在一定程度上削弱了氯对病原微生物的灭活
油、油脂	消耗氯
TSS	对内嵌细菌形成屏蔽
碱度	无影响或很小
硬度	无影响或很小
氨	与氯结合形成氯胺
亚硝酸盐	被氯氧化形成 NDMA(*N*-亚硝基二甲胺)
硝酸盐	在自由氯存在的情况下,完全的硝化反应会导致 NDMA 生成,部分硝化反应会影响投氯量的确定

续表

水质指标	对氯消毒效果影响的定性分析
铁离子	被氯氧化
锰离子	被氯氧化
pH	影响次氯酸分子和氯离子的电离平衡
工业废水组成	取决于工业废水组成

资料来源：Asano et al, 2007.

13.2.2　氯消毒抗性(耐受性)微生物

近年来研究发现,两虫(隐孢子虫/贾第鞭毛虫)卵囊具有较强的氯消毒抗性。当氯消毒剂量为5 mg-Cl$_2$/L,接触时间长达 24 h 时,隐孢子虫卵囊的灭活率仅为1.7log(Venczel et al, 1997)。隐孢子虫/贾第鞭毛虫卵囊之所以难以被氯消毒灭活,其主要原因在于卵囊的结构。一般情况下,隐孢子虫卵囊具有 1~2 层致密的细胞壁,细胞壁与壁之间无其他物质填充(Beïer et al, 2001)。卵囊的保护使外界的自由氯难以进入细胞,是隐孢子虫/贾第鞭毛虫卵囊具有氯消毒抗性的主要原因。

13.2.3　剩余消毒剂风险及其控制标准

1. 剩余消毒剂对生态系统的影响

氯消毒剂除了灭活病原微生物以外,亦可毒害植物、动物、藻类等生物。氯消毒后的再生水用于市政、景观用水,或经由其他途径与自然环境中的生物接触时,若再生水中的残余消毒剂超过一定浓度,就会威胁生物的正常生存与繁衍,引起生态安全问题。

余氯对水生生物有强烈的毒性效应,如图 13.3 所示。余氯对藻类、原生动物、水溞和鱼类的抑制浓度分别为 1.5~3.0 mg-Cl$_2$/L、0.1 mg-Cl$_2$/L、0.017~0.56 mg-Cl$_2$/L 和 0.04~1.1 mg-Cl$_2$/L。氯消毒前后的城市二级处理出水对大型溞的运动抑制率如图 13.4 所示。由图可知,氯消毒后再生水对大型溞的运动抑制率由 0%~20%增至 100%。在美国的 Lower James 河(弗吉尼亚州)、Sacramento河(加利福尼亚州) 等河流,经氯消毒的再生水排入亦曾导致河流中的鱼类死亡(胡洪营 等,2005)。

余氯对部分植物亦具有急性毒性。游离性余氯在浓度低于 1mg/L 时对于大部分农作物没有太明显影响,但余氯浓度高于 5mg/L 时便会产生严重的损伤。对于部分敏感的农作物,余氯浓度即使低至 0.05mg/L 时也会损害作物(美国环境保护局,2008)。

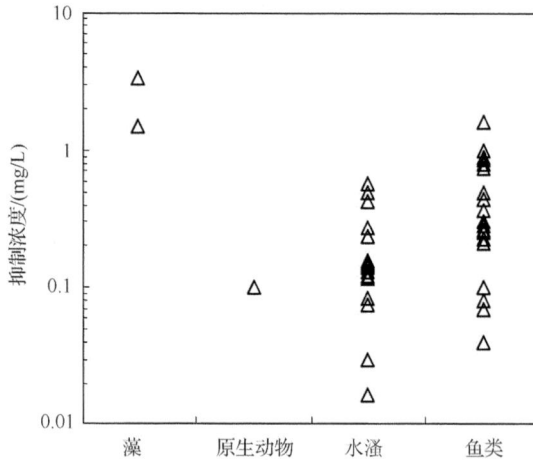

图 13.3　余氯的急性毒性(Brungs，1973；任宗明 等，2005)

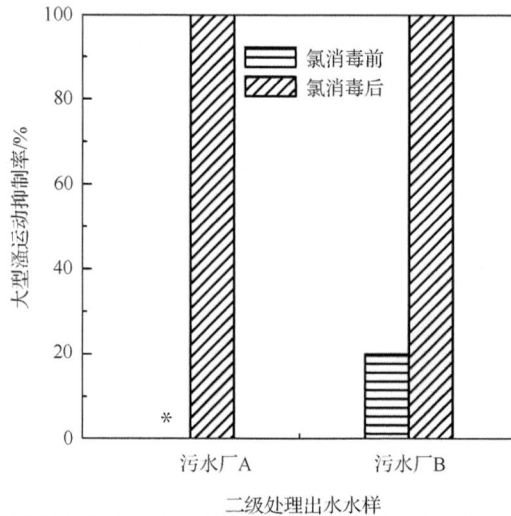

图 13.4　二级处理出水氯消毒前后对大型溞的急性毒性
　　　* 表示水样对大型溞运动抑制率为零

2. 剩余消毒剂控制标准

剩余氯消毒剂可控制水中病原微生物，保障再生水消毒效果，但会毒害自然环境中的生物。不同再生水用途对病原微生物的控制要求不同，所需的余氯含量及其所引发的风险亦不相同。许多国家和地区根据具体再生水用途需要，在再生水水质标准中要求控制余氯含量，如表 13.4 所示。

表 13.4 再生水标准中余氯的控制浓度（单位：mg/L）

| 国家和地区 | 检测点 | 城市杂用水用途 | | 景观用水 | 娱乐用水 |
		绿地灌溉	冲厕	（排放河流等）	
美国（加利福尼亚，俄勒冈，华盛顿，内华达）	管网末梢	—*	—*	<0.1	—*
中国	管网末梢	≥0.2	≥0.2	—	—
	30 min 后	≥1.0	≥1.0	≥0.05	≥0.05
中国（北京）	管网末梢	0.2~0.5	/	/	/
日本	—		自由氯≥0.1 或结合氯≥0.4	—	自由氯≥0.1 或结合氯≥0.4
加拿大	蓄水池出口		>0.5	/	—

注：—表示标准中无规定；/表示无相关标准。

* 华盛顿州用作娱乐用水、杂用水的再生水余氯浓度大于 1 mg/L（与氯接触 30min 后）。

（1）再生水用于农、牧业和绿地灌溉

余氯对农作物、牧草和绿地植物具有一定的毒性。美国环境保护局建议灌溉用再生水中的游离性余氯含量应小于 1 mg/L，中国北京市园林部门要求园林绿地灌溉用再生水的余氯含量（管网末梢）应控制在 0.2~0.5 mg/L。另一方面，中国、美国等为了保障再生水消毒效果，亦要求再生水消毒 30 min 后余氯含量应高于 1 mg/L（进入管网前）。

（2）再生水用于环境、娱乐、渔业用水

余氯对鱼、水溞等水生生物具有一定的毒性。美国加利福尼亚州等要求再生水用于补给水体时，再生水的余氯含量（管网末梢）应低于 0.1 mg/L。美国环境保护局亦建议再生水作为环境和娱乐用水时，在灭活病原微生物，保证消毒 30 min 后余氯含量高于 1 mg/L（娱乐用水要求）的前提下，需进行脱氯处理以保护水生动植物。

（3）再生水用于洗车、冲厕等城市杂用

当再生水用于城市杂用时，中国、美国等国家和地区为了保障再生水消毒效果，要求再生水消毒 30 min 后的余氯含量应高于 1 mg/L。此外，中国再生水城市杂用标准还要求管网末梢再生水的余氯含量应高于 0.2 mg/L。

3. 剩余消毒剂管理模式与控制技术

剩余消毒剂管理需要在灭活病原微生物的基础上，控制余氯对生物的毒性，从而降低再生水的健康风险和生态风险。基于这一理念提出的再生水剩余消毒剂管理模式图如图 13.5 所示。监测再生水管网末梢的病原微生物和余氯含量，并与不同用途的再生水水质标准要求(表 13.5)进行比较,调节氯消毒和脱氯工艺中氯消毒剂和脱氯剂剂量,以满足相关水质标准。

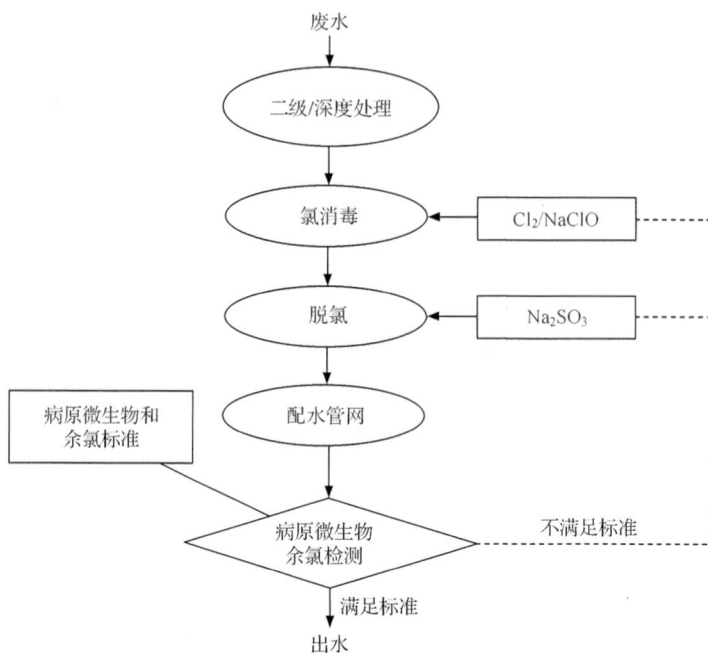

图 13.5 再生水剩余消毒剂管理模式图

病原微生物指标:景观用水,$Faecal\ E.coli \leqslant 10^4 L^{-1}$;城市杂用,$E.coli \leqslant 3L^{-1}$。
余氯标准:景观用水,余氯 $\leqslant 0.1$ mg/L;城市杂用, 0.2 mg/L$\leqslant$余氯 $\leqslant 1$ mg/L。

表 13.5 再生水余氯和大肠杆菌标准

指标类型	用途	国家和地区	标准	$(F.)E.coli$	余氯
微生物指标	景观用水(排放河流等)	中国	用于景观用水的再生水水质指标(GB/T 18921—2002)	$\leqslant 10^4 L^{-1}$	—
	城市杂用(绿地灌溉)	中国	用于城市杂用的再生水水质指标(GB/T 18920—2002)	$\leqslant 3L^{-1}$	
余氯指标	回用水(绿地灌溉)	美国	污水回用指南	—	<1mg/L
	景观用水(排放河流等)	美国(加利福尼亚,俄勒冈州等)		—	<0.1 mg/L
	城市杂用(绿地灌溉)	中国	用于城市杂用的再生水水质指标(GB/T 18920 —2002)	—	管网末梢$\geqslant$0.2 mg/L;

13.2.4　氯消毒副产物风险及其生成特性

在再生水氯消毒过程中,水中的部分污染物会与氯、氯胺等氯消毒剂发生反应,产生一些具有生物毒性的消毒副产物。氯、氯胺消毒时产生的副产物类型及其生物毒性如表 13.6 和表 13.7 所示。当消毒后的再生水作为杂用水、景观环境用水回用,或经由其他途径与自然环境中的生物接触时,消毒副产物很可能会威胁它们的正常生存与繁衍,同时也可能影响到人类的健康。

表 13.6　不同消毒方法产生的副产物类型

副产物类型	代表物质	氯	氯胺
三卤甲烷(THMs)	三氯甲烷	+*	+
其他卤代烷		+	
卤代烯烃		+	
卤乙酸(HAAs)	氯乙酸	+	+
卤代芳香酸		+	
其他卤代一元羧酸		+	+
不饱和卤代羧酸		+	+
卤代二元羧酸		+	+
卤代三元羧酸		+	
MX 及其相似物		+	+
其他卤代呋喃酮		+	
卤酮		+	
卤乙腈(HAN)	氯乙腈	+	
其他卤代腈	氯化氰	+	+
卤代醛	水合三氯乙醛	+	+
卤代醇		+	+
卤代酚	2-氯酚	+	
卤代硝基甲烷	三氯硝基甲烷	+	
脂肪醛	甲醛	+	
其他醛类		+	
酮(脂肪酮及芳香酮)	丙酮	+	
羧酸	乙酸	+	
芳香酸	苯甲酸	+	
羟酸		+	
其他		+	+

注:MX 为 3-氯-4 二氯甲基-5-羟基-2(5 氢)-呋喃酮。

* 一般指氯代和溴代的 4 种 THMs,如果碘代 THMs 也包括在内,则共有 9 种 THMs。

资料来源:Sadiq and Rodriguez, 2004.

表 13.7 典型消毒副产物的生物毒性

副产物类型	代表物质	毒性等级*	危害
三卤甲烷 （THMs）	三氯甲烷	B2	致癌,损伤肝肾,影响生殖
	二溴一氯甲烷	C	损伤神经系统、肝肾,影响生殖
	一溴二氯甲烷	B2	致癌,损伤肝肾,影响生殖
	三溴甲烷	B2	致癌,损伤神经系统、肝肾
卤乙腈（HAN）	三氯乙腈	C	致癌,致突变
卤代醛和卤代酮	甲醛	B1	致突变**
卤代酚	2-氯酚	D	致癌,促进肿瘤
卤乙酸（HAAs）	二氯乙酸	B2	致癌,影响生殖和发育
	三氯乙酸	C	损伤肝肾脾,影响发育

* A:对人类致癌;B1:对人类很可能致癌(有一定的流行病学证据);B2:对人类很可能致癌(充足的实验室数据证明);C:对人类可能致癌;D:未分类。

**吸入暴露。

资料来源:Sadiq and Rodriguez, 2004.

在消毒副产物的危害得到广泛证实后,消毒副产物及其生物毒性的生成量逐渐成为评判消毒安全性的重要指标。消毒副产物及其生物毒性生成的影响因素包括消毒条件、水质特性等,具体如图 13.6 所示。

1. 消毒条件对副产物生成的影响

在消毒实践中,主要考虑的消毒条件包括消毒剂投加量、接触时间、温度和 pH 等。这些消毒条件都可能影响消毒副产物的生成,从而影响消毒后水的水质安全。

(1) 投氯量

由于污水中含有浓度较高的溶解性有机物,其中能与次氯酸钠反应的物质种类多样,但结构和活性存在差异。氯的投加量会影响其与水中前体物的反应程度,活性高的前体物将优先发生反应,活性相对较弱的前体物的反应程度则取决于可与之反应的消毒剂的量,所以随着投氯量的增加,这些前体物的副产物生成潜能逐步表现出来,导致消毒副产物的生成量增加。

图 13.6 为二级处理出水经不同氯投加量消毒后生成三卤甲烷、卤乙酸的量。由图可知,三卤甲烷和卤乙酸的生成量随氯投加量的增加而增加(Sun et al, 2009a)。除了三卤甲烷、卤乙酸以外,投氯量增加亦可导致 N-二甲基亚硝胺(NDMA)、溶解性有机卤化物(DOX)、可吸附有机卤化物(AOX)等的生成量增加(Rebhun et al, 1997;Schulz and Hahn, 1998, 张丽萍 等, 2001, Choi and Valentine, 2002)。

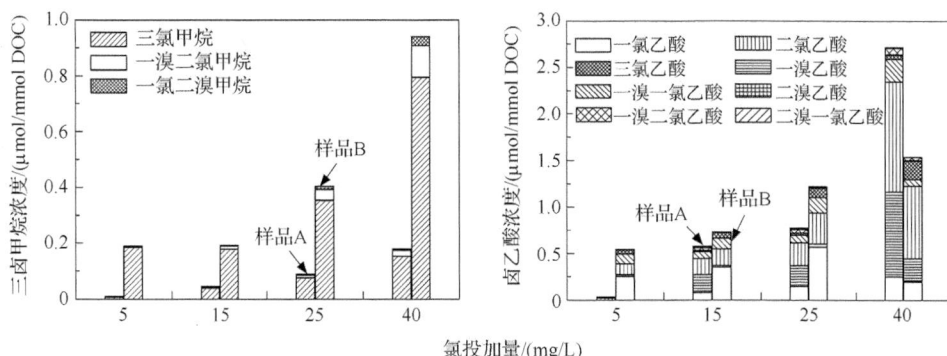

图 13.6　氯投加量对二级处理出水三卤甲烷和卤乙酸生成量的影响(Sun et al, 2009a)

温度：(14±1)℃；接触时间：0.5 h；pH7.0

氯的投加量还会影响氯与前体物的反应类型。低剂量时主要发生取代反应，生成较多的 TOX(总有机卤代物)。高剂量时，还可发生脱羧乃至氧化、断裂反应。例如，一些芳香酸的氯化反应除苯环上的取代、加成反应外，还经历脱羧反应生成氯代酚(Boyce et al，1983)。

(2) 反应时间

反应时间对消毒副产物生成的影响较为复杂。以卤乙酸为例，其生成机制中存在多个限速步骤，需要一定时间才能完成从中间产物到终产物的转化。在反应的初始阶段，高活性前体物与相对足量的次氯酸钠迅速反应，之后由于次氯酸钠被大量消耗而使得副产物的生成速率减缓。同时，生成的副产物还可能因与污水中的其他成分作用或自身分解而损失，导致副产物的生成量趋于稳定甚至减少。图 13.7为消毒时间对二级处理出水消毒后的卤乙酸生成量影响。由图可知，水样 A 的卤乙酸生成量在反应时间为 2 h 时可达到峰值，随后逐步下降，而水样 B 的卤乙酸生成量则变化不明显(Sun et al，2009a)。

(3) 反应温度

反应温度对消毒副产物生成的影响较为复杂。饮用水消毒副产物的研究表明，反应温度升高有利于三卤甲烷和卤乙酸的生成，速率常数与反应温度的关系遵循 Arrhenius 公式(Peters et al，1980)。但部分再生水消毒副产物的研究表明，温度(4~30℃)对三卤甲烷的生成量几乎无显著影响，而卤乙酸的生成量则随温度的升高而呈显著下降趋势(Sun et al，2009a)(图 13.8)。这说明再生水消毒副产物的生成规律十分复杂。

2. 水质特性对副产物生成的影响

再生水中的无机物、有机物等对消毒副产物的生成具有较大的影响。氨氮、溴

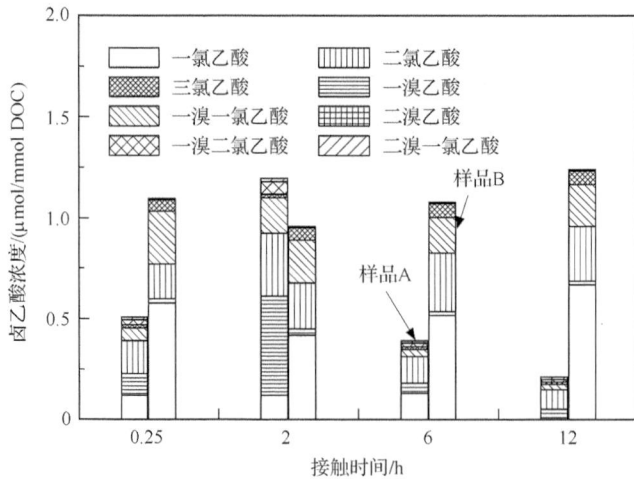

图 13.7　接触时间对二级出水氯消毒后的卤乙酸生成量的影响(Sun et al, 2009a)

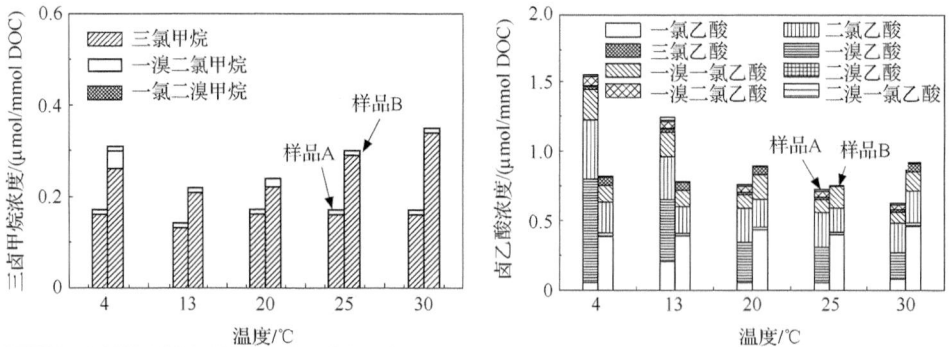

图 13.8　温度对二级出水氯消毒后的三卤甲烷和卤乙酸生成量的影响(Sun et al, 2009a)

离子等无机物可与次氯酸等反应生成氯胺、次溴酸等氧化剂,从而影响消毒副产物的生成。水中有机物作为消毒副产物前体物,其含量和组成亦与消毒副产物的生成密切相关。

(1) 氨氮

在水质特性对副产物生成的影响方面,氨氮(NH_3-N)是研究较多的一个重要因素。大部分饮用水、污水消毒副产物的研究表明,氨氮的存在都会使三卤甲烷、卤乙酸等常规副产物的生成量明显降低(Rebhun et al, 1997; Yang and Shang, 2004; 陈超 等; 2006; Sun et al, 2009b)。其原因在于当水中含有氨氮时,在氯消毒剂(自由氯)加入后,氨与自由氯会反应生成一氯胺、二氯胺、三氯胺等(图 13.9)。

$$+NHCl_2+H_2O \longrightarrow HOCl+产物$$

$$+NH_2Cl \longrightarrow 产物$$

$$+OH^- \longrightarrow I(中间产物)$$

$$+NH_2Cl \longrightarrow 产物$$

$$\overset{酸}{+NH_2Cl} \longleftarrow NHCl_2+NH_3$$

$$H^++OCl^-$$

$$+HOCl \longleftarrow NHCl_2+H_2O$$

$$NH_3+HOCl \longleftarrow NH_2Cl+H_2O \qquad \overset{碱}{+2HOCl+H_2O} \longrightarrow NO_3^-+5H^++4Cl^-$$

$$+H^+ \qquad +H^+ \qquad \overset{碱}{+HOCl} \longleftarrow NHCl_3+H_2O$$

$$NH_4^+ \qquad NH_3^+Cl$$

$$+NHCl_2+2H_2O \longrightarrow 2HOCl+产物$$

$$+NHCl+H_2O \longrightarrow HOCl+产物$$

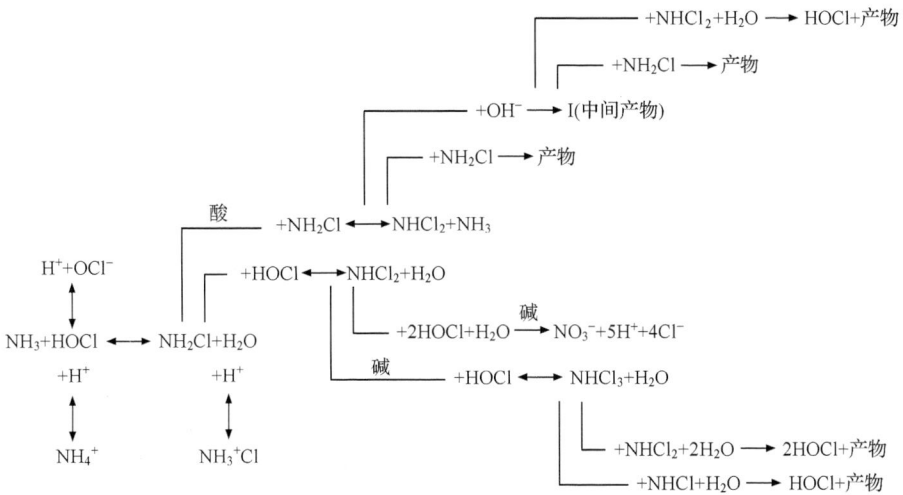

图 13.9　氯与氨的反应体系（Scully and Hartman，1996）

由于化合氯的反应活性低于自由氯，从而使副产物的生成量有所减少。图 13.10 为氨氮对二级处理出水消毒后的三卤甲烷、卤乙酸生成量的影响（Sun et al，2009b）。由图可知，氨氮含量增加，可导致三氯甲烷、二氯乙酸含量的下降，但对二溴乙酸、溴氯乙酸等含溴乙酸生成量影响不显著。这说明再生水消毒副产物生成规律十分复杂。

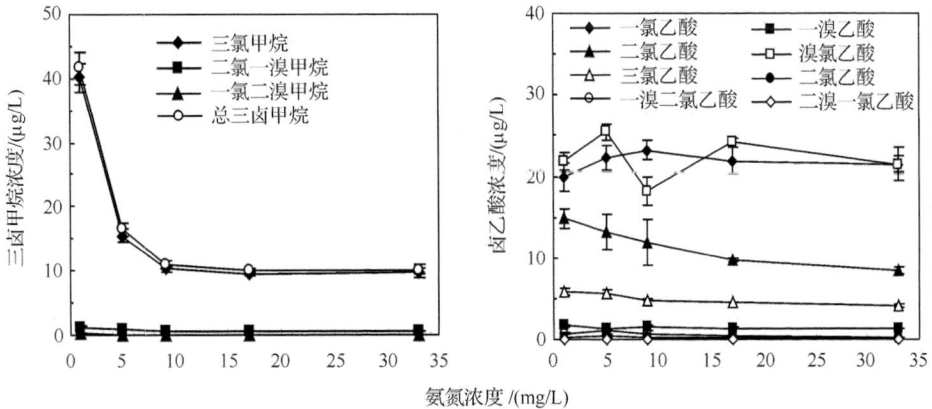

图 13.10　氨氮对二级处理出水中三卤甲烷、卤乙酸生成量的影响（Sun et al，2009b）

氨氮虽能导致消毒后的三卤甲烷、卤乙酸生成量降低，但却可导致碘代副产物、二甲基亚硝胺（NDMA）等高遗传毒性的新兴消毒副产物生成（Choi and Valentine，2002；Mitch and Sedlak，2002；Plewa et al，2004）。这些新兴消毒副产物具有较强的遗传毒性。以碘代卤乙酸为例,其遗传毒性远高于氯代卤乙酸和溴代卤乙酸,如图 13.11 所示。

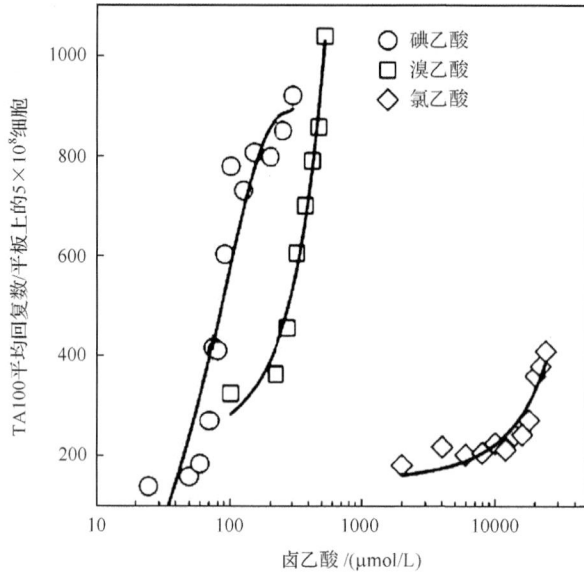

图 13.11　氯乙酸、溴乙酸和碘乙酸在 Ames 试验(*S. typhimurium* strain TA100)中的剂量-回复突变率曲线(Plewa et al, 2004)

氨氮导致碘代副产物生成的机理与氯胺密切相关,具体如图 13.12 所示。氨氮与自由氯反应生成一氯胺,一氯胺(NH_2Cl)可以快速氧化水中的碘离子(I^-)为次碘酸(HOI),但将 HOI 继续氧化成 IO_2^-(亚碘酸)和 IO_3^-(碘酸)的速度很慢,从而使得积累的 HOI 可以和水中的天然有机物(NOM)反应生成碘代副产物。而当

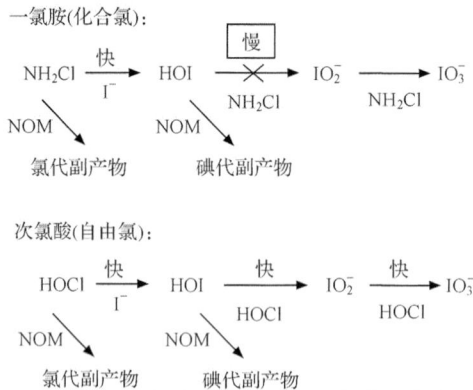

图 13.12　氯消毒时碘代副产物的可能形成机制(Cemeli et al, 2006)

水中氨氮含量较低,消毒剂以自由氯的形式存在时,HOCl 等自由氯也能快速氧化 I^- 为 HOI,但 HOCl 很快继续氧化 HOI 为 IO_2^- 和 IO_3^-。由于 HOI 与 HOCl 的反应速率远大于其与 NOM 的反应速率,HOI 无法在反应过程中积累以生成碘代副产物。

氨氮导致 NDMA 生成的机理也与氯胺密切相关,具体如图 13.13 所示。次氯酸和氯胺均可将叔胺等 NDMA 前体物转化成二甲基乙酰胺(DMA),但是仅有氯胺可使 DMA 获取一个 N 原子,转化成偏二甲肼 UDMH,并最终氧化成 NDMA。

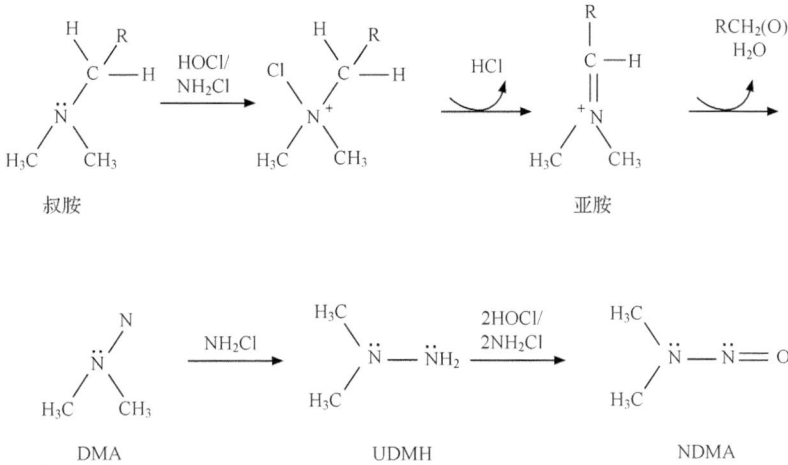

图 13.13　NDMA 的生成机制(Mitch and Sedlak,2004)

氨氮在影响再生水消毒副产物生成的同时,亦对再生水的急性毒性、遗传毒性等产生较大影响。图 13.14 为氨氮对再生水消毒后急性毒性和遗传毒性的影响

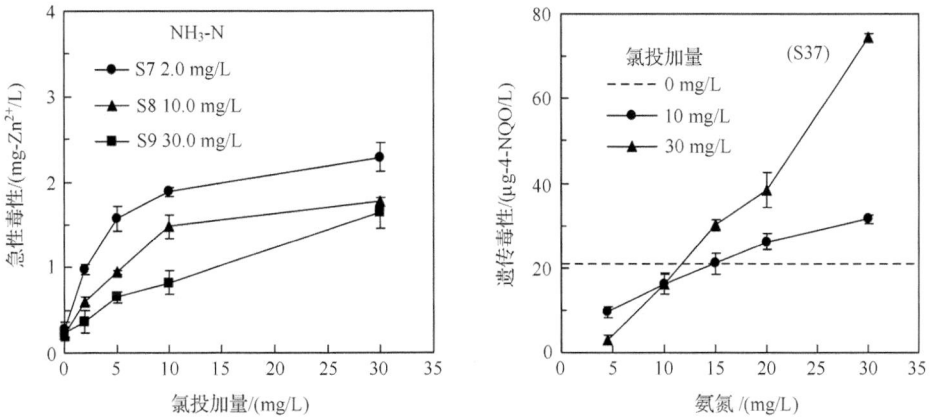

图 13.14　氨氮对二级处理出水水样 S7,S8,S9 和 S37 氯消毒后的急性毒性和遗传毒性的影响

（Wang et al，2007a；Wang et al，2007b）。由图可知，再生水氯消毒后急性毒性显著增加，而氨氮可抑制急性毒性的增加。氨氮对再生水遗传毒性的影响规律则与急性毒性相反。当氨氮浓度较小时，氯消毒导致再生水遗传毒性的降低，当氨氮浓度较大时，氯消毒导致再生水遗传毒性的升高。这表明氨氮在再生水氯消毒过程中可能引起新的风险。

（2）溴离子

海水入侵、海水利用可导致沿海地区的污水、地下水以及地表水中常含有一定浓度的 Br^-，另外工业废水的污染也会造成污水中含有 Br^-（张力尖，1997）。当用含有 Br^- 的水进行氯消毒时，Br^- 首先被氧化成 HOBr，HOBr 再与有机物发生反应，生成溴代副产物（Golfinopoulos et al，1996；Chellam，2000）。在无机氮、有机氮和 Br^- 同时存在的情况下，氯消毒时溶液中的反应关系如图 13.15 所示。

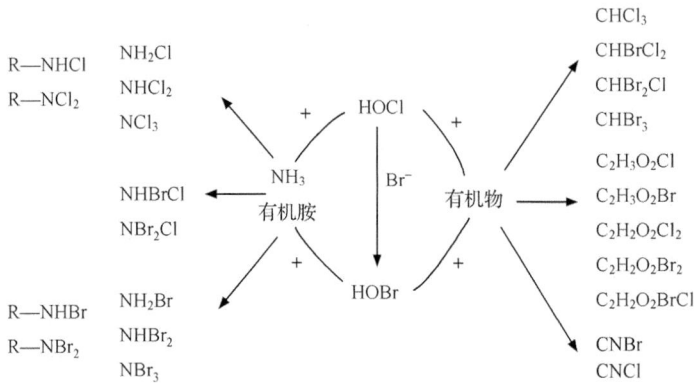

图 13.15　水中氮、溴、氯和有机物之间的反应关系（Haque，2003）

由于 HOBr 在水中的停留时间比 HOCl 长，且溴取代反应速率高于氯取代反应（Chang et al，2001；Clark and Boutin，2001），因此溴离子会引起氯代副产物浓度的下降以及溴代副产物浓度和混合取代副产物浓度的升高，并最终导致总三卤甲烷和总卤乙酸含量的增加（图 13.16）（Wu and Chadik，1998；Sun et al，2009c）。

（3）pH

pH 对副产物的生成量影响显著。首先，pH 可影响次氯酸、氯胺的形态分布。例如在 pH 7.5 以上时，次氯酸根离子为自由氯的主要存在形式，而它的反应活性低于次氯酸。其次，pH 影响水中有机物的质子化程度，pH 升高以后体系的氧化还原电位下降，会改变前体物与氯的反应活性。最后，pH 对部分消毒副产物的稳定性具有重要影响。因此，pH 对再生水消毒副产物生成的影响十分复杂，与再生水中有机物含量和组成等密切相关。图 13.17 为二级处理出水在不同 pH 条件下氯消毒的三卤甲烷生成量。样品 A 在 pH 接近中性的条件下更易生成三卤甲烷，

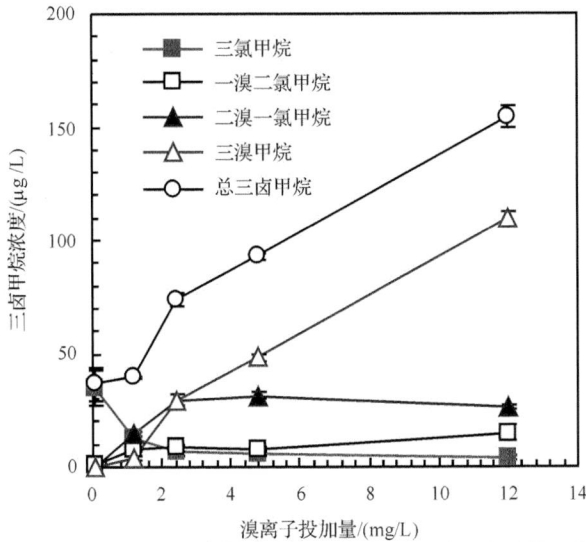

图 13.16　溴离子对二级处理出水氯消毒后的三卤甲烷生成量的影响(Sun et al，2009c)

而样品 B 则在碱性条件下更易生成三卤甲烷。

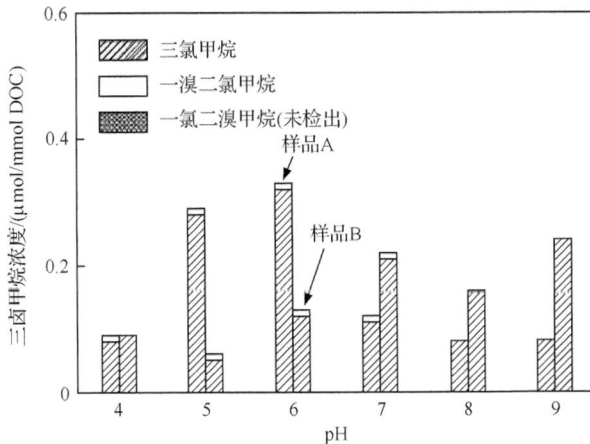

图 13.17　pH 对二级处理出水氯消毒后三卤甲烷生成量的影响(Sun et al，2009a)

（4）其他无机离子

氯还会与水中的还原性物质（如 Fe^{2+}、Mn^{2+}、NO_2^-、H_2S 等）反应，从而增加消毒需氯量。此外，镁离子等具有与腐殖酸配合能力的金属离子对氯代消毒副产物的生成有一定的阻滞作用。腐殖酸羟基之间的碳原子是亲电加成的首要位点，而且水解氧化后该碳原子与两个羧基碳的连接键是主要断裂处。但在金属离子存在的情况下,腐殖酸与金属离子会生成配合键,即金属离子在腐殖酸中的羧基和羟基之间、两个羧基之间都能螯合成键而形成配合物,这样使腐殖酸活性碳位点与氯的反应机会减少。因此,水中常见 Ca^{2+}、Cu^{2+}、Fe^{3+} 等与腐殖酸具有配合能力的金属离子都可能会影响腐殖酸的氯化反应,从而使消毒副产物的产生量减少(李君文等,1994;林立 等,2004)。

(5) 有机碳

关于有机物对副产物生成的影响研究,首先是从反映有机物"量"的水质指标开始的,如 TOC(总有机碳)或 DOC(溶解性有机碳)。通常情况下,DOC 浓度增加,THMs、HAAs 等常见氯消毒副产物及其急性毒性的生成量也显著增加(Amy et al,1987;Serodes et al,2003)。图 13.18 为不同 DOC 含量的二级处理出水氯消毒后的急性毒性。由图可知,在相同氯投加量条件下,二级处理出水消毒后副产物的急性毒性随着 DOC 含量增高而增高。

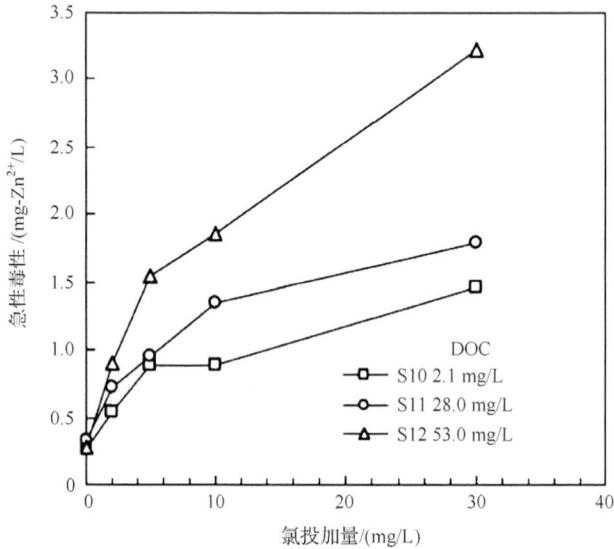

图 13.18　不同 DOC 含量的二级处理出水(S10,S11 和 S12)
氯消毒后的急性毒性(Wang et al, 2007b)

(6) UV_{254}

反映水中易与消毒剂反应的不饱和有机化合物"量"的指标 UV_{254}(254 nm 处的紫外吸光度)等也是影响副产物生成的重要水质指标。腐殖质尤其是含有 π 键的烯烃和芳香族化合物在 254 nm 表现出较强的吸收特性(Gjessing and Kallqvist,1991)。因此,可以用被测样品的 UV_{254} 来反映样品中腐殖质,特别是烯烃和芳香族化合物的含量,而这些物质也是重要的消毒副产物前体物。UV_{254} 与 THMs、HAAs 等副产物及其生物毒性的生成量呈正相关(Amy et al,1987;

Clark and Boutin，2001；Wang et al，2007b）。图 13.19 为不同 UV_{254} 值的二级处理出水氯消毒后的急性毒性。由图可知，在相同氯投加量条件下，二级处理出水消毒后副产物的急性毒性随着 UV_{254} 值增高而增高。

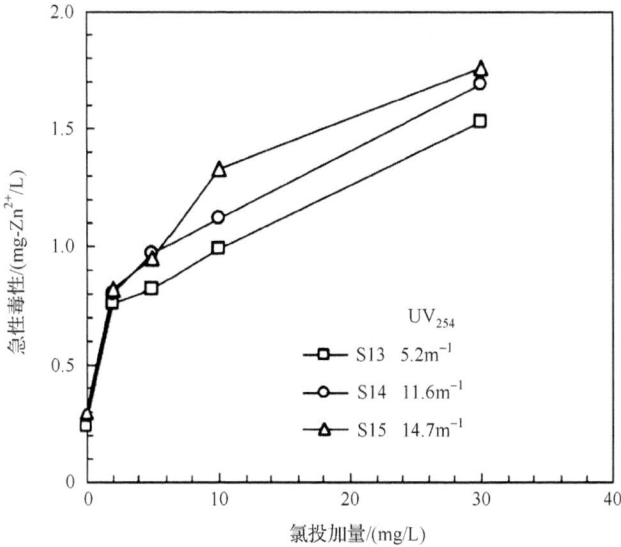

图 13.19　不同 UV_{254} 值的二级处理出水（水样 S13，S14 和 S15）
氯消毒后的急性毒性（Wang et al，2007b）

（7）有机物物质组成

再生水中有机物物质组成与消毒副产物生成密切相关，不同极性和电荷特性的有机物对消毒副产物和生物毒性生成量的贡献存在显著差异。图 13.20 为二级

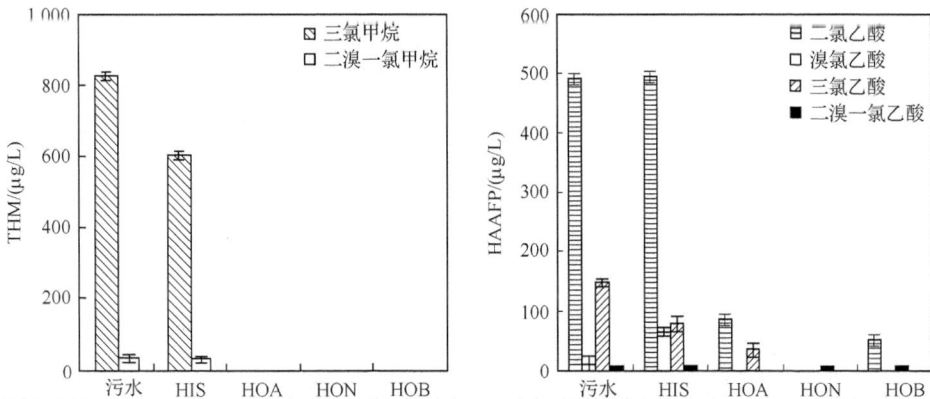

图 13.20　二级处理出水及各组分的三卤甲烷生成潜能（孙迎雪 等，2009）

处理出水中的溶解性有机物及各个组分的三卤甲烷和卤乙酸生成潜能。由图可知,亲水性物质(HIS)和疏水酸性物质(HOA)是二级处理出水氯消毒副产物三卤甲烷和卤乙酸的主要前体物质。

亲水性物质和疏水酸性物质亦是影响再生水遗传毒性变化的重要物质。图 13.21 为二级处理出水及各组分氯消毒遗传毒性的变化。在氨氮含量较低的条件下,亲水性物质氯消毒后遗传毒性显著降低,它是导致二级处理出水氯消毒后遗传毒性降低的主要组分。而在氨氮含量较高的条件下,疏水酸性物质氯消毒后遗传毒性显著上升,它是导致氨氮较高时污水氯消毒后遗传毒性升高的主要组分。

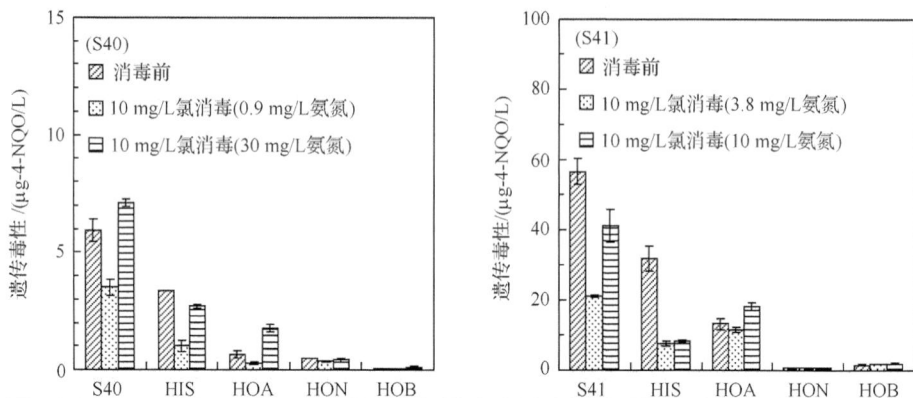

图 13.21　二级处理出水(水样 S40 和 S41)及各组分
氯消毒遗传毒性的变化(Wang et al,2007a)

13.2.5　氯消毒技术的优化方法

氯消毒技术的优化措施主要针对病原微生物的灭活和余氯、消毒副产物的控制,如图 13.22 所示。其中氯消毒副产物的控制措施可分为控制形成消毒副产物的前体物质、消毒时降低副产物生成、去除已形成的消毒副产物。从具体优化方式又可分成优化氯接触方式、控制氯投加量、提高再生水水质、去除副产物、控制余氯等方面。部分优化方法,如强化氯与再生水初始混合等,具有"提高病原微生物灭活效率"和"控制消毒副产物生成"多重效果。

1. 优化氯接触方式

优化氯接触方式包括强化氯与再生水初始混合、改善接触池中的再生水流态等。其中,强化氯与再生水初始混合,主要通过螺旋叶片管道混合器或其他形式的快速混合装置实现(陈忠林 等,2000)。这种方式可使混合处的再生水呈湍流状态,实现氯和再生水充分混合。该方法比通常氯投加方式更易灭活病原微生物,还

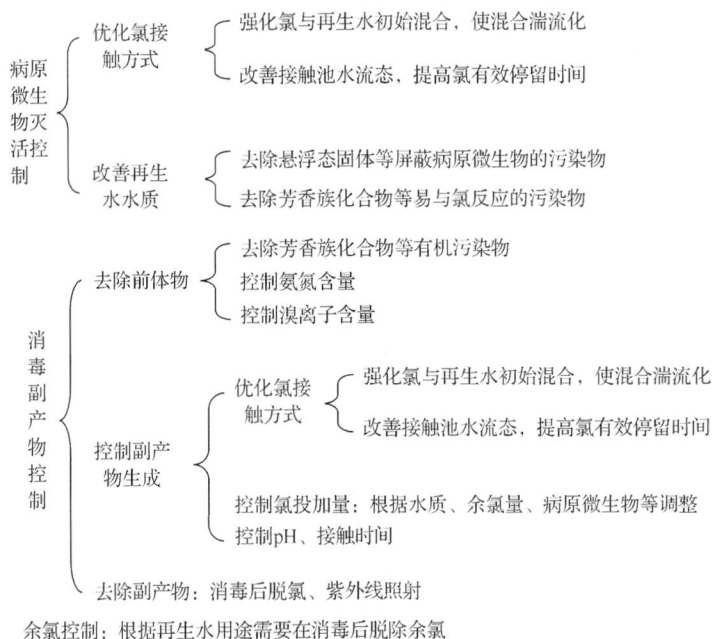

图 13.22　再生水氯消毒技术优化方法

可防止局部浓度过高,从而降低消毒副产物的生成。

　　改善接触池中的再生水流态亦是氯接触优化的重要方式。实际的氯接触池无法达到理想平推流状态,易出现短流、死区等现象,这使得部分氯消毒剂的停留时间低于水力停留时间,从而降低氯消毒效果,增加了达到规定灭活效果所需的氯投加量。因此,需要改善接触池流通,提高氯的有效停留时间。具体优化措施包括增加接触池水流廊道的长宽比、改变导流板拐角形式、增加穿孔板等(刘文君 等,2004)。这些措施可改善消毒效果,降低氯投加量,从而减少消毒副产物的产生。

　　2. 控制氯投加量

　　投氯量应根据实际需要视水质情况而定,并经常调整,同时还要作好计量工作,在保证杀灭水中细菌的前提下应尽量降低投氯量,从而减少氯与水体中有机物接触反应的概率。

　　3. 改善再生水水质

　　改善再生水水质主要是通过强化混凝沉淀、膜分离和吸附等手段,去除水中悬浮态固体、溶解性有机物等污染物,可提高氯对病原微生物的灭活效果,降低消毒副产物生成。例如,通过强化混凝沉淀去除悬浮态固体,可降低消毒时悬浮态固体对微生物的屏蔽作用,从而改善消毒效果,降低氯投加量,进而控制消毒副产物生成。强化混凝沉淀、吸附还可去除水中大分子、疏水性有机物(部分物质含苯环)等副产物前体物,从而降低副产物生成。

4. 去除余氯和消毒副产物

再生水氯消毒后残留的余氯和新生成的消毒副产物对水生生物等具有较强的毒性,需根据污水的再生利用途径进行控制和去除。去除余氯主要通过添加亚硫酸盐等含硫还原剂实现,在美国的以景观、渔业为回用目标的再生水厂中应用十分普遍,其在去除余氯的同时亦可去除部分消毒副产物。除了脱氯以外,氯消毒后紫外线照射亦可用于氯消毒副产物的去除。紫外线照射可去除二甲基亚硝胺等亚硝胺类副产物。

13.3   再生水紫外线消毒及其风险

常规的氯消毒存在消毒副产物的问题,推动了新型消毒方式的发展。随着紫外线技术的进一步成熟,紫外线消毒在污水及饮用水消毒领域的应用逐渐增多。

加拿大安大略省水资源委员会分别于1965年和1969年对紫外线消毒技术应用于城市污水处理以及对受纳水体的影响进行了研究和评估,对紫外线消毒的效果、技术可行性、影响效果的水质因素、对受纳水体中鱼类的影响、消毒副产物以及与加氯消毒技术经济比较进行了大量先驱性的研究工作。这些研究结果表明,紫外线污水消毒技术可行,可达到和加氯相同甚至更好的消毒效果,对受纳水体中生物无毒害作用,在通常剂量条件下一般不产生消毒副产物。这些研究为推动紫外线消毒在城市污水处理中的应用奠定了基础。

1982年加拿大某公司发明了世界上第一套明渠式安装的紫外线消毒系统,并引进了模块化紫外线消毒系统概念,即紫外线系统可由若干独立的紫外灯模块组成,且水流靠重力流动,不需要泵、管道以及阀门。系统的维护、扩建及改造都非常简单、灵活。目前在世界各地已经有3000多家城市污水处理厂安装使用了紫外线污水消毒系统,其中95%以上的系统采用了明渠式模块化紫外线系统的创意。这些污水消毒系统处理规模为每天几千到上百万立方米。

随着紫外线技术的发展及我国对污水消毒后再生利用需求的增加,国内越来越多的污水处理厂采用紫外线污水消毒。据统计(Zhang,2004),到2004年,国内已有20家污水处理厂采用紫外线进行消毒,处理能力在2~60万 t/d(表13.8)。

表 13.8　近年来国内采用紫外线消毒的城市污水处理厂

污水处理厂	处理量(10^4 m³/d)	安装年份	紫外系统供应商
香港石湖墟污水处理厂	24	1999	Trojan
上海闵行污水处理厂	5	2000	Newland
重庆北碚污水处理厂	5	2002	Wedeco
佛山第二污水处理厂	12	2002	Trojan
无锡新城污水处理厂	2.5	2002	Trojan
南京环星污水处理厂	3	2003	Newland
上海长桥污水处理厂	2.2	2003	Trojan
深圳龙岗污水处理厂	4	2003	Trojan
上海龙华污水处理厂	10.5	2003	Trojan
无锡新区污水处理厂	3	2003	Newland
成都沙河污水处理厂	10	2003	Wedeco
上海松江北污水处理厂	8	2003	Wedeco
苏州新区污水处理厂	3	2003	Trojan
广州西朗污水处理厂	26	2003	Trojan
浙江海安污水处理厂	2	2004	Trojan
上海嘉定污水处理厂	5	2004	Trojan
杭州七格污水处理厂	60	2004	Trojan
浙江义乌污水处理厂	7	2004	Trojan

资料来源：Zhang, 2004.

13.3.1　紫外线消毒对病原微生物的灭活特性

1. 紫外线消毒原理

紫外线是波长为 200～400 nm 的电磁波,分为四个波段。其中具有灭菌功能的波段在 200～300 nm,主要为 UVC。紫外线消毒是一种物理消毒方法,并不直接杀死微生物,而是通过抑制微生物繁殖能力从而进行灭活。

紫外线消毒的主要原理是,微生物在接受紫外线(200～300 nm)照射后,遗传物质 DNA 或 RNA 链上的两个相邻的胸腺嘧啶形成胸腺嘧啶二聚体(如图 13.23 所示),使其不能分裂复制(晏利琴 等,2002)。除此之外,紫外线还能造成其他损伤,比如胞嘧啶和尿嘧啶的羟基化、胞嘧啶-胸腺嘧啶二聚体、DNA 和蛋白质交联以及 DNA 的断裂或变性等(Rochelle et al,2005)。受损的微生物由于失去复制能力,会逐渐死亡或被人体的免疫系统消灭,从而失去感染能力。

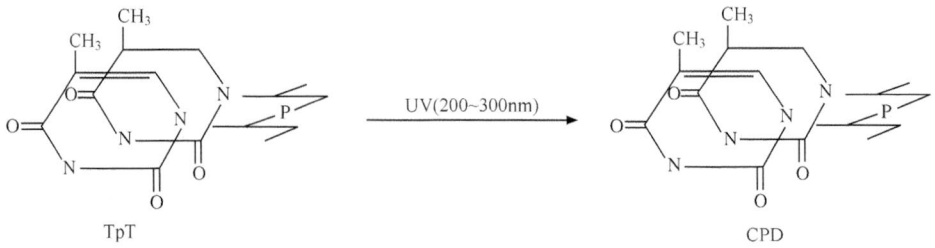

图 13.23　环丁烷胸腺嘧啶二聚体的形成过程

值得指出的是,紫外线消毒的效能除了与紫外线灭菌的波段照射相关外,目标微生物必须在相应的波段有吸收。一般微生物的 DNA 在 260 nm 处有明显吸收,故 UVC 最佳的消毒波长确认为 254 nm。

2. 紫外线消毒对病原微生物的灭活与剂量标准

不同微生物对紫外线的敏感性不同,其剂量反应关系也不同。大量基础研究总结了紫外线平行光仪测定的微生物的剂量反应关系,为后续的研究及法律法规的制定提供了参考(表 13.9)(Hijnen and Medema,2005;Hijnen et al,2006;Wright et al,2007;Campbell and Wallis et al,2002;Rochelle et al,2005)。相对而言,病原菌和病原性原虫对紫外线辐射较为敏感,而病毒和芽孢对紫外线辐射的耐受能力较强,其中腺病毒是紫外线抵抗能力最强的病原微生物之一。

表 13.9　不同微生物紫外线剂量反应关系

	微生物	剂量/(mJ/cm^2)	紫外种类	灭活速率常数/(cm^2/mJ)
	adenovirus ST2, 15, 40, 41	8~306	PC	0.024
	adenovirus ST40	8~184	PC	0.018
	adenovirus ST2, 41	30~90	MC	0.040
	B40-8	1~39	PC	0.140
	calicivirus feline, canine	4~49	PC	0.106
	calicivirus bovine	4~33	PC	0.190
病毒	calicivirus bovine	2~15	MC	0.293
	coxsackie virus B5	5~40	PC	0.119
	hepatitis A	5~28	PC	0.181
	MS2-phage	5~139	PC	0.055
	MS2-phage	12~46	MC	0.122
	poliovirus type 1	5~50	PC	0.135
	PRD1	9~35	PC	0.128

续表

	微生物	剂量/(mJ/cm²)	紫外种类	灭活速率常数/(cm²/mJ)
病毒	Qβ	10~50	PC	0.084
	rotavirus SA-11	5~50	PC	0.102
	rotavirus SA-11	5~30	MC	0.154
	T7	5~20	PC	0.232
	φX174	2~12	PC	0.396
病原菌	*Bacillus subtilis*	5~78	MC	0.059
	Campylobacter jejuni	0.5~6	MC	0.880
	Clostridium perfringens	48~64	PC	0.060
	Escherichia coli O157	1~7	MC	0.642
	Escherichia coli	1~15	MC	0.506
	Escherichia coli	1.5~9	PC	0.539
	Salmonella typhi	2~10	MC	0.515
	Shigella dysenteriae	1~5	MC	1.308
	Shigella sonnei	3~8	MC	0.468
	Streptococcus faecalis	2.5~16	MC	0.312
	Vibrio cholerae	0.6~4	MC	1.341
	Yersinia enterocolitica	0.6~5	MC	0.889
病原性原虫	*Cryptosporidium parvum*	0.5~6.1	PC	0.243
	Cryptosporidium parvum	0.9~13.1	MC	0.225
	Giardia lamblia	0.05~1.5	MC	ND
	Giardia lamblia	9.3~11.7	PC	ND
	Legionella pneumophila	1~12	MC	0.400
	Legionella pneumophila	0.5~3	MC	1.079

注:PC:低压灯;MC:中压灯;ND:未检测。

资料来源:Hijnen and Medema,2005;Hijnen et al,2006;Wright et al,2007;Campbell and Wallis,2002;Rochelle et al,2005.

　　为了确保饮用水和污水回用的微生物安全,一部分国家已相应出台了紫外线消毒的剂量标准。在饮用水消毒方面,多数国家或相关组织要求紫外线剂量在 16~40 mJ/cm² 范围内,奥地利要求紫外线有效剂量不低于 45 mJ/cm²(Masschelein,2002)。而美国新出台的饮用水消毒规范里则要求达到 186mJ/cm² 以保证腺病毒的灭活率达到 4log(USEPA,2006)。在我国,紫外线消毒作为生活饮用水主要消毒手段时,紫外线消毒设备在峰值流量和紫外灯运行寿命终点时,考虑紫外灯套管结垢影响后所能达到的紫外线有效剂量不应低于 40 mJ/cm² (GB19837—2005)。

相对而言,污水消毒的紫外线剂量标准较少。美国环境保护局要求根据城市污水的微生物指标排放标准设计相应的紫外线剂量,一般紫外线消毒剂量在 20~140 mJ/cm² 范围内,剂量大小取决于污水的水质(如总悬浮固体等)。我国在《城市给排水紫外线消毒设备》(GB19837—2005)中明确指出:"为了保证达到 GB18918—2002 中所要求的卫生学指标的二级标准和一级标准的 B 标准,SS(水中悬浮物)应不超过 20 mg/L,紫外线消毒设备在峰值流量和紫外灯运行寿命终点时,考虑紫外灯套管结垢影响后所能达到的紫外线有效剂量不应低于 15 mJ/cm²。为保证达到 GB18918—2002 中所要求的卫生学指标的一级标准的 A 标准,当 SS 不超过 10 mg/L 时,紫外线消毒设备在峰值流量和紫外灯寿命终点时,考虑紫外灯套管结垢影响后所能达到的紫外线有效剂量不应低于 20 mJ/cm²。紫外线作为城市杂用水主要消毒手段时,紫外线消毒设备在峰值流量和紫外灯运行寿命终点时,考虑紫外灯结垢影响后所能达到的紫外线有效剂量不应低于 80 mJ/cm²。"

3. 紫外线消毒的影响因素

影响紫外线消毒效果的因素主要包括紫外线照射系统、微生物的类型及污水的性质等。

(1) 紫外线照射系统

紫外线剂量(即紫外线强度和照射时间的乘积)是紫外线消毒系统设计的重要参数,也是影响紫外线消毒效果的一个主要因素。一般来说,紫外线剂量越大,对微生物的灭活性越好。但是考虑到工程应用,紫外线剂量有一定的限制,否则不能经济地杀灭微生物。系统中微生物失活的程度取决于微生物吸收到的紫外线剂量,而吸收到的剂量与紫外线强度及微生物在紫外线中的暴露时间有关。

紫外线的强度取决于紫外线输出功率、紫外线灯源发出有效波长的能量转换率和紫外线弧长等。此外,紫外线消毒能力还与紫外灯照射方式有直接关系。照射方式分为水下照射和水面照射。水下照射时水和灯直接接触,灭菌效果相对于紫外灯在水面上照射好。目前多采用水下照射式。

(2) 污水水质

污水与饮用水最大的区别之一即污水中颗粒物含量相对较高、浊度较大,污水中含有较为复杂的影响紫外线穿透率的物质存在。悬浮颗粒吸收并分散了紫外线能量,降低微生物可吸收到的紫外线剂量;另一方面,微生物隐藏在颗粒中受到保护,避免受到紫外线破坏(Loge et al, 1999; Emerick et al, 1999)。吸收紫外线或阻挡紫外线物质的存在,会导致紫外线穿透率(UVT)降低,从而减少到达微生物表面的紫外线强度。一般来说,UVT 越低,消毒效果越差。

常见的一些水质等参数对紫外线消毒效果的影响总结见表 13.10(孙永利 等,

2005；陈建 等，2002；Bolton and Linden，2003；Gehr and Nicell，1996；Gehr and Wright，1998)。

表 13.10 水质对紫外线消毒效果影响的定性分析

水质指标	对紫外线消毒效果影响的定性分析
氨	无影响或很小
BOD、COD 等	无影响或很小
硬度	影响能吸收 UV 射线的微粒的溶解性，导致碳酸盐在石英套管上沉积
腐殖质	UV 射线的强吸收体
铁	UV 射线的强吸收体
亚硝酸盐	无影响或很小
硝酸盐	无影响或很小
pH	能影响金属和碳酸盐的溶解性
TSS	UV 吸收体，并对内嵌细菌形成屏蔽

资料来源：孙永利 等，2005；陈建 等，2002；Bolton and Linden，2003；Gehr and Nicell，1996；Gehr and Wright，1998.

根据国外的文献报道以及几千座污水处理厂的运行经验可知，如果处理后污水/再生水的 SS≤30 mg/L(即国家二级排放标准)，采用紫外线消毒可使大肠菌群控制在10 000个/L 以下，若 SS≤10 mg/L，则可有效控制在 1000 个/L 以下(陈建 等，2002)。为了达到较好的紫外线消毒效果，需对 SS 有一定的规定。加拿大专家推荐 SS 不宜超过 20 mg/L。美国规定了确保一定卫生学指标所需紫外线消毒前的水质要求，其中要求 SS 的浓度低于 10 mg/L，浊度应低于 5 NTU(孙永利 等，2005)。

（3）微生物的类型和浓度

污水中细菌、病毒的种类繁多，且对紫外线的抗性不同，对于不同类型的污水/再生水，呈现出不同的消毒效果。有些微生物对于紫外线比较敏感，灭活率较高，如粪大肠菌；而有些微生物则需用较高的紫外线剂量进行灭杀，如 F-RNA 噬菌体和铜绿极毛杆菌。另外，微生物浓度也是影响紫外线消毒效率的一大因素，较高的微生物浓度必然要求更高的紫外线剂量(Moreno et al，1997；张永吉和刘文君，2005)。

13.3.2 紫外消毒抗性(耐受性)病原微生物

由 13.3.1 节可知，紫外线通过破坏 DNA 来灭活微生物。由于各大类病原微生物的生理结构具有较大的差异，紫外线灭活所需的剂量也有所不同(详见

表 13.9)。从表 13.9 可以发现,截至目前的研究,腺病毒灭活所需的紫外线剂量最大。一般而言,对于 Adenovirus 4 ,若达到 4 log 灭活率,所需的紫外线剂量约为 200 mJ/cm^2。区别于普通的肠道病毒、乙肝病毒和诺如病毒,腺病毒是一类双链 DNA 病毒。而紫外线照射对于 DNA 的破坏比对 RNA 的破坏难得多,这是腺病毒具有紫外线消毒抗性的主要原因之一(Yates,2008)。另有研究表明,紫外线照射后的腺病毒仍具有感染细胞的能力,腺病毒可以利用宿主细胞的修复酶对自身的 DNA 进行修复(Rainbow et al,2005),从而导致紫外线灭活效率下降。

13.3.3 紫外线消毒后病原微生物的自我修复及其风险

紫外线照射微生物后,在微生物 DNA 链上主要形成胸腺嘧啶二聚体等光化学产物,阻止 DNA 的复制,从而使微生物失活。形成的胸腺嘧啶二聚体可通过多种途径进行修复,从而发生不同程度的复活,这些途径包括光复活和暗修复等。很多被紫外线照射后的微生物在可见光照射下可以修复紫外线造成的损伤,重新获得活性,从而削弱消毒效果,威胁消毒的安全性。由于紫外线消毒不能提供持久的消毒效果,使得消毒出水存在一定的微生物风险。其中光复活在微生物自我修复的过程中占主导地位,下面就光复活的机理及各类微生物的光复活特性展开介绍。

1. 光复活机理

目前,关于光复活的研究较多,一般认为,光复活的发生包括两步(见图 13.24)。

第一步:光复活酶-嘧啶二聚体络合物的形成。一个光复活酶(PRE)结合一个嘧啶二聚体形成一个络合物(complex)。此过程可逆,但是络合物的形成反应在动力学上极易发生($k_1 \gg k_2$)。这一步不需要光照。络合物的形成速度和温度、pH及离子强度等有关。

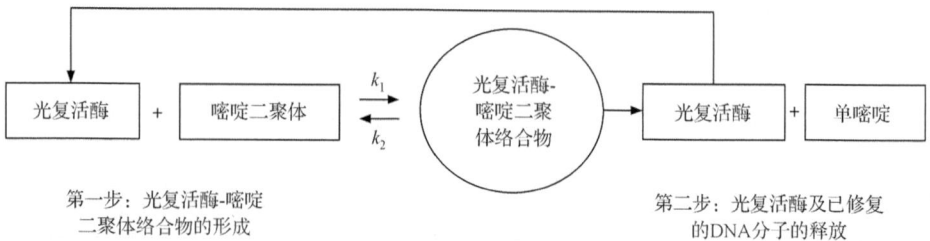

第一步:光复活酶-嘧啶二聚体络合物的形成　第二步:光复活酶及已修复的DNA分子的释放

图 13.24　光复活两步反应机制

第二步:光复活酶及已修复的 DNA 分子的释放。光照促使光复活酶起到催化作用,导致嘧啶二聚体的解聚,形成嘧啶单体;同时光复活酶从光复活酶-嘧啶二聚体络合物中释放出来。嘧啶二聚体恢复为初始的单分子的反应速率取决于复活光的能量以及相关的反应动力学。对不同的微生物,起催化作用的复活光波长各不相同,但一般都在 310～490 nm 之间。

由于嘧啶二聚体解聚为单嘧啶的反应一般在合适的光照条件下千分之一秒内即可发生,故光复活的程度主要取决于形成光复活酶-嘧啶二聚体络合物的数量(即第一步)。络合物的数量受限于每个细胞中光复活酶的数量及可利用性。有限的光复活酶只有通过光复活酶的再利用而实现较高的复活率。足够长的光照时间能使 DNA 得到修复并释放,同时使光复活酶再生(第二步),得以与剩下的二聚体形成新的络合物(第一步)再次催化嘧啶二聚体解聚。

2. 具有光复活能力的微生物

微生物的光复活能力与光复活酶的作用相关。光复活酶在生物中广泛存在,如在细菌、蓝绿藻、真菌、高等植物以及所有主要脊椎动物群中都有发现,但有胎盘的哺乳动物例外。目前对这些例外产生的原因还没有探明。表 13.11 列出了已有研究中发现具有光复活能力的微生物(Lazarova et al,1999;Hijnen et al,2006)。

表 13.11　微生物的光复活

复活性		微生物
有光复活	细菌	*Acinetobacter baumanni*, *Aerobacter*, *Citrobacter freundii*, *Enterococci faecalis*, *Enterobacter aerogenes*, *Enterobacter cloacae*, *Escherichia coli*, *Erwinia*, *Legionella pneumophila*, *Klebsiella pneumonia*, *Proteus mirabilis*, *Salmonella typhimurium*, *Serratia marcescens*, *Streptomyces*
	真菌	*Penicillium*, *Saccharomyces*
	原生动物	*Cryptosporidium parvum*, *Giardia lamblia*
未观测到光复活	细菌	*Clostridium perfringens*, *Diplococcus pnuemoniae*, *Haemophilus influenza*, *Micrococcus radiodurans*, *Enterococci hirae*, *Pseudomonas aeruginosa*
	噬菌体	*Bacteriophage*, *Somatic coliphages*
不确定	细菌	*Bacillus subtilis*, *Escherichia coli strain* O157:H7, *Streptococcus faecalis*

资料来源:Lazarova et al,1999;Hijnen et al,2006.

不同种类的微生物光复活特性不同,可能的原因之一是不同微生物光复活所需的最适波长不同。但是关于微生物光复活最适波长的研究很少。有研究表明,大肠杆菌光复活最适波长在 360 nm 左右(Kelner,1951;Kashimada et al,1996),灰色链霉菌光复活的最适波长为 440 nm(Kelner,1951),项圈藻的最适波长为 352.5 nm 和 383 nm(Han et al, 2001)。

同一属不同种的细菌的复活能力也不尽相同。值得指出的是,不同的研究中,对同一种菌光复活与否的结论并不相同。比如,Lindenauer 和 Darby(1994)认为 *Bacillus subtilis* 没有光复活现象,而 Hassen 等(2000)研究观测到 *Bacillus subtilis* 有光复活的现象。对于 *E. coli* O157:H7,有研究未发现光复活现象(Hassen et al, 2000),而另一研究中发现低压灯照射后有光复活,而中压灯照射后未检测到光复活(Kalisvaart, 2004)。另外,研究发现,尽管隐孢子虫可以复活,但是感染性并没有恢复(Zimmer et al, 2003; Chrtek and Popp, 1991)。这意味着复活的微生物由于自身某些特性的丧失,其对环境安全的危害性可能会降低。复活后微生物特性的变化是值得关注的问题。

3. 光复活影响因素

污水/再生水紫外线消毒后微生物的光复活存在四方面的影响因素。

(1) 光复活条件

光复活条件包括可见光波长、光强、辐照时间,紫外线照射后见光前的黑暗保存时间、温度等。产生光复活的最适光波长依微生物不同而不同,但一般都在 310～490 nm 间。在合适波长的光辐照时,光强越强、辐照时间越长,复活量一般越大(Kelner, 1949)。由于光复活需要光,不及时给予受紫外线损伤的微生物可见光,微生物的光复活能力将受到影响。

有研究认为,增加见光之前的黑暗时间,可以延迟光复活 15～20 h(Liltved and Landfald, 1996)。Kelner 研究发现,*E. coli* 在紫外线照射后于黑暗中 37℃培养,可以使其丧失光复活的能力,同时光复活能力随黑暗培养时间的延长呈指数下降,培养 2～3 h 会完全丧失光复活能力(Kelner, 1949)。

由于光复活过程属于光化学反应,其反应速率的大小受温度的影响较大。有研究认为,温度增加到 50℃ 的过程中,复活率随着温度的增加而增加(Kelner, 1949)。但也有研究认为,温度的影响并不显著(Liltved and Landfald, 1996)。

(2) 微生物的种类

不同的微生物光复活能力不同,可能因为微生物所含有的光复活酶的数量不同,发生最大光复活所需的光波长不同等。同时 DNA 中含胸腺嘧啶碱基较多的微生物光复活能力较差,主要由于较易产生更多的胸腺嘧啶二聚体。

(3) 污水/再生水水质

水质影响因素主要有水中吸收可见光的物质种类及浓度、污水/再生水的营养水平、pH 和离子强度等。针对水中吸光物质对光复活的影响的研究未见报道。水中存在低的营养物质时,可以使暗修复达到较高的水平,同时使光复活维持高复活水平较长时间(Liltved and Landfald, 1996)。合适的 pH 和离子强度等协助维持细菌的正常生理状态,利于光复活现象的发生。

(4) 紫外线消毒系统

所采用的紫外灯的种类及紫外线剂量显著影响光复活。低压灯主要发射 254 nm的光,专门破坏 DNA。而宽光谱的紫外线不仅破坏 DNA,而且对其他分子(如酶)造成损伤。有研究结果表明,中压灯可以在一定程度上抑制复活现象的发生(Kalisvaart, 2004)。另外,紫外线剂量越高,微生物受到紫外线损伤程度越深,则复活所需要的时间越长,复活程度越低。

4. 评价方法

光复活导致的最直接结果是单位体积水样中菌数的增加。为评价和比较光复活的程度,光复活研究领域中使用如下几种评价方法。

(1) 剂量减小因子法

Kelner(1949)定义了"剂量减小因子(dose reduction factor,DRF)",以定量评价微生物的光复活。

$$DRF = \frac{\text{不考虑光复活时微生物达到一定存活率所需的紫外线照射剂量}}{\text{考虑光复活时微生物达到同样存活率所需的紫外线照射剂量}}$$

(13.1)

DRF 小于或等于 1。DRF 的概念已有直接的应用,即在考虑光复活的条件下预测达到一定消毒效果所需增加的紫外线照射剂量。

当紫外线剂量较高时,消毒出水的菌数接近或低于检测限,直接使用实际的最大可能数(most probable number,MPN)定义 DRF 和排放标准接轨,应用更有意义(Lindenauer and Darby, 1994)。

$$DRF = \frac{\text{不考虑光复活时达到一定 MPN 所需的紫外线照射剂量}}{\text{考虑光复活时达到同样 MPN 所需的紫外线照射剂量}}$$

(13.2)

此评价方法对于指导实际应用较有意义,但是由于不同条件下光复活发生与否及发生的程度均不同,所以该定义还存在模糊的地方,使得不同研究中的结果不易比较。

(2) 光复活百分比法

1951 年,Kelner 提出了另一种定量光复活的方法,即光复活百分比法。

$$\text{光复活百分比}(\%) = \frac{N_p - N_i}{N_0 - N_i} \times 100\%$$

(13.3)

式中, N_0 为紫外线照射前的细菌数; N_i 为紫外线照射后的细菌数; N_p 为光复活后的细菌数。

因此,光复活百分比表示光复活的细菌占紫外线灭活的细菌的百分比。此方法表征了复活的能力和程度,有利于光复活的理论研究。

（3）log 增加法

关于光复活的研究多采用 log 增加法来定量微生物复活的程度。这种方法中，光复活使得微生物的 log 存活率增加，log 增加量定义为

$$\log 增加量 = \log(N_p/N_i) \tag{13.4}$$

复活前的存活率为 $\log(N_i/N_0)$，复活后的存活率为 $\log(N_p/N_0)$。此方法关注光复活对存活率的影响，从而可以判断光复活的程度。

5. *污水消毒后的光复活及其风险*

紫外线消毒后光复活的相关研究结果总结见表 13.12。一般来说，大肠杆菌在见光复活 2～6 h 达到最大值。不同细菌的复活能力不同。大肠杆菌是目前研究中光复活能力最强的细菌，最大复活值可达到 6 log。

表 13.12　紫外线消毒后光复活的研究总结

微生物	光源	光照时间/h	最大光复活/log	参考文献
EC	灯管	0～9	～1(6 h 达到最大)	Chan and Killick, 1995
TC, FC, FS	灯管	0～4	1(TC, FC);0(FS)(4 h 达到最大)	Chrtek and Popp, 1991
FC	阳光	2.5	～1	Gehr and Nicell, 1996
EC, FS	灯管	2	3.4(EC);2.4(FS)	Harris, 1987
EC, TC, FC	阳光	0～1.5	～1(15 min 达到最大)	Kashimada et al, 1996
EC, TC, FC	灯管	0～2	～1.5(TC, FC, 2 h 达到最大)	Kashimada et al, 1996
EC	阳光	1	4	Knudson, 1986
TC	阳光	1	～1.7	Lindenauer and Darby, 1994
TC	灯管	0～24	～1.7(24 h 后)	Lindenauer and Darby, 1994
EC	灯管	1～336	6(7 d 达到最大值)	Mechsner et al, 1991
EC	灯管	1～3	2.1(LP)	Oguma et al, 2002
EC(7 种)	灯管	0～2	1～3.4(2 h 达到最大)	Sommer et al, 1997
EC	灯管	0～4	0.7～2.8(3 h 达到最大,LP)	Zimmer et al, 2003

注：TC：大肠菌群；FC：粪大肠菌群；FS：粪链球菌；EC：大肠杆菌；LP：低压紫外灯管。

污水经过紫外线消毒后一般排入河流或进一步处理回用，见光时间有限。对于单一菌种的研究表明，一般紫外线照射后细菌在见光 4 h 后达到复活最大值。紫外线照射后的水样在复活光下照射，二沉池出水中细菌总数在见光后逐渐增加，随着时间延长复活量增大；25 mJ/cm² 紫外线照射后见光 4 h 时细菌总数的灭活率降低到 1.5 log，降低了 1.8 log。但紫外线剂量为 40 mJ/cm² 时，见光 4 h 后仍没有检测到复活。砂滤出水中细菌总数的光复活和二沉池中的类似。15 mJ/cm² 紫外线照射后见光 4 h 时细菌总数的灭活率降低到 1.5 log，降低了 1.3 log。25 mJ/cm² 紫外线照射后见光 2 h 细菌总数的灭活率降低到 2.3 log，但见光 4 h 时

灭活率仍然维持在此水平。当紫外线剂量为 40 mJ/cm² 时,见光 4 h 后仍没有检测到复活。

比较二沉池出水和砂滤出水中细菌总数、大肠菌群和粪大肠菌群在 5 mJ/cm² 紫外线剂量照射后的即时灭活率及见光 4 h 后的复活情况(见图 13.25)。紫外线照射后砂滤出水中的细菌浓度相对更低。这主要是因为砂滤出水中细菌的初始浓度较低,且砂滤出水浊度较低,更利于紫外线的灭活。前期研究结果及运行经验表明,紫外线穿透率越高,在相同紫外线剂量照射下灭活率也越高(Sommer et al,1997;Mason and Li,2001)。同时二沉池出水和砂滤出水的紫外线穿透率分别为75%和80%,而高紫外线穿透率一般导致较高的灭活率。此外,见光 4 h 后细菌总数、大肠菌群和粪大肠菌群浓度均有所增加,也就是说它们均存在一定程度的复活,但是二沉池出水中复活量更大。这说明细菌初始浓度越高,紫外线灭活及细菌的光复活程度越强。

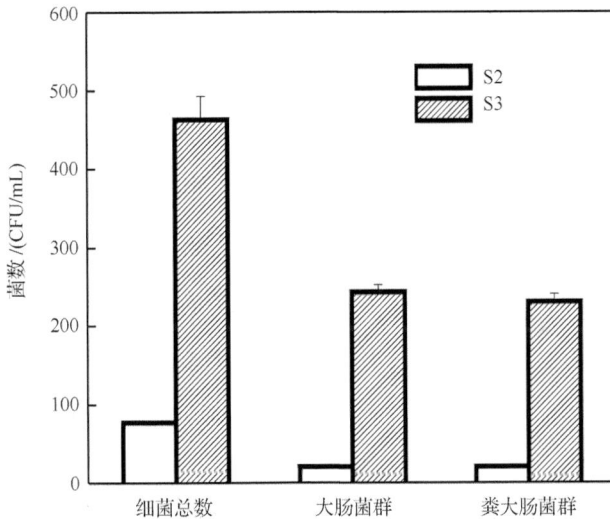

图 13.25 经 5 mJ/cm² 紫外线照射的砂滤出水(水样 S3)
和二级处理出水(水样 S2)光复活后细菌的存活情况(郭美婷,2009)

13.3.4 紫外线消毒副产物风险

紫外线消毒对再生水消毒副产物风险的影响如图 13.26 所示。紫外线消毒通常被认为是一类副产物生成量较低的消毒技术,其在较高紫外线剂量下才可生成醛类消毒副产物。但近年来发现,紫外线消毒可生成亚硝酸盐等有毒副产物,此外其与氯消毒工艺组合时,虽可光解前端氯消毒工艺生成的 N-二乙基亚硝胺(NDEA)等亚硝胺类副产物,却可促进三卤甲烷、卤乙酸等卤代副产物生成。因此,紫外线消毒对再生水消毒副产物生成的影响成为人们关注的焦点。

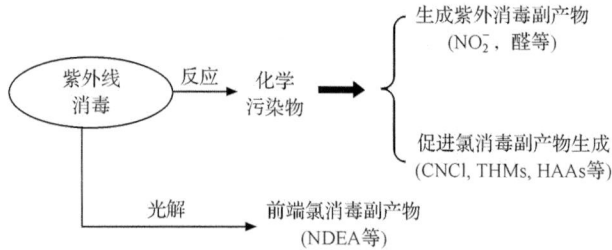

图 13.26　紫外线消毒对再生水消毒副产物风险的影响

1. 紫外线消毒副产物生成特性

常见紫外线消毒副产物主要包括亚硝酸盐、醛类等。其中,醛类副产物需要在很高紫外线剂量(200 mJ/cm²)才可被检出(Linden et al, 1998),而亚硝酸盐副产物则因其毒性大、前体物硝酸盐广泛存在受到关注。图 13.27 为硝酸盐溶液经紫外线照射后的亚硝酸盐生成量(Lu et al, 2009)。由图可知,当紫外线(平均强度 190 μW/cm²)照射时间超过 40 min 时,硝酸盐溶液(8 mg-N/L)消毒后的亚硝酸盐含量便高于再生水回灌地下标准限值(0.02 mg-N/L)。

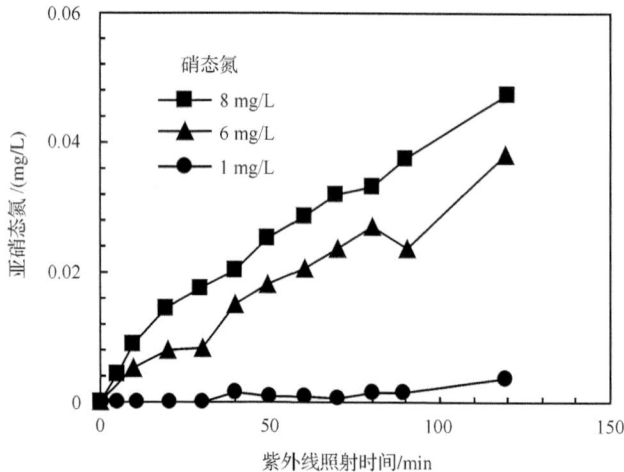

图 13.27　硝酸盐溶液经紫外线照射后的亚硝酸盐生成量
(pH＝7.0,紫外线照射平均强度 190 μW/cm²)(Lu et al, 2009)

2. 紫外线消毒对卤代氯消毒副产物生成的影响

紫外线与氯组合消毒与单独氯消毒相比,可有效减少氯消毒剂使用量,通常被认为可降低氯消毒副产物生成的风险。其中,紫外线消毒后置(氯-UV)式组合消毒还可去除氯消毒工艺中生成的 N-二乙基亚硝胺(NDEA)等亚硝胺类副产物(图 13.28)。但是,近年来研究表明紫外线照射可促进饮用水氯消毒时生成氯化氰等副产物,如图 13.29 所示。饮用水和天然有机物紫外线/氯消毒后的氯化氰含量高于相同氯投加量氯消毒后的。因此,如何在保障微生物灭活的前提下,控制紫外线对氯消毒副产物生成的促进作用成为了紫外线/氯组合消毒技术发展中亟待解决的问题。

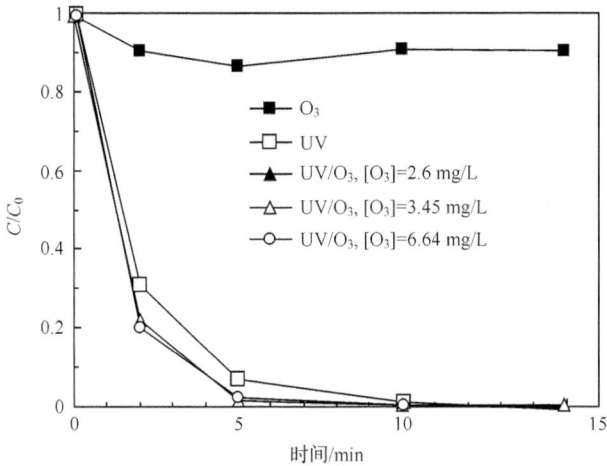

图 13.28　紫外线消毒和紫外线/臭氧消毒对 N-二乙基亚硝胺(NDEA)的去除作用
(NDEA 初始浓度 0.10 mmol/L,紫外线照射强度 1000 μW/cm^2)(Xua et al, 2010)

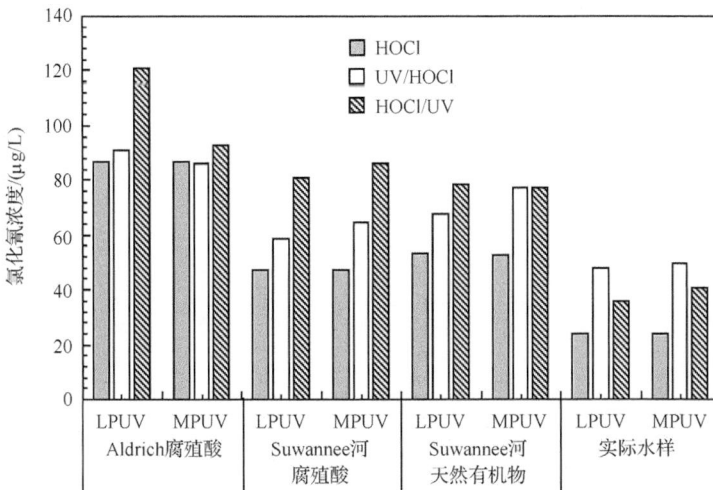

图 13.29　天然有机物和饮用水经紫外线和氯组合消毒后的氯化氰生成量(Liu et al, 2006)

13.3.5　紫外线消毒技术的优化方法

由于微生物的自我修复现象的存在,紫外线消毒的效果被削弱。相比较而言,光复活较暗修复的程度显著,对紫外线消毒的安全性影响较大。因此,光复活是紫外线消毒保障污水再生利用微生物安全性的主要限制因素。如何从工程上控制光复活成为紫外线消毒技术能否在污水再生过程中广泛应用的关键之一。

紫外线照射后的微生物经过复活启动期、复活期,最终达到稳定期。将控制目标确定为控制复活稳定期的最大复活值,可从降低复活初始值、延长复活启动期和抑制复活过程三个方面着手。从紫外线消毒技术本身出发,可通过提高紫外线剂量来强化前期消毒效果,降低复活初始值;或通过将紫外线照射后的微生物于黑暗中静置,延长其复活启动期。提高紫外线剂量的操作相对简单,但需要消耗较高的能量。而延迟见光对光复活的抑制只能在一定程度上延缓或减弱复活,治标不治本。因此,需开发病原微生物光复活高效控制方法,以确保微生物的安全性。

13.4　再生水臭氧消毒及其风险

13.4.1　臭氧对病原微生物的灭活特性

1. 臭氧消毒的原理

作为一种强氧化剂,臭氧对水中的病原微生物具有良好的灭活作用,其灭活能力主要通过强氧化性破坏细胞组成得以实现。臭氧首先作用于细菌的细胞膜上的糖蛋白或糖脂,其次臭氧抑制含巯基的酶的活性从而抑制细菌的生理活性,臭氧一旦突破细菌细胞壁和细胞膜的阻碍,将进一步作用于核酸,氧化核糖核酸上的嘌呤与嘧啶(USEPA,1999)。相对而言,臭氧对病毒灭活的机制要简单得多。臭氧首先破坏病毒的蛋白衣壳,高浓度的臭氧甚至可能导致蛋白衣壳与 DNA 或者 RNA 分离,然后作用于病毒核区(USEPA,1999)。臭氧对病原性原虫的灭活大多始于细胞膜的破坏和细胞通透性的增强。

2. 臭氧消毒对病原微生物的灭活与剂量标准

臭氧对微生物的灭活具有广谱性,对病毒、细菌和病原性原虫均具有较高效的灭活能力。由于臭氧衰减速度快,不具有持续消毒能力,因此不能作为二次消毒剂而用于污水/再生水消毒。一般而言,臭氧对病原性原虫的灭活效果较细菌与病毒差,而对病毒的灭活效果在细菌与芽孢之间。

臭氧作为一种强氧化剂,具有同时氧化还原性化学物质与病原微生物的能力。由于污水成分复杂,有机物浓度较高,因此在确定污水/再生水消毒剂量时,通常还需要考虑污水/再生水水质。表 13.13 给出了常见污水(再生水)中的大肠菌群数达到一定排放标准的臭氧消毒剂量。以典型二级处理出水为例,要达到出水中大肠菌群数不多于 3 个/100 mL,臭氧投加浓度在 10~30 mg/L,接触时间在 10~30 min 范围内。

表 13.13 典型污水臭氧消毒投加剂量

污水类型	初始大肠菌群数 /(MPN/100 mL)	臭氧消毒剂量/(mg/L)			
		出水标准			
		1000MPN /100 mL	200MPN /100 mL	23MPN /100 mL	≤2.2MPN /100 mL
原污水	$10^7 \sim 10^9$	15~30			
一级处理出水	$10^7 \sim 10^9$	10~25			
滴滤池出水	$10^5 \sim 10^6$	4~8			
活性污泥反应器出水	$10^5 \sim 10^6$	3~5	5~7	12~16	20~30
滤过活性污泥反应器出水	$10^4 \sim 10^6$	3~5	5~7	10~14	16~24
硝化出水	$10^4 \sim 10^6$	2~5	4~6	8~10	16~20
硝化出水过滤后	$10^4 \sim 10^6$	2~4	3~5	5~7	10~16
微滤出水	$10^1 \sim 10^3$		2~3	3~5	6~8
反渗透出水	~0				1~2
化粪池出水	$10^7 \sim 10^9$	15~30			
间歇砂滤出水	$10^2 \sim 10^4$	2~4	4~6	8~10	16~20

资料来源:Asano et al, 2007.

3. 臭氧消毒的影响因素

影响臭氧消毒的影响因素主要包括水质条件(pH、温度、浊度等)、水力条件(混合效果)、反应时间等。通常,有机物含量越低,浊度越低,混合越充分,臭氧投加量越高,则臭氧消毒效果越好。水质对臭氧消毒效果影响的定性分析见表 13.14。

表 13.14 水质对臭氧消毒效果影响的定性分析

水质指标	对臭氧消毒效果影响的定性分析
BOD,COD 和 TOC	污水中的有机物通过消耗臭氧来影响臭氧对病原微生物的灭活,影响程度取决于有机物的功能基团和化学结构。
NOM	影响臭氧的衰减速率,加快臭氧分解
油、油脂	消耗臭氧
TSS	消耗臭氧,对内嵌细菌形成屏蔽

水质指标	对臭氧消毒效果影响的定性分析
碱度	无影响或很小
硬度	无影响或很小
氨	无影响或很小（在高 pH 条件下加快臭氧分解）
亚硝酸盐	被臭氧氧化形成硝酸盐
硝酸盐	降低臭氧的有效氧化能力
铁离子	被臭氧氧化
锰离子	被臭氧氧化
pH	影响臭氧的分解速率
工业废水组成	取决于工业废水组成
温度	影响臭氧的分解速率

资料来源：Asano et al，2007.

13.4.2　臭氧消毒抗性(耐受性)微生物

臭氧作为一种强氧化剂，对微生物的灭活具有广谱性。相对而言，原虫卵囊和细菌芽孢是两类对臭氧具有耐受性的微生物。两者均具有细胞壁包被（前者为卵囊壁，后者为芽孢衣和芽孢壁），多层致密的细胞壁的包被阻碍了臭氧进入细胞，从而氧化破坏细胞质、核区或生理代谢过程。由特殊基因控制的臭氧抗性（耐受性）微生物未见报道。

13.4.3　臭氧消毒副产物风险及其生成特性

臭氧具有强氧化性，其在再生水消毒过程中可与水中的溴离子、有机物等污染物发生反应，生成溴酸盐等具有生物毒性的消毒副产物。典型臭氧消毒副产物包括卤代无机物（溴酸盐、氯酸盐等）、卤代有机物（三溴甲烷、溴代乙酸等）、含氮有机物（二甲基亚硝胺、溴代乙腈等）、醛（甲醛、乙醛等）、酮、酸（甲酸、乙酸等），如图 13.30 所示。当臭氧消毒后的再生水用于杂用、景观、渔业等用途时，臭氧消毒

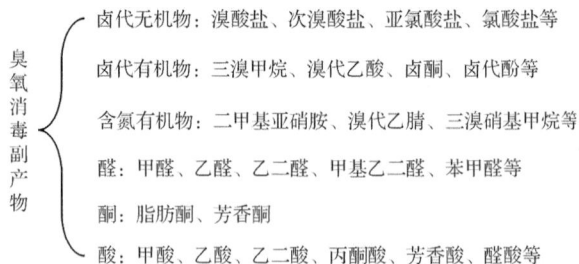

卤代无机物：溴酸盐、次溴酸盐、亚氯酸盐、氯酸盐等

卤代有机物：三溴甲烷、溴代乙酸、卤酮、卤代酚等

臭氧消毒副产物｛含氮有机物：二甲基亚硝胺、溴代乙腈、三溴硝基甲烷等

醛：甲醛、乙醛、乙二醛、甲基乙二醛、苯甲醛等

酮：脂肪酮、芳香酮

酸：甲酸、乙酸、乙二酸、丙酮酸、芳香酸、醛酸等

图 13.30　典型臭氧消毒副产物

副产物可对水生生物产生不良影响。有研究发现,暴露于经臭氧消毒再生水的虹鳟鱼(*Oncorhynchus mykiss*),其生物量和体长显著小于暴露于未消毒再生水的和对照组的。因此,臭氧消毒副产物的健康和生态风险急需关注(Stalter et al, 2010)。

再生水臭氧消毒副产物的生成受到操作条件和水质特性的影响,如图 13.31 所示。以溴酸盐为例,臭氧投加量、接触时间、pH 和溴离子含量的增加均会导致再生水消毒后溴酸盐含量增加,而氨氮则可抑制溴酸盐的生成。图 13.32 为臭氧投加量对再生水溴酸盐生成量的影响(Wert et al, 2007)。当臭氧投加量高于 4.3 mg/L 时,该再生水中溴酸盐生成量便高于我国生活饮用水水质标准的限值(10 μg/L)。

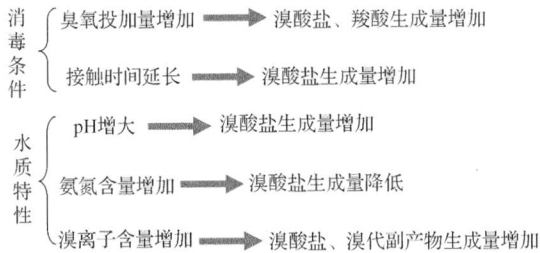

图 13.31 消毒条件和水质特性对臭氧消毒副产物生成的影响

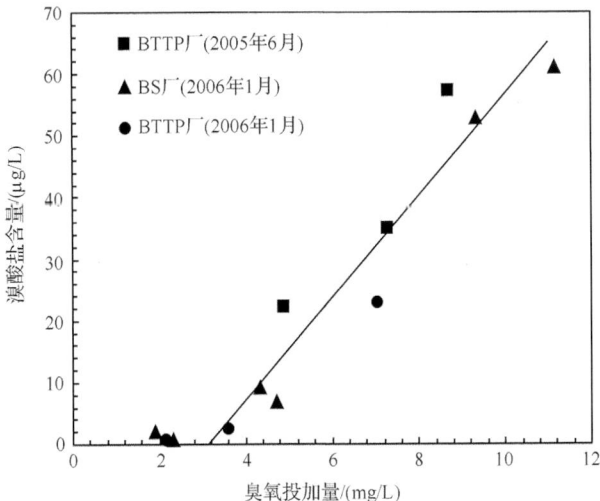

图 13.32 臭氧投加量对再生水臭氧消毒后
溴酸盐生成量的影响(Wert et al, 2007)

13.4.4　臭氧消毒技术的优化方法

臭氧消毒技术的优化措施主要围绕病原微生物的灭活和消毒副产物的控制进行,如图 13.33 所示。和氯消毒副产物控制类似,臭氧消毒副产物的控制措施也可分为控制形成消毒副产物的前体物质、消毒时降低副产物生成、去除已形成的消毒副产物等。而具体的优化方式又可分成优化臭氧接触方式、控制臭氧投加量、改善再生水水质、去除副产物等方面。

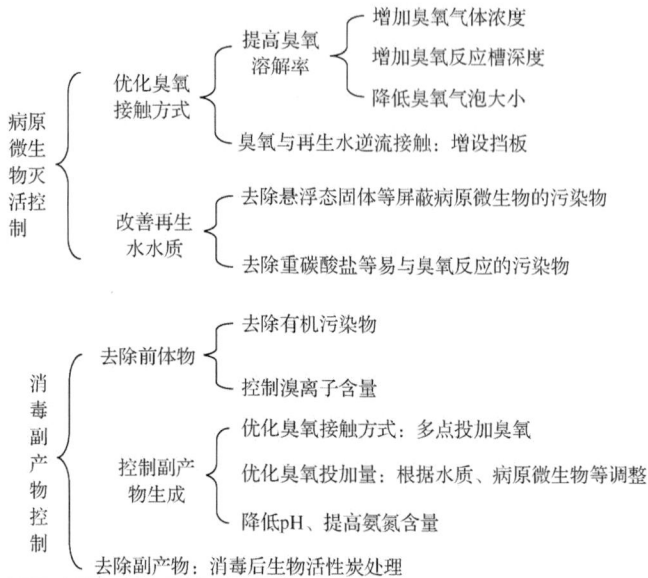

图 13.33　再生水臭氧消毒技术优化方法

1. 优化臭氧接触方式

优化臭氧接触方式包括提高臭氧溶解率、使臭氧与再生水逆流接触、多点投加臭氧等。由于臭氧溶解度较小,再生水中溶解的臭氧含量较低,部分臭氧气体未被利用便进入空气,降低了臭氧消毒效果。因此,提高臭氧溶解率和有效利用率,降低臭氧投加量成为了臭氧消毒领域关注的焦点。常见提高溶解率的方法包括降低臭氧气泡大小、增加反应槽深度等。

2. 控制臭氧投加量

再生水中存在多种消耗臭氧的污染物,降低了用于灭活病原微生物的有效臭氧浓度。因此,仅仅通过“浓度×接触时间”难以预测臭氧消毒效果,需根据实际需要和水质情况确定臭氧投加量,并经常调整和校正。在保证杀灭水中病原微生物的前提下应尽量降低臭氧量,从而减少臭氧与水体中有机物接触反应的概率。

3. 改善再生水水质

改善再生水水质主要是通过强化混凝沉淀、膜分离和吸附等手段,去除水中悬浮态固体、溶解性有机物等污染物,此外还可通过离子交换等,去除溴离子等无机离子。例如,通过强化混凝沉淀去除悬浮态固体,可降低消毒时悬浮态固体对微生物的屏蔽作用,从而改善消毒效果,降低臭氧投加量,进而控制消毒副产物生成。强化混凝沉淀、吸附还可去除水中大分子、芳香族化合物等副产物前体物,从而降低副产物生成。

4. 去除消毒副产物

去除臭氧消毒生成的副产物方法包括生物活性炭处理、高锰酸盐氧化等。以生物活性炭处理为例,活性炭上的生物膜可将溴酸盐还原成溴离子,降低溴酸盐风险。

13.5　再生水消毒工艺风险控制方法及其指标

13.5.1　再生水消毒工艺的选择

再生水利用用途不同,水中病原微生物和消毒副产物所引起的潜在风险不同,对再生水水质要求亦不相同。例如,再生水城市杂用对病原微生物的要求便高于景观利用和林业利用。再生水消毒工艺的选择需要针对再生水的利用用途和消毒原水水质,综合灭活效率、对公众和环境危害程度、经济性、操作安全性和便利程度等因素,根据各消毒技术特点(见表 13.1)选择合适的工艺,以将病原微生物和消毒副产物控制在合适的风险水平以下。表 13.15 为在自配缓冲溶液中进行氯、二氧化氯、紫外线和臭氧消毒,达到不同消毒要求所需的消毒剂量(Asano et al,2007)。

再生水消毒工艺选择时需要考虑的水质因素、附加处理目的及相应适宜消毒技术如表 13.16 所示。再生水消毒通常以紫外线照射和氯消毒为主,但若再生水利用用途对色度、嗅味和微量有毒有害有机物有控制需要,则常采用臭氧消毒。

表 13.15　典型消毒技术灭活细菌、病毒和病原虫所需的剂量

病原微生物	消毒技术	剂量单位	灭活率			
			1 log	2 log	3 log	4 log
细菌	自由氯	mg·min/L	0.1～0.2	0.4～0.6	3～4	8～10
	氯胺	mg·min/L	4～6	10～12	20～40	70～90
	二氧化氯	mg·min/L	2～4	8～10	20～30	50～70
	臭氧	mg·min/L		3～4		
	紫外线照射	mJ/cm²		30～60	60～80	80～100
病毒	自由氯	mg·min/L		1～4	8～16	20～40
	氯胺	mg·min/L		600～700	900～1100	1400～1600
	二氧化氯	mg·min/L		4～6	10～14	20～30
	臭氧	mg·min/L		0.4～0.6	0.7～0.9	0.9～1.0
	紫外线照射	mJ/cm²		30～40	50～70	70～90
病原虫	自由氯	mg·min/L	30～40	60～70	90～110	
	氯胺	mg·min/L	600～650	1200～1400	1800～2000	
	二氧化氯	mg·min/L	7～9	14～16	20～25	
	臭氧	mg·min/L	0.4～0.6	0.9～1.2	1.4～1.6	
	紫外线照射	mJ/cm²	5～10	10～20	20～30	

注：试验溶液为自配缓冲溶液(pH 为 7～8.5，温度为 20℃)。

资料来源：Asano et al, 2007.

表 13.16　消毒技术选择时需考虑水质因素和附加处理要求及相应适宜消毒技术

	影响因素	适宜消毒工艺	备注
水质特性	溴离子浓度高	UV	Cl_2 和 O_3 消毒需控制溴代副产物
	氨氮含量高	UV、O_3、ClO_2	Cl_2 消毒需加大接触时间并控制含氮副产物
	碳酸盐含量高	UV、Cl_2、ClO_2	O_3 消毒需加大 O_3 投加量
	有机物含量高	UV	Cl_2、ClO_2 和 O_3 消毒需控制消毒副产物
附加要求	占地面积小	UV、O_3	
	去除色度和嗅味	O_3	
	去除微量有毒有害有机物	O_3	
	控制管网微生物	Cl_2	

13.5.2　再生水组合消毒工艺

　　随着研究深入,紫外线消毒后致病菌的"光复活"、臭氧和氯消毒副产物等消毒过程中存在的问题逐步引起了人们的重视。近年来,新型的病原微生物不断被检出,尤其是高风险致病病毒的屡次流行(Hohne and Schreier,2004),给再生水利用的安全保障提出了更高的要求,现有的单一消毒技术难以满足高风险病原微生物的控制需要。图 13.34 给出了紫外线消毒和氯消毒的抗性微生物。紫外线消毒技术在其常见照射剂量下难以灭活腺病毒,而氯消毒技术则难以灭活 *Cryptosporidium* 等病原虫。将这两种消毒技术结合起来才可有效灭活病原微生物,提供多重保护。因此,通过优势互补的组合消毒工艺对病原微生物和消毒副产物的联合控制技术成为了人们关注的焦点(图 13.35)。

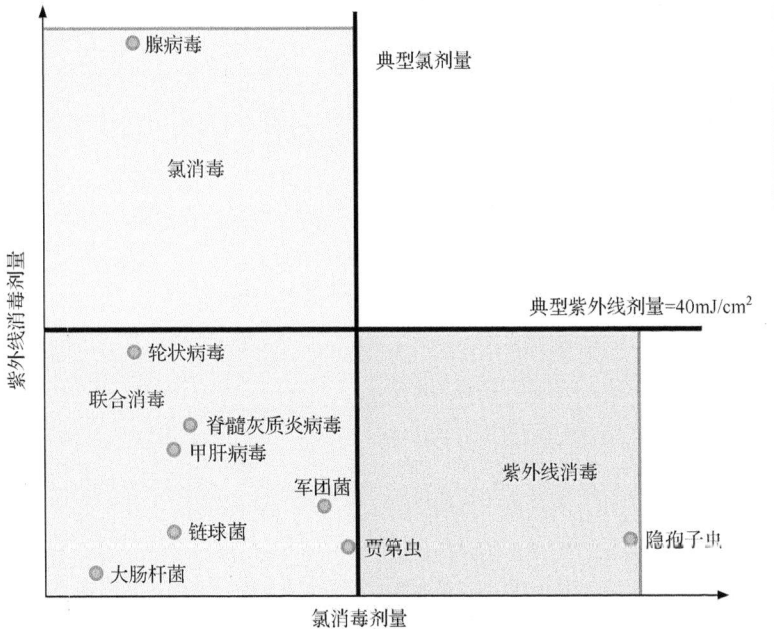

图 13.34　紫外线消毒和氯消毒抗性微生物

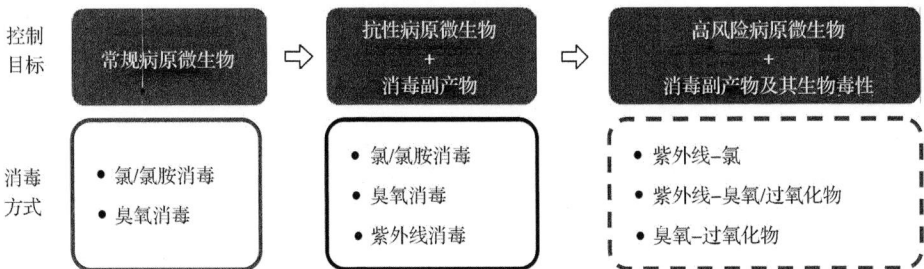

图 13.35　再生水消毒技术发展趋势

常见的组合消毒方式包括紫外线-氯、紫外线-臭氧/过氧化物、臭氧-过氧化物等。表 13.17 为紫外线与其他技术的联合消毒工艺对病原微生物的消毒效果。紫外线与臭氧、氯等技术结合后,可显著提高紫外线消毒效果,抑制紫外线消毒后病原微生物的复活。

表 13.17　紫外线联合消毒工艺研究现状

联合工艺	微生物	剂量	消毒效果	抑制光复活 抑制暗修复	参考文献
UV/氯	TC	UV：5mJ/cm² 氯：3mg/L	—	抑制光复活,抑制率 ＞5 log	郭美婷, 2009
O₃/UV	枯草芽孢	O₃：3.36 mg/L·min UV：14mJ/cm²	增加 0.8 log	—	Jung et al, 2008
超声/UV	FC	超声：30s UV：5s	增加 1 log	—	Blume and Neis, 2004
伽马射线/UV	EC	UV：15 mJ/cm² Gamma：250 Gy	增加 0.8 log	—	Taghipour, 2004
过氧乙酸/UV	FC	PAA：2 mg/L UV：20mJ/cm²	2.2 log	＞1 log 抑制光复活 －0.3 log,促进暗 修复	Martin and Gehr, 2007
过氧乙酸/UV	TC, FC, FS, EC	PAA：2 mg/L UV：192 mJ/cm²	低于检测限	—	Caretti and Lubello, 2003
银/UV	MS2	银：100 μg/L UV：40 mJ/cm²	3.5 log	—	Butkus et al, 2004
氯胺/UV	EC	氯胺：1 mg/L UV：14.8 mJ/cm²	5 log	抑制光复活 6 h	Quek et al, 2006
H₂O₂/UV	MS2	H₂O₂：30 mg/L UV：22 mJ/cm²	0.87 log	—	Koivunen and Tanski, 2005
H₂O₂/UV	TC	H₂O₂：50 mg/L UV：17 mJ/cm²	4.8 log	—	Ahn et al, 2005

注：TC:大肠菌群；FC:粪大肠菌群；EC:大肠杆菌；"—"表示没有相关研究。

13.5.3　再生水消毒工艺水质安全保障指标

再生水中含有多种化学污染物和病原微生物,消毒过程中消毒副产物生成规律十分复杂,病原微生物、消毒副产物和剩余消毒剂在再生水不同利用用途中的风险亦各不相同。因此,再生水消毒工艺水质安全保障需要根据再生水的不同用途和使用方式,系统评价再生水回用时病原微生物和消毒副产物影响人体健康和生态安全的可能途径后果及其程度,灭活病原微生物和控制副产物生成,降低病原微生物和消毒副产物的健康风险和生态风险。图 13.36 为再生水消毒工艺水质安全保障指标体系,主要包括传统水质指标、病原微生物控制指标和副产物控制指标三类。

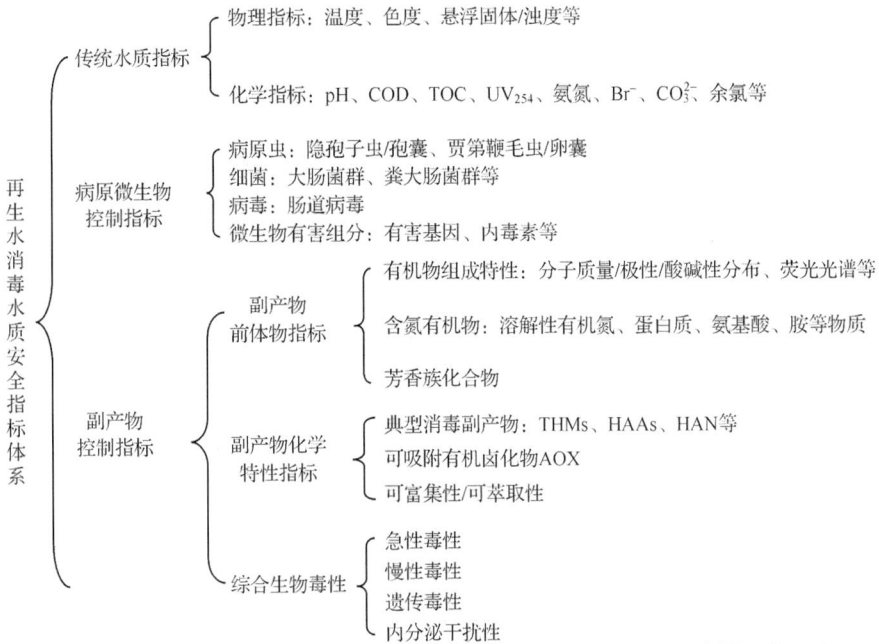

图 13.36　再生水消毒水质安全指标体系

1. 传统水质指标

再生水消毒水质安全保障的传统水质指标包括温度、悬浮固体/浊度、pH、COD、TOC、UV_{254}、余氯、氨氮、Br^-、CO_3^{2-} 等。这些传统水质指标可影响病原微生物和消毒副产物控制。其中,氯消毒时需根据再生水利用途径,调控余氯含量,以灭活病原微生物并防止剩余氯消毒剂对水生生物和植物产生毒害作用。

2. 病原微生物控制指标

城市污水尤其是生活污水中含有多种致病菌、肠道病毒和病原虫,许多病原微生物对消毒剂的抵抗能力高于大肠杆菌,仅用大肠杆菌为指标难以评价再生水的消毒效果。因此,再生水消毒病原微生物控制指标应包括病原虫、细菌、病毒等高风险病原微生物及其有害组分。

3. 消毒副产物控制指标

再生水中消毒副产物的种类繁多,性质各异,仅利用现有的化学仪器分析方法无法测定和评价全部污染物及其毒性危害,更无法表征各副产物的综合效应。综合利用化学仪器分析方法和生物毒性测试对再生水消毒的水质安全进行评价具有显著的优越性。此外,副产物控制不仅需要控制副产物本身,亦需在再生水处理工艺中控制副产物前体物,以降低后续消毒工艺的风险。因此,主要消毒副产物控制指标包括副产物前体物指标、副产物化学特性指标和综合生物毒性三类。

副产物前体物指标包括有机物组成特性指标以及含氮有机物、芳香族化合物等典型副产物前体物,如有机物的相对分子质量/极性/酸碱性分布、溶解性有机氮等。副产物化学特性指标包括三卤甲烷(THMs)、卤乙酸(HAA)、卤乙腈(HAN)等典型消毒副产物以及可吸附有机卤化物、可富集性等综合性指标。而生物毒性指标主要包括急性毒性、慢性毒性、遗传毒性和内分泌干扰性等。

参 考 文 献

陈超,张晓健,何文杰,等. 2006. 顺序氯化对微生物、副产物和生物稳定性的综合控制. 环境科学,27(1): 74~79.

陈健,王长生,张国占,等. 2002. 紫外线消毒技术在给排水中的应用. 中国给水排水,18(7):29~31.

陈忠林,范洁,杨荣华,等. 2000. 饮用水加氯消毒副产物及其控制技术的发展. 哈尔滨建筑大学学报,33(6): 35~39.

郭美婷. 2009. 污水紫外线消毒中病原指示菌的复活及控制研究:[博士论文]. 北京:清华大学.

国家质量监督检验检疫总局中国国家标准化管理委员会. 2005. 城市给排水紫外线消毒设备. GB/T 19837—2005.

胡洪营,王丽莎,魏东斌. 2005. 污水消毒面临的技术挑战及其对策. 世界科技研究与发展,27(6):36~41.

李君文,于柞斌,高明,等. 1994. 水中离子对三卤甲烷形成的影响. 中国公共卫生学报,13(6):321~324.

林立,孙卫玲,倪晋仁. 2004. 天然水中离子对消毒过程中挥发性卤代烃生成的影响. 环境化学,23(4): 413~419.

刘文君,张金松,刘丽君,等. 2004. 清水池设计改进原理和应用. 给水排水,30(5):2550~2554.

美国环境保护局. 2008. 污水再生利用指南. 胡洪营,魏东斌,王丽莎,等译. 北京:化学工业出版社.

任宗明,付荣恕,王子健,等. 2005. 饮用水中余氯对大型蚤的急性和慢性毒性. 给水排水,31(4):26~28.

孙迎雪,吴乾元,田杰,等. 2009. 污水中溶解性有机物组分特性及其氯消毒副产物生成潜能. 环境科学,30 (8):2282~2287.

孙永利,郑兴灿,郝薇. 2005. 污水消毒技术的水质要求与工艺评价. 中国给水排水,21(1):28~30.

晏利琴,宋钦华,郭庆祥. 2002. DNA光复活作用机理研究中的模型化合物. 有机化学,22(12):929~935.

张丽萍,叶裕才,吴天宝,等. 2001. 再生水用于地下回灌的加氯消毒研究. 中国给水排水,17(4):12~15.

张力尖. 1997. 水中溴离子对氯化消毒副产物的影响. 上海环境科学,16(9):31~33.

张永吉,刘文君. 2005. 紫外线对自来水中微生物的灭活作用. 中国给水排水,21(9):1~4.

Ahn K H, Park K Y, Maeng S K, et al. 2005. Color removal and disinfection with UV/H2O2 system for wastewater reclamation and reuse. Water Science and Technology:Water Supply,5(1):51~57.

Amy G L, Chadik P A, Chowdhury Z K. 1987. Developing models for predicting trihalomethane formation potential and kinetics. Journal of the American Water Works Association, 79(7): 89~97.

Asano T, Burton F L, Leverenz H L, et al. 2007. Water Reuse: Issues, technologies and applications. New York: Metcalf & Eddy.

Beïer T B, Svezhova N V, Sidorenko N V. 2001. Oocyst structure and problem of coccidian taxonomy. Tsitologiia, 43(11): 1005~12.

Blume T, Neis U. 2004. Improved wastewater disinfection by ultrasonic pre-treatment. Ultrasonics Sonochemistry, 11(5): 333~336.

Bolton J R, Linden K. 2003. Standardization of methods for fluence (UV Dose) determination in bench-scale UV experiments. Journal of Environmental Engineering, 129(3): 209~215.

Boyce S D, Horning J S, Morris K E, et al. 1983. Reaction pathways of trihalomethane formation from the halogenation of dihydroxyaromatic model compounds for humic acid. Environmental Science & Technology, 17(4): 202~211.

Brungs W A. 1973. Effects of residual chlorine on aquatic life. Journal (Water Pollution Control Federation), 45(10): 2180~2193.

Butkus M A, Labare M P, Starke J A, et al. 2004. Use of aqueous silver to enhance inactivation of coliphage MS2 by UV disinfection. Applied and Environmental Microbiology, 70(5): 2848~2853.

Campbell A T, Wallis P. 2002. The effect of UV irradiation on human-derived Giardia lamblia cysts. Water Research, (36): 963~969.

Caretti C, Lubello C. 2003. Wastewater disinfection with PAA and UV combined treatment: A pilot plant study. Water Research, 37(10): 2365~2371.

Cemeli E, Wagner E D, Anderson D, et al. 2006. Modulation of the cytotoxicity and genotoxicity of the drinking water disinfection byproduct iodoacetic acid by suppressors of oxidative stress. Environmental Science & Technology, 40(6): 1878~1883.

Chan Y Y, Killick E G. 1995. The effect of salinity, light and temperature in a disposal environment on the recovery of E. coli following exposure to ultraviolet radiation. Water Research, 29(5): 1373~1377.

Chang E E, Lin Y P, Chiang P C. 2001. Effects of bromide on the formation of THMs and HAAs. Chemosphere, 43(6): 1029~1034.

Chellam S. 2000. Effects of nanofiltration on trihalomethane and haloacetic acid precursor removal and speciation in waters containing low concentrations of bromide ion. Environmental Science & Technology, 34(9): 1813~1820.

Choi J, Valentine R L. 2002. Formation of N-nitrosodimethylamine (NDMA) from reaction of monochloramine: a new disinfection by-product. Water Research, 36(4): 817~824.

Chrtek S, Popp W. 1991. UV disinfection of secondary effluents from sewage treatment plants. Water Science & Technology, 24(2): 343~346.

Clark R M, Boutin B K. 2001. Controlling disinfection by-products and microbial contaminants in drinking water. United States. 332.

Emerick R W, Loge F J, Thompson D E. 1999. Factors influencing ultraviolet disinfection performance part Ⅱ: association of coliform bacteria with wastewater particles. Water Environment Research, 71 (6): 1178~1187.

Gehr R, Nicell J. 1996. Pilot studies and assessment of downstream effects of UV and ozone disinfection of a physicocheminal wastewater. Water Quality Research Journal of Canada,31(2):263～281.

Gehr R,Wright H. 1998. UV disinfection of wastewater coagulated with ferric chloride:recalcitrance and fouling problems. Water Science and Technology,38(3):15～23.

Gjessing E T,Kallqvist T. 1991. Algicidal and chemical effect of UV-radiation of water containing humic substances. Water Research,25(4):491～494.

Golfinopoulos S K,Kostopoulou M N,Lekkas T D. 1996. THM formation in the high-bromide water supply of Athens. Journal of Environmental Science and Health A,31(1):67～81.

Han T,Sinha R P,Hader D P. 2001. UV-A/blue light-induced reactivation of photosynthesis in UV-B irradiated cyanobacterium,*Anabaena* sp. Journal of Plant Physiology,158(11):1403～1413.

Haque M A. 2003. Effect of nitrification on chlorine demand for disinfection of municipal wastewater effluent [Master thesis]. USA:University of Texasat Arlington.

Harris G D,Adams V D,Sorensen D L. 1987. Ultraviolet inactivation of selected bacteria and viruses with photoreactivation of the bacteria. Water Research,25(6):687～692.

Hassen A,Mahrouk M,Ouzari H, et al. 2000. UV disinfection of treated wastewater in a large-scale pilot plant and inactivation of selected bacteria in a laboratory UV device. Bioresource Technology, 74: 141～150.

Hijnen W A M,Beerendonk E F,Medema G J. 2006. Inactivation credit of UV radiation for viruses,bacteria and protozoan (oo)cycts in water:A review. Water Research,40:3～22.

Hijnen W A M,Medema G J. 2005. Inactivation of viruses,bacteria,spores and protozoa by ultraviolet irradiation in drinking water practice: A review. Water Science and Technology: Water Supply,5(5):93～99.

Hohne M,Schreier E. 2004. Detection and characterization of Norovirus outbreaks in Germany:Application of a one-tube RT-PCR using a fluorogenic real-time detection system. Journal of Medical Virology,72(2): 312～319.

Hong S P,Bae T H,Tak T M,et al. 2002. Fouling control in activated sludge submerged hollow fiber membrane bioreactors. Desalination,143(3):219～228.

Jacangelo J G,Trussell R R. 2001. International report:water and wastewater disinfection-trends,issues and practices//The 2nd World Water Congress of the International-Water-Association. Berlin: International-Water-Association.

Jung Y J,Oh B S,Kang J W. 2008. Synergistic effect of sequential or combined use of ozone and UV radiation for the disinfection of *Bacillus subtilis* spores. Water Research,42(6/7): 1613～1621.

Kalisvaart B F. 2004. Reuse of wastewater:preventing the recovery of pathogens by using medium～pressure UV lamp technology. Water Science and Technology,50(6):337～344.

Kashimada K,Kamiko N,Yamamoto K, et al. 1996. Assessment of photoreactivation following ultraviolet light disinfection. Water Science & Technology,33(10/11):261～269.

Kelner A. 1949. Effect of visible light on the recovery of *Streptomyces griseus* conidia from ultraviolet irradiation injury. Proceedings of the national academy of sciences,35(2):73～79.

Kelner A. 1951. Action spectra for photoreactivation of ultraviolet-irradiated *Escherichia coli* and *Streptomyces griseus*. The Journal of General Physiolgy,835～852.

Knudson G B. 1986. Photoreactivation of ultraviolet-irradiated, plasmid-bearing, and plasmid-free strains of *Bacillus anthracis*. Applied and Environmental Microbiology,52(3):444～449.

Koivunen J,Tanski H. 2005. Inactivation of enteric microorganisms with chemical disinfectants,UV irradiation and combined chemical/UV treatments. Water Research,(39):1519~1526.

Lazarova V,Savoye P,Janex M L. 1999. Advanced wastewater disinfection technologies: State of the art and perspectives. Water Science and Technology,40(4/5):203~213.

Liberti L,Notarnicola M,Petruzzelli D. 2002. Advanced treatment for municipal wastewater reuse in agriculture. UV disinfection: parasite removal and by-product formation. Desalination,152:315~324.

Liltved H,Landfald B. 1996. Influence of liquid holding recovery and photoreactivation on survival of ultraviolet-irradiated fish pathogenic bacteria. Water Research,30(5):1109~1114.

Linden K G,Soriano G S,Dodson G S,et al. 1998. Investigation of disinfection by-product formation following low and medium pressure UV irradiation of wastewater//Proceedings of the WEF Disinfection Specialty Conference. Baltimore:137~147.

Lindenauer K G,Darby J L. 1994. Ultraviolet disinfection of wastewater:Effect of dose on subsequent photoreactivation. Water Research,28(4):805~817.

Liu W,Cheung L M,Yang X,et al. 2006. THM, HAA and CNCl formation from UV irradiation and chlor (am)ination of selected organic waters. Water Research,40(10):2033~2043.

Loge F J,Emerick R W,Thompson D E,et al. 1999. Factors Influencing Ultraviolet Disinfection Performance Part Ⅰ:Light Penetration to wastewater Particles. Water Environment Research,71(3):377~381.

Lu N,Gao N Y, Deng Y, et al. 2009. Nitrite formation during low pressure ultraviolet lamp irradiation of nitrate. Water Science and Technology,60(6):1393~1400.

Masscelein W J. 2002. Ultraviolet light in water and waste water sanitation. Boca Raton,Fla:Lewis Publishers.

Mason I G,Li Y. 2001. UV transmittance characteristics of a low-quality wastewater. Transactions of the American Society of Agricultural Engineers,44(2):397~405.

Martin N,Gehr R. 2007. Reduction of photoreactivation with the combined UV/peracetic acid process or by delayed exposure to visible light. Water Environment Research,79(9):991~999.

Mechsner K,Fleischmann T,Mason C A,et al. 1991. UV disinfection:Short term inactivation and revival. Water Science and Technology,24(2):339~342.

Meng F G,Shi B Q,Yang F L,et al. 2007. New insights into membrane fouling in submerged membrane bioreactor based on rheology and hydrodynamics concepts. Journal of Membrane Science,302(1/2):87~94.

Mitch W A,Sedlak D L. 2002. Formation of N-nitrosodimethylamine (NDMA) from dimethylamine during chlorination. Environmental Science & Technology,36(4):588~595.

Mitch W A,Sedlak D L. 2004. Characterization and fate of N-Nitrosodimethylamine precursors in municipal wastewater treatment plants. Environmental Science & Technology,38(5):1445~1454.

Moreno B,Goni F,Fernandez O,et al. 1997. The disinfection of wastewater by ultraviolet light. Water Science and Technology,35(11~12):233~235.

Myllykangas T,Nissinen T K,Hirvonen A,et al. 2005. The evaluation of ozonation and chlorination on disinfection by-product formation for a high-bromide water. Ozone:Science and Engineering,27(1):19~26.

Oguma K,Katayama H,Ohgaki S. 2002. Photoreactivation of Escherichia coli after low- or medium-pressure UV disinfection determined by an endonuclease sensitive site assay. Applied and Environmental Microbiology,68(12):6029~6035.

Peters C J,Young R J,Perry R. 1980. Factors influencing the formation of haloforms in the chlorination of humic materials. Environmental Science & Technology,14(11):1391~1395.

Plewa M J,Wagner E D,Richardson S D,et al. 2004. Chemical and biological characterization of newly discovered iodoacid drinking water disinfection byproducts. Environmental Science & Technology,38(18):4713~4722.

Quek P H,Hu J Y,Chu X N,et al. 2006. Photoreactivation of *Escherichia coli* following medium-pressure ultraviolet disinfection and its control using chloramination. Water Science and Technology, 53 (6): 123~129.

Rainbow A J,et al. 2005. Reactivation of UV-damaged viruses and reporter genes in mammalian cells// Sage E,Drouin R,Roubhia M. From DNA photolesions to mutations,skin cancer and cell death. Amsterdam: Elsevier Science. 181~204.

Rebhun M,Heller-Grossman L,Manka J. 1997. Formation of disinfection byproducts during chlorination of secondary effluent and renovated water. Water Environmental Research,69(6):1154~1162.

Rochelle P A,Upton S J,Montelone B A,et al. 2005. The response of *Cryptosporidium parvum* to UV light. Trends in Parasitology,21(2):81~87.

Rusin P,Gerba C. 2001. Association of chlorination and UV irradiation to increasing antibiotic resistance in bacteria. Reviews of Environmental Contamination and Toxicology,171:1~52.

Sadiq R,Rodriguez M J. 2004. Disinfection by-products (DBPs) in drinking water and predictive models for their occurrence:a review. Science of the Total Environment,321(1/2/3):21~46.

Schulz S,Hahn H H. 1998. Generation of halogenated organic compounds in municipal wastewater. Water Science and Technology,37(1):303~309.

Scully F E,Hartman A C. 1996. Disinfection interference in wastewater by natural organic nitrogen compounds. Environmental Science & Technology,30(5):1465~1471.

Serodes J B,Rodriguez M J,Li H,et al. 2003. Occurrence of THMs and HAAs in experimental chlorinated waters of the Quebec City area (Canada). Chemosphere,51(4):253~263.

Sommer R,Cabaj A,Pribil W,et al. 1997. Influence of lamp intensity and water transmittance on the UV disinfection of water. Water Science and Technology,35(11~12):113~118.

Stalter D,Magdeburg A,Weil M,et al. 2010. Toxication or detoxication? in vivo toxicity assessment of ozonation as advanced wastewater treatment with the rainbow trout. Water Research,44(2):439~448.

Sun Y X,Wu Q Y,Hu H Y,et al. 2009a. Effects of operating conditions on THMs and HAAs formation during wastewater chlorination. Journal of Hazardous Materials,168(2/3):1290~1295.

Sun Y X,Wu Q Y,Hu H Y,et al. 2009b. Effect of ammonia on the formation of THMs and HAAs in secondary effluent chlorination,Chemosphere,76(5):631~637.

Sun Y X,Wu Q Y,Hu H Y,et al. 2009c. Effect of bromide on the formation of disinfection by~products during wastewater chlorination,Water Research,43(9):2391~2398.

Taghipour F. 2004. Ultraviolet and ionizing radiation for microorganism inactivation. Water Research, 38: 3940~3948.

USEPA (United States Environmental Protection Agency). 1999. 815-R-99-014 Alternative disinfectants and oxidants guidance manual.

USEPA(United States Environmental Protection Agency). 2006. Long term 2 enhanced surface water treatment rule (LT2ESWTR)-technolgies and costs document for the final long term 2 enhanced surface water treatment rule and final stage 2 disinfectants and disinfection byproducts rule.

Venczel L V,Arrowood M,Hurd M,et al. 1997. Inactivation of *Cryptosporidium parvum* oocysts and *Clos-*

tridium perfringens spores by a mixed-oxidant disinfectant and by free chlorine. Applied and Enivronmental Microbiology,63(4):1598~1601.

Wang L S,Hu H Y,Wang C. 2007a. Effect of ammonia nitrogen and dissolved organic matter fractions on the genotoxicity of wastewater effluent during chlorine disinfection. Environmental Science & Technology,41 (1):160~165.

Wang L S,Wei D B,Wei J,Hu H Y. 2007b. Screening and estimating of toxicity formation with photobacterium bioassay during chlorine disinfection of wastewater. Journal of Hazardous Materials,141(1):289~294.

Wert E C,Rosario-Ortiz F L,Drury D D,et al. 2007. Formation of oxidation byproducts from ozonation of wastewater. Water Research,41(7):1481~1490.

Wright H,Sakamoto G,Chevrefils G,et al. 2007. UV dose required to achieve incremental log inactivation of bacteria,protozoa and viruses. IUVA news,8(1):38~45.

Wu W W,Chadik P A. 1998. Effect of bromide ion on haloacetic acid formation during chlorination of Biscayne Aquifer water. Journal of Environmental Engineering,124(10):932~938.

Xua B B,Chen Z L,Qi F,et al. 2010. Comparison of N-nitrosodiethylamine degradation in water by UV irradiation and UV/O$_3$: Efficiency, product and mechanism. Journal of Hazardous Materials, 179 (1/2/3): 976~982.

Yang X,Shang C. 2004. Chlorination byproduct formation in the presence of humic acid,model nitrogenous organic compounds,ammonia,and bromide. Environmental Science & Technology,38(19):4995~5001.

Yates M V. 2008. Adenoviruses and Ultraviolet Light:An Introduction. Ozone: Science and Engineering,30: 70~72.

Zhang X. 2004. Disinfection development:the rise of UV in China. Water 21,18~22.

Zimmer J L,Slawson R M,Huck P M. 2003. Inactivation and potential repair of Cryptosporidium parvum following low- and medium-pressure ultraviolet irradiation. Water Research,37(14):3517~3523.

第 14 章　再生水安全保障技术发展需求

随着污水再生利用实践特别是科学研究的不断深入,一些新的水质风险因子、新的问题也不断被发现,给再生水水质保障提出了更高的要求,也带来了新的挑战,同时也对污水再生利用系统研究和开发提出了新的课题。下面简要介绍再生水安全保障技术发展需求(胡洪营 等,2010a)。

14.1　再生水水质评价指标与方法

1. 水中微量有毒有害化学污染物的综合评价

随着人类活动范围的扩展、强度的增加与形式的多样化,生产制造和使用的化学物质的种类也日趋增加。在日常生活和工业生产中经常使用的化学物质也多达 6 万～8 万种,而且还在继续增加,这使得环境中积累的化学物质也越来越多。据报道,在自来水中,检测出的化学物质也多达 100 种,在再生水中存在的化学污染物会更多。

近年国内外研究者开始关注污水中的有毒物质,但多数研究集中在某种或某类微量化学污染物的分析检测方法的开发和污水中浓度水平的调查等,针对再生水中微量有毒有害化学污染物的综合评价还十分缺乏。

2. 再生水生物毒性检测方法

目前的生物毒性测试生物主要选择细菌、藻类、溞类、鱼类等,指示终点主要是急性(慢性)致死(抑制)效应。然而,化学污染物除了急性致死效应外,部分污染物所引起的三致效应、生物累积效应、内分泌干扰活性等也不容忽视。尽管这些生物效应的实验室测试目前已有部分标准方法,但这些方法主要用于纯化学品的评价,用于评价环境水质特别是再生水的安全性还存在一定困难,特别是再生水中有毒有害物质的浓缩、分离与纯化(干扰物质的去除)技术。

3. 生态效应评价方法

目前国内外对生态毒性效应的研究主要集中在对特定生物的毒性评价,对氮循环、碳循环等生态基本功能的影响研究还很不系统。另外,由于没有简便可靠的微生物群体结构评价方法,生态毒性评价一直停留在生物个体或种群的水平,有毒有害污染物对微生物群体结构影响评价方面的研究一直没有大的进展。因此，建立有毒有害污染物生态功能效应和微生物群体结构影响评价方法是今后的重要研究课题。

4. 病原微生物安全评价指标和检测方法

城市污水，尤其是生活污水中含有大量的病原菌和肠道病毒，包括沙门氏菌、志贺氏菌、霍乱弧菌及耶尔森氏菌，脊髓灰质炎病毒、柯萨奇病毒、艾柯病毒、轮状病毒、甲型肝炎病毒等。目前由于评价技术尚未完善，国内外多采用大肠杆菌作为再生水的卫生学指标，而澳大利亚新南威尔士州的再生水水质标准中规定了病毒指标。

与大肠菌群相比，病毒、病原虫等对消毒处理的抵抗力更强，在环境中存活的时间也长。目前，再生水病原微生物甄别评估分析方法仍存在许多不足。首先，缺乏从再生水中浓集、回收病毒的有效方法。主要存在病毒回收率低（大多数低于60%）、效果不稳定、易受水质条件影响、可处理的水样量太小、存在假阳性结果或操作复杂、成本较高等问题。此外，隐孢子虫等部分病原微生物检测方法的关键浓集系统和分离试剂完全依赖于进口，检测费用昂贵，难以在国内推广和应用。因此，开发和建立具有自主知识产权的病原微生物浓集、分离及检测技术对于保障我国再生水卫生安全具有十分重要的意义。

14.2　再生水利用健康与生态风险评价

1. 风险评价方法研究与开发

暴露评价是风险评价的关键环节，科学准确地计算健康风险因子的暴露剂量是再生水利用健康风险评价的重要前提。国外研究者对再生水不同利用途径的暴露剂量给出了估计值（Asano et al,1992），这些估计值在之后的许多风险评价研究中广泛采用。但该方法忽略了许多重要影响因素，如未考虑同一使用途径下具体使用强度和暴露方式等问题。

国内有研究者通过现场调研和监测分析，初步计算了再生水用于绿地灌溉、道路降尘和冲洗作业时，暴露人群的再生水日摄入量和终生日均暴露剂量（仇付国和王晓昌，2003；何星海 等，2006；谢兴 等，2009）。目前，仍有多种常用再生水利用途径（消防、景观娱乐用水等）的暴露评价技术研究尚未开展，相关再生水利用途径的暴露剂量和风险强度尚不清楚，今后仍需针对再生水的各种使用过程进行暴露评价技术研究。

2. 长期风险评价与跟踪

由于现行再生水景观利用水质标准中的水质指标的局限性,达到再生水景观利用水质标准的再生水中仍含有较高浓度的氮、磷等营养物质以及微量的有毒有害污染物,包括在消毒过程中产生的消毒副产物以及近几年来刚刚引起人们关注的持久性污染物、内分泌干扰物和药品及个人护理用品(PPCPs)等。再生水中的氮、磷等营养物质带来了较高的水华爆发风险;微量有毒有害污染物的长期积累会产生潜在的生态风险。因此,如何控制再生水景观和生态利用的风险,成为污水再生利用实践中面临的重要课题。

准确掌握再生水中有毒有害微量化学污染物的来源、在水体中的积累规律与生态风险,揭示有害藻类在再生水水质条件下的生长特性以及水华爆发规律,提出科学、合理、可操作性强的再生水景观利用的水质标准,是解决这一重要课题的关键科学问题。

14.3　再生水水质标准制定方法

自 2002 年以来,我国制定、颁布了污水再生利用水质系列标准,为促进污水再生利用起到了积极的推动作用,但在实施过程中也遇到了诸多问题,有待进一步总结存在的问题,进行不断完善,如有些指标值过于宽松而有些又过于严格、再生水指标与地表水指标存在不兼容现象等。

目前我国的再生水标准大部分为推荐标准,由于再生水利用涉及公共健康安全和生态安全,应设定为强制性标准。另外,再生水水质标准制定方法学研究严重滞后,导致水质标准值的科学依据不充分或不清晰,亟待加强研究。

14.4　污水再生处理过程中的水质安全保障技术

安全消毒技术、有毒有害物质控制技术、再生水氮磷深度去除技术等是污水再生处理系统保障再生水水质安全的重要技术发展需求。

1. 再生水安全消毒技术与工艺

国内外有关饮用水消毒的研究有较长的历史,但有关再生水消毒的研究起步较晚,特别是关于再生水消毒风险的研究远远不够。再生水消毒有其自身的技术特点和要求,其对微生物杀灭作用和规律与饮用水消毒相比存在明显差别。饮用水消毒方面的研究成果和经验能为污水消毒提供有益的参考,但不能直接指导再生水消毒实践。因此,系统深入开展再生水消毒的安全性研究是目前再生水处理领域面临的重要课题。

目前再生水常用的消毒方法主要包括氯消毒、紫外线消毒等。这些方法虽能杀灭常见病原微生物,但均存在一定问题。如氯消毒技术对隐孢子虫和贾第鞭毛虫的灭活效果较差(Pereira et al,2008)紫外线消毒可有效灭活隐孢子和贾第鞭毛虫(Hijnen, 2006),但是被紫外线灭活的细菌(病原菌),在光照或黑暗条件下可以修复紫外线造成的损伤,重新获得活性(称"光复活"和"暗修复"),从而引起二次健康风险(Guo et al, 2009)。近期研究发现,紫外线/氯、过氧乙酸/紫外线等组合消毒工艺、高剂量紫外线消毒技术可有效抑制病原菌紫外线消毒后的复活(郭美婷,2009)。相关的再生水紫外线消毒中病原菌的复活及控制技术仍有待进一步研究。

近年来新型的病原微生物不断出现,尤其是高风险病原病毒的屡次流行(Hohne and Schreier, 2004),给再生水利用的安全保障提出了更高的要求,现有的单一消毒技术已不能满足高风险病原微生物和抗性病原微生物的控制,通过优势互补的组合消毒工艺对病原微生物的联合控制技术研究还很不系统,有待进一步开展。

再生水在氯消毒过程中常产生有毒有害消毒副产物,造成一定的水质风险。如何解决病原微生物灭活与消毒副产物生成的矛盾,是再生水消毒实践中面临的重要问题之一(胡洪营 等,2005)。目前,对饮用水消毒副产物研究已经比较深入,但对再生水消毒副产物及生物毒性的生成研究则刚刚起步。我国研究人员就再生水氯消毒过程中典型消毒副产物、生物毒性变化规律及其影响因素展开了探索研究,发现高氨氮条件下氯消毒使再生水三卤甲烷等典型消毒副产物显著降低,但遗传毒性却显著升高,存在典型消毒副产物和生物毒性效应变化规律不同的现象(Wang et al, 2007)。

目前,污水/再生水氯消毒过程中典型消毒副产物(三卤甲烷、卤乙酸等)的生成规律及生物毒性变化研究正在逐步开展。但总的来说,再生水消毒工艺典型消毒副产物及生物毒性变化规律的相关研究还不够系统,新兴高毒性消毒副产物如二甲基亚硝胺(NDMA)等的生成规律研究还很少,再生水消毒后高生物毒性消毒副产物甄别研究尚未开展,消毒副产物所引发的健康风险尚不得知,针对高毒性副产物的控制技术研究有待深入开展。

2. 再生水有毒有害物质控制技术

国内外现有的再生水处理技术与工艺主要针对 SS、COD、色度等常规污染指标的控制,以有机物总量控制为目标的再生水处理工艺还不能保证再生水的水质安全。近年来,针对特定有毒有害物质的去除研究受到关注(Wintgens et al,2008)。但再生水中有毒物质组成十分复杂,仅对特定有毒有害化学物质进行评价和去除,难以有效保障再生水水质安全,以综合生物毒性削减为目标的再生水处理技术研究有待加强。

再生水有毒物质去除技术主要采用过滤、吸附、化学氧化、生物降解等手段,但每一种处理手段都有其优势和局限性,单一的技术难以高效去除所有有毒有害物质,只有通过优势互补的组合处理工艺才能有效控制再生水中的有毒有害物质。目前尚未系统研究和形成针对再生水中有毒有害物质及其生物毒性控制的技术体系,在再生水有毒有害物质风险削减与控制方面尚缺乏相应的基础性技术支撑。

3. 再生水氮磷深度去除技术

面对我国北方地区严重缺水,城市景观与生态用水得不到保证的严峻现实,综合考虑安全性、经济性和操作性等多种因素,在众多的再生水利用途径中,景观与生态利用将占主要地位。目前,北京市奥运公园水系、高碑店湖、昆玉河、南护城河、龙潭湖、陶然亭湖等水体已经开始使用再生水进行补水。天津、青岛、合肥等城市亦逐步将再生水回用于已干涸的景观河道、湖泊,再生水回用于景观水体的规模正不断扩大。

然而,由于现行再生水景观利用水质标准中的水质指标的局限性,达到再生水景观利用水质标准的再生水中仍含有较高浓度的氮、磷等营养物质。

城市污水经二级生物处理后仍含有较高浓度的氮、磷等营养物质。例如,污水处理厂按《城镇污水处理厂污染物排放标准》(GB 18918—2002)执行一级 A 标准时,其总氮和总磷浓度分别不高于 15 mg/L 和 0.5 mg/L,但该浓度水平显著高于水体富营养化状态定义中的氮磷浓度(孙迎雪 等,2008)。含有高浓度营养物质的再生水回用于城市环境与景观水体,存在爆发水华、影响生态安全的风险。因此,对再生水中氮、磷等营养物质进行深度去除,保障再生水利用的生态安全是城市污水再生利用的重要课题。

二级处理出水具有低碳高氮的特点,水中有机物浓度低,无法提供足够的电子供体用于硝酸盐氮的反硝化。目前,反硝化生物滤池等工艺已逐步应用于深度脱氮,其常添加乙酸钠、甲醇等作为电子供体(刘金瀚 等,2008)。基于电子供体添加的硝酸盐氮去除工艺研究还有待进一步开展。

近期研究表明,微藻可高效去除硝酸盐氮等营养物质(胡洪营 等,2009),其具有去除氮磷无需投加外部碳源、细胞利用潜力大(生物柴油等)、去除氮磷的同时可固定 CO_2、能源(太阳光)充足、处理出水中含有丰富溶解氧等优点。目前,微藻深度脱氮除磷工艺研究受到高度关注,高效脱氮除磷藻种的筛选、脱氮除磷藻光生物反应器的开发、藻细胞利用研究正逐步开展。

4. 资源能源危机呼唤污水再生处理理念的变革和新的技术革命

21 世纪人类面临着两大危机:能源危机与水资源危机。因此开发经济、高效的新型能源势在必行,其中生物新能源是主要研究热点之一。污水再生处理系统为缓解水资源危机将发挥重要的作用。但是,目前的污水再生处理系统一般仅仅以去除水中的污染物,保障水质安全为主要目的(因此被称之为"处理工艺"),在处理过程中需要消耗大量化学药品、能源,将污水中的有机物转化成二氧化碳和污泥,从全球环境问题和资源能源视角来看,现行的"处理"系统也可以说是一个"高投入、高产污(产生大量 CO_2 等)、低效率"的系统。节能减耗是对污水再生处理系统提出的新的要求和新的挑战。

在未来的新型污水再生处理系统中,关注点不应仅局限于污染物的去除和水质的保障,而应将污水再生处理和以污水为"资源"的生产过程相耦合,在处理污水的同时,以污水为原料获取"新"资源和"新"能源,即需要转变污水再生处理理念,实现污水处理系统从"处理工艺"向"生产工艺"的转化。这种新理念对污水再生处理技术与工艺研究提出了更高的新的要求,为缓解当前资源匮乏和能源紧缺的形势提供了新途径,也必将带来污水再生处理技术和工艺的革命(胡洪营 等,2009;胡洪营和李鑫,2010)。

14.5　再生水储存与输配过程中的水质劣化控制技术

经过深度处理后的再生水中仍含有一定的有机物和微生物(包括病原微生物),在储存、管网输配过程中可能发生水质劣化,威胁再生水的水质安全性。由于再生水中有机物包括可同化有机碳的含量仍明显高于饮用水,这些有机物一方面可以作为微生物生长的营养物质,另一方面还会加快水中余氯的消耗,从而促进再生水储存、输配过程中微生物(包括病原微生物)的生长(Ryu et al,2005)。仅仅控制再生水厂出水的水质,并不一定能够保障再生水利用过程中的安全性。再生水储存与输配过程中水质安全保障技术有待开发。

14.6　再生水利用过程中的风险产生机制与控制技术

处理后的再生水中仍然含有一定浓度的氮、磷等植物营养物质,因此回用于环境和景观水体存在爆发水华、影响生态安全的风险。城市环境与景观水体实质上是受人工高度调控维持的生态系统,其生态系统结构和功能及其演变过程与补充水源有关,而当再生水作为补给水源时,水质的变化规律更加复杂。

目前,再生水水质条件下的藻类生长与水华爆发规律研究开始受到关注,杨佳等(2010)采用藻类生长潜力评价再生水回用于环境与景观水体时的水华风险,研究表明超滤、活性炭吸附等再生水处理工艺对水华藻铜绿微囊藻的生长没有影响,难以保障再生水回用于环境与景观水体的生态安全。因此,有必要研究有害藻类生长控制技术,开发再生水环境与景观水体维护与保障关键技术和组合工艺,以保证再生水环境与景观利用的生态安全。

参 考 文 献

郭美婷. 2009. 污水紫外线消毒中病原指示菌的复活及控制:[博士论文]. 北京:清华大学.

何星海,马世豪,李安定,等. 2006. 再生水利用健康风险暴露评价. 环境科学,27(9):1912～1915.

胡洪营,李鑫. 2010. 利用污水资源生产微藻生物柴油的关键技术及潜力分析. 生态环境学报,19(3): 739～744.

胡洪营,李鑫,杨佳. 2009. 基于微藻细胞培养的水质深度净化与高价值生物质生产耦合技术. 生态环境学报, 18(3):1122～1127.

胡洪营,王丽莎,魏东斌. 2005. 污水消毒面临的技术挑战及其对策. 世界科技研究与发展,27(6):36～41.

胡洪营,吴乾元,黄晶晶,等. 2010. 城市污水再生利用面临的重要科学问题与技术需求. 建设科技,(3): 33～35.

刘金瀚,白宇,林海,等. 2008. 反硝化生物滤池用于污水深度脱氮研究. 中国给水排水,24(21):26～29.

仇付国,王晓昌. 2003. 城市回用污水中病毒对人体健康风险的评价. 环境与健康杂志,20(4):197～199.

孙迎雪,胡洪营,王蓉欣. 2008. 再生水景观利用水质生态净化与保持技术//中国水环境污染控制与生态修复技术高级研讨会论文集. 广州:中国环境科学研究院. 464～470.

谢兴,胡洪营,郭美婷,等. 2009. 再生水雾化导致的病原微生物暴露剂量计算方法研究. 环境科学,30(1): 70～74.

杨佳,胡洪营,李鑫. 2010. 再生水水质环境中典型水华藻的生长特性. 环境科学,31(1):76～81.

Asano T,Leong L Y C,Rigby M G,et al. 1992. Evaluation of the California wastewater reclamation criteria using enteric virus monitoring data. Water Science and Technology,26(7/8):1513～1524.

Guo M T,Hu H Y,Boltonb J R,et al. 2009. Comparison of low-and medium-pressure ultraviolet lamps:Photoreactivation of Escherichia coli and total coliforms in secondary effluents of municipal wastewater treatment plants. Water Research,43(3):815～821.

Hijnen W A M,Beerendonk E F,Medema G J. 2006. Inactivation credit of UV radiation for viruses,bacteria and protozoan (oo)cysts in water:A review. Water Research,40(1):3～22.

Hohne M,Schreier E. 2004. Detection and characterization of Norovirus outbreaks in Germany:application of a one-tube RT-PCR using a fluorogenic real-time detection system. Journal of Medical Virology,72(2): 312～319.

Pereira J T,Costa A O,Silva M B O,et al. 2008. Comparing the efficacy of chlorine,chlorine dioxide,and ozone in the inactivation of Cryptosporidium parvum in water from Parana State,Southern Brazil. Applied Biochemistry and Biotechnology,151(2/3):464～473.

Ryu H,Alum A,Abbaszadegan M. 2005. Microbial characterization and population changes in nonpotable reclaimed water distribution systems. Environmental Science & Technology,39(22):8600～8605.

Wang L S,Hu H Y,Wang C. 2007. Effect of ammonia nitrogen and dissolved organic matter fractions on the genotoxicity of wastewater effluent during chlorine disinfection. Environmental Science & Technology,41 (1):160～165.

Wintgens T,Salehi F,Hochstrat R,et al. 2008. Emerging contaminants and treatment options in water recycling for indirect potable use. Water Science and Technology,57(1):99～107.

主要缩略词一览表

2,4-DCP	2,4-二氯酚	2,4-dichlorophenol
A²O	厌氧-缺氧-好氧工艺	anaerobic-anoxic-oxic
AHTN	吐纳麝香	tonalide
AOC	可同化有机碳	assimilable organic carbon
AOX	可吸附有机卤化物	adsorbable organic halogen
APHA	美国公共健康联合会	american Public Health Association
BAP	与细胞衰减有关的（微生物代谢）产物	biomass-associated product
BBP	邻苯二甲酸丁基苄酯	butylbenzylphthalate
BDCM	一溴二氯甲烷	bromodichloromethane
BDE	溴联苯醚	bromodiphenyl ether
BDOC	可生物降解溶解性有机碳	biodegradable dissolved organic carbon
BOC	可生物降解有机碳	biodegradable organic carbon
BOD₅	（五日）生化需氧量	biological oxygen demand
BOM	可生物降解有机物	biodegradable organic matter
BPA	双酚 A	bisphenol A
CBOD	含碳 BOD	carbonaceous BOD
CFU	菌落形成单位	colony forming unit
COD	化学需氧量	chemical oxygen demand
CPE	致细胞病变效应	cytopathogenic effect
CPF	致癌强度系数	carcinogenic potency factor
DAD	（光电）二极管阵列检测器	diode array detector
DAPI	4′,6-二脒基-2-苯基吲哚	4′,6-diamidino-2-phenylindole

DBCM	二溴一氯甲烷	dibromochloromethane
DBP	邻苯二甲酸二丁酯； 消毒副产物	dibutylphthalate； disinfection by-product
DDT	滴滴涕	dichlorodiphenyltrichloroethane
DEHP	邻苯二甲酸二异辛酯	di-(2-ethylhexyl) phthalate
DEP	邻苯二甲酸二乙酯	diethylphthalate
DMP	邻苯二甲酸二甲酯	dimethylphthalate
DNBF	反硝化生物滤池	denitrification biofilter
DNPH	2,4-二硝基苯肼	dinitrophenylhydrazine
DO	溶解氧	dissolved oxygen
DOC	溶解性有机碳	dissolved organic carbon
DOM	溶解性有机物	dissolved organic matter
DON	溶解性有机氮	dissolved organic nitrogen
DOP	邻苯二甲酸二正辛酯	di-n-octylphthalate
E1	雌酮	estrone
E2	雌二醇	17β-estradiol
E3	雌三醇	estiol
EAEC	肠黏附性大肠杆菌	*enteroadhesive E. coli*
EC	电导率	electrical conductance
ECD	电子俘获检测器	electron capture detector
ECHO	艾柯病毒	enteric cytopathogenic human orphan virus
EDCs	内分泌干扰物	endocrine disrupting chemicals
EDTA	乙二胺四乙酸	ethylene diamine tetraacetic acid
EE2	乙炔雌二醇	17α-ethinylestradiol
e-EDCs	雌激素活性内分泌干扰素	estrogenic endocrine disrupting chemicals
EEF	雌二醇当量因子	estradiol equivalency factor
EEQ	雌二醇当量	estradiol equivalency

EIEC	肠侵染性大肠杆菌	*enteroinvasive E. coli*
EPEC	肠致病性大肠杆菌	*enteropathogenic E. coli*
ER	超额风险	extra risk
ERA	生态风险评价	ecological risk assessment
ETEC	产肠毒素大肠杆菌	*enterotoxigenic E. coli*
FID	火焰离子化检测器	flame ionization detector
FISH	荧光原位杂交	fluorescent *in situ* hybridization
FPD	火焰光度检测器	flame photometric detector
GC	气相色谱	gas chromatography
GAC	粒状活性炭	granular activated carbon
GC-ECD	气相色谱-电子捕获检测法	gas chromatography-electron capture detection
GC-MS	气相色谱-质谱法	gas chromatography-mass spectrometry
GIS	地理信息系统	geographic information system
HAAs	卤乙酸类	haloacetic acids
HANs	卤乙腈类	haloacetonitriles
HAV	甲型肝炎病毒	hepatitis A virus
HBB	六溴联苯	exabromobiphenyl
HCB	六氯苯	hexachlorobenzen
HCH	六六六	hexachlorocyclohexane
HHCB	佳乐麝香	galaxolide
HIS	亲水性物质	hydrophilic substance
HOA	疏水酸性物质	hydrophobic acid
HOB	疏水碱性物质	hydrophobic base
HON	疏水中性物质	hydrophobic neutral fraction
HPLC	高效液相色谱	high performance liquid chromatography
HPLC-MS	液相色谱-质谱	high performance liquid chromatography-mass spectrometry

HPLC-UV/Fl	液相色谱-紫外吸收/荧光检测法	high performance liquid chromatography-ultravioiet/fluorescence detection
HPSEC	高效尺寸筛析色谱	high-performance size-exclusion chromatography
HRAP	高效藻类塘	high-rate algal pond
HRT	水力停留时间	hydrolic retention time
HUS	溶血性尿毒综合征	hemolytic uremic syndrome
ICC-PCR	整合细胞培养 PCR 法	integrated cell culture-PCR
IFA	免疫荧光分析	immuno-fluorescent assay
IMS	免疫磁力分离	immunomagnetic separation
LADD	终生日均暴露剂量	lifetime average daily dose
LC50	半致死浓度	median lethal concentration
LDFTMS	激光解吸附傅里叶变换质谱	laser desorption Fourier transform mass spectrometry
LOEC	产生影响的最低浓度	low observed effect concentration
MATC	最大可接受有毒物质浓度的范围	maximum acceptable toxic concentration
MBR	膜生物反应器	membrane bioreactor
MCLs	最高污染物浓度	maximum contaminant levels
MIB	2-甲基异莰醇	2-methylisoborneol
MPN	最可能数目	most probable number
MS	质谱	mass spectrometry
MS-2	MS-2 大肠杆菌噬菌体	male specific coliphage
NAS	美国国家科学院	National Academy of Sciences
NDEA	N-二乙基亚硝胺	N-nitrosodiethylamine
NDMA	N-二甲基亚硝胺	N-nitrosodimethylamine
NF	纳滤	nanofiltration

NMR	核磁共振波谱	nuclear magnetic resonance spectroscopy
NOAEL	无毒副作用剂量	no observed adverse effect level
NOEC	不产生影响的最高浓度	no observed effect concentration
NOM	天然有机物	natural organic matter
NP	壬基酚	nonylphenol
NPD	氮磷检测器	nitrogen-phosphorous detector
NPs	纳米颗粒物	nanoparticles
NRC	核管理委员会	nuclear regulatory commission
NTU	浊度单位	nephelometric turbidity unit
ODS	十八烷基键合硅胶填料	octadecylsilyl
OECD	经济合作与发展组织	Organisation for Economic Co-operation and Development
OM	有机物	organic matter
PAA	过氧乙酸	peracetic acid
PAEs	邻苯二甲酸酯	phthalic acid esters
PAHs	多环芳烃	polycyclic aromatic hydrocarbons
PCBs	多氯联苯	polychlorinated biphenyls
PCDD/Fs	二噁英和苯并呋喃	polychlorinated dibenzo-p-dioxins/dibenzofurans
PCR	聚合酶链反应	polymerase chain reaction
PeCB	五氯苯	pentachlorobenzene
PFBHA	全氟苯基羟基氨	pentafluorobenzyl hydroxylamine
PFOS	全氟辛磺酸、全氟辛磺酸盐和全氟辛基磺酰氟	Perfluorooctanesulphonates
PFU	噬菌斑形成单位；聚氨酯泡沫塑料块	plaque forming unit; polyurethane foam unit
PNEC	预测无效应浓度	predicted no effect concentration

POC	颗粒性有机碳	particulate organic carbon
POPs	持久性有机污染物	persistent organic pollutants
PPCPs	药品和个人护理用品	pharmaceuticals and personal care products
PRA	概率风险评价方法	probabilistic risk assessment
PyGC-MS	裂解气相色谱-质谱联用技术	pyrolysis gas chromatography-mass spectrometry
QSAR	定量结构活性关系	quantitative structure-activity relationship
RBC	红细胞	red blood cell
RO	反渗透	reverse osmosis
RQ	商值法	risk quotient
RT-PCR	逆转录 PCR 法	reverse transcription PCR
SAR	钠吸收率	sodium adsorption ratio
SARS	严重急性呼吸道综合征	severe acute respiratory syndrome
SAT	土壤含水层处理技术	soil aquifer treatment
SBR	序批式反应器	sequencing batch reactor
SC	SC 噬菌体	somatic coliphage
SEC	体积排阻色谱	size exclusion chromatography
SIM	选择离子扫描	selective ion monitoring
SMP	溶解性微生物产物	soluble microbial product
SPE	固相萃取	solid phase extraction
SS	悬浮固体	suspended solid
SUVA	比紫外吸收值	specific UV absorbance
TBM	溴仿	tribromomethane
TCM	氯仿	trichloromethane
TDS	总溶解性固体	total dissolved solid
THMs	三卤甲烷	trihalomethanes
ThOD	理论需氧量	theoretical oxygen demand

TIE	毒性识别评价法	toxicity identification evaluation
TN	总氮	total nitrogen
TOC	总有机碳	total organic carbon
TOX	总有机卤代物	total organic halogen
TP	总磷	total phosphorus
TSS	总悬浮固体	total suspended solid
UF	超滤	ultrafiltration
USEPA	美国国家环境保护局	United States Environmental Protection Agency
UV	紫外线	ultraviolet
UVC	短波紫外线	ultraviolet C
UVT	紫外线穿透率	UV transmittance
VOCs	挥发性有机化合物	volatile organic chemicals
VSS	挥发性悬浮固体	volatile suspended solid
Vtg	卵黄蛋白原	vitellogenin
WHO	世界卫生组织	World Health Organization